普通高等教育“十一五” 国家级规划教材

过程流体机械

第2版

康　勇　李桂水　主编

化学工业出版社

·北京·

本书保留了第1版的基本特色，借鉴吸收了国内同类教材的优点以及近年来过程流体机械领域的新知识和新发展，对各章内容进行了重新规划、增删和完善。全书共分8章，系统介绍了叶片泵、容积泵、活塞式压缩机、螺杆式压缩机、离心式压缩机、风机和离心机，对各类过程流体机械的结构型式、工作原理、性能参数、选型与运行特点以及相关知识进行了系统阐述和分析。每章后留有思考与计算题，全书最后附有各章计算题答案，便于学生对所学知识的掌握和巩固。

本书可以作为高等院校过程装备与控制工程、石油与天然气储运工程、流体机械、石油工程以及化学工程与工艺等专业的本科生教材，也可供针对过程流体机械技术学习、研究、生产和应用等方面的科技人员参考。

图书在版编目（CIP）数据

过程流体机械/康勇，李桂水主编. —2版.—北京：化学工业出版社，2016.6（2023.7重印）
普通高等教育"十一五"国家级规划教材
ISBN 978-7-122-26850-1

Ⅰ.①过… Ⅱ.①康…②李… Ⅲ.①化工过程-机械过程-高等学校-教材 Ⅳ.①TQ021.5

中国版本图书馆CIP数据核字（2016）第082346号

责任编辑：程树珍　　装帧设计：张　辉
责任校对：边　涛

出版发行：化学工业出版社（北京市东城区青年湖南街13号　邮政编码100011）
印　　装：北京虎彩文化传播有限公司
787mm×1092mm　1/16　印张19¾　字数538千字　2023年7月北京第2版第5次印刷

购书咨询：010-64518888　　售后服务：010-64518899
网　　址：http://www.cip.com.cn
凡购买本书，如有缺损质量问题，本社销售中心负责调换。

定　　价：50.00元

前言
Foreword

本书第1版为普通高等教学“十一五”国家级规划教材，是全国普通高等院校过程装备与控制工程专业的核心课程教材，也可以作为高等院校石油与天然气储运工程、流体机械、石油工程以及化学工程与工艺等专业的本科生专业必修或选修教材，还可供针对过程流体机械技术学习、研究、生产和应用等方面的科技人员参考。

全书共分8章，基本涵盖了过程工业常用的工作类流体机械，例如，泵类涉及叶片泵和容积泵，其中叶片泵重点介绍了离心泵、轴流泵和旋涡泵；容积泵重点介绍了往复泵、螺杆泵、齿轮泵和液环泵。压缩机包括往复活塞式、螺杆式和离心式三类，每一类压缩机都独立成章。风机介绍了常用的离心式、轴流式和罗茨风机；离心分离机涉及过滤式和沉降式两类，每种类型都做了各有侧重点的归纳。书中对各类过程流体机械的结构型式、工作原理、性能参数、选型与运行特点以及相关知识进行了系统阐述和分析，保留了第1版教材的基本特色，对各章内容进行了重新规划、增删修订和补充完善，借鉴吸收了国内同类教材的优点以及近年来过程流体机械领域的新知识和新发展，注重培养学生对过程流体机械理论知识的掌握和应用能力的提高。本教材每章均留有适量思考和计算题，并在全书最后附有各章计算题答案。

本版教材由康勇和李桂水修订，其中康勇负责第1～第4、第8章等内容的修订，李桂水负责第5～7章内容的修订，全书由康勇统稿完善。在具体修订过程中田雅婧、刘潇、任博平、李毅、王星天和张冰做了大量工作，在此表示感谢。

本书虽对第1版教材中存在的问题进行了认真修订，但由于编者水平和能力有限，书中仍会有不少遗漏之处，希望广大同仁及用书朋友多提宝贵意见和建议，以便本书在今后能更加完善、更能满足广大读者需求。

编　者

2016年3月于天津大学

第1版前言

工业通常分为两类，一类是以天然资源为原料的过程工业，生产出初级产品；另一类是以过程工业生产出的初级产品作为原料的制造工业（商品制造业），加工出人们生活所需的日常用品，如服装、汽车、电视机、冰箱等。产品是过程的结果，公认的产品类别分为四种：硬件、软件、服务和流程性材料。所谓流程性材料指的是经过各种转化制成的产品，以固体（粉粒）、液体、气体或其组合形态为主的材料，通常以散装形式如管道、桶、袋、箱、罐或卷的形式交付。

然而，无论是过程工业还是制造业，均需要把原动机产生的机械能转换成流体（气体、液体等）的动能、压力能和位能。过程流体机械是实现这类能量转化的重要装置之一，并广泛应用于石油化工、冶金、能源、航空航天、制冷、医疗卫生、电力工业及交通运输等部门，也是现代人们日常生活不可或缺的机械。

过程流体机械种类繁多，本书所指的过程流体机械仅限于流体机械中的工作机，而不包括原动机，重点是三机一泵（压缩机、鼓风机、通风机和泵），它们是流体机械的重要组成部分，用来将机械能转变为流体的压力能、动能和位能，是过程工业的心脏设备。选择、应用、管理好这些流体机械，对工厂的装备投资，生产产品的质量、产量、成本和效益等都具有十分重要的意义，因而它是过程装备与控制工程、流体机械、化学工程或其他过程工程专业的一门核心课程。

本教材较系统的阐述了过程流体机械的基本工作原理、结构形式、运行性能与调节控制以及选型的基本原则。由于教学对象、教学目的和学时所限，力求整个流体机械学科横向的覆盖，并在介绍不同类型流体机械的基本结构形式、工作原理、基本参数和应用领域时，努力把握各种流体机械在本质上的机理共同性和相互间的有机联系与差异。其目的是引导学生触类旁通，尽量拓宽知识面，使学生既掌握有关的基本知识，又有利于培养学生的跨学科发展和科技创新的能力。

本书第1～第4章由康勇编写，第5～第6章由李桂水编写，第7～第9章由张建伟编写，全书由康勇统稿。

本书由天津大学宗润宽教授主审，并且在成稿前后均付出了大量的心血和汗水，在此表示诚挚谢意。

由于编写人员的水平有限，书中难免有不妥之处，望广大读者不吝赐教、批评指正。

编　者

2008. 3. 1

目录
Contents

1 概论

1.1 过程流体机械概念

1.1.1 过程及过程工业

过程是指事物状态变化在时间上的持续和空间上的延伸，它描述的是事物发生状态变化的经历。

根据生产方式、扩大生产的方法以及生产时物质（物料）所经受的主要变化，工业生产可以分为过程工业和产品（生产）工业两大类。

过程工业（process industry）是进行物质转化的所有工业过程的总称，包含了大部分重工业，诸如化工、石油加工、能源、冶金、建材、核能、生物技术和制药，是一个国家的基础工业，对于发展国民经济及增强国防力量起着关键作用。过程工业的特点是：工业生产使用的原料主要是自然资源；产品主要用作生产工业的原料；生产过程主要是连续生产；生产原料在生产过程中经过许多化学变化和物理变化；产量的增加主要靠扩大工业生产规模或者靠“放大生产规模”来实现；过程工业同时又是物质和能量流特别大的工业。

每一种工业均需从原理上研究如何提高生产率、降低投资费用及操作成本等，需从原理上改进设备，提高生产能力，并不断从创新的角度发展新的生产过程，使过程生产无污染，符合可持续发展的基本原则。

1.1.2 过程装备与过程流体机械

实现过程工业的硬件手段称为过程装备，如机械、设备、管道、工具和测量仪器仪表以及自动控制用的电脑、调节操作机构等。所以过程装备是实现产品生产的物质条件。过程装备的现代化、先进性在某种意义上讲，对过程工业所生产产品的质量会起着决定性的影响。过程流体机械是过程装备中的一大类型，是过程工业中广泛使用的一类流体机械。

广义地讲，流体机械是指在流体具有的机械能和机械所做的功之间进行能量转换的机械的总称。泵、风机、压缩机、水轮机和汽轮机等都属于流体机械，与人们的生活有着密不可分的关系。自来水和管道煤气需要用水泵和压缩机加压以便输送到千家万户；在汽车上用燃料泵来输送燃油，液力变矩器用于变速系统，散热器冷却泵和风机用于冷却系统；在发电厂中，流体机械更是必不可少的机械，如核电站中的冷却泵，火电厂中的泵、风机和汽轮机，水电站中的水轮机等；在日常生活用品和食品工业中，各种各样的流体机械被用于压送、干燥、冷却和除尘过程中。此外，在高新技术领域中也广泛地使用流体机械，如人工心脏泵和火箭液体燃料泵等。

流体机械按作用功能可以分为工作机械、动力机械和动力传动机械。

① 工作机械　包括叶片式和容积式的泵、风机、压缩机等，其特点是吸收原动机提供的机械能，输出高能量的流体（高压、高速流动的流体）。

② 动力机械　包括水轮机、液动或气动马达、涡轮动力机械以及风力发电的风车。其

特点是利用输入流体的机械能（位能、压力能或动能），通过机械的转换而输出机械能量（以转速和转矩形式输出）。

③ 动力传动机械　是一类特殊的流体机械，作为机械动力的传输、变换装置使用，包括液力传动机械、液压传动机械及气压传动机械三大类。这类机械的输入、输出主接口都是机械接口，没有流体接口，是一类隐态的流体机械。

根据以上分类，就可以明白无误地知道所谓的过程流体机械就是流体机械中的工作机械。

1.2　过程流体机械的分类

过程流体机械的分类一般遵循传统流体机械的分类方法，即按照不同的原则，过程流体机械可以有不同的分类。

1.2.1　按流体形态分类

按流体介质形态可分为液体介质和气体介质两类流体机械，如泵和离心机属于前者，压缩机和风机属于后者。这两类流体机械所针对的流体介质密度相差悬殊，因此在单位功率体积比上也相差很大，同时在流体介质的密封方法和密封件结构上也大有差别。

1.2.1.1　泵

将机械能转变为液体的能量，用来给液体增压与输送液体的流体机械称为泵。泵在过程流体机械中占有很大的比重，是一类应用广泛的通用流体机械。

根据工作原理，泵可分为叶片泵、容积泵以及不属于这两类的其他类型泵。

① 叶片泵　依靠泵内作高速旋转的叶轮把能量传给液体，进行液体输送并提高液体压力的流体机械，属于这种类型的泵有各种型式的离心泵、轴流泵、旋涡泵及混流泵等。

② 容积泵　利用工作室容积周期性变化来输送液体并提高液体的压力的流体机械，如活塞泵、柱塞泵、隔膜泵、螺杆泵、齿轮泵和滑板泵等。

③ 其他类型泵　利用流体静压力或流体动能来输送液体的流体动力泵，如射流泵和水锤泵等。

描述泵性能的基本技术参数有流量、扬程（压头）、转速、功率和效率。图 1-1 给出了常用泵的扬程和流量适用范围。

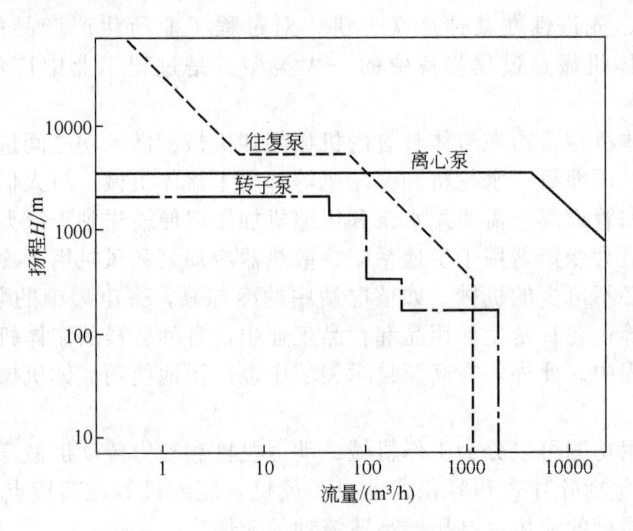

图 1-1　常用泵的扬程和流量适用范围

1.2.1.2 压缩机

将机械能转变为气体的能量，用来给气体增压与输送气体的流体机械称为压缩机。压缩机在工业生产中应用广泛，如在化工生产中，为了保证某些合成工艺在高压条件下进行，一般要通过压缩机把气体预先加压到所需的压力；在众多工业生产中，常采用压缩气体作为机械与风动工具、控制仪表与自动化装置的动力源；压缩机还用于气体制冷、气体分离以及气体的管道输送和装瓶等。

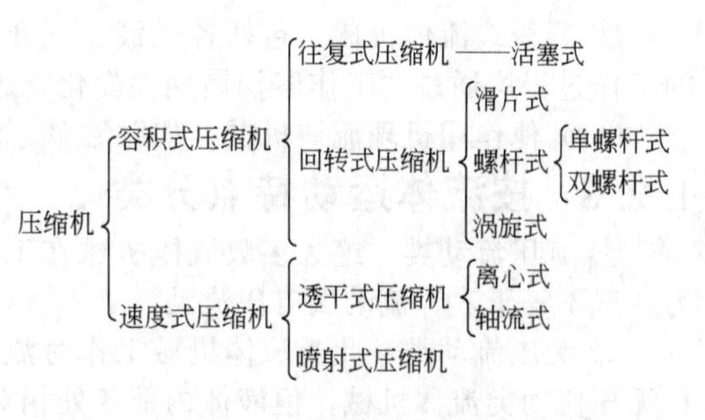

图 1-2 压缩机的分类

压缩机按照能量传递与转换方式的不同，一般可分为容积式和速度式两大类，具体分类如图 1-2 所示。

容积式压缩机的工作原理是依靠气缸容积的周期性变化来压缩气体，以达到提高气体压力的目的。按其运动特点不同，可分为以下两种。

① 往复式压缩机　即活塞式压缩机，通过气缸内活塞的往复运动来压缩气体。根据压缩机排气压力的高低，又有单级和多级之分。

② 回转式压缩机　依靠机器内转子回转时工作室容积的变化实现对气体的压缩。根据结构型式的不同，这类压缩机又分为螺杆式、滑片式和涡旋式三种。

速度式压缩机的工作原理与容积式的截然不同，它是依靠机器内作高速旋转的叶轮将机械能传递给气体，从而提高气体的压力和速度，并通过扩压元件把气流的动能转换成压力能。根据机器内气流方向的不同，速度式压缩机又可分为离心式和轴流式两种，其中离心式压缩机为多级压缩，转速高、气量大、排气平稳，气体不受油污污染，在大型工业生产中应用广泛；轴流式压缩机由动叶片、静叶片、转鼓和机壳组成，通过转动叶片对气体做功实现气体压缩，气体阻力损失较小，效率较离心式高。

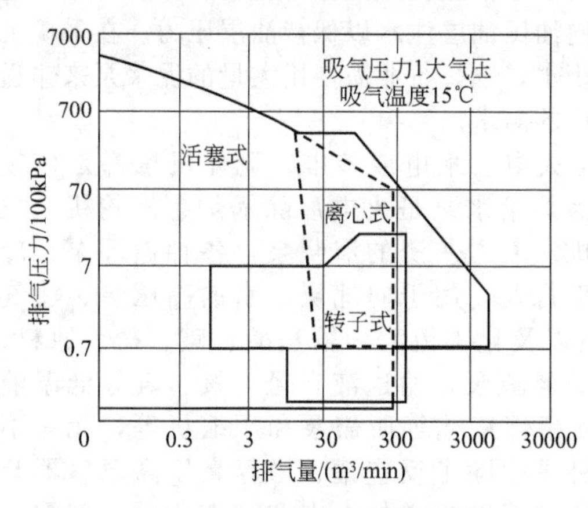

图 1-3 各类压缩机适用范围

综上所述，由于各类压缩机的工作特点不同，它们的性能和所适用的范围也不完全一样，几种常用类型的压缩机的适用范围如图 1-3 所示。

1.2.1.3 风机

风机是一类用于输送气体的过程流体机械，属通用机械范畴。从能量观点来看，它是把原动机的机械能转变为气体能量的一种机械。风机按照工作原理可分为叶片式和容积式两类，按出风风压大小又可分为通风机、鼓风机和压气机三类。

1.2.1.4 分离机

利用机械能将多相混合介质分离开来的流体机械称为分离机，本书所介绍的分离机是指借助离心力将具有一定密度差的多相流体介质或以液体介质为主的多相体系分离开来的流体机械，即离心机。分离机一般分为过滤离心机和沉降离心机。

1.2.2 按工作原理分类

① 叶片式流体机械　包括离心泵、轴流泵等各种叶片式泵、压缩机和风机，基本特点是工作目的借助于叶轮的回转运动来实现。

② 容积式流体机械　包括各类液、气介质的往复式或转子式泵、压缩机和风机。它们的工作过程均通过“工作容积周期性变化”进行。

③ 其他作用机理流体机械　如射流泵、液环泵和旋涡泵等。

1.2.3　按流体运动特点分类

① 有压流动类　绝大多数流体机械在工作过程中流体是在封闭流道中运动的，相对压力一般不等于零，流动属有压流动。

② 无压流动类　此类流体机械工作时流体运动有一个相对压力为零的自由表面，因此称无压流动类流体机械，但液体内部各处相对压力一般不完全为零。

此外，按照不同的应用和结构特点，流体机械尤其是泵和风机类产品，还有很多工程上的习惯分类，如泥浆泵、污水泵、自吸式泵、无堵塞泵、杂质泵、潜水泵、磁力驱动泵、船用泵、矿用泵、核工程用泵、航天航空用泵、输送特殊气体的压缩机、耐高温的锅炉引风机等。它们在工作原理上并无新的本质性特点。

1.3　过程流体机械的用途

过程流体机械使用范围很广，其产品和技术广泛应用于石油化工、化工、电力、冶金、环保、石油和天然气开采及集中输送、城市基础设施建设、煤炭及矿产开采、水利、轻工、建材、纺织、医药、农业、食品、交通和国防等国民经济各领域。如果把奔流着千百种液体和气体物质的各类大小流体系统视为过程工业和社会生活的血管，那么流体机械就是它们的心脏。

以泵来说，这种通用流体机械随处可见。在工农业生产中，只要有流体流动的地方基本都有泵在工作，如农田排灌、石油化工、城市给排水系统、矿业、冶金、造船、制药、酿造等行业均离不开泵。如石油管道输送时需大量的离心泵给热化成液体的石油加压以克服管道输送中的阻力；采油工业中需要高扬程的离心泵向油田油层注水以保持油层压力。在采矿工业中需用大量的潜水电泵或深井泵来排除矿区的积水，选矿行业需使用大量的泥浆泵来输送矿浆。石化行业更离不开各种类型的泵来满足生产的需求。

再从行业的角度来看，以电力为例，不管是火电、水电或核电，流体机械都是该领域重要的机械设备。在高温高压工况下工作的锅炉给水泵是火电厂除锅炉、汽轮机、发电机外最重要的机械设备。锅炉鼓风机、引风机、输送灰渣的渣浆泵，各种循环泵、冷凝泵均是电力行业不可少的设备。在石油、化工行业，用于向地层注水的高压泵、注气的压缩机，用于集油和输油的泵和输气的压缩机以及化工流程中输送酸、碱、盐、原料、成品、半成品的耐腐蚀泵，可以完全避免泄漏的屏蔽泵，输送液态烃、氧、氢等低温液体的低温泵，合成氨、尿素、甲醇、乙烯、石油精炼工艺等所需泵和压缩机等，无一不是生产中的关键性设备。实际上，化工设备与机械中除了反应罐、塔等高压高温容器装置外，就是各种泵和压缩机，因为密如蛛网的各种管网输送的液态和气态物质，都需依靠它们作为液体或气体流动的动力源。

总之，过程流体机械的用途极为宽广，学习这门课程的主要目的是掌握这类流体机械的基本结构、工作原理和工作性能，并学会在工业生产中应用这些流体机械。

思考与计算题

1. 什么是过程和过程工业？
2. 什么是过程流体机械？如何分类？
3. 举例说明过程流体机械在工业生产领域的应用情况。

参　考　文　献

[1]　李云．姜培正．过程流体机械．第二版．北京：化学工业出版社，2008.
[2]　王福安，任宝增．绿色过程工程．北京：化学工业出版社，2002.
[3]　陈次昌．流体机械基础．北京：机械工业出版社，2002.
[4]　陆肇达．流体机械基础教程．哈尔滨：哈尔滨工业大学出版社，2003.
[5]　吴玉林．流体机械及工程．北京：中国环境科学出版社，2003.
[6]　张克危．流体机械原理．北京：机械工业出版社，2001.
[7]　姜培正．过程流体机械．北京：化学工业出版社，2001.
[8]　张湘亚，陈泓．石油化工流体机械．北京：石油大学出版社，1996.

2 叶片泵

2.1 离心泵

2.1.1 离心泵结构与工作原理

图 2-1 为单级单吸式离心泵总体结构简图。从图中可以看出，离心泵包括蜗壳形的泵壳 8 和装于泵轴 7 上旋转的叶轮 3，蜗形泵壳的吸液口与吸液管 4 相连接，排液口通过阀门 2 与排液管 1 相连接。离心泵的叶轮一般是由两个圆形盖板组成，盖板之间有若干片弯曲的叶片，叶片之间的槽道为液体的流道，如图 2-2 所示。叶轮前盖板中心位置有一个圆孔，即叶轮的进液口，它装在泵壳的吸液口内，与离心泵吸液管相通。离心泵在启动之前，先用液体灌满泵壳和吸液管道，然后启动电机，使叶轮和液体作高速旋转运动，液体受到离心力作用被甩出叶轮，经蜗形泵壳中的流道而进入离心泵的出口管道，再排入管网中。与此同时，离心泵叶轮中心处由于液体被甩出而形成真空区，吸液池中的液体便在内外压差作用下，沿吸液管连续进入叶轮吸液口，又受到高速转动叶轮的作用，液体被甩出叶轮而汇入出口管道，如此循环，就实现了离心泵连续输送液体的目的。

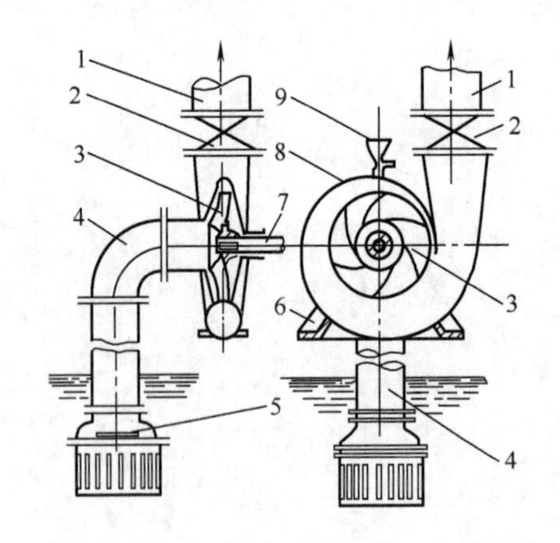

图 2-1 单级单吸式离心泵总体结构

1—排液管；2—阀门；3—叶轮；4—吸液管；5—吸液口；6—泵座；7—泵轴；8—泵壳；9—灌液口

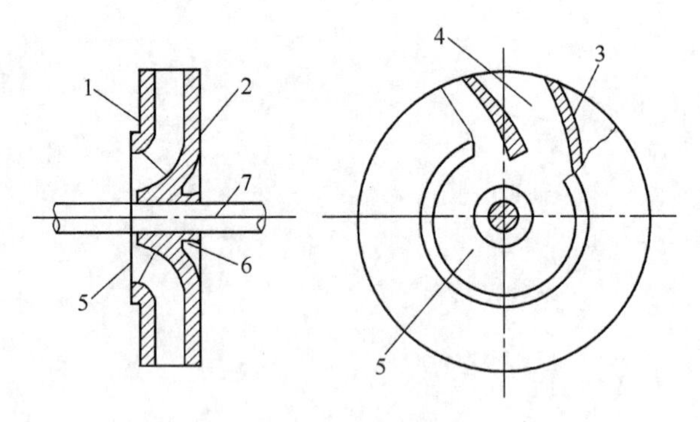

图 2-2 单吸闭式叶轮

1—前盖板；2—后盖板；3—叶片；4—流道；5—泵轴；6—轮毂；7—吸液口

离心泵的工作过程实际上是一个能量传递和转化的过程，它把电动机高速旋转的机械能转化为被输送液体的动能、位能和压力能。在这个传递和转化过程中，伴随着许多能量损失，这种能量损失越大，离心泵的性能就越差，工作效率就越低。

离心泵的工作原理与后面讲到的容积泵完全不同。容积泵是靠工作容积由大变小将液体强行排挤出去，而离心泵是靠离心力将液体从叶轮中抛出去。离心泵的流量和扬程之间有相互对应的关系，因此可以用安装在泵出液管路上的阀门来调节流量。但是对于容积泵，一般是不允许用这种方法来调节流量，关小排液管路上的阀门，不仅起不到调节流量的作用，反而会使泵因排压过大而发生事故。但在离心泵工作过程中，即使完全关死排液管路上的阀门，在短时间内一般也不会引起事故。

2.1.2 离心泵基本方程及应用

2.1.2.1 关于泵的名词术语

(1) 流量Q

流量是单位时间内泵排出液体的体积，常用单位为 m^3/s 、m^3/h 或 L/s。

理论流量Q_T是指单位时间内吸入叶轮中的液体体积，与泵的流量Q的关系为

$$Q_T = Q + \sum q \tag{2-1}$$

式中，$\sum q$为泵在单位时间内的泄漏量，单位与Q相同。

(2) 扬程（压头）H

扬程，又称为压头，是指泵输送单位重量的液体从泵进口处（泵进口法兰）到泵出口处（泵出口法兰）总机械能的增值，即单位重量液体通过泵获得的有效能量，常用单位为 m。根据伯努利方程，扬程的数学表达式为

$$\begin{aligned} H &= \left(Z_2 + \frac{c_2^2}{2g} + \frac{p_2}{\rho g}\right) - \left(Z_1 + \frac{c_1^2}{2g} + \frac{p_1}{\rho g}\right) \\ &= (Z_2 - Z_1) + \left(\frac{c_2^2}{2g} - \frac{c_1^2}{2g}\right) + \left(\frac{p_2}{\rho g} - \frac{p_1}{\rho g}\right) \end{aligned} \tag{2-2}$$

式中 p_1，p_2——泵进、出口处液体的压力，Pa；
c_1，c_2——泵进、出口处液体的速度，m/s；
Z_1，Z_2——泵进、出口处到任选的测量基准面的距离，m；
ρ——液体密度，kg/m^3；
g——重力加速度，m/s^2。

理论扬程H_T是指离心泵叶轮向单位重量的液体所传递的能量，与泵扬程H的关系为

$$H_T = H + \sum h_h \tag{2-3}$$

式中 $\sum h_h$——水力损失，m。

(3) 转速n

离心泵的转速是指泵轴每分钟旋转的次数，单位为 r/min。

(4) 功率P

离心泵的功率P通常指泵轴的输入功率，即原动机传到泵轴上的功率，一般称为轴功率，单位为 kW 或 W。

离心泵的输出功率P_e是单位时间内离心泵输送出去的液体从泵中获得的有效能量，也称为有效功率，即

$$P_e = Q\rho g H / 1000 \tag{2-4}$$

式中 Q——泵的流量，m^3/s；
H——泵的扬程，m；
ρ——液体密度，kg/m^3；
g——重力加速度，m/s^2。

(5) 效率 η

离心泵的效率 η 是指有效功率 P_e 和轴功率 P 之比，即

$$\eta=\frac{P_e}{P} \tag{2-5}$$

2.1.2.2 叶轮内流体的速度三角形

在分析离心泵叶轮内流体速度三角形的构成时，首先假设离心泵的叶轮为理想叶轮，即叶轮中的叶片无限多，叶片的厚度可忽略不计；叶片间流动的液体为理想流体，即不可压缩、没有黏性（黏度为零）的流体。

离心泵工作时，叶轮内的液体，一方面随着叶轮一起作旋转运动，另一方面又在转动着的叶轮中从内向外运动。因此，液体在叶轮中的运动是一种复杂运动，如图 2-3 所示。当叶轮不转动时，液体流过叶轮的运动如图 2-3 中（a）箭头所示。当叶轮外围通道封闭时，叶轮内的液体随着叶轮一起转动，如图 2-3 中（b）箭头所示。如果叶轮转动，其内的液体既随着叶轮一起转动又沿叶轮流道流动时，液体运动如图 2-3 中（c）箭头所示。液体相对于静止坐标（泵体）的运动，其绝对运动速度可以由液体随着叶轮旋转的牵连运动速度（也称圆周速度）$\boldsymbol{u}$ 和液体从旋转着的叶轮由内向外的相对运动速度 $\boldsymbol{w}$ 合成而得，即

$$\boldsymbol{c}=\boldsymbol{u}+\boldsymbol{w}$$

两个速度的矢量和所组成的图形，即为相应点处液体运动的速度三角形，如图 2-3 中（d）所示。

按前面的假设，理想液体在理想叶轮中流动时，会受到叶片严格约束，液体相对运动的轨迹与叶片的形状完全一致，相对速度的方向与叶片相切。理想叶轮内叶片上任一点 i 处的液体流动速度三角形如图 2-4 所示。该点处液体的绝对速度为 $c_{i\infty}$，牵连速度和相对速度分别为 $u_{i\infty}$ 和 $w_{i\infty}$。在 i 点处的叶片安置角（叶片在 i 点的切线与牵连速度反方向间的夹角）为 β_{iA}，相对速度的方向角（液体相对速度与牵连速度反方向间的夹角）为 $\beta_{i\infty}$，此时，$\beta_{iA}=\beta_{i\infty}$。绝对速度在叶轮径向投影 $c_{ir\infty}$ 称为径向分速度或轴面速度，在牵连速度方向上的投影 $c_{iu\infty}$ 称为周向分速度，$c_{i\infty}$ 与 $u_{i\infty}$ 的夹角为 $\alpha_{i\infty}$。构成速度三角形的各边速度可根据叶轮的结构尺寸、工作转速及液体流动条件得出。速度三角形的底边圆周速度 $u_{i\infty}$ 只与叶轮在此处的回转直径 D_i 和转速 n 有关，其大小为

$$u_{i\infty}=\pi D_i n/60 \tag{2-6}$$

$u_{i\infty}$ 的方向指向旋转方向并与圆周相切。

径向分速度 $c_{ir\infty}$ 只与理论流量 Q_T、叶轮在此处的回转直径 D_i 和流道宽度 b_i 有关，其值为

$$c_{ir\infty}=\frac{Q_T}{\pi D_i b_i} \tag{2-7}$$

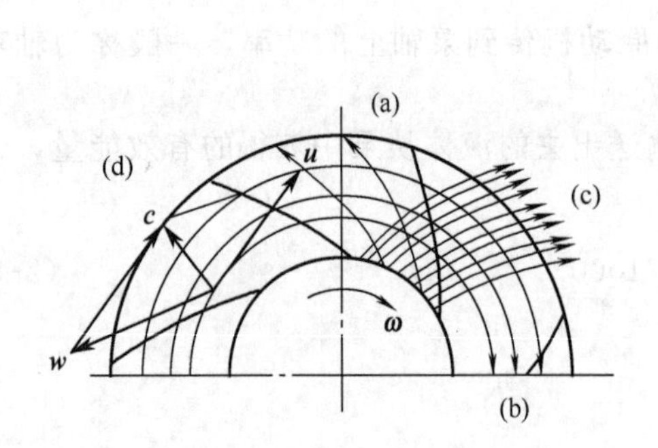

图 2-3 液体的绝对运动

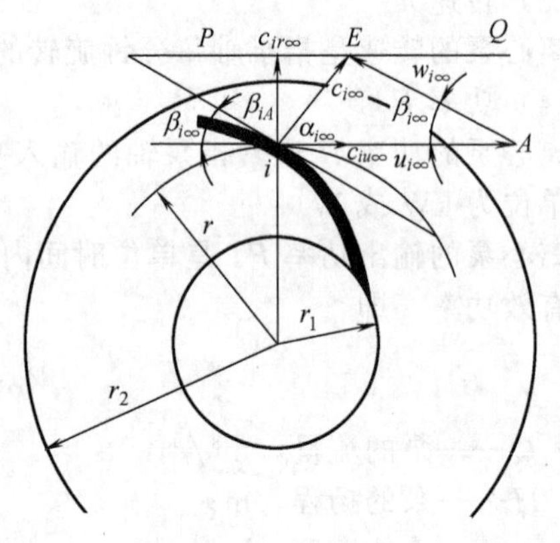

图 2-4 叶轮内任意点内速度三角形

径向分速度 $c_{ir\infty}$ 的方向垂直于圆周速度 $u_{i\infty}$ 并由内指向外。液体在该点处的相对速度 $w_{i\infty}$ 的方向与叶片表面相切。速度三角形的具体作法是，过 i 点作圆周切线并在旋转方向量取 $u_{i\infty}$ 值得 A 点，在 i 点的径向线上量取 $c_{ir\infty}$ 值，作线 PQ 平行于 iA，再过 A 点作平行于叶片切线的直线交 PQ 于 E 点，连接 iE 即得 i 点的液体速度三角形。同样，在叶轮进出口处皆可画出类似的速度三角形。

对于实际叶轮，叶片数并不是无限多，叶片也有一定厚度。由于叶片间液体惯性和黏性的作用，液体在叶轮中的运动轨迹与叶片形状并不一致。液体在流道内运动时，相对速度的方向角 β_i 与叶片安置角 β_{iA} 不相等。由于叶片厚度的影响，径向分速度 c_{ir} 应为

$$c_{ir}=\frac{Q_T}{\pi D_i b_i \tau_i} \tag{2-8}$$

式中，τ_i 为叶轮内叶片 i 点处阻塞系数。

根据以上分析，可以得到实际叶轮进出口处的速度三角形，如图 2-5 所示，各项速度的计算与理想叶轮的对应速度计算基本相同，但要考虑到实际情况对计算结果的影响。

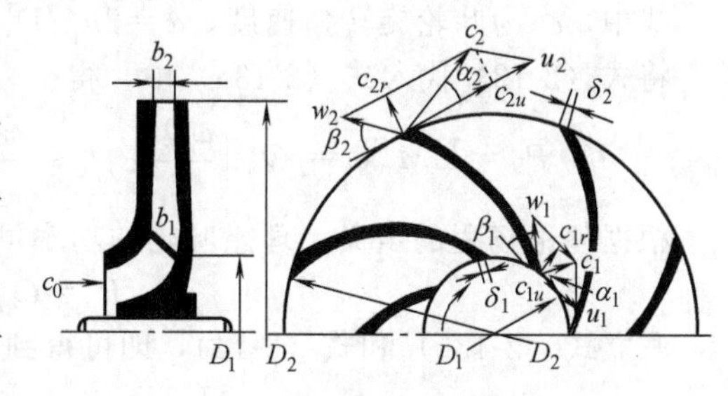

图 2-5 叶轮进出口的速度三角形

不管是理想叶轮还是实际叶轮，速度三角形均可以表示叶轮中液体运动速度的大小和方向，其形状和大小决定于叶轮的几何形状和尺寸、叶轮转速及理论流量，即速度三角形的形状及大小对应着离心泵的一定工况。离心泵的性能与泵的工况有密切的关系，因此，叶轮中液体的速度三角形，在研究和分析离心泵的性能中有很重要的作用。

2.1.2.3 离心泵的基本方程

离心泵基本方程，也称理论扬程方程，表示液体在叶轮中作稳定流动时叶轮对液体所做的功与液体运动状态变化之间的关系。为了在分析推导基本方程式时使问题简化，仍采用前面所述的理想叶轮和理想液体概念，即在理想叶轮中，液流完全沿着叶片的形状流动，流动方向与叶片表面相切；在任意 i 点上的相对速度方向角与叶片在该点处的安置角相等，即 $\beta_i=\beta_{iA}$；流道中任一圆周上相对速度的分布是均匀的；液体在流动过程中无黏性，流动阻力损失可忽略不计。

根据动量矩定理可知，质点系对某轴的动量矩对时间的导数等于外力对同轴的力矩。

$$\frac{\mathrm{d}L}{\mathrm{d}t}=\sum M_0^E \tag{2-9}$$

式中　　L——液体对转轴的动量矩；

$\sum M_0^E$——外力 E 对转轴 O 的力矩。

假设在时刻 t，流体充满两叶片的空间 $ABDC$，如图 2-6 所示。在时刻 $t+\mathrm{d}t$ 时，液体流到 $A'B'D'C'$ 位置。离心泵在稳定工况下，两叶片间的 $A'B'DC$ 空间部分液体的动量矩保持不变。因此在上述两个时刻间，液流动量矩的增值是 $ABB'A'$ 和 $CDD'C'$ 两部分液流的动量矩之差。根据不可压缩液体的连续方程，这两部分液体的流量相等、质量相等，即

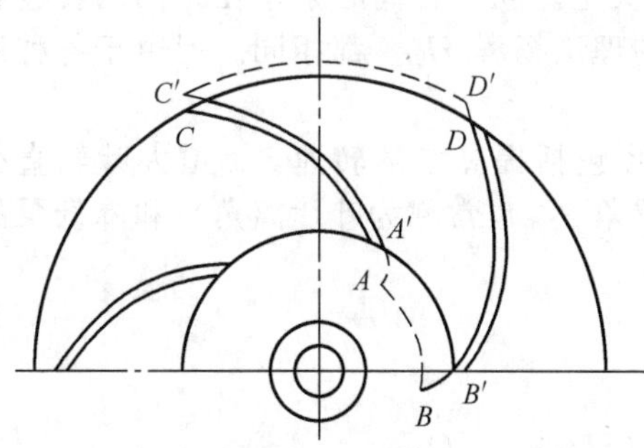

图 2-6 叶轮流道内流体微单元的运动与动量矩变化

$$M_{ABB'A'}=M_{CDD'C'}=\frac{\rho Q_T}{Z}\mathrm{d}t \tag{2-10a}$$

对整个叶轮而言，液流中产生动量矩变化的质量为

$$\sum M_{ABB'A'}=\sum M_{CDD'C'}=\rho Q_T\,\mathrm{d}t \tag{2-10b}$$

在$ABB'A'$处的液流速度为流道进口处流速c_1，在$CDD'C'$处的液流速度为流道出口处流速c_2，在dt时间内流过叶轮的液流动量矩变化为

$$\mathrm{d}L=L''-L'=\rho Q_T\left(\frac{D_2}{2}c_{2u\infty}-\frac{D_1}{2}c_{1u\infty}\right)\mathrm{d}t \tag{2-11}$$

将式（2-11）代入式（2-9）可得

$$\sum M_0^E=\frac{\mathrm{d}L}{\mathrm{d}t}=\rho Q_T\left(\frac{D_2}{2}c_{2u\infty}-\frac{D_1}{2}c_{1u\infty}\right) \tag{2-12}$$

此力矩为叶片推动液流流动时转轴所受的力矩，即流量为Q_T时转轴的做功力矩。

叶轮在单位时间内所做的功，即叶轮功率，其大小可以表示为

$$P_i=\sum M_0^E\omega \tag{2-13a}$$

式中，ω为叶轮旋转角速度，$\omega=2u_i/D_i$，rad/s。

将式（2-12）代入式（2-13a）中，得

$$P_i=\sum M_0^E\omega=\rho Q_T\left(\frac{\omega D_2}{2}c_{2u\infty}-\frac{\omega D_1}{2}c_{1u\infty}\right)=\rho Q_T(u_2c_{2u\infty}-u_1c_{1u\infty}) \tag{2-13b}$$

根据理论扬程的定义，理想叶轮的功率可用理论扬程$H_{T\infty}$表达为

$$P_i=Q_TH_{T\infty}\rho g \tag{2-14}$$

联立式（2-13b）和式（2-14），即可得到离心泵的理论扬程方程

$$H_{T\infty}=(u_2c_{2u\infty}-u_1c_{1u\infty})/g \tag{2-15}$$

上式即为离心泵基本方程式，也称为欧拉方程。

对于一般离心泵，可假定$c_{1u\infty}\approx0$，故式（2-15）简化为

$$H_{T\infty}=u_2c_{2u\infty}/g \tag{2-16}$$

在图2-5所示的出口速度三角形中，根据几何关系

$$c_{2u\infty}=u_2-c_{2r\infty}\cot\beta_{2A} \tag{2-17}$$

联立式（2-16）和式（2-17），可得离心泵基本方程式的另一种表达式

$$H_{T\infty}=\frac{u_2}{g}(u_2-c_{2r\infty}\cot\beta_{2A}) \tag{2-18}$$

通过对离心泵基本方程式进行分析，可以得出以下结论。

ⅰ.基本方程式的各种表达形式，是在理想叶轮和理想液体的假设下推导出来的，所以，其扬程为理想叶轮的理论扬程$H_{T\infty}$。对于单位重量的实际液体，流过实际叶轮后的能量增值，即实际扬程H，总是小于理想叶轮的理论扬程$H_{T\infty}$。

ⅱ.基本方程式（2-15）表明，离心泵的理论扬程$H_{T\infty}$只与液体在流道进出口处速度三角形边长u_2、$c_{2u\infty}$和u_1、$c_{1u\infty}$有关，而与泵输送液体的性质无关。因此，离心泵的理论扬程$H_{T\infty}$是由叶轮的形状尺寸、工作转速及流量所决定。同一台离心泵，在相同的转速和体积流量下工作时，不论输送什么液体，叶轮给出的理论扬程$H_{T\infty}$都相同。但由于各种液体的密度差异，泵出口处的压力不相等。

ⅲ.式（2-18）表明，提高泵的扬程$H_{T\infty}$的途径包括提高泵的转速n、增大叶轮直径D_2、增大叶轮叶片离角β_{2A}（叶轮出口处的叶片安置角β_{2A}也常称为叶片离角）和降低泵的流量等。

2.1.2.4 出口安置角和叶片数对扬程的影响

将式（2-6）和式（2-8）代入式（2-18）中，得

$$H_{T\infty}=\frac{u_2}{g}(u_2-c_{2r\infty}\cot\beta_{2A})=\frac{\pi D_2n}{60g}\left(\frac{\pi D_2n}{60}-\frac{Q_T}{\pi D_2b_2}\cot\beta_{2A}\right) \tag{2-19}$$

从上式可以看出，当叶轮尺寸、转速和流量一定时，理论扬程$H_{T\infty}$随叶片离角的增大而增

加。对于图 2-7 所示的三种不同类型的叶片，当 $\beta_{2A}<90°$，叶片弯曲方向与叶轮旋转方向相反，即图 2-7（a）所示的后弯式叶片；当 $\beta_{2A}=90°$，即为径向叶片，如图 2-7（b）所示；当$\beta_{2A}>90°$，叶片弯曲方向与叶轮旋转方向相同，即图 2-7（c）所示的前弯式叶片。图 2-7（d）表示相应的速度三角形。对比三种叶片可知，前弯式叶片所产生的理论扬程 $H_{T\infty}$ 最大。

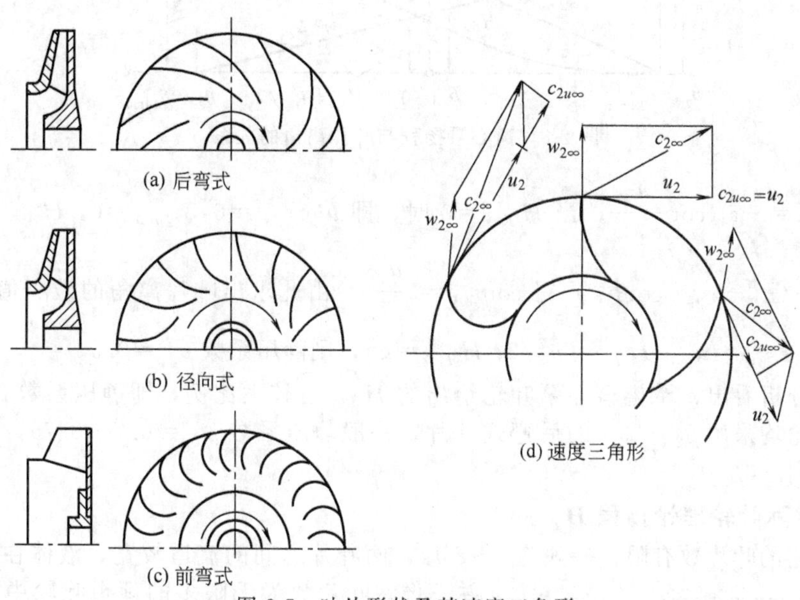

图 2-7 叶片形状及其速度三角形

对泵来讲，一般都希望静压头高，静压头占总能量头的比例要大。相反，动压头大意味着液流速度高，无论在叶轮流道内还是进入压液室，排出管中液体的阻力损失都相应增加，泵的效率降低。

若采用静压系数 ρ_{∞} 表示静压头 $H_{P\infty}$ 在总压头 $H_{T\infty}$ 中所占的比例，即 $\rho_{\infty}=\dfrac{H_{P\infty}}{H_{T\infty}}=\dfrac{H_{T\infty}-H_{d\infty}}{H_{T\infty}}$。一般离心泵中 $c_{1u\infty}=0$，$c_{2r\infty}\approx c_{1r\infty}$，因此液体流过叶轮前后的动能增量为

$$H_{d\infty}=\frac{c_{2\infty}^2-c_{1\infty}^2}{2g}=\frac{c_{2u\infty}^2-c_{1u\infty}^2}{2g}-\frac{c_{2r\infty}^2-c_{1r\infty}^2}{2g}\approx\frac{c_{2u\infty}^2}{2g} \tag{2-20}$$

所以

$$\rho_{\infty}=1-\frac{c_{2u\infty}}{2u_2} \tag{2-21}$$

$$c_{2u\infty}=u_2-c_{2r\infty}\cot\beta_{2A}$$

由上式看出，$c_{2u\infty}$ 随 β_{2A} 增大而增加，ρ_{∞} 随 β_{2A} 的增大而减小。因此，欲使静压头占总能量头的比例大，则 β_{2A} 值较小为好，即采用后弯叶片。

根据 $H_{T\infty}=u_2c_{2u\infty}/g$，当叶轮尺寸及转速一定时，$H_{T\infty}$ 和 $c_{2u\infty}$ 二者呈直线关系，如图 2-8 所示。由 $H_{d\infty}\approx\dfrac{c_{2u\infty}^2}{2g}$知，$H_{d\infty}$ 和 $c_{2u\infty}$ 的变化关系为通过原点的二次曲线。

由式（2-21）可知，当 $c_{2u\infty}=0$ 时，$\rho_{\infty}=1$；当 $c_{2u\infty}=2u_2$ 时，$\rho_{\infty}=0$。所以 ρ_{∞} 和 $c_{2u\infty}$ 的变化关系为下降直线。当 $\rho_{\infty}=0$ 时，说明流过叶轮的液体将只有速度的增加，而无压力的提高，如 β_{2A} 再增加，则流体流过叶轮后压力反而降低，实际上泵是不可能在这种情况下工作的，因此由 $c_{2u\infty}=u_2-c_{2r\infty}\cot\beta_{2A}$ 可得到 $\cot\beta_{2A}=-\dfrac{u_2}{c_{2r\infty}}$，由此得出叶片离角的

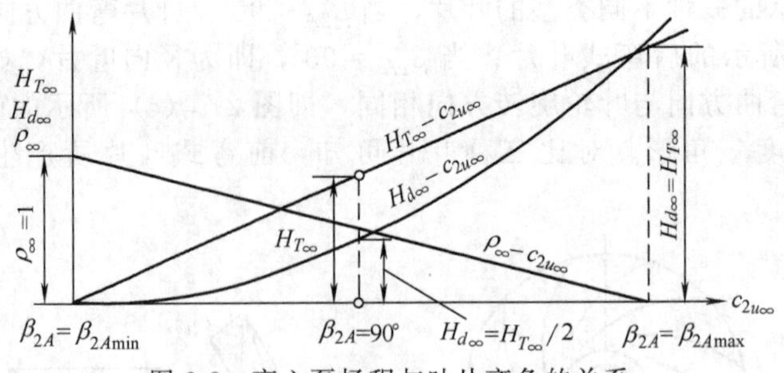

图 2-8　离心泵扬程与叶片离角的关系

最大值$\beta_{2A\max}=-\operatorname{arccot}\dfrac{u_2}{c_{2r\infty}}$；当 $H_{T\infty}=0$ 时，即 $u_2c_{2u\infty}=0$，$c_{2u\infty}=0$，$H_{d\infty}\approx\dfrac{c_{2u\infty}^2}{2g}=0$，由 $H_{T\infty}=\dfrac{u_2}{g}(u_2-c_{2r\infty}\cot\beta_{2A})$ 得 $\cot\beta_{2A}=\dfrac{u_2}{c_{2r\infty}}$，由此求出叶片离角的最小值 $\beta_{2A\min}$。当 $\beta_{2A}=90°$时，$c_{2u\infty}=u_2$，$H_{d\infty}=u_2^2/2$，$H_{T\infty}=u_2^2$，则静压系数 $\rho_\infty=0.5$。

由以上分析看出，希望离心泵叶轮给出的 $H_{T\infty}$ 占较大比例，即静压系数 ρ_∞ 要大，所以离心泵叶轮均采用$\beta_{2A}<90°$的后弯式叶片，一般静压系数 $\rho_\infty=0.7\sim0.75$，叶片离角常用值为$\beta_{2A}=16°\sim40°$。

2.1.2.5　实际叶轮理论扬程 H_T

实际叶轮的叶片数有限，一般为 2～8 片，两叶片之间的流道较宽，液体在其间流动时并不像在叶片数为无限多的理想叶轮中那样被叶片紧紧约束。在实际叶轮中，任意两叶片间的液流因液体本身的惯性力影响产生附加的相对于叶轮旋转状态的运动，即如图 2-9 所示的与叶轮转向相反的轴向涡流。

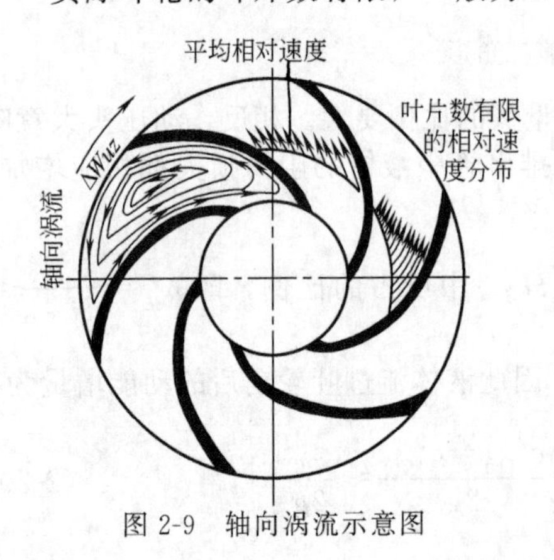

图 2-9　轴向涡流示意图

在叶片数有限的实际叶轮中，液体的相对运动可以看成是由跟叶片形状完全一致的均匀相对运动和因惯性力而产生的附加轴向涡流运动叠加而成。在同一个圆周上，液体流过实际叶轮时相对速度的大小不一样，在叶片工作面一侧相对速度变小，在叶片背面（非工作面）相对速度增大。这反映在出口速度三角形上便是 $c_{2u}<c_{2u\infty}$，所以

$$H_T=u_2c_{2u}<H_{T\infty}=u_2c_{2u\infty}$$

工程上为计算方便，一般采用环流系数来考虑叶片数有限时对扬程的影响，即

$$H_T=\mu H_{T\infty}\tag{2-22}$$

式中，μ 为环流系数，一般由经验公式确定。

2.1.2.6　离心泵的能量损失和效率

前面分析了实际叶轮理论扬程 H_T 和理论流量Q_T 的计算关系。但泵在工作中输送的液体不可能是无黏性的理想液体，因而要对基本方程式做进一步修正，得出泵的实际扬程 H。此外，泵的实际工作状态不可能处于理想状态，由于存在各种泄漏，泵的实际流量 Q 比理论流量 Q_T 要低些。由于泵在运转中不可避免地存在着机械损失，泵的轴功率 P 也要比泵的有效功率大些。因此应当尽量减少泵的各种损失，以达到输送液体高效节能的目的。离心泵在输送液体过程中，会产生下列损失。

(1) 水力损失$\sum h_h$和水力效率 η_h

液体流经泵时，要产生水力损失。水力损失包括：液体流经泵吸液室、叶轮换能装置、压液室及扩压管等元件时的沿程摩擦损失$\sum h_p$；因转弯、收缩或扩大等在内的局部阻力损失$\sum h_M$；泵在偏离设计工况下运转时，液体流入叶轮及换能装置等处发生冲击而造成的冲击损失$\sum h_{sh}$。

由流体力学知，湍流时沿程摩擦损失$\sum h_p$和局部阻力损失$\sum h_M$均与液体流量（或流速）的平方成正比，即$\sum h_p+\sum h_M=\zeta Q_T^2$这两项阻力损失能头可用一条过原点的二次抛物线表示，如图2-10所示。为了减小这部分损失，降低流速，尤其是降低压液室和多级泵中导轮转弯处的速度极为重要。另外，在工艺条件允许时，应尽可能降低叶轮过流部分的表面粗糙度。

离心泵的流道，尤其是叶轮流道的形状比较复杂，通常由许多比较短，而且多半呈曲线的扩压及收缩部分串联而成。因此，流动损失是由许多一个接一个的局部损失所构成的。当液流做绝能扩压流动时，如果流道扩压度（扩压流道出口面积和进口面积之比）过大，将造成很大的边界层分离损失。为了减小这种损失，叶轮流道扩压度应控制在适当范围内，同时叶片间流道面积变化也应均匀。液体在收缩流道中流动不易发生边界层分离，流动损失较小。因此，在离心泵中，如在吸液室及叶轮进口等液流方向发生剧烈变化的地方，往往做成收缩流道。

流体流入叶轮及换能装置等处发生冲击而造成的冲击损失$\sum h_{sh}$随流量Q_T的变化与$\sum h_p+\sum h_M$不同，即当$Q'_T=0$时，$\sum h_{sh}\neq 0$，而在设计流量Q_T^*（泵效率最高时的流量，在此时液体能够平滑地沿叶片进入叶轮，没有液流冲击现象）时，$\sum h_{sh}=0$，如图2-11所示。它是与横坐标相切于流量的二次曲线。因此，为了减少冲击损失，要求泵的操作尽量在设计流量附近运转。

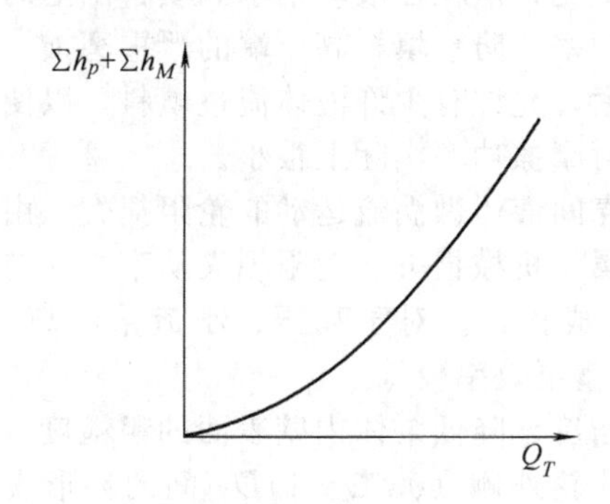

图2-10　沿程局部阻力损失与流量的关系

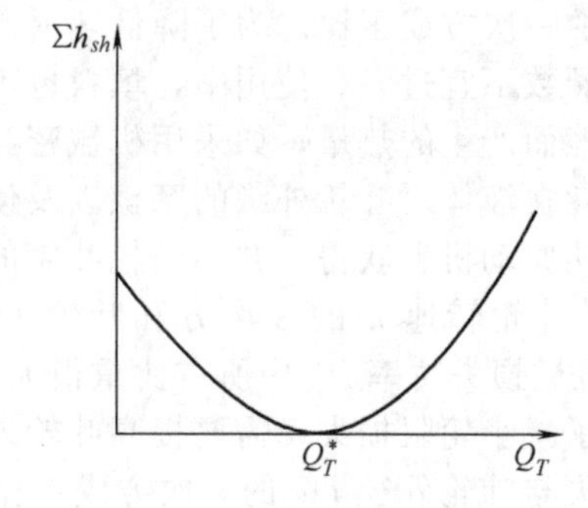

图2-11　冲击损失曲线

水力损失$\sum h_h$表明，叶轮给予液体的能量，其中有一部分消耗在从泵吸入口到泵排液口的过流部件的阻力损失上。因此，泵的实际扬程H比有限叶片理论扬程H_T低，即

$$H=H_T-\sum h_h \tag{2-23}$$

水力损失的大小可用水力效率η_h表示，即离心泵考虑了水力损失后的功率P_e与未经水力损失前的功率P'之比值

$$\eta_h=\frac{P_e}{P'}=\frac{\rho gHQ}{\rho gH_TQ}=\frac{H}{H_T} \tag{2-24}$$

通常水力效率$\eta_h=0.8\sim0.9$。

（2）容积损失$\sum q$和容积效率η_V

离心泵工作时，泵内各部分的液体压力不相同，由于结构上的原因，泵的固定元件（泵体）和转动部件（叶轮）之间必然存在间隙。在间隙两侧液体压力差的推动下，产生液体从

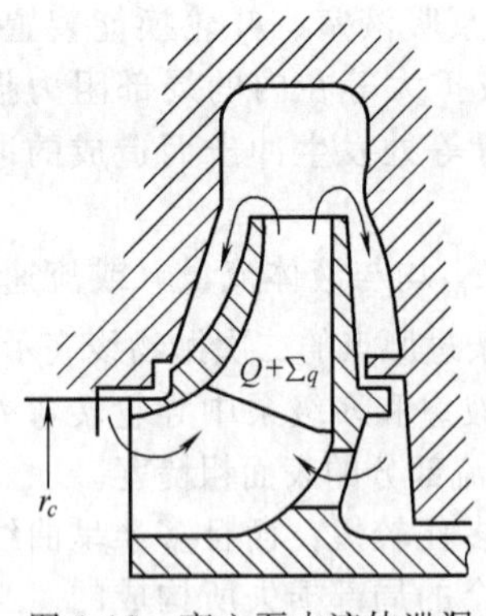

图 2-12　离心泵内液体泄漏

高压端向低压端的流动，如图 2-12 所示。这部分由高压区流回低压区的液体流量为$\sum q$，它虽然在流经叶轮时获得了能量，但未被有效利用而是在泵内循环流动中为克服间隙阻力消耗掉了，这种能量损失称为容积损失。由于容积损失的存在，泵的实际排出流量 Q 比流经叶轮的理论流量 Q_T 要少，即

$$Q=Q_T-\sum q \tag{2-25}$$

为了降低泄漏量$\sum q$，需要减小密封间隙环形面积，增加密封间隙阻力。

容积损失的大小，用容积效率 η_V 表示，即考虑了容积损失后的功率 P' 与未经容积损失前的功率 P_i 之比，

$$\eta_V=\frac{P'}{P_i}=\frac{QH_T\rho}{Q_TH_T\rho}=\frac{Q}{Q_T}=\frac{Q}{Q+\sum q} \tag{2-26}$$

容积效率 η_V 与泵的结构形式有关，其值一般为 $\eta_V=0.90\sim0.96$。

(3) 机械损失 P_m 和机械效率 η_m

机械损失 P_m 的影响不容忽视，其大小一般用机械效率 η_m 来衡量。机械损失主要包括：轴与轴承、轴与轴封装置间因旋转运动而发生的摩擦阻力损失 P_{rf} 以及叶轮圆盘与液体间发生摩擦而引起的轮阻损失 P_{df}，即 $P_m=P_{rf}+P_{df}$，其中轮阻损失是机械损失中最大的一项。

消耗在轴承及填料函中的摩擦功率与它们的结构有关，而与泵的工况无直接关系。根据计算，消耗在滑动轴承上的功率与转速的二次方成正比，消耗在滚动轴承和填料函上的功率与转速的一次方成正比。为了降低填料函中的摩擦功率，防止填料高压端的严重磨损，填料密封的圈数不宜过多。使用中，填料也不要压得过紧，允许有少许液体流过填料，以便带出由于摩擦而产生的热量，如采用机械密封结构。轴封摩擦功率实际上很小。

消耗在液体对叶轮外缘的摩擦以及使叶轮和泵壳间液体做涡流运动的轮阻损失，由于功耗直接从原动机上获得，并不消耗叶轮的压头，故属于机械损失。轮阻损失功率 P_{df} 与液体密度 ρ、叶轮转速 n 的 3 次方和叶轮 D_2 的 5 次方成正比。对于高压、小流量的离心泵，P_{df} 在机械损失功率 P_m 中所占比重很大，因此该类型泵效率较低。

为了减小轮阻损失，需要提高叶轮外表面的**光洁度**、降低泵体内壁表面的**粗糙度**。由于轮阻损失与叶轮外径 D_2 的 5 次方成正比，只需将叶轮外侧 $(0.72\sim1)D_2$ 间的环形表面进行磨光，即可明显减小轮阻损失而又降低成本。

机械损失的大小，可用机械效率 η_m 表示，即原动机传给泵的功率经机械损失后剩余的功率与原动机传给泵的功率之比。

$$\eta_m=\frac{P-P_m}{P}=\frac{P_i}{P} \tag{2-27}$$

式中　P——泵的轴功率，kW；

P_i——单位时间内叶轮所做的有效功，kW。

(4) 总能量损失和总效率

离心泵的总能量损失为以上各项损失之和，即

$$P_{tf}=P_{hf}+P_{qf}+P_m \tag{2-28}$$

式中　P_{tf}——离心泵的总能量损失，kW；

P_{hf}——离心泵的水力损失，kW；

P_{qf}——离心泵的容积损失，kW；

P_m——离心泵的机械损失，kW。

泵的轴功率通常指输入泵轴的功率，一般称为功率 P。而泵的输出功率 P_e 是指有效功率。泵的有效功率与轴功率之比为泵的总效率，一般称为效率 η，即

$$\eta=\frac{P_e}{P}=\eta_V\eta_h\eta_m \tag{2-29}$$

离心泵的效率 η 一般为0.5～0.9。

2.1.3 离心泵的性能曲线

2.1.3.1 性能曲线

所谓离心泵的性能曲线是指每台离心泵在指定转速下，对应于一定流量 Q 就有一定的扬程 H、轴功率 P 和效率 η，即 H、P 和 η 等参数与泵流量 Q 之间存在一定的对应关系。这种表示离心泵性能参数间关系的曲线称为性能曲线或特性曲线。

离心泵的性能曲线图是正确选择、合理使用离心泵的主要依据。由于液体在泵内做复杂运动，对于泵内的水力损失还难以准确计算。

到目前为止，还无法用理论计算方法来确定泵的性能曲线，而只能通过试验得出，如图2-13所示。图中表示了泵转速为2900r/min时实测的扬程-流量曲线 H-Q，功率-流量曲线 P-Q 和效率-流量曲线 η-Q 等。

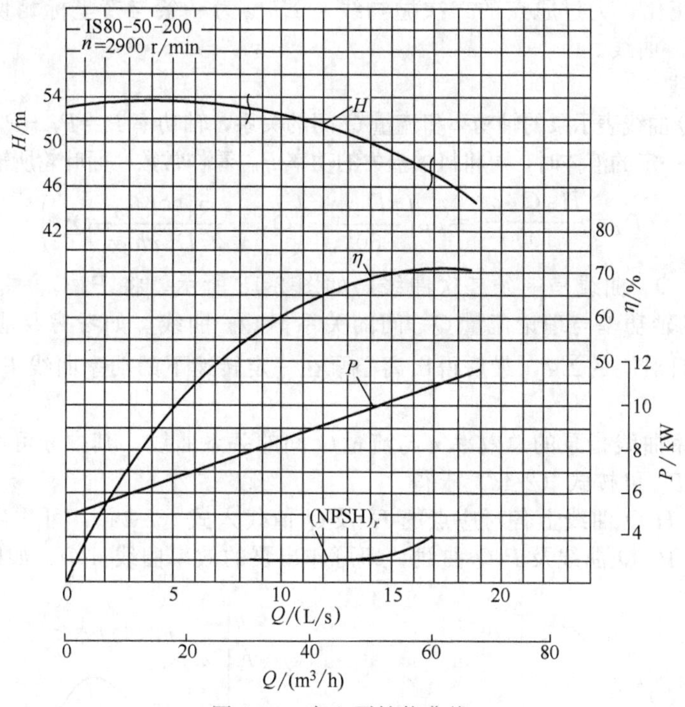

图2-13 离心泵性能曲线

为了正确理解泵的性能曲线，明确性能曲线与离心泵过流部分形状的关系，需要从理论上对性能曲线做一些定性分析，以便了解影响离心泵性能的各种因素。

(1) H-Q 曲线

离心泵的 H-Q 曲线表示泵的扬程和流量之间的关系。根据式(2-19)

$$H_{T\infty}=\frac{u_2}{g}c_{2u\infty}=\frac{u_2}{g}(u_2-c_{2r\infty}\cot\beta_{2\infty})=\left(\frac{\pi D_2 n}{60}\right)^2\frac{1}{g}-\frac{n\cot\beta_{2A}}{g60b_2\tau_2}Q_T$$

对于给定的离心泵，在一定转速下，n、D_2、b_2、β_{2A} 及 τ_2 均为常数。这样 $H_{T\infty}$ 和 Q_T 的关系就相当于 $H_{T\infty}=A-BQ_T$，其中 A、B 均为相应的常数。

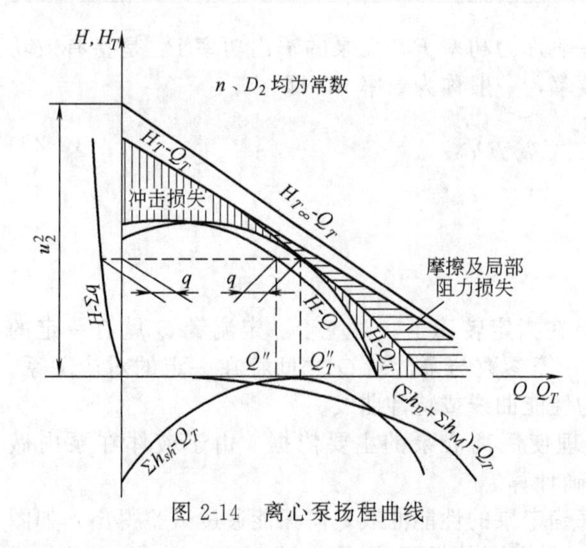

图 2-14 离心泵扬程曲线

一般叶片离角 $\beta_{2A}<90°$，因此 $H_{T\infty}$-Q_T 为一条向下倾斜的直线，如图 2-14 所示。

当 $Q_T=0$ 时

$$H_{T\infty}=\frac{u_2^2}{g}=\left(\frac{\pi D_2 n}{60}\right)^2\frac{1}{g} \tag{2-30}$$

当 $H_{T\infty}=0$ 时

$$Q_T=\frac{\pi^2 nD_2^2 b_2\tau_2}{60\cot\beta_{2A}} \tag{2-31}$$

对于实际离心泵，其理论扬程按式（2-22）计算，即 $H_T=\mu H_{T\infty}$。由于同一流量下 $H_T<H_{T\infty}$，并且环流系数 μ 与流量无关，所以 H_T-Q_T 也为一条倾斜的直线。

离心泵的实际扬程 $H=H_T-\sum h_h$，水力损失 $\sum h_h$ 按照随流量 Q_T 变化的规律分为摩擦阻力损失（$\sum h_p+\sum h_M$）及冲击损失 $\sum h_{sh}$ 两类。摩擦阻力损失（$\sum h_h+\sum h_M$）与流量的平方成正比，为过原点的二次抛物线。$\sum h_{sh}$ 为一条与横坐标相切于 Q_T^* 的二次曲线，由此得 H-Q_T 曲线。

（2）P-Q 曲线

离心泵的 P-Q 曲线表示泵的轴功率和流量 Q 间的关系，轴功率 $P=P_i+P_m$，对于一定的泵，在一定转速下输送一定的液体时，可将机械损失的功率 P_m 看作常数，而叶轮所输出的功率为

$$P_i=\frac{H_T Q_T\rho g}{1000}=\mu\rho\left(\frac{\pi D_2 n}{60}\right)^2\left(Q_T-\frac{60\cot\beta_{2A}}{\pi^2 D^2 nb_2\tau_2}Q_T^2\right) \tag{2-32}$$

由此可知 P_i-Q_T 曲线是一条二次曲线，如图 2-15 所示。将 P_i-Q_T 曲线各点向上移过 P_m 后，得出泵的轴功率与理论流量 Q_T 间的关系 P-Q_T 曲线。如考虑泵泄漏，将 P-Q_T 各点横坐标减去各自对应的 $\sum q$，最后得出离心泵在一定转速下的功率曲线 P-Q。

（3）η-Q 曲线

离心泵的效率曲线指泵的总效率 η 与流量 Q 间的关系曲线，其中 η 可由式（2-5）求得，计算时所需用的 P_e 可按式（2-4a）求得。

将图 2-14 中 H-Q 曲线上各对应点的 H 及 Q 值代入式（2-4a），可作出 P_e-Q 曲线，如图 2-16 所示。由 P_e-Q 曲线及 P-Q 曲线，即可作出泵的效率曲线 η-Q，如图 2-16 所示。

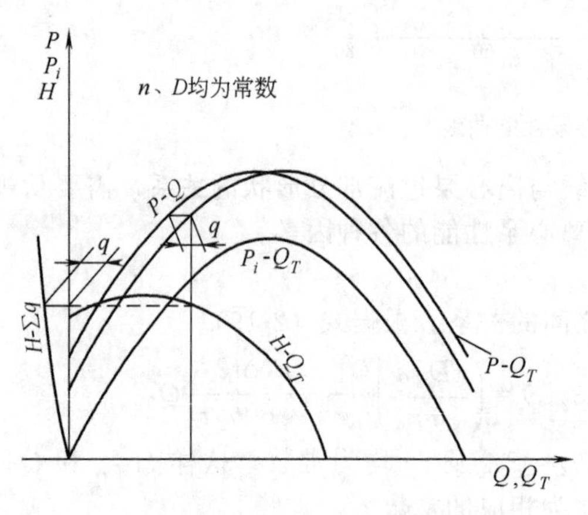

图 2-15 离心泵功率与流量的关系曲线

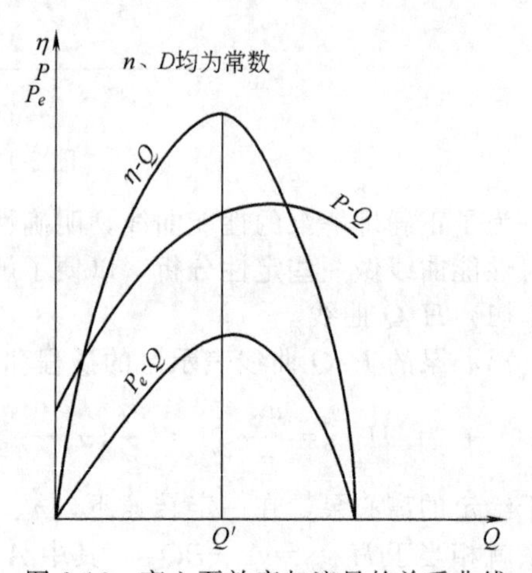

图 2-16 离心泵效率与流量的关系曲线

离心泵的运转条件（如转速）不同或输送液体的特性（黏度、密度等）不同，性能曲线都要发生变化。泵制造厂提供的实测性能曲线，如不特别说明，一般都是指一定转速和一定叶轮直径下输送20℃的清水（$\rho=1000\text{kg/m}^3$）的性能曲线，若使用条件不同，其性能曲线应进行换算。

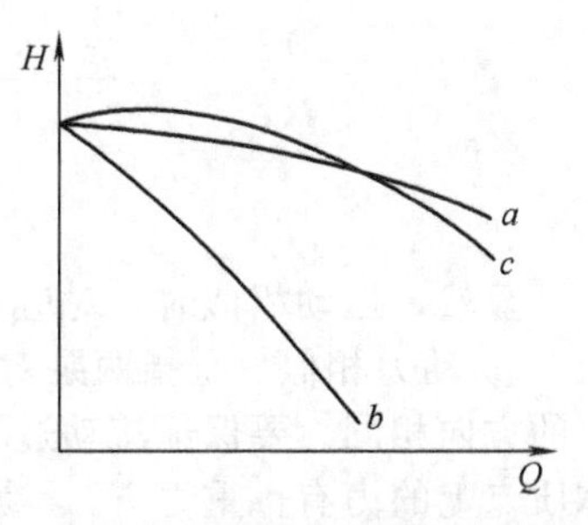

图 2-17　离心泵性能曲线的形状

由 H-Q 曲线可知，泵在一定转速下工作时，泵的每一个流量 Q，对应一个确定的扬程，即泵所给出的扬程 H 只与泵本身的结构和转速有关，而与外界条件无关。离心泵常见的 H-Q 曲线形状有三种情况，如图 2-17 所示。图中 a 为平坦的 H-Q 性能曲线，适用于流量调节范围较大，压力变化较小的系统，如需要用调节阀调节流量并维持一定液面或一定压力的锅炉系统；图中 b 为陡降的 H-Q 性能曲线，适用于压头有波动而要求流量变化较小的系统，如浆液的输送系统，为了避免流速减慢时浆液在管道中堵塞，希望管路系统阻力无论增大多少而流量变化不大的系统；图中 c 为有驼峰的 H-Q 性能曲线，具有这种性能的泵，在运行中可能出现不稳定工况。一般规定泵的工作点扬程必须小于关死扬程，以免泵在不稳定 H-Q 性能曲线上工作。

2.1.3.2　相似定律

（1）离心泵的相似性

离心泵的相似原理主要是研究泵内流动过程中的相似问题，即液体流经相似的泵时，其任何对应点的同名物理量的比值相等，此即流动相似的充分必要条件。

要保证液体在两泵中流动相似，必须满足两泵几何相似、运动相似、动力相似。至于热力相似对离心泵的相似可忽略，但对离心式压缩机的相似是有意义的。本节分析离心泵相似条件时，将两台进行比较的离心泵分别称为模型泵和原型泵，并用右上角打“′”的参数表示模型泵的参数。

① 几何相似　是指进行比较的模型泵和原型泵通流部分的几何形状相似，即对应的线性尺寸之比等于比例常数 λ_L（也称比例缩放系数）；对应的叶片几何角相等；叶片数相等。图 2-18 给出了两个几何相似的离心泵叶轮。严格地说，几何相似还应包括表面加工精度、装配间隙的相似，但实际上很难达到。这些因素影响较小，通常可忽略。

$$\frac{D'_1}{D_1}=\frac{D'_2}{D_2}=\frac{b'_1}{b_1}=\cdots=\frac{D'}{D}=\lambda_L$$

$$\beta'_{A1}=\beta_{A1}；\beta'_{A2}=\beta_{A2}；Z'=Z；\tau'=\tau$$

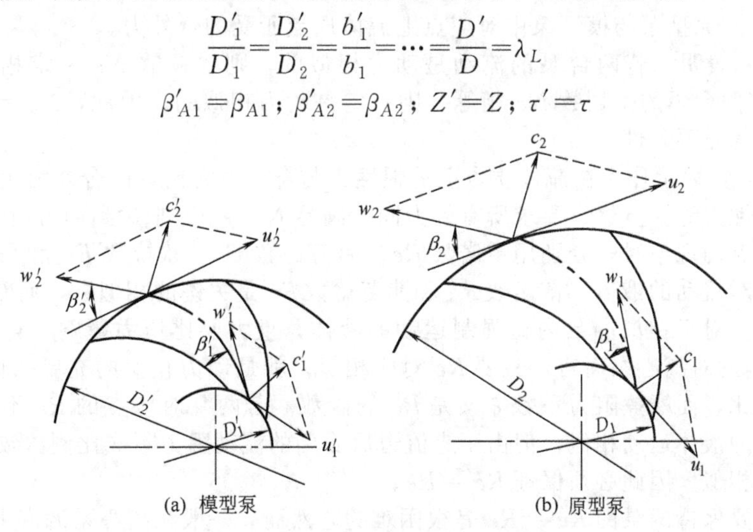

图 2-18　叶轮的几何相似与运动相似图

② 运动相似　是指流动过程中，两泵的对应点上同名速度的比值相等，并等于速度比例常数 λ_c；同名速度的方向角相等。对于叶轮，运动相似如图 2-18 所示，即

$$\frac{c'_2}{c_2}=\frac{c'_1}{c_1}=\frac{c'_{r2}}{c_{r2}}=\frac{c'_{u2}}{c_{u2}}=\frac{w'_2}{w_2}=\frac{u'_2}{u_2}=\cdots=\frac{c'}{c}=\lambda_c$$

$$\beta'_1=\beta_1;\ \beta'_2=\beta_2;\ a'_1=a_1;\ a'_2=a_2$$

显然，运动相似时，对应点的速度三角形是相似的。

③ 动力相似　是指两泵对应点上作用的同名力之比相等，并等于力比例常数 λ_f；同名力的方向相同。要保证流动过程的运动相似，必须先保证两泵动力相似。在叶轮内作用在流体质点上的力有：重力 F_g、黏滞力 F_ν、压力 F_p、弹性力 F_i 及惯性力 F_m。动力相似有

$$\frac{F'_g}{F_g}=\frac{F'_\nu}{F_\nu}=\frac{F'_p}{F_p}=\frac{F'_i}{F_i}=\frac{F'_m}{F_m}=\frac{F'}{F}=\lambda_f$$

为判别动力是否相似，常以动力相似数为依据。根据牛顿运动第二定律，动力相似时有

$$\frac{F'_m}{F_m}=\frac{m'a'}{ma}=\frac{m'c'^2L}{mc^2L'}=\frac{F'}{F}=\lambda_f$$

$$\frac{FL}{mc^2}=\frac{F'L'}{m'c'^2}=Ne$$

又由于牛顿数的定义式为 $Ne=\frac{FL}{mc^2}=\frac{m'L}{m'c'^2}$，再将 $m=\rho L^3$ 代入上式，得

$$\frac{F}{\rho L^2c^2}=\frac{F'}{\rho'L'^2c'^2}=Ne \tag{2-33}$$

式中　Ne——牛顿数；

m，m'——原型泵与模型泵中对应点上流体质点的质量；

ρ，ρ'——原型泵与模型泵中对应点上流体质点的密度；

c，c'——原型泵与模型泵中对应点上流体质点的速度；

a，a'——原型泵与模型泵中对应点上流体质点的加速度；

F，F'——原型泵与模型泵中对应点上流体质点所受的合外力。

式（2-33）表明，若两台泵的流动是动力相似的，则牛顿数 Ne 一定相等，即 $Ne'=Ne$；反之，若两台泵的牛顿数 Ne 相等，则一定是动力相似的。因此，$Ne'=Ne$ 是两台离心泵动力相似的充要条件。

牛顿数 Ne 是表示作用在流体质点上的惯性力与合外力之比，而合外力包括重力、黏滞力、压力和弹性力等。显然，要求所有外力同时满足 $Ne'=Ne$ 来达到动力相似是很困难的。为此，在研究流动现象时，分别用雷诺数 Re、弗劳德数 Fr、欧拉数 Eu 和马赫数 Ma 来判别动力相似。对流动的液体，雷诺数 Re 和弗劳德数 Fr 是关键的相似数，而欧拉数 Eu 是被决定的相似数。对于在离心泵内做强制运动的液体，重力要比压力影响小得多，可以忽略 Fr 的影响。因此对离心泵而言，只要 Re 对应相等，就是动力相似的充要条件。Re 是惯性力与黏滞力之比，而摩擦阻力系数 ξ 又是 Re 的函数。若两泵对应点的 Re 不等，即使在流道通向进口处的液体运动相似，但由于进流道后受到的流动阻力不成比例，致使叶轮出口处液体运动不再相似，因此必须保证 $Re'=Re$。

实际上，要保持两泵的 $Re'=Re$ 是很困难的，然而，一般在离心泵流道中液流的 Re 都大于 10^5，惯性力的影响大大超过黏滞力，黏滞力可忽略，此时流动状态及流速分布已不随 Re 变化，即流动处于自动模化状态，摩擦阻力系数 λ 与 Re 无关。因此只要两泵的 $Re>10^5$，就处于自动模化状态，即使 $Re'\neq Re$，也自动满足动力相似的要求。也就是说，只要两泵 $Re>10^5$，则不需考虑动力相似了。

所以，对 $Re>10^5$ 的两泵的相似条件是几何相似和运动相似。符合相似条件的泵称为相似泵。

(2) 相似定律

两台几何相似、工况也相似的离心泵相似，则它们的扬程、流量和功率符合如下关系。

$$\frac{H'}{H}=\left(\frac{n'}{n}\right)^2\left(\frac{D_2^1}{D_2}\right)^2 \tag{2-34}$$

$$\frac{Q'}{Q}=\frac{n'}{n}\left(\frac{D_2^1}{D_2}\right)^3 \tag{2-35}$$

$$\frac{P'}{P}=\left(\frac{n'}{n}\right)^3\left(\frac{D_2^1}{D_2}\right)^5\frac{\rho'}{\rho} \tag{2-36}$$

式中　H'，H——模型泵、原型泵的扬程；

Q'，Q——模型泵、原型泵的流量；

P'，P——模型泵、原型泵的功率；

n'，n——模型泵、原型泵的转速。

式 (2-34)～式 (2-36) 称为离心泵的相似定律。相似定律广泛应用于离心泵的设计与选型工作中。例如，当设计一台大型离心泵时，由于泵效率的好坏在经济上影响很大，所以要进行几种离心泵方案的比较。这就需要应用相似定律制造几种比实物离心泵尺寸小的模型泵来进行试验，得到试验结果后，再按相似定律换算成实物泵的性能曲线后再进行比较，选择合理方案，从而使试验费用大为减少。

需要说明的是，相似定律是在假定模型泵和原型泵的效率相等的前提下得到的。

(3) 比转数

相似定律表达了在相似条件下相似工况点性能参数之间的相似关系。如果在几何相似泵中能用性能参数之间的某一综合性参数来判别是否为相似工况，则不必证明运动相似，即可方便地运用相似定律，为此提出了“比转数”这一概念。为了使用方便，统一规定只取最佳工况点（即最佳效率工况点）的比转数代表泵的比转数。在国内为使泵的比转数与水轮机的比转数一致，规定其计算式为

$$n_s=3.65\frac{n\sqrt{Q}}{H^{3/4}} \tag{2-37}$$

式中，n_s 称为比转数，其量纲为 $(L/\theta^2)^{3/4}$（θ 是时间量纲，L 是长度量纲）。计算 n_s 时，如果采用国际单位制，则式中流量 Q 的单位为 m^3/s，扬程 H 的单位为 m，转速 n 的单位为 r/min。如果泵为双吸式叶轮，则流量 Q 应以总流量的一半代入式 (2-37)。如果是多级泵，则扬程 H 应以总扬程$/i$（i 为泵的级数）代入。

比转数是离心泵工况的函数，不同的工况就有不同的比转数，但习惯上用最佳工况下的比转数来代表一台泵。在本书中提到泵的比转数时，如不特别指明，都是指泵效率最佳工况时的比转数。

比转数在流体机械的研究中是一个很重要的概念，值得提及的两点如下。

ⅰ. 比转数 n_s 建立在相似理论的基础上。对几何相似的离心泵，当其在各自效率最高点 η_{max} 处的工况相似时，这些离心泵就有相同的比转数 n_s。对于比转数相同的离心泵，其几何形状一般相似，但也有例外。

ⅱ. 比转数 n_s 的大小与叶轮的结构形式紧密相关，因此可以把 n_s 用来作为叶片泵的分类参数。由式 (2-37) 可以看出，当转速不变时，n_s 值越小，对应于最高效率的泵流量越小，扬程越高，叶轮外径 D_2 增加，叶轮出口宽度 b_2 减少。因此，低比转数的叶轮，其 D_2/D_1 较大，b_2/D_2 较小，叶轮流道就较为细长。随着 D_2 数值的减小，D_2/D_1 减小，

b_2/D_2 增大，叶轮流道相对宽短。因此，比转数 n_s 可作为选择泵型的参考参数。

(4) 型式数 K

比转数 n_s 为有量纲物理量，而国际标准组织推荐应用无量纲比转数，称为型式数，以 K 表示，即

$$K=\frac{2\pi n\sqrt{Q}}{60(gH)^{3/4}} \tag{2-38}$$

式中，各参数的单位与比转数 n_s 相关参数单位相同，型式数 K 与比转数 n_s 的换算关系为 $K=0.0051759n_s$ 或近似 $K=0.00518n_s$。

(5) 比例定律

同一台离心泵在不同转速下的扬程、流量和功率符合如下关系。

$$\frac{H_1}{H_2}=\left(\frac{n_1}{n_2}\right)^2 \tag{2-39}$$

$$\frac{Q_1}{Q_2}=\frac{n_1}{n_2} \tag{2-40}$$

$$\frac{P_1}{P_2}=\left(\frac{n_1}{n_2}\right)^3 \tag{2-41}$$

式中 H_1，H_2——离心泵在转速 n_1 和 n_2 下的扬程；

Q_1，Q_2——离心泵在转速 n_1 和 n_2 下的流量；

P_1，P_2——离心泵在转速 n_1 和 n_2 下的功率。

式 (2-39)～式 (2-41) 称为离心泵的比例定律，比例定律是相似定律的一种特殊情况。如果已知一台离心泵在某一转速 n_1 下的性能曲线，那么它在另一个转速 n_2 下的性能曲线可以通过比例定律来求得。

通过比例定律换算离心泵改变转速后的性能曲线如图 2-19 (a) 所示。将转速 n_1 下泵的 H-Q 性能曲线换算成任意转速 n 下泵的 H-Q 性能曲线如图 2-19 (b) 所示。

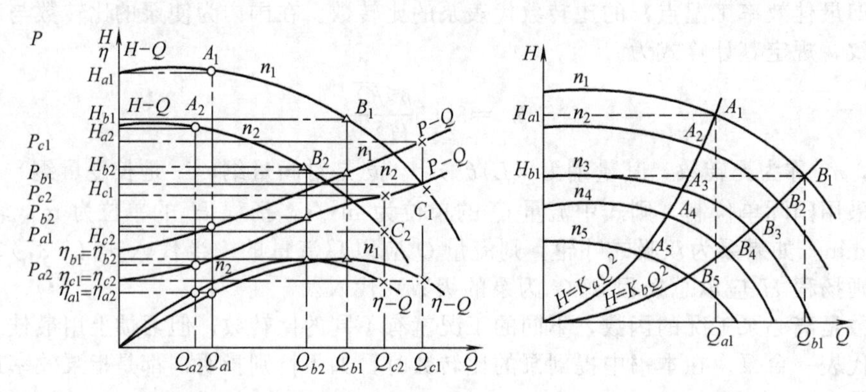

(a) 改变转速后离心泵性能曲线的换算　　(b) 相似抛物线

图 2-19 利用比例定律对离心泵性能曲线的换算

在离心泵的 H-Q 性能曲线上，每一点都代表着一种工况。如已知泵在转速 n_1 时 H-Q 性能曲线上有一工况点 A_1，则在其他各转速下，与 A_1 点相似的各工况点 A_2、A_3…的轨迹，可由比例定律求得。在任意转速 n 下，泵的流量与扬程可按下面公式计算。

$$Q=Q_{a1}\frac{n}{n_1}$$

$$H=H_{a1}\frac{n^2}{n_1^2}$$

将上两式中的（n/n_1）项消去，得

$$H=\frac{H_{a1}}{Q_{a1}^2}Q^2=K_aQ^2 \tag{2-42}$$

式（2-42）表明，与 A_1 点相似的各工况点 A_2、A_3…的轨迹，在 H-Q 图中是一条过原点和 A_1 点的二次抛物线，称为相似抛物线，如图 2-19（b）所示。如果离心泵转速相差不太远，各工况相似点上的效率则认为相等，则可以将相似抛物线看成是泵在各种转速下的等效率曲线。同理可求得过原点和 B_1 性能曲线上任一工况点 B_1 的相似抛物线。利用相似抛物线可求离心泵在工况变化时其相应的转速。

例 2-1 有一台 IS80-50-200 型离心泵，其性能曲线如图 2-20 所示。试求泵的流量为 $50\text{m}^3/\text{h}$、扬程为 46.04m 时泵应具有的转速。

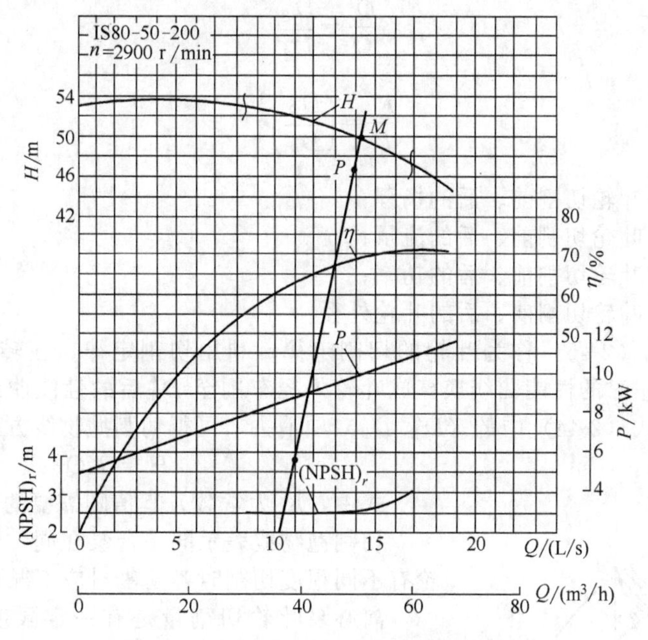

图 2-20 IS80-50-200 型离心泵性能曲线

解 按题意将泵要求的流量 $Q_P=50\text{m}^3/\text{h}$，扬程 $H_P=46.04\text{m}$ 画在泵的性能曲线上，得 P 点，令与 P 点工况相似的诸对应点的轨迹方程式是

$$H=K_PQ^2$$

式中，$K_P=\frac{H_P}{Q_P^2}=\frac{46.04}{(50/3600)^2}=238.63\times10^3\text{s}^2/\text{m}^5$。按上式在泵性能曲线图中画出相似抛物线，它与已知的 IS 80-50-200 型泵在 $n=2900\text{r/min}$ 时的 H-Q 曲线交于 M 点。因为 M 点是 H-Q 曲线与过 P 点的相似抛物线的交点，所以它是 H-Q 曲线上与 P 工况相似的对应点。于是可在图上得 M 点的坐标 H_M 为 49m，Q_M 为 $14.33\times10^{-3}\text{m}^3/\text{s}$。将它们代入式（2-39）或式（2-40），即可算出泵应有的工作转速为

$$n=\sqrt{\frac{H_P}{H_M}}n_M=\sqrt{\frac{46.04}{49}}\times2900=2810(\text{r/min})$$

$$n=\frac{Q_P}{Q_M}n_M=\frac{50/3600}{14.33\times10^{-3}}\times2900=2810(\text{r/min})$$

(6) 切割定律

离心泵叶轮的切割是指通过车削使叶轮外径变小，离心泵切割定律是指在同一转速下，叶轮切割前后的外径与对应工况点的流量、扬程和功率之间的关系。切割对应工况点是指切割前后，叶轮出口处液体速度三角形相似的工况点。

对于普通离心泵叶轮，往往设计成轴面流道宽度 b 随轮心向外逐渐变窄，叶轮出口处轴面液流的柱形通流面积（$f_2=\pi D_2 b_2 \tau_2$）以及叶片的安置角 β_{2A} 在叶轮外径 D_2 减小不太多时，变化很小。经验证明，这样的泵在切割对应工况时，泵的工作效率几乎不变。由此可得切割前后对应点参数间的关系，即

$$\frac{H'}{H}=\left(\frac{D'_2}{D_2}\right)^2 \tag{2-43}$$

$$\frac{Q'}{Q}=\frac{D'_2}{D_2} \tag{2-44}$$

$$\frac{P'}{P}=\left(\frac{D'_2}{D_2}\right)^3 \tag{2-45}$$

式中 H，H'——叶轮切割前、后的扬程；

Q，Q'——叶轮切割前、后的流量；

P，P'——叶轮切割前、后的功率；

D_2，D'_2——叶轮切割前、后的叶轮外径。

式 (2-43)～式 (2-45) 称为叶轮的切割定律。利用切割定律，在转速不变的条件下，可把叶轮尺寸为 D_2 时的性能曲线换算成叶轮外径车削至 D'_2后的性能曲线。具体换算方法是将式 (2-43) 和式 (2-44) 中的 (D'_2/D_2) 项消去，可得切割抛物线方程

$$H'=KQ^2 \tag{2-46}$$

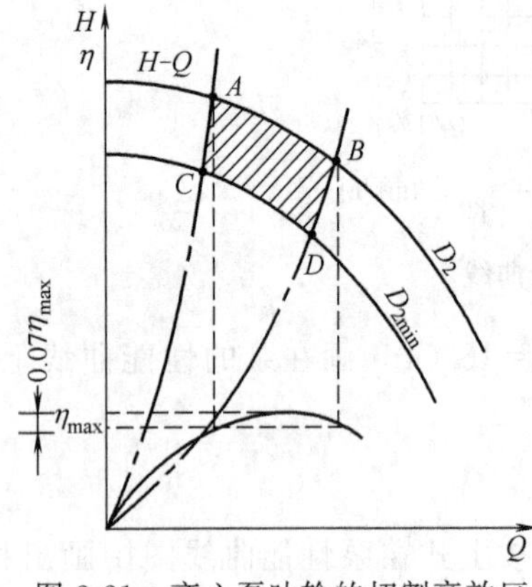

图 2-21　离心泵叶轮的切割高效区

式中，K 为常数，其值随需要的工况而异。

切割抛物线表示同一台泵在同一转速下，对应着叶轮有不同程度切割时各切割对应工况点的轨迹。

离心泵叶轮切割量是有一定限度的，如果切割太多，就不能保证切割前后叶轮外缘通流面积和叶轮叶片安置角不变的要求，泵的效率会降低很多，切割定律就不能应用。考虑到运转的经济性，叶轮切割应该使该泵最高效率下降值小于 7% 为好。离心泵叶轮的切割高效区如图 2-21 所示。

根据输送的液体性质不同，离心泵生产主管部门常把各厂生产的各种型号离心泵的适用工作区分别画在清水或专用泵系列产品工作区综合图（或性能曲线型谱图）上，以供选用。例如输送介质为腐蚀性液体时，则应从耐腐蚀泵的系列产品工作区综合图中选取；如输送含有固体颗粒杂质的液体，则宜从相应的杂质液体泵的产品工作区综合图中选取；如输送油品，则应从相应的输油泵的产品工作区综合图中选取。图 2-22 为清水泵工作区综合图，图上每个适用工作区四边形上都注明了泵的型号及其对应的工作转速。每个扇形区域表示某一规格型号离心泵适宜的工作范围，即高效区，扇形区域上侧弧线是基本型号的 H-Q 高效区，上侧弧线与右侧直线覆盖的区域为基本型号的离心泵叶轮的切割高效区。

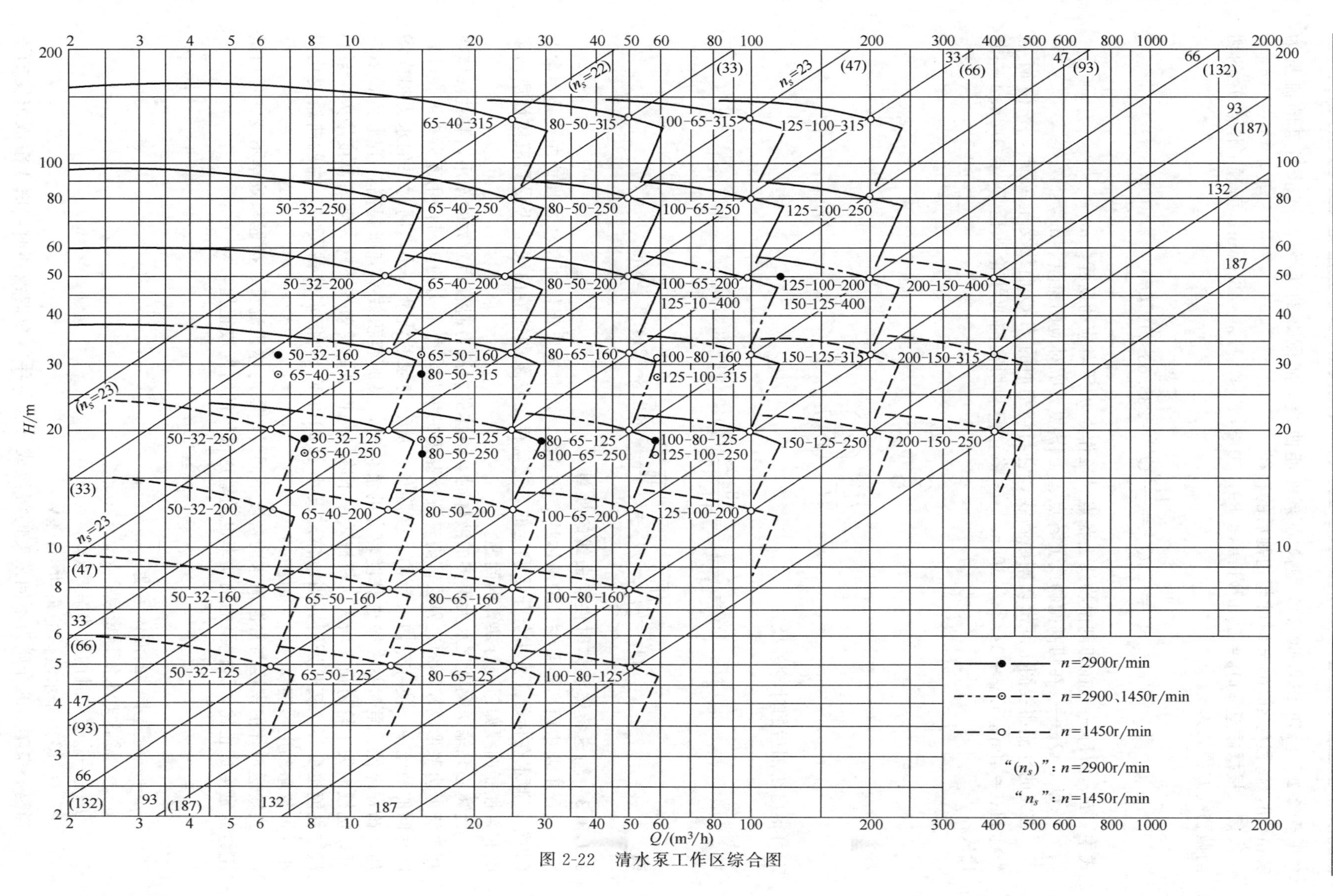

图 2-22 清水泵工作区综合图

例 2-2 已知 IS80-50-200 型离心泵性能曲线，如图 2-21 所示。试求当泵的流量为 $50m^3/h$，扬程为 46.04m 时叶轮切割后的直径。

解 根据题意 $Q_P=50m^3/h=13.89\times10^{-3}m^3/s$，$H_P=46.04m$。而过工作点 P 的切割抛物线方程式为

$$H'=K_PQ'^2=\frac{H_P}{Q_P^2}Q'^2=238.63\times10^3Q'^2$$

式中 H'，H_P——在切割抛物线上各点、工作点 f 所对应的扬程，m；

Q'，Q_P——在切割抛物线上各点、工作点 f 所对应的流量，m^3/s。

在泵的性能曲线图上画出切割抛物线，它与切割前的 H-Q 曲线交于 M 点，查得 M 点坐标 $H_M=49m$，$Q_M=14.33\times10^3m^3/s$。将它们和切割前的叶轮外径 $D_2=218mm$ 一起代入

$$\frac{Q'}{Q}=\frac{D'_2}{D_2}$$

$$\frac{H'}{H}=\left(\frac{D'_2}{D_2}\right)^2$$

即可得出切割后的叶轮外径

$$D'_2=\frac{Q_P}{Q_M}D_2=\frac{13.89}{14.33}\times218=211.3\ (mm)$$

或

$$D'_2=\sqrt{\frac{H_P}{H_M}}D_2=\sqrt{\frac{46.03}{49}}\times218=211.3\ (mm)$$

2.1.3.3 输送特殊液体时性能曲线的换算

过程工业中用离心泵输送的液体种类非常多，而制造厂提供的泵样本性能曲线是用常温（20℃）清水在标准工业大气压下测定的，这就存在着泵的性能曲线是否受到液体性质的影响和泵性能曲线如何进行换算的问题。

当离心泵输送黏度比水大得多的液体时，液体的黏滞力起着相当大的作用，黏性液体在叶轮流道边壁形成较厚的边界层。随着液体黏度的增加，黏滞力的阻滞作用逐渐扩散在叶轮叶片间的液流中，使叶轮内液流的速度降低，从而使泵的流量减小，同时泵的水力损失增加，扬程降低。虽然泵在输送黏度较高的液体时，泵的容积效率有所提高，但水力效率下降，机械损失中轮阻损失增大，机械效率下降，因而泵的总效率下降。随着黏度增大，泵的汽蚀性能也变坏。实验证明，当液体黏度小于 20 倍或 50 倍水的黏度时，性能曲线变化很小，可忽略黏度影响。

当输送液体的密度与常温清水的密度不同时，泵的体积流量、扬程和效率不变，但质量流量与密度成正比，因此泵的轴功率也随输送液体的密度成正比，即

$$P'=\frac{\rho'}{\rho}P \tag{2-47}$$

式中 ρ——输送水时的液体密度，kg/m^3；

ρ'——输送非水液体密度，kg/m^3；

P——输送水时的泵功率，kW；

P'——输送非水液体的泵功率，kW。

当离心泵输送的介质为不同浓度的溶液或具有悬浮颗粒的液体时，由于溶液浓度的不

同，液体密度、黏度均有所变化，泵的性能也会发生变化。在液体中含有固体颗粒时，泵的性能除受浓度变化影响外，还受到固体物质的种类和颗粒粒度大小的影响。悬浮液中固体颗粒比较小时，其性能变化较小，但泵的磨损比较严重。而粒度比较大时，磨损比较少，性能变化比较大。

当泵输送具有不同温度的液体时，其相应的液体密度、黏度及饱和蒸汽压力也不同，从而使泵的性能也发生变化。液体温度增高，其饱和蒸汽压力增加，泵的汽蚀性能变坏。

输送黏性液体时，离心泵性能曲线的换算目前常采用图表法，查出相应系数，再进行换算，即

$$H_r = K_H H_w$$

$$Q_r = K_Q Q_w$$

$$\eta_r = K_\eta \eta_w$$

式中　H_r，Q_r，η_r——输送黏性液体时的扬程、流量和效率；

H_w，Q_w，η_w——输送水时的扬程、流量和效率；

K_H，K_Q，K_η——扬程、流量、效率换算系数。

应当指出，离心泵在输送黏性液体时，前面讨论的相似定律及比例定律关系均不再适用。如需要知道输送黏性液体的泵由转速 n_1 变到 n_2 时性能曲线的变化，则不能直接按泵在转速 n_1 下输送黏性液体的 H_r-Q_r 曲线用比例定律来换算，而应先用比例定律将原来在 n_1 下输送水的 H_r-Q_r 曲线换算成在转速 n_2 下输送水的 H_w-Q_w 曲线，然后再按上面所述输送黏性液体时性能曲线的换算方法，将在转速 n_2 下的 H_w-Q_w 曲线换算成转速 n_2 下的 H_r-Q_r 曲线。同样，切割定律也不再适用。这时，可以先用切割定律求出泵在输送水时切割前后的性能曲线，然后再各自换算成输送黏性液体时的性能曲线。

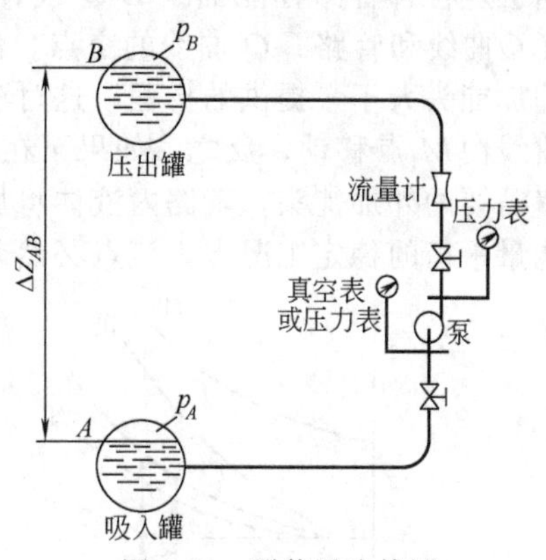

图 2-23　泵装置连接图

2.1.3.4　管路性能曲线

在分析离心泵性能曲线时，可确定泵在最高效率处的设计工况，但能否保证离心泵在装置中处于设计工况下运转，还与泵在管路中工作时的管路性能曲线密切相关。所谓管路性能曲线是指使一定的液体流过管路时，需要从外界给予单位重量液体的能头 L(m) 与流过管路的液体流量 Q(m^3/h) 间的关系曲线。如在图 2-23 所示的离心泵管路系统中，将液体从吸入罐液面 A 处泵到压出罐液面 B 处所必需的外加能头为

$$L = \frac{p_B - p_A}{\rho} + \Delta Z_{AB} + (\sum h_h)_{AB}$$

$$(\sum h_h)_{AB} = (\sum h_p)_{AB} + (\sum h_M)_{AB} = \sum_A^B \lambda_i \frac{L_i}{d_i} \frac{c_i^2}{2g} + \sum_A^B \xi_j \frac{c_j^2}{2g}$$

式中　$(\sum h_h)_{AB}$——由 A 到 B 整个管路（泵本身除外）的流动阻力头，m；

c_i，c_j——在管段 i、局部阻力点 j 处的流速，m/s；

λ_i——管路中某一管径 d_i、长 L_i 的管段 i 阻力系数；

ξ_j——在某局部阻力点 j 的局部阻力系数。

设单位时间内管路中所输送的流量为 Q(m^3/s)，而其管路中的通流面积为 A(m^2)，则

液流速度 $c=Q/A$，从而

$$(\sum h_h)_{AB}=\left(\sum_A^B \lambda_i \frac{L_i}{d_i}\frac{1}{2gA_i^2}+\sum_A^B \xi_j \frac{1}{2gA_i^2}\right)Q^2=KQ^2$$

所以

$$L=\frac{p_B-p_A}{\rho}+\Delta Z_{AB}+KQ^2=L_{st}+KQ^2 \tag{2-48}$$

式中 L_{st}——管路静压头，包括与流量无关的输液高度及吸入罐、压出罐内的压力头差；

K——与管路尺寸及阻力有关的系数，管内液流一般处于湍流状态，对于一定管路，K 为常数。

式（2-48）即为管路性能方程式，其性能曲线如图 2-24 所示。如将管路中的阀门加以调节，阀门处的局部阻力系数 ξ_j 发生相应变化，式中系数 K 随之变化，所以管路性能曲线 L-Q 的斜率也相应变化，如图 2-24 中Ⅱ和Ⅲ所示。如管路中的压头差 $(p_B-p_A)/\rho$ 或输送液体高度 ΔZ_{AB} 有变化，L-Q 曲线将平移，如图 2-24 中线Ⅳ所示。将管路性能曲线 L-Q 与泵的性能曲线 H-Q 画在同一坐标图上，两条曲线相交于 M 点，M 点应是泵运转时的工况点，如图 2-25 所示。因为离心泵与管路是串联在一起工作，所以泵的流量等于管路中的流量，泵在某一转速下工作时，泵的每一个流量必然会对应着 H-Q 性能曲线的一个特定的扬程，所以泵工作点必然在 H-Q 曲线上。从管路看，流过管路的流量与所需的外加能头 L 之间也应符合管路性能曲线 L-Q 线，那么 M 点也应在 L-Q 曲线上，因此，工作点 M 就是 H-Q曲线和管路 L-Q 曲线的交点。假如泵在比 M 点流量大的 A 点运转，很明显管路需要的外加能头大于泵提供的扬程，这时液体因能量不足而减速，流量减少，工况点 A 沿泵 H-Q 曲线向 M 点移动，反之，如果泵在流量小于 M 点的 B 点运转，泵提供给液体的能量大于管路需要的外加能头，管路内液体将加速流动，流量增大，B 点向 M 点靠近。可见，M 点是能量平衡的稳定工况点，该点必然落在泵性能曲线和管路性能曲线的交点上。

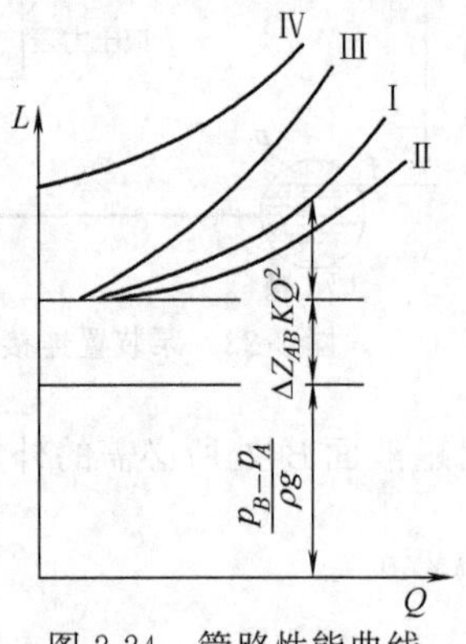

图 2-24　管路性能曲线

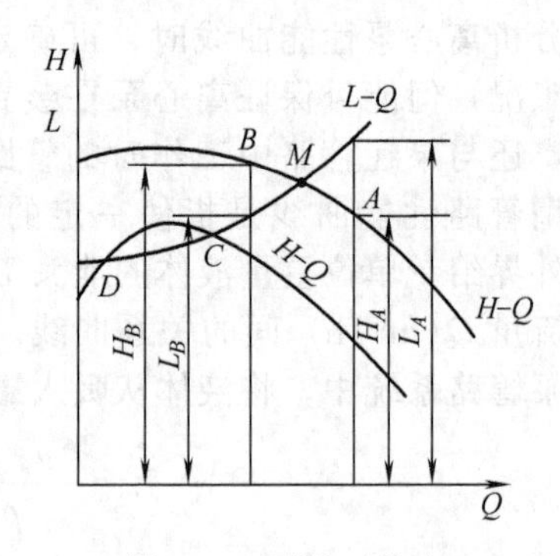

图 2-25　泵的工作点

对于具有驼峰形性能曲线的泵，有可能与管路性能曲线交于两点，如图 2-26 中的 C、D 点所示，当泵的工况因为振动或转速不稳定等原因而离开 D 点，如向大流量方向偏离时，泵的扬程大于管路所需扬程，工况点沿泵特性曲线继续向大流量方向移动，直至 C 点为止。

当工况点向小流量方向偏离时，泵的扬程小于管路需要扬程，工况点继续向小流量方向移动，直至流量等于零为止。若管路上无底阀或逆止阀，液体将倒流。由此可见，工况点 D 为不稳定点。

2.1.3.5 离心泵的串并联

（1）离心泵串联性能曲线

在泵装置中，若使用一台泵不能达到所要求的扬程，或者为了改善泵的汽蚀性能，可将两台或多台泵串联使用。泵串联工作的特点是两泵流量相等、总扬程等于两泵在相同流量时的扬程之和。如图 2-26 所示，将两台泵的性能曲线 H_{I}-Q 及 H_{II}-Q 在相同流量下的纵坐标相加，即为两泵串联在该管路中的工作点 P。过 P 点作垂线，分别与曲线 H_{I}-Q、H_{II}-Q 交于 A_{I} 和 A_{II}，则 A_{I} 和 A_{II} 分别为两泵运转工况点。

对于两台性能相同的离心泵在给定管路曲线 L-Q 上工作时，虽然两泵单独在管路中的工作点在 B 点，但两泵串联后的总扬程 H_P 并不是两泵单独在该管路中的工作扬程 H_B 的两倍，而是小于 $2H_B$，如图 2-27 所示。因为工作点是沿着管路性能曲线二次曲线移动，所以在串联工作中每一台泵的扬程 H_A 要比单独工作的扬程 H_B 小，即 $H_B > H_P/2$，而总的流量要比单独工作时的流量大，即 $Q_P > Q_B$。

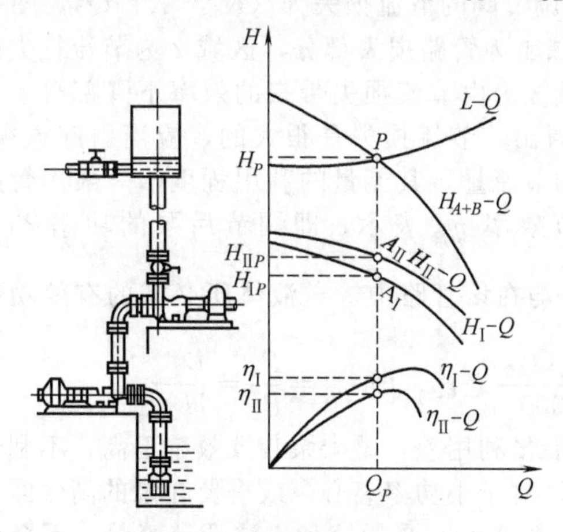

图 2-26 离心泵串联工作

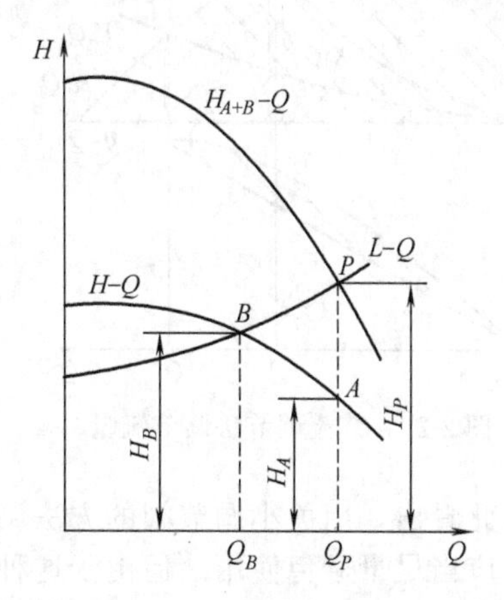

图 2-27 两台性能相同泵的串联

（2）离心泵并联性能曲线

在泵装置中，若使用一台泵不能满足流量要求，或为了适应流量变化很大的需要，可用几台泵并联使用。离心泵并联工作的特点是：两泵扬程相等，而两泵并联时的总流量等于两泵在相同扬程时的流量之和。将两泵性能曲线 $(H\text{-}Q)_{\text{I}}$ 及 $(H\text{-}Q)_{\text{II}}$ 的横坐标相加，即得两泵并联工作时的总扬程曲线 H_P-$Q_{\text{I}+\text{II}}$，如图 2-28 所示，该曲线与管路性能曲线 L-Q 交于 P 点。根据 $H_P = H_{\text{I}P} = H_{\text{II}P}$，可在两泵的性能曲线 $(H\text{-}Q)_{\text{I}}$ 及 $(H\text{-}Q)_{\text{II}}$ 上分别求出并联工作时各自的工作点 P_{I}、P_{II} 及工作流量 $Q_{\text{I}P}$、$Q_{\text{II}P}$。

同样应指出，在给定管路性能曲线下两台泵并联工作时，管路中的流量小于在同一管路中两泵单独工作时的流量之和，即 $Q_P = Q_{\text{I}P} + Q_{\text{II}P} < Q'_{\text{I}} + Q'_{\text{II}}$。

2.1.4 流量调节

离心泵在装置中运行时，由于生产过程需要，要求对泵的运转流量进行调节，并使泵的工作点经常保持在高效率区内，以保证有较高的运行效率。

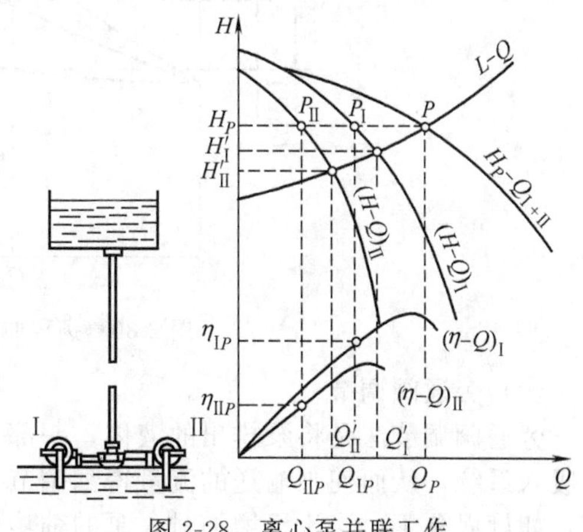

图 2-28 离心泵并联工作

由前所述，管路性能曲线 L-Q 与泵的性能曲线 H-Q 两条曲线的交点 M 是泵运转时的工况点。因此，调节流量问题实质上是如何改变交点 M 的位置问题，即如何改变 L-Q 或 H-Q 两条性能曲线形式问题。

2.1.4.1 改变管路性能曲线

(1) 节流调节法

节流调节法是在排出管路上装调节阀，改变调节阀的开启度，使管路性能曲线 L-Q 的斜率改变，从而达到流量调节的目的，如图 2-29 所示。当调节阀全开时，其管路性能曲线如图中 $(L\text{-}Q)_{\mathrm{I}}$ 曲线所示，此时流量为 Q_1，管路性能曲线系数为 K_1，管路阻力为 $K_1Q_1^2$。当调节阀逐渐关小时，其管路性能曲线为 $(L\text{-}Q)_{\mathrm{II}}$ 曲线所示，流量减小为 Q_2，管路性能曲线系数为 K_2，总的管路损失为 $K_2Q_2^2$，其中管路沿程损失为 $K_1Q_2^2$，调节阀的节流损失为 $(K_2-K_1)Q_2^2$。图 2-29 中区域 1 为管路损失部分，区域 2 为节流损失部分，区域 3 为由节流损失带来的效率下降部分。由图 2-29 看出，节流损失是很大的，应当引起重视。节流阀调节流量，其能量的利用程度，一般用管路系统调节效率 η_{fc} 表示，即调节后泵的功率 $P_2=\dfrac{\rho H_2Q_2g}{1000\eta_2}$与在该管路中输送液体所必需的有效功率 $P_e=\dfrac{\rho L_2Q_2g}{1000}$之比，即 $\eta_{fc}=\dfrac{P_e}{P_2}=\dfrac{L_2}{H_2}\eta_2$。

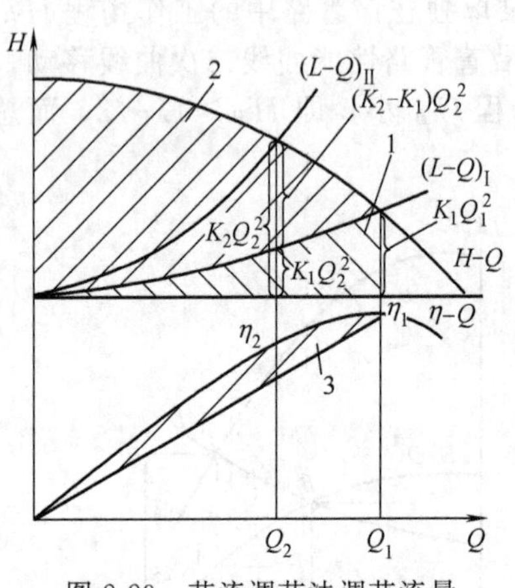

图 2-29 节流调节法调节流量

由此看出，用关小调节阀的方法调节流量，能量利用差，整个泵装置效率不高，不利于节能，应当尽量避免使用。但由于这种方法简便，对于小功率离心泵或需要在泵的高效区内作流量交变运行以及泵的 H-Q 曲线比较平坦时（图 2-30）采用这种方法调节流量，不会引起过大的能量损失。此外，对排出压力较高的离心泵，在启动时，关死排出管中的调节阀，还能起到减小启动功率的作用。

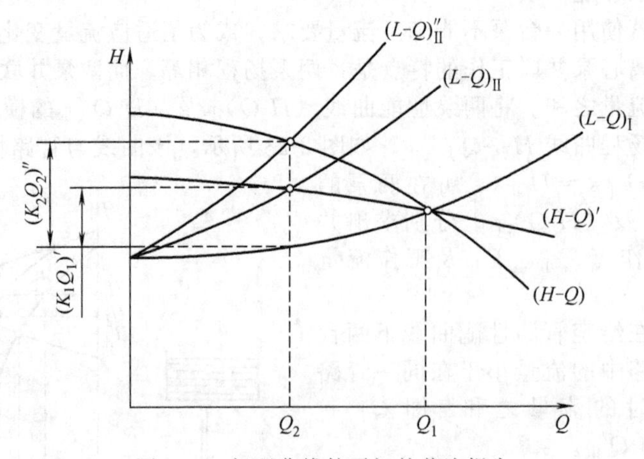

图 2-30 扬程曲线较平坦的节流损失

(2) 旁通阀调节

旁通阀调节法是将泵排出的液体，一部分通过旁路和旁路阀引入其他装置或重新引回泵的吸入系统，从而使泵输送的流量得到调节。一般来讲，这种方法经济性较差。但对于有些泵，如旋涡泵等，当流量增加时，泵的轴功率并不增加，反而减小，此时采用这种调节方法是经济的。又如某些油泵和锅炉给水泵，由于输送液体温度高，特别是泵在小流量运行时，泵内损失增加很大，液体温度更加升高，使泵的汽蚀性能变坏。为此，采用这种流量调节方法，可避免泵在小流量下运转，防止汽蚀发生，从而得到广泛应用。

(3) 吸液池液位变化自动调节

当吸液池液位变化时，管路性能曲线发生平移，改变泵的运行工况点，从而达到调节泵流量的目的。这种调节方法简单，但必须注意吸液池或容器中的液位变化应保持在小范围内。否则，离心泵的运行效率降低，严重时，泵的工作条件恶化，引起汽蚀，使液流中断。

2.1.4.2 改变泵的性能曲线

(1) 改变泵的转速

根据比例定律，泵的性能曲线随泵的转速改变，如图 2-31 所示。

改变泵的转速调节流量，泵给出的能头 H 总是与该流量下管路所必需的能头 L 相等，没有附加能量损失，所以是一种最经济的调节方法。当泵用汽轮机、内燃机或变速电机等容易改变转速的原动机驱动时，采用这种调节方法最为合适。如果泵的运转流量需要经常改变，最好采用变速驱动，如使用变频器或使用绕线式可控激磁电动机或增设液力联轴器等变速装置。虽然这样要增加设备和初次投资费用，但这种调节方法节能显著，往往泵装置运行 1 年或 2 年即可收回初次投资费用。

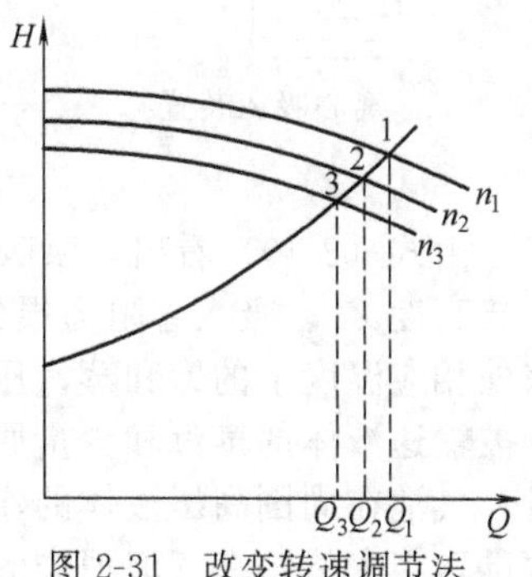

图 2-31 改变转速调节法

采用改变泵的转速调节流量时，若管路性能曲线比较平坦，则泵的性能曲线应该用较陡的 H-Q 曲线，否则转速变化很小，流量变化就很大，流量调节困难。

(2) 改变叶轮几何参数

最常用的是叶轮切割法。由于叶轮切割量在允许范围之内，改变 H-Q 曲线调节流量时，经济性较好。但这种方法只适用于使流量变小，调节流量范围大，要求流量做长期改变的场合。当输送的液体黏度随季节变化时，也可以采用几个叶轮直径为 D_2 的备件来随时更换以满足其工艺要求。

也可以采用将原有的宽叶轮换成窄叶轮的方法，在扬程基本不变的情况下，降低泵的流量。流量由 Q 降至 Q'，叶轮宽度可由下式求得

$$b'_2 \approx b\frac{Q'}{Q}$$

当然，叶轮宽度也不能减少太多，否则工作叶片与导轮叶片进口及流道中的情况会发生变化，从而引起效率变化。

(3) 改变叶轮数目

在多级泵中，由于其总扬程等于各个叶轮单独工作时所产生的扬程之和，因此多级泵的性能曲线也由各个叶轮的性能曲线叠加而成。若取下几个叶轮，必将改变多级泵的性能曲线，从而达到改变扬程的目的。

改变叶轮级数时不能拆卸第一级叶轮，否则吸入侧阻力增加，使泵的汽蚀性能恶化。所以，拆除叶轮应在出口端进行。对于分段式多级泵，也可以拆除中段，但此时必须换轴。也可以只拆除多级泵叶轮而保留中段，此时可以不换轴，只增加一些扬程损失。拆除叶轮后应注意叶轮的动平衡和轴向推力的平衡问题。

(4) 改变泵的运行台数

对于某些大型离心泵装置，可采用改变泵的运行台数的方法调节流量。如生产过程要求参数变化很大，泵的流量有时可以相差将近一倍。这时可考虑选用两台较小的泵并列运行，

以达到经济运行的目的。如果只安装一台大泵，当流程要求小流量时，势必要用出口调节阀调节，这样会造成极大的能量损失。

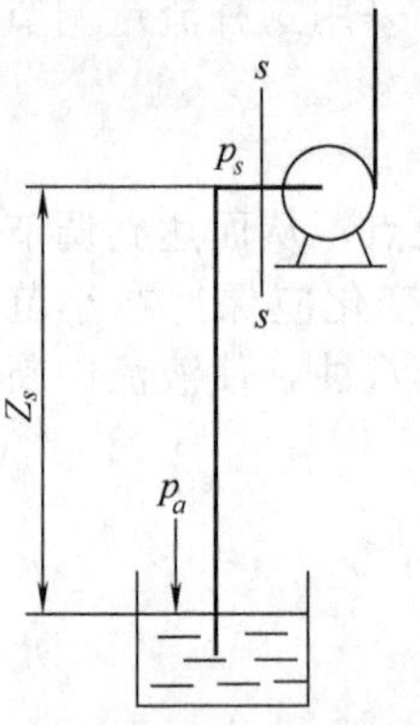

2.1.5 汽蚀现象及成因

2.1.5.1 离心泵的汽蚀现象

在图 2-32 所示的离心泵吸入装置中，当泵从下部吸液运转时，由伯努利方程可得泵吸入口截面 s 处的液体压头

$$\frac{p_s}{\rho g}=\frac{p_a}{\rho g}-\left(Z_s+\frac{c_s^2}{2g}\right)-\sum h_s \tag{2-49}$$

图 2-32 离心吸入装置

式中 p_a——吸液槽液面压力，Pa；

Z_s——吸液槽液面到泵吸入口处的垂直距离，m；

c_s——泵吸入口截面 s 处液体平均流速，m/s；

$\sum h_s$——吸入管路上的总阻力损失，m；

ρ——泵输送液体的密度，kg/m^3。

由式（2-49）看出，泵吸入口处的压力 p_s 是随吸液槽液面上压力 p_a 的增高而增高，随安装高度 Z_s、吸入管阻力损失 $\sum h_s$ 以及液体密度 ρ 的增加而降低。当泵吸入口压力降低到该处相应温度下的饱和蒸汽压力 p_{st} 时，液体沸腾汽化，液流中出现大量气泡，气泡中包含着被输送液体的蒸汽和少量原来溶解于液体中的空气。当气泡随同液流从低压区流向高压区时，气泡在周围高压液体的作用下，迅速缩小凝结并急剧崩溃。由于蒸汽凝失过程进行得非常迅速与突然，在气泡消失的地方产生局部的真空，周围压力较高的液流非常迅速地从四周向真空空间冲挤而来，产生剧烈的水击，形成极大的冲击力。由于气泡的尺寸极小，所以这种冲击力集中作用在与气泡接触的零件微小表面积上，其应力可达几十兆帕，甚至更大，水击频率高达 25000Hz，从而使材料壁面上受到高频率高压力的重复载荷作用而逐渐产生疲劳破坏，即所谓的机械剥蚀。同时，水击液体的冲击能量瞬时转化为热能，使水击局部地点的温度升高（经测定，温度可高达 230℃以上），且使材料机械强度降低。如果所产生的气泡中还杂有一些活泼气体（如氧气等），它借助于气泡凝结时所放出的热量，对金属起化学腐蚀作用，这样金属材料受到机械剥蚀和化学腐蚀的共同作用，加快了金属的损坏速度，从开始时的点蚀到严重时形成蜂窝状的空洞，最后甚至把壁面蚀穿。像这种气泡不断形成、生长和破裂崩溃使叶轮受到破坏的过程，总称为汽蚀现象。

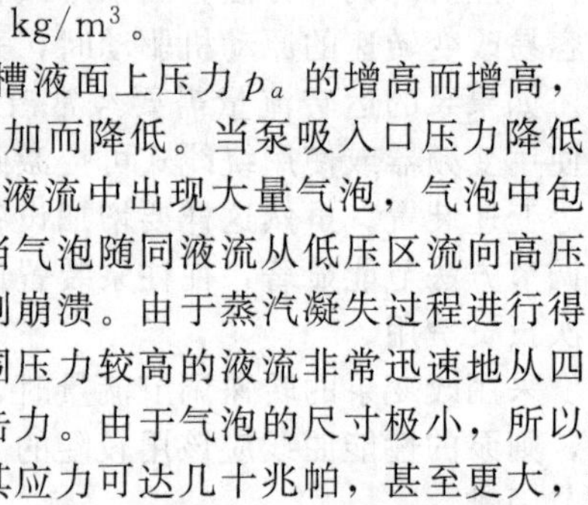

泵发生汽蚀时，会产生噪声和振动，汽蚀严重时泵内有“噼噼”“啪啪”的爆炸声，甚至连泵体都会产生剧烈振动，使泵的寿命大大缩短，泵的性能也发生变化，严重时大量气泡使叶轮通道堵塞，液流的连续性遭到破坏，泵的扬程、流量和效率显著下降，出现所谓“断裂”工况，如图 2-33 所示。汽蚀是一种液体动力学现象。汽蚀发生的原因在于液体在流动过程中出现了局部压力降，形成了低压区。如果能控制住影响局部压力降的各种因素，就可以使泵的汽蚀性能得到改善。

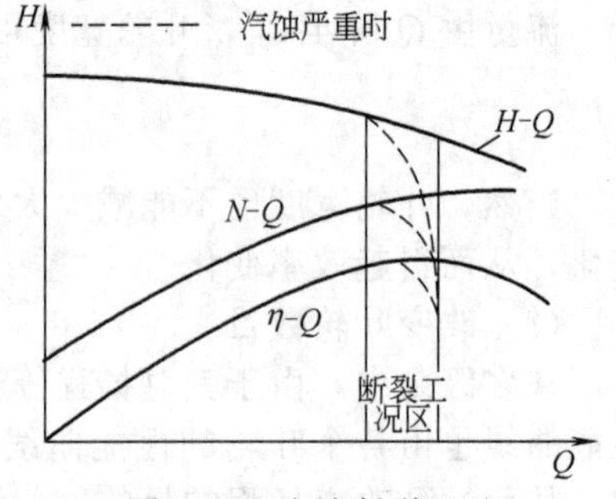

图 2-33 汽蚀断裂工况

对离心泵来说，真正的低压区不在泵的入口，而在叶轮入口部位、叶片进入口背面或工作面附近处，具体视泵的工况而定。因为液体自泵吸入口到叶轮入口的过流面积，一般是逐渐收缩，同时液流方向也在不断变化，加上液体进入叶轮流道时，以相对速度 w_i 绕流叶片头部还产生附加压力降，液体压力相应还要降低，真正的低压部位如图 2-34 中的 K 点所示。因此要控制叶轮入口附近低压区 K 点的压力，使 $p_K>p_{st}$，才不会出现汽蚀现象。

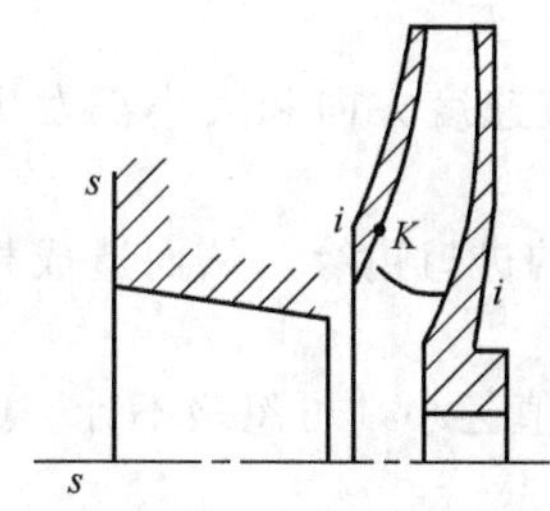

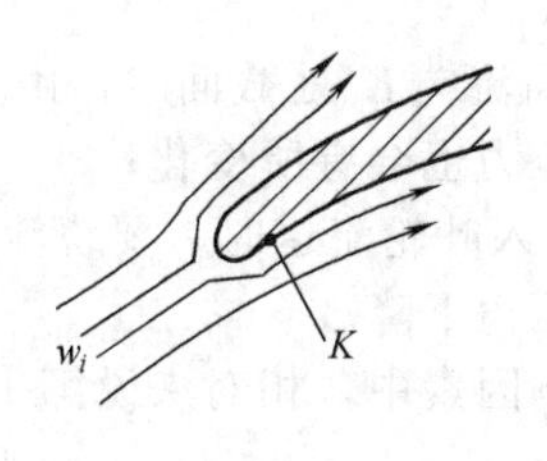

图 2-34　液流低压部位

2.1.5.2　汽蚀余量

在利用同一台离心泵输送液体时，在某种吸入装置条件下运行会发生汽蚀，但当改变吸入装置条件就可能不发生汽蚀，这说明泵在运转中是否发生汽蚀和泵的吸入装置情况有关系。按照泵的吸入装置情况所确定的汽蚀余量称为有效汽蚀余量，一般用 Δh_a 或（NPSH）$_a$ 表示。

另一种情况是某台离心泵在运行中发生了汽蚀，但在完全相同的使用条件下，使用另一种型号的离心泵就可能不发生汽蚀，这说明离心泵在运转中是否发生汽蚀和泵本身的汽蚀性能也有关系。泵本身的汽蚀性能通常用必需汽蚀余量 Δh_r 或（NPSH）$_r$ 表示，是指从泵入口到叶轮内最低压力 K 点处的静压能头降低值。

（1）有效汽蚀余量

有效汽蚀余量 Δh_a 是指液体进入泵前其自身所具有的避免泵发生汽蚀的能量，即液体自吸液池经吸入管路到达吸入口后，高出液体饱和蒸汽压 p_{st} 的那部分能头。其大小取决于泵的吸入管路系统，而与泵本身无关。只要流到泵吸入口中心处的液体所具有的能量头比液体在相应温度下的饱和蒸汽压头高出相应余量就是安全的，Δh_a 越大越不易发生汽蚀。有效汽蚀余量的计算公式为

$$\Delta h_a=\frac{p_s}{\rho g}+\frac{c_s^2}{2g}-\frac{p_{st}}{\rho g} \tag{2-50}$$

对于液体被吸上的情况，将式（2-49）代入上式，得

$$\Delta h_a=\frac{p_a-p_{st}}{\rho g}-Z_s-\sum h_s \tag{2-51a}$$

对于液体倒灌入泵的情况，Z_s 取负值，同理可得

$$\Delta h_a=\frac{p_a-p_{st}}{\rho g}+Z_s-\sum h_s \tag{2-51b}$$

由式（2-50）和式（2-51）看出，有效汽蚀余量的大小由吸入管路系统的参数和管路中的流量所决定。由于吸入管路阻力 $\sum h_s$ 与管路中的流量呈平方关系，因而 Δh_a-Q 曲线是随流量下降的抛物线，如图 2-35 所示。

（2）必需汽蚀余量

前面已经讲过，必需汽蚀余量 Δh_r 仅与泵本身有关，Δh_r 越小泵越不容易发生汽蚀。在图 2-34 中，液体压力从吸入口随着叶轮的流动而下降，到叶轮流道内紧靠叶片进口边缘偏向前盖板的 K 点处压力最低，此后由于叶片对流体做功，压力就很快升高，直至叶轮出口处，压力达到最大值。自 s—s 截面至 K 点处产生压力降的原因如下：

ⅰ. 一般从吸入管至叶轮进口断面稍有收缩，液流有加速损失，另外液流从吸入口 s—s 截面流向 K

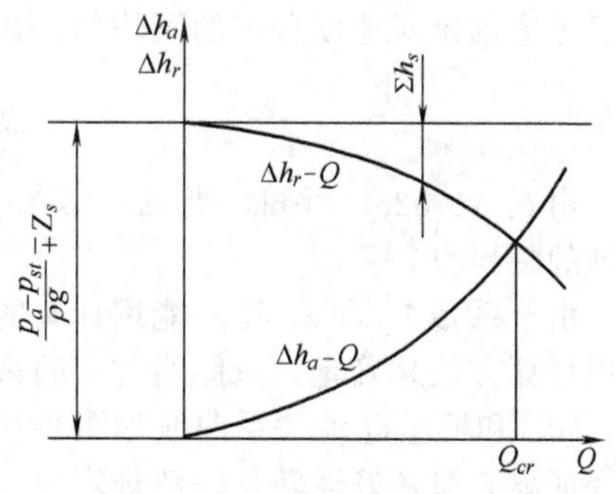

图 2-35　汽蚀余量变化曲线

处截面时有流动损失；

ⅱ. 从 s—s 截面流向 K 处截面时，由于液流速度方向和大小都发生变化，引起绝对速度分布的不均匀，压力也会有所变化；

ⅲ. 由于液体进入叶轮流道时，要绕流叶片的进口边缘，从而造成相对速度的增大和分布的不均匀，引起压力下降。

在上述三个影响因素中，相对来说第ⅰ项数值甚小，可忽略不计。经简化，可以得到如下方程。

$$\frac{p_i}{\rho g}=\frac{p_K}{\rho g}+\lambda_2\frac{w_i^2}{2g} \tag{2-52a}$$

式中 p_i——i—i 截面处的压力，Pa；

p_K——叶轮叶片入口附近 K 点处压力，Pa；

λ_2——系数；

w_i——i—i 截面的相对速度，m/s。

再写出 s—s 和 i—i 截面的伯努利方程（图 2-34），并忽略两截面之间的阻力，形式为

$$\frac{p_s}{\rho g}+\frac{c_s^2}{2g}=\frac{p_i}{\rho g}+\frac{c_i^2}{2g}$$

将上式代入式（2-52a）整理，得

$$\frac{p_s}{\rho g}+\frac{c_s^2}{2g}-\frac{p_K}{\rho g}=\frac{c_i^2}{2g}+\lambda_2\frac{w_i^2}{2g} \tag{2-52b}$$

由前面分析可知，如果要使泵内不发生汽蚀，必须使 K 处截面的最低压力 p_K 大于液体饱和蒸汽压力 p_{st}，否则，当 $p_K \leqslant p_{st}$ 时，就会发生汽蚀。当 $p_K=p_{st}$ 时，式（2-52b）可写为

$$\frac{p_s}{\rho g}+\frac{c_s^2}{2g}-\frac{p_{st}}{\rho g}=\frac{c_i^2}{2g}+\lambda_2\frac{w_i^2}{2g} \tag{2-52c}$$

因为式（2-52c）等号的左边就是有效汽蚀余量 Δh_a，见式（2-50），那么等号右边则是必需汽蚀余量 Δh_r，即

$$\Delta h_r=\frac{c_i^2}{2g}+\lambda_2\frac{w_i^2}{2g} \tag{2-53a}$$

考虑到绝对速度分布的不均匀，在式（2-52a）等号右边第一项乘以系数 λ_1，于是

$$\Delta h_r=\lambda_1\frac{c_i^2}{2g}+\lambda_2\frac{w_i^2}{2g} \tag{2-53b}$$

由式（2-52c）可知，当 $\Delta h_a \leqslant \Delta h_r$ 时，就会发生汽蚀。当二者相等时，则是开始发生汽蚀的临界点。

由于系数 λ_1 和 λ_2 还不能用计算的方法得到准确的结果，因而必需汽蚀余量 Δh_r 也就不能用计算方法来确定，只能通过实验来求得。

Δh_r 和流量 Q 的关系曲线如图 2-35 所示。要想使泵不发生汽蚀，必须使 $\Delta h_a > \Delta h_r$。为了保证离心泵良好运转，一般规定允许汽蚀余量（指保证离心泵正常工作不发生汽蚀的汽蚀余量）与必需汽蚀余量之间的关系为

$$[\Delta h]=\Delta h_r+0.3 \tag{2-54}$$

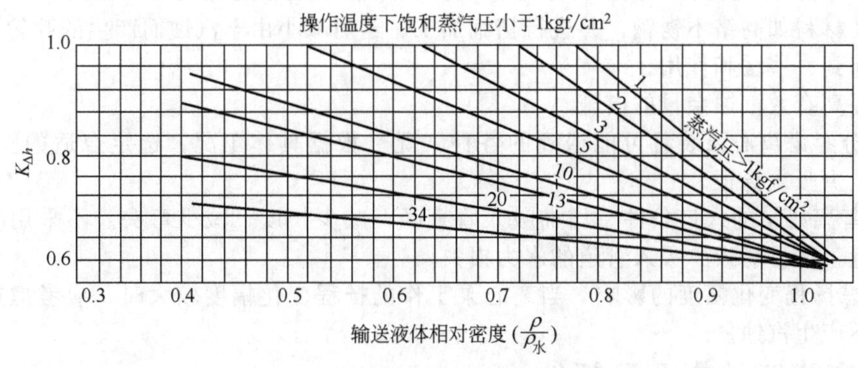

图 2-36 允许汽蚀余量修正系数

如果已知泵的允许汽蚀余量［Δh］就可以根据式（2-51）或式（2-52）求得泵的允许安装高度，即

$$[Z_s]\leqslant\frac{p_a-p_{st}}{\rho g}-[\Delta h]-\sum h_s \tag{2-55}$$

同样，离心泵技术参数样本上查出的［Δh］是用20℃的清水实测结果。如果泵输送的介质为非水的其他液体，则［Δh］应进行修正。对碳氢化合物，允许汽蚀余量［Δh］′求法是

$$[\Delta h]'=K_{\Delta h}[\Delta h] \tag{2-56}$$

式中　［Δh］——用20℃的清水实测出的允许汽蚀余量；

［Δh］′——碳氢化合物的允许汽蚀余量；

$K_{\Delta h}$——修正系数，可查图2-36。

离心泵汽蚀性能曲线和泵的其他性能曲线一样，也随泵的工作转速 n 的不同而改变。根据离心泵的汽蚀相似，离心泵必需汽蚀余量间的关系为

$$\frac{\Delta h_r'}{\Delta h_r}=\left(\frac{n'}{n}\right)^2$$

式中，右上角打“′”的各符号表示转速增加后泵的必需汽蚀余量 Δh_r 增加，离心泵的汽蚀性能变坏。因此，一般离心泵的转速除了受叶轮强度限制外，更主要的是受泵的汽蚀性能限制。

2.1.5.3 改善离心泵汽蚀性能的途径

离心泵的汽蚀由泵本身的必需汽蚀余量 Δh_r 和吸入装置系统的有效汽蚀余量 Δh_a 决定。因此提高离心泵汽蚀性能的根本途径在于提高泵本身的抗汽蚀性能，尽可能降低泵的汽蚀余量 Δh_r。对于叶轮或容易被汽蚀损坏的地方，采用抗汽蚀性能较好的材料，提高泵的使用寿命。对于给定的泵，则应确定吸入装置系统，避免严重汽蚀工况的发生。

（1）提高泵本身抗汽蚀性能措施

① 适当加大叶轮入口直径 D_0 和叶片进口边宽度 b_1　增大 D_0 和 b_1 可降低叶轮入口平均速度 c_0 和叶片进口平均相对速度 w_1，使 Δh_r 减小。

② 采用双吸叶轮　叶轮每边进入二分之一的流量，对整个叶轮来讲，相当于维持了原单吸泵的汽蚀性能，而流量加大一倍。

③ 采用诱导轮　诱导轮是一种类似于轴流式的叶轮，它装在离心泵叶轮的前面，所产

生的扬程对叶轮的进口进行增压，从而改善汽蚀性能。

④ 采用优质叶轮材料　从外部条件来看，当无法或很难避免轻度汽蚀时，叶轮的材料要选择强硬材料如高铬不锈钢，并进行精细加工。这对减小由于汽蚀而产生的叶轮表面点蚀破坏，可起到一些缓和作用。

(2) 提高有效汽蚀余量的措施

① 充分考虑离心泵装置可能遇到的各种工况　根据具体工况，选定合适的安装高度，尽可能地减少吸入扬程。

② 改善离心泵的入口条件　增加吸入管直径，减少长度，减少弯头。不采用吸入阀门来调节流量，尽可能减少吸入管道的水力损失。

③ 考虑扬程变化幅度的影响　当离心泵工作的扬程变化幅度较大时，应考虑在常用的低扬程时不产生汽蚀。

2.1.6　离心泵的主要零部件

2.1.6.1　叶轮

叶轮是离心泵中最重要的零件，它将原动机的能量传给液体。叶轮的分类方法有多种，按有无前后盖板，叶轮结构可分为以下三种。

① 闭式叶轮　如图 2-37 (a) 所示，这种叶轮一般由前后盖板、叶片和轮毂组成。由于效率较高，这种叶轮得到广泛应用，一般适用于输送不含颗粒杂质的清洁液体。

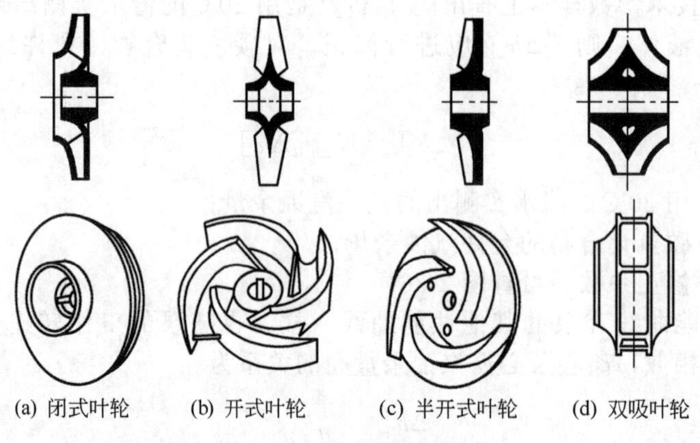

(a) 闭式叶轮　(b) 开式叶轮　(c) 半开式叶轮　(d) 双吸叶轮

图 2-37　离心泵叶轮型式

② 开式叶轮　如图 2-37 (b) 所示，这种叶轮没有前后盖板，只有叶片和轮毂。各叶片筋条连接并加强或在叶片根部采用逐渐加厚的办法加强。这种叶轮效率低，只用来输送含有杂质的污水或带有纤维的液体。

③ 半开式叶轮　如图 2-37 (c) 所示，这种叶轮没有前盖板，只有后盖板、叶片和轮毂，常用于输送易于沉淀或含有固体颗粒的液体。

开式和半开式叶轮的叶片数一般较少 (2～4 片)，而且较宽，可让杂质、浆液自由通过，以免造成堵塞。同时流道易清洗，制造也较方便。

按吸入方式，叶轮可分为以下两种。

① 单吸叶轮　液体单面吸入叶轮，液体在叶轮内的流动状况较好，结构简单，叶轮悬臂支承在轴上，适用于流量较少的场合。但这种叶轮两边受的力不等，每只叶轮要受到不平衡的轴向推力。

② 双吸叶轮　如图 2-37 (d) 所示。这种叶轮犹如两个单吸叶轮背靠背贴合在一起，液体双面进入叶轮，适用于流量较大的场合。由于液体双面进入叶轮，液体在叶轮进口处的流速较低，有利于改善泵的汽蚀性能。此外，叶轮两边对称，无轴向推力。但这种叶轮结构较

复杂，液流在叶轮中汇合时有冲击现象，对泵的效率有所影响。

叶轮轮毂上一般开有键槽，通过键固定在轴上，以防产生相对转动。在多级泵上，各叶轮的键应错开布置在轴上。叶轮最后采用反向防松螺母加以锁紧。由前面分析可知，后弯流道静压系数大、效率高、性能好，因此离心泵叶轮一般都采用 $\beta_{2A}<90°$ 的后弯流道。至于流道叶片的形状，在保证一定的 β_{1A}、β_{2A}，不使叶轮流道过分弯曲和满足阻力损失小的前提下，可以采取各种方法做出。

2.1.6.2 换能装置

离心泵的换能装置是指叶轮出口到泵出口法兰或多级泵次级叶轮进口前的过流通道部分。液体从叶轮中出来的速度很大，一般高达 15～25m/s 以上，而泵的排出管或次级叶轮入口速度又要求较低，限制在 2～4m/s 左右。因此，需要采用换能装置将叶轮流出的高速液体收集起来，并将液体导向泵排出管或送往多级泵的次级叶轮入口，与此同时将叶轮给予液体的多余部分动能转化成压力能。实测表明，液体在换能装置中的流动损失占离心泵内流动阻力损失的比例很大，成为泵内阻力损失的重要组成部分，尤其是泵在非设计工况下运转时更为突出。所以，提高离心泵效率的途径，除了要改善叶轮水力性能外，还要注意换能装置与叶轮的配合，尽量提高换能装置的水力性能，减少换能装置中的能量损失。

离心泵中的换能装置，按结构形式一般分为蜗壳和导轮两种。从原理上看，蜗壳和导轮并无原则区别，但其结构特点有所不同。

(1) 蜗壳

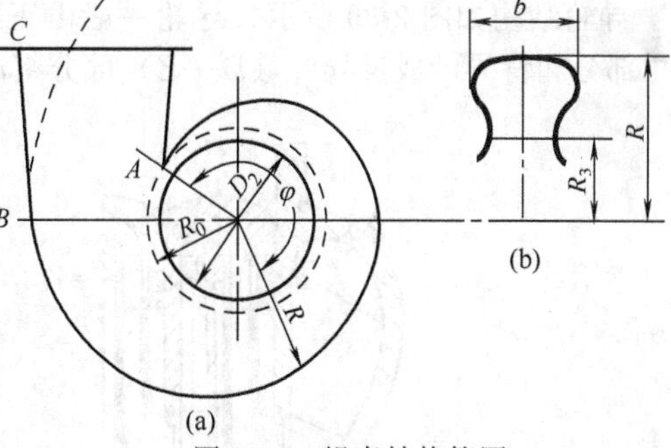

图 2-38 蜗壳结构简图

蜗壳换能装置如图 2-38 所示。它由断面逐渐增大的螺旋线通道部分 $A—B$ 和扩散管部分 $B—C$ 所组成。离心泵在设计流量下运行时，假设液体离开叶轮，以速度 c_3，方向角 α_3 流入等宽度（即 b＝常数）的蜗壳中，若忽略液体在蜗壳中流动时的摩擦等外界条件影响，则蜗壳中的液体符合连续性定理和动量矩守恒定律。在图 2-38 中，由流体连续性定理可知

$$c_{ir}=\frac{R_3}{R_i}c_{3r} \tag{2-57}$$

式中 R_3，R_i——蜗壳进口和蜗壳道中任意点处的半径，m；

c_{3r}，c_{ir}——与半径 R_3、R_i 相对应的液流径向分速度，m/s。

上式表明，随着液体在蜗壳中向外流动，R_i 增大，径向分速 c_{ir} 减小。

由动量矩守恒定律得

$$c_{iu}=\frac{R_3}{R_i}c_{3u} \tag{2-58}$$

式中，c_{3u}，c_{iu} 分别为与半径 R_3 和 R_i 相对应的液流圆周方向分速度，m/s。

上式表明，液体圆周分速度 c_{iu} 也随液体向外流动而减小。液体在蜗壳中任意点上的绝对速度 c_i 为

$$c_i=\sqrt{c_{ir}^2+c_{iu}^2}=\frac{R_3}{R_i}c_3 \tag{2-59}$$

即液体流速 c_i 随液体向外流动而降低。如果液流自由流动时没有能量损失，则动能的减少应全部转变为静压头的增加。

由上式分析看出，叶轮外液流自由轨迹上的任意液体质点，都存在继续使液流作环流的分速度 c_{iu} 和使液流向着远离轴心方向外流的分速度 c_{ir}，因而其轨迹为螺旋线。蜗壳形状就是按液流螺旋线这一自由轨迹而设计的。泵只有在设计工况下工作时，液体的自由轨迹才与蜗壳一致。如果泵的工况与设计工况偏离，液流自由轨迹与蜗壳形状不一致，会产生冲击或脱流现象，使泵的效率降低。

蜗壳截面通常做成宽度不断增大的扩张形式，如图 2-38（b）所示，使液流径向分速度 c_{ir} 随液流向外流动时有较大的降低。为了避免液体流入蜗壳时，因通流截面扩大太快而发生剧烈边界层分离，形成严重“脱流”现象，蜗壳截面扩张角 θ 不大于 60°。

为了进一步减小泵的外形尺寸，一般还要限制蜗壳螺旋线部分 $A—B$ 所占的包角 φ_{max}，使 $\varphi_{max}<360°$，从而限制在螺旋部分液流速度的降低程度，导致能量转换不够充分。所以，一般在螺旋线部分的后面做一扩散管，使很大一部分液体动能进一步转换成静压头。为了减小换能时的损失，扩散管的扩散角一般控制在 8°～10°，扩散管长度与进口截面直径之比在 2.5～3 之间。

（2）导轮

导轮结构如图 2-39 所示，导轮一般由正导叶（$A—B$）部分、弯道或环形空间（$B—C—D$）部分和背导叶或反导叶（$D—E$）部分组成，各部分往往制成一个整体。

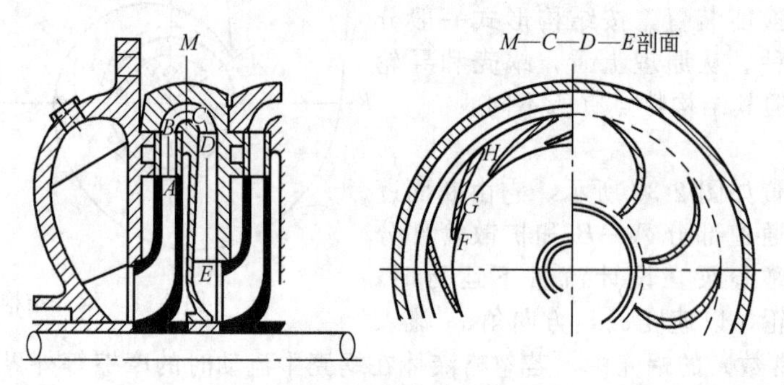

图 2-39　径向式导轮

正导叶开始段 $F—G$ 与蜗壳一样，按设计工况下液流的自由轨迹绘出。而导叶的后半段 $G—H$ 则与相邻导叶的背面一起，形成一扩压管段，因此，可以把蜗壳看成只有一个叶片的导轮，把导轮看成具有若干个包角很小的蜗壳，并兼有压液室换能装置和吸液室的作用。

蜗壳和导轮相比，蜗壳效率高，高效区较宽，对工况变化的适应性较强，结构简单，安装维修比较方便。但外形尺寸较大，结构笨重，铸造较困难，蜗壳过流部分不能进行机械加工，其几何尺寸、形状和表面粗糙度完全由铸造工艺保证。在非设计工况下运行时，还存在着不平衡力。因此蜗壳一般应用于单吸式、单级双吸式以及中开式多级泵或多级泵的最后一段。而导轮正好相反，外形尺寸较小，用导轮换能的分段式多级泵比中开式多级泵壳或多级泵的蜗壳容易铸造，并有较大的通用性。但导轮在偏离设计工况下运行时，其冲击损失比蜗壳大，效率下降较快，泵的 H-Q 和 η-Q 曲线均比蜗壳要陡，高效区较窄，平均效率较低，安装检修也不如中开式蜗壳泵方便。因此，近来多级泵中各级间亦采用蜗壳，而导轮主要用在多级分段式泵中。

2.1.6.3　密封装置

为了保证离心泵的正常工作，防止液体外漏、内漏或外界空气吸入泵内，必须在叶轮和泵壳间、轴和泵壳体间都装有密封装置。离心泵常用的密封装置有密封环、填料密封和机械密封，后两种为泵轴的密封装置。

(1) 密封环

密封环是密封装置的一种，用来防止液体从叶轮排出口通过叶轮和泵壳间的间隙漏回吸入口（称为内漏），以提高泵的容积效率，同时，也用来承受叶轮与泵壳接缝处可能产生的机械摩擦，磨损后只需要更换密封环，而不必更换贵重的泵壳和叶轮。有些密封环装在泵壳上，有些装在叶轮上，也有些装在两边。密封环的型式很多，图 2-40（a）所示为常用的平接密封环，结构简单，但从环隙漏回的液体速度较高，其方向又与进入叶轮的主液流相反，在叶轮入口处形成旋涡，使叶轮进口条件恶化，所以只适用于低扬程泵。图 2-40（b）为直角式密封结构，其流量系数比图 2-40（a）结构小，泄漏液流出口速度较低，其方向与主液流成直角，造成的旋涡较小，水力损失较小，目前应用很广泛。此外，还有各种迷宫式的密封环，其密封性能更好些，但结构复杂，对制造及安装工艺要求高，所以应用较少。

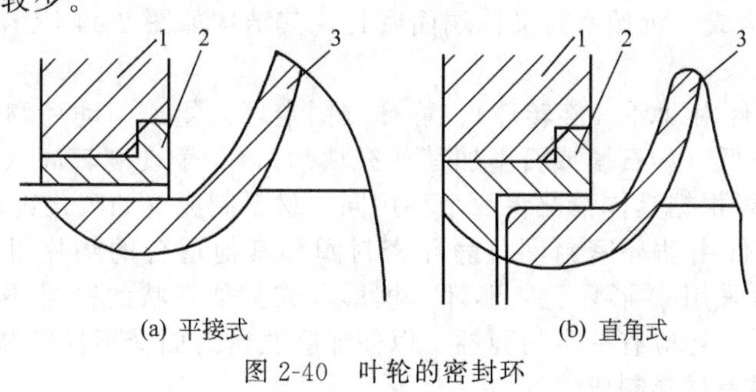

(a) 平接式　(b) 直角式

图 2-40　叶轮的密封环

1—蜗壳；2—密封环；3—叶轮

(2) 填料密封

图 2-41 所示为填料密封装置，主要依靠柔性填料变形，使泵轴（或轴套）外圆表面和填料紧密接触实现其密封。填料密封的严密性可用压紧或放松填料压盖的方法进行调节。填料的压紧程度要适当。压得过紧使填料与轴或轴套的摩擦功耗加大，缩短其寿命，严重时将使填料与轴或轴套烧毁；压得过松，其密封性差，泄漏量增加或外界空气进入泵内，使离心泵无法工作。因此，这种密封要做到绝对不漏是不可能的，泵在工作中有少量滴状的泄漏应认为是正常现象。

填料密封中的液封环如图 2-42 所示。它是利用从泵的排出口或从泵以外的地方将大于大气压的液体注入环内，以防止外界空气吸入泵内，或用清水或其他对泵内介质无妨碍而漏出泵外对环境又无影响的液体，其压力比密封内部压力高出 0.05～0.15MPa，从外部注入泵内，防止泵内液体漏出，或将冷却液注入环内直接对轴进行冷却，或将润滑剂注入环内减小其摩擦功耗等。根据需要也可使注入环内的液体不进入泵内，而在适当位置排出。

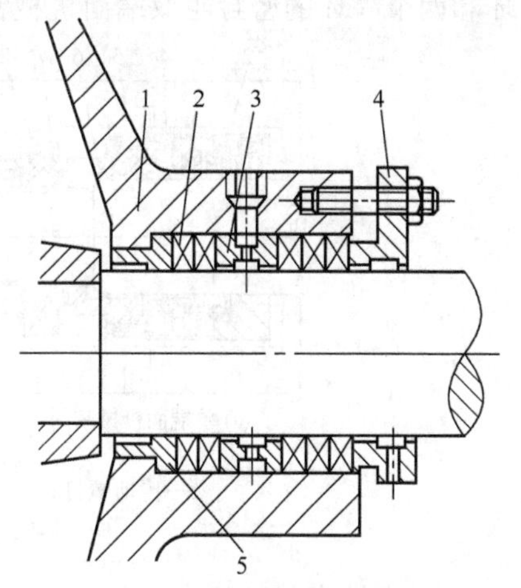

图 2-41　填料函结构简图

1—填料函外壳；2—填料；3—液封环；4—填料压盖；5—底衬环

当输送含有固体颗粒的液体时，为了不使泥浆进入填料，或在高压泵中为了不使高压液体直接作用于填料造成填料快速磨损，在填料前端设置减压装置——节流套，如图 2-43 中节流套和液封环为一整体，从外部将纯净的液体注入液封环内。

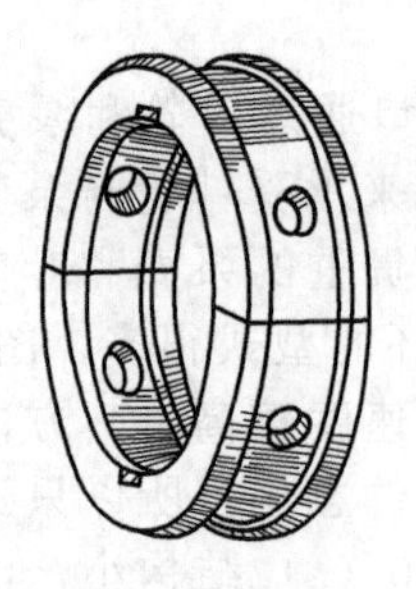

图 2-42 液封环

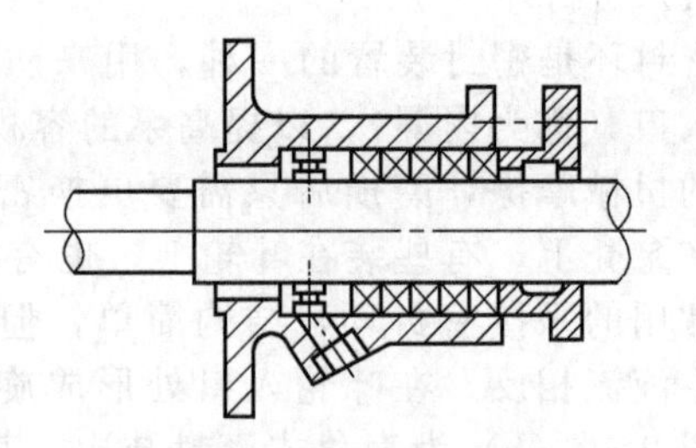

图 2-43 带节流套的填料密封

(3) 机械密封

① 机械密封的构成 机械密封又称端面密封，其结构如图 2-44 所示，主要由下列三部分组成。

ⅰ. 主要密封元件由动环（旋转环）、静环（固定环）组成。动环和静环一般用不同材料制成，一个硬度较低（如石墨或石墨加其他充填剂），一个硬度较高（如碳钢堆焊硬质合金、陶瓷等），但也可根据具体情况将两个环用同一材料制成（如碳化钨）。

ⅱ. 辅助密封元件由动环密封圈、静环密封圈和其他适合的垫片组成。根据不同的要求，辅助密封元件常采用 O 形环、V 形环、楔形环或其他形状的密封环。辅助密封元件除了应具有密封能力外，还应有一定的弹性，以便能吸收密封面受不良影响的振动，辅助密封元件常用橡胶或塑料等材料制成。

ⅲ. 压紧元件和其他辅助元件，如弹簧、推环、传动座、防转销以及为保证动环和静环正常工作所必需的零件都属于这一类元件。

有一个动环和一个静环的机械密封叫单端面机械密封，如图 2-44（a）所示。有两个动环和两个静环的密封叫双端面机械密封，如图 2-44（b）所示。

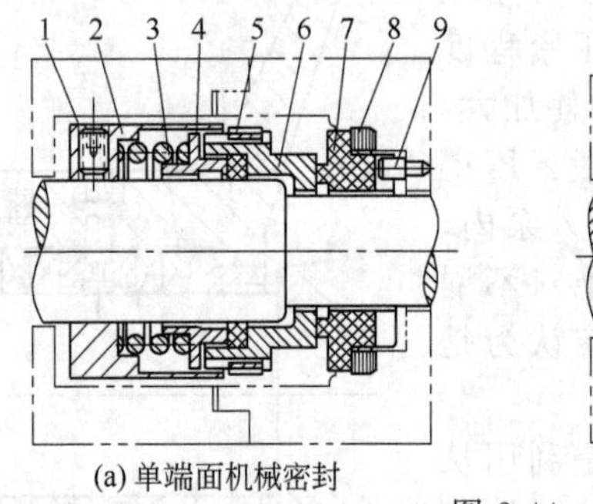

(a) 单端面机械密封

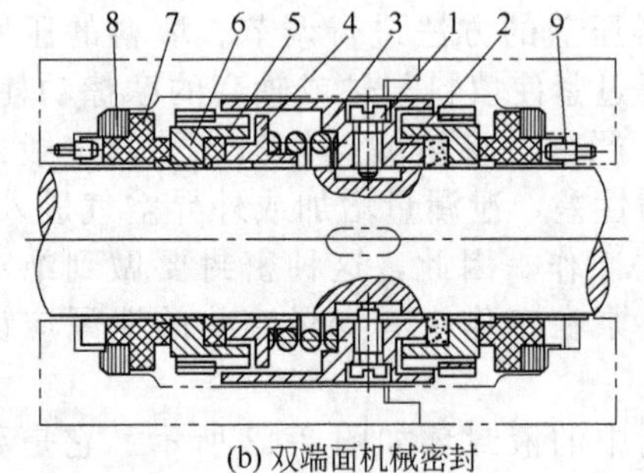

(b) 双端面机械密封

图 2-44 机械密封

1—传动螺钉；2—传动轴；3—弹簧；4—推环；5—动环密封圈；
6—动环；7—静环；8—静环密封圈；9—防转销

② 机械密封的特点 与填料密封相比，机械密封的优点是密封性能好、寿命长、泄漏少、消耗功率少，机械密封在运转中可以达到几乎不漏的程度，所以广泛应用于输送高温、高压和强腐蚀性液体的离心泵上。机械密封的缺点是制造复杂，价格较贵，损坏时不易更换（因为要拆下泵的部分零件），动环、静环和其他辅助密封的元件材料不好选择。此外，安装精度对机械密封工作情况有很大影响，安装得不好则增大泄漏量和降低寿命。尽管有这些缺点，但机械密封的应用范围还是日益扩大，结构形式和材料组合也在不断增加。机械密封的单级密封压力从 10^{-3}Pa 到 35MPa 范围内可以安全使用；使用温度范围最高可达 1000℃，低温深冷也绝对可靠；机器的转速可达 50000r/min，p_sV 值可达 1000MPa・m/s。使用机械密封的离心泵可广泛用于输送各种液体，如清水、海水、油类、酸、碱、盐溶液及其他有

机溶液，其要求是液体不含悬浮颗粒。如果液体含有悬浮颗粒，可选用双端面机械密封。

③ 作用在密封面上的力　机械密封是借助于动环和静环的密封面配合而进行密封的。动环是可沿轴向移动的。工作时，动环受液体压力和弹簧压力的作用，紧压在静环上做相对运动，如图 2-45 所示。动环和静环密封面上单位面积上的作用力叫密封面比压 p_y（Pa），如果不考虑密封面间的液膜压力和密封环摩擦力，则 p_y 可以用下式表示

$$p_y=\frac{d_2^2-d_0^2}{d_2^2-d_1^2}p_f+p_s \tag{2-60a}$$

式中　p_s——密封面单位面积上的弹簧压力，Pa；

p_f——密封面单位面积上的液体压力，Pa。

在机械密封中，一般弹簧压力较液体压力小得多，如果将弹簧力略去不计，则上式可改写为

$$p_y=\frac{d_2^2-d_0^2}{d_2^2-d_1^2}p_f \tag{2-60b}$$

即

$$\frac{p_y}{p_f}=\frac{d_2^2-d_0^2}{d_2^2-d_1^2} \tag{2-60c}$$

如果$\frac{p_y}{p_f}=0$，即 $d_2=d_0$，密封是平衡型的，如图 2-45（c）所示；如果 $0<\frac{p_y}{p_f}<1$，即为部分平衡型的，如图 2-45（b）所示；如果$\frac{p_y}{p_f}>1$，即为不平衡型的，如图 2-45（a）所示。

对于不平衡型机械密封，密封面比压与液体压力成正比，液体压力增高后，机械密封容易出现发热和磨损，故不平衡型机械密封一般在液体压力为 1MPa 以下时采用；图 2-45（b）所示的机械密封，部分地平衡了液体压力，密封液体压力可达 5～8MPa；图 2-45（c）为完全平衡型机械密封，作用在动环上的只有弹簧力，液体压力完全平衡，这种机械密封可用于高压液体的密封。

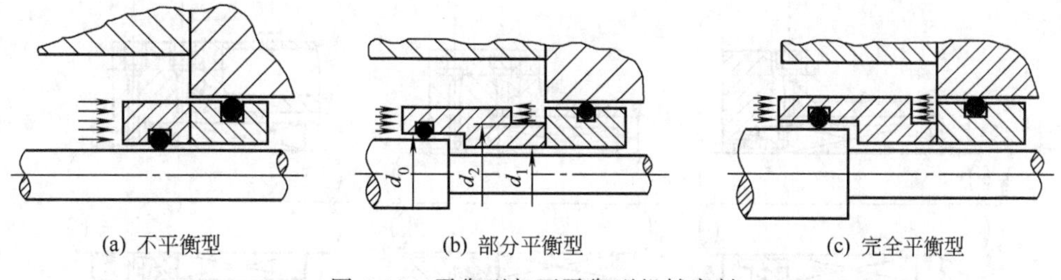

(a) 不平衡型　(b) 部分平衡型　(c) 完全平衡型

图 2-45　平衡型与不平衡型机械密封

④ 密封面间的液膜　机械密封工作时，在动环与静环间有一层液膜，液膜必须保持一定厚度，才能使机械密封摩擦和散热情况良好。液膜太厚，泄漏量增大；液膜太薄，动环和静环间可能有干摩擦，可能导致机械密封烧毁。在其他参数不变的情况下，密封面比压增大，则液膜厚度迅速下降；密封面圆周速度增加时，液膜厚度迅速增高；但是当密封面比压和圆周速度同时提高时，液膜厚度增长速度仍显著下降。

⑤ 机械密封的安装　通常泵用机械密封的安装方式如图 2-46 所示。在图 2-46（a）中，动环装在泵体内侧，弹簧在液体中转动，而在图 2-46（b）中，动环和弹簧装在泵体的外侧。

安装机械密封的泵，其轴向蹿动量不允许超过±0.5mm。如有轴套时，不允许轴套有轴向移动。安装机械密封的轴或轴套的径向圆跳动公差如表 2-1 所示。

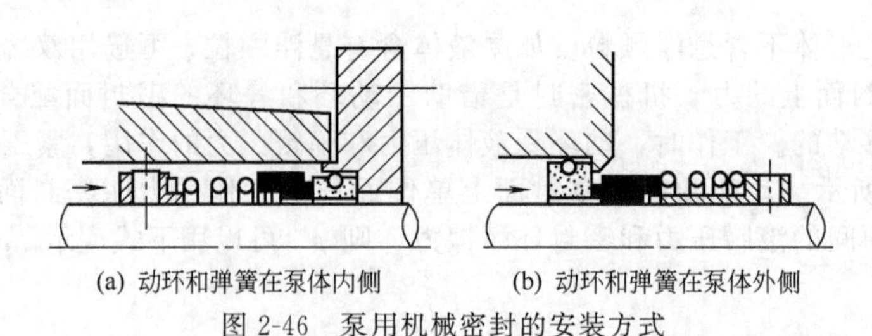

(a) 动环和弹簧在泵体内侧　　(b) 动环和弹簧在泵体外侧

图 2-46　泵用机械密封的安装方式

表 2-1　安装机械密封的轴或轴套的径向圆跳动公差

轴或轴套直径/mm	径向圆跳动公差/mm	轴或轴套直径/mm	径向圆跳动公差/mm
16～28	0.06	65～80	0.10
30～60	0.08	85～100	0.12

安装机械密封的轴或轴套要求表面粗糙度 Ra 值为 0.80μm，与静环密封圈接触的表面要求表面粗糙度 Ra 值为 3.2μm，装配后端面圆跳动公差 0.06mm。

⑥ 机械密封的冷却和冲洗　由于机械密封工作条件复杂，工作时在动环和静环密封面间不断产生摩擦热，致使动环和静环间的液膜汽化。零件老化、发焦、变形都将影响使用寿命。因此，在选择密封机构时，还必须注意选择合理的冷却和冲洗方式，以带走摩擦热并防止机械密封中杂物积聚。

离心泵使用机械密封时，可以用泵所输送的液体来进行冷却和冲洗，也可用外来的冷却系统进行冲洗，用所输送的液体进行冷却和冲洗时，必须加过滤器，防止杂物进入机械密封。

对各种使用工作条件，推荐下列几种典型冷却和冲洗实例，以供参考。

ⅰ. 第Ⅰ种冷却型式最简单，如图 2-47（a）所示。由泵出口或高压端引入输送液体，直接冲洗密封端面，随后流入泵腔内，在密封腔内液体不断流动，带走密封摩擦产生的热量。

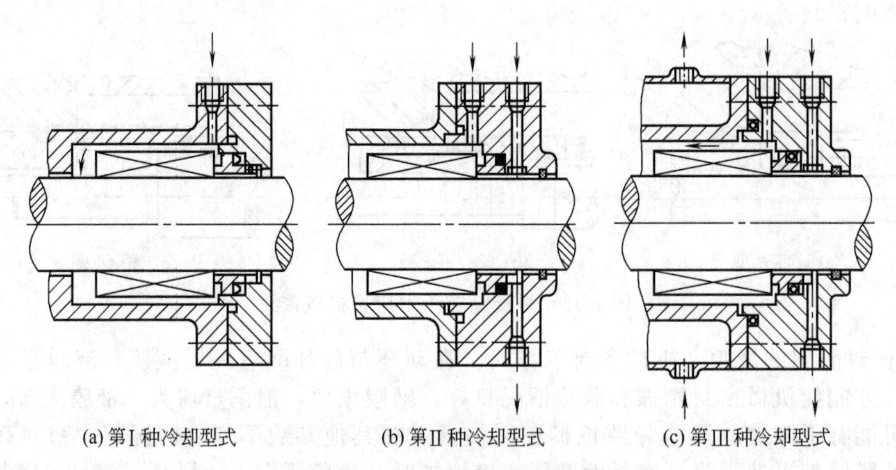

(a) 第Ⅰ种冷却型式　　(b) 第Ⅱ种冷却型式　　(c) 第Ⅲ种冷却型式

图 2-47　机械密封的冷却型式

ⅱ. 第Ⅱ种冷却型式是在第Ⅰ种型式的基础上，增加了在静环背面的冷却，如图 2-47（b）所示，冷却条件有所改进。对输送易挥发的液体，可通过此种型式收集泄漏液。

ⅲ. 第Ⅲ种冷却型式比第Ⅱ种型式增加了密封腔外的冷却水套，进一步冷却了密封腔，如图 2-47（c）所示，冷却效果更好。输送高温液体可用此种冷却型式。

⑦ 机械密封的材料选择　材料的选择是保证机械密封安全、不漏、长期运行的关键因

素之一，特别是动环和静环的材料选用更为重要。常用的材料有不锈钢、硬质合金、氮化硅、石墨浸渍巴氏合金、石墨浸渍树脂等。

2.1.7 离心泵的轴向力及其平衡

2.1.7.1 轴向力

离心泵工作时，在形状不对称的单级叶轮上，由于液体作用在叶轮上的力不平衡，将产生与泵轴线平行的轴向力。

(1) 叶轮盖板两侧液体压力不同引起的轴向力

当离心泵正常工作时，密封环处的泄漏量很小，可忽略不计。叶轮前后盖板与泵壳之间的液体由于受到盖板摩擦而旋转，其旋转角速度 ω' 近似为叶轮旋转角速度 ω 的一半，这时液体压力 p 将沿半径呈抛物线规律分布，如图 2-48 所示，其表达式

$$p=p_2-\rho\frac{u_2^2}{8}\left(1-\frac{r^2}{r_2^2}\right) \tag{2-61}$$

由式 (2-61) 可见，在叶轮入口半径 r_0 以上叶轮两侧压力按抛物线对称分布，其作用力可互相平衡。但是在 r_0 以下，叶轮右侧承受的是按上述抛物线规律分布的液体压力，而其左侧则作用有均匀分布的入口压力 F_{I}，如图 2-48 所示。设叶轮前后轮毂直径相等，都为 d_h (半径为 r_h)，则叶轮在两侧压差作用下，产生指向叶轮进口的轴向推力 F_{I} 为

$$\begin{aligned}F_{\text{I}}&=\int_{\frac{r_h}{2}}^{\frac{r_c}{2}}p2\pi r\,\mathrm{d}r-\frac{\pi}{4}(d_c^2-d_h^2)p_1\\&=\int_{\frac{r_h}{2}}^{\frac{r_c}{2}}\left[p_2-\frac{\rho\omega^2}{8}(r_2^2-r^2)\right]2\pi r\,\mathrm{d}r-\pi(r_c^2-r_h^2)p_1\\&=\pi\rho g(r_0^2-r_h^2)\left[\frac{p_2}{\rho g}\right]-\frac{p_1}{\rho g}-\left(\frac{r_0^2+r_h^2}{2}\right)\frac{\omega^2}{8g}\end{aligned} \tag{2-62}$$

如果考虑泵在工作时叶轮两侧实际上存在的泄漏，压力就不可能严格按上面抛物线规律分布。在前盖板泵腔内的液体产生向心的径向流动，压力要减小；在后盖板处，对于多级泵级间泄漏使泵腔内液体产生离心向外的径向流动，压力要增加；因而两盖板间的压力差有所增加，如图 2-48 所示中的虚线。

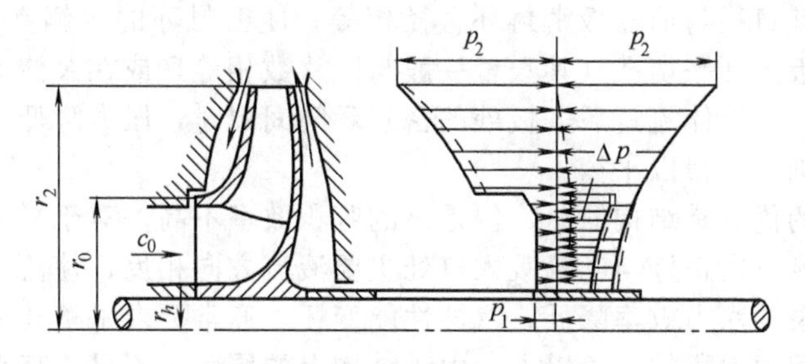

图 2-48 叶轮两侧压力分布图

(2) 动反力

在离心泵中，液体轴向进入叶轮，径向方向流出，因而叶轮受到由于液流进出叶轮的方向及速度不同而引起的动反力。根据动量定理，动反力 F_{II} 的大小为

$$F_{\text{II}}=\rho Q_T c_0 \tag{2-63}$$

式中，c_0 为液体未进入叶轮时的轴向速度。

F_{II}的方向与F_{I}方向相反，泵在正常工作时，这个力比较小，可忽略不计。只有泵在启动时，由于泵正常压力还未建立，动反力的作用比较明显，如多级泵转子反蹿，深井泵上蹿等，都是这个原因。因此，作用在一个叶轮轴上的轴向力为

$$F=F_{\mathrm{I}}-F_{\mathrm{II}} \tag{2-64}$$

其方向一般指向叶轮进口。

(3) 轴向力

对于大型立式离心泵，叶轮的重量也会引起轴向力。对于入口压力较高的悬臂式单吸离心泵，由于吸入压力与大气压力相差较大，也产生轴向力，在计算轴向力时应将它们计入。

如果要估算轴向力的大小，可按下面经验公式计算（叶轮吸液口都在同一侧）

$$F=K\rho gH\pi(r_0^2-r_h^2)i \tag{2-65}$$

式中 K——实验系数，与比转数有关，当$n_s=60\sim150$时，$K=0.6$；$n_s=150\sim250$时，$K=0.8$；

ρ——液体密度，kg/m³；

H——单级扬程，m；

i——泵的级数。

2.1.7.2 轴向力的平衡

在离心泵中，轴向力有时很大，尤其在多级泵中更为突出。如果不设法消除和平衡叶轮上的轴向力，泵的转子必然在轴向力推动下发生蹿动，使转子与泵体发生研磨，轴承受力恶化，从而造成振动和严重磨损。因此，消除和平衡轴向力，并限制转子的轴向蹿动非常必要。

(1) 单级离心泵轴向力平衡方法

① 采用双吸叶轮　由于这种叶轮的两侧形状对称，理论上轴向力完全平衡。但实际上泵在运行中，两侧密封环磨损不一样，泄漏不相同，作用在叶轮两盖板上液体压力分布不完全相同，还会有小部分轴向力存在，需要用轴承来承受残余的轴向力。因此，在轴的一端装有止推轴承。

② 采用有平衡孔的叶轮或增设平衡管　如图 2-49 所示，在叶轮后盖板和泵壳相应的位置上增设密封环，其直径与前盖板密封环直径相等，使密封环的内侧空间与压液室相隔离。此外，在叶轮后盖板上开平衡孔（其数量一般与叶片数相等）或在泵体上设置平衡管，使后盖板前后空间相通。当液体流过后盖板处的密封环间间隙时，压力降低，使叶轮两面压力分布大致相同，从而轴向力得以平衡。

这种平衡方法的优点是结构简单，但是泵的容积效率不高。对于平衡孔这种装置，液体流入叶轮时，其液流方向正好与叶轮吸入口处主要液流方向相反，使流入叶轮主液流速度均匀分布受到破坏，泵的水力效率降低，汽蚀性能变坏。通常要求平衡孔或平衡管的截面积要大，一般为密封环间隙面积的 5 倍以上。由于结构上的原因，不可能将平衡孔或平衡管面积做得很大。由于泄漏液流通过平衡孔或平衡管时有一定阻力，叶轮后盖板前后两边压力差不可能完全消除，也不可能实现轴向力完全平衡，一般尚有 10%～25%残余轴向力需要轴承承受。因此，平衡孔装置常用在单级泵上，尤其是小型泵上得到广泛使用。采用平衡管装置，对进入叶轮的主液流扰动影响较小，常用在大型泵的轴向力平衡中。

③ 采用带背叶片的叶轮　这种方法依靠叶轮后盖板外面的径向叶片带动后盖板与泵壳间的液体以接近叶轮的角速度旋转，使作用在后盖板上的压力减小，从而达到平衡轴向力的目的，如图 2-50 所示。

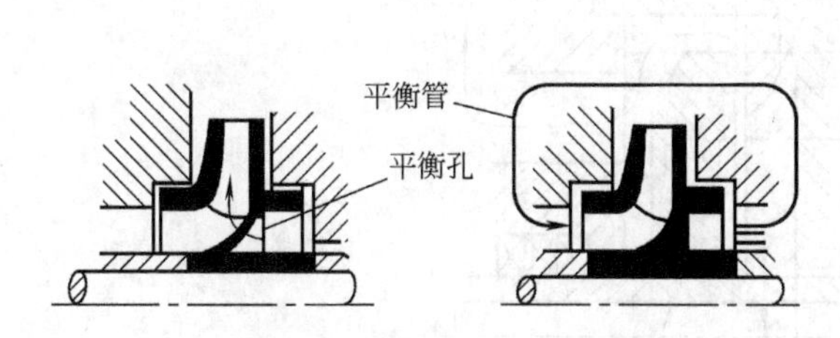

图 2-49 平衡孔和平衡管

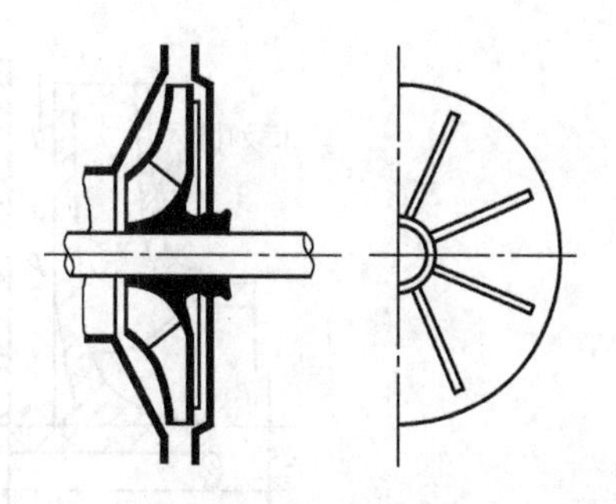

图 2-50 带背叶片的叶轮

这种装置除平衡轴向力外，常用来减小作用于填料函前的液体压力，以改善密封条件。杂质泵和具有化学腐蚀性液体的石油化工用泵，广泛采用这种装置，以防杂质或恶劣介质进入填料函，提高轴封寿命。

在一些小型离心泵中，由于轴向力小，也有不采用任何平衡措施的结构，或有的直接采用推力轴承承受全部轴向力。

(2) 多级泵轴向力平衡方法

① 叶轮对称布置　这种方法常用于泵的级数为偶数，并用蜗壳换能的中开式多级泵。叶轮可分为两组，两组对称反向布置，从而使两组叶轮的轴向力互相抵消，当多级泵级数为奇数时，可将第一级做成双吸式叶轮，其他各级叶轮对称反向布置。

图 2-51 表示一台六级泵叶轮对称布置的两种方案，每种方案各有其优缺点。在图 (a) 方案中，每一级间密封两端压差较小，仅为一级扬程。而在图 (b) 方案中，3 和 6 之间的级间密封两端压差较大，为泵的总扬程的一半，因而泄漏比图 (a) 方案严重；同时由于泄漏液流速度大，级间密封容易磨损；所以，从减小级间泄漏看，图 (a) 方案较图 (b) 好；从轴封压力看，图 (a) 中的轴封压力大于图 (b)；同时方案图 (a) 回流流道比方案图 (b) 复杂。因此，对于级数不多的蜗壳中开式多级泵，常采用方案图 (a)。对于级数较多的多级泵，常采用方案图 (b)，这样不仅可以缩短轴承间的长度，还能使回流流道简单化。

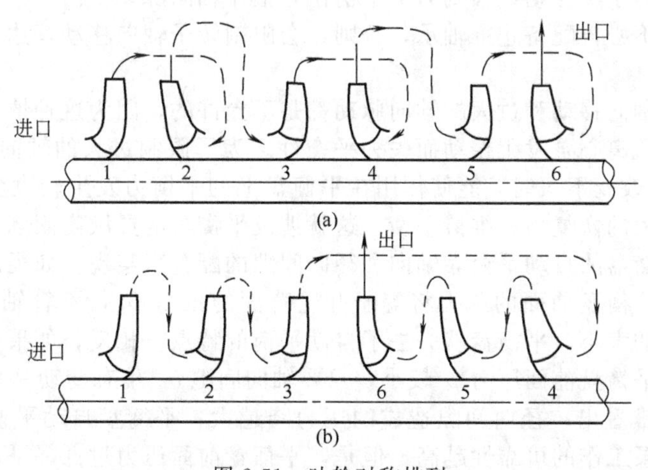

图 2-51 叶轮对称排列

② 采用自动平衡盘装置　这种装置常用于分段式多级泵中。平衡盘设置在末级叶轮后面，并固定在泵轴上随泵轴一起旋转，其结构如图 2-52 所示。在这种装置中，有两个密封间隙，一个是轴套（轮毂）与泵体之间的径向间隙 b，另一个是平衡盘端面与泵体间的轴向间隙 b_0。平衡盘后面的平衡室用连通管和泵吸入口连通。液体在径向间隙前的压力是末级

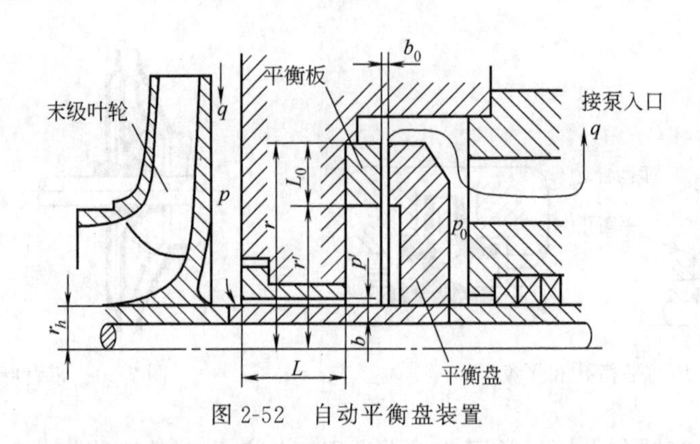

图 2-52　自动平衡盘装置

叶轮后盖下面的压力 p，通过径向间隙 b 之后降为 p'，径向间隙两端压差为 $\Delta p_1=p-p'$。再经过轴向间隙 b_0 后，压力下降为 p_0，平衡盘两侧压差为 $\Delta p_2=p'-p_0$，液体最后流到泵的入口，整个平衡装置的压差为 $\Delta p=p-p_0=(p-p')+(p'-p_0)=\Delta p_1+\Delta p_2$。平衡盘前后压差 $p'-p_0$ 在平衡盘上产生一个向右的推力 F，其方向与叶轮上的轴向力正好相反，故称为平衡力。

当叶轮上的轴向力大于平衡盘上的平衡力时，转子向左移动，轴向间隙 b_0 减小，间隙流动阻力增加，泄漏量 q 减少。此时，流过径向间隙 b 的液体速度降低，液体流过径向间隙的压力降减小，即 Δp_1 减小，因 $\Delta p=\Delta p_1+\Delta p_2$ 不变，故 Δp_2 增加，从而提高了平衡盘前面的压力 p'。只要转子向左移动，平衡力就增加，到某一位置时，平衡力和轴向力相等，达到新的平衡。当轴向力小于平衡力时，转子向右移动，同样也能达到新的平衡。

离心泵在工作中，运转工况常发生变化，相应地轴向力也在变化，转子也随着发生轴向移动，以达到新的平衡。但是由于惯性作用，运动着的转子不会立刻停止在新的平衡位置上而要继续移动，轴向间隙继续变化。如果轴向间隙继续变小，平衡力就会超过轴向力，而阻止转子继续移动，直至停止。可是转子停止的位置并非平衡位置，此时平衡力超过轴向力，使转子又向反方向移动。由此可见，离心泵的转子是处在某一平衡位置左右作轴向脉动。当泵的工况改变时，转子又自动地移到另一平衡位置上作轴向脉动。由于平衡盘有自动平衡轴向力的特点，一般不必再配备止推轴承，否则，会限制转子轴向移动，达不到自动平衡轴向力的目的。

离心泵过大的轴向移动和过大的轴向脉动都是不允许的，因为这种情况会使平衡盘、叶轮和泵体磨损，导致离心泵发生振动而失去平衡性。为了限制过大的轴向移动和轴向脉动，要求在轴向间隙 b_0 改变不大时，能使作用在平衡盘上的平衡力发生较大变化，平衡机构能立刻产生一个足够大的恢复力来维持平衡，这就涉及平衡盘的灵敏度问题。

前面指出，平衡盘的自动平衡靠轴向和径向间隙的配合来实现。如径向间隙很大，造成的压力降很小，则平衡盘前面的压力将等于叶轮背面的压力 p_0，不管轴向间隙如何变化，也不会改变平衡力的大小，平衡盘就失去了自动平衡的特点。相反，如果径向间隙很小，造成的压力降很大，平衡盘前面压力 p' 较小，只要轴向间隙 b_0 稍有变动，平衡盘前面的压力 p' 就变化很大。不难看出，径向间隙造成的压力降越大，平衡盘自动平衡能力越强，平衡盘轴向移动越小，泵工作的可靠性越高。但是，平衡盘前面压力过低，平衡盘两边的压力降 Δp_2 就会太小，这样会加大平衡盘尺寸。平衡盘加大，除了难以保证加工精度外，平衡盘惯性增大，反而会降低其灵敏度。

一般轴向间隙 $b_0=0.08\sim0.15\text{mm}$，径向间隙 $b=0.2\sim0.5\text{mm}$。如果被输送的液体温度越高，黏度较大或含有悬浮杂质，则间隙值可适当加大，以免间隙过小，液流不通畅，而使平衡盘作用减小。

2.1.8 离心泵的典型结构

2.1.8.1 单级单吸式离心泵

图 2-53 为单级单吸式离心泵结构，用电动机通过弹性联轴器直接驱动。泵进口在轴向方向，出口在与轴线成垂直的方向，主要部件有叶轮 2、泵轴 6、泵体 1 等。叶轮为单级单吸闭式叶轮，叶片弯曲方向与泵轴旋转方向相反。在叶轮后盖板靠近轴孔处设有平衡孔，用以平衡轴向推力。叶轮用特制的叶轮螺母和垫圈固定在转轴上，叶轮螺母的旋紧方向与叶轮的转向相反。叶轮前后盖板上装有密封环，以尽可能减少转动叶轮与固定泵体之间的间隙。泵体上有螺旋形流道压液室与扩压管。泵盖上带有轴向锥形收缩管状吸液室。泵轴的一端在托架内用轴承支承，另一端为悬臂端。叶轮装在悬臂端上，故常称为悬臂式离心泵。

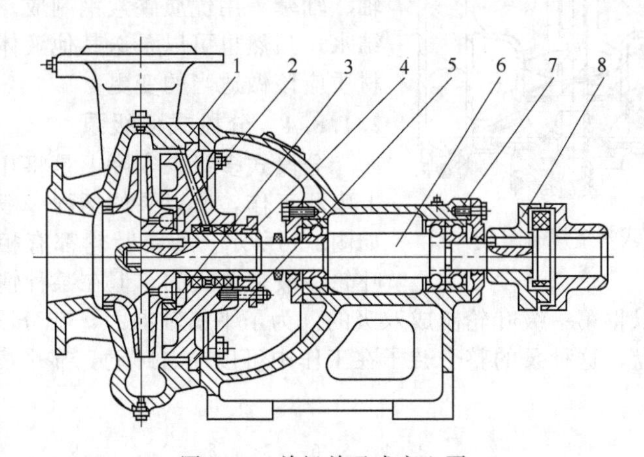

图 2-53 单级单吸式离心泵

1—泵体；2—叶轮；3—密封环；4—护轴套；5—后盖；6—泵轴；7—托架；8—联轴器

2.1.8.2 单级双吸式离心泵

单级双吸式离心泵的转子总是做成两端支承形式，并且泵壳是中开式水平剖分的，如图 2-54 所示。泵的两个吸液室呈蜗壳形，吸液接管是两侧公用的，并且泵的吸液管均布置在下半个泵壳的两侧，因此在打开泵壳检修时可以不必拆动泵外的管路。为了防止空气漏入泵中，两侧的填料函中装有液封环，并用液封管路将泵压液室中的液体引入其中。在泵的吸液室和压液室的最高点分别开有螺纹孔，供灌泵时放气用。因为双吸叶轮的轴向力基本上是平衡的，故这种泵未设轴向力平衡装置。

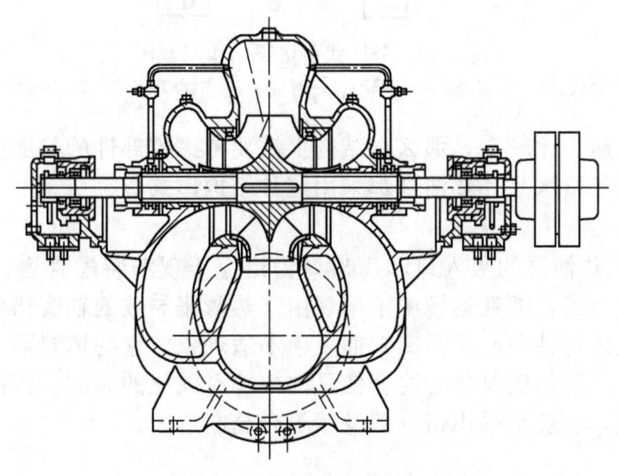

图 2-54 单级双吸式离心泵

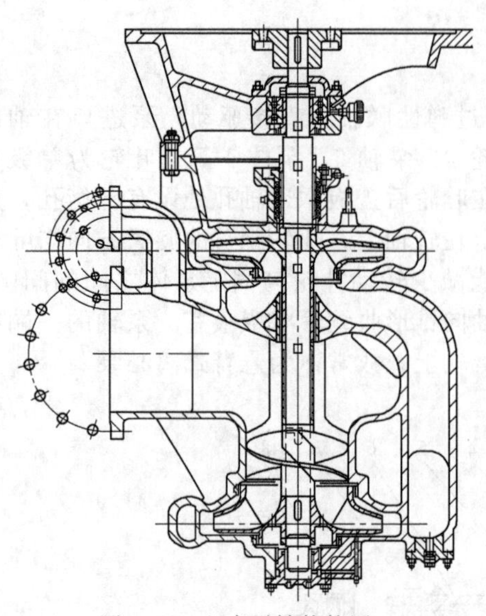

图 2-55　立式泵结构简图

2.1.8.3　立式泵

图 2-55 是一种立式中开带前置诱导轮的两级离心泵，其结构特点是泵的吸入口、压出口及排气口（接平衡管）均与泵轴平行地布置在泵体的一侧。第一级叶轮和第二级叶轮对称排列以平衡轴向力，泵壳采用双蜗壳结构。由于泵体是轴向中开式结构，维修十分方便，只需将泵盖和轴承盖拆开，即可取出转子部件。上泵体、下泵体、托架、轴承体均由铸铁制成，叶轮和诱导轮用硅黄铜制成，轴、轴套等用优质碳素钢制成。该泵适用于输送凝结水，当然也可以泵送其他液体，但该泵各部件的材质应该做适当的变更。

2.1.8.4　分段式多级泵

分段式多级泵实际上是将几个叶轮装在一根轴上串联工作，所以泵的扬程一般都比较高，其结构如图2-56所示。每个叶轮都有相应的导轮。第一级叶轮一般是单吸的，但在某种情况下，为了改善泵的汽蚀性能，也可以将第一级叶轮制成双吸的。为了平衡轴向力，在分段式多级泵末级叶轮后面一般装有平衡盘，这种泵的整个转子在工作中可以左右蹿动，靠平衡盘自动地将转子维持在平衡位置上。

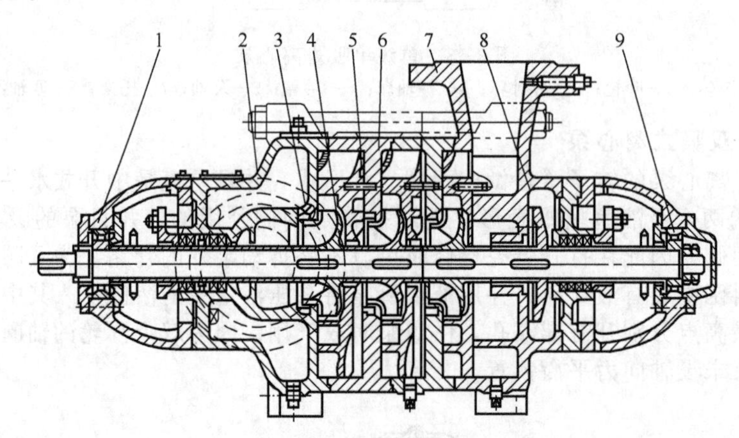

图 2-56　分段式多级泵结构示意图

1—轴承体；2—前段；3—密封环；4—叶轮；5—导轮；6—中段；7—后段；8—平衡盘；9—轴承

如果液体温度和压力比较高，那么在结构上需要考虑零部件的热膨胀和冷却等问题。一般高压泵、超高压锅炉给水泵、热油泵都采用这种结构形式。

2.1.8.5　热油泵

如图 2-57 所示，热油泵的吸入口和压出口为适应于现场装配管道，都向上布置，并从各个方面对高温加以考虑，即在运转中不出现由于热膨胀导致的轴套错位及由于泵体的中心支持（底盘安装座大致与轴中心线同高）而发生不适现象。它的填料函、压盖及轴承均用水来冷却。此外，由于高温的碳氢化合物会使泵的内部有碳化的倾向，因此泵的材料必须耐高温和在常压下耐腐蚀，一般是采用铬、镍及钼等合金制造。

2.1.8.6　屏蔽泵

为了输送易燃、易爆、剧毒、有放射性、强腐蚀以及贵重液体等介质，一般采用一种无

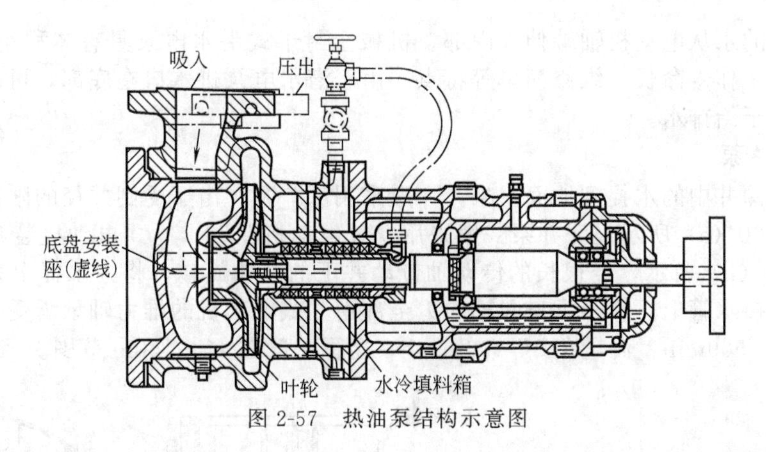

图 2-57 热油泵结构示意图

填料离心泵——屏蔽泵。该类泵一般将叶轮与电动机的转子连成一体，浸泡在被输送的液体中，并置于同一个密封壳体内。在泵与电动机之间无填料或无机械密封装置，这样就从根本上消除了液体的外泄问题，如图 2-58 所示。为了防止输送液体与电器部分接触，电动机的定子和转子用非磁性金属薄壁圆筒（屏蔽套）与液体隔离，这可避免液体对定子的腐蚀。屏蔽套的材料除要求耐腐蚀外，还要求具有非磁性和高电阻率，以减少电动机因屏蔽套存在而产生额外的功率损耗。此外，由于有屏蔽套，增加了定子和转子之间的间隙，使电动机效率下降。因此，要求屏蔽套的壁要薄，一般为 0.3～0.8mm。这样薄的套加工工艺较特殊，制造较困难，成本高，成了屏蔽泵生产中的关键问题之一。电动机与轴承的冷却与润滑是利用输送液体自身的循环来进行的。对于输送常温液体的屏蔽泵，由泵的出口管引一股液体，经过过滤从电动机尾部进入后轴承处，再经过转子与定子之间的间隙和前轴承返回叶轮进口，形成循环冷却系统。对于所输送液体温度较高的屏蔽泵，需外加冷却水或冷却循环液。由于转子在液体中旋转，摩擦阻力增大，同时，泵还要向电动机提供冷却循环液，加之这种泵叶轮密封环间隙比较大，容积效率较低。因此，屏蔽泵不仅电动机效率较低，而且泵本身的效率也较低，一般屏蔽泵整机机组效率只有 40%～50%。由于屏蔽泵的轴承处于腐蚀性液体中，而且液体的润滑性又较差，同时，处于封闭壳体内无法检查维护，因此对轴承型式及材料的选择也是屏蔽泵的关键问题之一。有的屏蔽泵为了能及时反映泵内轴承的磨损情况，在泵外装有显示装置，以便及时更换轴承。由于屏蔽泵能保证液体绝对不漏，在特殊场合下得到了广泛应用。

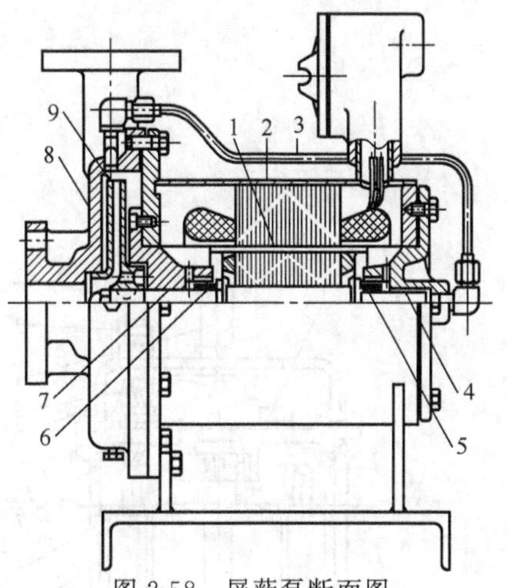

图 2-58 屏蔽泵断面图

1—电动机转子；2—电动机定子；3—循环液用配管；4—后部轴承体；5—后部液中轴承；6—前部液中轴承；7—前部轴承体；8—泵体；9—叶轮

2.1.8.7 潜水电泵

潜水电泵由潜水电动机和潜水泵同轴组成，图 2-59 所示为机械密封干式潜水电泵结构。顶部为潜水电动机，下部为水泵部分，中间是轴封装置。泵与电动机同轴组成适于搬移的整体式结构。机械密封干式潜水电泵的结构是指电动机在工作时，其内部（包括定、转子部分）像普通的封闭电动机一样，处于空气之中，是“干的”，所以称为“干式”。其主要是依靠机械密封的一对或两对动、静密封环的摩擦面在一定压力下，紧密贴合，做相对摩擦运动，阻止外界的水从电动机轴端伸入内部。机械密封干式潜水电泵具有体积小、结构简单、效率高、绕组工作寿命长、维修简单等特点。由于潜水电泵进水口在底部，可以将水排放得更干净，适用于给排水。

2.1.8.8 深井泵

如果要把深井中的水提到地面上来，一般采用深井泵。由于受到井径的限制，所以是细长的，如图 2-60（a）所示。深井泵一般采用立式电动机驱动，立式电动机装在上面的泵座上，如图 2-60（b）所示，经很长的传动轴带动井下的叶轮旋转，将井水提上来。泵壳靠螺栓逐级连接在接水管上。转子重量和轴向力全部由立式电动机的推力轴承承受。深井泵的井径一般在 100～500mm，流量在 8～900m^3/h，扬程一般在 10～150m 范围。

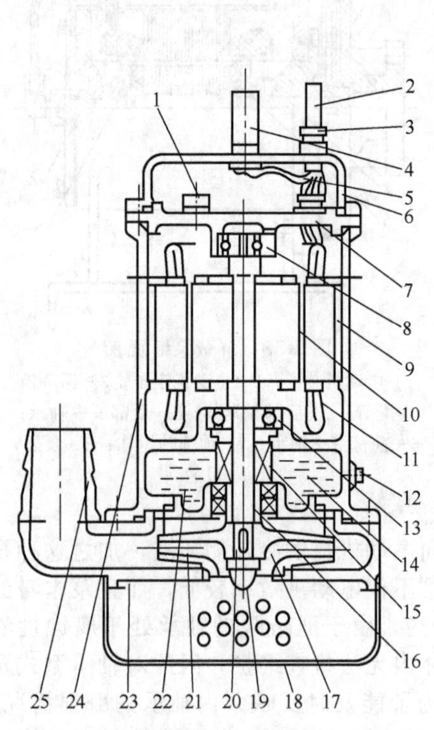

图 2-59 QX 型机械密封干式潜水电泵（下泵）结构

1—电动机保护装置；2—绝缘软电缆；3—密封压盖；4—提手柄；5—接地接头；6—顶盖；7—隔板；8—上轴承；9—定子铁心；10—转子；11—定子线圈；12—注油器；13—下轴承；14—润滑油；15—轴封装置；16—轴套；17—口环；18—过滤网；19—叶轮螺母；20—主轴；21—叶轮；22—油室；23—泵体；24—机座；25—软接头

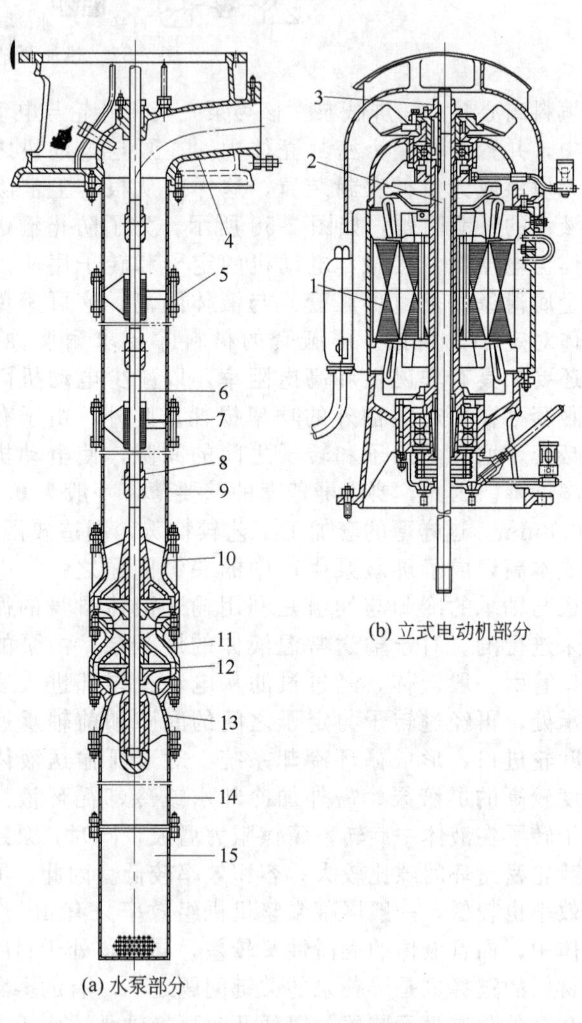

图 2-60 深井泵结构简图

1—立式电机；2—电机轴；3—调整螺母；4—泵座；5—螺栓；6—传动轴；7—中间轴承；8—联轴器；9—扬水管；10—上壳；11—中壳；12—叶轮；13—下壳；14—吸入管；15—滤水阀

2.1.8.9 自吸式离心泵

一般离心泵在运转前要注水，但必须先将泵体和吸入管中的空气抽出，而后灌满水，才能正常输送液体。自吸式离心泵，进行自动灌泵。泵开始运转后，首先向吸入管注满水，然后开始排送水。

自吸式离心泵型式多种多样，大体可分为两种类型：

ⅰ. 对离心泵给予特殊的改型，使该泵从启动到灌泵完毕期间起着真空泵的作用；

ⅱ. 在离心泵叶轮的同一轴上安装真空泵叶轮，或者使真空泵与主轴联动，在启动的同时，借助真空泵的作用完成灌泵。

图 2-61 所示即为第ⅱ种的自吸式离心泵。在轴上除离心泵叶轮之外，还有真空泵叶轮。在泵的吸入侧，如图 2-61 所示的分离器，当泵启动后离心叶轮空转，真空叶轮开始从吸入管吸空气，同时也向吸入管充水、灌泵。当灌泵完毕时，离心叶轮进行正常工作，这时水从分离器上方也会送入真空叶轮，因而一般借助自动阀将其截止而使真空叶轮的吸入侧与大气相通，以节省功率消耗。这一类型的自吸式离心泵可作为船用自吸式泵使用。

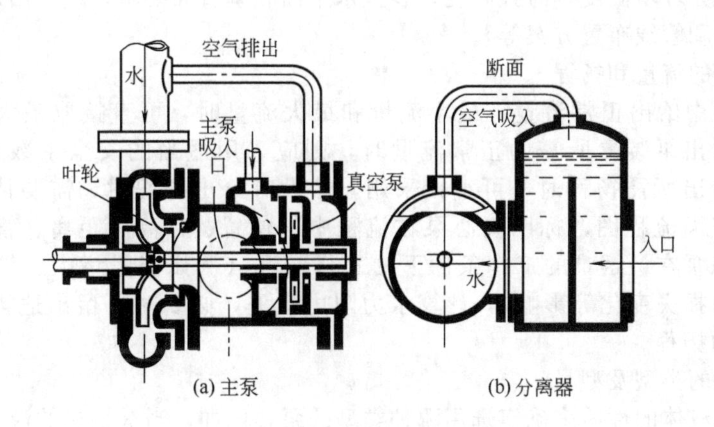

图 2-61 带有真空叶轮的自吸式离心泵

2.1.9 离心泵的型号编制

我国离心泵行业目前普遍采用国际标准 ISO 2858-75（E）对离心泵的型号进行编制。该标准规定离心泵的型号一般由四组字母和阿拉伯数字组成，具体表示方法如下。

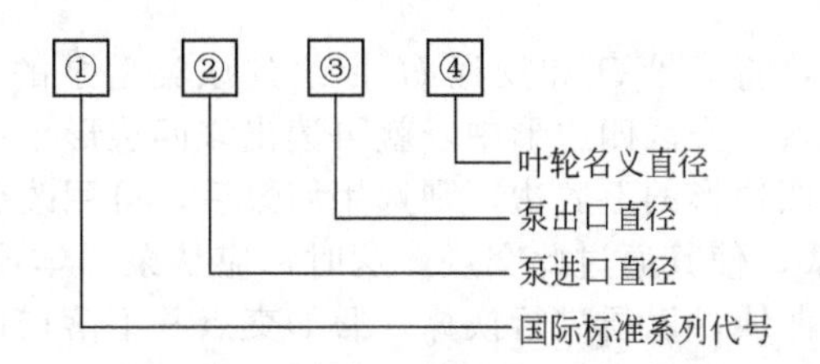

①——用大写英文字母表示，其中 IS 为国际标准系列代号；

②——用阿拉伯数字表示离心泵的进口直径，单位为 mm；

③——用阿拉伯数字表示离心泵的出口直径，单位为 mm；

④——用阿拉伯数字表示离心泵的名义直径，单位为 mm；

例如，型号为 IS80-65-160 表示单级单吸悬臂式清水离心泵，泵吸入口直径为 80mm，排出口直径为 65 mm，叶轮名义直径为 160 mm；型号为 IH50-32-160 表示单级单吸悬臂式化工离心泵，泵吸入口直径为50mm，排出口直径为32 mm，叶轮名义直径为160 mm。

2.1.10 离心泵的选择

2.1.10.1 选择原则

ⅰ. 应满足工艺过程提出的流量、压头及输送液体性质的要求；

ⅱ. 应具有良好的吸入性能，轴封装置严密可靠，润滑冷却良好，零部件有足够的强度以及便于操作和维修；

ⅲ. 泵的高效工作区域要宽，能适应工况的变化；

ⅳ. 泵的尺寸小，重量轻，结构简单，制造容易，从而成本低；

ⅴ. 其他特殊要求，如防爆、耐腐蚀、耐磨损等。

2.1.10.2 选择步骤

(1) 列出选择泵时所需的原始数据

根据工艺要求，详细列出原始数据，包括输送液体的物理性质（密度、黏度、饱和蒸汽压、腐蚀性等），操作条件（离心泵进出口两侧设备内的压力、操作温度和流量等）以及泵所在位置情况（如环境温度，海拔高度，装置水平面和垂直面要求，进、出口两侧设备内液面至泵中心距离和管线布置方案等）。

(2) 估算泵的流量和扬程

当原始数据中给出正常流量、最小流量和最大流量时，可直接取最大流量作为选泵的依据，若只给出泵装置所需的正常流量时，则应采用适当的安全系数估算泵的流量。当原始数据中给出所需扬程时，可直接采用，若没有给出扬程时，需要估算。一般先作出泵装置的垂直面流程图，标明离心泵在流程中的位置、标高、距离、管线长度及管阀件数量等。考虑泵在最困难的工作条件下的工作情况（例如流量增大、管线安装误差和工作过程中阻力损失变化等影响），计算水力阻力损失，必要时再留出适当的余量，最后确定泵需给出的扬程。

(3) 选择泵的类型及型号

根据被输送液体的性质来确定选用哪种类型的泵，例如，当被输送的液体为原油和石油产品时，则应选用油泵；当输送腐蚀性较强的液体时，则应从耐腐蚀泵的系列产品中选取；当输送泥浆类液体时，则应选用耐磨损杂质泵。

在选择泵的类型时，应与其台数同时考虑。正常操作时，一般只用一台泵，在某些特殊场合，也可采用两台泵或多台泵同时操作。但是，泵的台数不宜过多，否则不仅管线复杂，使用不便，而且成本也高。有时，为了保证可靠的连续性生产和适应工作条件的变化，必须适当配置备用泵。

当已选定泵的类型后，将流量Q和扬程H标绘到该类型泵的系列性能曲线型谱图上，看其交点落在哪个切割高效工作区四边形中，就可读出该四边形上所注明的离心泵型号。如果交点不是恰好落在上述四边形的上底边，则选用该泵后，可用改变叶轮外径或转速的方法来改变泵的H-Q性能曲线，使其通过此交点。这时，应从泵样本或系列性能规格表中查出该泵的原输液性能参数和曲线，以便进行换算。假如交点并不落在任一个高效工作区四边形中，而处在某四边形附近，这说明没有一台泵的高效工作区能满足此工况点参数的要求。在这种情况下，可适当改变台数或适当改变泵的工作条件（如用排出阀门进行流量调节等）来满足要求。

(4) 核算泵的性能曲线

为了保证离心泵正常运转，防止产生汽蚀，要根据流程图的布置，计算出最困难条件下泵入口的有效汽蚀余量，与该泵的允许值相比较；或根据泵的许用汽蚀余量［Δh］，计算出泵的最大允许安装高度，与工艺流程图中拟定的实际安装高度相比较。若不能满足时，就必须另选其他型号泵，或变更泵的安装位置和采取其他提高泵吸入性能的措施。

（5）计算泵的轴功率和原动机功率

根据离心泵所输送液体的工况点参数（Q、H 和 η），可计算得泵的轴功率

$$P=\frac{\rho gHQ}{1000\eta} \tag{2-66}$$

式中 ρ——输送液体的密度，kg/m^3；

g——重力加速度，m/s^2；

Q——泵流量，m^3/s；

H——泵扬程，m；

η——泵的效率。

选用驱动泵的原动机时，应该考虑要有10%～15%的储备功率，则原动机的功率 P_t 为

$$P_t=(1.1\sim1.5)\frac{\rho gHQ}{1000\eta} \tag{2-67}$$

2.2 轴流泵

2.2.1 轴流泵的原理和结构

轴流泵是一种低扬程、大流量的叶片式泵。图2-62所示为轴流泵的一般结构，其过流部分由吸入管1、叶轮2、导叶3、弯管4和排出管5组成。当轴流泵工作时，液体沿吸入管进入叶轮并获得能量，然后通过导叶和弯管排出。轴流泵是利用叶片对绕流液体产生升力而输出液体的。

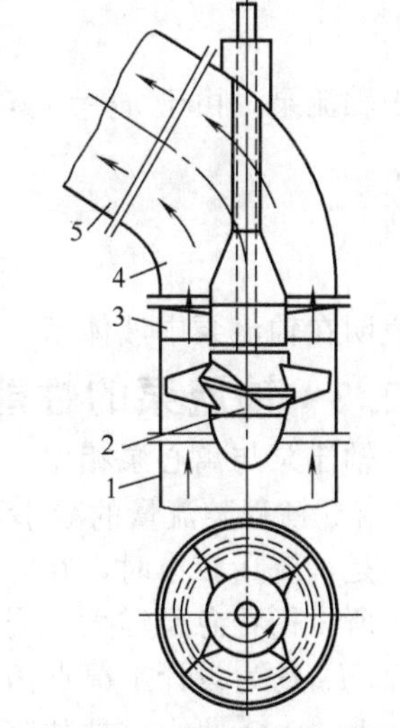

图2-62 轴流泵结构简图

1—吸入管；2—叶轮；3—导叶；4—弯管；5—排出管

根据叶轮上叶片的安置角度是否可调，轴流泵分为固定叶片轴流泵和可调叶片轴流泵两类。轴流泵的工作特点是流量大，单级扬程低。可用作热电站中的循环水泵、油田用供水泵或化工行业的蒸发循环泵。为了提高泵的扬程，轴流泵可以做成多级。多级轴流泵可以用作油田钻井泥浆泵，大大减轻泵重，显著改善工作性能。此外，轴流涡轮无杆抽油机就是利用了多级轴流泵的工作原理开发的采油设备。

与离心泵相比，轴流泵优点是外形尺寸小、占地面积小、结构较简单、重量轻、制造成本低及可调叶片式轴流泵扩大了高效工作区等；缺点是吸入高度小（$<2m$），由于低汽蚀性能，一般轴流泵的工作叶轮装在被输送液体的低液面以下，以便在叶轮进口处造成一定的灌注压力。

2.2.2 轴流泵的基本方程

轴流泵工作的理论基础是空气动力学中机翼的升力理论。轴流泵的叶片和机翼具有相似形状的截面，一般称这类形状的叶片为翼型，如图2-63所示。在风洞中对翼型进行绕流试验表明：当流体绕过翼型时，在翼型的首端 A 点处分离成为两股流体，它们分别经过翼型的上表面（即轴流泵叶片工作面）和下表面（轴流泵叶片背面），然后，同时在翼型的尾端 B 点汇合。由于沿翼型下表面的路程要比沿翼型上表面路程长一些，因此，流体沿翼型下表面的流速要比沿翼型上表面流速大，相应地，翼型下表面的压力

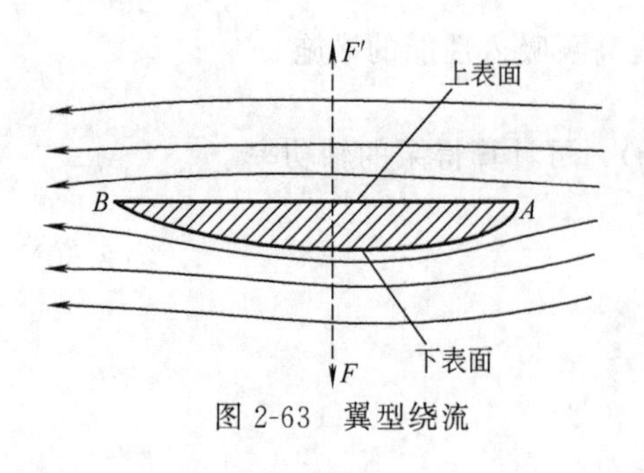

图 2-63 翼型绕流

将小于上表面，流体对翼型将有一个由上向下的作用力 F。同样，翼型对于流体也将产生一个反作用力 F'，其大小与 F 相等，方向由下向上，作用在流体上。具有翼型断面的叶片，在液体中作高速旋转时，液体相对于叶片就产生了急速的绕流，叶片对液体将施加力 F'，在此力作用下，液体就被压升到一定的高度。由式（2-15）看出，在离心泵基本方程的推导过程中，方程的形式仅与叶轮（叶片）进出口动量矩有关，即不管叶轮内部的液体流动情况如何，能量的传递都决定于进出口速度三角形。因此，该方程不仅适用于离心泵，同样也适用于轴流泵等一切叶片泵。所以式（2-15）也可称为叶片泵基本方程。

由式（2-15）和图 2-5 可知

$$H_{T\infty}=(u_2c_2\cos\alpha_2-u_1c_1\cos\alpha_1)/g$$

又由于叶轮的进出口速度三角形存在如下关系

$$w_1^2=u_1^2+c_1^2-2u_1c_1\cos\alpha_1$$

$$w_2^2=u_2^2+c_2^2-2u_2c_2\cos\alpha_2$$

将上两式除以 $2g$ 并相减，可得

$$\frac{u_2c_2\cos\alpha_2-u_1c_1\cos\alpha_1}{g}=\frac{u_2^2-u_1^2}{2g}+\frac{c_2^2-c_1^2}{2g}+\frac{w_1^2-w_2^2}{2g}$$

对于轴流泵，由于 $u_2=u_1$，因此上式可变为

$$H_T=\frac{c_2^2-c_1^2}{2g}+\frac{w_1^2-w_2^2}{2g} \tag{2-68}$$

这表明在轴流泵中液体基本不受离心力作用，因此没有离心力引起的扬程增大。

2.2.3 轴流泵的性能特点

轴流泵与离心泵相比，具有下列性能特点。

ⅰ. 扬程随流量的减小而增大，H-Q 曲线陡降，并有转折点，如图 2-64 所示。其主要原因是，流量较小时，在叶片的进口和出口产生回流，水流多次重复得到能量，类似多级加压，所以扬程急剧增大。同时，回流使流动阻力损失增大，从而导致轴功率增大。一般空转扬程 H_0 约为设计工况点扬程的 1.5～2.0 倍。

ⅱ. P-Q 曲线也是陡降曲线，当 $Q=0$（出水管闸阀关闭时），其轴功率 $P_0=(1.2\sim1.4)P_d$，P_d 为设计工况时的轴功率。因此，轴流泵启动时，应当在闸阀全开情况下启动电动机，一般称为“开闸启动”。

ⅲ. η-Q 曲线呈驼峰形，即高效工作区范围很小，流量在偏离设计工况点不远处，效率就急剧下降。根据轴流泵的这一特点，采用闸阀调节流量是不利的。一般只采取改变叶片离角 β 的方法来改变其性能曲线，故称为变角调节。大型全调式轴流泵，为了减小启动功率，通常在启动前先关小叶片的 β 角，待启动后再逐渐增大 β 角，这样，就充分发挥了全调式轴流泵的特点。图 2-65 为同一台轴流泵在一定转速下不同叶片离角 β 时的性能曲线、等效率曲线以及等功率曲线，称为轴流泵的通用特性曲线。利用该图可以很方便地根据所需的工作参数来找到适当的叶片离角或选择泵。

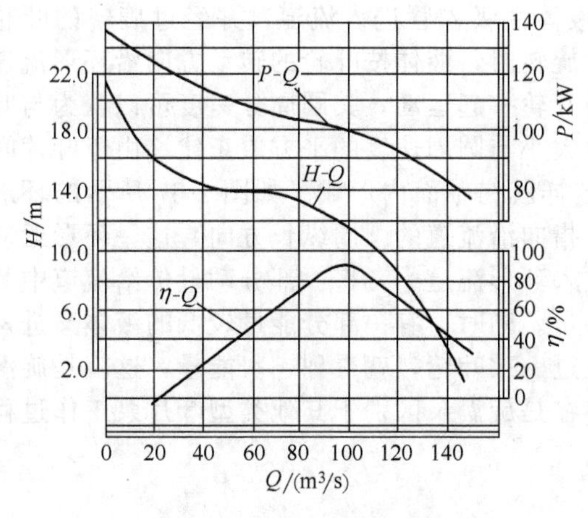

图 2-64 轴流泵性能曲线

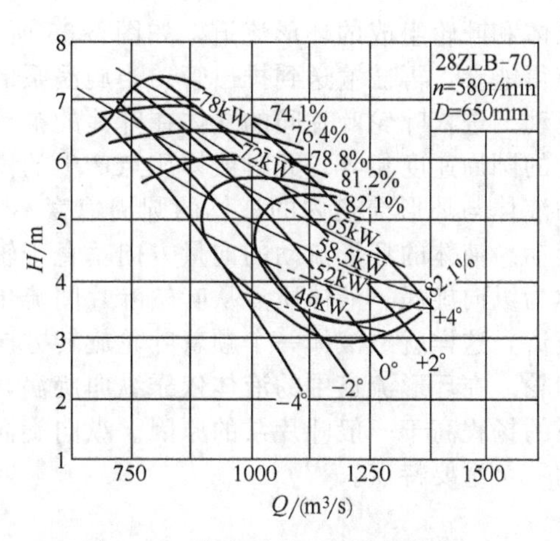

图 2-65 轴流泵的通用性能曲线

ⅳ. 轴流泵的吸液性能，一般是用有效汽蚀余量 Δh_a 来表示。轴流泵的汽蚀余量一般都要求较大，因此，其最大允许的吸上真空高度都较小，有时叶轮常常需要浸没在液面下一定深度处，安装高度为负值。为了保证在运行中轴流泵内不产生汽蚀，需合理选择轴流泵的进水条件（如吸液口浸没深度、吸液流道的形状等）、运行中实际工况点与该泵设计工况点的偏离程度以及叶片形状的制造质量和泵的安装质量等因素。

2.2.4 轴流泵的型号编制

轴流泵的型号由五组大写汉语拼音和阿拉伯数字等组成，具体表示方法如下。

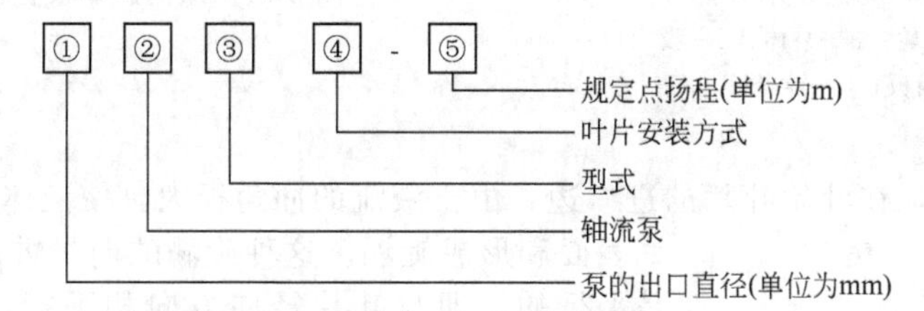

①——用阿拉伯数字表示轴流泵的出口直径，单位为 mm；

②——一般用“Z”表示该泵为轴流泵；

③——用大写汉语拼音首字母表示轴流泵的型式，其中“D”表示固定叶片，“B”表示半调节叶片，“Q”表示全调节叶片；

④——同样用大写汉语拼音首字母表示轴流泵的安装方式，其中“L”表示立式，“W”表示卧式，“X”表示斜式；

⑤——用阿拉伯数字表示轴流泵的规定点扬程，单位为 m。

例如出口直径为 300mm，规定点扬程为 6m 的固定式叶片的立式轴流泵，其型号可以表示为 300ZLD-6。

2.3 旋涡泵

2.3.1 旋涡泵的结构和工作原理

旋涡泵是一种小流量、高扬程的叶片泵。流量最小的旋涡泵输送流量为 0.05L/s，流量大的旋涡泵输送流量可达 12.5L/s。单级旋涡泵输送清水扬程可达 300m。

旋涡泵的结构主要包括叶轮（外缘上带有径向叶片的圆盘）、泵体、泵盖以及由泵盖、泵体和叶轮组成的环形流道，如图 2-66 所示。液体由吸入管进入流道，并经过旋转的叶轮获得能量，再被输送到排出管。当旋涡泵的叶轮旋转时，液体按叶轮的转动方向沿环形流道流动。进入叶轮叶片间的液体在叶片的推动下与叶轮一起运动，其圆周分速度可以认为与叶轮的圆周速度相等。此时液体质点产生的离心力大小与圆周速度的平方成正比。由于叶片间的液体与环形流道内的液体的圆周速度不同，这样就在轴面内形成了如图 2-67 所示的环形运动。液体的环形流动的向量方向垂直于轴面，指向沿流道的圆周纵长方向，这一环形运动称为纵向旋涡。液体质点从叶轮叶片间流出后进入环形流道中，将一部分动量传给流道中的液流，这样就给液体一个顺着叶轮旋转方向的冲量。同时，有一部分能量较低的液体又进入叶轮。在环形流道中的液体依靠纵向旋涡，每经过一次叶轮，就得到一次能量，这就是旋涡泵的扬程高于一般叶片泵的原因。纵向旋涡的存在是旋涡泵区别于其他类型叶片泵工作过程的一个重要特点。

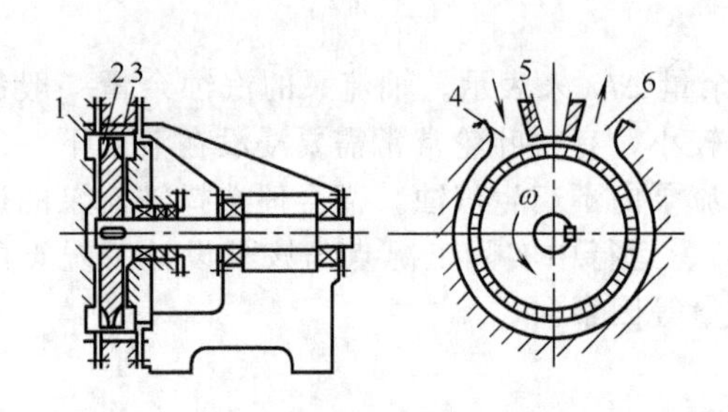

图 2-66　旋涡泵示意图

1—泵盖；2—叶轮；3—泵体；4—吸入口；
5—隔板；6—排出口

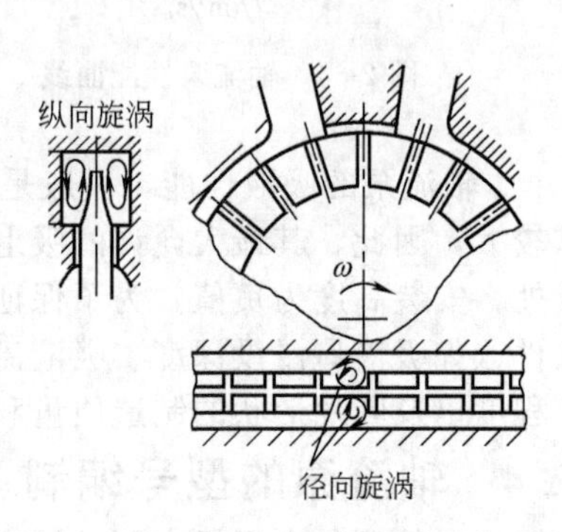

图 2-67　纵向旋涡及径向旋涡示意图

除纵向旋涡外，在叶轮叶片的进口边，由于液流的冲角很大，使液体产生脱流，脱离叶片表面和形成旋涡。这种旋涡的向量方向与叶片的进口边是平行的，即与叶片径向方向相平行，所以称为径向旋涡。在一般旋涡泵中，当泵的工况为这种情形时，径向旋涡传递能量作用小，可以忽略不计。纵向旋涡的大小直接与环形流道内液体的速度有关，也就是与流量有关。随着流量的增加，纵向旋涡减小。当环形流道内液体的速度接近于叶轮的圆周速度时，由于流道内和叶轮叶片间液体的离心力相同，不会产生纵向旋涡。而当流量越小，则液体在叶轮内的圆周速度和在环形流道内的圆周速度相差越大，离心力相差也越大，纵向旋涡也随之变大，压头也越高。图 2-68 和图 2-69 为旋涡泵性能曲线及其实例。由两图可见，流量减小时，压头就增加。

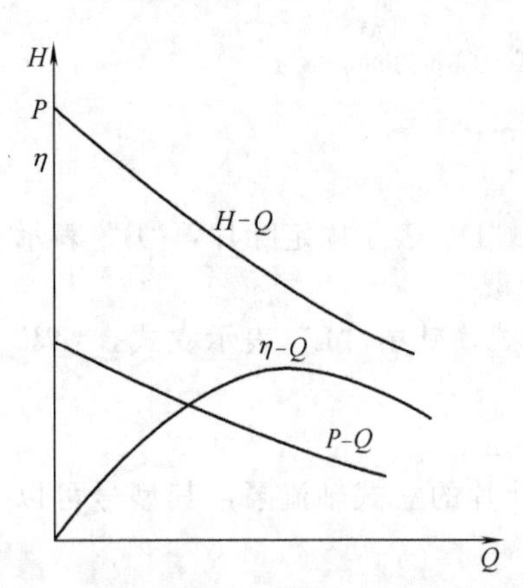

图 2-68　旋涡泵性能曲线

旋涡泵和其他类型泵相比，旋涡泵的优点是结构简单，制造方便，体积小，重量轻，扬程高，比同尺寸、同转速的离心泵要高 2～4 倍，陡降式 H-Q 性能曲线，对系统中压力波动不敏感，有自吸能力，或借助于简单装置来实现自吸，某些旋涡泵可实现气液混输。缺点是：效率较低，最高不超过 50%，大多数在 20%～40%；汽蚀性能较差，适合抽送纯净的液体介质，黏度不能太大（限制在 $1.14\times10^{-4}\mathrm{m^2/s}$）。

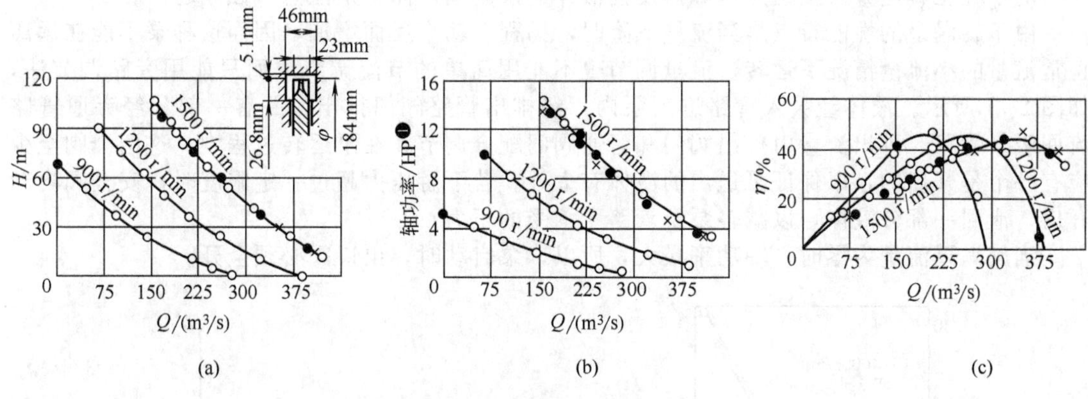

图 2-69　旋涡泵性能曲线示例

2.3.2　旋涡泵的基本方程式

对于具有半圆形轴面侧面流道的开式旋涡泵，应用动量矩定理，可推导该类泵型的基本方程，如式（2-69）所示。

$$H=\frac{\eta_h Q_m}{g u_{cg} A}(u_2 c_{2u}^{y}-u_1 c_{1u}) \tag{2-69}$$

式中　H——由旋涡泵工作过程中传给液体的有效扬程，m；

η_h——旋涡泵流道中的水力效率；

g——重力加速度，m/s^2；

Q_m——轴面液体的流量，m^3/s；

u_{cg}——在流道轴面重心半径处叶轮的圆周速度，$u_{cg}=R_{cg}\omega$，ω 为叶轮的角速度，rad/s；

u_1，u_2——进、出口半径位置上叶轮的圆周速度，m/s；

c_{2u}^{y}——叶轮出口处液体的圆周切向速度分量，m/s；

c_{1u}——叶轮进口处液体的圆周切向速度分量，m/s；

A——流道断面面积，m^2。

旋涡泵的有效功率

$$P_e=(p_2-p_1)Q_k \tag{2-70}$$

式中　p_1，p_2——流道吸入口和排出口处的压力，Pa；

Q_k——通过流道的液体流量，m^3/s。

以上计算公式只适用于具有半圆形轴面侧面流道的开式旋涡泵。对于其他的几何形状，要引入一些实验系数，其数值与叶轮、流道、吸入腔、排出腔的几何形状以及相互的尺寸比例有关。

2.3.3　旋涡泵的汽蚀和流量调节

实验结果表明，旋涡泵输送的液体流量变大时，泵入口处的压力值降低。例如，以叶轮直径为 ϕ105mm，在 4000r/min 下运转的旋涡泵液体流道中压力的分布为例，如图 2-70 所示。由图中曲线可以看到，当流量较小时（$Q=0.255$L/s），压力几乎沿流道直线上升，在流量较大时（$Q=0.435$L/s），从入口开始一度有压力下降，当通过某一长度后，压力才开始上升。由于流量变大时，泵入口开始时压力有一段下降，如果此时压力低于液体的饱和蒸汽压，随即产生汽蚀。如果发生汽蚀，尽管再开大阀门使扬程降低，流量也不再增加。

❶ HP 为英制马力，1HP=0.746kW。

对于叶轮转速大及抽送热水和挥发性液体的泵旋涡，需特别注意汽蚀问题。

由于旋涡泵的性能特点是当流量下降时，扬程、功率反而增加，因而这种泵不能在远离正常流量的小流量情况下运转。流量调节也不能用简单的节流调节法而只能用旁路调节法，如图 2-71 所示。液体经吸入管路进入泵内，经排出管路阀门排出，并有一部分经旁通管路流回吸入管路。排出流量由排出阀门和旁通阀门配合调节，在泵运转过程中，这两个阀至少应有一个是开启的，以保证泵送出的液体有去处。若下游压力超过一定限度时，安全阀自动开启，泄回一部分液体，以减轻泵及管路所承受的压力。

当旋涡泵流量为零时，轴功率最大，所以，泵启动时，出口阀必须全开。

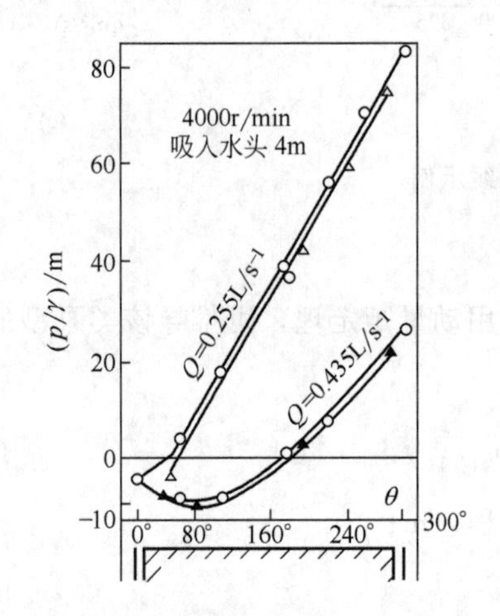

图 2-70　泵内液体流道中压力的上升

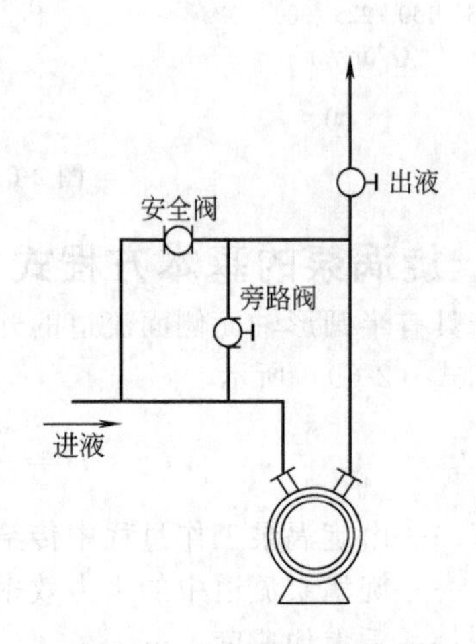

图 2-71　旋涡泵流量调节

2.3.4　旋涡泵的型号编制

旋涡泵的型号由汉语拼音大写字母和阿拉伯数字等组成，具体表示方法如下。

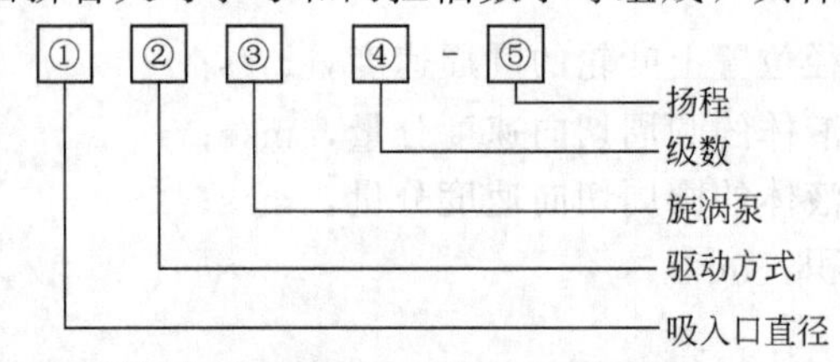

①——用阿拉伯数字表示轴流泵的吸入口直径，单位为 mm；

②——用大写汉语拼音首字母表示旋涡泵的驱动方式，如磁力驱动表示为“CQ”，机械密封泵不表示；

③——一般用“W”表示该泵为旋涡泵；

④——用大写汉语拼音首字母表示旋涡泵级数，如两级泵用“L”表示，单级泵不表示；

⑤——用阿拉伯数字表示泵的扬程，单位为 m。

例如，吸入口直径 20mm，扬程为 65m 的单级旋涡泵，其型号可以表示为 20CQW-65。

思考与计算题

1. 离心泵是由哪几部分构成的？并阐述其工作过程。
2. 什么是离心泵的扬程和效率？
3. 离心泵叶轮内的液体的速度三角形是如何构成的？其影响因素是什么？
4. 试推导欧拉方程，并说明影响离心泵理论扬程的影响因素。
5. 离心泵的能量损失包括哪几个方面？对应的效率是如何定义的？

6. 什么是离心泵性能曲线？

7. 离心泵性能曲线有何作用？采取哪些措施可以改变离心泵的性能曲线？

8. 试写出离心泵的相似定律、比例定律和切割定律数学表达式，利用这三个定律可以解决离心泵哪些方面的问题？

9. 两台相同的离心泵串联或并联，其性能曲线会发生如何变化？

10. 离心泵的流量调节有哪几种方法？

11. 什么是离心泵的汽蚀现象和汽蚀余量？离心泵的汽蚀是怎么产生的？有何解决措施？

12. 某厂用IS50-32-125型离心泵输送常用清水，泵流量$Q=2.5$ L/s，泵出口压力表读数$p_m=167$kPa，进口真空计读数$H_v=17$kPa，当泵出口压力表距泵轴心线距离为0.7m，压力表与真空计安装在同一水平线上时，泵进出口直径分别为0.04m和0.032m，试计算泵的扬程。

13. 今有一台IS65-50-160型离心泵，铭牌上$Q=20\text{m}^3/\text{h}$，$H=30.8$m，$n=2900$r/min，$\eta=0.64$。某厂现在利用该泵输送80℃的热水，要求$Q=10\text{m}^3/\text{h}$，$H=7.5$m。该泵缺配套电机，现仓库里有一台转速$n=1450$r/min，功率为1kW的电机，试问此泵配用该电机能否满足要求？

14. 图2-72所示为IS200-150-315型离心泵的性能曲线。生产上要求泵的流量$Q=80$ L/s，扬程$H=25$m，试问：(1) 用改变转速方法，其转速为多少？(2) 用叶轮切割方法，其叶轮直径为多少？

15. 用IS200-150-315型离心泵输送80℃热水，其流量为$Q=85$ L/s，吸入管路阻力损失为$\sum h_s=3$m，吸入密闭容器中的压力为98kPa（绝压），若此时泵的$\Delta h_r=3.5$m，试计算泵的允许汽蚀余量和泵的安装高度。

16. 在海拔高400m的地方用常温（20℃）清水进行泵的汽蚀试验，泵的吸入口径为0.2m，流量$Q=77.8$ L/s，试验时的转速$n=2960$ r/min，泵进口处的真空度$H_s=5$m，试求转速$n=2900$r/min时的汽蚀余量[Δh]。

17. 计算下列各泵的比转数

(1) $Q=5.5$ L/s，$H=308$m，$n=2900$ r/min，$\eta=0.64$；

(2) $Q=800$ L/s，$H=21$m，$n=970$ r/min，$\eta=0.845$；

(3) $Q=5$ L/s，$H=62.4$m，$n=2950$ r/min，$\eta=0.70$。

18. 某厂用离心泵将池中的常温清水输送到塔顶喷淋（图2-73），塔内工作压力为128kPa（表压），喷淋量$Q=80\text{m}^3/\text{h}$，泵的吸入管尺寸为ϕ114mm×4mm，排出管为ϕ88.5mm×4mm的钢管。整个管路中的损失压头为12m。试求泵的扬程为多少？

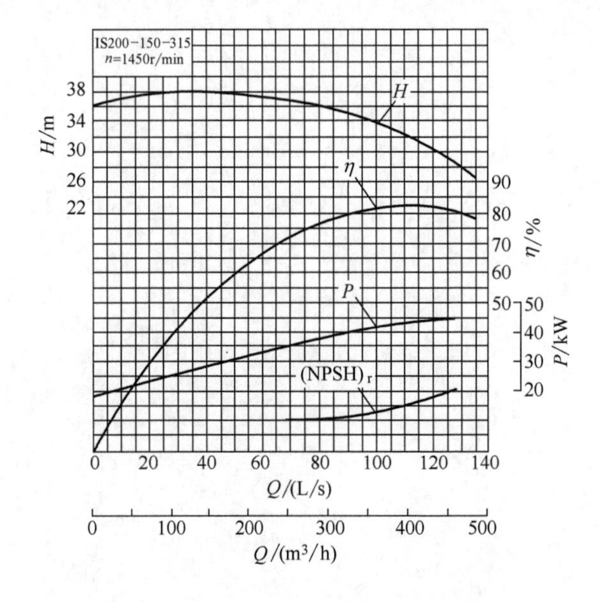

图2-72 IS200-150-315型离心泵的性能曲线

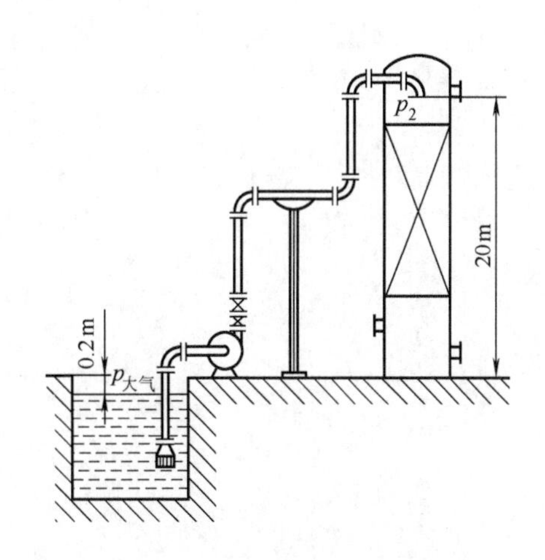

图2-73 离心泵输水管路

19. 离心泵的叶轮分为哪几种结构？各有何特点？

20. 离心泵的密封分为哪几种形式？各有何特点？

21. 简述离心泵的选择原则和选择方法。

22. 轴流泵由哪几部分组成？并简述其工作原理。

23. 从结构性能方面列表比较离心泵、轴流泵和蜗旋泵的特点。

参 考 文 献

[1] 万邦烈．石油矿场水力机械．北京：石油工业出版社，1990.

[2] 姜乃昌．水泵及水泵站．北京：中国建筑工业出版社，1998.

[3] 夏清．化工原理．上．天津：天津大学出版社，2012.

[4] 余国琮．化工机械工程手册：中卷．北京：化学工业出版社，2003.

[5] 余国琮．化工机器．天津：天津大学出版社，1987.

[6] 郭立君．泵与风机．北京：中国电力出版社，2008.

[7] 潘永密．化工机器．北京：化学工业出版社，1987.

[8] 江方朗．水泵修理．上海：上海科学技术出版社，1991.

[9] 尾原滋美．泵及其应用．北京：煤炭工业出版社，1984.

[10] 姜培正．过程流体机械．北京：化学工业出版社，2008.

[11] 张湘亚．石油化工流体机械．东营：石油大学出版社，1995.

[12] 陆肇达．流体机械基础教程．哈尔滨：哈尔滨工业大学出版社，2003.

[13] Igor J. Karassik，Joseph P. Messina，Paul Cooper et al，Pump Handbook（3th edt.），New York：The McGraw-Hill Companies，Inc.，2000.

[14] 吴玉林．流体机械及工程．北京：中国环境科学出版社，2003.

[15] 陈次昌．流体机械基础．北京：机械工业出版社．2002.

[16] 机械工业部．泵产品样本．北京：机械工业出版社，1997.

[17] ISO2858-1975（E），轴向吸入离心泵——标记、额定性能点和尺寸．

3 容积泵

3.1 往复泵

往复泵是泵类流体机械中出现最早的一种，至今已有两千多年的历史。往复泵包括活塞泵、柱塞泵和隔膜泵等。往复泵适用于输送流量较小、压力较高的各种介质，如高黏度、易燃、易爆、剧毒等多种液体。特别是当流量小于 $100m^3/h$，排出压力大于 10MPa 时更加显示出它较高的效率和良好的运行性能。因此，往复泵目前广泛应用于国民经济的各个领域中，如化工行业各种高压液体的输送、石油工业中输送原油、压井、钻井泥浆注入、页岩油气开采时压裂液注入，为输油管线再启动以及清管器、高压切割和高压清洗等提供动力，也可以作为计量泵使用。

3.1.1 往复泵的工作原理及分类

3.1.1.1 往复泵的工作原理

如图 3-1 所示，往复泵通常由两部分组成，一部分是直接输送液体，把机械能转换为液体压力能的液力端；另一部分是将原动机的能量传给液力端的传动端。液力端主要有液缸体、活塞或柱塞、吸入阀和排出阀等部件。传动端主要有曲柄、连杆和十字头等部件。

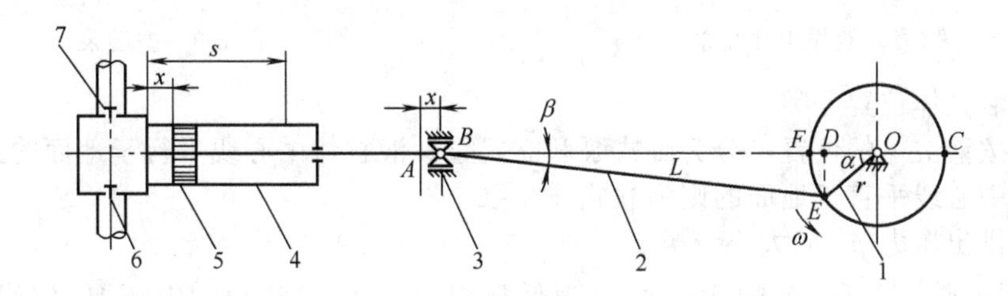

图 3-1 单作用往复泵示意图

1—曲柄；2—连杆；3—十字头；4—液缸体；5—活塞；6—吸入阀；7—排出阀

当曲柄以角速度 ω 逆时针旋转时，活塞向右移动，液缸容积增大，压力降低，吸液池中的液体在压力差的作用下克服吸入管和吸入阀等的阻力损失进入到液缸中。当曲柄转过 C 点后活塞向左移动，液体被挤压，液缸体内液体压力急剧增加，在这一压力作用下吸入阀关闭而排出阀被打开，液缸内液体在压力差的作用下被排送到排出管路中去。当往复泵的曲柄以角速度 ω 连续旋转时，往复泵就不断地吸入和排出液体，从而实现了输送液体的目的。

3.1.1.2 往复泵的分类

往复泵的分类方法很多，一般可按以下几种方式进行分类。

(1) 按传动方式分类

① 动力往复泵　由电动机或柴油机为原动机，通过曲柄连杆等机构带动活塞做往复运

动的泵，最常见的是电动往复泵。

② 直接作用往复泵　由蒸汽、压缩空气或压力油直接驱动泵的活塞作往复运动的往复泵，最常见的有蒸汽往复泵和液压往复泵。

③ 手动往复泵　依靠人力通过杠杆等作用使活塞做往复运动的往复泵，如手摇试压泵等。

(2) 按活塞构造形式分类

① 活塞式往复泵　在液力端往复运动副上，运动件上有密封元件的往复泵。

② 柱塞式往复泵　在液力端往复运动副上，运动件上无密封元件的往复泵。

③ 隔膜式往复泵　依靠隔膜片往复运动达到吸入和排出液体的往复泵。

(3) 按泵的作用方式分类

① 单作用往复泵　吸入阀和排出阀装在活塞的一侧（图 3-1）。活塞往复一次，只有一次吸入过程和一次排出过程。

② 双作用往复泵　活塞两侧都装有吸入阀和排出阀（图 3-2）。活塞往复一次有两次吸入过程和两次排出过程。

③ 差动泵　排出阀和吸入阀装在活塞的一侧，泵的排出管或吸入管与活塞另一侧（即没有吸入阀和排出阀的工作室）相通（图 3-3）。活塞往复一次有一次吸入过程和两次排出过程或两次吸入过程和一次排出过程。

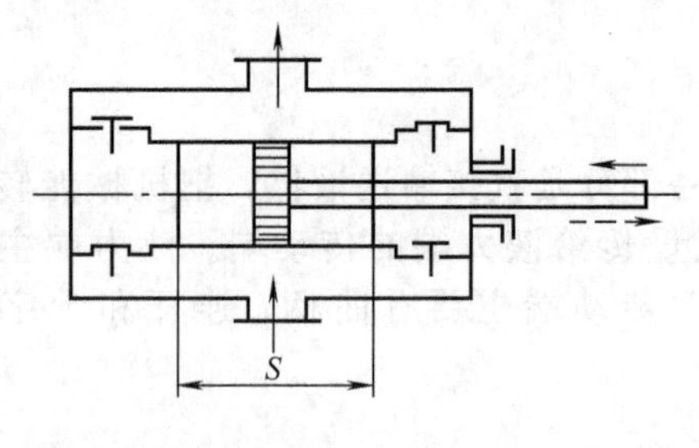

图 3-2　双作用往复泵

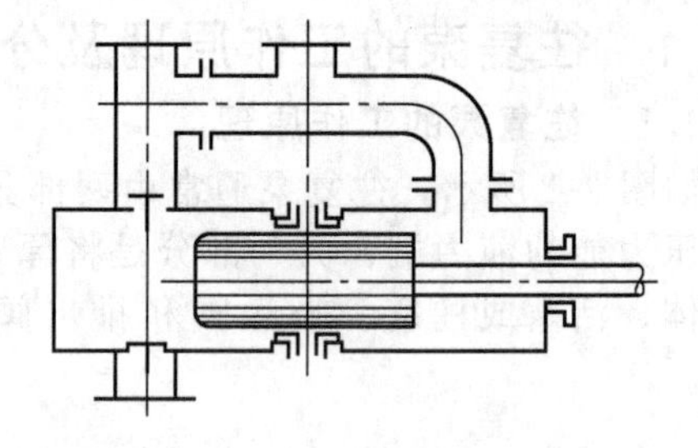

图 3-3　差动泵

(4) 按液缸体位置分类

往复泵按液缸体的位置可分为卧式泵和立式泵。液缸体中心线平行于地面的为卧式往复泵，液缸体中心线垂直于地面的则为立式往复泵。

(5) 按排出压力 p_2 的大小分类

往复泵按排出压力 p_2 的大小可分为低压泵（$p_2 \leqslant 4$MPa）、中压泵（4MPa$< p_2 <$32MPa）、高压泵（32MPa$\leqslant p_2 <$100MPa）和超高压泵（$p_2 \geqslant$100MPa）。

(6) 按活塞每分钟的往复次数分类

往复泵按活塞每分钟的往复次数可分为低速泵（$n \leqslant$80 次/min）、中速泵（80 次/min$< n <$250 次/min）、高速泵（250 次/min$\leqslant n <$550 次/min）和超高速泵（$n \geqslant$550 次/min）。

3.1.2 往复泵的主要性能参数

3.1.2.1 流量

(1) 理论平均流量

对于曲柄连杆机构的往复泵，当曲柄以恒定的角速度旋转时，活塞做变速运动，因此往复泵的流量随时间而变化。对于往复泵的使用者来说，往往会关注往复泵在一定时间内所输送液体的体积，也就是往复泵的理论平均流量。如图 3-1 所示的活塞在一个往复行程中所排出液体的体积在理论上应该等于活塞在一个行程中所扫过的体积。因此，理论平均流量 Q_{th} 为

单作用泵
$$Q_{th}=\frac{zASn}{60} \tag{3-1}$$

双作用泵
$$Q_{th}=\frac{z(2A-A_d)Sn}{60} \tag{3-2}$$

式中　Q_{th}——理论平均流量，m^3/s；

z——液缸数；

A——活塞面积，m^2；

A_d——活塞杆的截面面积，m^2；

S——活塞行程，m；

n——活塞每分钟的往返次数（简称往复次数），次/min。

差动泵理论平均流量的计算公式与单作用往复泵相同。若差动泵的活塞及活塞杆直径为 D 和 d，其截面积为 A 和 A_d。差动泵在吸入过程中吸入的流量为 $Q_{th}=\frac{ASn}{60}$，同时，它把活塞杆侧体积为 $(A-A_d)S$ 的液体排到排出管路中。但在排出过程中液体并没完全排出去，一部分液体留存在右边活塞所让出的空腔中，实际上只有 A_dS 的液体被排到排出管路中。因此，在一个往复行程中液体排到排出管路中总的体积为 $(A-A_d)S+A_dS=AS$，和单缸单作用往复泵的流量是一样的。但是它的流量分别在两个单行程中被排出，所以在排出管路中液体的流量和压力波动较单作用往复泵小。

（2）瞬时理论流量及流量不均匀系数

由于活塞做变速运动，往复泵在工作过程中流量也是变化的。因此，为了研究往复泵流量的变化规律，就必须知道每一时刻的流量，在任一瞬时往复泵理论流量称瞬时理论流量，用Q'_{th}表示。

单缸单作用往复泵的理论瞬时流量

$$Q'_{th}=Ac \tag{3-3}$$

式中，c 为活塞速度，m/s。

假设，图 3-1 中曲柄是以等角速度 ω 旋转，曲柄长度为 r(m)，连杆长度为 L(m)，活塞位移为 x(m)，任意时刻曲柄转角为 α，曲柄长度 r 对连杆长度 L 的比值为 λ，则有

活塞的位移

$$x=r\left[(1-\cos\alpha)+\frac{\lambda}{4}(1-\cos2\alpha)\right] \tag{3-4}$$

活塞组的速度

$$c=\frac{\mathrm{d}x}{\mathrm{d}t}=\frac{\mathrm{d}x}{\mathrm{d}\alpha}\frac{\mathrm{d}\alpha}{\mathrm{d}t}=r\omega\left(\sin\alpha+\frac{\lambda}{2}\sin2\alpha\right) \tag{3-5}$$

活塞组的加速度

$$a=\frac{\mathrm{d}c}{\mathrm{d}t}=\frac{\mathrm{d}c}{\mathrm{d}\alpha}\frac{\mathrm{d}\alpha}{\mathrm{d}t}=r\omega^2(\cos\alpha+\lambda\cos2\alpha) \tag{3-6}$$

为了改善往复泵机构的受力情况，通常曲柄长度 r 对连杆长度 L 的比值较小。当 $\lambda\leqslant0.2$ 时，可以近似忽略连杆的影响，则活塞的位移、速度、加速度计算公式为

$$x=r(1-\cos\alpha) \tag{3-7}$$

$$c=r\omega\sin\alpha \tag{3-8}$$

$$a=r\omega^2\cos\alpha \tag{3-9}$$

因此，单缸单作用往复泵的瞬时理论流量 Q'_{th} 为

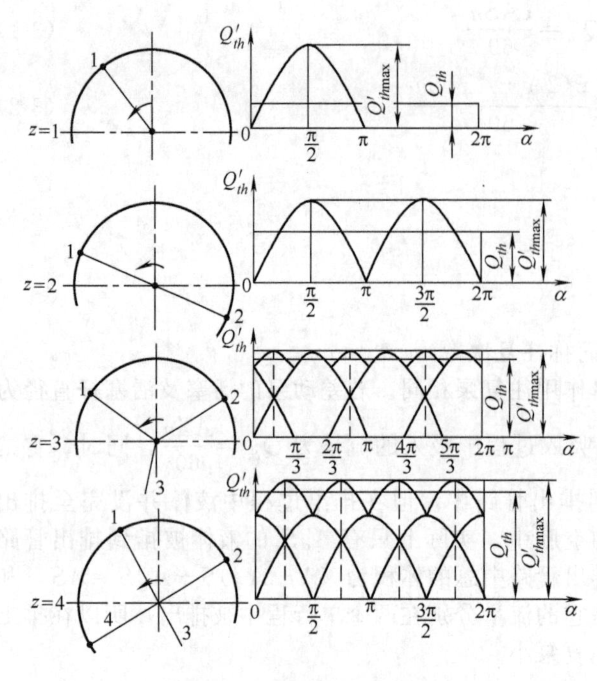

图 3-4 往复泵的流量曲线

$$Q'_{th1}=Ac$$
$$=Ar\omega\left(\sin\alpha+\frac{\lambda}{2}\sin2\alpha\right) \tag{3-10}$$

最大瞬时理论流量

$$Q'_{th1\max}=Ac=Ar\omega \tag{3-11}$$

双缸双作用往复泵的瞬时理论流量应考虑活塞杆面积 A_d 对流量的影响，因此，瞬时理论流量 Q'_{th} 应为

$$Q'_{th2}=(2A-A_d)r\omega\left(\sin\alpha+\frac{\lambda}{2}\sin2\alpha\right) \tag{3-12}$$

最大瞬时理论流量

$$Q'_{th2\max}=(2A-A_d)r\omega\sin\alpha \tag{3-13}$$

多缸泵的瞬时理论流量是将所有液缸在同一瞬时排出的瞬时理论流量叠加得到，图 3-4 给出了 1～4 个缸体的往复泵的瞬时理论流量变化曲线。图中以横坐标代表曲柄转角 α，纵坐标代表瞬时理论流量 Q'_{th} 和理论平均流量 Q_{th}，流量曲线下面的面积按一定的比例表示了往复泵在理论上排出液体体积的大小。从图中可以看出，液缸数越多，往复泵的瞬时理论流量 Q'_{th} 越趋向均匀，并且奇数缸比偶数缸效果更加明显。但液缸数太多，往复泵的结构复杂，制造和维护困难，通常使用较多的有双缸双作用、三缸单作用、单缸单作用和单缸双作用泵。

往复泵瞬时理论流量的不均匀性一般利用“流量不均匀系数”表征，流量不均匀系数的表示方法较多，下面介绍常用的两种表示方法。

ⅰ. 用最大、最小瞬时理论流量的差值和理论平均流量的比值 δ_Q 表示

$$\delta_Q=\frac{Q'_{th\max}-Q'_{th\min}}{Q_{th}} \tag{3-14}$$

ⅱ. 用不均匀系数 δ_{Q1} 和 δ_{Q2} 表示

$$\delta_{Q1}=\frac{Q'_{th\max}-Q_{th}}{Q_{th}} \tag{3-15}$$

$$\delta_{Q2}=\frac{Q'_{th\min}-Q_{th}}{Q_{th}} \tag{3-16}$$

往复泵的流量不均匀系数与液缸数量之间的关系，如表 3-1 所示。由于往复泵的瞬时流量不均匀，会造成排出压力的脉动，尤其是当排出压力的变化频率与排出管路的自振频率相等或成整数倍时，将会引起共振。往复泵的流量和压力波动会使原动机的负载不均匀，缩短往复泵和管路的使用寿命，使吸入条件变坏。

表 3-1 往复泵的流量不均匀系数

液缸数 z	δ_Q	δ_{Q1}	δ_{Q2}
1	3.14	2.14	−1.0
2	1.57	0.57	−1.0
3	0.142	0.05	−0.09
4	0.325	0.11	−0.21
5	0.07	0.02	−0.04

选择合适的液缸数、作用数或采用空气室等方法，可以减少瞬时流量和压力的脉动。

(3) 实际流量和流量系数

实际上往复泵所排出液体的体积要比理论上计算的体积要小，往复泵在单位时间内所排出液体的量称为实际流量，以 Q 表示

$$Q=\eta Q_{th} \tag{3-17}$$

式中，η 为流量系数。

实际流量和理论流量存在一定的差距，主要原因有以下四个方面。

ⅰ. 排出阀和吸入阀开闭延迟效应引起的差距。例如，当活塞在吸入行程终了时，吸入阀处于开启状态，排出阀处于关闭状态，而当活塞开始作排出行程时，液缸体内的压力增加，但这时吸入阀并未及时关闭，部分液体从液缸返回吸入管中。同样，在排出行程终了和吸入行程开始时，排出阀没有及时关闭，部分液体会从排出管路经排出阀漏回液缸体中。

ⅱ. 泵阀、活塞和液缸内壁、活塞杆和填料箱的不严密引起的泄漏。

ⅲ. 在吸入管路中压力降低时，从吸入液体中析出溶解气体以及少量空气通过吸入管路、填料箱等密封不严密处进入液缸体内，形成空气囊。这种空气囊在吸入行程中膨胀，在排出行程时被压缩，从而降低了往复泵的实际流量。

ⅳ. 当往复泵的工作压力较高时，液体的压缩性也是一个不能忽略的因素。

根据上述原因，可以把流量系数分成两部分，即容积效率 η_V 和充满系数 β_V。

$$\eta=\eta_V\beta_V \tag{3-18}$$

容积效率 η_V 表示往复泵的实际流量和进入往复泵内液体体积之比。η_V 只考虑液体通过往复泵的各密封处从高压侧向低压侧的泄漏所造成的损失

$$\eta_V=\frac{Q}{Q_i}=\frac{Q}{Q+\Delta Q} \tag{3-19}$$

式中　Q_i——进入液缸内液体的体积流量，m^3/s；

ΔQ——往复泵中泄漏损失的体积流量，m^3/s。

充满系数 β_V 是指进入到液缸内液体的体积流量 Q_i 和理论流量 Q_{th} 之比，即

$$\beta_V=\frac{Q_i}{Q_{th}}=\frac{Q+\Delta Q}{Q_{th}} \tag{3-20}$$

流量系数 η 的变化范围很大，一般 $\eta=0.85\sim0.98$。流量系数随着所输送介质黏度的增加而减小。活塞每分钟的往复次数增加后，由于吸入阀和排出阀不能及时开启和关闭，流量系数 η 也会减小。随着所输送液体的压力的增加，在各相对运动的空隙处和不严密处的泄漏增加，从而引起实际流量的减少，液缸内进入气体或吸入过程中从液体析出气体，这些气体在排出过程中被压缩，在吸入过程中膨胀，从而减小了吸入液体的体积，也使流量系数减小。

3.1.2.2　压力

(1) 排出压力

往复泵出口处液体的压力换算到泵基准面（泵的基准面，对于卧式泵为包含液缸中心线的水平面；对于立式泵为包含行程中点 $\frac{s}{2}$ 处的水平面）上的值称为排出压力。用式（3-21）表示（参看图 3-5 和图 3-6）

$$p_2=p_2'+\rho g h_2 \tag{3-21}$$

式中　p_2——排出压力（绝压），Pa；

p_2'——泵出口处的压力（绝压），Pa；

ρ——液体密度，kg/m^3；

h_2——泵出口处测压点到基准面的距离，m；当测压点高于基准面时，h_2 为正值；低于基准面时，h_2 为负值。

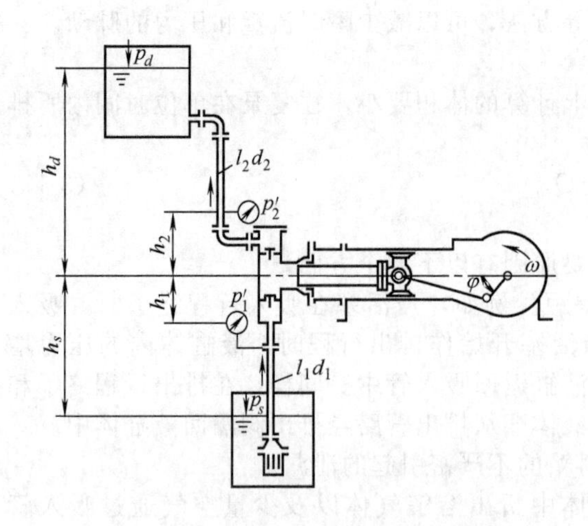

图 3-5　无空气室的柱塞泵输送系统

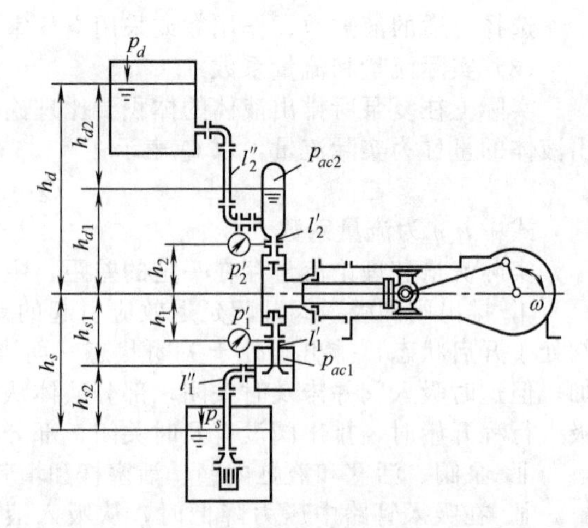

图 3-6　带有空气室的柱塞泵输送系统

往复泵的排出压力不是泵固有的特性，理论上，如果不考虑往复泵的零部件的强度、密封性能和电机功率，对应一定流量的往复泵的压力可以达到无限大，所以一般只根据泵的强度、密封性能和配带电机功率确定最大排出压力。往复泵工作时的实际排出压力取决于管路特性，即由管路性能曲线和往复泵性能曲线的交点确定泵工作时的实际排出压力，往复泵管路系统可简化为图 3-5 无空气室的柱塞泵的输送系统和图 3-6 带有空气室的柱塞泵输送系统两种类型。其实际排出压力都可由式（3-22）计算。

$$p_2=p_d+\rho g h_d+\rho g\sum h_{L2}-\frac{\rho c_2^2}{2} \tag{3-22}$$

式中　p_2——泵的排出压力（绝压），Pa；

p_d——排出容器液面上的压力（绝压），Pa；

h_d——排出容器液面至往复泵基准面的距离，m；液面高于基准面时，h_d 为正值，低于基准面时，h_d 为负值；

c_2——排出管内液体的平均流速（泵出口处的流速），m/s；

$\sum h_{L2}$——往复泵出口至排出容器之间的管路内液体的全部阻力损失，m。

$\sum h_{L2}$ 主要由两项组成，一项是由排出管内液体的速度引起的摩擦阻力损失和冲击损失，是液体速度的函数；另一项是由各段排出管内液体的加速度头引起的损失，是液体加速度的函数。由式（3-8）、式（3-9）知，液体的速度、加速度都随曲柄转角 α 的变化而变化，是转角 α 的函数，所以往复泵在工作过程中排出压力 p_2 是变化的，其变化规律为式（3-22），p_2 曲线的形状则取决于式中各项的具体值。当管路很短而 $p_d+\rho g h_d$ 很大，即 $p_d+\rho g h_d\gg\sum h_{L2}$ 时，$p_2\approx p_d+\rho g h_d$，这时 p_2 接近恒定值；当管路细长，且管路内没有阻力系数较大的局部阻力元件时，即加速度头损失远远大于速度头损失时，p_2 的变化规律近似与加速度成正比，而加速度与速度有 $\pi/2$ 的相位差；当管路短而粗，且管内具有阻力系数较大的局部阻力元件时，即速度头损失远远大于加速度头损失时，p_2 的变化规律近似与速度成正比。最大排出压力产生于 $\sum h_{L2}$ 最大的场合。

图 3-6 所示排出管路系统与图 3-5 的不同之处是前者安装了排出空气室，由于增加了空气室，管路中液体的加速度的最大值变小，最小值变大。所以，增加空气室后，往复泵的最大排出压力将降低，最小排出压力将增加，泵的排出压力变化幅度更小。

（2）吸入压力

往复泵入口处的压力换算到泵基准面上的值称为吸入压力，用式（3-23）表示。

$$p_1 = p_1' - \rho g h_1 \tag{3-23}$$

式中　p_1——吸入压力（绝压），Pa；

p_1'——往复泵入口处的压力（绝压），Pa；

h_1——往复泵入口处测压点至泵基准面的距离，m；当测压点低于泵基准面时，h_1为正值，高于基准面时，h_1为负值。

往复泵的吸入压力也不是泵固有的特性，同样取决于管路特性。对往复泵本身来说，一般只根据泵的汽蚀要求提出最小吸入压力。往复泵实际工作时的吸入压力由式（3-24）计算。

$$p_1 = p_s - \rho g h_s - \rho g \sum h_{L1} - \frac{\rho c_1^2}{2} \tag{3-24}$$

式中　p_1——泵的吸入压力（绝压），Pa；

ρ——液体密度，kg/m^3；

p_s——吸入容器液面上的压力（绝压），Pa；

h_s——吸入容器液面至泵基准面的距离，称为泵的安装高度，m；液面低于基准面时，h_s为正，高于基准面时，h_s为负；

$\sum h_{L1}$——吸入容器至泵入口之间的管路内液体的全部阻力损失，m；

c_1——吸入管路内液体的流速（泵入口处的流速），m/s。

同样，p_1也是曲柄转角α的函数，其变化特点同p_2。图3-6增设吸入空气室后，最小吸入压力增大。这对保证往复泵正常工作是极有利的。最小吸入压力产生于$\sum h_{L1}$最大的场合。

（3）全压力

往复泵的全压力是指排出压力和吸入压力之差（压力的增值），由式（3-25）表示

$$p = p_2 - p_1 \tag{3-25}$$

式中，p_1和p_2之值按式（3-23）和式（3-24）计算。

（4）液缸体内液体的压力

吸入和排出过程中液缸体内液体的压力分别可由式（3-26）和式（3-27）计算。

$$p_{c1} = p_1 - \rho g (h_{v1} + h_{jc1} + h_{fc1}) - \frac{\rho (c^2 - c_1^2)}{2} \tag{3-26}$$

$$p_{c2} = p_2 - \rho g (h_{v2} + h_{jc2} + h_{fc2}) - \frac{\rho (c^2 - c_2^2)}{2} \tag{3-27}$$

式中　p_{c1}，p_{c2}——吸入和排出过程中工作腔内液体的压力，Pa；

h_{v1}，h_{v2}——吸入和排出阀的阻力，m；

h_{jc1}，h_{jc2}——吸入和排出过程中，工作腔内液体的加速度头，$h_{jc1} \approx (-x/g)a$，$h_{jc2} \approx (x/g)a$，m；

h_{fc1}，h_{fc2}——吸入和排出过程中，工作腔内的摩擦水头，可由 $h_{fc1} = \zeta_{c1} c^2/2g$ 和 $h_{fc2} = \zeta_{c2} c^2/2g$ 计算，m；

c——活塞线速度，m/s；

c_1，c_2——吸入和排出管内流速，m/s；

x——活塞位移，m；

a——活塞加速度，m/s^2；

ζ_{c1}，ζ_{c2}——吸入和排出过程中工作腔内总的摩擦阻力系数；

p_1，p_2——吸入和排出压力，Pa。

3.1.2.3　吸入能力

往复泵的吸入能力包括两个含义：保证泵液力端正常工作所要求的吸入条件和泵的自吸

能力。前者用以确定泵的安装高度和吸入系统的设计，后者用以确定泵有无自吸能力（液缸体内无液体时能否启动并使泵进行正常运转）及极限自吸能力。

(1) 往复泵正常工作的条件

往复泵液力端正常工作的条件是：液缸体内液体的压力应始终大于输送液体的饱和蒸汽压力，否则，将会引起液缸体内液体汽化，造成柱塞（或活塞）与液体脱流，从而引起液缸体内的撞击、噪声、振动以及流量的减少。因此，必须满足下列不等式

$$p_{c\min} > p_{st} \tag{3-28}$$

式中 p_{st}——液体在该温度下的饱和蒸汽压（绝压），Pa；

$p_{c\min}$——工作腔内液体的最小压力（绝压），Pa。

在绝大多数情况下，工作腔内液体最小压力产生于吸入过程中（记为 $p_{c1\min}$），因此，通常只要满足下列条件即可保证往复泵的正常工作。

$$p_{c1\min} > p_{st} \tag{3-29}$$

$$p_{c1\min} = p_{1\min} - \rho g\left(h_{v1} + h_{jc1} + h_{fc1} + \frac{c^2 - c_1^2}{2g}\right)_{\max} \tag{3-30}$$

式中，$p_{1\min}$ 为最小吸入压力，Pa，按式（3-26）计算，取 α 在 0～360°间 p_1 的最小值。$p_{1\min}$ 对于大多数往复泵来说，产生于吸入管内液体加速度最大的场合（对应的 $\alpha=0$）；只在单缸泵和双缸单作用泵输送高黏度液体或泵装有吸入空气室时，才有可能产生于吸入管内液体流速最大的场合。

将式（3-30）代入式（3-29）得

$$p_{1\min} > p_{st} + \rho g\left(h_{v1} + h_{fc1} + h_{jc1} + \frac{c^2 - c_1^2}{2g}\right)_{\max} \tag{3-31}$$

令

$$p_{1R} = p_{st} + \rho g\left(h_{v1} + h_{fc1} + h_{jc1} + \frac{c^2 - c_1^2}{2g}\right)_{\max} \tag{3-32}$$

式中，p_{1R} 为保证往复泵正常工作所必需的吸入压力，Pa。

$$p_{1\min} > p_{1R} \tag{3-33}$$

式（3-33）表明，为保证泵正常工作必须使泵装置运转时的最小吸入压力大于泵所需的吸入压力。

往复泵所需的吸入压力可以在设计时进行估算，但准确度较差，所以最终都是靠试验来确定的。一般在样本或技术资料中给出此数据时都要加一定的余量。在实用上，一般不直接给出 $p_{1\min}$，而是给出必需汽蚀余量。

(2) 汽蚀余量

往复泵汽蚀余量的概念与离心泵的相同，并习惯用 Δh 表示，是指泵入口处单位重量液体所具有的超过饱和蒸汽压头的那部分能量头，其大小以换算到泵基准面上的液柱表示

$$\Delta h = \frac{p_1 - p_{st}}{\rho g} + \frac{c_1^2}{2g} \tag{3-34}$$

为保证泵正常工作的汽蚀余量称为必需汽蚀余量，以符号 Δh_r 表示，则

$$\Delta h_r = \frac{p_{1R} - p_{st}}{\rho g} + \frac{c_1^2}{2g} \tag{3-35}$$

由式（3-32）可得

$$\frac{p_{1R} - p_{st}}{\rho g} + \frac{c_1^2}{2g} = \left(h_{v1} + h_{fc1} + h_{jc1} + \frac{c^2}{2g}\right)_{\max} \tag{3-36}$$

由此得

$$\Delta h_r = \left(h_{v1} + h_{fc1} + h_{jc1} + \frac{c^2}{2g}\right)_{\max} \tag{3-37}$$

式（3-37）表明，必需汽蚀余量 Δh_r 只与往复泵的结构及其参数有关，与泵所处的环境、所输送液体的性质无关。Δh_r 的大小反映了液缸体对液体的阻力大小。Δh_r 越小，表示往复泵的吸入性能越好，对吸入压力的要求越低。

由往复泵运转时实际造成的 $p_{1\min}$ 计算得的汽蚀余量称为有效的汽蚀余量，以符号 Δh_a 表示，计算公式如式（3-38）所示。

$$\Delta h_a=\frac{p_{1\min}-p_{st}}{\rho g}+\frac{c_1^2}{2g} \tag{3-38}$$

根据式（3-33），要保证泵正常工作应满足下列不等式

$$\Delta h_r>\Delta h_a \tag{3-39}$$

（3）自吸能力

往复泵的自吸能力是指当往复泵液缸体内无液体时，泵能在多少时间内把液体吸到多高的能力，重点是极限自吸高度。

为使泵具有自吸能力，必须具备两个条件：ⅰ必须把液缸体内的空气排出，排出行程终了时，工作腔内的空气压力必须大于泵出口处的压力；ⅱ必须把吸入管内的空气抽尽，吸入行程终了时，工作腔内的空气压力必须小于静吸入压头。假设空气按等温过程变化，则应满足式（3-40）和式（3-41）所规定的条件。

$$\begin{cases}\dfrac{p_2V_c}{V_c+V_s}\leqslant p_{c\min} & (3\text{-}40)\\ p_{c\min}\leqslant p_s-\rho g h_s & (3\text{-}41)\end{cases}$$

式中　p_2——排出压力（在计算时应注意，此时输送的是空气，不是液体，所以流动阻力、惯性阻力都应按空气计算），Pa；

$p_{c\min}$——工作腔内的最小压力，Pa；

V_c——余隙容积，m^3；

V_s——行程容积，m^3；

ρ——液体密度，kg/m^3；

h_s——泵的安装高度，m。

由式（3-40）和式（3-41）得

$$h_s\leqslant\frac{p_s}{\rho g}\left(1-\frac{p_2}{p_s}\frac{V_c}{V_c+V_s}\right) \tag{3-42}$$

因此，极限自吸高度 $h'_{s\max}$ 为

$$h'_{s\max}=\frac{p_s}{\rho g}\left(1-\frac{p_2}{p_s}\frac{V_c}{V_c+V_s}\right) \tag{3-43}$$

当 p_2、p_s 都等于大气压力 p_a 时，式（3-43）可变为

$$h'_{s\max}=\frac{p_a}{\rho g}\left(1-\frac{V_c}{V_c+V_s}\right)=\frac{p_a}{\rho g}\frac{V_s}{V_c+V_s} \tag{3-44}$$

由式（3-43）和式（3-44）可以看出，p_s 越大，V_c 越小，极限自吸高度越大；ρ、p_2 越大，p_s 越小，极限自吸高度越小。当 $\dfrac{p_2}{p_s}=\dfrac{V_c+V_s}{V_c}$ 时，自吸高度为零，往复泵不能自吸。

应该指出，上述计算是近似的，但仍可以用其进行估算。另外，对于实际往复泵，外界空气会通过填料函或其他密封不严密处进入液缸体内。此时，往复泵会因漏入空气而使液缸体内的空气无法排净，不能形成低压而实现自吸。所以往复泵的实际自吸高度还是应该靠试

验来确定，上述分析只是提供了提高自吸能力的途径。

3.1.2.4 功率及效率

(1) 有效功率

单位时间内被泵排出的液体由泵获得的能量称为有效功率，即

$$P_e=\left(\frac{p_2-p_1}{\rho g}+\frac{c_2^2-c_1^2}{2g}\right)Q\rho g=\left(\frac{p}{\rho g}+\frac{c_2^2-c_1^2}{2g}\right)Q\rho g \tag{3-45}$$

式中 P_e——有效功率，W；

p_1，p_2——吸入和排出压力，Pa；

p——全压力，Pa；

c_1，c_2——往复泵入口和出口处的流速，m/s；

Q——往复泵的流量，m^3/s；

ρ——液体密度，kg/m^3。

通常c_1与c_2相等，即使略有差别也不大，而$(c_2^2-c_1^2)/2g$ 则更小，相对$p/\rho g$ 可以忽略不计，所以实际上采用式（3-46）已足够精确。

$$P_e=pQ \tag{3-46}$$

在实际往复泵系统中，p 往往是个变量，此时利用式（3-46）就很难精确算出结果。但有一点是肯定的，即式（3-45）中$[p/\rho g+(c_2^2-c_1^2)/2g]$代表了单位重量液体从往复泵中所获得的能量，用以克服管路的摩擦阻力并提高泵的压头。因此称$[p/\rho g+(c_2^2-c_1^2)/2g]$为泵的有效压头，并用 H 表示，所以有效功率也就可以表示为

$$P_e=HQ\rho g \tag{3-47}$$

式中，H 为有效压头（亦称扬程），m。

(2) 轴功率

输入到泵轴上的功率称为轴功率，轴功率可按式（3-48）进行计算。

$$P=P_e/\eta \tag{3-48}$$

式中 P——轴功率，W；

η——往复泵的总效率。

(3) 指示功率

单位时间内活塞对液体所做的功称指示功率，可按式（3-49）求得。

$$P_i=\rho g Q_i H_i \tag{3-49}$$

式中 P_i——指示功率，W；

ρ——液体密度，kg/m^3；

Q_i——单位时间内从活塞得到能量的液体量，m^3/s；

H_i——单位重量液体从活塞获得的能量，m。

(4) 配套功率

配套功率是指往复泵原动机的功率，用 P_m表示，当原动机和往复泵直接连接时，原动机的输出功率就等于输入到泵轴上的功率。当原动机通过传动装置与往复泵连接时，要考虑传动效率。一般原动机的功率选择要比实际输出功率大一些。

$$P_m=K_m P \tag{3-50}$$

式中，K_m为功率储备系数，对于机动泵，$K_m=1.2\sim1.5(P\leqslant4kW)$，$K_m=1.05\sim1.2(P>4kW)$；对于计量泵，$K_m=1.7\sim2.5$。

(5) 容积效率

表示泵的实际流量和进入到泵内液体体积的比值，它只考虑到液体的泄漏所造成的损失，记为 η_V，可利用式（3-19）计算求得。

(6) 水力效率

水力效率是衡量工作腔内水力损失的指标，记为 η_h。

$$\eta_h=\frac{H}{H_i}=\frac{H}{H+\sum\Delta h_L} \tag{3-51}$$

式中，$\sum\Delta h_L$为液体在泵内流动时摩擦阻力损失和局部阻力损失之和，m。

(7) 指示效率

有效功率 P_e与指示功率 P_i之比称为指示效率，记为 η_i

$$\eta_i=\frac{P_e}{P_i}=\frac{\rho gQH}{\rho gQ_iH_i}=\eta_V\eta_h \tag{3-52}$$

(8) 机械效率

输入到泵轴上的功率 P 要经过曲柄连杆机构和填料箱等各种传动机构及摩擦副，这要消耗一部分功率。因此，泵的指示功率 P_i总要比轴功率 P 小，其比值称为机械效率，记作 η_m。

$$\eta_m=\frac{P_i}{P} \tag{3-53}$$

(9) 总效率

泵的总效率等于泵的有效功率 P_e与轴功率 P 之比，记为 η。

$$\eta=\frac{P_e}{P}=\frac{P_e}{P_i}\frac{P_i}{P}=\eta_V\eta_h\eta_m \tag{3-54}$$

总效率可以由试验测得，一般对于机动往复泵 $\eta=0.60\sim0.90$。

3.1.3 往复泵的液力端

液力端包括液缸体、吸入阀、排出阀、活塞和缸套（或柱塞和填料箱）、缸盖、阀盖及其密封等主要零部件。往复泵液力端的结构主要取决于液缸数量、液缸的位置、作用数及吸入阀和排出阀的布置形式等。

通常在高压、中小流量时采用柱塞泵，其中以单缸和三缸单作用的形式最多。在低压、大流量时采用活塞泵，其中以双缸双作用的形式为最多。

3.1.3.1 柱塞泵的液力端

柱塞泵的液力端有单缸单作用柱塞泵、卧式三缸单作用柱塞泵、立式单作用柱塞泵、角式单作用柱塞泵及多缸柱塞泵等几种形式，其中以卧式三缸单作用柱塞泵的形式最普遍。该类型柱塞泵的液力端由三个卧式单作用液缸体并联而成，它们有共同的吸入管和排出管，三个柱塞共用一个曲柄轴，每一曲柄之间的角度相差120°。液缸体靠近传动端的地方装有两级填料箱，在两级填料箱之间注入冷却液，冷却液起润滑和冷却作用，也能带走从主填料函中泄漏出来的液体。吸入阀和排出阀与液缸体垂直布置，吸入阀和吸入管路布置在液缸体的下部。

卧式三缸单作用柱塞泵的液力端根据泵阀的布置形式又可分为直通式、直角式、阶梯式三种基本结构形式。

直通式结构如图3-7所示，其特点是结构紧凑，液缸尺寸较短、余隙容积小，但是这种结构形式的吸入阀更换不方便。

图3-8为直角式结构，其特点是吸入阀和排出阀均有单独的阀盖，阀的检查、清洗、更换方便。同时可以减小液缸的容积，从而降低了液体的弹性压缩损失，提高了流量系数。此外，这种液缸体的结构尺寸较小。

图3-9是阶梯式结构，阀可以单独更换，检查、清洗容易。但这种结构液缸体的尺寸较长，余隙容积较大。

3.1.3.2 活塞泵的液力端

活塞泵的液力端大多是做成双缸双作用的形式。双缸双作用活塞泵又可分成卧式和立式两种，卧式双缸双作用活塞泵的液力端，根据吸入阀和排出阀的布置形式有叠式和侧罐式两种。

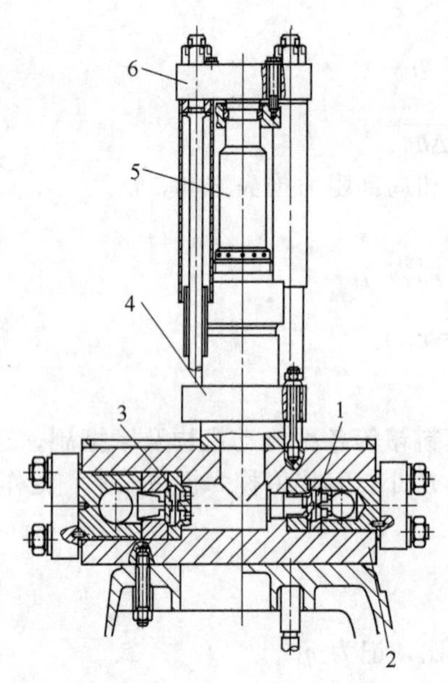

图 3-7 直通式布置的液力端

1—排出阀；2—液缸体；3—吸入阀；4—填料箱；5—柱塞；6—上十字头

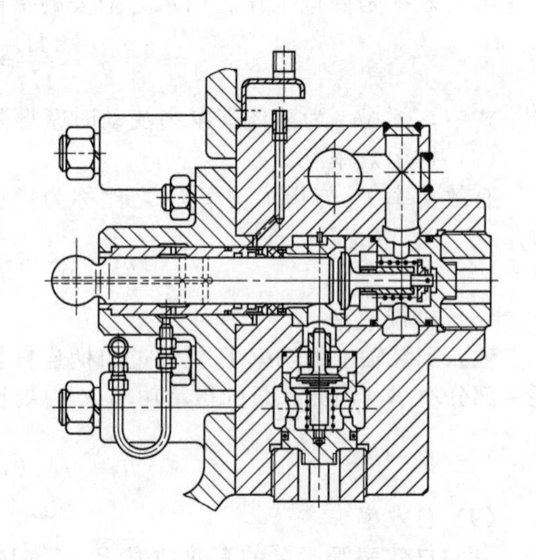

图 3-8 阀呈直角式布置的液力端

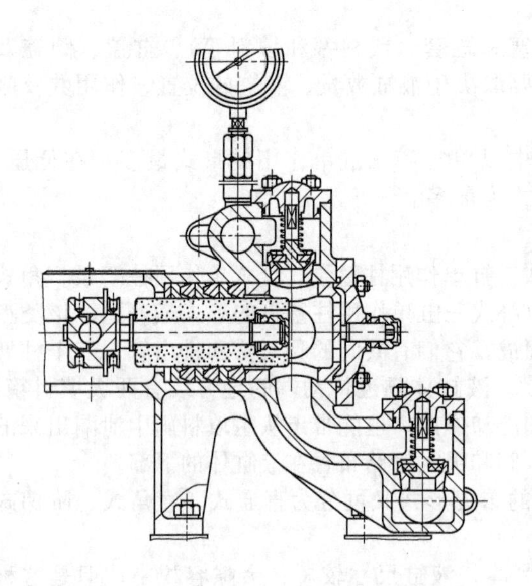

图 3-9 阀呈阶梯式布置的液力端

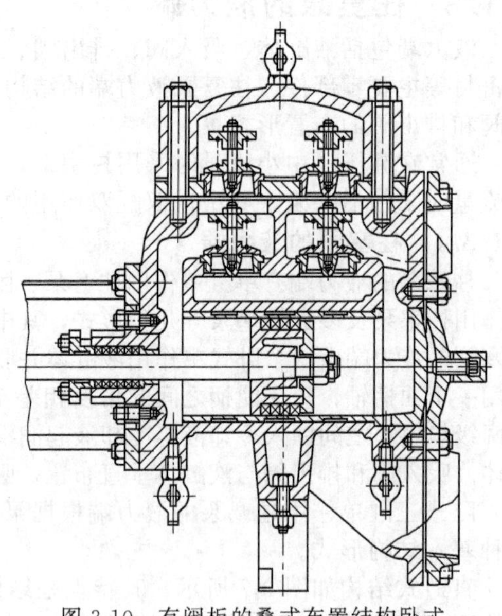

图 3-10 有阀板的叠式布置结构卧式双作用活塞泵的液力端

图 3-10 是有阀板的叠式布置结构卧式双作用活塞泵的液力端，其特点是外形尺寸小，检修方便。阀分上下两层装在液缸上部，其中，下层吸入阀直接装在泵体上，上层排出阀装在一个可拆卸的阀板上，打开阀板上边的排出室压盖，取出组装排出阀的阀板，即可拆卸吸入阀。此外，还有无阀板的叠式布置结构。阀呈叠式布置的结构常用于卧式双缸双作用蒸汽往复泵和低压卧式双缸双作用的电动往复泵中。

侧罐式布置形式是将排出阀布置在纵剖面图内，位于液缸工作腔的上面，而吸入阀却布置在液缸工作腔的外侧，实际上这种布置在液缸垂直平面内就是阶梯式布置，如图 3-11 所示。因此，它具有更换、检查、清洗方便等优点，但是液缸尺寸较小，余隙容积也大。这种结构常用于卧式双缸双作用蒸汽活塞热油泵和卧式双缸双作用电动活塞泥浆泵上。

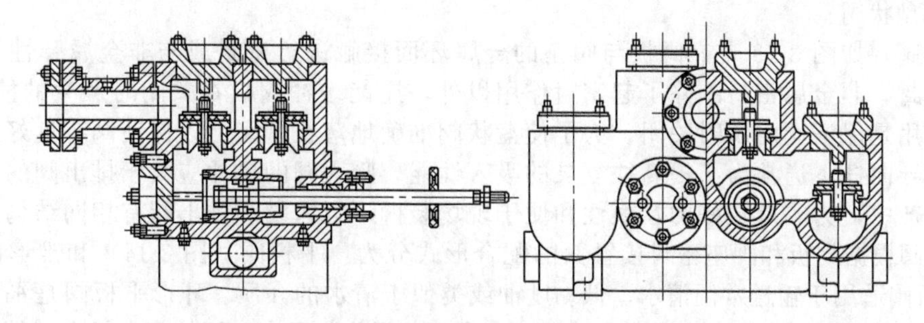

图 3-11　泵阀呈侧罐式布置的活塞泵液力端

立式双缸双作用往复泵的液力端通常布置在泵的下部，吸入阀和排出阀可为阶梯式布置也可以是直通式布置，而阀室可以布置在活塞工作腔的一侧，或两侧对称布置。

图 3-12 是立式双缸双作用电动往复泵的液力端。泵阀为直通式布置，阀室布置在活塞工作腔的一侧，这种布置的特点是吸入阀、排出阀装拆方便，但结构复杂。

3.1.3.3　泵阀的种类及结构形式

泵阀通常由阀座、阀板、弹簧、升程限制器等零件组成，如图 3-13 所示。泵阀的作用是轮流地把往复泵的吸入管和排出管及时与液缸体相连或分隔开来。因此，对泵阀的性能有如下要求。

ⅰ. 泵阀关闭时应有较好的密封性；

ⅱ. 泵阀的开启和关闭及时，即阀的动作应和活塞的运动协调一致，否则，因阀开闭滞后会引起漏损，降低容积效率；

ⅲ. 泵阀应工作平稳，特别是在阀关闭时没有严重撞击现象；

ⅳ. 液体流经泵阀时的阻力损失应最小；

ⅴ. 结构简单、工艺性好、检修方便；

ⅵ. 有足够的强度和刚度。

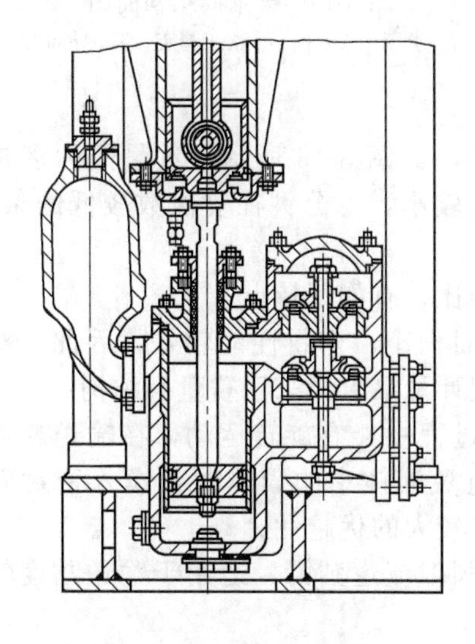

图 3-12　立式双缸双作用电动往复泵的液力端

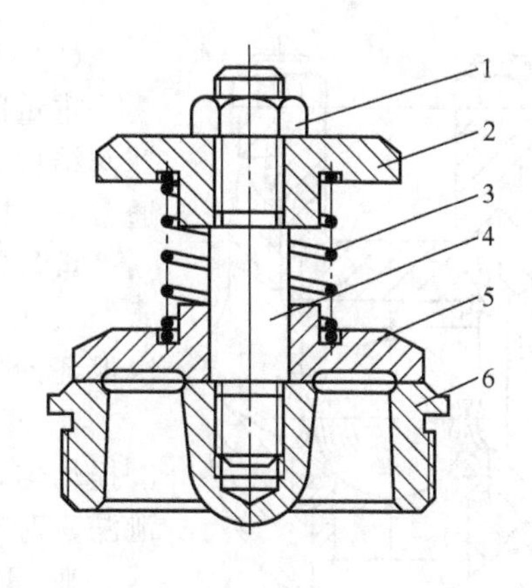

图 3-13　盘状阀基本结构

1—紧固螺母；2—升程限制器；3—弹簧；4—导向杆；5—阀板；6—阀座

泵阀包括吸入阀和排出阀，阀的开启与关闭是靠作用在阀上下液体的压差自动实现。自动阀主要有盘状阀（弹簧自动阀）和重量阀（自重阀）两种型式。

（1）盘状阀

盘状阀，如图3-13是靠阀板与阀座的金属环面接触进行密封或与非金属弹性密封圈接触实现密封。非金属密封圈除了起密封作用以外，还能缓冲阀板在关闭时产生的撞击作用。弹簧的作用是保证阀门及时关闭。为了使盘状阀准确地落在阀座上以保证阀有良好的密封性能，设有导向杆。通常为了提高往复泵的吸入性能，吸入阀的尺寸应大于排出阀的尺寸。但在实际生产中，为了有较好的互换性和便于现场装拆，吸入阀和排出阀有相同结构尺寸。

盘状阀根据阀板和阀座密封接触面的配合形式分为：平板阀（图3-14）和锥形阀（图3-15）。平板阀适用于输送常温清水、低黏度油或类似于清水的介质。环形平板阀是平板阀中的一种。这种平板阀阀隙的过流面积大，因此，在大流量往复泵中应用较多。但由于结构和刚度的限制，很少在高压泵中使用。锥形阀的流道较平滑，阀隙阻力小，不论输送黏度高或黏度低的介质都比较适宜，锥形阀的刚度较大，密封性能好，在计量泵中应用广泛。

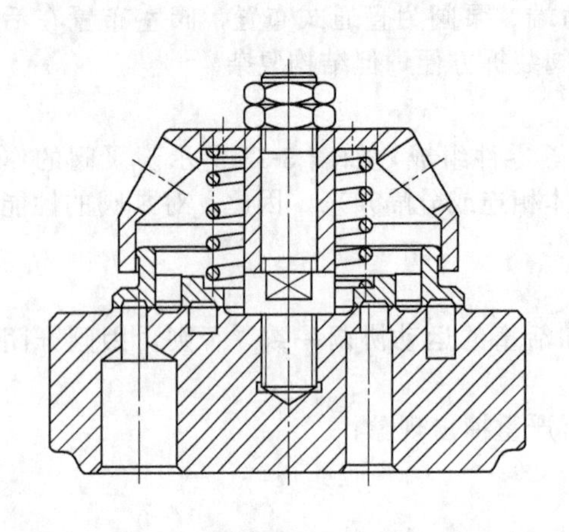

图3-14　双环平板阀的结构简图

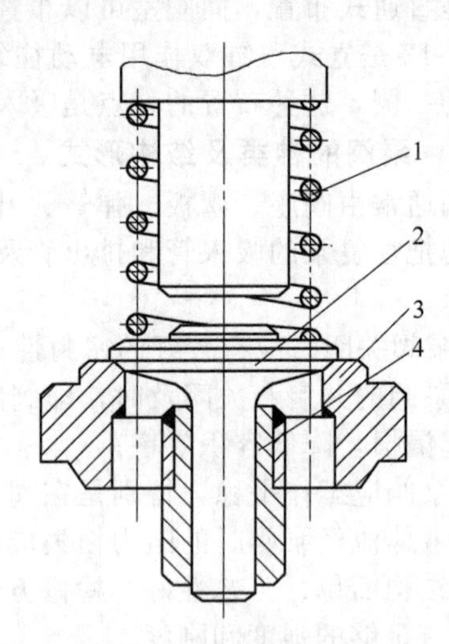

图3-15　锥形阀结构简图
1—弹簧；2—阀板；3—阀座；4—导向套

（2）重量阀

重量阀也称自重阀，如图3-16所示，重量阀大多是自重球阀结构，适用于流量较小，每分钟往复次数较低的条件下。通常$n<150$次/分。

重量阀与盘状阀相比，有如下特点。

ⅰ. 由于密封接触面积小，密封性能较好，因此，对于要求保证计量精度的小型计量泵大都采用重量阀结构；

ⅱ. 重量阀在启闭过程中伴有旋转运动，在输送悬浮液时磨损均匀，同时可以避免液体中的固体颗粒楔入密封面造成泄漏，对于确保密封有较大的优越性；

ⅲ. 重量阀结构的阀隙流道圆滑，适用于输送黏度较高的液体；

ⅳ. 重量阀结构紧凑、制造简单、互换性强、装拆方便、便于清洗。

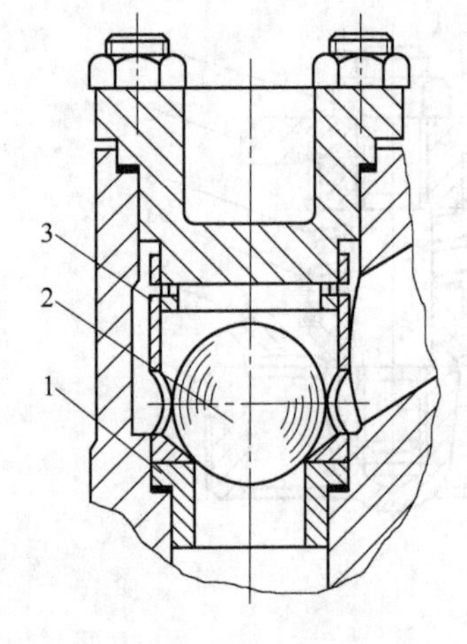

图3-16　重量阀结构简图
1—阀座；2—阀球；3—限位导向套

（3）往复泵的最大允许往复次数

泵阀的种类和性能直接决定往复泵的往复次数。提高往复次数 n，可以缩小往复泵的体积，减轻往复泵的重量。但是，往复泵的往复次数 n 并不可以无限制提高，对某一特定的往复泵来说，当往复次数超过某一范围后，就会使泵阀的阀板在落到阀座上时产生撞击，引起振动，阀门很快磨损加快，使往复泵无法正常工作，这一往复次数称为往复泵的临界往复次数，或称最大允许往复次数。

试验结果表明，若往复泵的角速度为 ω，当阀板落到阀座上的速度 $u_0<60\sim70\text{mm/s}$ 时，就不会产生严重的撞击现象，而当阀板下落的速度超过这一范围时就会产生撞击。因此，为了使泵阀平稳地工作，应当满足 $u_0=h_{max}\omega$ 的条件（h_{max} 为阀板最大升程），即

$$u_0=h_{max}\omega\leqslant60\sim70\text{mm/s}$$

即

$$nh_{max}\leqslant600\sim700\text{mm/s}$$

这一条件称为库可列夫斯基条件。根据此条件及往复泵的性能参数和结构参数便可确定允许的最大往复次数。

3.1.3.4　活塞、柱塞及其密封

活塞和柱塞的作用是通过活塞或柱塞在液缸中的往复运动交替地在液缸内产生真空或压力，从而吸入或排出液体。对于流量较大的中低压往复泵为了使泵的结构紧凑、流量均匀，通常采用活塞泵的结构形式。在流量较小、排出压力较高时采用柱塞泵。

活塞的结构形式可以分为单端面活塞和双端面活塞，如图 3-17 和图 3-18 所示。单端面活塞的结构相当简单，但是它的余隙容积较大，其刚度也较差，故只适用于中低压活塞泵中。双端面活塞有较高的强度和刚度，可以承受较高的排出压力。为了减轻活塞的重量，活塞体一般都做成空心的。

活塞还可以分为整体式活塞和组合式活塞，整体式活塞结构简单、加工方便、强度高、刚性好，因此应用广泛。图 3-17 和图 3-18 都是整体式活塞。但在液缸体直径较小而排出压力又较高的情况下，为了提高活塞环的弹力和装入液缸体后的比压值，也采用组合式活塞结构，如图 3-19 所示。

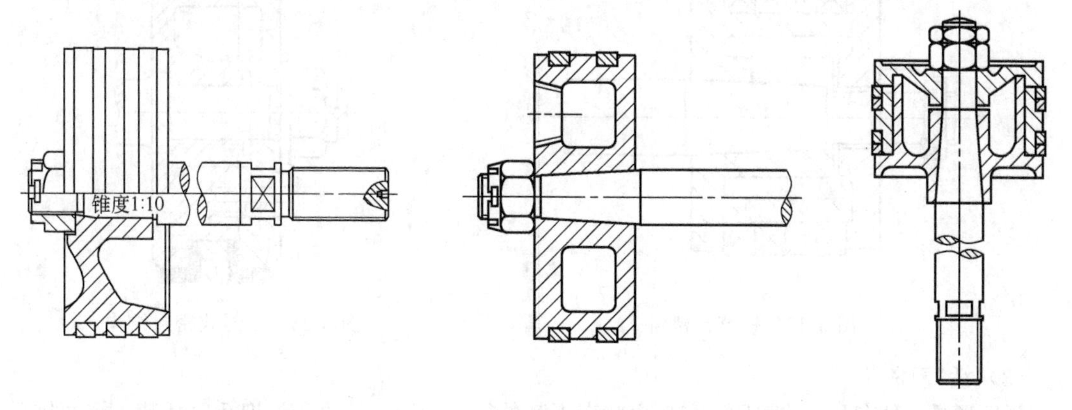

图 3-17　单端面活塞　　图 3-18　双端面活塞　　图 3-19　组合式活塞

柱塞的结构形式可分为实心和空心的两种，如图 3-20 所示。当柱塞的直径较小时一般做成实心的，这样加工制造方便。当柱塞直径较大时做成空心的，可以减轻重量，防止密封的偏磨（特别是对于卧式泵），可延长密封的使用寿命。

活塞和液缸体内壁之间的密封型式较多，主要有迷宫密封、软填料密封和活塞环等三种。

(1) 迷宫密封

活塞和液缸体（或缸套）可以经过研磨而使活塞与液缸体之间达到密封，同时在活塞的外圆柱面上开有一定数量的迷宫槽来增加液体阻力损失以减少泄漏，迷宫槽同时具有储存液

体和润滑摩擦面的作用，如图 3-21 所示。这种密封结构的优点是磨损较小，但是其密封性能较差，且由于密封表面的尺寸精度和粗糙度要求较高，加工制造困难，所以用来抽送压力不高的黏性液体。

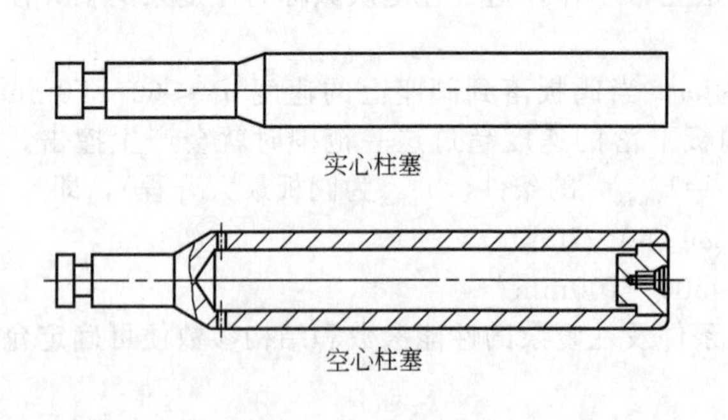

图 3-20 柱塞的结构形式

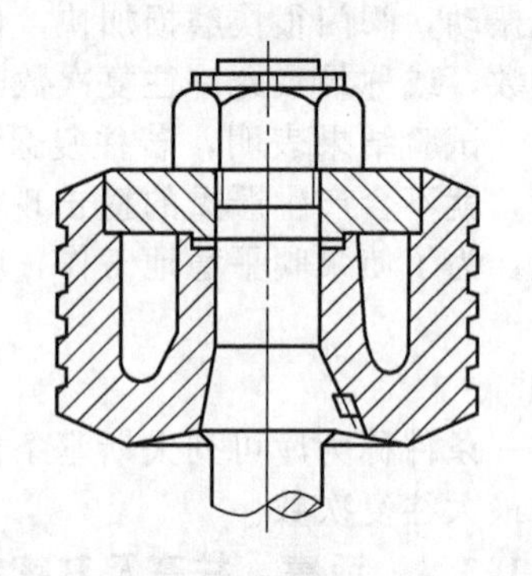

图 3-21 迷宫密封

(2) 软填料密封

当往复泵输送液体的温度不高、压力不大时，可采用软填料密封的结构形式，如图 3-22 所示。软填料一般用棉线、石棉或亚麻等纤维编织而成，并在安装之前涂上油或石墨等润滑剂。为了防止泄漏，必须将填料压得很紧，因此，填料的磨损较快，功率损耗也较大。

在排出压力较高的情况下可以采用自封式密封结构形式，如图 3-23 所示。这种密封结构是依靠液体本身的压力使密封件（如橡胶碗）和液缸体密合。这种密封结构的密封性能好，当液体压力升高时密封性能也相应提高，压力降低时密封性能仍保持稳定，具有自动调节密封性能的特点，可用在压力很低的泵中。

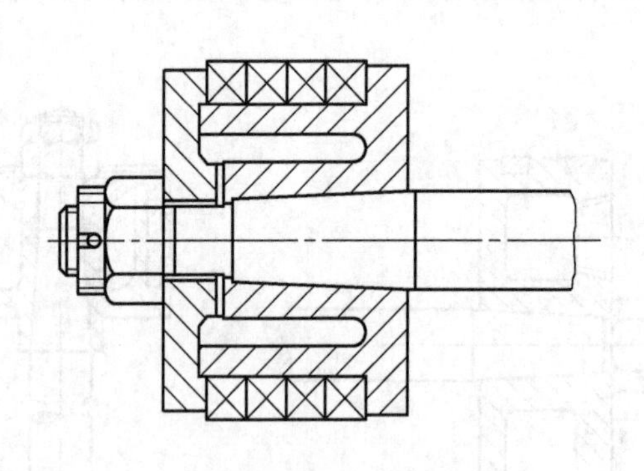

图 3-22 软填料密封

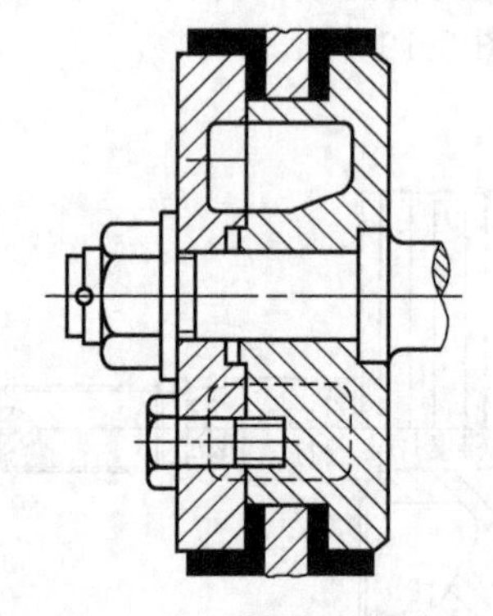

图 3-23 自封式密封结构

(3) 活塞环

活塞环是一种有开口的圆环，在自由状态下其外径大于液缸体直径，把活塞环装入活塞体后，由于材料的弹性使活塞环对液缸壁产生压力而实现密封。活塞环的结构简单，得到广泛应用。

活塞泵的密封是在液缸体内部实现，活塞环随活塞做往复运动，密封性能比较差。因此，在高压泵中用柱塞来代替活塞，这是由于柱塞的密封是安装在液缸上，而且是固定的，所以密封性能较好。

柱塞的密封可根据所输送液体的压力、速度、温度等因素来选择。当液体压力较低及速度不高时，可以采用软填料密封，这种填料和活塞上所用的软填料完全相同。采用软填料时，放入填料箱中的填料必须由压盖来压紧，在安装填料时应使开口相互错开。

软填料的安装长度 l 一般为 $l=(4\sim8)s$，其中 s 为软填料的横断面尺寸，s 的取值为

(1.4～2) $\sqrt{d}$。当柱塞直径 d 较大时 s 取小值；d 较小时 s 取大值；若 s 太小填料更换较为困难。

在柱塞泵出口压力较高的情况下采用自封式密封结构，这种结构的密封原件通常由皮革、橡胶、塑料加工成的密封碗来实现，图 3-24 为 V 形碗密封，图 3-25 为 Y 形碗密封。

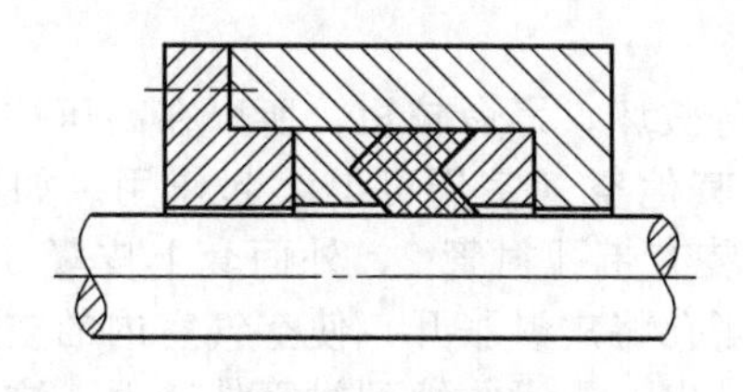

图 3-24　V 形碗密封

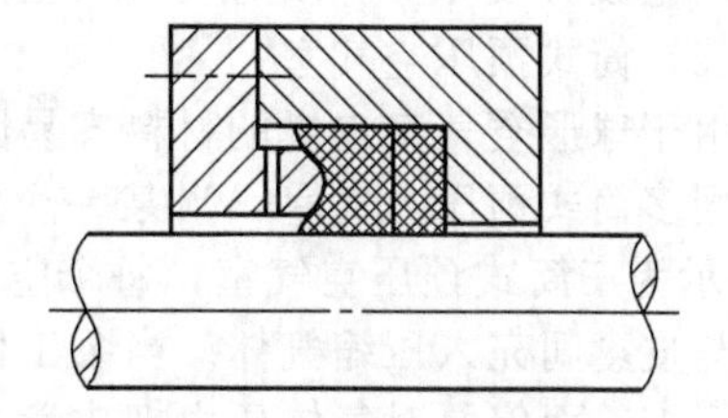

图 3-25　Y 形碗密封

当压力、温度、速度都比较高时，可采用半金属填料，它的表面是一层软金属网，而内部是含有润滑剂的填料。当压力、温度、速度特别高时，可采用金属填料。

3.1.4　往复泵的空气室

往复泵由于结构及工作特点必然产生流量和压力的脉动，从而降低了泵的吸入性能，缩短泵和管路的使用寿命，特别是在排出管管径较小、管路较长、系统中没有足够大的背压时，可能因惯性水头过大而冲开泵阀造成实际流量大于理论流量的所谓“过流量现象”。因此，为了改善往复泵的工作条件，尽可能减少不稳定现象对往复泵工作的影响，通常采用在泵上装置空气室的办法来减少流量和压力的脉动。

空气室应尽可能安装在靠近泵的进出口管路处或液力端上。装在靠近进口的称吸入空气室，装在出口的称为排出空气室。

空气室按所充气体的压力又可分为常压式和预压式两种，常压空气室是在密闭容器中充常压空气，预压空气室是在密闭容器中加一弹性元件（如橡胶囊），其内充有压缩空气。

3.1.4.1　排出空气室

如图 3-6 所示，空气室内有一定体积的气体，当往复泵的瞬时流量大于平均流量时，排出管路内的阻力增加，泵内压力上升，空气室内的气体被压缩，从而储存了一部分液体，这样就减少了在排出管路中的流量。同样，当泵的瞬时流量小于平均流量时，管路内的阻力也相应减小，泵内压力下降，这时空气室内气体就膨胀，把储存的一部分液体排到管路中去，增加了管路中的流量，从而减少了管路中流量和压力的脉动。因此，在整个工作过程中虽然活塞排出的流量按正弦规律变化，但是在空气室的作用下排出管路中的流量仍较均匀。从上述分析可知，在工作过程中空气室中气体的容积是变化的，因此，压力也是变化的，管路中的流量不可能是绝对均匀，如果把排出空气室做得足够大，则空气室中气体体积的变化就相对减少，可使流量脉动或压力脉动降低到允许的范围以内。

最早采用的空气室是立式厚壁圆筒，在工作前容器中充以常压空气，在泵工作时，空气室内液面随液缸体内的压力变化而变化，这样可以减少排出管路中流量的脉动。但是这种结构体积庞大，并且被压缩了的空气体积过小，如在 10MPa 时，压缩空气的容积只占空气室容积的 1%。此外，由于液体与空气室内的气体直接接触，气体在高压下易溶于液体中而被不断带出，在连续工作时，空气室中气体的量会逐渐减少，甚至会失去空气室的作用。为了减小空气室的体积，提高其工作效能和可靠性，近年来普遍采用隔膜式预压空气室。

采用预压空气室后，由于空气室中充入一定压力的气体，从而就可以减少进出空气室的液体量，预压空气室中一般充空气，但对于易燃、易爆的液体应充惰性气体。因此，在同样工作条件下可以减小空气室的容积，减轻重量。目前应用较多的有两种形式。

（1）球形空气室

如图 3-26 所示。它由充气阀 1、压力表 2、顶盖 3、气囊 4、稳定片 5、壳体 6 等零件组成。壳体下部与排出管路相连，上部通过充气阀充气。压力表指示气囊中的压力，工作时随着排出压力的变化，气囊上下移动，起到缓冲排出管路中流量脉动的作用。

球形空气室的结构简单、外形尺寸小、缓冲量较大、检查和更换方便，但由于皮囊变形容易产生疲劳破坏，所以对其材料及制造工艺的要求较高。

(2) 筒式预压空气室

由于球形空气室皮囊的材料容易因变形而产生疲劳破坏，寿命较短，所以在高压往复泵上采用多筒式预压空气室，当某一个空气室失效时，其他空气室仍可继续起作用。如图 3-27 所示为三筒式预压空气室，每个空气室的壳体 1 内装有带孔衬管 2，外面套上皮囊 3，在壳体与皮囊间充入压缩气体。当泵工作时液体经衬管诸孔将皮囊胀开，使空气室内的空气进一步压缩，而停泵时气体压力把皮囊与衬管间的液体排出，皮囊收缩到衬管外壁上。这种空气室的结构简单，但是在拆卸时需要提出较重的外壳，且皮囊容易被挤入衬管的小孔中使皮囊局部损坏。

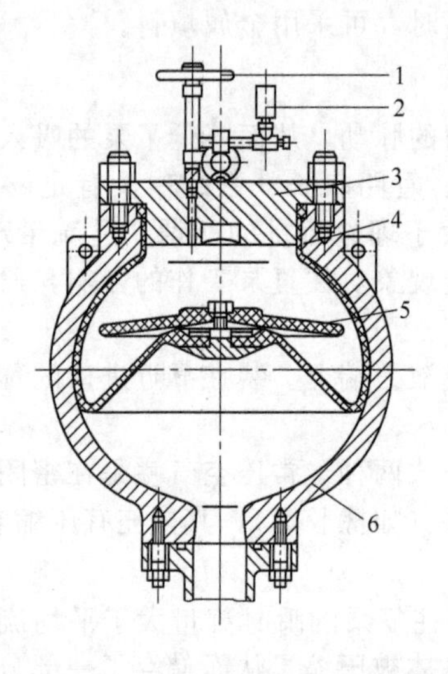

图 3-26　带有稳定片的球形空气室

1—充气阀；2—压力表；3—顶盖；4—气囊；5—稳定片；6—壳体

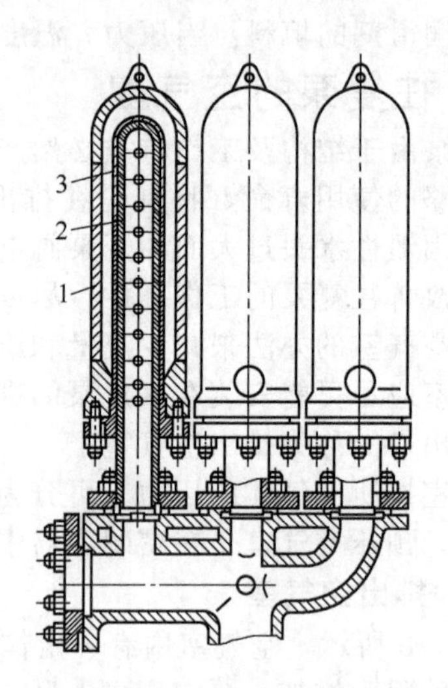

图 3-27　三筒式预压空气室

1—壳体；2—衬管；3—皮囊

3.1.4.2　吸入空气室

活塞泵进行工作时为了减少在吸入过程中由于惯性水头所造成的活塞表面的压力降低，在吸入管路上靠近泵的进口处安装吸入空气室，如图 3-28 所示。吸入空气室把吸入管路分成两段，空气室前的一段较长，而从空气室到泵进口的一段较短。在液体吸入过程中，随着流量增加，吸入管路中的阻力也增加，这时液缸体内的真空度也随之增大，当空气室中的真空度低于液缸体中的真空度时，也即吸入空气室中的压力高于液缸体中的压力时，吸入空气室中的气体膨胀，把空气室中的一部分液体挤入液缸体内，从而减小了吸入管路中的流量。

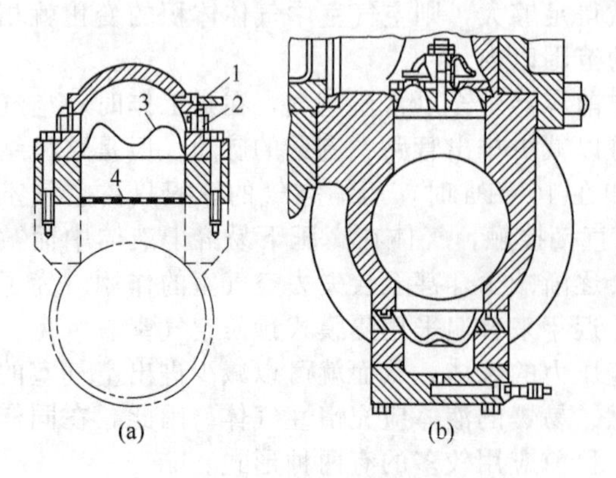

图 3-28　隔膜式预压吸入空气室

1—充气阀；2—观察孔；3—橡胶隔膜；4—消振板

当活塞泵的吸液量减少时或者在液体排出过程中，由于吸入空气室中的压力低于吸入液面压力，液体沿吸入管路进入吸入空气室中。

吸入空气室在储存和排出液体的过程中，气体的体积要发生变化，空气室中的真空度也随之发生变化，从而使吸入管路中液体的流动发生脉动。如果把吸入空气室做得足够大时，空气室中气体体积的变化相对减小，真空度的变化也减小，则吸入管路中液体的流速更趋均匀。

最简单的吸入空气室是一个空筒或空腔，里面是常压气体。若活塞泵的吸入采用自然灌注，由于吸入空气室内具有较高的压力，空气室的一部分容积被液体所占据，气体所占的容积减小，此时若采用常压吸入空气室就不能有效起到缓冲作用，而采用预压吸入空气室可实现目的，如图 3-28 所示。在泵工作之前先从充气阀 1 充入气体，通过观察孔 2 可以看到橡胶隔膜 3 的工作情况。消振板 4 由树脂做成，板上有许多小孔，为了使结构紧凑可以把空气室直接装在泵体下面［图 3-28（a）］。此外，还有用带有弹簧的隔膜式预压吸入空气室［图 3-28（b）］。

3.1.5 往复泵的类型

往复泵属于品种多、批量少、通用化程度较低且配套性较强的流体机械。为了适应某一特定的生产工艺需要，往复泵的结构形式多种多样。但其总体结构，主要有以下几种类型。

3.1.5.1 机动泵

用独立的旋转原动机（如电动机、柴油机、汽油机等）驱动的泵称为机动泵，其中用电动机驱动的泵又叫电动泵。机动泵通常由液力端、传动端、减速机、原动机及其他附属设备（润滑、冷却系统等）所组成，如图 3-29 所示。减速机可能是独立的，也可能是附属于传动端。习惯上前者称为“泵外减速”，后者称为“泵内减速”，并改称减速机为减速机构。有的泵则不经减速而与低速电动机直接用联轴器连接，这类泵则称“直联泵”。

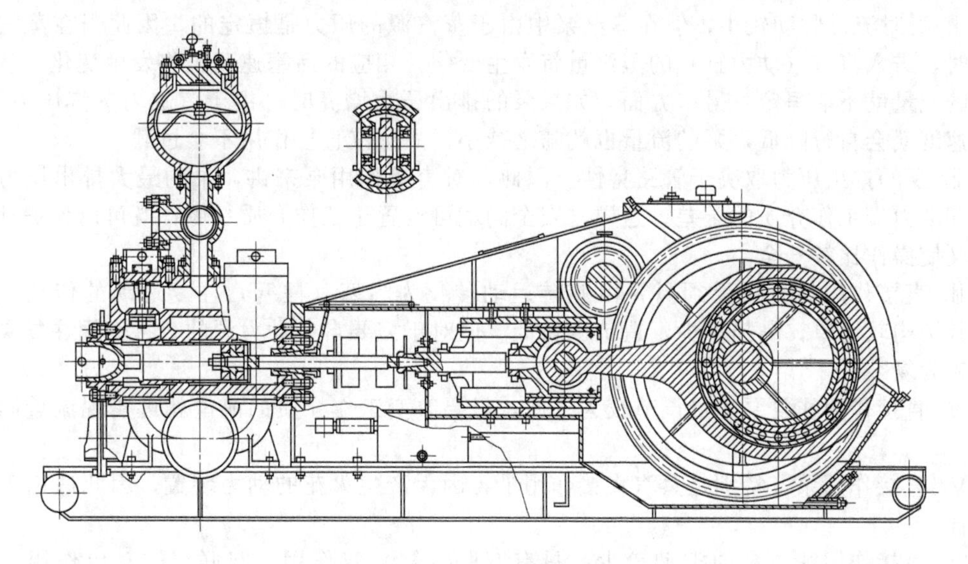

图 3-29　NB-600 泥浆泵结构简图

机动泵都需要有一个把原动机的旋转运动转化为活塞（柱塞）往复运动或隔膜周期性弹性变形的传动端，因此这类往复泵结构较复杂，运动零部件数量较多，造价较高。流量调节需通过改变转速、改变活塞（或柱塞）行程、改变活塞（或柱塞）直径或采用旁路放空办法来实现，不如蒸汽直接作用泵方便。

3.1.5.2 直接作用泵

液力端活塞（柱塞）与动力端活塞直接用一根活塞杆连接的往复泵，通称为直接作用泵。动力端的工作介质可以是蒸汽、压缩气体（通常是空气）或有压液体（一般是液压油）。

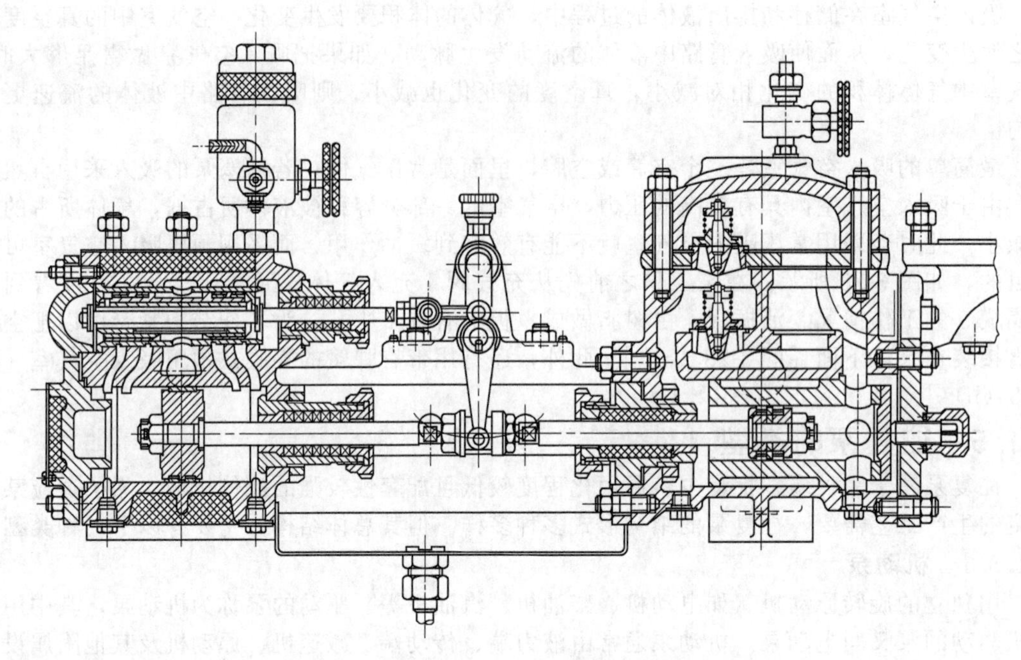

图 3-30　蒸汽直接作用往复泵结构简图

若工作介质是蒸汽，也叫做蒸汽直接作用泵，简称蒸汽泵，如图 3-30 所示。直接作用泵通常由液力端、动力缸、配汽（气或液）机构及其他附属设备所组成，其共同特点如下。

ⅰ. 瞬时流量脉动较小，但在蒸汽泵中由于蒸汽源的压力是恒定的，因此当在蒸汽进口节流时，进入汽缸（动力缸）的蒸汽量将发生变化，相应的活塞速度也将发生变化，从而往复泵的流量就不能恒定；另一方面，如果泵的排出压力增高时，由于汽缸内蒸汽压力不变，活塞速度就会自行降低，泵的流量也就随之减小，故蒸汽直接作用不会过载。

ⅱ. 泵的排出压力取决于管路特性。因此，对直接作用泵来讲，泵的最大排出压力取决于它和动力端工作介质的压差。这样，安全阀就可设置于工作介质一侧，既可以保护动力源设备又使操作比较安全。

ⅲ. 直接作用往复泵无须具备由旋转运动转化为活塞（柱塞）往复运动的传动端。因此，其结构较简单，易损件少，造价也较低。但对于需要自备动力源的直接作用往复泵，泵机组较为复杂。

ⅳ. 直接作用往复泵流量调节较为方便，只要改变工作介质的流量就可实现流量调节的目的。

ⅴ. 直接作用泵，特别是蒸汽直接作用泵，因无产生火花的动力装置，因此适用于防火的场合。

ⅵ. 直接作用往复泵的类型较少，只有双联（缸）双作用、双联（缸）单作用、单联（缸）双作用或单联（缸）单作用几种有限的形式。

基于上述特点，直接作用往复泵适用范围没有机动泵广泛。目前，蒸汽直接作用往复泵主要用于输送石油及其副产品，如石蜡、沥青等；其他以气或液体为工作介质的直接作用泵则主要用作产生高压或超高压的增压泵。

3.1.5.3　隔膜泵

在液力端上装有隔膜，把输送介质的过流部件和带动隔膜弹性变形的机件或柱塞工作缸隔开的往复泵称为隔膜泵。隔膜泵的隔膜类型有膜片、波纹管和筒形隔膜等，其中以膜片应用最多。用柱塞工作缸中液体（通常为油）压力的周期变化来带动隔膜周期弹性变形的隔膜泵称为液压隔膜泵，如图 3-31 所示。用机件的往复运动直接带动隔膜弹性变形的隔膜泵称为机械隔膜泵，如图 3-32 所示。

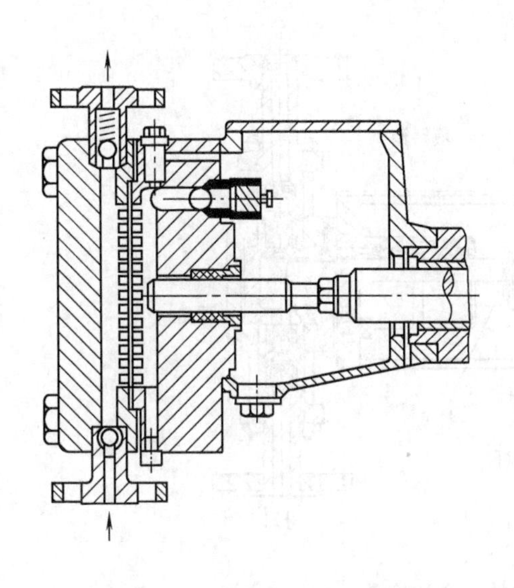

图 3-31　液压隔膜泵结构简图

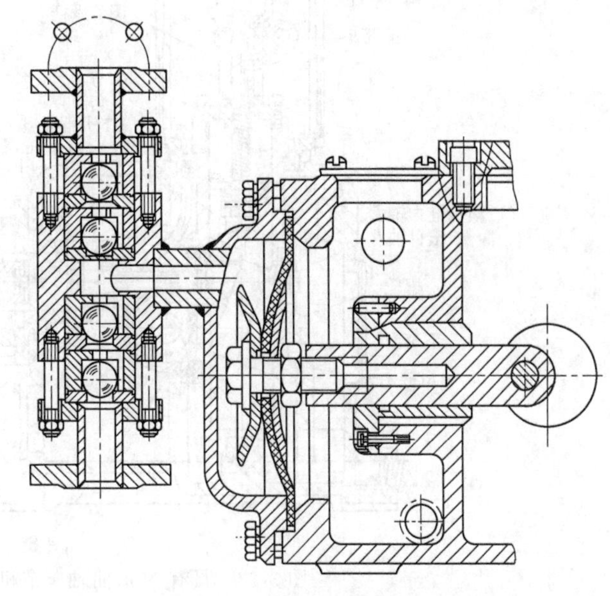

图 3-32　机械隔膜泵结构简图

从隔膜泵的结构特点可以看出：

ⅰ. 输送介质和液缸用隔膜隔开，输送介质不会外漏，因此，隔膜泵最适于输送易燃、易爆、强腐蚀、易挥发、易结晶、剧毒、恶臭、具有放射性或对操作人员有害的介质；

ⅱ. 液压隔膜泵在柱塞的吸入过程中为了克服隔膜的弹性变形，还需要消耗一定的能量，因此，在同样条件下吸入性能低于一般的柱塞泵；

ⅲ. 与柱塞泵相比，隔膜泵的余隙容积较大，因此，流量系数较低，且随排出压力的增加其影响增大；

ⅳ. 隔膜是在周期性的弹性变形下工作，而且余隙容积较大，为使隔膜泵有足够的使用寿命和较高的容积效率，隔膜泵的往复次数较低，通常 $n<200$ 次/分，大多数情况下 $n<100$ 次/分；

ⅴ. 由于隔膜缸头的径向尺寸较大，流量过大时总体布置太复杂，因此，为使其结构简单，隔膜泵的流量一般较小。

3.1.5.4　计量泵

计量泵，又称为调量泵、可变排量泵或比例泵。计量泵可在额定流量范围内根据使用要求进行流量调节，并能保持一定的流量输送精度。

计量泵根据原动机或驱动方式不同，可分为直动计量泵和机动计量泵，机动计量泵主要是电动计量泵。

计量泵根据液力端结构不同，分为隔膜计量泵和柱塞计量泵。隔膜计量泵又可分为机械隔膜计量泵和液压隔膜计量泵，而目前应用较多的是液压隔膜计量泵。

(1) 柱塞计量泵

柱塞计量泵的基本结构如图 3-33 所示，柱塞计量泵每一往复行程中所排出液体的体积由柱塞的直径和行程的长度决定，可用调节行程长度或调节往复次数来改变流量。

柱塞计量泵一般采用双重吸入阀和排出阀，其原因是当固体颗粒通过阀而阻碍阀完全关闭时，流量仍能保持一定的值。柱塞计量泵的结构比较简单，计量精度高、可靠、调节范围宽，适用于高压小流量的场合。但是，柱塞计量泵的连接杆或柱塞通过液缸端

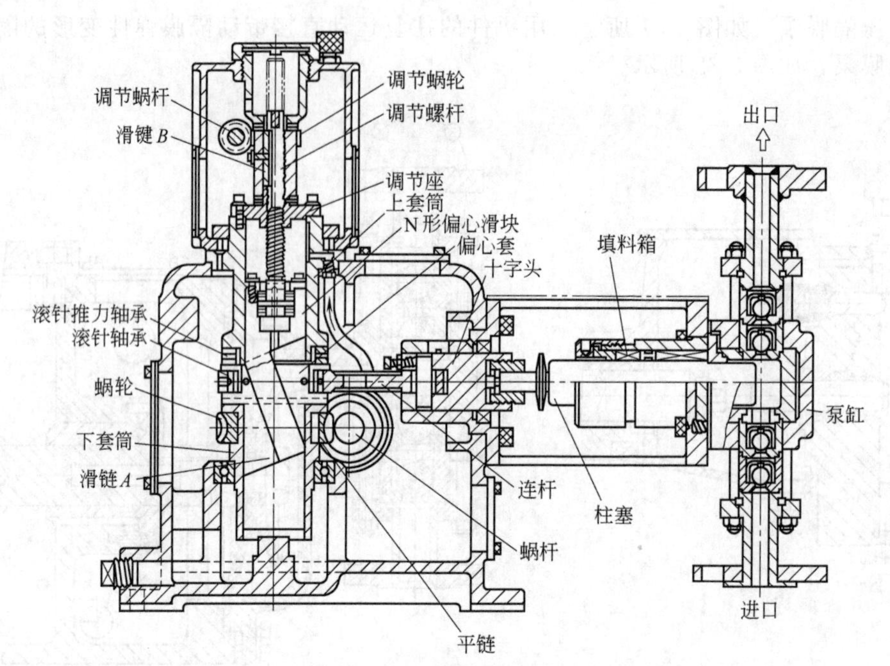

图 3-33　具有 N 形曲轴调节机构的柱塞计量泵

部的填料箱时会产生泄漏，特别是在高温和高压的条件下。如果所输送液体具有腐蚀性时，则液体泄漏会损坏计量泵的零部件。若所输送易燃、易爆、有毒等液体，则需注意液体泄漏所带来的危害。

（2）机械隔膜计量泵

用机械隔膜计量泵可以消除液体的泄漏问题，基本结构如图 3-32 所示。在机械隔膜计量泵的连接杆不与同柱塞连接，而是连到一个做往复运动的挠性隔膜中心，通过隔膜的往复运动实现液体的吸入和排出。隔膜可以用金属材料和非金属材料制成。由于受到隔膜材料的机械强度的限制，机械隔膜计量泵的排出压力通常不很高，其计量精度也不如柱塞计量泵高。

（3）液压隔膜计量泵

图 3-31 所示的液压隔膜泵也是一种计量泵，称为液压隔膜计量泵。其柱塞在一个充满液体的密闭腔体内做往复运动，密封腔的一端用隔膜和所输送介质隔开。柱塞和隔膜没有机械连接，当柱塞做往复运动时，通过液体压力周期性变化使隔膜两侧压差交替变化形成隔膜周期性弹性变形，从而吸入和排出液体。由于作用在隔膜上的是液体压力，隔膜两边的压力较为均匀。又由于隔膜在两个经过精密加工的限制板之间的凹形空腔内振动，因此，隔膜的挠曲变形不大。

液压隔膜计量泵的一个最大优点就是所输送的液体无泄漏。因此，除了和所输送液体相接触的零部件需要根据所输送液体的性质选用合适的材料外，其他零件均可由铸铁或钢制造，隔膜可用金属材料或合成材料做成。

当所输送介质易燃、易爆或具有强腐蚀性时，为了防止输送液体因隔膜破裂和液压油相接触而产生反应或被污染，可采用双隔膜泵结构形式。

（4）计量泵的流量调节

计量泵流量调节的方法有多种，常用的有行程调节法和往复次数调节法。行程调节法从其原理来讲包括以下几种方式。

i. 直接调节曲柄长度 r 值来改变行程 S。

ⓘ 用曲柄丝杆来调节曲柄长度 r，如图 3-34 所示，调节时必须停泵进行。

ⓘⓘ 采用变曲柄长度的曲轴，通过曲柄的轴向移动改变偏心轮的偏心距 e，如图 3-35 所示。属于这种调节机构的有 N 形轴传动调节机构、偏心滑块调节机构和可动蜗轮调节机构。N 形轴传动调节机构的结构如图 3-33 所示，调节原理见图 3-36。

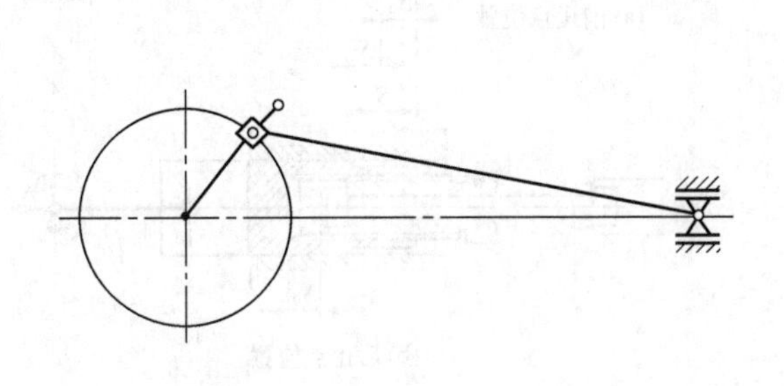

图 3-34 曲柄丝杆调节曲柄半径

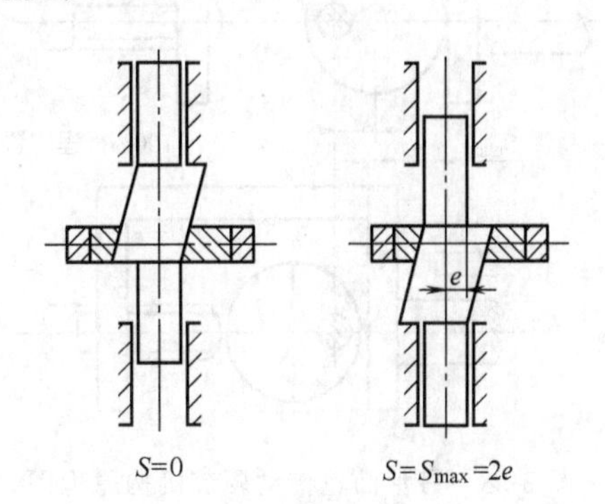

图 3-35 变曲柄半径调节

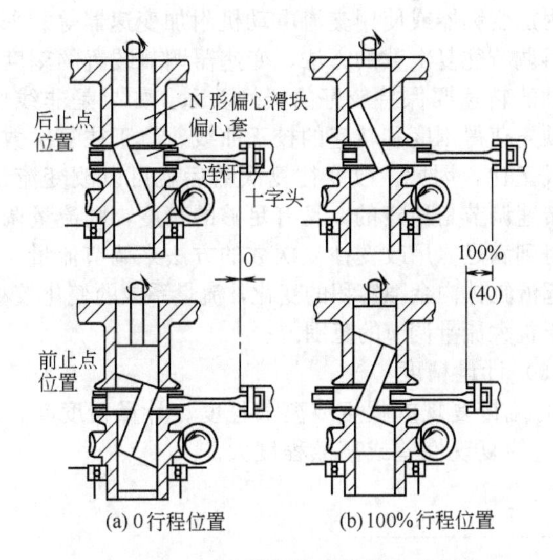

图 3-36 N 形曲轴调节机构的调节原理

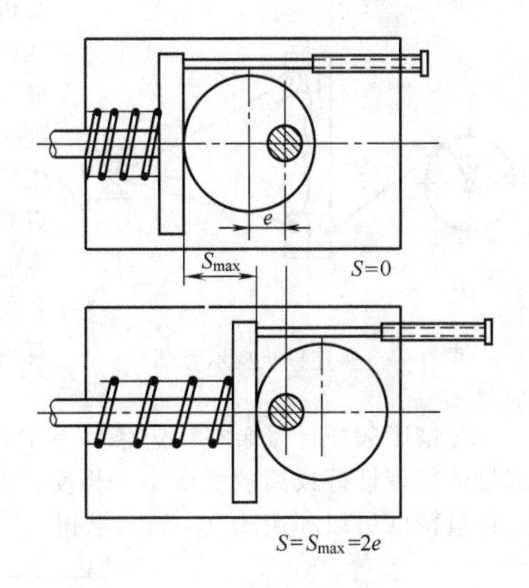

图 3-37 改变柱塞有效行程

上述三种调节机构均可在泵运转中或停泵时进行调节，调节机构和行程之间的线性关系较好。但是随着柱塞行程变化，柱塞的前止点位置也发生变化，液缸体内的余隙容积增加，不利于扩大流量调节的范围，而且在高压下或在输送介质中含气量很多时，流量系数较低。

ⅱ. 曲柄长度 r 不变，改变柱塞有效行程 S。

ⓘ 属于这种调节方法的有弹簧凸轮式传动调节机构（图 3-37），和弓形凸轮传动调节机构（图 3-38）。前者需克服弹簧力而做功，配套功率较大。

ⓘⓘ 十字头移动量不变，调节柱塞与十字头轴向间隙 e 来改变柱塞的行程，如图 3-39 所示。其中图 3-39（a）主要用于小型及微型计量泵中，图 3-39（b）主要用于微型计量泵中。

ⓘⓘⓘ 对于多连杆机构采用调节连杆支点的位置来改变行程，如图 3-40 所示。

上述三种调节机构在改变行程时，柱塞前止点的位置是不变的，因而可以保持余隙容积不变，可扩大流量调节的范围，适用于排出压力较高以及输送液体介质含气量较多情况。

传动调节机构比较复杂，但都属于机械方式改变行程长度，它受外界的干扰较小，可获得较高的计量精度。因此，在计量泵中大都采用改变行程长度的结构。

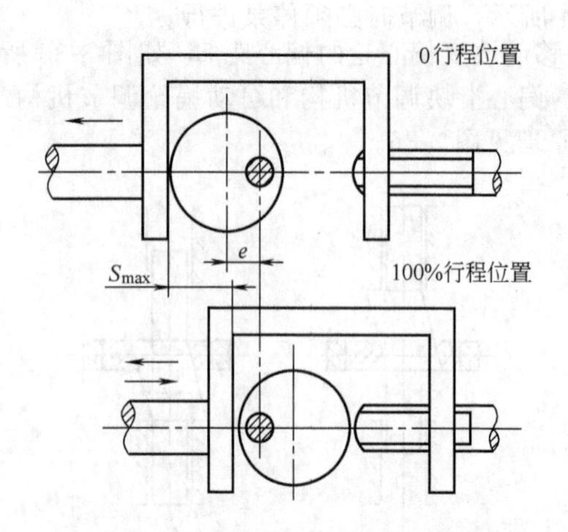

图 3-38　弓形凸轮传动调节机构原理图

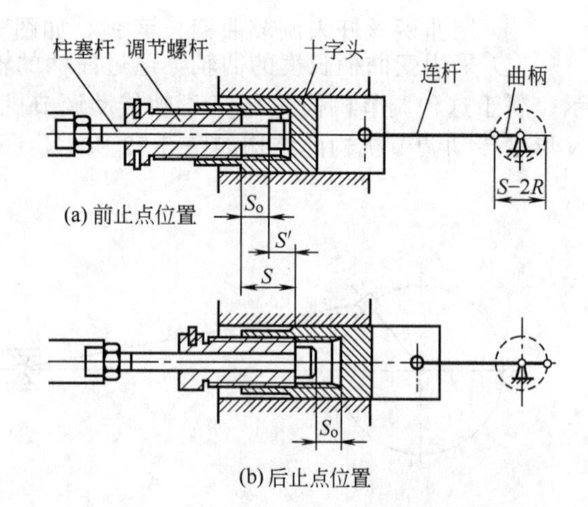

图 3-39　调节柱塞与十字头轴向间隙的方法

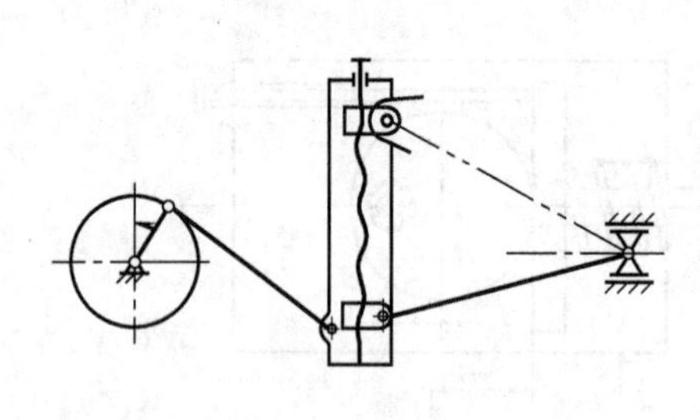

图 3-40　多连杆机构示意图

调节往复次数的方法包括使用调速电动机、交流电动机附加变频器或使用交流电动机附加变速器等。采用变速器调节往复次数的方法，变速器调节装置的刻度与输出轴的转速要保持较好的线性关系。如果是非线性，则必须先获得刻度和转速的校正曲线。由于往复次数与流量成正比，因此，改变往复次数后就可以改变流量。只要转速调节是稳定的，且有足够的精度，则流量调节也能得到满足。用改变往复次数的方法来调节流量，不会引起液缸体内余隙容积的变化，流量系数的变化较小，有利于扩大流量调节的范围。

（5）计量精度

计量精度表征计量泵在特定条件下工作时流量复现的程度或离散程度。计量精度高，表示流量的复现性好或离散程度小。相反，流量的复现性差或离散程度大。

计量精度可以利用式（3-55）求得

$$E=\pm\frac{K}{Q_m}\sqrt{\sum_{i=1}^{n}(Q_i-Q_m)^2/(n-1)}\times 100\% \tag{3-55}$$

式中　E——计量精度；

K——系数，根据测量次数确定，见表 3-2；

n——测量次数；

Q_m——n 次流量测量值的算术平均值，

$$Q_m=\frac{\sum_{i=1}^{n}Q_i}{n} \tag{3-56}$$

Q_i——第 i 次的流量测量值。

在计算计量泵的计量精度时，一般取 $n=10$，此时 $K=3.25$。

表 3-2　式（3-56）中系数 K 取值表

n	5	6	7	8	9	10	15	20	25	30	40
K	4.60	4.03	3.71	3.50	3.36	3.25	2.98	2.86	2.80	2.76	2.70

计量泵的流量可以调节，不同流量时所对应的精度也不同。图 3-41 是计量精度 E 随相对行程（S/S_{max}）变化的一般规律。通常计量泵的精度是指最大流量时的精度。影响计量泵精度的因素较多，主要因素包括流量调节机构及指示值的精度、液力端的设计和制造的合理性与加工精度以及管路配置的合理性等。

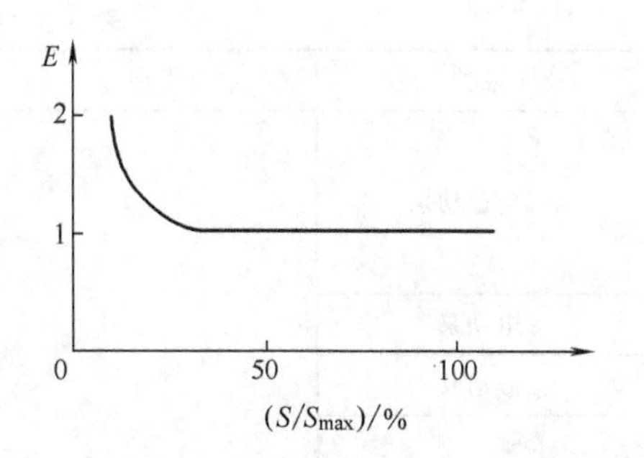

图 3-41 计量精度随 S/S_{max} 变化的一般规律

3.1.6 往复泵的型号编制

根据 GB/T 11473—1989《往复泵型号编制方法》的规定，往复泵的型号由大写汉语拼音字母和阿拉伯数字组成，具体表示方法如下。

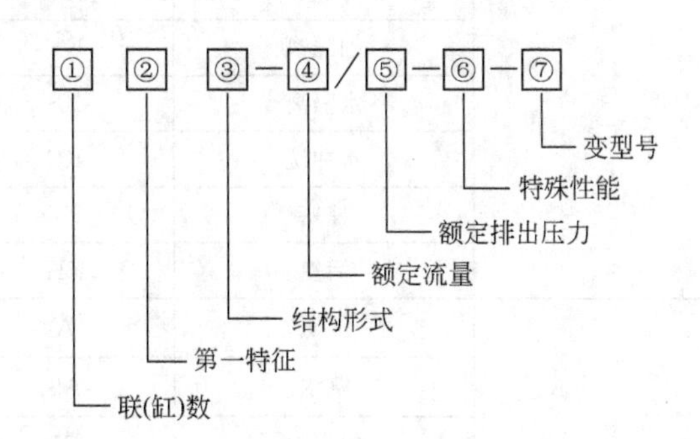

①——联（缸）数，用数字表示，单联（缸）不表示。

②——第一特征，泵的第一特征是指由泵的驱动方式、输送介质、结构特点、功能及主要配套等五类中选出的最能代表泵的一个特征，见表 3-3。

③——结构型式，往复泵的结构型式在型号编制中的第三位体现，一般立式结构用“L”表示，隔膜式结构用“M”表示，其他结构型式则不用表示。

④——额定流量。

ⅰ. 额定流量的单位：计量泵和试压泵用 L/h，手动泵用 mL/次，其他泵用 m^3/h。

ⅱ. 调量泵的额定流量标注泵的最大额定流量值。

ⅲ. 多缸计量泵的额定流量用缸数乘以单缸额定流量表示；其他多缸泵的额定流量用各缸的额定流量之和表示。

⑤——额定排出压力，对多联计量泵，应单独列出各联缸的额定流量和额定排出压力，各联参数用逗号隔开。

⑥——特殊性能，特殊性能按表 3-4 规定的代号表示。如需多项并列标注特殊性能时，可按表 3-4 字母的排列顺序标注。

⑦——变型号，用数字 1～9 表示，表示第几次变型。

按照以上型号编制规则，对于双缸卧式汽动往复油泵，若额定流量为 $22m^3/h$、额定排出压力 3.5MPa，则该泵的型号可以表示为 2QY-22/3.5；对于三缸卧式电动往复甲胺泵，额定流量 $60m^3/h$，额定排出压力 1.5MPa，防爆，其型号为 3JA-60/1.5-B；而型号 DY-63/5 则表示额定流量为 63L/h、额定排出压力为 5MPa 的单缸立式手动试压往复泵。

表 3-3　往复泵的特征、代号及意义

泵种	类别	第一特征	代号	意义
气(汽)动泵	/	输水	QS	气(汽)水
		输油	QY	气(汽)油
		其他	Q	气(汽)
电动泵			/	
液动泵		液动	YD	液动
试压泵		电动	DY	电压
		手动	SY	手压
计量泵		计量	J	计
手动泵		手动	SD	手动
一般机动泵	杂质泵	隔膜	KM	颗膜
		油隔离	KY	颗油
		水隔离	KS	颗水
		水冲洗	KC	颗冲
		柱塞	KZ	颗柱
		活塞	KH	颗活
	化工泵和清水泵	液氨	A	氨
		氨水	AS	氨水
		催化剂	CJ	催化剂
		氟利昂	F	氟
		氨基甲酸铵	JA	甲铵
		硅酸铝胶液	LY	铝液
		去离子水	QZ	去子
		水	S	水
		乙酸铜溶液	TY	铜液
		硝酸	X	硝
		油	Y	油
		蒸汽冷凝液	ZN	蒸凝
	其他泵	船用	C	船
		上充	SC	上充
		注水	ZS	注水
		增压	ZY	增压

表 3-4　往复泵的特殊性能

特殊性能	字母代号	特殊性能	字母代号
防爆	B	调节流量	T
防腐	F	保温夹套	W

3.1.7 往复泵选择的基本方法

当输送液体的压力较高而流量不大或液体的黏度较大时，选用往复泵是合适的。往复泵的效率较高，吸入性能良好（启动时不用灌泵），可用来输送各种液体，其流量与排出压力无关。往复泵的这些特点，决定了其宽广的应用范围。

选择往复泵时，需要根据扬程的高低、流量的大小和液体的性质等情况进行考虑，往复泵选择基本方法和步骤如下。

(1) 列出基础数据

① 液体介质的物性

ⅰ. 液体介质的名称、输送条件下的密度、黏度、温度、蒸汽压和腐蚀性等；

ⅱ. 液体介质中所含固体颗粒、颗粒直径和含量等；

ⅲ. 液体介质中气体的成分及含量（%）。

② 操作条件

ⅰ. 进出口侧设备所能承受的压力（MPa）；

ⅱ. 流量（正常、最大及最小）（m^3/h）。

③ 泵安置场所情况

ⅰ. 环境温度（℃）；

ⅱ. 海拔高度（m）；

ⅲ. 泵进口侧、排出侧容器液面与泵基准面的高度差（m）。

(2) 排量和压力

根据基础数据确定泵的排量和压力。

(3) 确定泵的类型及型号

根据介质的物理性质及已确定的排量和压力，确定泵的类型。再从泵样本中选出泵的型号，列出以水或矿物油为准的性能参数（Q、H 或 ΔP、η）以及 $(NPSH)_r$。

(4) 校核泵的性能

ⅰ. 换算出往复泵的性能参数；

ⅱ. 列出换算后的性能参数，如符合工艺要求，则所选泵可用。必要时，可绘制校核后的泵性能曲线及管路特性曲线，以确定泵的工作点。

(5) 制定措施

当往复泵输送系统的流量变化较大时，应提出泵工况调节的具体措施。

3.2 螺杆泵

螺杆泵属回转式容积泵，是利用一根或数根螺杆的相互啮合空间的容积变化来输送液体，因此称为螺杆泵。螺杆泵除具有容积泵的特点外，还因其轴向流动连续均匀、脉动小、内部速度低以及允许有较多的空气和其他气体混入等优点，使它可以在不允许有液体发生搅动和旋转的许多场合得到应用。目前广泛用于石油、化工、化纤、电力、海上平台工程、舰船、精密机床和食品等工业领域，用来代替离心泵、往复泵、齿轮泵或叶片泵等作为输油泵、液压泵、润滑油泵、燃油泵和封液泵等。螺杆泵的类型、性能及应用范围见表 3-5。

表 3-5 各类螺杆泵性能汇总

类型	螺杆横截面示意图	压力/MPa	流量/(m^3/h)	温度/℃	输送液体性质	应用举例
单螺杆泵		一般不超过 1	0.2～40	一般 80，特殊的 150	可输送含有小颗粒、有腐蚀性的各种液体、悬浮液或黏性液体。液气或液固混输，适用于高黏度介质	化工泵 污水泵 污油泵 黏胶泵

续表

类型	螺杆横截面示意图	压力/MPa	流量/(m^3/h)	温度/℃	输送液体性质	应用举例
双螺杆泵		一般不超过1，特殊到8	0.4～1000	一般80，特殊的400	可输送低黏度、腐蚀性和含有微量小颗粒杂质的液体。对液体的黏度不敏感	化工泵 轻油泵 输油泵 黏胶泵
三螺杆泵		一般不超过12，特殊到21	0.2～600	一般80，特殊的300	一般输送液体的黏度为19.83～584.72mm^2/s，微量小颗粒、无腐蚀性和具有润滑性的液体	液压泵 燃油泵 滑油泵 输油泵
五螺杆泵		一般不超过1	100～400	80	一般输送液体的黏度为19.83～584.72mm^2/s，微量小颗粒、无腐蚀性和具有润滑性的介质	滑油泵 输油泵

3.2.1 单螺杆泵

3.2.1.1 单螺杆泵的基本结构及工作原理

单螺杆泵是一种内啮合的密闭式螺杆泵。图3-42所示为一种普通的单螺杆泵，它是由泵体1、衬套2、螺杆3、联轴器4（这是万向联轴器，还可以用偏心联轴器）、传动轴5、轴6和密封件7等组成。单螺杆泵的主要工作机构是螺杆和衬套，它们组合在一起工作时起着传递液体介质和能量的作用，其工作质量直接影响到泵的效率和使用寿命。

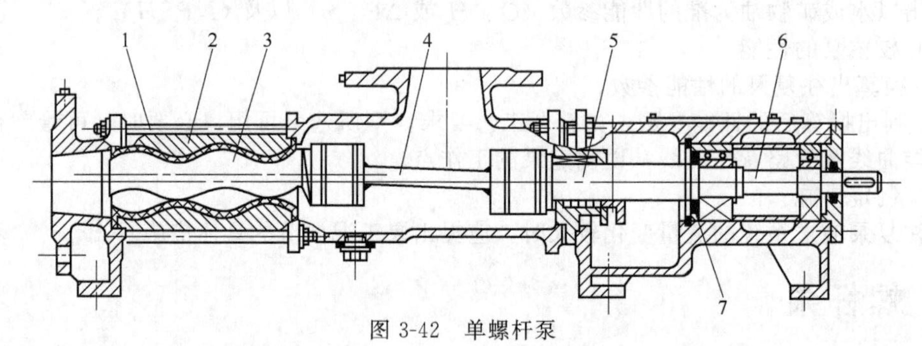

图3-42 单螺杆泵

1—泵体；2—衬套；3—螺杆；4—联轴器；5—传动轴；6—轴；7—密封件

单螺杆泵的转子为圆形断面的螺杆，定子为具有双头的内螺纹的衬套，转子的螺距为内螺纹螺距的一半，转子一边做行星运动，一边沿着螺纹将液体向前推进，从而产生抽送液体的运动。螺杆具有单头螺纹，其任意截面都是半径为R的圆（图3-43）。螺杆截面中心位于螺纹线上，与螺杆的轴心线偏离一偏心距e。螺杆表面为正弦曲线$abcd$，两个突出的齿顶间距为一螺距t。螺杆向右转动时其螺纹线应为左旋，螺杆向左旋转时其螺纹线应为右旋。

衬套内表面具有双头螺纹，其横截面为一长圆，两端为半径R（等于螺杆截面半径）的半圆，中间为长$4e$的直线段。因为螺杆断面中心与其轴心线偏离一偏心距e，而螺杆轴心线又与衬套的轴心线偏离一偏心距e，所以两个半圆的中心间距为$4e$。衬套的任意截面都是大小相同的长圆，只是彼此相互错开一定角度（图3-44）。衬套的内螺纹的旋向与螺杆的外螺纹的旋向相同。

螺杆在衬套内的情况如图3-45所示。螺杆表面与衬套内螺旋表面之间形成若干个可能封闭的工作室。沿轴向螺杆与衬套表面每隔衬套螺距T有两个工作室，同样沿横截面从上到下也被分成两个月牙形的工作室。

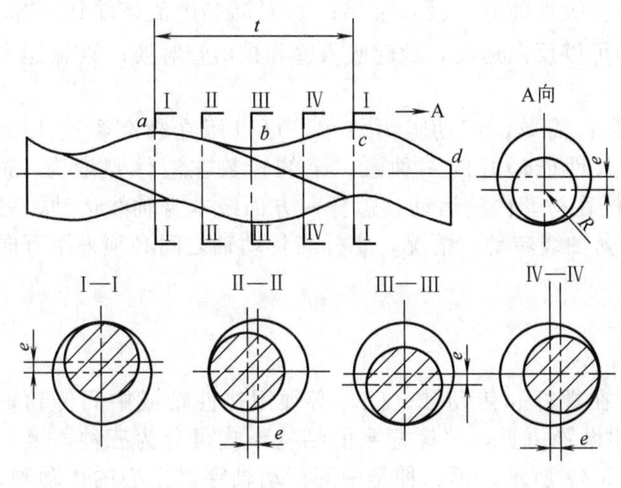

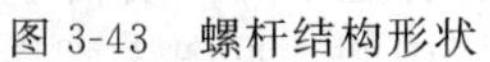
图 3-43 螺杆结构形状

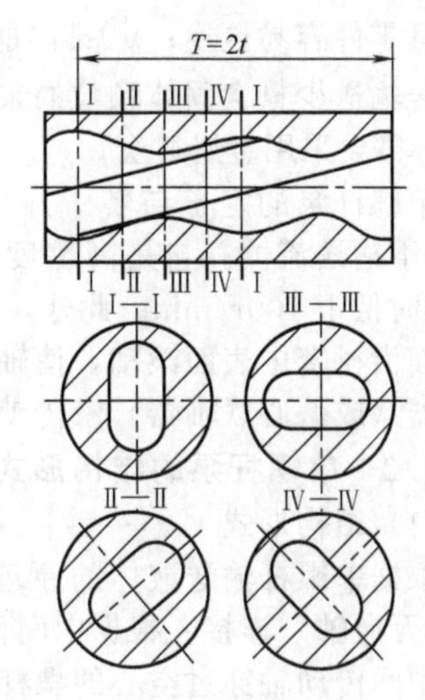

图 3-44 衬套的形状

螺杆在衬套中的运动比较复杂，任意截取泵的一个横截面，并假定螺杆与衬套的相对位置如图 3-46 所示。转子截面圆心 O_1 除绕其偏心轴心 O_2 旋转（自转）外，偏心轴心 O_2 还要绕定子衬套形心 O 旋转（公转），自转方向和公转方向相反。设其角速度分别为 $\pm\omega$，在任意时刻 t_i，O_1 在 x 方向的位移 $[e\sin\omega t_i + e\sin(-\omega t_i)]$ 为 0，而 O_1 在 y 方向的位移为 $\{(e-e\cos\omega t_i)+[e-e\cos(-\omega t_i)]\}=2e(1-\cos\omega t_i)$，其最大值为 $4e$。因此就任意横截面而言，转子的圆截面就像只沿 O_1O_2 直线作往复运动（实际上是滑动与滚动的合运动），这一特点像柱塞泵，使液体能够吸入和排出。在螺杆与衬套的轴向截面内，具有单头螺纹的螺杆和具有双头内螺纹的衬套表面每隔衬套螺距 T 就出现两条密封线把轴向截面分割成两个工作室。当螺杆转动时，靠近吸入室的第一个工作室（下面）容积逐渐增大（$\varphi=0°\sim180°$），造成低压，在与吸入室的压差作用下液体被吸入工作室内。随着螺杆继续转动，直到转过 180°（$\varphi=180°\sim360°$），这个工作室开始封闭，将液体沿轴向推向排出室。与此同时上下两个工作室（一个为最大时另一个消失）交替循环地吸入和排出液体。

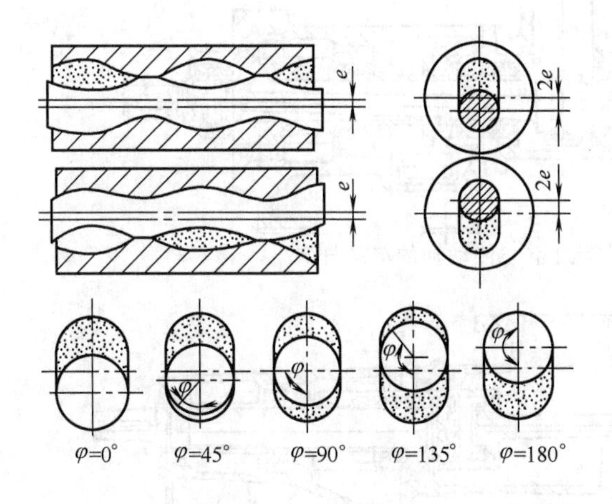

图 3-45 工作示意图

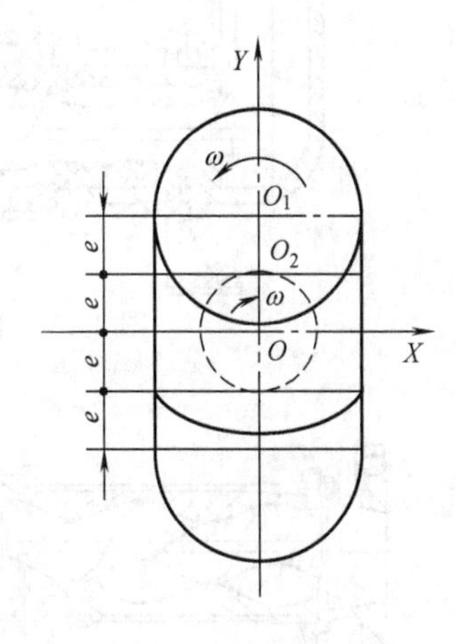

图 3-46 横截面内螺的运动

单螺杆泵的特点主要有：ⅰ能够连续均匀地输送液体介质，无脉冲现象；ⅱ易损零件少，且零件容易更换；ⅲ排出能力强，自吸性能好，吸入可靠；ⅳ对高黏度流体输送可靠，也适合输送少量含固体颗粒的浆料；ⅴ可以反向运转，此时吸入管和排出管对换；ⅵ输送高温液体需要采用金属衬套。

单螺杆泵的定子与转子开口部分形状简单，流动阻力较小，可以用在超高黏度 1500 Pa・s下输送流体。它是高黏度泵中吸入性能最好的一种泵。泵的转数在液体黏度为 150 Pa・s时低于 100r/min。此外，由于螺杆在衬套内的运动（螺杆一方面绕本身轴线运动，另一方面沿衬套内表面滚动，使轴线绕衬套轴线转动）情况，螺杆与传动轴之间必须采用万向联轴器（或偏心联轴器）来传动。

3.2.1.2 单螺杆泵的结构形式

（1）结构形式

根据单螺杆输送液体的原理可知，在螺杆和传动轴之间，必须用挠性轴或中间传动轴（也称万向轴）连接。根据中间传动轴的设置位置，单螺杆泵的结构形式可分为三种，第一种是中间传动轴穿过空心的螺杆，如图 3-47 所示；第二种是中间传动轴穿过空心的传动轴，如图 3-48 所示；第三种是中间传动轴位于传动轴和螺杆中间，见图 3-42 和图 3-49。第一种和第二种布置方式的优点是可缩短整个机器的长度。第三种布置方式虽然占据空间位置大，但结构简单，运行可靠。在输送高黏度流体（特别是塑性物料或触变性流体）时，可在中间传动轴上增设螺旋输送叶片，有利于流体的吸入。

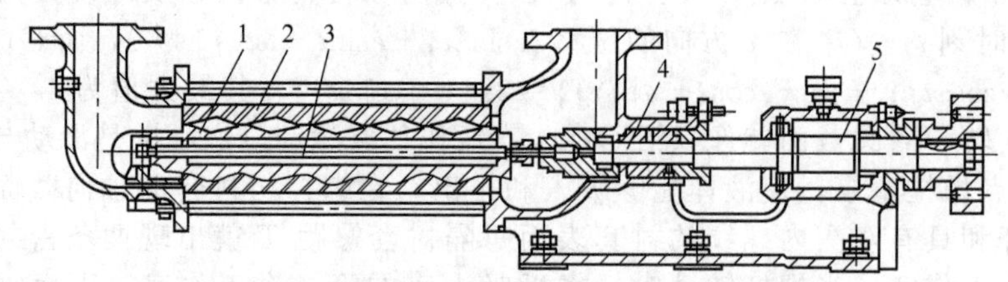

图 3-47　中间传动轴穿过空心螺杆的单螺杆泵

1—螺杆；2—衬套；3—中间传动轴；4—传动轴；5—主轴

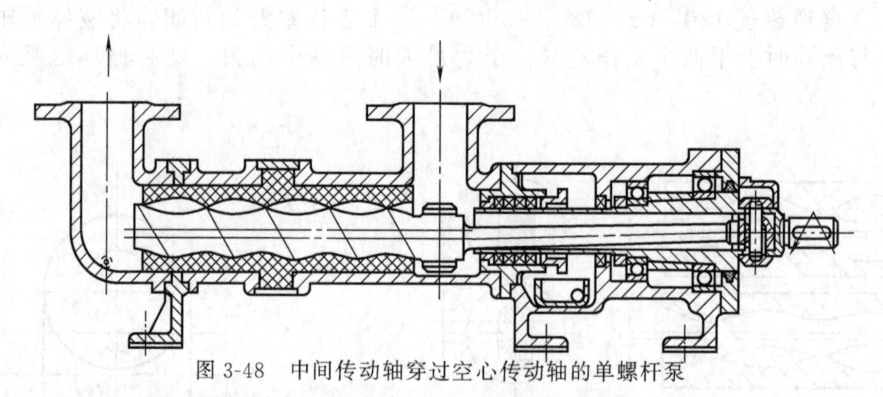

图 3-48　中间传动轴穿过空心传动轴的单螺杆泵

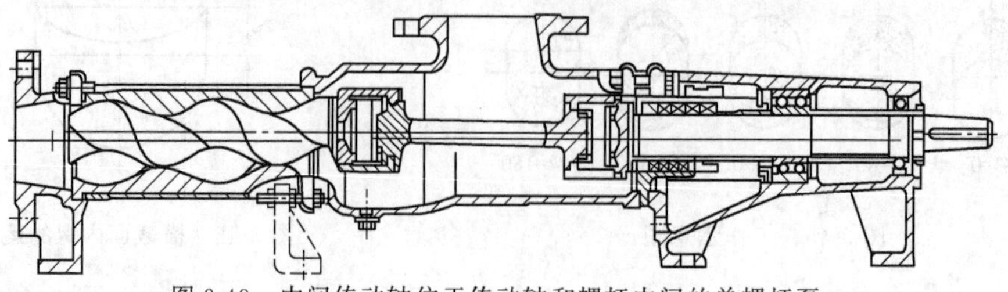

图 3-49　中间传动轴位于传动轴和螺杆中间的单螺杆泵

(2) 中间传动轴和活动联轴节

活动联轴节的形式很多，图 3-50 和图 3-51 为两种球形联轴节。前者由嵌在球形体内的小滚珠传递转矩，但实践表明，前者性能较差，易受磨损；后者由于结构简单，运行可靠，所以在一些国产单螺杆泵上广为采用。

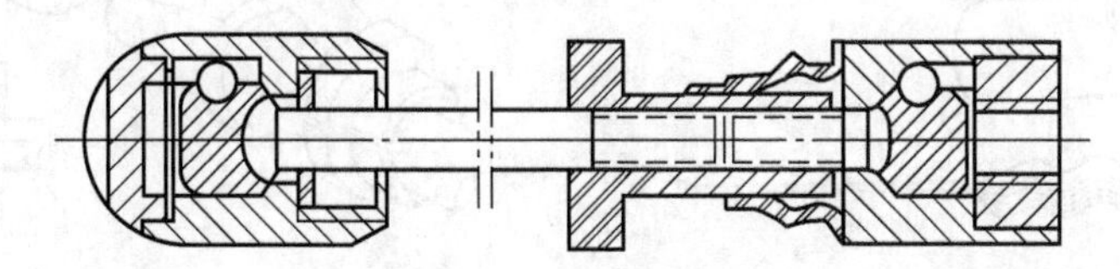

图 3-50　球形活动联轴节之一

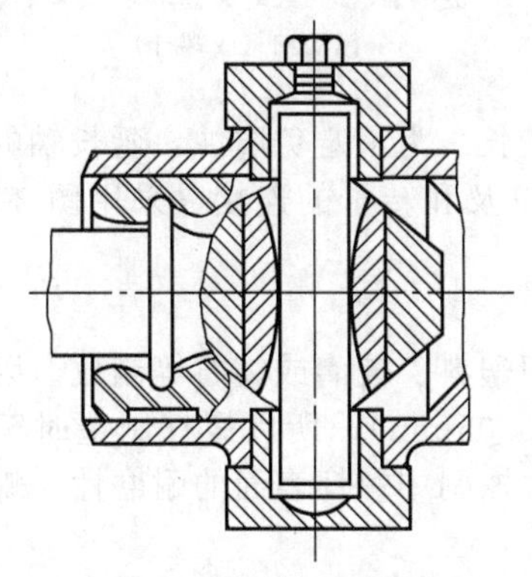

图 3-51　球形活动联轴节之二

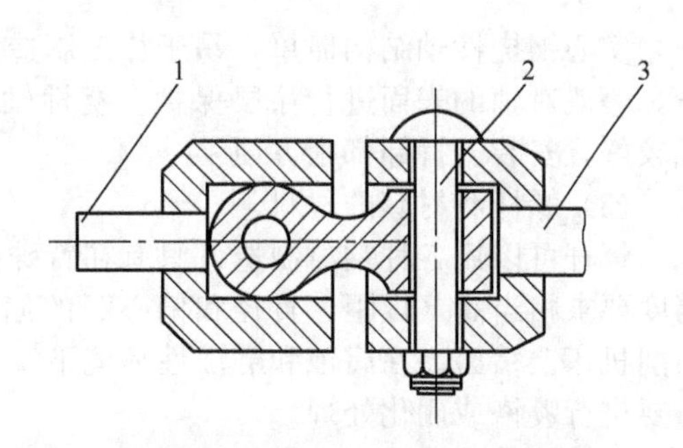

图 3-52　铰接式活动联轴节构造示意图

1—中间传动轴；2—销钉；3—螺杆轴

图 3-52 是一种铰接式活动联轴节，结构简单、制造容易，在实际使用中效果也较好。在单螺杆泵的生产中，曾采用实心挠性钢轴（柔性钢）代替中间传动轴和活动联轴节带动螺杆转动。这种挠性轴不仅结构简单，安装维修方便，而且避免了输送液体中的杂质和泥沙等进入联轴节造成的磨损和腐蚀，降低泵的故障频率并延长了泵的使用寿命。但为了增大轴的挠性，减小加于传动轴轴承和橡胶衬套受到的弯曲应力，避免转子和定子快速磨损，挠性轴必须细而长，致使泵的轴向尺寸增大。

挠性轴的形式很多。图 3-53 是一种棒束式挠性轴，由几根小直径的钢棒捆束而成，沿其长度每隔一段距离予以适当加固，而所有小棒再用塑料管套住。这种结构，由于棒间的摩擦和塑料管不断的弯曲变形，易出故障，使用寿命较短。

图 3-54 是一种螺旋体式挠性轴，即轴两端采用螺旋体来“软化”刚性轴。这种结构可使轴具有可挠性，但其挠度较小，有时不能满足要求，并需要塑料管封套。目前，一般采用的挠性轴为圆形断面的实心钢轴，如图 3-55 和图 3-56 所示。

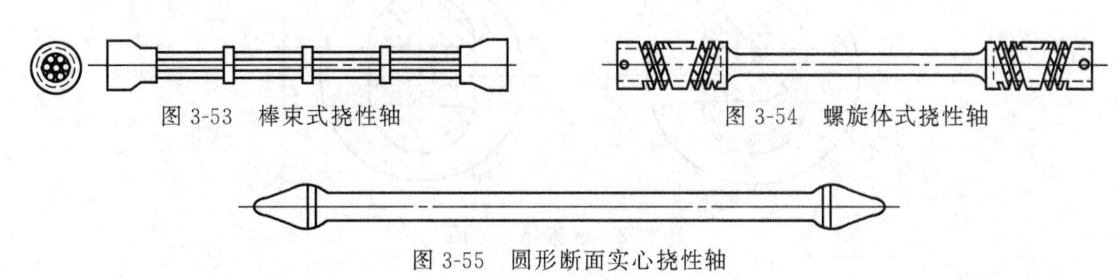

图 3-53　棒束式挠性轴

图 3-54　螺旋体式挠性轴

图 3-55　圆形断面实心挠性轴

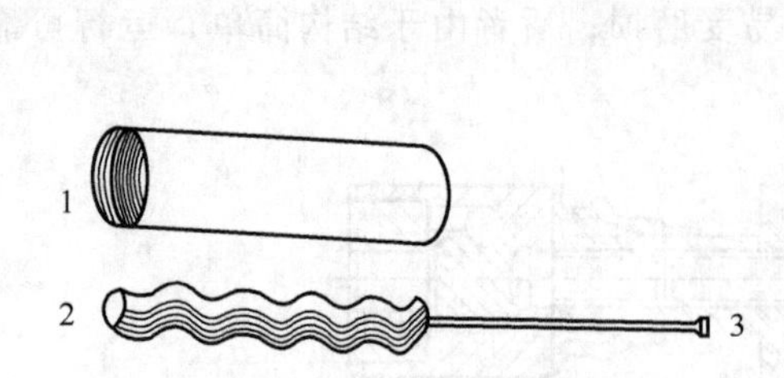

图 3-56 采用挠性钢轴的螺杆

1—定子衬套；2—单螺杆；3—挠性轴

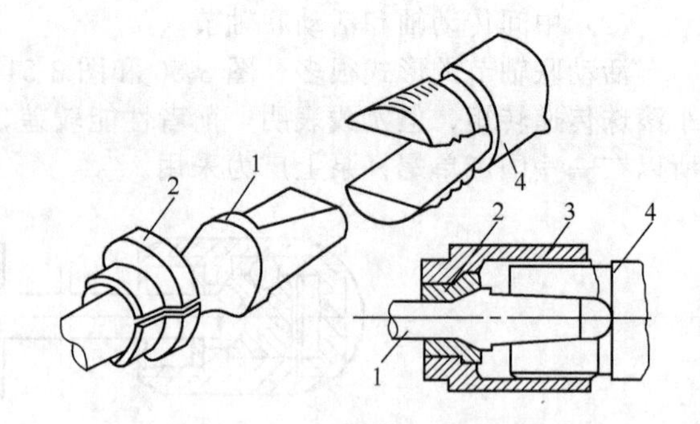

图 3-57 挠性轴连接方式

1—挠性轴；2—大缝夹套；3—螺帽；4—传动轴（或螺杆）

实心钢挠性轴结构简单，易于加工制造，但往往较长。为了避免腐蚀，延长轴的使用寿命，一般对轴的表面进行涂层保护。挠性轴和传动轴以及和转子的连接，采用图 3-57 的形式较好，安装、拆卸都很方便。

（3）螺杆和衬套的材料

螺杆可以用各种钢材制造，只有在特殊条件下才用塑料、玻璃或铸石等制成。因为螺杆精度要求相当高（螺距、直径和偏心距的偏差不大于 0.05mm），所以螺杆制造时至少要在切削机床上精磨。在腐蚀和磨蚀性环境下，为了提高摩擦副中螺杆表面的耐磨性，螺杆表面需要进行镀铬或硼化处理。

衬套材料通常采用各种橡胶制成，特殊情况下也可用金属衬套加工。采用塑料或橡胶的衬套表面在压铸或压制过程中，在压模中放入型芯和钢管（衬套外壳），钢管内表面有细螺纹，用来增加橡胶固定的表面积。为了使橡胶很好地与钢管固结，把加工好的钢管表面挂铜（有时涂白铜酸盐），加热后用压模将橡胶与钢管压合。

选择用于制作衬套的橡胶材料时需要考虑的主要因素包括：ⅰ输送介质的化学性质及其对橡胶的作用（如耐酸、耐油等）；ⅱ液体中具有机械杂质，其磨削性和固体颗粒大小；ⅲ泵所产生的排出压力和输送介质温度；ⅳ原动机的转速，螺杆的偏心距和重量。

3.2.1.3 单螺杆泵的性能参数及其换算

单螺杆泵的理论流量决定于单位时间内通过衬套横截面的液体体积，即决定于工作容积和轴向移动速度。螺杆与衬套之间工作室的通流部分截面（图 3-58）为

$$A=4e\times 2R=4ed$$

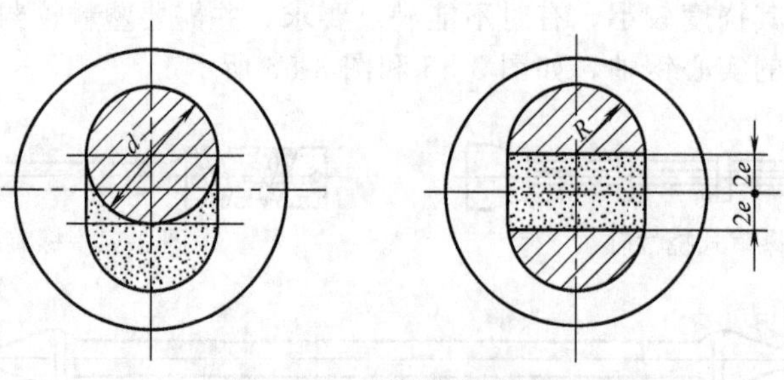

图 3-58 通流部分截面

此面积为恒值，与螺杆和衬套的位置无关。因为泵轴转一周液体轴向位移为 $2t$，所以泵轴

转一周螺杆泵的单位理论流量 q_{th} 为

$$q_{th}=A2t=8ted \tag{3-57}$$

式中 t——螺距，m；

e——偏心距，m；

d——螺杆外径，m。

于是，泵的理论流量为

$$Q_{th}=8tedn\times60=480tedn \tag{3-58}$$

式中，n 为螺杆转速，r/min。

泵的实际流量为

$$Q=Q_{th}\eta_V=480ted\eta_V \tag{3-59}$$

式中，η_V 为螺杆泵的容积率，其值与螺杆-衬套副的间隙、相邻的吸入室和排出室的压差、液体介质的性质、螺杆与衬套的制造精度和表面粗糙度以及泵的工作条件等有关。

泵的容积效率应根据试验数据或同类型泵的实际数据来确定。在对螺杆泵的性能参数进行初步计算时，对于螺杆-衬套副过盈时可以取 $\eta_V=0.8\sim0.85$；螺杆-衬套副有间隙时取 $\eta_V=0.7$。

螺杆泵与其他转子泵相同，将容积效率与机械效率一起考虑，则螺杆泵的总效率为

$$\eta=\eta_V\eta_m \tag{3-60}$$

式中 η——螺杆泵的总效率；

η_m——泵的机械效率，考虑了克服螺杆与衬套的摩擦、液封和轴的摩擦、轴承摩擦、轴和接头（联轴器）同液体的摩擦等所造成的能量损失。

泵的轴功率 P 可按下式计算，即

$$P=\rho gQH=H_TQ \tag{3-61}$$

式中 ρ——液体密度，kg/m^3；

Q——螺杆泵的流量，m^3/s；

H——螺杆泵扬程，m；

H_T——泵的全压力，Pa。

单螺杆泵的效率可参考现有螺杆泵的实际数据来取用。在 $Q=0.3\sim46\text{m}^3/\text{h}$，$H_T<2.5\text{MPa}$ 的情况下 $\eta=0.4\sim0.65$（个别螺杆泵达到 $\eta=0.75$）。在初步设计时可取 $\eta=0.6$。

图 3-59 所示为一单螺杆泵的性能曲线。在理论上 $Q_{th}\approx$常数。理论流量不随扬程的变化而改变（图中 Q_{th}-H 为水平线），但实际上随着扬程的增高，通过螺杆-衬套副的漏损量增加（图中 q_{yt}-H 为抛物线），所以单螺杆泵的实际流量是随着扬程的增加而减小的（图中 Q-H 性能曲线）。

在单螺杆泵中，设计时所取的过盈或间隙的大小不同，螺杆泵性能曲线的形状也有所不同。图 3-60 所示为取过盈的特性（图中突起曲线 1）和取间隙的特性（图中凹陷曲线 2 和 3）。由此可见，在设计时所取的过盈和间隙的大小是否正确，直接影响到泵的工作性能。此外，所选用衬套材料不合适、磨损过快同样也会引起泵性能下降。

在螺杆泵的实际应用中若输送不同黏度和密度的液体或改变工作条件（如转速 n 等），需要将一般试验或样本上得出的输水时的特性换算成工作条件下的特性。

（1）转速改变时的特性换算

当工作转速与额定转速不同时可按下式换算流量。

理论流量 $$Q'_{th}=Q_{th}\frac{n'}{n}=\frac{Q}{\eta_V}\frac{n'}{n}$$

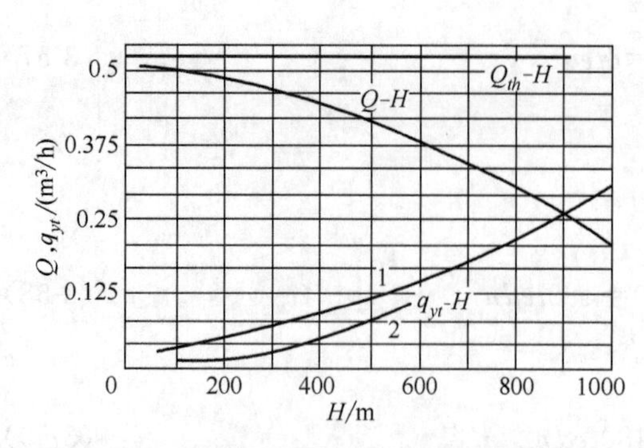

图 3-59　单螺杆泵的理论特性和实际特性

1—当螺杆旋转时；2—当螺杆不旋转时

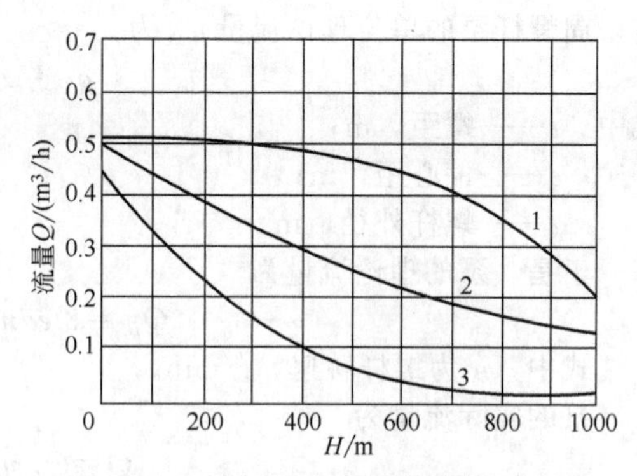

图 3-60　不同过盈和间隙的单螺杆特性

实际流量 $$Q'=Q'_{th}-q_{yt}=\frac{Q}{\eta_V}\frac{n'}{n}-(1-\eta_V)Q_{th}$$

于是 $$Q'=\frac{Q}{\eta_V}\frac{n'}{n}\left[1-(1-\eta_V)\frac{n}{n'}\right] \tag{3-62}$$

根据所修正的流量，便可按式（3-63）确定该转速下的有效功率。

$$P'=Q'H\rho g \tag{3-63}$$

（2）液体黏度和密度改变时特性换算

当液体黏度改变时可按下式换算流量

$$Q'=\frac{Q}{\eta_V}\left[1-(1-\eta_V)\frac{\mu}{\mu'}\right] \tag{3-64}$$

液体的密度改变不影响螺杆泵的流量，但影响泵的功率，功率的计算可按式（3-65）进行。同样，液体介质的黏度改变时螺杆泵的功率也可参照该公式进行计算。

$$P'=Q'H\rho' g \tag{3-65}$$

一般单螺杆泵输送不同黏度的物料时，工作转速的选择范围如下。

黏度在 100～200Pa·s 液体　n=100～200r/min；

通常物料　n=300～400r/min；

植物油等物料　n=600～700r/min；

水　n=500～2900r/min。

3.2.2　双螺杆泵

3.2.2.1　双螺杆泵的基本结构及工作原理

双螺杆泵有密闭式和非密闭式两种形式。密闭式双螺杆泵的螺杆通常采用渐开线——摆线齿廓，吸入室和排出室可严密地隔开，螺杆本身既可保证密闭，又可以传动，所以不需外置同步齿轮。

非密闭式双螺杆泵的螺杆通常采用矩形或梯形断面，因此螺纹不完全是线接触，所以不能保证吸入室和排出室完全密闭地分隔开，齿廓不符合啮合规律，因此从动杆要通过外置同步齿轮由主动螺杆向连接的齿轮驱动。图 3-61 给出了非密闭双吸双螺杆泵的基本结构，其泵体内装有两根左、右旋单头螺纹的螺杆，由于螺杆两端处于同一压力腔中，螺杆上的轴向力可自行平衡。主动螺杆通过一对同步齿轮带动从动螺杆回转，两根螺杆以及螺杆与泵体之间的间隙靠齿轮和轴承保证。齿轮和轴承装在泵体外面并有单独的润滑系统，如输送润滑性

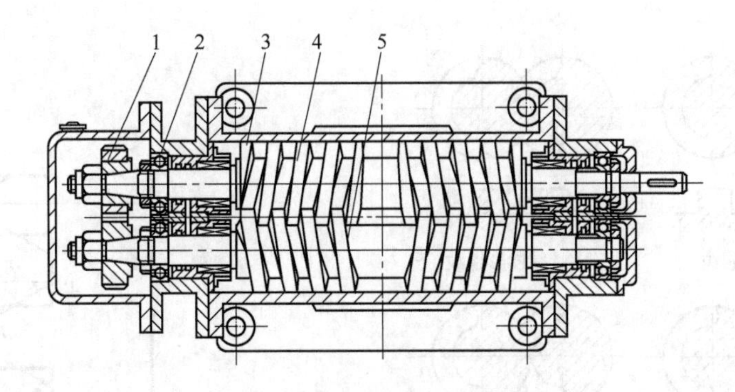

图 3-61 双螺杆泵结构图

1—同步齿轮；2—滚动轴承；3—泵体；4—主动螺杆；5—从动螺杆

液体，则齿轮和轴承可同泵体连于一腔，直接由输送液体来润滑，使结构更紧凑。这种非密闭式双螺杆泵的容积效率和机械效率都比较低，容积效率 η_V 一般在 0.6～0.8 范围内，在输送低黏度液体时只适用于低压下工作。若输送高黏度液体，且在大流量低压下工作时，其容积效率并不太低。输送液体的黏度可达数百帕斯卡秒。对于单吸式双螺杆泵，通常需考虑平衡轴向力的平衡装置。

从上述工作原理可以看出，双螺杆泵具有以下优点：

ⅰ. 压力和流量范围宽；

ⅱ. 输送液体的种类多、黏度范围宽；

ⅲ. 泵内回转件惯性力较低，可高速运转；

ⅳ. 自吸能力好；

ⅴ. 流量均匀连续，振动小，噪声低；

ⅵ. 与其他回转泵相比，对液体中的气体和固体颗粒不太敏感；

ⅶ. 结构相对简单，易于安装维护。

3.2.2.2 双螺杆泵的主要参数

(1) 螺纹齿形及参数

非密闭式双螺杆泵的螺纹几何参数包括螺纹深度、螺旋导程和齿廓形状。

非密闭式双螺杆泵的螺纹形式有一般矩形螺纹、对称梯形螺纹、对称曲线螺纹和不对称综合螺纹，如图 3-62 所示。对于一般矩形和对称梯形螺纹，其深度可用齿根圆半径 r 与齿顶圆半径 R 之比表示。用 α 表示螺杆表面对螺杆轴心线垂直平面的倾角，如图 3-63 中 $\angle EAB$。当 $\alpha=0$ 时螺纹齿形为矩形；当 $\alpha>0$ 时螺纹齿形为等腰梯形。螺旋导程是指同一螺旋线上相邻两螺纹对应点的轴向距离，用 t 表示。一般用螺旋导程 t 及顶圆半径 R 的比值表示螺纹的相对螺距。通常，r/R、t/R 及 α 的取值大小对泵的输送性能有很大影响。

① 螺旋深度的影响　当螺杆的螺纹外形尺寸（即齿顶圆半径）相同时，螺旋深度 r/R 越大，螺旋段的过流面积就越大，泵的理论流量也越大。在螺旋头数和导程相同时，$r/R=0.4$ 的泵理论流量比 $r/R=0.7$ 的泵大 50%左右；但 r/R 增大会引起通过两根螺杆相啮合的螺旋面之间的间隙的泄漏量增大，泄漏增大的程度会比理论流量的增大更为剧烈。当 r/R 接近 0.8 时，螺旋深度的减小使理论流量减小，却会造成相对泄漏量增大，也会使容积效率下降。因此 r/R 的取值需在 0～1 之间慎重选择，根据经验通常选择范围在 0.45～0.7 之间。较小的 r/R 值一般用于低压泵和用来输送黏度较大的介质，较大的 r/R 值适用于水和黏度较小的介质以及排出压力相对较高的泵。若仅从最高容积效率的角度看，合适的螺旋深度 $r/R=0.6$～0.7。

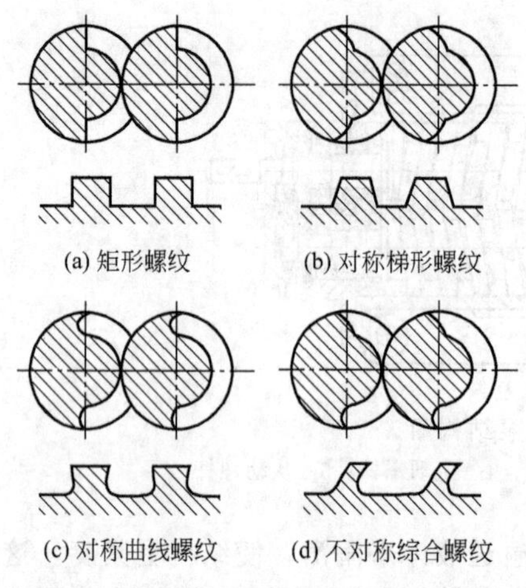

图 3-62 非密闭式双螺杆泵的螺纹形状

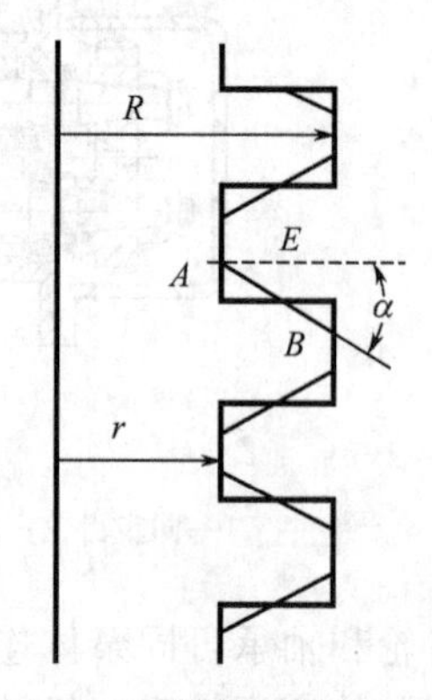

图 3-63 双螺杆泵的一般齿形

② 相对螺距的影响 理论流量和螺旋导程的长度存在着线性关系，导程（螺距）越大，每转理论流量也越大。导程的增大会引起螺旋面之间间隙总量的增大，该间隙与导程之间也存在着近似线性关系。螺杆工作长度相同时导程越小，密封腔数就越多。在相同的容积效率下，可达到的液体压力就大，或在相同的压力下，泄漏减小，容积效率增大。理论流量会随导程的减小而减小，反之亦然。为了获得较高的容积效率，可以选 t/R 值较高而 r/R 值较小的螺杆泵。t/R 的取值范围一般为 0.5～1.25。

③ 升角 α 表示齿形，该值对理论流量的影响不大。通常取 $\alpha=0°\sim5°$。在对称齿形中，α 角增大可以略微提高理论流量，但是在螺纹啮合圆弧段的漏损增加更大。因此，一般采用矩形螺纹（$\alpha=0$）。当然，有时也用梯形螺纹，因为梯形螺纹的工艺性较好，液体进入齿穴条件有利。对于黏度极高的液体，采用 α 为 30°的对称梯形螺纹。$\alpha>5°$的梯形螺纹对输送水和低黏性液体不合适，而采用矩形或非对称的综合齿形螺纹较合适。

(2) 流量

对于单吸非密闭式双螺杆泵，其理论流量可按式（3-66）计算

$$Q_T=\lambda R^2\frac{tn}{60} \tag{3-66}$$

式中 λ——螺杆的有效截面系数；

R——螺杆齿顶外圆半径，m；

t——导程，m；

n——螺杆每分钟转数，r/min。

螺杆的有效截面系数与螺纹根圆与顶圆半径比 r/R、导程 t 和齿形有关。根据螺纹齿形的不同，λ 可按式（3-67）、式（3-68）或式（3-69）分别计算。

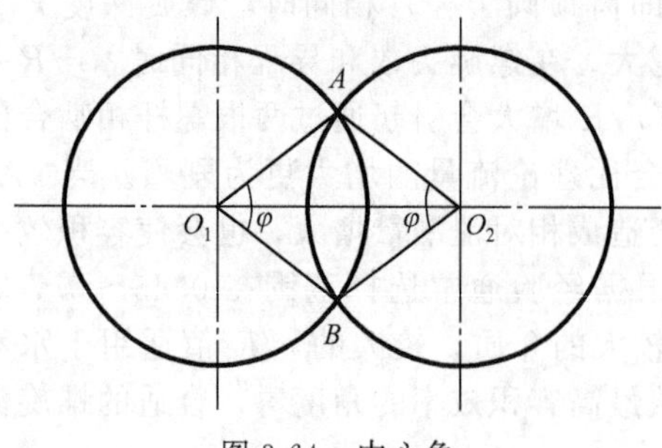

图 3-64 中心角

一般矩形螺纹

$$\lambda=2\pi-\varphi+\sin\varphi-\pi\left(1+\frac{r^2}{R^2}\right) \tag{3-67}$$

等腰梯形螺纹

$$\lambda=2\pi-\varphi+\sin\varphi-\pi\left(1+\frac{r^2}{R^2}\right)+\frac{\pi R\tan\alpha}{3t}\left(1-\frac{r}{R}\right)^3 \tag{3-68}$$

不等腰梯形螺纹 $$\lambda=2\pi-\varphi+\sin\varphi-\pi\left(1+\frac{r^2}{R^2}\right)+\frac{2\pi R\tan\alpha}{3t}\left(1-\frac{r}{R}\right)^3 \tag{3-69}$$

式中，φ 为中心角（如图 3-64 中的 $\angle AO_1B$ 或 $\angle AO_2B$），计算公式为 $\varphi=2/\cos\frac{1+r/R}{2}$。

为了计算简便起见，螺杆的有效截面系数 λ 值，也可按表 3-6 中数据来确定。

表 3-6　螺杆有效截面系数 λ 值取值

r/R	t/R	α				
		0°	2°30′	5°	7°30′	10°
0.4	0.5	2.0462	2.0857	2.1252	2.1652	2.2052
	0.75		2.0724	2.0989	2.1256	2.1520
	1.0		2.0659	2.0857	2.1057	2.1258
	1.25		2.0620	2.0778	2.0938	2.1099
	1.5		2.0593	2.0725	2.0859	2.0997
0.5	0.5	1.9020	1.9249	1.9480	1.9710	1.9940
	0.75		1.9173	1.9325	1.9480	1.9635
	1.0		1.9134	1.9249	1.9365	1.9482
	1.25		1.9111	1.9203	1.9296	1.9390
	1.5		1.9096	1.9173	1.9250	1.9328
0.6	0.5	1.6831	1.6948	1.7165	1.7183	1.7303
	0.75		1.6309	1.6987	1.7086	1.7145
	1.0		1.6890	1.6948	1.7007	1.7067
	1.25		1.6878	1.6925	1.6972	1.7020
	1.5		1.6870	1.6909	1.6949	1.6988
0.7	0.5	1.3971	1.4021	1.4069	1.4121	1.4171
	0.75		1.4008	1.4036	1.4071	1.4104
	1.0		1.3996	1.4000	1.4046	1.4071
	1.25		1.3991	1.4010	1.4031	1.4051
	1.5		1.3988	1.4004	1.4021	1.4038

双螺杆泵的实际流量为

$$Q=Q_T\eta_V=\lambda R^2\frac{tn}{60}\eta_V \tag{3-70}$$

双螺杆泵根据其为非密封型或密封型而容积效率不同，一般 $\eta_V=0.6\sim0.85$。

(3) 间隙

螺杆间隙对泵容积效率的大小有重要影响。因此必须保证具有正常工作所具有的螺杆间隙。理论上，一般情况下非密闭双螺杆泵的正常间隙为

$$\delta_T=-\frac{t}{2\pi}\left(\arctan\frac{\sin\theta_{1\max}}{1+\frac{r}{R}-\cos\theta_{1\max}}-\theta_{1\max}\right)+R\tan\alpha\left[\sqrt{2\left(1+\frac{r}{R}\right)(1-\cos\theta_{1\max})+\frac{r^2}{R^2}}-\frac{r}{R}\right] \tag{3-71}$$

$\theta_{1\max}$值可根据方程式（3-72）采用图解法计算

$$\frac{d\delta_1}{d\theta_1}=-\frac{t}{2\pi}\left[\frac{3\cos\theta_1+3\frac{r}{R}\cos\theta_1-3-2\frac{r}{R}-\frac{r^2}{R^2}}{\left(1+\frac{r}{R}-\cos\theta_1\right)^2+\sin^2\theta_1}\right]+R\tan\alpha\left[\frac{\left(1+\frac{r}{R}\right)\sin\theta_1}{\sqrt{2(1-\cos\theta_1)\left(1+\frac{r}{R}\right)+\frac{r^2}{R^2}}}\right]=0 \tag{3-72}$$

通过给定一系列 θ_1，来计算$\frac{d\delta_1}{d\theta_1}$并作出$\frac{d\delta_1}{d\theta_1}=f(\theta_1)$ 曲线，此曲线与横坐标轴交点即所要求的 θ_{1max}，然后代入式（3-71）求出螺杆理论间隙。

为了减轻计算工作量，表 3-7 列出了不同 r/R、t/R 及 α 值下的 δ_T/R 值。从该表中查出 δ_T/R 值，可以根据已知 R 值计算出间隙 δ_T 值。

表 3-7　非密闭双螺杆泵不同 r/R、t/R 及 α 值条件下的 δ_T/R 值

r/R	t/R	α				
		0°	2°30′	5°	7°30′	10°
0.4	0.5	0.0244	0.0174	0.0148	0.0113	0.0093
	0.75	0.0368	0.0278	0.0239	0.0206	0.0150
	1.0	0.0489	0.0398	0.0339	0.0310	0.0273
	1.25	0.0612	0.0510	0.0456	0.0418	0.0368
	1.5	0.0735	0.0625	0.0567	0.0521	0.0480
0.5	0.5	0.0158	0.0109	0.0082	0.0062	0.0052
	0.75	0.0238	0.0183	0.0149	0.0123	0.0102
	1.0	0.0316	0.0263	0.0218	0.0150	0.0169
	1.25	0.0396	0.0341	0.0294	0.0256	0.0228
	1.5	0.0475	0.0420	0.0371	0.0325	0.0299
0.6	0.5	0.0104	0.0066	0.0044	0.0034	0.0024
	0.75	0.0156	0.0114	0.0088	0.0073	0.0060
	1.0	0.0208	0.0165	0.0133	0.0113	0.0091
	1.25	0.0260	0.0213	0.0181	0.0157	0.0130
	1.5	0.0313	0.0264	0.0228	0.0196	0.0090
0.7	0.5	0.0062	0.0036	0.0022	0.0015	0.0013
	0.75	0.0093	0.0062	0.0045	0.0034	0.0025
	1.0	0.0123	0.0094	0.0071	0.0057	0.0044
	1.25	0.0154	0.0123	0.0097	0.0082	0.0065
	1.5	0.0185	0.0151	0.0124	0.0104	0.0090
0.8	0.5	0.0032	0.0016	0.0006	0.00052	0.00045
	0.75	0.00455	0.0021	0.0017	0.00111	0.00107
	1.0	0.00605	0.0041	0.0031	0.00228	0.00179
	1.25	0.0076	0.0054	0.0042	0.00335	0.00195
	1.5	0.0091	0.0070	0.0051	0.00470	0.00290

两根螺杆啮合时，为了保证不发生根切现象，螺纹齿顶宽度应为

$$b=\frac{t}{2}-[\delta_T+(R-r)\tan\alpha] \tag{3-73}$$

齿穴宽度应为

$$b'=t-b \tag{3-74}$$

（4）螺杆外径

螺杆外径可按式（3-75）确定，若双螺杆泵是双吸式，则公式中应代入 $Q_T/2$。

$$D=200\sqrt[3]{\frac{Q_T}{60n\lambda(t/R)}} \tag{3-75}$$

式中　Q_T——理论流量，m^3/h；

　　　n——螺杆转数，r/min。

3.2.3　三螺杆泵

3.2.3.1　基本结构及工作原理

（1）基本结构

三螺杆泵的内部结构主要由一根主动螺杆（简称主杆）、两根从动螺杆（简称从杆）和

包容这三根螺杆的衬套组成，如图 3-65 所示。主杆螺纹为凸型双头螺纹，从杆螺纹为凹型双头螺纹，二者的螺旋方向相反。

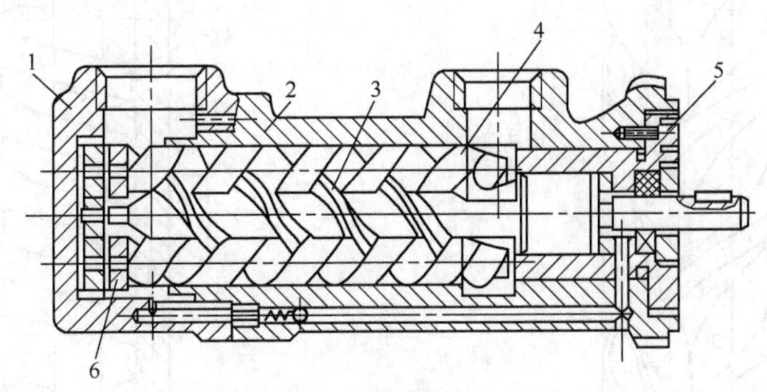

图 3-65　三螺杆泵结构图

1—后盖；2—壳体（或衬套）；3—主杆；4—从杆；5—前盖；6—推力块

三螺杆泵的排出压力取决于与其连接的管路系统的总阻力。为了防止因某种原因使管路阻力突然增加，导致泵的压力超过允许值而损坏泵系统，三螺杆泵设有安全阀或其他过压保护装置，图 3-66 为三螺杆泵的安全阀基本结构图。

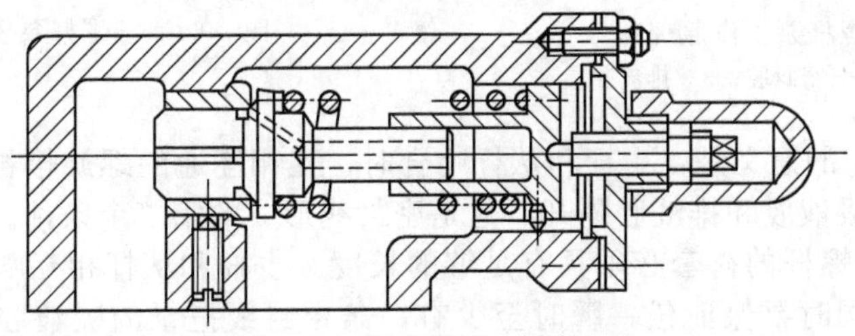

图 3-66　安全阀基本结构图

（2）工作原理

三螺杆泵依靠三根螺杆相互啮合形成的空间容积的变化来输送液体。当螺杆转动时，螺杆相互啮合形成的密封线连续地从吸液腔一端轴向移动到排液腔一端，使吸液腔的容积增大，形成负压，液体在内外压差作用下沿吸液管进入吸液腔，再由吸液腔进入螺杆的啮合空间。当啮合空间达到最大值时，构成一个密封腔，即两条密封线之间的封闭空腔。密封腔内的液体随着螺杆的转动作轴向移动，如同液体螺母在螺杆上移动一样，当密封腔移动到排液腔一端时，密封腔内的液体被密封线压到排液腔和排液管，从而达到输送液体的目的，如图 3-67 所示。

（3）密封线的形成

如上所述，三螺杆泵的吸液腔和排液腔之间由一条或数条密封线隔开，如图 3-68 所示。为了保证密封线的形成，主杆和从杆螺纹部分应符合如下条件。

① 螺杆上螺纹的齿形应共轭　相互啮合的主杆和从杆的齿形曲线由几对摆线型共轭齿廓组成，它们的空间接触线在螺杆横截面上的投影同共轭齿廓的啮合线相重合，把彼此连通的螺旋槽分割开，即能互相把螺旋槽“完全切断”。这是密封线形成的第一个条件。

② 螺杆的根数与螺纹头数应满足的关系　相互啮合的主杆和从杆的螺杆根数与螺杆螺纹头数必须满足式（3-76）。对三螺杆泵来说 $Z_1=2$、$Z_2=2$、$K=2$。

$$Z_1=K(Z_2-1) \tag{3-76}$$

式中　Z_1——凸型主杆螺纹头数；

Z_2——凹型从杆螺纹头数；

K——从杆根数。

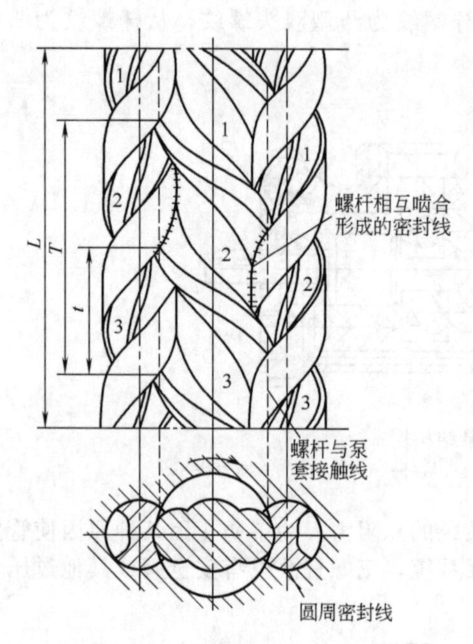

图 3-67　螺杆泵工作原理图

1—吸液腔；2—密封腔；3—排液腔

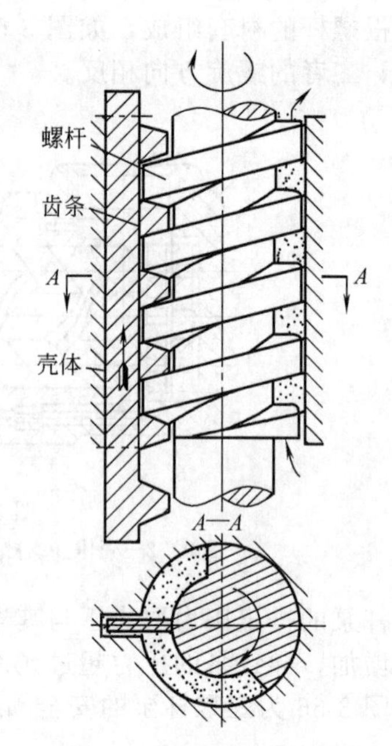

图 3-68　三螺杆泵密封线的形成

满足式（3-76）的意义是：主杆和从杆啮合时，互相连通的螺旋槽被密封线隔断形成 8 字形密封空间，使吸液腔和排液腔隔开。这是密封线形成的第二个条件。

③ 螺杆和包容螺杆的衬套必须具有足够的长度　主杆和从杆相互啮合所形成的密封线具有一定的长度，同时要保证任一瞬时至少有一条密封线把泵的吸液腔和排液腔隔开，为此，螺杆螺纹的长度和包容螺杆螺纹的衬套长度，至少应等于两条密封线的轴向长度。一般三螺杆泵衬套的最小长度为 $0.932T$，螺杆的最小长度为 $1.09T$。为此，通常选取

$$L_{\min}=(1.2\sim1.5)T \tag{3-77}$$

式中　$L_{\min}$——螺杆螺纹或衬套的最小长度，m；

T——螺杆导程，m。

④ 必须保证螺杆相互啮合的精度和螺杆与衬套的配合精度　只有保证螺杆齿形面和外圆表面以及衬套三连孔内表面和孔中心距的精度，使主杆与从杆的啮合间隙和主杆、从杆与衬套的配合间隙均匀，符合设计要求，才能限制液体介质的泄漏，使泵的吸液腔与排液腔隔开。这是密封线形成的第四个条件。

以上四个条件缺一不可，否则便不能隔断三螺杆泵的吸液腔和排液腔。一般说来，泵的密封线条数越多，泵的排出压力也就越高，螺杆和衬套的长度也就越长，泵的制造成本也越高。相邻的两条密封线形成一个密封腔，泵的密封线条数和密封腔数决定于螺杆螺纹的螺距数，其关系是

$$i_1=i_2-1.2 \tag{3-78}$$

$$i=i_2-2.2 \tag{3-79}$$

式中　i_1——泵的密封线条数；

i_2——螺杆螺纹的螺距数；

i——泵的密封腔数。

3.2.3.2　作用在螺杆上的力

为使螺杆齿形标准化，并考虑主杆和从杆的刚度、强度、力的平衡和有效截面积等因

素，我国一般都采用135型摆线齿形，即

$$d_f : d_j : D_a = 1 : 3 : 5$$

式中 d_f——从杆根圆直径，m；

d_j——节圆直径，m；

D_a——主杆顶圆直径，m。

螺杆导程 $$T=\left(\frac{4}{3}\sim\frac{10}{3}\right)d_j$$

分析计算作用在螺杆上的力时，只考虑液体静压，对于液体动压及任何摩擦阻力均忽略不计。

(1) 轴向力及其平衡

螺杆上的轴向力是液体作用于螺杆各部分力的轴向分力之和，指向吸油腔为正，指向排油腔为负。

主杆轴向力

$$F_{A1}=2.529\Delta p d_j^2 \tag{3-80}$$

从杆轴向力

$$F_{A2}=0.4193\Delta p d_j^2 \tag{3-81}$$

式中 F_{A1}——主螺杆轴向力，N；

F_{A2}——从螺杆轴向力，N；

Δp——排出压力和吸入压力之差，Pa。

对小流量低压三螺杆泵，当输送介质的润滑性良好时，从杆端部可设计为自润滑式结构（图3-65），该结构的特点是从杆端部镶有推力块，推力块与后盖摩擦平面上铣有油槽，摩擦平面依靠油槽内的油自然润滑。大流量单吸式或较高压力的三螺杆泵必须设计轴向力液压平衡结构（图3-69和图3-70）。如图3-70所示，其主杆和从杆的剩余轴向力可按式（3-82）和式（3-83）计算。

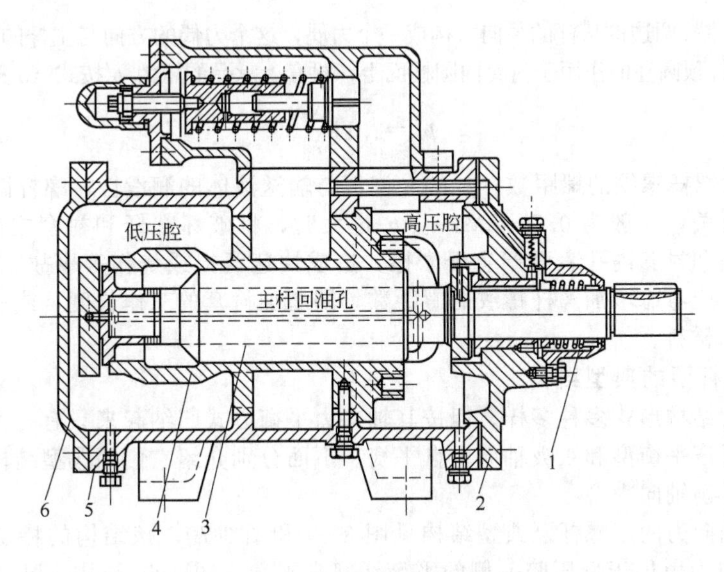

图3-69 高压平衡轴向力的泵结构

1—密封盖；2—上盖；3—主杆；4—衬套；5—泵体；6—下盖

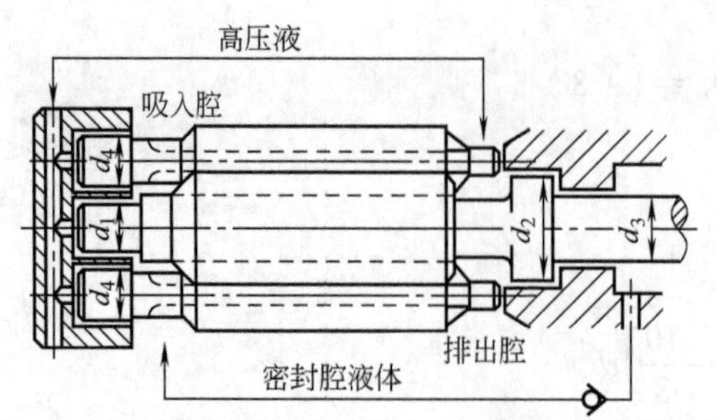

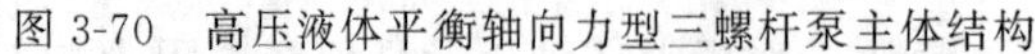
图 3-70　高压液体平衡轴向力型三螺杆泵主体结构

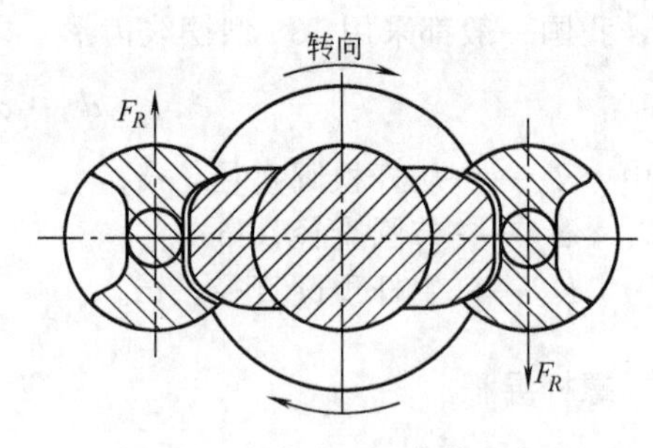

图 3-71　径向力 F_R 的作用方向

主杆剩余轴向力

$$F'_{A1}=\left[2.529d_j^2-\frac{\pi}{4}(d_1^2+d_2^2)\right]p+\frac{\pi}{4}[(p_M-p_1)d_2^2-p_Md_3^2] \tag{3-82}$$

从杆剩余轴向力

$$F'_{A2}=\left(0.4193d_j^2-\frac{\pi}{4}d_4^2\right)p \tag{3-83}$$

式中　p_M——机械密封腔内压力，Pa；

p_1——泵进口压力，Pa；

d_1，d_2，d_3——主杆各部位直径，m；

d_4——从杆端部平衡活塞直径，m。

（2）径向力

由于从杆对称布置在主杆的两边，使主杆螺旋槽两边的压力相等，因此主杆所承受的径向力为零。从杆只有一边处于啮合状态，密封线两边的压力不相等而产生压力差，使从杆承受径向力，径向力的大小按式（3-84）计算。

$$F_R=1.401\Delta pd_j^2 \tag{3-84}$$

对称布置在主杆两边的从杆的径向力构成一个力偶，这个力偶的方向与主杆的转向一致（图 3-71），F_R 通过从杆顶圆柱面作用于衬套内圆柱面上，衬套上承受的压力 p'按式（3-85）计算。

$$p'=2.11\frac{\Delta p}{i_2} \tag{3-85}$$

式中，i_2为螺杆螺纹的螺距数；p'的允许值与输送液体的润滑性、螺杆圆周线速度和螺杆、衬套材料有关，一般为 0.7～2MPa。p'过大时，将破坏螺杆和衬套之间的液膜强度，使从杆外圆柱面和衬套内孔表面产生干摩擦，造成快速磨损或烧伤等事故。当 p'的计算值超过允许值时，应考虑增加螺杆螺纹的螺距数，即增加衬套的工作长度，或进一步改进螺杆与衬套的摩擦副材料。

3.2.3.3　三螺杆泵的典型结构

三螺杆泵的结构形式多种多样，但按其轴向力平衡方式归纳起来只有三种典型结构，即高压平衡型、低压平衡型和双吸轴向力自平衡。下面分别介绍它们的典型结构与特点。

（1）高压平衡轴向力型

高压平衡轴向力的三螺杆泵典型结构见图 3-69 和图 3-70，该结构的特点是主杆的轴向力和从杆的轴向力由位于低压腔一侧的平衡活塞来平衡。图 3-69 结构为高压油通过主杆中心通孔或泵体通孔引到主杆和从杆平衡活塞的下面，平衡活塞的直径大小直接影响平衡轴向力的大小。泵工作时，螺杆的轴向力使螺杆轴心线受压，当螺杆轴向力足够大而其刚度较小时，螺杆轴心线将弯曲，从而影响泵的使用寿命。但这种结构与低压平衡式相比较易于加工、装配和维修。因此常用于排出压力小于 4MPa 的低压场合。

(2) 低压平衡轴向力型

低压平衡轴向力的三螺杆泵典型结构见图 3-72，该结构的特点是主杆和从杆的全部轴向力由位于高压腔一侧的平衡活塞来平衡。该平衡活塞的端面通过上盖的液孔与低压腔相通。该结构的螺杆轴向力平衡使位于高压腔一侧的螺杆承受拉力，因此，螺杆轴心线不会弯曲，其受力状态较高压平衡型更为合理，适用于排出压力大于 4MPa 较高压力的场合。

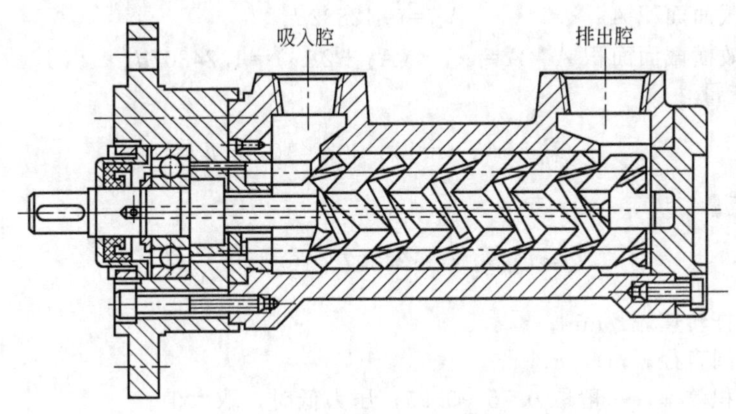

图 3-72　低压平衡轴向力三螺杆泵的结构

(3) 双吸式轴向力自平衡型

轴向力完全平衡的双吸式三螺杆泵典型结构见图 3-73。该结构的特点是主杆和从杆的左右旋螺线对称布置，因此，其轴向力完全自平衡，不需要再设置平衡轴向力的平衡活塞。但由于双吸式螺杆泵的螺纹长度是单吸式螺杆泵螺纹长度的二倍，所以该结构只适用于排出压力小于 2.5MPa 的低压大流量的场合。

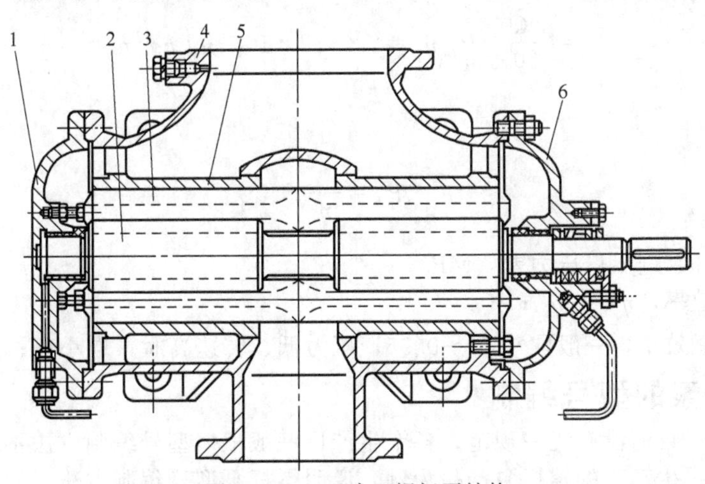

图 3-73　双吸式三螺杆泵结构

1—后盖；2—主杆；3—从杆；4—泵体；5—衬套；6—前盖

此外，对于低压小流量三螺杆泵，有时也不设置平衡从杆轴向力的液压平衡活塞，而是借助自然润滑推力块来承受从杆的轴向力，通常称这种结构为自润滑结构（图 3-73）。该结构的特点是主杆的轴向力由位于高压腔一侧的平衡活塞平衡，从杆的端部只有推力块，结构简单，制造、装配与维修方便，适用于流量小于 100L/min、排出压力小于 2.5MPa 的小流量低压力场合。

3.2.3.4 主要性能参数计算

(1) 流量

仍以135型三螺杆泵为例，必须先计算出该型螺杆泵螺杆和衬套的有效横截面积，然后才能计算出泵的流量。

① 衬套孔的横截面积 A_k　　$A_k=3.36757d_j^2$

② 主杆横截面面积 A_1　　$A_1=1.26787d_j^2$

③ 从杆横截面面积 A_2　　$A_2=0.42832d_j^2$

④ 泵的有效横截面面积 A　$A=A_k-(A_1+2A_2)=1.24307d_j^2$

泵的理论流量

$$Q_{th}=ATn=1.24307\times10^{-6}nTd_j^2 \tag{3-86}$$

泵的实际流量

$$Q=Q_{th}\eta_V=1.24307\times10^{-6}nT\eta_V d_j^2 \tag{3-87}$$

式中 n——主杆转速，r/min；

d_j——节圆直径，m；

η_V——容积效率，一般取0.75～0.95，压力低时，取大值。

(2) 功率

理论功率

$$P_{th}=\frac{pQ}{60}=2.0718\times10^{-5}nTpd_j^2 \tag{3-88}$$

输出功率

$$P_c=\frac{pQ}{60}=P_{th}\eta_V=2.0718\times10^{-5}nTpd_j^2\eta_V \tag{3-89}$$

输入功率

$$P_r=\frac{P_c}{\eta} \tag{3-90}$$

式中 p——螺杆泵进出口压力差，MPa；

η——总效率，$\eta=\eta_V\eta_m$；

η_m——机械效率，一般取0.65～0.95，压力低、转速高时，取小值；反之，取大值。

3.2.4 螺杆泵的型号编制

螺杆泵的型号目前没有统一规范，各个生产厂一般根据型号编制方法不尽相同，以天津和安徽两家螺杆泵生产厂的螺杆泵产品为例，说明螺杆泵型号编制方法。

(1) 单螺杆泵型号编制

单螺杆泵的型号一般由七组字母和数字构成，每一组字母或数字的含义如下：

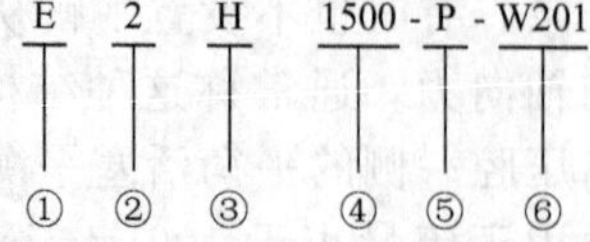

①——一般用字母E或G表示泵的结构形式，如E表示偏心螺旋转子泵；

②——螺杆泵的级数，用阿拉伯数字表示，泵出口压力与级数选择见表3-8；

③——泵系列号，如用 H 表示基本系列卧式泵；

④——规格，表 3-9 给出了某螺杆泵厂家 1500 规格单螺杆泵的相关性能参数；

⑤——轴封类型，如 P 代表填料密封，Q 代表带填料环填料密封，V 代表单端面机械密封，D 代表双端面机械密封。

⑥——材质编号，用于表示螺杆和衬套的材质情况，见表 3-10。

表 3-8 单螺杆泵出口压力与级数选择

级数	最大压力/MPa	级数	最大压力/MPa
1	0.6	3	1.8
2	1.2	4	2.4

表 3-9 某螺杆泵厂 1500 系列单螺杆泵性能参数

转速/(r/min)	出口压力/MPa	流量/(m^3/h)	轴功率/kW	电机型号	电机功率/kW
161	0.4	15.2	3.04	YCJ160	5.5
250	0.4	26	4.72	YCJ100	7.5
360	0.4	39.7	6.8	YCJ100	11
161	0.6	12.8	4.15	YCJ160	5.5
254	0.6	24.3	6.54	YCJ112	11
360	0.6	37.4	9.72	YCJ112	15

表 3-10 某螺杆泵厂材质编号含义

代码	螺杆	衬套	代码	螺杆	衬套
W201	2Cr13	丁腈橡胶	W210	2Cr13	氟橡胶
W102	1Cr18Ni9Ti	丁腈橡胶	W111	1Cr18Ni9Ti	氟橡胶
W105	1Cr18Ni9Ti	食品橡胶	W112	1Cr18Ni9Ti	丁腈橡胶
W208	2Cr13	乙丙橡胶	W115	1Cr18Ni9Ti	乙丙橡胶
W109	1Cr18Ni9Ti	乙丙橡胶	W116	1Cr18Ni9Ti	氟橡胶

(2) 双螺杆泵型号编制

双螺杆泵的型号一般也由七组字母和数字构成，每一组字母或数字的含义如下。

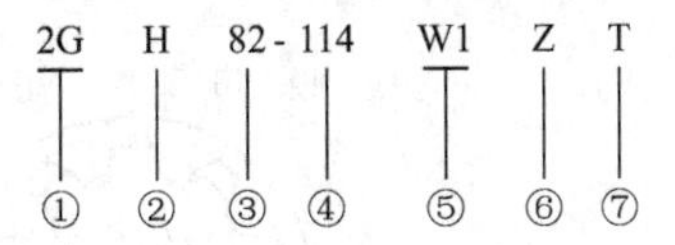

①——系列代号。

②——安装方式：H 表示卧式安装、F 表示支架式安装、L 表示立式安装。

③——规格型号。

④——具体导程。

⑤——密封形式：N 表示内置轴承、机械密封，W1 或无代号表示外置轴承、机械密封，B 表示外置轴承、金属波纹管机封。

⑥——进出口相对位置：无代号表示右进左出、Z 表示左进右出，进出口相对位置的方向标准为从驱动（电机）端向泵方向看。

⑦——特殊要求：无代号表示无特殊要求，T 表示用户有特殊要求。

(3) 三螺杆泵型号编制

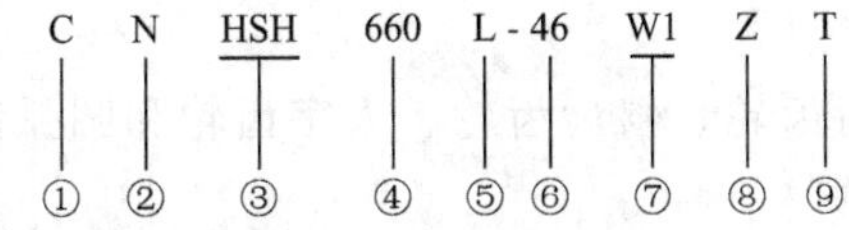

①——使用特征：无符号为通用型，C 表示船用型。

②——产品系列。
③——结构特征。
④——规格型号。
⑤——主杆方向，从驱动端看，主杆右旋为 R（可省略），主杆左旋为 L。
⑥——螺旋角度。
⑦——密封形式，N 表示轴承内置式机械密封（可省略），W1 表示轴承外置机械密封。
⑧——进口方向，从驱动端看，无符号为右进，Z 表示左进。
⑨——特殊要求，T 表示用户有特殊要求。

表 3-11 为某螺杆泵厂三螺杆泵结构特征代号及含义。

表 3-11　某螺杆泵厂三螺杆泵结构特征代号及含义

特征代号	涵　义	特征代号	涵　义
H	普通泵体侧进侧出卧式安装	Ra	低部加热泵体侧进侧出卧式安装
F	普通泵体侧进侧出支架式安装	Rb	低部加热泵体侧进上出卧式安装
S	普通泵体侧进侧出立式安装	Y	整体加热泵体上进上出卧式安装
K	普通泵体侧进侧出浸没式安装	Ya	整体加热泵体侧进侧出卧式安装
D	普通泵体端进上出卧式安装	Yb	整体加热泵体侧进上出卧式安装

3.3　齿轮泵

齿轮泵属于回转式容积泵。它一般用于输送具有润滑性能的液体，如石油行业用于燃料油和润滑油的输送；在机械行业用作速度中等、压力适中的简单的液压泵以及润滑系统中的辅助油泵；石化行业亦用来输送诸如尼龙、聚乙烯、聚丙烯和其他熔融树脂等高黏度（黏度达 0.5～50Pa·s）物料。

齿轮泵的种类型式繁多，可以根据其特征进行分类。

（1）按齿轮啮合形式分

齿轮泵按齿轮啮合形式可分为外啮合式（图 3-74）和内啮合式（图 3-75）。

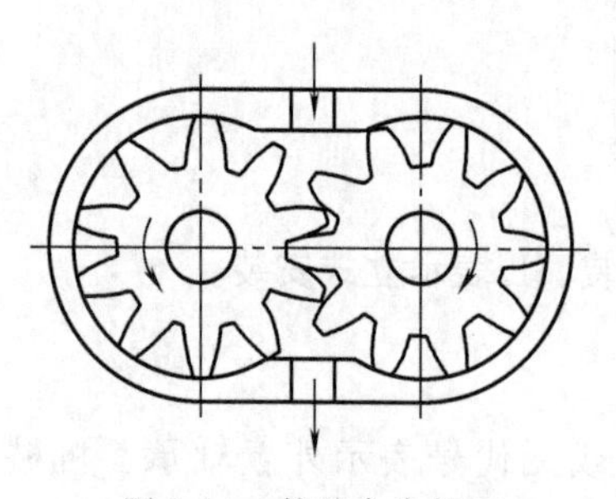

图 3-74　外啮合齿轮泵

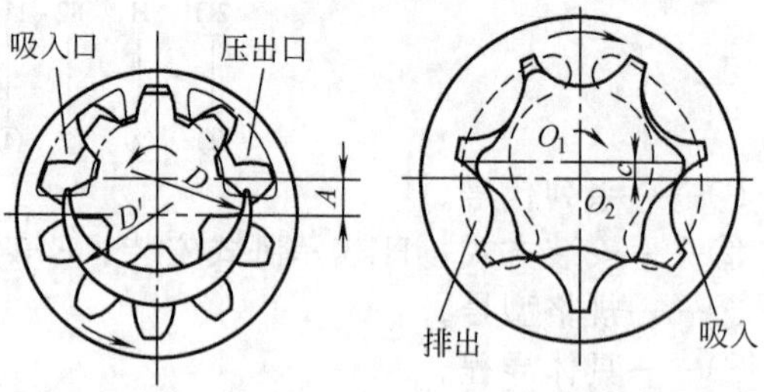

吸入口　压出口
排出　吸入
(a) 月牙填隙片式　(b) 无填隙片式

图 3-75　内啮合齿轮泵

（2）按齿形曲线分

按齿形曲线形式可分为渐开线齿形、圆弧齿形（仅限于外啮合齿轮泵）、正弦曲线齿形（仅限于外啮合齿轮泵）、摆线齿形（仅限于内啮合齿轮泵）、次摆线齿形（仅限于内啮合齿轮泵）和对数螺线齿形（仅限于内啮合齿轮泵）。

（3）按齿向分

齿轮泵按齿向可分为直齿齿轮、斜齿齿轮、人字齿轮和圆弧齿面齿轮。

（4）按侧面间隙是否可调分

按侧面间隙是否可调，齿轮泵可分为固定间隙式和可调间隙式。

齿轮泵的主要特点是结构简单、体积小、重量轻、自吸性能好、使用可靠、寿命较长、制造容易、维修方便、价格便宜。其主要缺点是：效率低，振动和噪声较大。但这些缺点在某些结构经过改进的齿轮泵上已得到很大改善。

一般齿轮泵的流量范围通常为 0.003～3800m³/h，排出压力低于 32MPa，转速一般在 1200～4000r/min 范围。齿轮泵的发展趋势是提高泵的转速和向高压方向发展。

3.3.1 外啮合齿轮泵

3.3.1.1 工作原理

如图 3-76 所示，外啮合齿轮泵主要由两个相互啮合的齿轮Ⅰ和Ⅱ以及容纳它们的泵体Ⅲ和前后盖Ⅳ所组成。在泵体上于两个齿轮开始和脱离啮合之处，分别开有排液口和吸液口。由轮齿 6、7、8、8′、7′的表面及泵体的内表面组成吸液腔，由轮齿 1、2、3′、2′、1′的表面及泵体内表面组成压液腔，两腔互不相通。

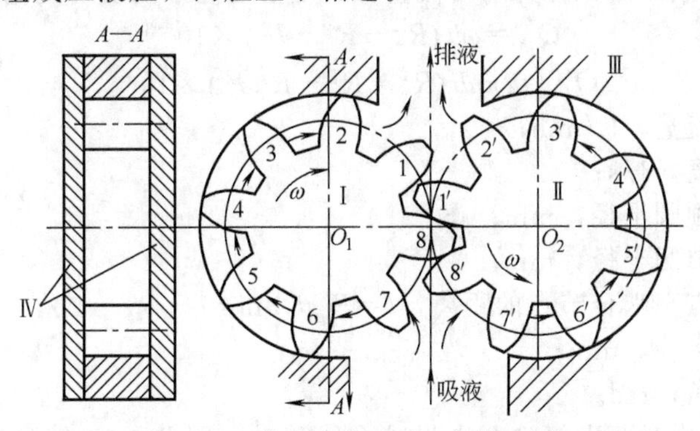

图 3-76 外啮合齿转泵工作原理图

当主动齿轮Ⅰ和从动齿轮Ⅱ按箭头所示方向旋转时，由于轮齿 6 和 7′的顶圆半径所扫过的容积，大于轮齿 8 和 8′的啮合点半径所扫过的容积，使吸液腔的容积增大，产生负压吸入液体。充满齿间的液体，沿泵体内表面被带到排液腔，在排液腔，由于轮齿 2 和 3′的顶圆半径所扫过的容积，大于轮齿 1 和 1′的啮合点半径所扫过的容积，使排液腔的容积减小，从而将液体排出。随着齿轮不断地转动，齿轮泵就不间断地吸液和排液。其输出压力决定于负载和排液管路的压力损失。

3.3.1.2 主要性能参数

（1）理论排量和流量

理论排量指泵在没有泄漏损失的情况下，每一转所排出的液体体积。当两齿轮的齿数相同时，外啮合齿轮泵的理论排量

$$q_{th}=\frac{\pi b}{2}\left(D_e^2-a^2-\frac{1}{3}t_j^2-\frac{1}{3}b^2\tan^2\beta_g\right)\times10^{-3} \tag{3-91}$$

式中 q_{th}——理论排量，mL/r；

b——齿宽，mm；

D_e——齿轮顶圆直径，mm；

a——齿轮中心距，mm；

t_j——基圆节距，mm；

β_g——基圆柱面上的螺旋角，(°)。

实际设计中所使用的齿轮绝大多数都是直齿圆柱齿轮，其计算公式可简化为

$$q_{th}=\frac{\pi b}{2}\left(D_e^2-a^2-\frac{1}{3}\pi^2m^2\cos^2\alpha_0\right)\times10^{-3} \tag{3-92}$$

式中　m——齿轮模数，mm；

　　α_0——刀具压力角，(°)。

外啮合齿轮泵的理论流量和实际流量分别为

$$Q_{th}=q_{th}n\times10^{-3} \tag{3-93}$$

$$Q=Q_{th}\eta_V \tag{3-94}$$

式中　Q_{th}——理论流量，L/min；

　　n——泵的转速，r/min；

　　Q——实际流量，L/min；

　　η_V——容积效率。

（2）瞬时流量与流量脉动

泵每瞬时排出的液体体积称为瞬时流量，外啮合齿轮泵的瞬时理论流量为

$$Q'_{th}=\omega b(R_e^2-R^2-l^2)\times10^{-3}$$

或

$$Q'_{th}=2\pi nb(R_e^2-R^2-R_g^2\theta^2)\times10^{-3} \tag{3-95}$$

式中　Q'_{th}——瞬时流量，L/min；

　　ω——角速度，1/s；

　　R_e——齿轮顶圆半径，mm；

　　R——齿轮节圆半径，mm；

　　l——啮合点至啮合节点的距离，$l=R_g\theta$，mm；

　　R_g——基圆半径，mm；

　　θ——旋转角，rad。

外啮合齿轮泵工作时两齿轮啮合点沿啮合线移动，因此 $l(\theta)$ 值是变化的，即泵的瞬时流量是脉动的，如图 3-77 所示，其脉动频率（Hz）为

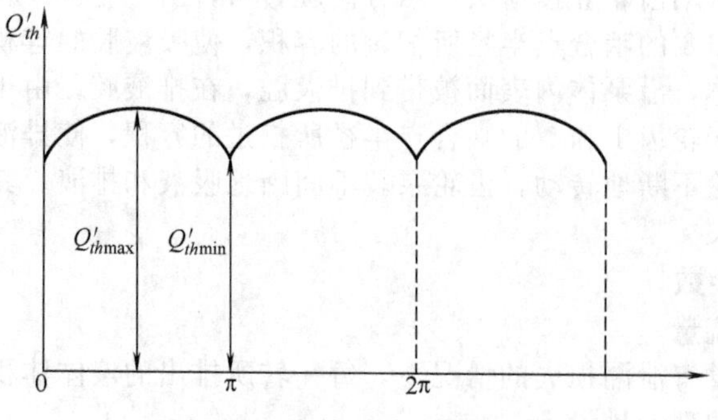

图 3-77　齿轮泵瞬时理论流量

$$f=\frac{Zn}{60} \tag{3-96}$$

齿轮泵流量脉动（同时引起压力脉动）将使齿轮泵产生噪声和振动。流量脉动与下列因素有关。

① 齿轮齿数　齿数少脉动率大，齿数 $Z=8$ 时，流量不均匀系数 $\delta=25\%$左右；齿数 $Z=14$ 时，$\delta=15\%$左右；

② 齿轮重合度　齿轮重合度大，脉动率大；

③ 卸荷槽　不开卸荷槽时，脉动率最大，卸荷槽结构不同，脉动率也不同；

④ 啮合角　增大啮合角，可使脉动率降低；

⑤ 齿斜角　采用斜齿轮，转动较平稳，可将相关系数取小一点，使脉动率降低。

（3）效率

齿轮泵的能量损失主要是机械损失和容积损失，水力损失很小，可以忽略。

① 容积效率　容积损失主要是通过齿轮端面与侧板之间的轴向间隙以及齿顶与泵体内孔之间的径向间隙和齿侧接触线的泄漏损失，其中轴向间隙泄漏约占总泄漏量的75%～80%。一般轴向间隙为0.03～0.04mm。容积效率一般取$\eta_V=0.75\sim0.90$，小流量、高压泵的容积效率低。

② 机械效率　外啮合齿轮泵的机械效率一般取0.80～0.90，大流量、高压泵的机械效率低。

3.3.1.3　困油现象及消除困油危害的方法

外啮合齿轮泵要能连续供油，就要求齿轮的重合度ε大于1，也就是说要求在一对轮齿即将脱开前，后面的一对轮齿就开始啮合，在这一小段时间内，同时啮合的就有两对轮齿，这时留在齿间的油液就被困在两对轮齿形成的一个封闭的空间内，如图3-78（a）所示，当齿轮继续旋转时，这个空间的容积逐渐减小，直到两个啮合点A、B处于节点两侧的对称位置时，如图3-78（b）所示，空间容积减至最小，由于油液的可压缩性很小，当封闭空间的容积减小时，被困的油液受挤压，压力急剧上升，油液从零件接合面的缝隙中强行挤出，使齿轮和轴承受到很大的径向力，这就是齿轮油泵的困油现象。齿轮继续旋转，这个封闭空间的容积又逐渐增大，直到图3-78（c）所示的最大位置，当容积增大时，就产生部分负压，使溶于油液中的空气分离出来，同时油液也要蒸发汽化。因此，齿轮油泵的困油现象使油泵工作时产生噪声，并影响油泵的工作平稳性和寿命。为了消除困油现象，解决方法是在两侧端盖上铣出两个消除困油现象的卸荷槽，如图3-78（d）中虚线所示，卸荷槽的尺寸a应保证用油空间在到达最小位置以前和压油腔连通，过了最小位置后和吸油腔连通，但a不能过小，否则压油腔和吸油腔连通而引起泄漏，将使容积效率降低。

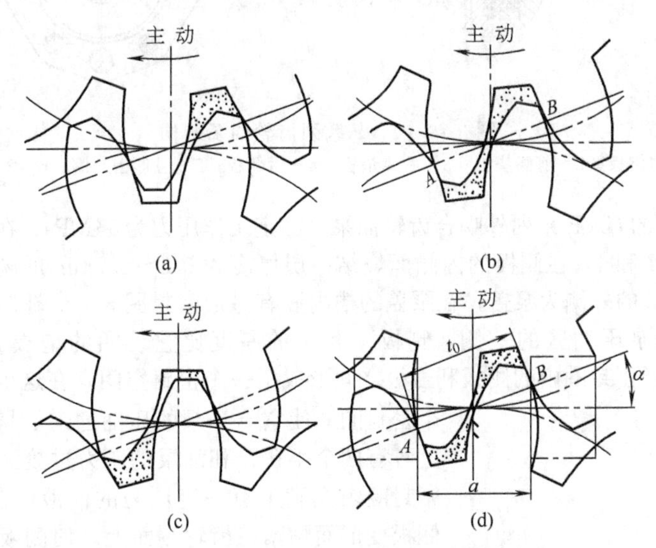

图3-78　外啮合齿轮油泵的困油原理及消除

3.3.1.4　高压齿轮泵的特点

齿轮泵由于结构简单、成本较低，在液压系统中得到广泛的应用。以CB系列外啮合齿轮泵为例，其额定工作压力为2.5MPa，若要进一步提高工作压力，则会因泄漏增大致使容积效率降低甚至无法输送液体或难以达到所要求的工作压力。在外啮合齿轮泵中，相对运动表面有齿顶圆和泵体内孔、齿轮端面和侧盖端面以及齿轮啮合处的齿面等，其中以齿轮端面处的轴向间隙对泄漏的影响较大。油压越高，将侧盖推开的油压作用力越大，使端面间隙增加，泄漏量更大。因此，为了提高齿轮泵的工作压力，关键要减少齿轮轴向间隙处的泄漏量。如果采取在制造上减小齿轮轴向间隙的措施来减小泄漏量，这不仅增加制造中的困难，而且零件的磨损将引起间隙迅速增加，最终仍会使容积效率降低，因此，目前在高压齿轮泵中，为了提高容积效率，较多的是采用液压补偿轴向间隙的方法。

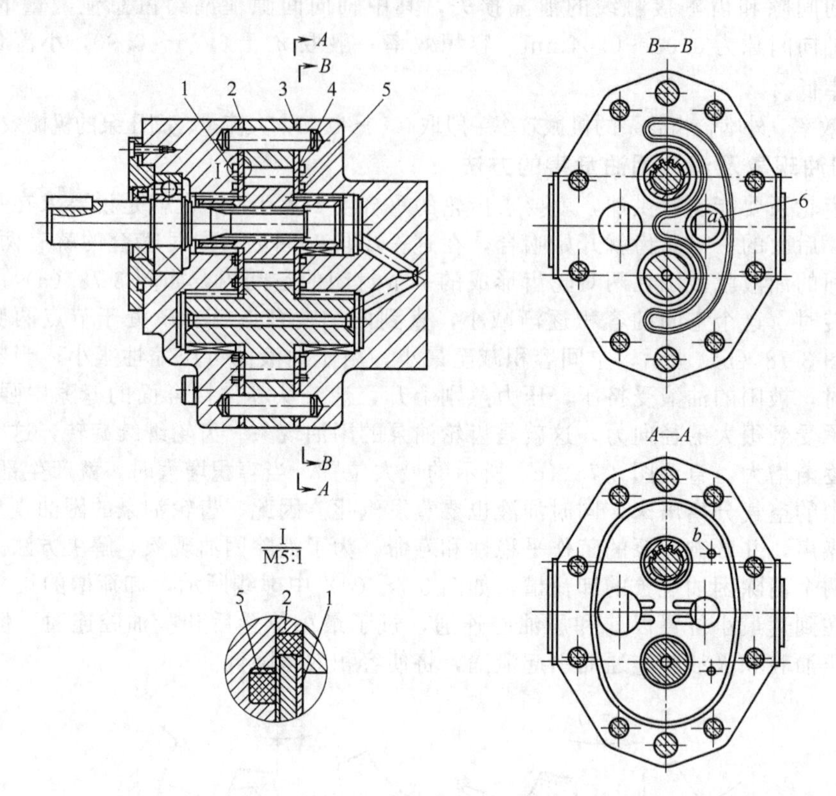

图 3-79 CB-F 系列齿轮油泵结构

1—前侧板；2—前侧垫板；3—后侧垫板；4—后侧板；5—弓形密封圈；6—密封圈

如图 3-79 所示的 CB-F 系列外啮合齿轮油泵，额定工作压力为 14MPa。在齿轮端面和前后盖板间夹有前后侧板 1 和 4，在侧板的内侧面烧结一层厚度为 0.5～0.7mm 的磷青铜，以减少与齿轮端面的摩擦。侧板的外侧为泵盖，在泵盖的槽内嵌有弓形密封圈 5，如图 3-80 所示。密封圈的位置正好在齿轮油泵压油区的一侧，侧板 1 和 4 的厚度比它外圈的垫板 2 和 3 的厚度约小 0.2mm，因此在弓形密封圈内的侧板和盖板之间形成了一个密封空间。在这个密封空间中还有一个密封圈 6 使它与油泵的压油通道 a 隔开，在侧板 1 和 4 上各有两个小孔 b 和油泵的压力过渡区相通，因此在弓形密封圈内充满了有一定压力的油液，在压力油的作用下，侧板变形而贴紧在齿轮端面上，使侧板和齿轮端面间仅有一层油膜的厚度。当端面磨损后，侧板可以自动补偿间隙。弓形密封圈内压力油加在侧板上的压紧力，应稍大于油泵压油区油液加在侧板另一边的作用力。弓形密封圈内压力油加在侧板上的压紧力的大小取决于弓形密封圈内油的压力，由于齿轮油泵从吸油区到压油区的压力是逐段分级增大的，因此只要适当选取侧板上小孔 b 的位置，就可以使压紧力的大小适合。这种液压补偿轴向间隙的结构比较简单，但由于侧板变形不均匀，所以齿轮与侧板端面间的磨损也不够均匀。

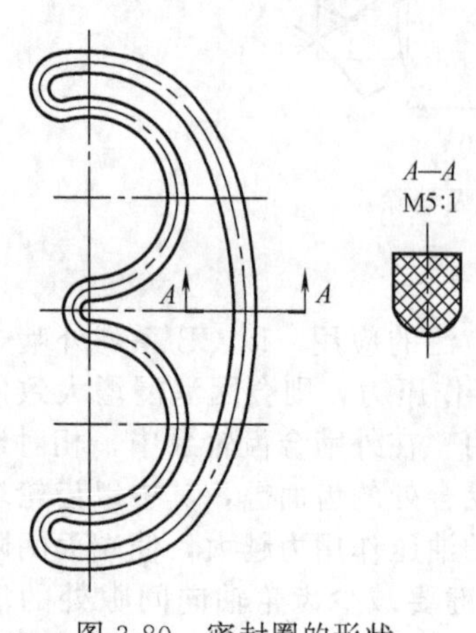

图 3-80 密封圈的形状

3.3.2 内啮合齿轮泵

如图 3-75 所示，内啮合齿轮泵由一个内齿轮和一个外齿轮及泵体所构成。带月牙填隙片式齿轮泵由月牙形隔板将吸入侧与压出侧隔开，内齿轮为主动轮（也有外齿轮为主动轮），在其外侧有吸入口和压出口。端盖上有支承月牙形隔板及从动轮（小齿轮）的销轴。一般外齿轮比内齿轮少两个以上的轮齿。当主动轮按图 3-75 所示方向旋转时，与其啮合的从动轮也同样旋转。由于轮齿在退出啮合的过程中吸油腔容积增大，因此，伴随着啮合过程将在吸油腔产生负压，油液在内外压差作用下使油充满吸油腔处的各个齿谷，完成吸入过程。随着齿轮的继续旋转，将齿谷内的油液带到压油腔，由于此处两齿轮的轮齿进入啮合，使压油腔的齿间容积逐渐缩小致使油液被挤出，实现排油过程。

不带填隙片的内齿轮泵的内转子较外转子仅少一个齿，以摆线齿廓应用最多。

填隙片式内齿轮泵运转时是整个齿面上的线形接触，啮合性能好、效率高、齿轮啮合时产生的机械噪声很低，同时在高速旋转时吸油充分，不会引起汽蚀现象，排油是从内齿环的齿底引出去的，不发生困油现象。因此，内齿轮泵的噪声比其他型式的泵都低很多，而且流量和压力的脉动都很小，所以内齿轮泵发展很快，被广泛地应用于各种液压机械上。

与外啮合齿轮泵相比，内啮合齿轮泵更适合用作高压泵使用，其在结构上不仅能补偿侧面间隙，还能补偿径向间隙，最高工作压力可达 30MPa，转速范围一般为 1800～4000r/min，容积效率超过 90%。

典型高压内啮合齿轮油泵的结构见图 3-81。轴承支座 3、9 和前泵盖 11，后泵盖 2 用螺钉 1 紧固在一起。双金属滑动轴承 4 和 10 装在轴承支座 3 和 9 的轴承孔内，用来支承小齿轮 7 的轴颈。内齿环 6 用径向半圆支承块 15 支承。两齿轮的两侧面装有侧板 5 和 8，小齿轮和内齿环之间装有棘爪形填隙片 12，填隙片 12 用导销 14 支承在两侧板 5 和 8 上，导销 14 与侧板孔有径向间隙，填隙片 12 的顶部用止动销 13 支承，止动销 13 的两端插入支座 3 和 9 的相应孔内。油液从进油通道进入吸油腔 a，当小齿轮 7 按图示方向转动时，内齿环 6 也同向转动，两轮齿间的油也随之旋转。当两齿轮的轮齿在 b 处互相啮合时，齿间油液被挤压，通过内齿环齿间底部的孔 f 及支承块上的孔 g 将油液压出。因此，在填隙片 12 的尖端至轮齿啮合点之间形成压油腔 b，齿轮两边的侧板各有背压室 e，径向半圆支承块 15 的下面也有两个背压室 c 和一个背压室 d，背压室都和压力油相通。左端侧板和它的背压室的形状见图 3-82。a 为背压室，压力油腔的压力油经通孔 b 与背压室相通。当压油腔内的压力升高时，背压室内的压力也随之升高，在背压力的作用下，两侧板紧贴在两齿轮的端面上，径向半圆支承块也紧贴在内齿环的外圆柱面上，使相对运动件间的轴向间隙和径向间隙都保持在最小

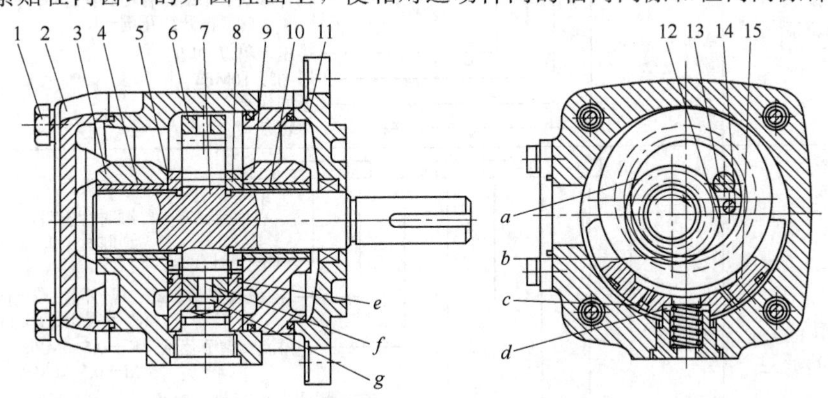

图 3-81 高压内啮合齿轮油泵结构图

1—紧固螺钉；2—后泵盖；3,9—轴承支座；4,10—滑动轴承；5,8—侧板；6—内齿环；7—小齿轮；11—前泵盖；12—棘爪形填隙片；13—止动销；14—导销；15—半圆支承块；a—吸油腔；b—压油腔；c,d,e—背压室；f—内齿环齿底孔；g—支承块油孔

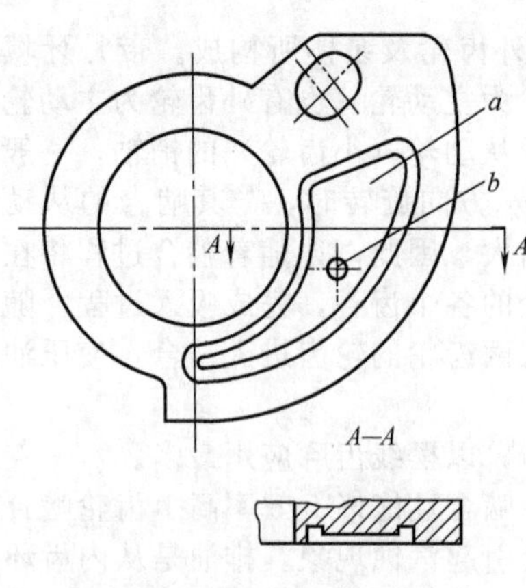

图 3-82　侧板及背压室

限度内，并能补偿在高速运转中因磨损而造成的间隙增大。

这种油泵在性能上有如下特点。

① 效率高　因为采用了轴向间隙和径向间隙液压补偿，因此与其他齿轮油泵相比，该类型容积效率较高。此外，由于泵内高压区小，压力油作用在小齿轮上的力比外啮合齿轮油泵的作用力小，因此，轴承上承受的径向载荷较小。同时由于轴承支座有一段截面较薄，具有一定的挠性，能够适应齿轮轴受径向力后产生的弯曲变形，使轴颈和轴承始终配合良好，轴承处经强制润滑供油，机械损耗小，机械效率高，因而油泵的总效率也较高。当油泵排量为 20L/min，工作压力为 30MPa，转速为 1800r/min 时，总效率为 90%。

② 噪声小　由于采用了挠性的轴承支座，且内齿环的径向位置在背压室油压的作用下可以自行调整，当小齿轮轴受径向力作用产生变形后，齿面仍能接触良好，运动平稳。此外，由于压力油是从内齿环齿间底部孔引出去的，无困油现象，吸油腔进油口面积大，吸油充分，不会引起汽蚀现象，因此油泵的噪声小。

③ 压力脉动小　这种内啮合齿轮泵，流量和压力的脉动比外啮合齿轮泵的小，压力脉动一般仅为 1% 左右。

3.3.3　齿轮泵的型号编制

国内外各个厂家生产的齿轮泵型号的编制方法千差万别，所表示的含义也各不相同，本节以辽宁某液压件厂生产的 CBF-E 型外啮合齿轮泵和上海某机床厂的 GPA 型内啮合齿轮泵为例来说明齿轮泵型号表示方法，两类齿轮泵的型号编制方法见表 3-12 所列。

表 3-12　齿轮泵型号编制说明

型号及齿轮泵名称	型号编制说明
CBF-E 型 外啮合齿轮泵	CB F-E □ □ □ □（第三个）：旋转方向，从轴头看顺时针则省略，逆时针位 X 或 “左” □（第二个）：轴伸形式：平键—省略；花键—H；渐开线花键—K □（第一个）：排量，单位 mL/r E：压力级 16MPa F：系列代号 CB：齿轮泵
GPA 型 内啮合齿轮泵	GP □-□-□-□ □ □-□-□ 旋转方向，顺时针省略，逆时针位 L 设计代号 溢流阀泄漏方式：1—外泄；2—内泄；(不带阀无此部分) 溢流阀调节范围：K—0.5~6MPa；M—0.5~10MPa 前轴承配置：E—滑动轴承，直接驱动用；F—滚动及滑动轴承，间接驱动用 排量 2(单泵无此部分) 排量 1，单位 mL/r 组别：Al—1.76~4.4mL/r；A2—6.9~17.3mL/r；A3—25.5~63.3mL/r GP：内啮合齿轮泵

3.4 液环泵

3.4.1 液环泵的工作原理及性能参数

3.4.1.1 液环泵的工作原理及特点

液环泵是一种输送气体的流体机械，依靠叶轮的旋转把机械能传递给工作液体，又通过液环对气体进行压缩，把能量传递给气体，使其压力升高，达到抽真空或压缩气体的目的。

液环泵的基本结构如图 3-83 所示，叶轮与泵体呈偏心配置，两端由侧盖封住，侧盖端面上开有吸气和排气窗口，分别与泵的进口和出口相通。当泵体内充有适量工作液时，由于叶轮的旋转，液体向四周甩出，在泵体内壁与叶轮之间形成一个旋转的液环。液环内表面与叶轮的表面及侧盖面之间构成月牙形工作空腔，叶轮叶片又将空腔分隔成若干互不连通、容积不等的封闭小空腔，如图 3-84 所示。在叶轮的前半转（吸入侧），小空腔容积逐渐增大，气体经吸气窗口被吸入到小室中，在叶轮的后半转（排出侧），小空腔容积逐渐减小，气体被压缩，压力升高，然后经排气窗口排出。

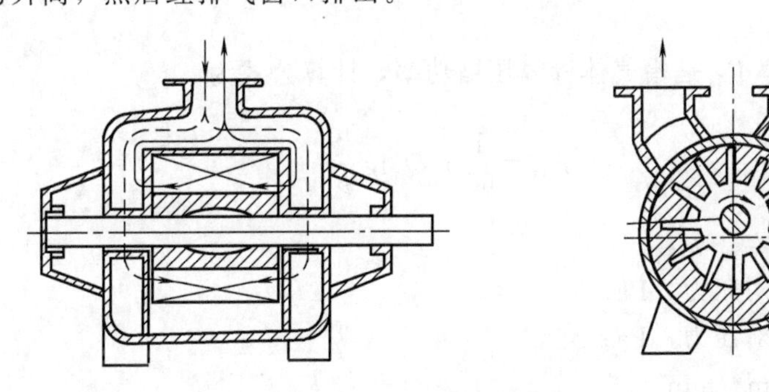

图 3-83 液环泵基本结构

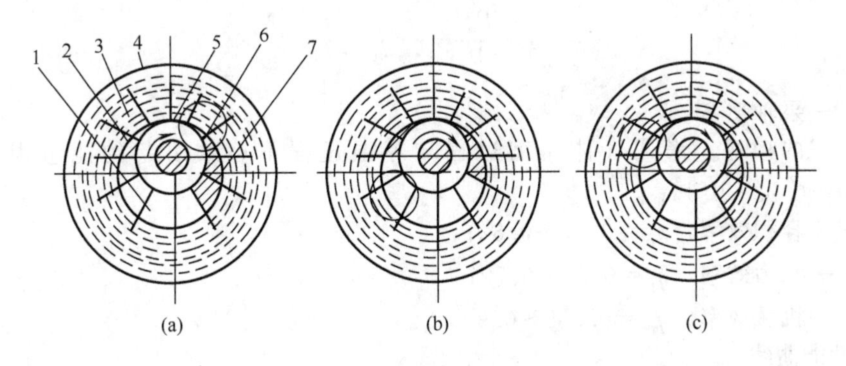

图 3-84 液环泵工作原理图

1—月牙形空腔；2—排气窗口；3—液环；4—泵体；5—叶轮；6—叶片间小室；7—吸气窗口

液环泵工作时，必须从外部连续地向泵体内注入一定量的新鲜工作液体，以补充随气体排走的液体。工作液除起传递能量的作用外，还可以密封工作腔和冷却气体。工作液体必须是被输送气体不溶解于其中，也不互相发生化学反应，最常用的工作液体一般为水。

液环泵用于抽真空，其最大抽气量目前已达 1800m³/min。当工作水温度为 15℃时，单级泵的极限真空度可达 30Pa（绝压），两级泵可达 15Pa（绝压）。

液环泵的主要特点是：ⓘ工作过程接近于等温，泵内没有互相摩擦的金属表面，因此适合输送易燃、易爆或遇升温易分解的气体；ⅱ可以采用非油工作液体，使输送的气体不受油污染；ⅲ可以输送含有蒸汽、水分或固体微粒的气体；ⅳ结构简单，不需吸、排气阀，工作平稳可靠，气量均匀；ⅴ液环泵的缺点是效率较低，一般只有30%～50%，最高不超过55%。

3.4.1.2 主要性能参数

(1) 气量 Q_s

液环真空泵的气量（也称抽气速率或抽速）是指泵的出口为大气压力（98.1kPa）时，单位时间内通过泵进口的吸入状态下的气体容积（m^3/min）。液环压缩机的气量是指在泵进口为大气压力状态（98.1kPa）时，单位时间通过泵进口的气体容积（m^3/min）。

(2) 极限真空压力和最大排出压力

极限真空压力（简称极限压力）是指液环真空泵气量为零时的真空度（用绝压或相对压力表示）。极限真空压力与工作液体的性质和温度有关，一般以水在15℃时的极限真空压力为标准，在不同温度下使用时需要进行换算。最大排出压力是指液环压缩机气量为零时的排出压力（表压）。

(3) 功率和效率

液环泵的有效功率 P_{is} 是指气体等温压缩功率，计算公式为

$$P_{is}=\frac{1}{60}p_1 Q_s \lg\frac{p_2}{p_1} \tag{3-97}$$

式中 P_{is}——有效功率，W；

p_1——吸入绝对压力，Pa；

p_2——排出绝对压力，Pa；

Q_s——气量，m^3/min。

液环泵总效率

$$\eta=\frac{P_{is}}{P}=\eta_{in}\eta_V\eta_h\eta_m \tag{3-98}$$

式中 P——泵轴功率，W；

η_{in}——内效率，考虑气体压缩过程与等温过程不一致引起的能量损失，$\eta_{in}=0.93\sim0.95$；

η_V——容积效率，$\eta_V=0.65\sim0.82$；

η_h——水力效率，$\eta_h=0.50\sim0.70$；

η_m——机械效率，$\eta_m=0.985\sim0.99$。

(4) 性能曲线

液环泵的性能参数与所输送的气体状态、工作液体的性质及温度有关，通常只给出规定条件下的性能曲线，如图3-85所示。当实际条件与规定条件不符时，液环泵的性能曲线需进行换算或修正。由气体状态改变而引起的性能参数（主要是气量）变化可按气体状态方程进行换算。

液环泵的理论极限真空等于工作液体在该温度下的饱和蒸汽压。

同一台液环泵，当它的转速变化在±10%（相对额定转速）时，其气量和轴功率的换算按式（3-99）和式（3-100）计算。

$$\frac{Q_{s1}}{Q_{s2}}=\frac{n_1}{n_2} \tag{3-99}$$

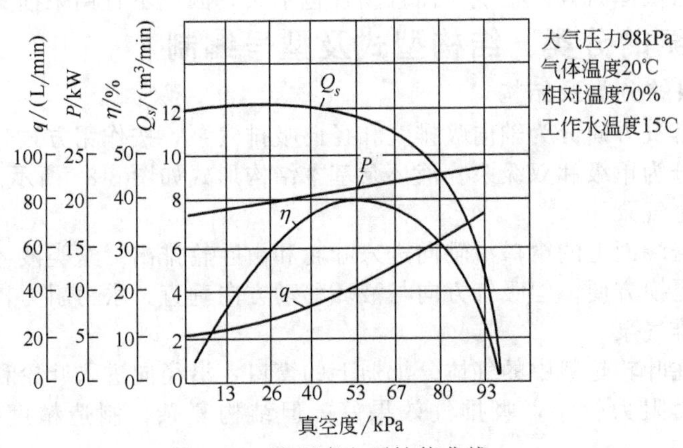

图 3-85 液环真空泵性能曲线

$$\frac{P_1}{P_2}=\frac{n_1}{n_2} \tag{3-100}$$

式中 Q_{s1}，Q_{s2}——转速为 n_1 和 n_2 时的气量，m^3/min；

P_1，P_2——转速为 n_1 和 n_2 时的轴功率，W。

一般泵站常用的液环式真空泵有 SZ 型和 SZB 型。其中 S 为水环式；Z 为真空泵；B 为悬臂结构。

液环式真空泵的抽气性能表明，抽气量随着真空度的增加而减小。真空泵是根据所需要的抽气量选择的，而液环泵及进液管所需要的抽气量又与产生真空所要求的时间和在进液管、液环泵内空气的体积有关。抽气量可按式（3-101）计算。

$$Q_s=K\frac{V}{t} \tag{3-101}$$

式中 Q_s——闸门以下管路及泵壳所需的抽气量，m^3/min；

K——安全系数，考虑缝隙及填料函的漏损，要取 1.5 左右；

t——抽气时间，min，一般 $t<5min$；

V——出水管闸阀到进水池水面之间管道和泵壳内空气总量，m^3。

根据计算的 Q_s 选择合适的液环泵，但泵体内所需的抽气量是按最大值考虑的，具有较大的安全值，实际抽气时间可以缩短。

（5）液环泵装置及使用条件

液环泵工作系统是由液环泵、气液分离器、闸阀和管路系统组成，如图 3-86 所示。液环泵在工作时，泵内损失的能量将转换为热量，使泵的温度上升。同时，工作液体还可能从密封处和排气口泄漏。为了带走泵所产生的热量，限制泵的温升，一般设置气液分离器。利用阀门来调节其向泵内供应的水量，以保证液环泵正常工作。

液环泵不适合输送带有粉尘的气体，也不允许工作液体中含有泥沙，否则将会使端面很快磨损，间隙加大，致使气体泄漏量增加，从而使气体流量和泵的效率降低。

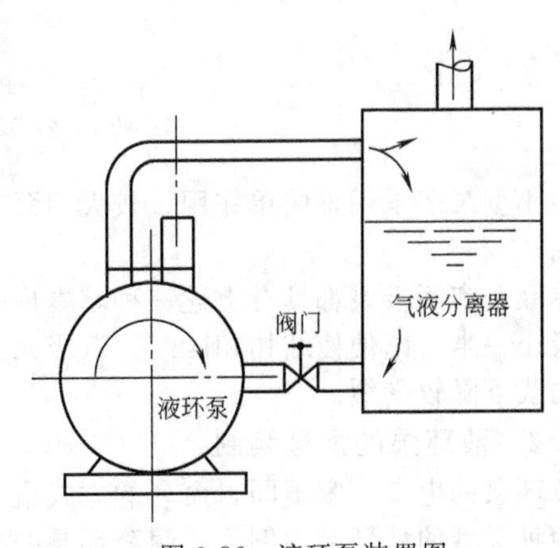

图 3-86 液环泵装置图

液环泵在抽送液体时效率很低，而且扬程也不大，因此不宜用来抽送液体。

3.4.2 液环泵的分类、结构型式及型号编制

3.4.2.1 液环泵的分类及结构

液环泵按吸排气方向分为轴向吸排气和径向吸排气泵，按作用方式分为单作用和双作用泵，按叶轮数目分为单级和双级泵。液环泵基本结构形式如图 3-87 所示。

(1) 轴向吸排气泵

气体经由侧盖端面上的窗口沿轴向进入叶轮和由叶轮排出。这类液环泵结构简单，侧盖可造成装配式，更换方便。但吸气方向与液环移动方向垂直，水力阻力较大。

(2) 径向吸排气泵

气体经由设在叶轮轮毂中的气体分配器上的窗口，沿径向进入叶轮和由叶轮排出，吸排气方向一致，水力阻力较小，吸排气效果好。但结构复杂，制造精度要求高，需增加分配器。

(3) 单作用泵

叶轮与泵体呈单偏心形式，叶轮旋转一圈，进行一次吸排气。泵体截面形状为圆形，结构简单，加工容易，气体压缩较充分，可获得较高的压缩比。但泵的尺寸较大，径向力一般不能自动平衡。

(4) 双作用泵

叶轮与泵体是双偏心形式，叶轮旋转一圈，进行两次吸排气。在相同叶轮尺寸下，理论气量比单作用大一倍，径向力可自动平衡。一般较大型泵和液环压缩机宜做成双作用型。泵体截面形状近似椭圆，制造稍难，结构比较复杂。

上述结构重新组合以后，可得到轴向单作用、径向双作用和轴向双作用三种基本形式(图 3-87)。

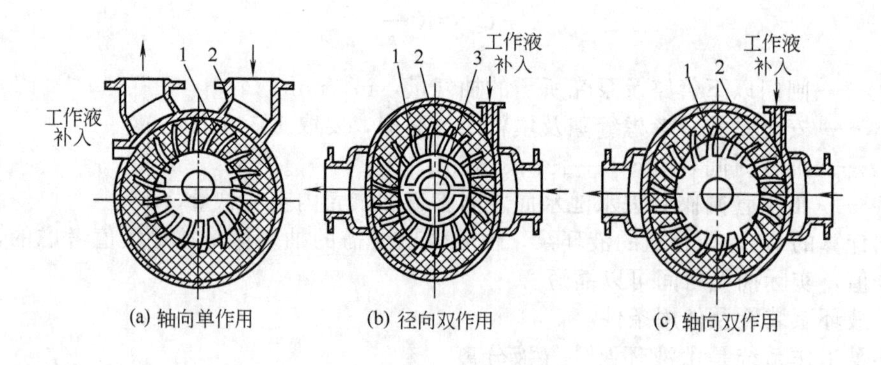

图 3-87 液环泵基本结构形式

1—叶轮；2—泵体；3—气体分配器

中小型泵多采用轴向单作用，较大型泵以径向双作用为多，轴向双作用目前还限于做压缩机用。

单级泵和两级泵都具有上述三种基本形式。双级泵的叶轮外径相同，但次级叶轮宽度较第一级小一半，以便使结构相匹配。双级泵具有比单级泵高的极限真空或排出压力，而且抽气量曲线下降较平缓。

3.4.2.2 液环泵的型号编制

液环泵的生产厂家不同，命名的方式也不一样。现以国内某水环真空泵厂生产的 SZ 和 SZB 两种类型的液环泵为例，说明液环泵的型号编制方法，具体方法见表 3-13。

表 3-13 液环泵型号编制说明

型号	型号编制说明	特点及应用领域
SZ	SZ—x x：当入口绝压为520mmHg时的抽气速率，m^3/min SZ：水环(S)真空(Z)泵	SZ系列液环泵用来抽吸或压缩空气以及其他无腐蚀、不溶于水、不含固体颗粒的气体。由于在工作过程中，气体的压缩过程是等温的，所以在压缩和抽吸易燃易爆气体时，危险性较低，因此被广泛用于机械、石油化工、制药、食品、制糖和电子工业领域。
SZB	SZB－4 4：当入口绝压为520mmHg时的抽气速率，L/s B：悬臂式 SZ：水环(S)真空(Z)泵	SZB型悬臂水环式真空泵，可供抽吸空气或其他无腐蚀、不溶于水、不含固体颗粒的气体。最高真空度可达85%，特别适合于做大型水泵引水用。

思考与计算题

1. 画图说明往复泵的工作原理，往复泵可以分为哪几类？

2. 降低往复泵流量和压力脉动的方法有哪些？

3. 为什么离心泵启动前必需灌泵，而往复泵启动前通常不需灌泵？

4. 往复泵的液力端包括哪些主要零部件？分析其结构和工作原理。

5. 往复泵空气室的工作原理是什么？

6. 往复泵的密封形式包括哪几种类型？并说明各种密封的特点。

7. 试从隔膜泵的结构特点分析其作为防腐泵的可靠性。

8. 往复计量泵的流量调节方式有哪几种？其计量精度与哪些因素有关？

9. 某单作用往复泵活塞的直径为160mm，冲程为200mm，现用该泵将密度为$930kg/m^3$的液体从敞口储槽输送到一设备中。要求流量为$25.8m^3/h$，设备的液体入口处比储槽液面高19.5m，设备内压力为3.14×10^5Pa（表压），外界大气压为98kPa，管路总压头损失为10.3m。当有15%的液体漏损和泵的效率为72%时，试计算该泵每分钟活塞往复次数与轴功率，计算时可忽略液体速度头。

10. 有一台双作用往复泵，其活塞直径180mm，活塞行程300mm，活塞杆直径50mm；若活塞每分钟往复55次，实验测得该泵在26.5min内，使一内径为3m的圆形储罐的水位上升2.6m，试求该泵的容积效率。

11. 双缸双作用蒸汽往复泵的活塞直径为130mm，活塞杆直径为30mm，设活塞冲程为300mm，活塞每分钟往复46次，容积效率为87.3%，试问充满$9m^3$的储罐需要多长时间。

12. 一台输水用双缸双作用往复泵活塞直径$D=80$mm，活塞杆直径$d=25$mm，冲程$S=450$mm，往复频率$n=45min^{-1}$，流量系数$\alpha=0.9$，泵总效率$\eta=0.9$，求该泵的理论平均流量、实际流量和轴功率。

13. 根据三缸单作用往复泵的流量曲线，计算流量不均度。

14. 单螺杆泵的转子和定子必须具有怎样的结构条件才能输送液体？

15. 分析双螺杆泵和三螺杆泵的基本结构及作用原理？

16. 螺杆泵的螺杆和衬套的材料选择的原则是什么？

17. 简述单、双和三螺杆泵的特点和基本性能。

18. 齿轮泵分为哪几种类型？齿轮泵适合输送的物料有何特点？

19. 简述齿轮泵的工作原理，并列举出齿轮泵的主要性能参数。

20. 分析外啮合齿轮泵的困油现象及消除困油危害的方法？

21. 液环泵的工作原理及特点?

22. 试画出不同类型液环泵的结构。

参 考 文 献

[1] 朱俊华. 往复泵及其它类型泵. 北京: 机械工业出版社, 1982.
[2] 《往复泵设计》编写组. 往复泵设计. 北京: 机械工业出版社, 1987.
[3] 余国琮. 化工机械工程手册(中卷). 北京: 化学工业出版社, 2003年.
[4] 机械工程手册编辑委员会. 机械工程手册第77篇: 泵、真空泵. 北京: 机械工业出版社, 1980.
[5] 甘肃工业大学, 兰州石油机械研究所. 石油化工用泵第四分册: 计量泵. 兰州: 兰州石油机械研究所, 1973.
[6] 顾永泉. 石油化工用泵第六分册: 高黏度泵. 兰州: 兰州石油机械研究所, 1975.
[7] 栾鸿儒. 井用单螺杆泵. 北京: 中国农业出版社. 1980.
[8] 朱锡成、周兴业、赵恒枫. 齿轮螺杆式液压泵及马达. 北京: 机械工业出版社, 1988.
[9] 大连工学院机械制造教研室. 金属切削机床液压传动. 北京: 科学出版社, 1973.
[10] 陆宏圻. 其它类型泵. 北京: 水利电力出版社, 1988.
[11] [美] I.J. 卡拉西克等. 泵手册. 第一分册中译本, 北京: 机械工业出版社, 1983.
[12] 陆肇达. 流体机械基础教程. 哈尔滨: 哈尔滨工业大学出版牡, 2003.
[13] 合肥通用机械研究所. 泵. 北京: 机械工业出版社, 1977.
[14] 化工部设备设计技术中心站. 化工设备标准手册. 上海: 全国化工设备设计技术中心站, 1988.
[15] 戴静君等. 海上油、气、水处理工艺及设备. 武汉: 武汉理工大学出版社, 2002.
[16] 中国石油化工集团公司人事部, 中国石油天然气集团公司人事服务中心. 化工化纤基础知识. 北京: 中国石化出版社, 2007.
[17] 钱锡俊, 陈弘. 泵和压缩机 第2版. 东营: 中国石油大学出版社, 2007.

4 活塞式压缩机

4.1 活塞式压缩机的结构及分类

4.1.1 活塞式压缩机的基本结构

活塞式压缩机主要由活塞组、气缸、吸排气阀、曲轴和连杆等关键部件以及其他一些辅助部件组成，如图 4-1 所示。活塞组是活塞及其附属物活塞销和活塞环的总称。活塞组在连杆带动下，在汽缸内作往复直线运动，与汽缸等共同组成一个可变的工作容积。吸排气阀与往复泵泵阀的功能类似，通过周期性间歇启闭配合活塞实现气体吸入和排出过程。曲轴传递着压缩机工作所需要的全部功率，与连杆一起将电动机的旋转运动变换为活塞的往复直线运动，曲轴在工作时承受多种交变复合负载，要求具有足够的强度、刚度和耐磨性。连杆是曲轴与活塞间的连接件，将曲轴的回转运动转化为活塞的往复运动，并把动力传递给活塞对气体做功，实现气体压缩。

与其他类型压缩机相比，活塞式压缩机的优点主要表现为：

ⅰ. 适用压力范围宽，可设计成超高压、高压、中压或低压压缩机，但排气量随排气压力变化不大；

ⅱ. 压缩效率较高，大型活塞式压缩机的绝热效率可达 80%以上，等温效率也在 55%～70%以上；

ⅲ. 适应性强，排气量范围较宽，排气量最小可低至每分钟几升，最大可达 $1000m^3/min$ 以上。

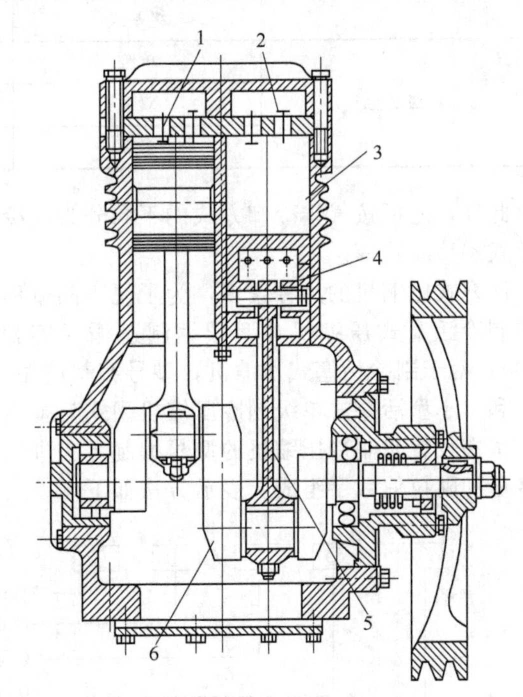

图 4-1 风冷单作用活塞式压缩机

1—吸气阀；2—排气阀；3—气缸；4—活塞；5—连杆；6—曲轴

活塞式压缩机的缺点是由其结构形式和运行方式决定的，主要表现为：

ⅰ. 压缩气体带油污，在工业生产中若对气体纯净度要求较高时，压缩气体需要净化；

ⅱ. 受往复运动惯性力的限制，转速不能过高，因此最大排气量较小，在大型工业生产中会造成单机外形尺寸较大或多机组运行的状况，导致设备投资及基建费用增加；

ⅲ. 气体压缩间歇进行，排气不连续，气体压力有波动，在压缩机排出口需要配备稳压装置；

ⅳ. 压缩机易损件较多，维修工作量大，一般需要有备用机器。

4.1.2 活塞式压缩机的种类及型号编制

活塞式压缩机可根据其技术特性及结构特点进行分类，主要类型见表 4-1。

表 4-1 活塞式压缩机主要类型

分类	型式名称	技术参数范围或结构特点
按排气量 V_h 大小分类（吸气压力为大气压）	微型	$V_h \leqslant 1\text{m}^3/\text{min}$
	小型	$1\text{m}^3/\text{min} < V_h \leqslant 10\text{m}^3/\text{min}$
	中型	$10\text{m}^3/\text{min} < V_h \leqslant 100\text{m}^3/\text{min}$
	大型	$V_h > 100\text{m}^3/\text{min}$
按排气压力 p_2 高低分类	低压	$0.2\text{MPa} < p_2 \leqslant 1\text{MPa}$
	中压	$1\text{MPa} < p_2 \leqslant 10\text{MPa}$
	高压	$10\text{MPa} < p_2 \leqslant 100\text{MPa}$
	超高压	$p_2 > 100\text{MPa}$
按气缸排列方式分类	立式	气缸中心线垂直于地面
	卧式	气缸中心线平行于地面
	对置式	气缸对称布置但非对动
	对称平衡式	气缸对称布置且对动运行
	角式	气缸中心线互成一定角度
按气缸容积利用方式分类	单作用式	仅活塞一侧的工作容积工作
	双作用式	活塞两侧的工作容积交替工作
	级差式	同列一侧中有两个以上不同级的活塞组装在一起工作
按压缩级数分类	单级	气体经一次压缩即达排气压力
	双级	气体经二次压缩达排气压力
	多级	气体经多次压缩(级间有冷却器)达排气压力

此外，还可按气体冷却方式的不同分为风冷式和水冷式，按压缩机安装方式的不同分为固定式和移动式等。

活塞式压缩机的品种繁多，为了便于制造和选用，对型号编制方法进行了统一规定。对于非制冷活塞式压缩机，型号编制遵循《容积式压缩机型号编制方法》（JB/T 2589—1999）；对于制冷活塞式压缩机，型号编制遵循《制冷压缩机型号编制方法》（ZBJ7 3025—89）和《小型活塞式单级制冷压缩机型式与基本参数》(GB 10871—89)。

本书仅就非制冷压缩机的型号编制方法进行介绍。这类压缩机的型号一般由大写汉语拼音字母和阿拉伯数字组成，表示方法如下。

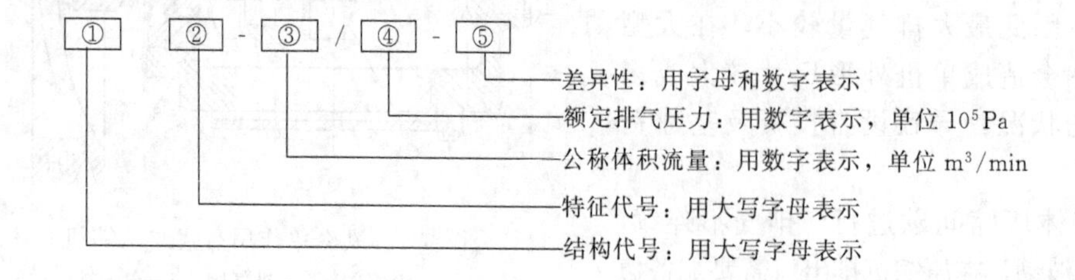

① ——结构代号，活塞式压缩机的结构代号按表 4-2 的规定表示；

表 4-2 活塞式压缩机的结构代号及含义

结构代号	含义	代号来源
V	V 型	V-V
W	W 型	W-W
L	L 型	L-L
S	扇型	S-SHAN(扇)
X	星型	X-XING(星)
Z	立式(气缸中心线均与水平面垂直)	Z-ZHI(直)
P	一般卧式(气缸中心线均与水平面平行,且气缸位于曲轴同侧)	P-PING(平)
M	M 型	M-M
H	H 型	H-H
D	两列对称平衡	D-DUI(对)
DZ	对置式	D-DUI(对),Z-ZHI(置)
ZH	自由活塞	Z-ZI(自),H-HUO(活)
ZT	整体型摩托压缩机	Z-ZHENG(摩),T-TI(体)

② ——特征代号，对于有特殊使用性能的活塞式压缩机，其特征代号按表 4-3 的规定表示，如需标多项特征代号，按表中顺序次第进行标注；

表 4-3 活塞压缩机的特征代号

特征代号	含义	来源
W	无油润滑	W-WU(无)
WJ	无基础	W-WU(无),J-JI(基)
D	低噪声罩式	D-DI(低)
B	直联便携式	B-BIAN(便)
F	风冷	F-FENG(风)
Y	移动式	Y-YI(移)

③ ——公称体积流量，指活塞式压缩机排出的气体在标准排气位置的实际体积流量，该值应换算到标准吸气位置的全温度、全压力和全组分（如湿度）的状态；

④ ——额定排气压力，指吸气压力为常压时压缩机公称排气压力的表压值，增压、循环或真空压缩机均应标注出吸、排气压力的表压值，且二者用“-”隔开；当吸气压力低于常压时，吸气压力以真空度表示，并在其前面冠以负号；

⑤ ——差异性，为了便于区分容积式压缩机的品种，必要时可以使用型号的最末项“差异性”描述，但应避免全部由数字表示。

需要说明的是，活塞式压缩机的全称由两部分组成，第一部分即型号，第二部分用汉字表示压缩机特性或压缩机介质。凡属于“增压”、“循环”、“真空”或“联合”性质的活塞式压缩机均应标明其特性。

部分非制冷活塞式压缩机型号及其含义举例见表 4-4。

表 4-4 部分非制冷活塞式压缩机型号及其含义

压缩机全称	型号含义
VD-0.25/7 型空气压缩机	V 型，低噪声罩式，公称排气量 0.25m^3/min，公称排气表压 7×10^5Pa
WWD-0.8/10 型空气压缩机	W 型，无润滑，低噪声罩式，公称排气量 0.8m^3/min，公称排气表压 10×10^5Pa
VY-6/7 型空气压缩机	V 型，移动式，公称排气量 6 m^3/min，公称排气表压 7×10^5Pa
LD-50/-0.78-0.7 型氮氢气真空压缩机	L 型，无润滑，低噪声罩式，公称排气量 50m^3/min，公称吸气真空度 -0.78×10^5Pa，公称排气表压 0.7×10^5Pa
ZW-0.65/180-200 型氮氢气循环压缩机	立式，无润滑，公称排气量 0.65m^3/min，公称吸气真空度 180×10^5Pa，公称排气表压 200×10^5Pa
ZT-240/8 型天然气压缩机	整体型摩托压缩机，公称排气量 240m^3/min，公称排气表压 8×10^5Pa
D-100/7 型空气压缩机	对称平衡型，公称排气量 100m^3/min，公称排气表压 7×10^5Pa
M-285/320-c 型氮氢气压缩机	M 型，公称排气量 285m^3/min，公称排气表压 320×10^5Pa，第 c 种变形产品
ZH-1.73/230 型空气压缩机	自由活塞压缩机，公称排气量 1.73m^3/min，公称排气表压 230×10^5Pa
P-3/285-320 型氮氢气循环压缩机	卧式，公称排气量 3m^3/min，公称吸气表压 285×10^5Pa，公称排气表压 320×10^5Pa
DZ-12.2/250-220 型乙烯增压压缩机	对置型，公称排气量 12.2m^3/min，公称吸气表压 250×10^5Pa，公称排气表压 320×10^5Pa
H-140/320 型氮氢气压缩机	H 型，公称排气量 140m^3/min，公称排气表压 320×10^5Pa

4.2 活塞式压缩机的热力学基础

4.2.1 基本热力学状态参数

活塞式压缩机运转时，气缸内气体的热力状态是周期性变化的。因此，要研究压缩机的工作过程，首先要解决如何定量描述气体的状态及如何确定状态变化的过程。各种气体虽有不同的物理、化学性质，但它们的状态都可以用状态参数来表述。最常用的状态参数有温度（T）、压力（p）和比体积（v），称为气体热力状态基本参数。其中气体温度（T）在热力学中的单位为开尔文（K），与常用的摄氏温度应加以区别，绝对温度以纯水三相点的绝对温度 273.16K（计算时取 273K）作为基准；压力（p）在热力学中规定绝对压力为状态参数，与一般的表压力应加以区别；气体比体积（v）是指单位质量气体占有的容积。

4.2.2 理想气体状态方程

所谓的理想气体是指气体分子本身的体积和气体分子间的作用力都可以忽略不计的气体。实际上理想气体是不存在的，不过当气体的压力远低于临界压力，温度远高于临界温度的时候，气体状态参数的变化符合理想气体的变化规律。

对于质量为 1kg 的理想气体，其压力、比体积和温度之间的关系满足

$$pv=RT \tag{4-1}$$

对质量为 G 的气体而言，其基本状态参数满足

$$pV=GRT \tag{4-2}$$

式中 p——理想气体的绝对压力，Pa；

v——理想气体比体积，m^3/kg；

G——气体质量，kg；

T——理想气体的绝对温度，K；

R——气体常数，J/(kg·K)；

V——质量为 G 的气体的体积，$V=Gv$，m^3。

根据理想气体状态方程式（4-2），只要知道被压缩气体的任意两个状态参数，第3个参数便可确定，气体的状态也就完全确定了。用压缩机压缩实际气体时，一般被压缩气体的温度总是比临界温度高很多。如果工作压力不很高，则利用式（4-2）计算，其误差在允许的范围之内。

4.2.3 活塞式压缩机的理论循环

活塞式压缩机的循环，是指活塞往复运动一次，在气缸中进行的吸气、压缩、排气等过程的总和。所谓压缩机的理论循环，是指对压缩机的实际工作过程做了如下的假定和简化后的吸气、压缩和排气等全过程的总称。

ⅰ. 气缸没有余隙容积，气缸中的气体在压缩终了时被全部排出；

ⅱ. 气体在流经吸、排气阀时，没有压力降；

ⅲ. 在吸气和排气过程中，气缸内气体的温度保持不变；

ⅳ. 气体压缩按恒定热力指数进行，即压缩曲线的指数 m 是常数；

ⅴ. 气体无泄漏。

因此，活塞式压缩机的理论循环过程中，除压缩过程具有热力学的性质外，吸、排气过程只是一般的气体流动过程，没有状态变化。

从上述假定和简化中可以看出，压缩机中的理论循环与其实际工作过程有较大的差异。但通过对理论循环的研究，可以揭示出压缩机实际工作情况的本质，分析热力学参数之间的关系，并以此讨论不同循环类型的经济性。

压缩机的理论循环可以用 p-V 关系图（也称为压容图或示功图）表示，如图4-2所示。图中4—1线表示吸气过程，在吸气期间，压力 p_1 保持不变，所以4—1线为平行于 V 轴的水平线；1—2线表示压缩过程，气体随着活塞的左移，其压力自 p_1 升高至 p_2；2—3线表示在等压 p_2 下的排气过程。曲线4—1—2—3—4就表示压缩机的一个理论循环，所圈成的面积为该理论循环所消耗的功，它是吸气、压缩和排气过程做功的总和。这可以从下面的理论分析中得到证明。

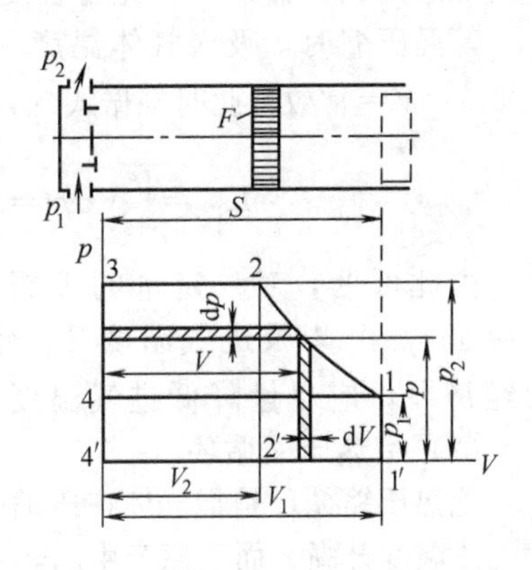

图4-2 压缩机的理论循环图

为了分析方便，规定在压缩机的一个理论循环中，如果活塞对气体做功，其值为正；反之，如果气体推动活塞做功，则其值为负。

如图4-2所示的压缩机吸气过程中，初始压力为 p_1 的气体作用在活塞端面上（设活塞端面面积为 A），推动活塞移动了行程 S，气体对活塞做功的大小，即吸入气体功为

$$L_m=-p_1AS=-p_1V_1 \tag{4-3}$$

式中，V_1 为气缸工作容积，m^3。

由于是气体对活塞做功，故该功为负值。在 p-V 图上，此值为矩形4—4′—1′—1的面积。

在压缩过程中，活塞对气体做机械功，活塞移过 dx 的距离，工作容积的变化为 dV 的这部分移动所做的功为 $p\,dV$，整个压缩过程活塞对气体所做功压缩功为

$$L_{压}=\int_2^1 p\,dV=-\int_1^2 p\,dV \tag{4-4}$$

在 p-V 图上，此值为1—2—2′—1′的面积。

在排出过程中，活塞对压力为 p_2 的气体做功，即排出气体功的大小为

$$L_{排}=p_2V_2 \tag{4-5}$$

此值为矩形 2—3—4′—2′面积的大小。

理论循环功 L 是上述三部分功的代数和，即

$$L=L_m+L_{压}+L_{排}=p_2V_2-p_1V_1-\int_1^2 p\,\mathrm{d}V \tag{4-6}$$

由微积分知识可知

$$p_2V_2-p_1V_1=\int_1^2 \mathrm{d}(pV) \tag{4-7}$$

将式（4-7）代入式（4-6），得

$$L=\int_1^2 \mathrm{d}(pV)-\int_1^2 p\,\mathrm{d}V=\int_1^2 p\,\mathrm{d}V+\int_1^2 V\mathrm{d}p-\int_1^2 p\,\mathrm{d}V=\int_1^2 V\mathrm{d}p \tag{4-8}$$

由图 4-2 可知，理论循环功 L 的大小等于曲线 1—2—3—4 所包围的面积。

从式（4-8）看出，在一定的吸气、排气压力下，理论循环功仅与压缩过程有关。典型的压缩过程有等温、绝热及多变三种，相应于不同的压缩过程，压缩机的理论循环也分为等温、绝热及多变三种。

(1) 等温压缩循环

等温压缩循环，即气体进行压缩时气体温度恒定的理论循环。要实现这种压缩循环，气缸壁必须具有理想的导热性能，使气体压缩而产生的热量及活塞和缸壁摩擦而产生的热量均能及时导出。这显然是一个理想过程，现实中不可能实现。但是，可以用该压缩循环作为一个基准来判断机器设计的完善程度，即衡量压缩机实际工作过程的经济性。

等温压缩时，吸入气体温度 T_1 等于排出气体温度 T_2，即 $T_1=T_2=$常数，且 $p_1V_1=p_2V_2=pV=$常数。此时根据式（4-8）就可以得到等温压缩循环功计算式为

$$L_{it}=\int_1^2 V\mathrm{d}p=\int_1^2 \frac{p_1V_1}{p}\mathrm{d}p=p_1V_1\ln\frac{p_2}{p_1}=GRT_1\ln\frac{p_2}{p_1} \tag{4-9}$$

由此可见，对一定量的理想气体来说，等温压缩循环功只与气体性质 R、压力比（$\varepsilon=p_2/p_1$）以及进气温度 T_1 有关。气体的吸入温度越高，功耗越大。为提高压缩机的经济性，应尽量降低进气温度。

(2) 绝热压缩循环

绝热压缩循环是指气体在压缩时与周围环境没有任何热交换，即压缩气体产生的热量全部使气体温度升高、而摩擦产生的热量全部导出的理论循环。这当然也难以实现。由于该理论循环较为接近压缩机的实际工作情况，在压缩机设计计算时往往将此作为近似计算的依据。

理想气体绝热过程的状态方程式为

$$p_1V_1^k=p_2V_2^k=\text{常数} \tag{4-10}$$

式中，k 为气体的等熵指数。

常用气体的等熵指数见附录的附表 1。一般原子数相同的气体，k 值大致相近，例如，单原子气体的 k 的取值范围为 1.66～1.67；双原子气体的 k 的取值范围为 1.40～1.41；三原子或多原子气体的 k 的取值范围为 1.10～1.33。

多组分混合气体的等熵指数 k，可由下式计算。

$$\frac{1}{k-1}=\sum\frac{\varphi_i}{k_i-1} \tag{4-11}$$

式中 k_i——组成成分的等熵指数；

φ_i——组成成分的体积分数。

绝热压缩循环功 L_{ad} 为

$$L_{ad}=\int_1^2 V\mathrm{d}p=\int_1^2\left(\frac{p_1V_1{}^k}{p}\right)^{1/k}\mathrm{d}p=p_1V_1\frac{k}{k-1}\left[\left(\frac{p_2}{p_1}\right)^{\frac{k-1}{k}}-1\right] \tag{4-12}$$

需要说明的是，式（4-12）中的 k 应该是绝热指数（又称比热比，即气体比定压热容 γ_p 与比定容热容 γ_v 的比值 γ_p/γ_v），但对于理想气体的等熵可逆绝热压缩过程而言，此时的绝热指数等于等熵指数。目前等熵指数只有一些常用气体的测量值，在此情况下可近似用绝热指数或比热比代替。因此，该处将等熵指数和绝热指数统一用 k 来表示，但从概念上讲，二者是有本质区别的。

绝热压缩循环时，排出气体的温度 T_2 与压力比及等熵指数 k 有关，联合式（4-1）、式（4-10）和式（4-11）可得

$$T_2=T_1\left(\frac{p_2}{p_1}\right)^{\frac{k-1}{k}} \tag{4-13}$$

（3）多变压缩循环

多变压缩循环是指压缩过程中气体温度发生变化，且与外界有热交换的理论循环。理想气体多变压缩的状态方程式为

$$pV^m=\text{常数} \tag{4-14}$$

式中，m 是一常数，称为多变指数，一般 $1<m<k$。若压缩过程中气体受热，则 $m>k$。多变压缩循环功 L_{pol} 为

$$L_{pol}=p_1V_1\frac{m}{m-1}\left[\left(\frac{p_2}{p_1}\right)^{\frac{m-1}{m}}-1\right] \tag{4-15}$$

多变压缩循环时排出气体的温度 T_2 为

$$T_2=T_1\left(\frac{p_2}{p_1}\right)^{\frac{m-1}{m}} \tag{4-16}$$

以上讨论的三种理论循环过程，可用一个通式（4-17）表示。该式亦可表示其他过程，即

$$pV^m=\text{常数} \tag{4-17}$$

若令式（4-17）中的 $m=0$，则为等压过程；若 $m=1$，则为等温过程；若 $m=k$，则为绝热过程；若 m 为其他任意值时，即为多变过程；若 $m\to\infty$，为定容过程。

把气体压缩理论循环所进行的各过程表示在图 4-3 所示的 p-V 图上，从图中可以看出：绝热循环功最大，等温循环功最小，多变循环功则居中（即 $1<m<k$ 的情况下）。$m<1$ 的循环需要有特殊设置才能实现。$m>k$ 的循环，仅能在气缸对气体进行加热和压缩时才能出现。在 p-V 图上，完成一个循环所需的外功称为指示功，即活塞对压缩气体做的功。

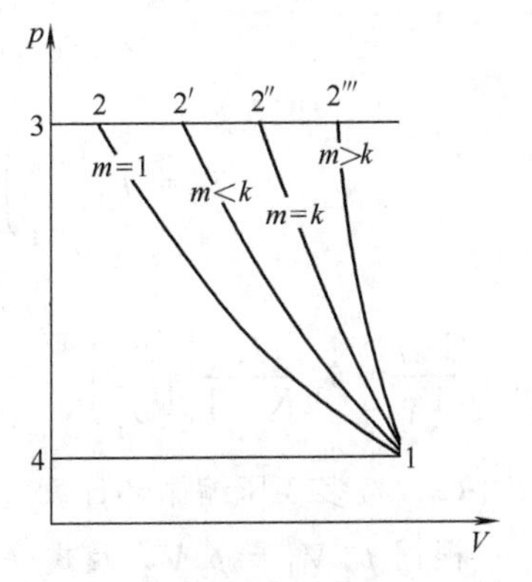

图 4-3　多种压缩循环过程 p-V 图

例 4-1　已知裂解石油气的组成如表 4-5 所示下，试求其等熵指数。

表 4-5　某裂化石油气各组分容积含量

石油气组成	H_2	CH_4	C_2H_4	C_2H_6	C_3H_6	C_3H_8	C_4H_{10}	C_5H_{12}
容积含量/%	10.8	35.8	24	11.6	13	2.2	2	0.6

解 根据多组分混合气体等熵指数的计算式，首先从附表1中查出各组分的等熵指数k_i，再算出$\varphi_i/(k_i-1)$，列表如下：

石油气组成	H_2	CH_4	C_2H_4	C_2H_6	C_3H_6	C_3H_8	C_4H_{10}	C_5H_{12}
容积含量/%	10.8	35.8	24	11.6	13	2.2	2	0.6
等熵指数k_i	1.407	1.31	1.25	1.20	1.17	1.13	1.10	1.10
$\varphi_i/(k_i-1)$	0.265	1.16	0.96	0.58	0.77	0.17	0.20	0.06

根据式（4-11）可求得

$$\frac{1}{k-1}=\sum\frac{\varphi_i}{k_i-1}=0.265+1.16+0.96+0.58+0.77+0.17+0.20+0.06=4.165$$

于是，石油气的等熵指数$k=1.24$。

例4-2 某空气压缩机每分钟吸入压力为0.1MPa的空气$20m^3$，吸入温度20℃，如果排气压力为0.7MPa（表压），若按等温、绝热、多变（$m=1.25$）三种压缩循环计算，试求：压缩空气的排出容积、压缩空气的排出温度以及压缩每立方米吸入空气所消耗的理论循环功，并分析比较所得的结果。

解 （1）按等温压缩循环计算

根据公式$p_1V_1=p_2V_2$可得

$$V_2=V_1\frac{p_1}{p_2}=20\times\frac{1\times10^5}{(7+1)\times10^5}=2.5\ (m^3)$$

$$T_2=T_1=273+20=293\ (K)$$

或

$$T_2=T_1=20\ (℃)$$

由于$l_{it}=\frac{L_{it}}{V_1}$，因此

$$l_{it}=p_1\ln\frac{p_2}{p_1}=1\times10^5\times\ln\left[\frac{(7+1)\times10^5}{1\times10^5}\right]=208000\ (J/m^3)$$

（2）按绝热压缩循环计算

从附表1中查出空气的等熵指数$k=1.40$，根据式（4-11）、式（4-12）和式（4-13）代入对应数据可求得

$$V_2=V_1\left(\frac{p_1}{p_2}\right)^{\frac{1}{k}}=20\times\left(\frac{1\times10^5}{8\times10^5}\right)^{\frac{1}{1.4}}=4.5\ (m^3)$$

$$T_2=T_1\left(\frac{p_2}{p_1}\right)^{\frac{k-1}{k}}=(273+20)\times\left(\frac{8\times10^5}{1\times10^5}\right)^{\frac{1.4-1}{1.4}}=531\ (K)$$

$$T_2=531-273=258\ (℃)$$

$$l_{ad}=\frac{L_{ad}}{V_1}=p_1\frac{K}{K-1}\left[\left(\frac{p_2}{p_1}\right)^{\frac{k-1}{k}}-1\right]=1\times10^5\times\frac{1.4}{1.4-1}\times\left[\left(\frac{8\times10^5}{1\times10^5}\right)^{\frac{1.4-1}{1.4}}-1\right]=283000\ (J/m^3)$$

（3）按多变压缩循环计算

根据$p_1V_1^m=p_2V_2^m$及式（4-8）和式（4-9）计算

$$V_2=V_1\left(\frac{p_2}{p_1}\right)^{\frac{1}{m}}=20\times\left(\frac{1\times10^5}{8\times10^5}\right)^{\frac{1}{1-2.5}}=3.8\ (m^3)$$

$$T_2=T_1\left(\frac{p_2}{p_1}\right)^{\frac{m-1}{m}}=(273+20)\times\left(\frac{8\times10^5}{1\times10^5}\right)^{\frac{1.25-1}{1.25}}=444\ (K)$$

$$T_2=444-273=171\ (℃)$$

$$l_{pol}=\frac{L_{pol}}{V_1}=p_1\frac{m}{m-1}\left[\left(\frac{p_2}{p_1}\right)^{\frac{m-1}{m}}-1\right]$$

$$=1\times10^5\times\frac{1.25}{1.25-1}\times\left[\left(\frac{8\times10^5}{1\times10^5}\right)^{\frac{1.25-1}{1.25}}-1\right]=257500\ (\mathrm{J/m^3})$$

4.2.4 活塞式压缩机工作过程的示功图分析

对于活塞式压缩机的实际工作情况，可以借助其实际 p-V 图进行分析。

在图 4-4 中：a—b 线表示实际压缩过程曲线；b—c 线为排气过程曲线；c—d 线为膨胀过程曲线；d—a 线为实际吸气过程曲线；p_1和 p_2 分别为名义吸气压力和名义排气压力。实际循环与理论循环相比存在如下差别。

4.2.4.1 气缸余隙的影响

实际气缸具有余隙容积。当活塞处于止点位置时，在活塞和气缸盖之间的间隙及气缸到气阀的通道空间内，均残留有压力为排出压力的气体，其总体积为 V_0，称余隙容积，气缸的容积 V_1 为余隙容积 V_0 和气缸行程容积 V_h之和，即

$$V_1=V_0+V_h \tag{4-18}$$

当活塞从止点往回运动时，余隙容积中的气体膨胀，即相当于图 4-4 中的 c—d 曲线，当膨胀至气体压力低于名义吸气压力时，才能吸入新鲜气体。此时 V_0 体积已增大至 $V_0+\Delta V_1$。所以，由于气缸余隙的存在，使气缸的实际吸气容积 V_s'小于气缸容积 V_1，也小于行程容积 V_h，从而降低了压缩机的生产能力。从这个角度说，气缸余隙的存在是不利的，因而要求在设计压缩机时，在保证运转可靠的条件下尽量减少余隙空间。

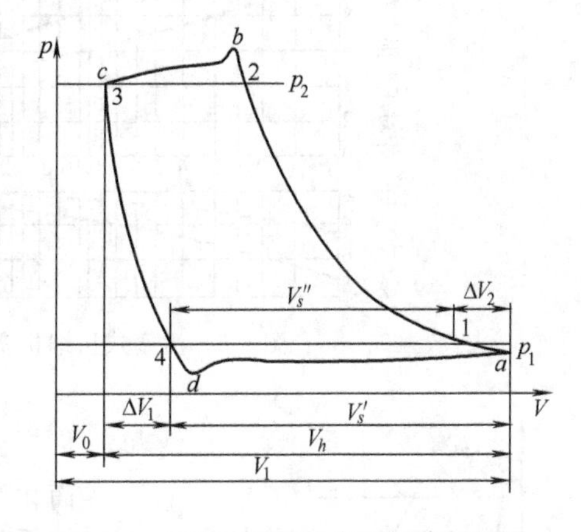

图 4-4 活塞式压缩机实际工作循环图

4.2.4.2 气阀的影响

气体通过气阀及管路时，由于沿程阻力和局部阻力而产生压力损失，所以在吸气期间，气缸内的压力总是低于名义吸气压力 p_1（即低于吸气管道压力）。而吸入阀从开始开启到全开更需克服较大的局部阻力，所以此时刻的气缸内压力就更低。图中点 4 为吸气阀开始开启，点 d 相应于吸气阀全开的情况。同理，气缸内实际排气压力总是高于名义排出压力 p_2（即高于排气管道内的压力）。由于排气阀的局部阻力，在点 b 排气阀才全部开启。

压缩机实际压缩示功图上吸气过程和排气曲线呈波浪形，是由于气流速度随活塞运动速度变化而变化以及阀片的惯性振动使阻力损失不稳定而导致的。为了便于工程计算，常用压力损失表示实际吸气（排气）压力与名义吸气或排气压力间的差值。设 p_1'为平均吸气压力；简称实际吸气压力，p_2'为平均排气压力，简称实际排气压力，则

$$\Delta p_1=p_1-p_1' \tag{4-19a}$$

$$p_1'=p_1-\Delta p_1 \tag{4-19b}$$

$$\Delta p_2=p_2-p_2' \tag{4-20a}$$

$$p_2'=p_2+\Delta p_2 \tag{4-20b}$$

实际压力比

$$\varepsilon'=\frac{p_2'}{p_1'}=\frac{p_2\left(1+\frac{\Delta p_2}{p_2}\right)}{p_1\left(1-\frac{\Delta p_1}{p_1}\right)} \tag{4-21}$$

令 $\delta_s=\frac{\Delta p_1}{p_1}$表示吸气相对压力损失，$\delta_d=\frac{\Delta p_2}{p_2}$表示排气相对压力损失，于是

$$\varepsilon'=\varepsilon\left(\frac{1+\delta_d}{1-\delta_s}\right)=\varepsilon(1+\delta_0) \tag{4-22}$$

式中 ε——名义压力比；

δ_0——吸气排气过程中总的相对压力损失，可近似认为 $\delta_0=\delta_s+\delta_d$；关于相对压力损失可参照图 4-5，对于小型高速压缩机，如果功率指标要求不严格时可取实线值，对于功率指标先进的机器可取虚线值，这时需在结构设计上有保障。

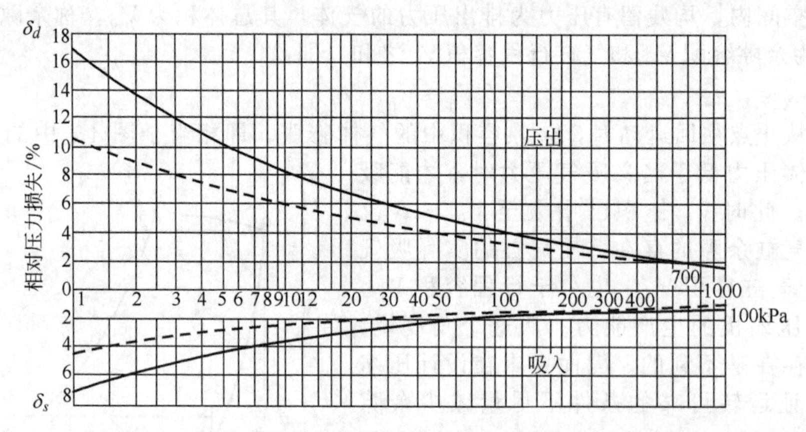

图 4-5 活塞式压缩机实际压缩过程相对压力损失参考值

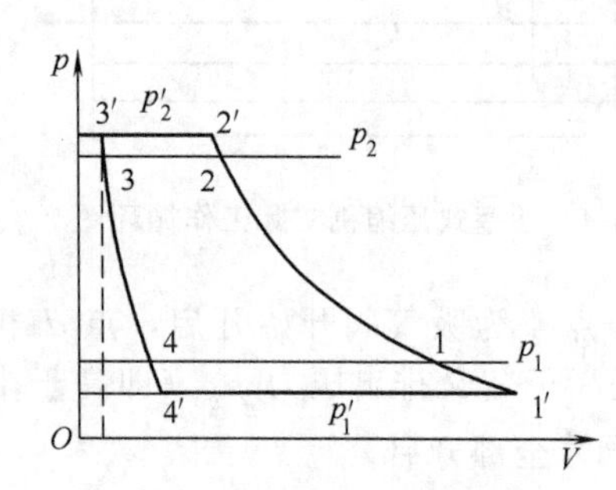

图 4-6 简化后实际压缩循环示功图

由此可知，实际压力比 ε'大于名义压力比 ε。

经过这样的考虑以后，图 4-4 的实际循环示功图就简化为图 4-6 所示的形式，1′-2′-3′-4′的曲线即为实际压缩循环过程的简化 p-V 图。

4.2.4.3 热交换的影响

压缩机工作一段时间以后，气缸各部分的温度基本趋于稳定，其值高于气体吸入温度、低于排出温度。气体在每一次循环中，热交换的情况在不断地变化。例如在压缩开始时，气体温度低于气缸温度，气体就从气缸吸收热量而提高本身温度，此时的压缩过程指数 $m>k$；随着压缩过程的进行，气体温度不断提高，气体与气缸的温差逐渐减小，到某一瞬时，温差为零，此时压缩循环从多变过程转变为绝热过程，即 $m=k$；随着压缩的继续进行，气体温度高于气缸温度，气体向气缸放热，又转变为多变压缩过程，此时 $m<k$。气体膨胀过程也与此类似，开始膨胀时，气体温度高于气缸温度，气体在膨胀的同时，对气缸放热，进行 $m>k$ 的多变过程，随后依次进行 $m=k$ 和 $m<k$ 的过程。

因此，在实际压缩循环中，多变指数 m 并不是常数，在不同过程段会出现 $m>k$、$m<k$或 $m=k$ 的情况。在此处需要说明的是，气体压缩多变指数和气体膨胀多变指数均用 m 表示，因为这两个过程不可能同时发生。在后面的内容介绍中，若涉及气体压缩，则 m

是指压缩多变指数（或称压缩指数）；若涉及气体膨胀，则 m 就是指膨胀多变指数（或称膨胀指数）。

4.2.5 气缸的实际吸气量

对照图 4-2 和图 4-4 可看出，理论循环时的吸气过程是沿着整个活塞行程进行。气体的吸入容积就是活塞的行程容积，也等于气缸的容积 V_1，而且吸入气体量等于排出气体量。在实际循环中，余隙容积内气体膨胀、阀门等的压力损失以及气体在气缸中被加热等因素都将使每个活塞行程所吸进的气量减少。

如图 4-4 所示，由于余隙容积中高压气体的膨胀占去了一部分行程容积，使吸进的气量减少了 ΔV_1，由于进气过程中的阻力作用，使进气终了时压力降到 p_a。若把气体由压力 p_a 折合到 p_1，则气体的容积会减少 ΔV_2；由于热交换的影响使吸入终了时气体的温度升为 T_a。若折合到名义吸气温度 T_1，则吸进气体的容积还会再小一些。

令实际吸入的气体容积 V_s 与气缸行程容积之比为 λ_s，即吸气系数，则

$$\lambda_s=\frac{V_s}{V_h} \tag{4-23}$$

式中 V_s——活塞行程内的实际吸气量；

V_h——活塞行程容积。

式（4-23）可表示为

$$\lambda_s=\frac{V'_s}{V_h}\times\frac{V''_s}{V'_s}\times\frac{V_s}{V''_s} \tag{4-24}$$

式中 V'_s——在实际吸气温度 T_a 和实际吸气压力 p_a 下吸入的气体容积；

V''_s——在实际吸气温度 T_a 折合到名义吸气压力 p_1 下吸入的气体容积。

再令

$$\lambda_V=\frac{V'_s}{V_h} \tag{4-25}$$

$$\lambda_p=\frac{V''_s}{V'_s} \tag{4-26}$$

$$\lambda_T=\frac{V_s}{V''_s} \tag{4-27}$$

式中 λ_V——反映余隙对吸气量的影响，定义为容积系数；

λ_p——反映压力损失对吸气量的影响，定义为压力系数；

λ_T——反映热交换作用对吸气量的影响，定义为温度系数。

于是，式（4-24）写为

$$\lambda_s=\lambda_V\lambda_p\lambda_T \tag{4-28}$$

由式（4-23）和式（4-28）得实际循环的吸气量

$$V_s=\lambda_V\lambda_p\lambda_T V_h \tag{4-29}$$

这些系数可以用热力学的方法计算出来，但设计时，常借助于已有压缩机设计中所积累的经验数据。现分述于后。

（1）容积系数 λ_V

$$\lambda_V=\frac{V'_s}{V_h}=\frac{V_h-\Delta V_1}{V_h}=1-\frac{\Delta V_1}{V_h} \tag{4-30}$$

对于膨胀过程，由图 4-4 可以看出，压力和容积的关系为

$$p_2V_0^m=p_1(V_0+\Delta V_1)^m \tag{4-31}$$

式中 V_0——余隙容积。

于是可得

$$\Delta V_1 = V_0\left[\left(\frac{p_2}{p_1}\right)^{\frac{1}{m}} - 1\right] \tag{4-32}$$

将式（4-32）代入式（4-30），得

$$\lambda_V = 1 - \frac{V_0}{V_h}\left[\left(\frac{p_2}{p_1}\right)^{\frac{1}{m}} - 1\right] \tag{4-33}$$

令 $\alpha = V_0/V_h$ 表示相对余隙容积，$\varepsilon = p_2/p_1$ 表示名义压力比，则

$$\lambda_V = 1 - \alpha\left[\varepsilon^{\frac{1}{m}} - 1\right] \tag{4-34}$$

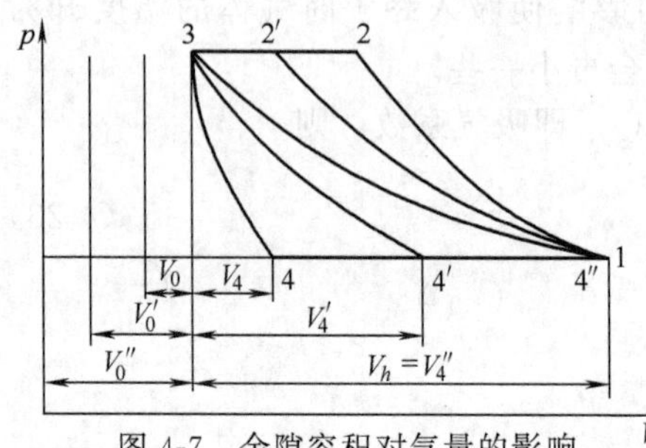

图 4-7　余隙容积对气量的影响

由式（4-34）可见，影响容积系数 λ_V 的因素有三个：相对余隙容积 α、压力比 ε 和膨胀指数 m，具体影响分析如下。

① 相对余隙容积 α 的影响　在压力比和膨胀指数相同的条件下，相对余隙容积增大，容积系数减小。如图 4-7 所示，当行程容积不变时，余隙容积由 V_0 增加到 V_0'，则吸气量由 V_{1-4} 减少至 $V_{1-4'}$。当余隙容积增加到某一数值时，因为余隙容积中的高压气体膨胀后充满整个气缸容积，使进气量为零。例如当 $\varepsilon=3$，$m=1.2$，$\alpha=0.668$ 时，其 $\lambda_V=0$。因此，在设计活塞式压缩机时，为了提高 λ_V，余隙容积要尽量减小。相对余隙容积的大小，很大程度上取决于气阀的布置方式、气阀的结构和压缩级次，以及行程与缸径之比（S/D）等。

低压级活塞压缩机的相对余隙容积 α 取值为 0.07～0.12；中压级 α 值为 0.09～0.14；高压级 α 取值为 0.11～0.16。

② 压力比 ε 的影响　当相对余隙容积和膨胀指数一定时，压力比 ε 增大，则容积系数 λ_V 下降。如图 4-8 所示，当排气压力由 p_2 增至 p_2' 时，吸气量由 V_{1-4} 减至 $V_{1-4'}$；当压力增至 p_2''时，吸气量降为零，此时由于高压气体的膨胀充满了整个气缸容积，新鲜气体无法进入。例如当 $\alpha=0.10$，$m=1.2$，$\varepsilon=17.8$ 时，可以根据式（4-34）计算得 $\lambda_V=0$。从气缸容积利用的角度看，提高压力比是不利的。一般每级的压力比 ε 为 3～4，只有在小型或某些特殊压缩机中，ε 可达到 8，甚至更高些。

③ 膨胀指数 m 的影响　在其他条件相同的情况下，膨胀指数的越大，容积系数 λ_V 越大。如图 4-9 所示，膨胀指数 m 增大时，膨胀指数曲线变陡，气体所占容积减小，即吸气量增多。一般膨胀指数要比压缩指数小。膨胀指数可由表 4-6 求得。

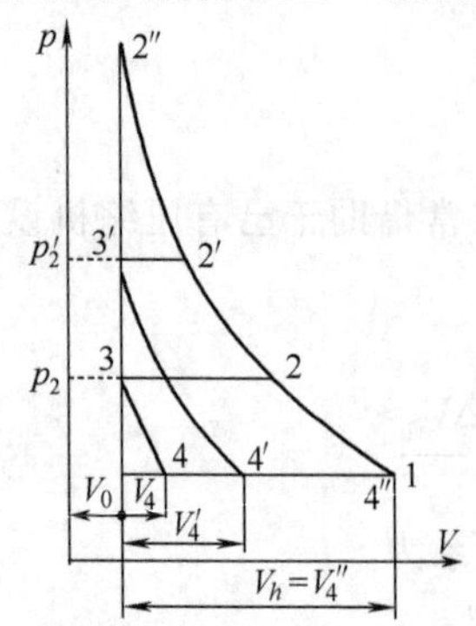

图 4-8　不同压力比下的气体膨胀示功图

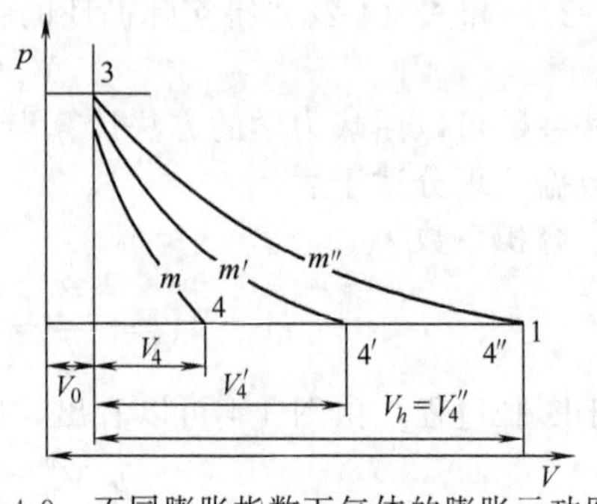

图 4-9　不同膨胀指数下气体的膨胀示功图

表 4-6　气体膨胀指数 m 取值范围（$\varepsilon=3\sim4$）

绝对吸气压力/MPa	m 值	
	一般情况	$k=1.4$
<0.15	$1+0.50(k-1)$	1.2
0.15～0.4	$1+0.62(k-1)$	1.25
0.4～1.0	$1+0.75(k-1)$	1.3
1.0～3.0	$1+0.88(k-1)$	1.35
>3.0	$m=k$	1.4

(2) 压力系数 λ_p

在实际吸气过程中，气缸内的压力 p_a 小于名义吸气压力 p_1，气体膨胀将占去气缸的部分有效容积而影响新鲜气体的吸入量。λ_p 一般取经验值。对压缩机的第一级，吸入压力常为大气压力，此时可取 $\lambda_p=0.95\sim0.98$，其中小值适用于气阀流通截面较小或气阀弹簧力过大的情况。对于多级压缩机除第一级外其余各级或增压压缩机中各级，吸气压力较高，气阀的阻力相对影响较小，可取 $\lambda_p=0.98\sim1.0$。

(3) 温度系数 λ_T

压缩机运转一定时间后，气缸、活塞、气阀以及与之接近的吸排气管道的温度都升高，吸入的新鲜气体被加热而体积膨胀，密度减小，折合成名义吸气压力 p_1 和名义吸气温度 T_1 下的进气量减小。温度系数 λ_T 正是从这个角度来反映吸气容积的损失。

λ_T 的数值一般与压力比 ε、转速 n、气缸冷却速度、气阀布置方式以及气体性质等因素有关。对于双原子气体的 λ_T 值，可参考图 4-10 选取，但对于制冷压缩机，λ_T 值不在此例。在应用图 4-10 时，若压力比 ε 愈大，气缸温度越高，转速 n 愈低，气体导热性能愈好，则 λ_T 取小值。

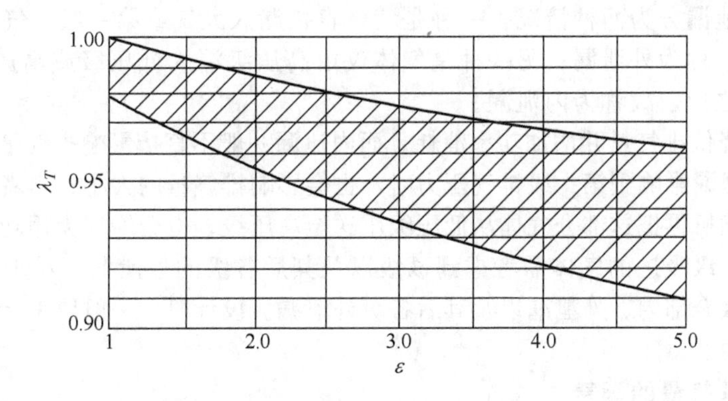

图 4-10　温度系数 λ_T 与压力比 ε 的关系

4.2.6　压缩机的排气量

4.2.6.1　排气量的定义

压缩机的排气量通常是指单位时间内压缩机最后一级排出的气体换算到第一级进口状态的压力和温度时的气体容积值。排气量可以反映压缩机的大小，排气量常用的单位为 m^3/min。

压缩机的额定排气量，即压缩机铭牌上标注的排气量，是指特定的进口状态（例如 0.1MPa 的进气压力，进气温度为 20℃时）的排气量。

如果被压缩气体内含有水蒸气，水蒸气的分压会随气体压力的升高而升高。气体被冷却后，如果水蒸气的分压高于冷却后气体温度下的饱和蒸汽压，水蒸气便从气体中凝析出来，并借助气液分离器从气体中分离出来。此外，化工厂中被压缩的多组分气体内，有些组分不是工艺过程所需要的，当压缩到一定压力后，要把无用的组分进行除脱。计算排气量时，也要把这些除掉的水分和气体，全部换算成进口状态的容积加进去。如果工艺过程中有气体添加到压缩机中，那么计算排气量时就应扣除所加入的气体容积。

4.2.6.2 排气量的计算

一般情况下排气量可用式（4-35）计算，即

$$Q_0=V_s\lambda_1 n=V_h\lambda_V\lambda_p\lambda_T\lambda_1 n \tag{4-35}$$

式中 Q_0——排气量，m^3/min；

λ_1——泄漏系数，$\lambda_1=V_d/V_s$；

V_h——排出气体折合到进口状态的容积，m^3；

n——压缩机转速，r/min。

式（4-35）也可写为

$$Q_0=\lambda_H nV_h \tag{4-36}$$

$$\lambda_H=\lambda_V\lambda_p\lambda_T\lambda_1 \tag{4-37}$$

一般称 λ_H 为排气系数，它表示 Q_0 与 nV_h 的关系，即

$$\lambda_H=\frac{Q_0}{nV_h} \tag{4-38}$$

式（4-38）表示压缩机实际排气量与理论排气量的比值。排气系数的大小能够反映压缩机气缸行程容积的利用和机器的运转状态，可以用来评价机器的完善程度，因此它是压缩机的重要参数。

泄漏系数 λ_1 表示压缩机排气量相对于吸气量的百分数。压缩机中能够产生气体泄漏的地方有气阀、活塞环及填料。当然在管路上（包括阀门、气量调节装置等）也可能有气体泄漏。

压缩机中的泄漏分为两种情况：一种是气体直接漏入大气或第一级进气管道，由于是泄漏到压缩机之外，称为外泄漏；另一种是气体仅由高压级漏入低压级或高压区漏入低压区，气体仍在压缩机之内，故称为内泄漏。

外泄漏直接降低排气量并增加功率消耗；而内泄漏一般不直接影响排气量，但能影响级间压力的分配。当泄漏影响到第一级排气压力时，也会影响排气量的大小；再者，若高压气体泄漏到低压级，压缩机再把这部分气体从低压级压送至高压级，也会增加无用功耗。为了确保一定的排气量，第一级吸进的气体需考虑到该级以及其后各级的外泄漏。对于第一级之后的各级，则应考虑本级全部内、外泄漏以及其后各级外泄漏。设计时，一般取 $\lambda_1=0.95\sim0.98$，低转速压缩机取低值。

4.2.6.3 影响排气量的因素

① 吸气压力的影响　对于普通空气压缩机，吸气压力即大气压力受气温和海拔高度影响，对于已有的压缩机，其排气量随吸气压力降低而降低，随吸气压力提高而增加；

② 吸气温度的影响　降低吸气温度，采用管外喷冷却水和管外涂刷反光漆等办法，可以提高吸气量，增加排气量；

③ 转速的影响　提高压缩机转速可以提高排气量，但应考虑机器的强度和振动等问题；

④ 余隙容积的影响　新设计的机器，如果余隙容积超过规定数值时，将使容积系数减小，使排气量降低，适当减少余隙可增加排气量；

⑤ 泄漏的影响　压缩机设计方案的完善程度、制造质量、装配质量和维修质量等都会影响泄漏。

4.2.7 压缩机的功率和效率

前已述及，在 p-V 图上，压缩机工作循环曲线所包围的面积，即为气缸一个工作循环中压缩气体所消耗的功，即指示功。压缩机理论循环的指示功可按不同的压缩过程用不同的公式算出，但实际循环的指示功的计算就比较复杂了。因为吸气过程线和排气过程线在 p-V 图上都是波浪线，膨胀过程和压缩过程曲线的指数也不是常数，因此必须简化才可以计算。简化方法有两种：等端点法和等面积法。在设计压缩机时，为便于计算，一般假设压缩过程与膨胀过程都是绝热过程，这样就可认为实际指示功是两个理论循环功之差，如图 4-6 所示。即一个循环所耗功为 $1'$—$2'$—$5'$—$6'$面积与 $4'$—$3'$—$5'$—$6'$面积之差。

按式（4-12）可得

$$L_i = p'_1 V_1 \frac{k}{k-1}\left[\left(\frac{p'_2}{p'_1}\right)^{\frac{k-1}{k}} - 1\right] - p'_1 (V_0 + \Delta V_1)\frac{k}{k-1}\left[\left(\frac{p'_2}{p'_1}\right)^{\frac{k-1}{k}} - 1\right]$$

$$= p'_1 [V_1 - (V_0 + \Delta V_1)] \frac{k}{k-1}\left[\left(\frac{p'_2}{p'_1}\right)^{\frac{k-1}{k}} - 1\right]$$

根据图 4-4，得

$$V_1 - (V_0 + \Delta V_1) = V'_s$$

于是

$$L_i = p'_1 V'_s \frac{k}{k-1}\left[\left(\frac{p'_2}{p'_1}\right)^{\frac{k-1}{k}} - 1\right]$$

将式（4-25）代入上式，得

$$L_i = p'_1 \lambda_V V_h \frac{k}{k-1}\left[\left(\frac{p'_2}{p'_1}\right)^{\frac{k-1}{k}} - 1\right] \tag{4-39}$$

或

$$L_i = p'_1 \lambda_V V_h \frac{k}{k-1}\left[(\varepsilon')^{\frac{k-1}{k}} - 1\right] \tag{4-40}$$

式中 L_i——压缩机指示功，J；

p'_1——实际吸气压力，Pa；

V_h——行程容积，m^3；

λ_V——容积系数，按式（4-23）计算；

k——绝热指数；

p'_2——实际排气压力，Pa；

ε'——实际压力比。

从式（4-40）可以看出，从理论上讲，余隙容积的存在并不增加压缩机的功耗。同时，由于实际压力比大于名义压力比，因此指示功大于理论绝热循环功。

4.2.7.1 指示功率

在单位时间内活塞对气体所做的功，称为指示功率。在理论循环中，单位时间内所做的理论功称为理论指示功率。

等温压缩理论指示功率为

$$P_{is} = \frac{L_{is} n}{60} = \frac{n}{60} p_1 V_1 \ln\frac{p_2}{p_1} = \frac{1}{60} p_1 Q_1 \ln\frac{p_2}{p_1} \tag{4-41}$$

式中，$Q_1 = nV_1$，m^3/min；p_1 为名义吸气压力，Pa。

绝热压缩理论指示功率为

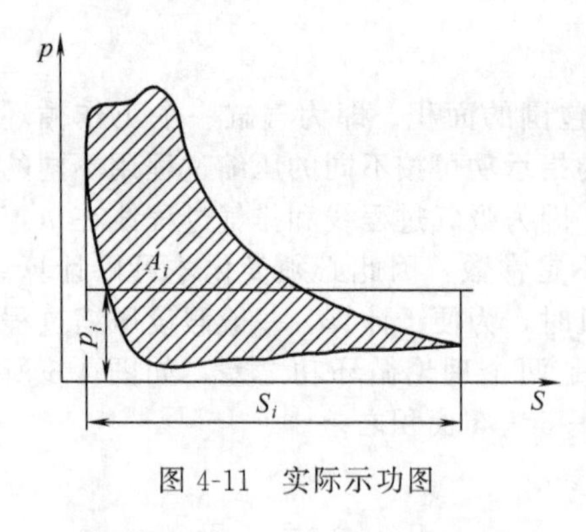

图 4-11 实际示功图

$$P_{ad}=\frac{1}{60}p_1Q_1\frac{k}{k-1}\left[\left(\frac{p'_2}{p'_1}\right)^{\frac{k-1}{k}}-1\right] \tag{4-42}$$

在实际循环中实际指示功率的计算，用以下两种方法进行。

(1) 示功图实测法

对已有的压缩机，以示功仪记录其压缩机工作的示功图，如图 4-11 所示。图中曲线所包围的面积 A_i 代表曲轴转一周所消耗的指示功。从图中求得图形面积 A_i 和图形长度 S_i，然后求取平均指示压力

$$p_i=m_p\frac{A_i}{S_i} \tag{4-43}$$

式中，m_p 为示功图压力比例系数，Pa/cm。

根据平均指示压力值便可求取指示功率，对单作用气缸，指示功率为

$$p_i=\frac{1}{60}p_iASn \tag{4-44}$$

式中　p_i——平均指示压力，Pa；

A——活塞面积，m^2；

S——活塞行程，m；

n——压缩机转速，r/min。

对双作用气缸或差动气缸，压缩机各气缸的指示功率应分别测定计算。这种实测法误差较小，但仅适于现成的压缩机。在设计新压缩机时需采用估算法。

(2) 指示功率的估算方法

用式（4-41）可得指示功率的计算公式为

$$p_i=\frac{nL_i}{60}=\frac{1}{60}p'_1V_h\lambda_Vn\frac{k}{k-1}(\varepsilon'^{\frac{k-1}{k}}-1)$$
$$=\frac{1}{60}p'_1Q_h\lambda_V\frac{k}{k-1}(\varepsilon'^{\frac{k-1}{k}}-1) \tag{4-45}$$

式中，Q_h 为气缸单位时间内总的工作容积，m^3/min，$Q_h=nV_h$。

从式（4-45）可看出，指示功率与气缸的实际吸气量、实际吸气压力和实际压力比有关。在同样额定生产能力以及同样名义吸气、排气压力下，不同活塞式压缩机的指示功率不一定相同。这是由于它们在结构上存在差异或者冷却效果不同，因此容积系数和阻力损失都不一样，从而导致指示功率的不同。为此用“效率”这一概念来衡量一台压缩机结构的完善性。

4.2.7.2　效率

压缩机的效率是衡量机器经济性的重要指标。为了分析压缩机效率的构成及影响因素，先需要了解输入压缩机能量的转换问题。图 4-12 是单级压缩机内部能量传递和分配示意图。原动机输入给压缩机的有效功率为 P_e，由于传动损失，使得机器从轴端获得的轴功率为 P_Z；又由于压缩机内部机械摩擦等损失，使得缸内净得的指示功率 P_i 又小于 P_Z，即

$$P_e=P_Z+P_c \tag{4-46}$$
$$P_Z=P_i+P_m \tag{4-47}$$

式中　P_e——电动机输入的有效功率，kW；

P_Z——压缩机输入端的轴功率，kW；

P_i——缸内指示功率，kW；

P_c——传动损失功率，kW；

P_m——摩擦损失以及驱动附属机构所耗的功率，kW。

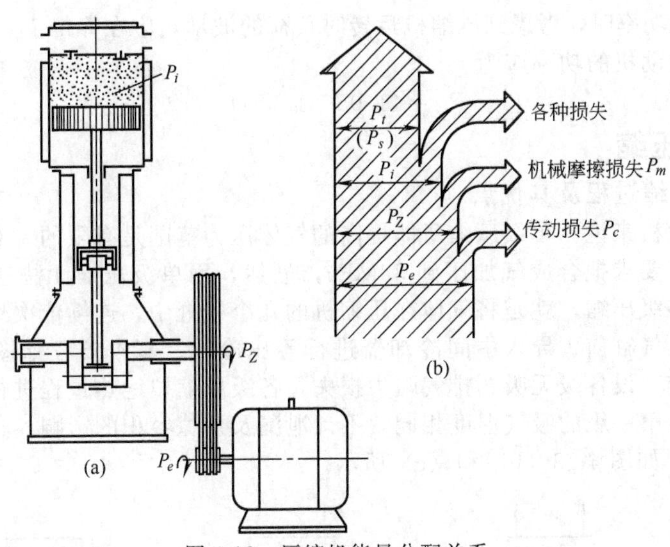

图 4-12 压缩机能量分配关系

工程上为了便于比较，常取理论循环所消耗的功率作为衡量实际压缩循环的基准。效率是用来衡量实际循环与理论循环之间的差距大小的，即用来衡量压缩机的经济性。典型的理论循环有等温循环和绝热循环两种。

(1) 等温指示效率

等温指示效率是指压缩机等温理论循环指示功率和实际压缩循环指示功率之比，以 η_{it} 表示，即

$$\eta_{it}=\frac{P'_{it}}{P_i} \tag{4-48}$$

式中 P_i——压缩机的指示功率，kW；

P'_{it}——压缩机的等温压缩循环指示功率，kW，可用下式计算

$$P'_{it}=\frac{1}{60}p_1Q_0\ln\frac{p_2}{p_1} \tag{4-49}$$

式中，Q_0 为实际排气量折合到进口状态的容积流量，m^3/min。

(2) 绝热指示效率

绝热指示效率是指压缩机绝热理论循环指示功率和实际压缩循环指示功率之比，以 η_{iad} 表示

$$\eta_{iad}=\frac{P'_{ad}}{P_i} \tag{4-50}$$

式中，P'_{ad} 为压缩机绝热压缩理论循环指示功率，用下式计算

$$P'_{ad}=\frac{1}{60}p_1Q_0\frac{k}{k-1}\left[\left(\frac{p_2}{p_1}\right)^{\frac{k-1}{k}}-1\right] \tag{4-51}$$

一般 η_{iad} 在 0.85～0.97 之间。

此外，还有机械效率和传动效率，计算公式分别为

$$\eta_m=\frac{P_i}{P_Z} \tag{4-52}$$

$$\eta_c=\frac{P_Z}{P_e} \tag{4-53}$$

在选择电动机功率时，考虑到压缩机运转时负荷的波动，应在算得 P_e 的基础上有5%～15%的余量，即电动机的功率应为

$$P_g=(1.05\sim1.15)P_e \tag{4-54}$$

4.2.8 多级压缩

4.2.8.1 多级压缩过程及其优点

对活塞式压缩机来说，单级压缩所能提高的气体压力范围是有限的。对需要高压力的场合，如合成氨生产要求把合成气加压到32MPa，显然，用单级压缩无法达到，必须采用多级压缩。所谓的多级压缩，就是将气体在压缩机的几个气缸中，连续依次地进行压缩，并使气体在进入下一级气缸前，导入中间冷却器进行等压冷却。基本流程如图4-13（a）所示。为了便于分析比较，设各级无吸、排气阻力损失，各级压缩按绝热过程进行，每级气体排出经冷却后的温度与第一级的吸气温度相同，不计泄漏及余隙容积的影响。这样，该理论循环的 p-V、T-S 图，如图4-13（b）和（c）所示。

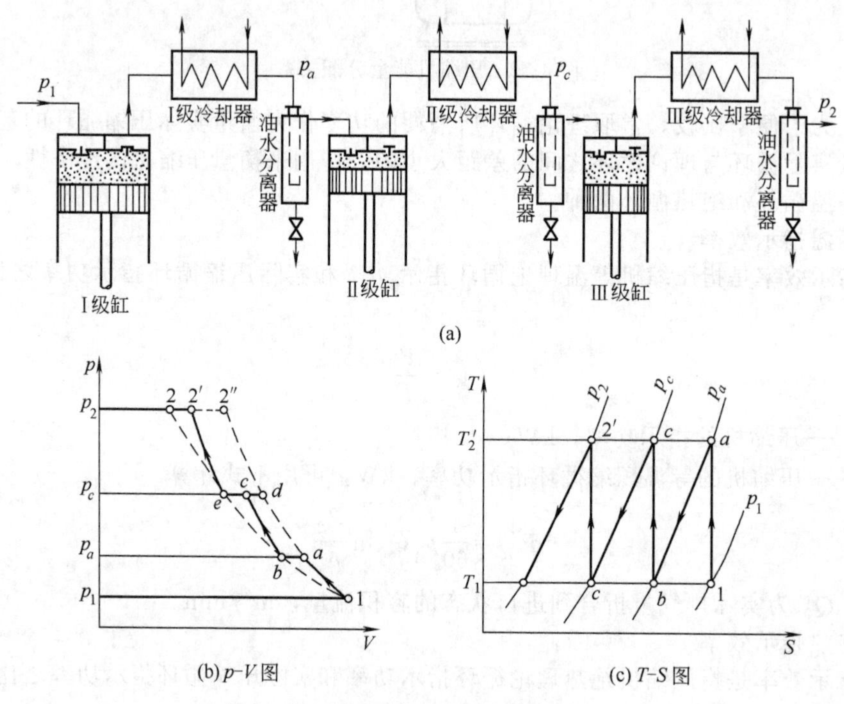

图4-13 多级压缩过程及状态参数曲线

多级压缩的主要优点表现为以下四个方面。

(1) 降低排气温度

从图4-13（c）可以看出，若把气体从吸气压力 p_1 按绝热过程单级压缩到排气压力，排气温度将因压力比过大而大幅度升高，因而是不合理的。若采用多级压缩，只要各级压力比相等，则经中间冷却后，其排气温度也应大致相同且维持较低水平。因此对于要求排气压力高而排气温度又不允许过高的场合，就必须采用多级压缩，以限制各级的压力比和排气温度。

对于带油润滑的空气压缩机，排气温度过高会使润滑油黏度降低，润滑性能变差并造成积炭，甚至可能引起爆炸，发生事故。一般动力用的空压机遵循：单级风冷排气温度 $t_d\leqslant$ 205℃；单级水冷的排气温度 $t_d\leqslant$185℃；双级风冷的排气温度 $t_d\leqslant$180℃；双级水冷的排气温度 $t_d\leqslant$150℃。此外，排气温度还应比润滑油的闪点低30～35℃。

在无油润滑压缩机中，密封元件采用自润滑材料。有些自润滑材料的最适宜的工作温度也有限制，例如聚四氟乙烯的工作温度，不能超过170℃，各种尼龙材料的工作温度也不允许超过100℃。

(2) 节省功率消耗

在图4-13 (b) 中，设气体进入气缸后从状态点1开始压缩，若按最理想单级等温压缩，其过程线为1—2（从压力p_1提高到p_2），若按单级绝热压缩，过程线为1—2″；若采用多级压缩，其过程线为1—a—b—c—e—2′。

在多级压缩第Ⅰ级中，气体从点1开始，若沿绝热过程压缩，先把压力从p_1提高到某中间压力p_a（压缩过程线为1—a），经Ⅰ级中间冷却器冷却后，温度回冷至原来的吸气温度而达状态点b。因为假设气体冷却彻底又无阻力损失（即$p_b=p_a$，$T_b=T_1$），所以冷却过程为一水平等压线，即a—b线。

在第Ⅱ级中气体从点b开始，亦沿绝热压缩过程，又把压力从p_a提高到另一中间压力p_c（压缩过程线为b—c），经第Ⅱ级中间冷却器后，温度回冷到原来的吸气温度而达状态点e，同样可认为$p_c=p_e$，$T_c=T_b=T_1$，冷却过程线亦为水平等压线c—e。

在第Ⅲ级压缩中，气体从点e开始，亦沿绝热压缩过程把压力从p_c提高到最终的排气压力p_2。这样多级压缩全过程就是曲折线1—a—b—c—e—2′。

由图可知，等温压缩过程最理想，功耗最省，绝热单级压缩功耗最大。而按多级压缩则介于两者之间，功耗比单级绝热压缩功耗节省了相当面积a—b—c—e—2′—2″—d—a的功率。压缩级数愈多，过程线将变成更密的阶梯形折线，即更接近等温压缩过程线。

(3) 降低最大活塞力

当压缩机的总压力比相同时，采用多级压缩的最大气体力比单级压缩的小，使压缩机所受的载荷减小，因此运动机构可以做得更轻便，机械效率更高。

假设有两台转速、行程和吸气条件都相同的压缩机，气体压力均要求从0.1MPa压缩到0.9MPa，其中一台按单级压缩，另一台按两级压缩。

对于单级压缩，设其活塞面积为A_1，如图4-14 (a) 所示，活塞在左、右止点时所受的最大气体力（又称活塞力）为

$$p_{max}=(0.9-0.1)A_1=0.8A_1$$

对于两级压缩，设第Ⅰ级活塞面积仍为A_1，第Ⅱ级活塞面积为A_2，如图4-14 (b) 所示。第Ⅰ级的压力从0.1MPa提高到0.3MPa；第Ⅱ级的压力从0.3MPa提高到0.9MPa，这时活塞在左、右止点时所受的最大气体力为

$$p'_{max}=(0.3-0.1)A_1+(0.9-0.1)A_2=0.2A_1+0.8A_2$$

若级间冷却完全，以p_1、p'_2分别代表第Ⅰ和第Ⅱ级的吸气压力，按等温条件$p_1A_1=p'_2A_2$，又$A_2=\frac{1}{3}A_1$，因此

$$p'_{max}=0.2A_1+\frac{0.8}{3}A_1=\frac{1.4}{3}A_1$$

则
$$p_{max}-p'_{max}=0.8A_1-\frac{1.4}{3}A_1=\frac{1}{3}A_1$$

由此可见，采用两级压缩的最大气体力比单级压缩要小得多。

(4) 提高容积系数

气缸内的余隙容积是不可避免的。压力比增大，容积系数λ_V降低，气缸的容积利用率降低。如采用多级压缩，随着级数的增多，每级的压力比减小，相应各级容积系数即可提

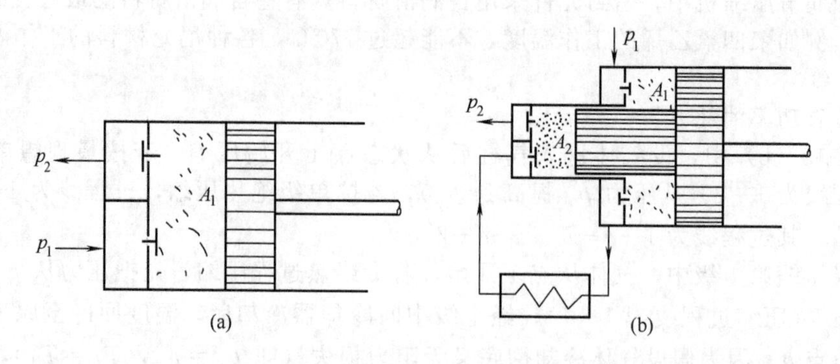

图 4-14　多级压缩对活塞力的影响

高，从而合理利用了气缸的工作容积。

多级压缩的优点是多方面的，尤其是排出压力要求较高时，其优点就更加明显。当然，采用多级压缩也带来一些问题，如结构复杂，整机尺寸和重量相对较大，增加了维修任务，基础投资增多等。另外，消耗于气阀、管路中的损失功率也增多，因此过多的级数也是不合理的。

4.2.8.2　级数的选择和各级压力比的分配

正确选择级数对保证机器的可靠性和经济性具有重要意义。选择级数的一般原则是保证运转可靠（特别是使每一级的压缩温度在允许范围内）、功耗小、结构简单、重量轻以及易于维修等。

对于长期连续运转的大型化工用压缩机，在保证机器可靠运转的前提下，级数选择一般都是从最小功耗的原则出发，以保证机器运转的经济性。此外，化工用压缩机级数选择还与工艺流程密切相关，一般每级的压力比都不宜超过 4。

间歇使用的小型压缩机及交通运输用的压缩机（如船舶、舰艇以及车辆等用压缩机），其基本要求是提高各级的压力比，采取尽量少的级数。对于用于易燃、易爆气体压缩以及无油润滑的压缩机，级数选择要充分考虑压缩温度限制的要求。

表 4-7 列出了多级压缩机终压与级数的关系，可供选择时参考。

表 4-7　终压与级数的关系

终压/100kPa	5～6	6～30	14～150	36～400	150～1000	200～1000	800～1000
级　数	1	2	3	4	5	6	7

级数确定之后，各级压力比还应进行合理分配，以使压缩机的功耗最小。在同样级数下，各级压力比相等时总压缩功耗最小。现以两级压缩的理论循环为例来说明。假设第Ⅰ级吸气压力为 p_1，第Ⅱ级排气压力为 p_2，中间压力为 p_x。若两级的多变压缩指数相等（$m_1=m_2=m$），总压力比 $\varepsilon=p_2/p_1$。多级压缩的总功耗应等于各级功耗的总和，即

$$\sum L=L_1+L_2=\frac{m_1}{m_1-1}p_1V_1(\varepsilon_1^{\frac{m_1-1}{m_1}}-1)+\frac{m_2}{m_2-1}p_2V_2(\varepsilon_2^{\frac{m_2-1}{m_2}}-1)$$

式中　m_1，m_2——第Ⅰ、第Ⅱ级压缩过程的多变指数；

V_1，V_2——第Ⅰ、第Ⅱ级气缸的吸气容积；

p_1，p_2——第Ⅰ级吸气压力、第Ⅱ级排气压力；

ε_1，ε_2——第Ⅰ、第Ⅱ级名义压力比，$\varepsilon_1=p_x/p_1$，$\varepsilon_2=p_2/p_x$。

假设第Ⅰ、第Ⅱ级吸气温度相等（$T_1=T_2$），即 $p_1V_1=p_2V_2$，且 $m_1=m_2=m$，于是上式可写成

$$\sum L=\frac{m}{m-1}p_1V_1\left[\left(\frac{p_x}{p_1}\right)^{\frac{m-1}{m}}+\left(\frac{p_2}{p_x}\right)^{\frac{m-1}{m}}-2\right]$$

为了确定$\sum L$ 为最小值时的中间压力 p_x，可将上式对 p_x 求导数，并令其等于零，即

$$\frac{d(\sum L)}{dp_x}=0$$

积分可得

$$\frac{d}{dp_x}\left[\left(\frac{p_x}{p_1}\right)^{\frac{m-1}{m}}+\left(\frac{p_2}{p_x}\right)^{\frac{m-1}{m}}\right]=0$$

整理可得

$$p_x^2=p_1p_2 \tag{4-55a}$$

或

$$\frac{p_x}{p_1}=\frac{p_2}{p_x}=\sqrt{\frac{p_2}{p_1}} \tag{4-55b}$$

式（4-55）说明两级压力比相等，且等于总压力比的平方根时总循环功最小。事实上，对于任意级数的理论循环，也可得出同样结论。即各级压力比相等时，总的理论循环功最小。如 Z 级压缩，总压力比为 ε_t，则各级压力比为$\sqrt[Z]{\varepsilon_t}$。

应当指出，上述结论是针对理论压缩循环得出的。实际上，压缩机工作过程中必须考虑各种压力损失，如气体从前一级进入下一级时，就存在压力损失，所以实际压力比的确定与理论值是有偏差的。图 4-15 为多级压缩机各级压力比的选择曲线，图中各组压力的分配是根据最省功的原则并考虑了各级的相对压力损失作出的，所以各级压力比并非相等，数值可

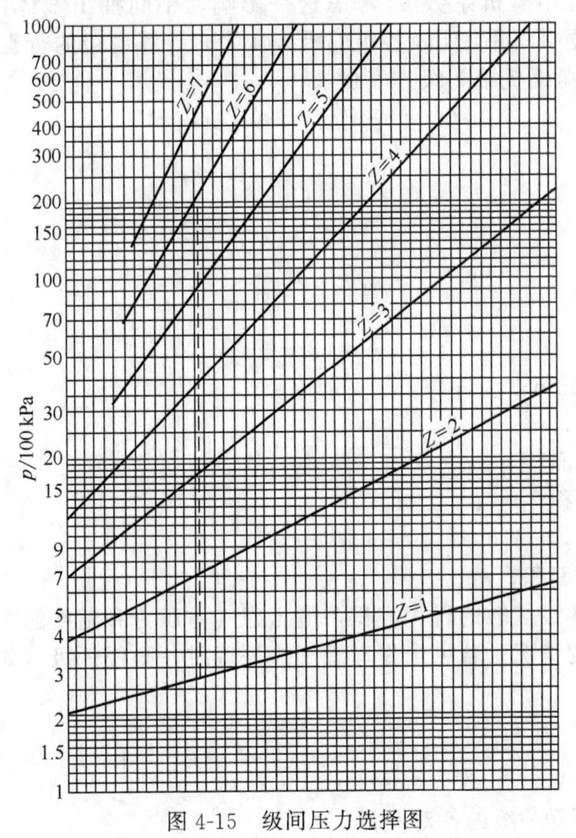

图 4-15 级间压力选择图

供参考。该图的基本用法是：使表示最终压力的水平线和所选择级数的斜线相交，并自交点向下作垂线与其他各 Z 线相交，各交点所对应的压力便是各级间压力值。图中虚线是终压为 20.1MPa 的应用实例。表 4-8 列出了按图 4-15 所得各级间压力和按等压力比所得各级间压力的数值，供学习对比参考。

表 4-8 多级压缩各级间的压力比分配

级数	按图 4-15 选择		按等压力比选择	
	名义排出压力/100kPa	压力比	名义排出压力/100kPa	压力比
1	2.73	2.73	2.12	2.42
2	7.00	2.56	5.86	2.42
3	17.00	2.44	14.17	2.42
4	40.00	2.35	34.3	2.42
5	91.00	2.27	83	2.42
6	201.00	2.21	201	2.42

4.2.8.3 各级气缸行程容积及缸径的确定

多级压缩机各级气缸的行程容积随着压力的递增依次逐渐减小。这是由于气体经过压缩后压力升高，体积减小。第一级吸入的气体（或大气）常含有水分；当压力升高时，水蒸气分压也随之升高，当该分压大于级间冷却后的气体温度下的饱和水蒸气压力时，部分水蒸气就凝析出来，从而降低了下一级的吸气量。此外，由于工艺的需要或其他原因，将中间某一级出来的气体抽出一部分，其余部分继续压缩至终压，称为中间抽气，抽气后各级因气量减少，相应气缸容积也应随之减小。

水蒸气凝析为水，用凝析系数 μ_φ 考虑这一影响，中间抽出气体用抽气系数 μ_0 加以考虑。下面讨论如何根据排气量 Q_0 及各级的吸入压力，计算各级的行程容积。

根据式（4-36），压缩机第一级排气量

$$Q_0=\lambda_H nV_h=\lambda_V\lambda_p\lambda_T\lambda_1 nV_h$$

变形为

$$V_h=\frac{Q_0}{\lambda_V\lambda_p\lambda_T\lambda_1 n}=AS \tag{4-56}$$

对单作用气缸
$$A=A'=\frac{\pi}{4}D^2 \tag{4-57a}$$

对双作用气缸
$$A=(2A'-A_1) \tag{4-57b}$$

式中 n——转速，r/min；

S——活塞行程，m；

A——活塞工作面积，m^2。

A'——活塞截面积，m^2；

D——气缸直径，m；

A_1——活塞杆截面积，m^2。

对第一级以后的各级气缸的行程容积，应考虑气体压力和温度的变化，前一级气体中水分的凝析及中间抽气的情况。若可当作理想气体处理时，则任一级（如第 i 级）的行程容积的计算公式如下

$$V_h=\frac{\mu_{\varphi i}\mu_{0i}}{\lambda_{Vi}\lambda_{Pi}\lambda_{Ti}\lambda_{1i}}\times\frac{Q_0}{n}\times\frac{p_1}{p_2}\times\frac{T_i}{T_1}=S_iA_i \tag{4-58}$$

式中，下标 i 表示第 i 级的各对应值。

在设计压缩机时，根据选定的转速 n 和行程 S，在确定有关系数并计算出 V_h 后，可求得气缸的截面面积，进而算出缸径。气缸结构不同，缸径的计算公式也不同。

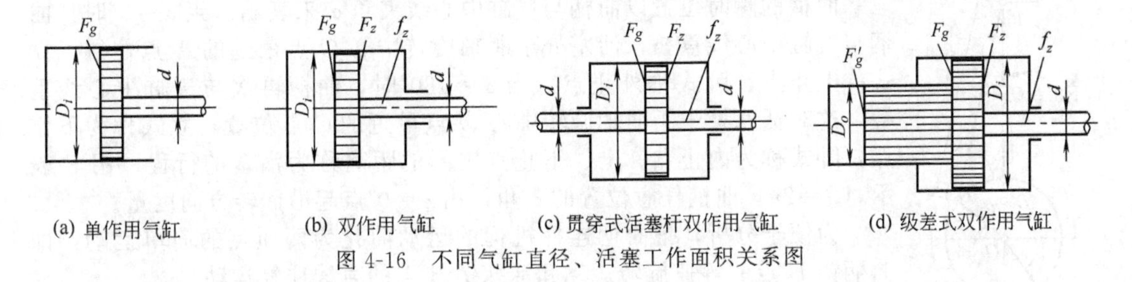

图 4-16　不同气缸直径、活塞工作面积关系图

对于单作用气缸，如图 4-16（a）所示，缸径大小为

$$D_i=\sqrt{\frac{4V_{hi}}{\pi SZ}} \tag{4-59}$$

对于双作用气缸，如图 4-16（b）所示，缸径大小为

$$D_i=\sqrt{\frac{2V_{hi}}{\pi SZ}+\frac{d^2}{2}} \tag{4-60}$$

对于贯穿式活塞杆双作用气缸，如图 4-16（c）所示，缸径大小为

$$D_i=\sqrt{\frac{2V_{hi}}{\pi SZ}+\frac{d^2+d_1^2}{2}} \tag{4-61}$$

对于级差式活塞双作用气缸，如图 4-16（d）所示，缸径大小为

$$D_i=\sqrt{\frac{2V_{hi}}{\pi SZ}+\frac{d^2+D_0^2}{2}} \tag{4-62}$$

式中　D_i，D_0——气缸直径，m；

V_{hi}——第 i 级气缸行程容积，m^3/min；

S——活塞行程，m；

Z——同级气缸数目；

d，d_1——活塞杆直径，m。

按以上各式算得的气缸直径还应圆整为标准值，为了保证排气量，圆整第一级缸径时一般取较大值（即向上圆整）。

4.3　活塞式压缩机的动力学

本节着重分析活塞式压缩机运动件的运动特性、各机件间的作用力、力矩以及惯性力与惯性力矩的平衡问题，以此作为压缩机零件强度和刚度计算的依据；并分析压缩机中的作用力和力矩对基础的影响及消除这些影响的方法。

4.3.1　曲柄连杆机构的运动

研究曲柄连杆机构运动的主要目的是了解活塞运动的规律，进一步分析压缩机中作用力情况。

图 4-17 为曲柄连杆机构示意图。O 点为曲轴旋转中心，E 点为曲柄销中心，B 点为活塞销（或十字头销）中心。曲轴旋转中心到曲柄销中心的距离 OE 称曲柄半径，用 r 表示。从曲柄销中心到活塞销中心的距离 EB 是连杆的长度，用 L 表示。r 和 L 是曲柄连杆机构的主要参数，取 $\lambda=r/L$。λ 值小，意味着连杆的长度较长，机器较长或较高；λ 值大，机器滑

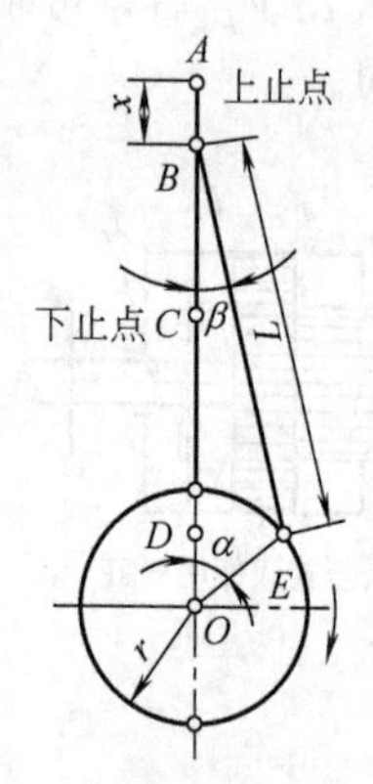

图 4-17　曲柄连杆机构示意图

道受力较大，磨损严重。在活塞压缩机中 λ 取值范围一般为 $\lambda=\frac{1}{6}\sim\frac{1}{3.5}$。

曲柄的瞬时位置以曲柄与气缸中心线夹角 α 来表示。当 $\alpha=0°$时，曲柄与气缸中心线重叠，活塞处于曲轴旋转中心 O 点最远的 A 点位置，立式称上止点，卧式称外止点。当 $\alpha=180°$时，曲柄再次与气缸中心线重叠，这时活塞处于距曲轴旋转中心 O 点最近的 C 点位置，立式称为下止点，卧式称为内止点。上、下止点之间的距离称为活塞的行程，用 S 表示，$S=2r$。曲柄任意位置的 α 角，由 $\alpha=0°$点起沿回转方向度量。

为便于分析，把曲柄连杆机构的运动简化为两质点的简单运动：即曲柄销 E 点的等速旋转运动和活塞销 B 点的直线往复运动。

曲柄的旋转角速度为

$$\omega=\frac{\mathrm{d}\alpha}{\mathrm{d}t}=\frac{\pi n}{30} \tag{4-63}$$

曲柄销 E 点的线速度为

$$u=r\omega \tag{4-64}$$

E 点的向心加速度为

$$a=r\omega^2 \tag{4-65}$$

(1) 活塞组的位移

由图 4-17 可见，当曲柄转过角度 α 时，活塞相应的位移为 x。而 x 和 α 的关系可以利用图中的几何关系建立，即

$$\begin{aligned}x&=AO-BO=L+r-(L\cos\beta+r\cos\alpha)\\&=r\left[(1-\cos\alpha)+\frac{1}{\lambda}(1-\cos\beta)\right]\end{aligned} \tag{4-66}$$

在$\triangle BOE$ 中，$L\sin\beta=r\sin\alpha$，则得 $\sin\beta=\lambda\sin\alpha$。

根据三角函数相关知识，$\cos\beta=\sqrt{1-\sin^2\beta}=\sqrt{1-\lambda^2\sin^2\alpha}$，将此二项式展开，为一无穷级数，忽略 λ^4 以上的微小量，可得

$$\cos\beta=1-\frac{1}{2}\lambda^2\sin^2\alpha \tag{4-67}$$

将式（4-67）和 $\sin^2\alpha=\frac{1-\cos2\alpha}{2}$代入式（4-66），可得

$$x=r\left[(1-\cos\alpha)+\frac{\lambda}{4}(1-\cos2\alpha)\right] \tag{4-68}$$

由式（4-68）可知，当 $\alpha=0°$时，活塞位移 $x=0$；当 $\alpha=180°$时，$x=2r=S$。

(2) 活塞组的速度

将式（4-68）对时间 t 求导，可得活塞组的速度为

$$c=\frac{\mathrm{d}x}{\mathrm{d}t}=\frac{\mathrm{d}x}{\mathrm{d}\alpha}\frac{\mathrm{d}\alpha}{\mathrm{d}t}=r\omega\left(\sin\alpha+\frac{\lambda}{2}\sin2\alpha\right) \tag{4-69}$$

(3) 活塞组的加速度

将式（4-69）对时间 t 求导，得到活塞组的加速度为

$$a=\frac{\mathrm{d}c}{\mathrm{d}t}=\frac{\mathrm{d}c}{\mathrm{d}\alpha}\frac{\mathrm{d}\alpha}{\mathrm{d}t}=r\omega^2(\cos\alpha+\lambda\cos2\alpha) \tag{4-70}$$

4.3.2 曲柄连杆机构运动惯性力的分析

在宏观体系中任何有质量的物体在作加速运动时均会产生惯性力，因此，当活塞式压缩机在工作时，作往复直线运动和作回转运动的零部件分别会产生往复惯性力和回转惯性力。

4.3.2.1 质量换算

计算惯性力，不仅需要了解运动件的运动规律，同时必须知道运动件的质量。为了便于计算某零件的惯性力，必须把该零件的实际质量用一个假想的、集中在某点的、产生相同惯性力的相当质量来代替，这就是所谓质量换算。

活塞式压缩机中所有运动件，按其运动情况可分为三类。

① 沿气缸中心线做直线往复运动的零件　它们包括活塞、活塞杆、十字头等。对此类零件不论它们的质量分布如何，只要总质量不变，则惯性力的大小和方向均不变。所以把它们的实际质量之和可看作集中在十字头销中心处，以 m_n 表示。

② 做单纯旋转运动的零件　如曲轴和飞轮等。曲轴的曲拐部分相对于旋转中心是不平衡的质量，在运动时产生惯性力。该部分的实际质量可用一个作用在曲柄销中心处的质量 m_k 代替，代替条件是 m_k 产生的离心力等于实际质量产生的离心力。如图 4-18 所示，$m_{k\mathrm{I}}$ 和 $m_{k\mathrm{II}}$ 是实际不平衡质量，其中 $m_{k\mathrm{I}}$ 作用于曲柄销中心处，距曲轴旋转中心的距离为 r。$m_{k\mathrm{II}}$ 是曲柄部分的质量，其质心距旋转中心为 ρ，转换到曲柄销处的相当质量为 $m_{k\mathrm{II}}\dfrac{\rho}{r}$。所以曲拐不平衡部分质量为

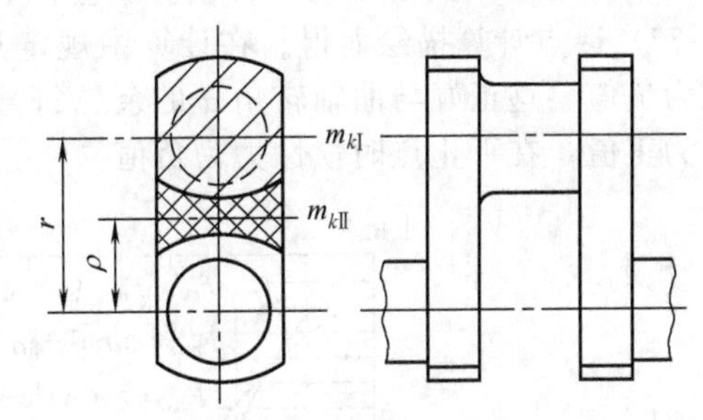

图 4-18　曲轴的回转不平衡质量

$$m_k = m_{k\mathrm{I}} + m_{k\mathrm{II}}\frac{\rho}{r} \tag{4-71}$$

③ 做复杂运动的零件　如连杆。连杆大头与曲轴一起旋转，小头与十字头一起做直线往复运动。为便于计算，粗略认为连杆的大部分质量 m_y 集中在大头，小部分质量 m_x 集中在小头，这两部分的质量分配取决于连杆的质心位置。对于大多数压缩机的连杆，可取

$$m_y = (0.6 \sim 0.7) m_l$$
$$m_x = (0.3 \sim 0.4) m_l$$

式中，m_l 为连杆的实际质量。

综上所述，总的回转不平衡质量为

$$m_r = m_k + m_y \tag{4-72}$$

总的往复运动质量为

$$m_s = m_n + m_x \tag{4-73}$$

4.3.2.2 惯性力计算

(1) 作用在曲轴上的回转惯性力 F_{mr}

其大小为不平衡回转质量与曲柄销 E 点处加速度的乘积，即

$$F_{mr} = m_r r\omega^2 \tag{4-74}$$

作用方向沿曲柄方向向外，转速不变时，其值亦不变。

(2) 作用在十字头销上的往复惯性力 F_{ms}

其方向沿气缸中心线，且与加速度方向相反，其值等于往复运动质量与活塞加速度的乘积，即

$$F_{ms} = m_s a = m_s r\omega^2(\cos\alpha + \lambda\cos 2\alpha) \tag{4-75a}$$

此力可看作是两部分之和，即

$$F_{ms} = F_{ms1} + F_{ms2} \tag{4-75b}$$

其中一级惯性力变化周期为一转的时间，计算公式为

$$F_{ms1} = m_s r\omega^2\cos\alpha \tag{4-76}$$

二级惯性力的变化周期为半转的时间，计算公式为

$$F_{ms2}=m_s r\omega^2\lambda\cos 2\alpha \tag{4-77}$$

由式（4-76）和式（4-77）可以看出，一、二级惯性力的大小均呈周期性变化趋势，变化规律与加速度的变化规律一致，在立式压缩机的上下止点处，惯性力最大；当 $\alpha=0°$ 时，$F_{ms1}=m_s r\omega^2$，$F_{ms2}=\lambda m_s r\omega^2=\lambda F_{ms1}$，可见一级惯性力比二级惯性力大几倍。因此，要特别注意一级惯性力对机器的影响。另外，惯性力的大小与转速的平方成正比，因此，在改变压缩机的转速时，应特别注意惯性力的变化，在设计高转速压缩机时，应特别注意惯性力的平衡措施。

往复惯性力周期性变化的规律，可以用惯性力图表示出来，如图 4-19 所示。横坐标表示曲轴转角从 0°到 360°的展开值。纵坐标表示惯性力大小。图中曲线是根据式（4-76）和式（4-77）逐点计算描绘而得。在计算中规定凡是在连杆上引起拉应力的惯性力取为正值，反之为负值。这正好与曲轴转角 α 的余弦符号相一致。因此，活塞在上止点时（$\alpha=0°$）惯性力为正值，在下止点时惯性力为负值。

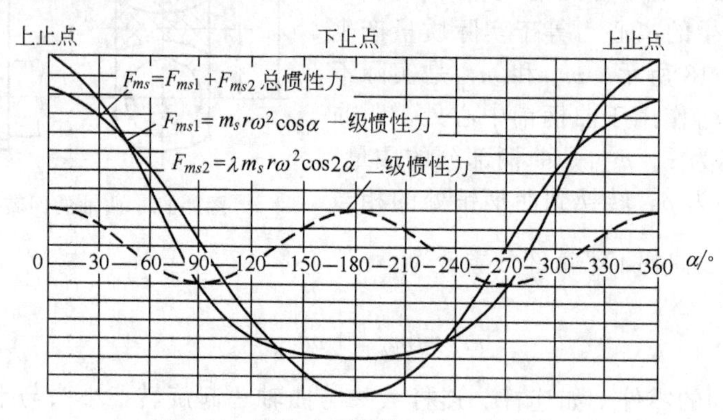

图 4-19 惯性力随曲轴转角 α 的变化

4.3.3 压缩机运转时的作用力

4.3.3.1 总活塞力

压缩机中的作用力主要有气体压力引起的气体力（也常称为活塞推力或活塞力）和运动零件产生的惯性力及摩擦力。

以单缸压缩机为例，其受力情况如图 4-20 所示。

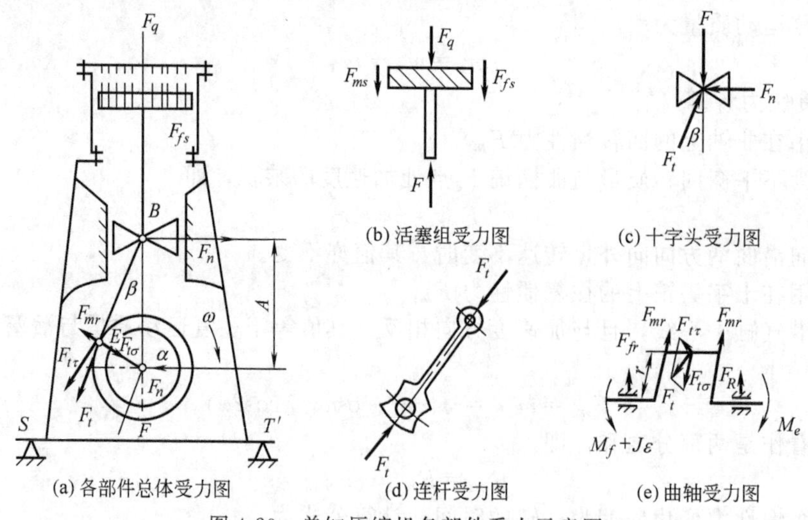

图 4-20 单缸压缩机各部件受力示意图

活塞上部空间的气体作用力同时作用在气缸盖和活塞端面上，大小相等，方向相反，其大小等于气体压力对活塞端面的作用力，即

$$F_q = p\,\frac{\pi}{4}D^2 \tag{4-78}$$

式中　D——活塞直径，m；

　　p——某一时刻气缸内的气体压力，Pa。

由于 p 的大小按一定变化规律（即遵循压缩机的 p-V 曲线），气体力 F_q 亦按此规律变化。图 4-21 为气体力随曲柄转角的变化图，由于作用于活塞端面上的气体力总是使连杆受到压应力，所以取负值，画在横坐标的下方。

气体力 F_q 通过活塞杆传到十字头销 B 点上。在 B 点处还有往复惯性力 F_{ms} 及往复运动的摩擦力 F_{fs} 作用。F_{ms} 的大小与方向如前所述。F_{fs} 的数值可视为常数，方向与运动方向相反，即 α 为 0°～180°时，连杆受拉力作用 F_{fs} 时取正值；α 为 180°～360°时，F_{fs} 使连杆受压取负值。

由于这三个力都沿气缸中心线作用，故在十字头销上的总活塞力为

$$F = F_q + F_{ms} + F_{fs} \tag{4-79}$$

其变化规律以总活塞力图表示，如图 4-22 所示。其中总活塞力曲线由气体力曲线、惯性力曲线及摩擦力曲线矢量相加而得。

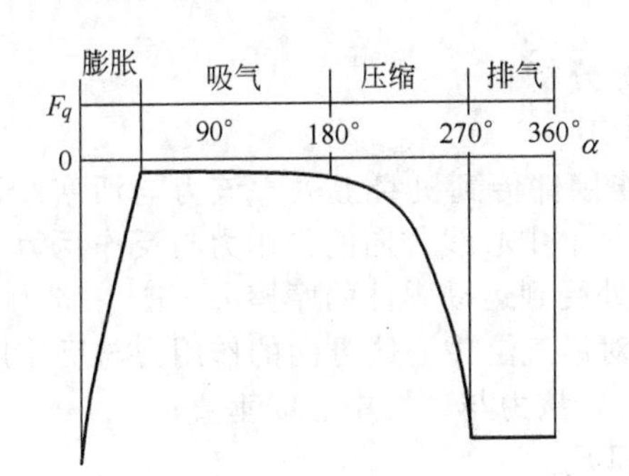

图 4-21　气体力随曲柄转角变化曲线

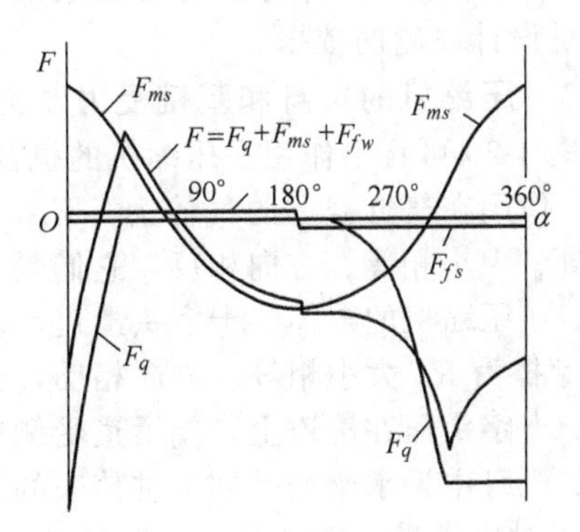

图 4-22　总活塞力随曲柄转角变化曲线

4.3.3.2　压缩机主要零部件受力分析

由前所述，气体力 F_q、惯性力 F_{ms} 和摩擦力 F_{fs} 合成的总活塞力 F 沿活塞杆作用在十字头销 B 点上。十字头与连杆相接并由滑道导向。所以活塞力 F 分解为两个力：沿连杆轴线方向的力 F_t（称为连杆力）和垂直于气缸中心线的力 F_n（称为侧压力），见图 4-23。

连杆力
$$F_t = \frac{F}{\cos\beta} \tag{4-80}$$

侧压力
$$F_n = F\tan\beta \tag{4-81}$$

式中，β 为连杆摆角。

作用在十字头滑道上的为侧压力 F_n；滑道对十字头有一个反作用力（$-F_n$）与它平衡，见图 4-20（c）。

作用在连杆上的连杆力 F_t 沿连杆轴线传至曲柄销 E 点，并作用在曲轴上，见图 4-20（d）。由于 F_t 大小和方向均随之按一定规律变化，为分析方便，将其分解为两个分力，即沿曲柄方向压向轴承的法向力 $F_{t\sigma}$ 和垂直于曲柄方向的切向力 $F_{t\tau}$，见图 4-23，其中 $F_{t\tau}$ 会对曲轴产生旋转阻力矩。

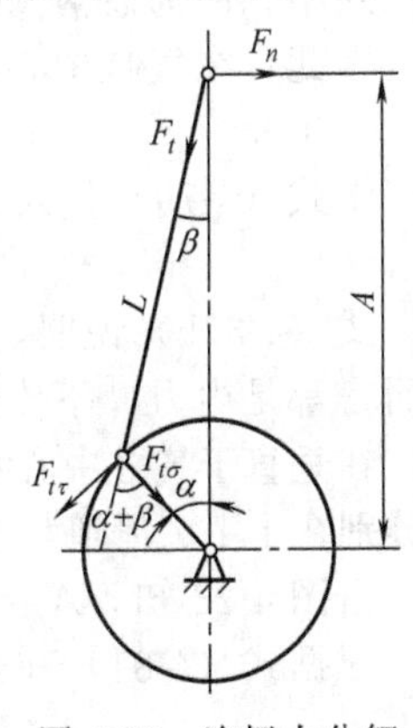

图 4-23　连杆力分解为切向力

$$F_{t\sigma} = F_t\cos(\alpha+\beta) = F\,\frac{\cos(\alpha+\beta)}{\cos\beta} \tag{4-82}$$

$$F_{t\tau}=F_t\sin(\alpha+\beta)=F\frac{\sin(\alpha+\beta)}{\cos\beta} \tag{4-83}$$

曲轴除受法向力 $F_{t\sigma}$ 外，尚有不平衡回转惯性力 F_{mr}，这些力由轴颈处的支座反力 F_R 予以平衡。

现在再分析曲轴所受力矩。切向力 $F_{t\tau}$ 对曲轴产生力矩 M，称为切向力矩，$M=F_{t\tau}r$。切向力矩 M 阻止原动机带动曲轴旋转，所以是旋转阻力矩。除此之外，还有旋转摩擦阻力矩 M_f（$M_f=F_{fR}r$，F_{fR} 是平均旋转摩擦力）。

因此，作用在曲轴上抵抗其旋转的总阻力矩为

$$M_h=M+M_f=(F_{t\tau}+F_{fR})r \tag{4-84}$$

考虑到回转质量（主要是飞轮）的旋转不均匀性，所以曲轴还受到回转质量的惯性力矩 $J\kappa$。其中，J 为回转质量的惯性矩，主要是飞轮惯性矩，单位为 $kg\cdot m^2$；κ 为飞轮或压缩机主轴旋转角加速度，单位为 rad/s^2。

因此，曲轴所受的总阻力矩为 $M_h+J\kappa$，其必然与原动机的驱动力矩 M_e 平衡，即

$$M_e=M_h+J\kappa \tag{4-85}$$

以上分析了活塞、十字头、连杆、曲轴所受的力和力矩情况，如图 4-20（b）、（c）、（d）和（e）所示，为零件的强度和刚度计算提供了依据。力矩不仅可用于曲轴强度计算，同时也是设计飞轮的依据。

4.3.3.3 压缩机的机身和基础受力及力矩情况分析

由图 4-20 可看出作用在压缩机的机身上的力有：

ⅰ. 作用在气缸盖上的气体力 $-F_q$，将沿连接件传到机身上去。该力与活塞端面受的气体力 F_q 大小相等、方向相反，它们是一对沿气缸中心线方向的作用力与反作用力；

ⅱ. 在压缩机的缸体、十字头滑道、填料函处受到运动零件的摩擦力 $-R_s$。此力与运动件受的摩擦力 R_s 大小相等、方向相反，也是一对沿气缸中心线方向的作用力与反作用力；

ⅲ. 十字头压在滑道上，使滑道受侧向力 F_n，该力与气缸中心线垂直；

ⅳ. 机身主轴承座处受到主轴传来的力 F_t 和 F_{mr}。

为了对机身受力情况有个清晰的概念，现在研究这些力的总作用效果。

为分析方便，将轴承座处的力 F_t 分解为沿气缸中心线和垂直于气缸中心线的两个分力，如图 4-23 所示。

沿气缸中心线的分力等于

$$F_t\cos\beta=\frac{F}{\cos\beta}\cos\beta=F \tag{4-86}$$

式中，F 为总活塞力。

因此，在气缸中心线方向，作用于机身上的总力为

$$F_b=-F_q+(-F_{fs})+F \tag{4-87a}$$

将式（4-79）代入式（4-87a），得

$$F_b=F_{ms} \tag{4-87b}$$

式（4-87b）说明，只有往复惯性力的作用通过机座传给基础，而气体力和摩擦力对机身而言都是内力，不传给基础。

在垂直于气缸中心线方向，机身上作用着一对大小相等、方向相反的力 F_n，它们的着力点分别在十字头滑道与主轴承座处，如图 4-23 所示，它们的间距为 A，形成力偶 $F_n\times A$。

由图 4-23 知，$A=L\cos\beta+r\cos\alpha$，$L\sin\beta=r\sin\alpha$。

根据式（4-81）和式（4-83），得出

$$F_n\times A=F\frac{\sin\beta}{\cos\beta}\times(L\cos\beta+r\cos\alpha)=F\frac{\sin(\alpha+\beta)}{\cos\beta}\times r=F_{t\tau}\times r=M \tag{4-88}$$

式（4-88）说明，这一力偶的数值恰为切向阻力矩，但方向相反。这一力偶的存在，有使机器倾倒的趋势，常称倾覆力矩。机身主轴承座处也受到旋转摩擦力矩（$-M_f$）的作用，因此，机身受的总力矩 $F_nA+(-M_f)=-M_h$（其大小与旋转总阻力矩相同，方向相反），它也通过地脚螺钉传到机座基础上。

此外，回转惯性力 F_{mr} 也是一个自由力，会从机身传递出去作用于基础上。

压缩机的基础除了承受机器的重量外，主要受到机座及地脚螺钉传来的力 F_{ms}、F_{mr} 及力矩（$-M_h$），其中力矩（$-M_h$）的转向与阻力矩转向相反，与压缩机曲轴转向一致。通常原动机与压缩机固定在一共同基础上。原动机工作时产生的驱动力矩为 M_e，则机座一定会将一个转向相反、大小也为 M_e 的反转矩传给基础，因此，基础受的净反转力矩为

$$W=M_e-M_h=J\kappa \tag{4-89}$$

式中，J 为压缩机机组中的全部旋转质量的惯性矩，kg·m²。W 的大小恰为机器飞轮加速时的惯性力矩。如 $W>0$，则力矩方向与压缩机转向相反；若 $W<0$，力矩方向与转向相同。

由以上分析可以看出，基础上所受的这些力与力矩，除机器重量是一个大小、方向都不变的恒力外，回转惯性力 F_{mr} 的方向随转角不断改变，引起机器摆动；往复惯性力 F_{ms} 沿气缸中心线方向，其大小随主轴旋转周期性变化，引起基础上下（立式）或水平（卧式）振动；力矩 W 的大小和方向也不断变化，使机器摇动。总之，所有这些作用力与力矩均会使机器产生振动，这对机器是极为不利的。

4.3.4 惯性力的平衡

压缩机工作时传递给基础上的力和力矩会使其产生振动。这种振动会耗损输入压缩机的能量（最高可达压缩机总功率的5%）。单纯用加大加重基础的办法来减弱振动，经济性较差。最有效的办法是在压缩机的结构上将惯性力及其力矩尽可能平衡掉，以减少机器及基础的振动。

4.3.4.1 回转质量惯性力的平衡

回转质量惯性力的平衡可采用在曲柄相对方向装上“平衡重”这一特殊零件的方法，使平衡重产生的离心力（即惯性力）与曲轴连杆机构的回转惯性力大小相等、方向相反，以达到平衡的目的。

假设压缩机的曲柄简化如图4-24所示的结构，曲柄销及曲柄的质量为不平衡质量，其总和以 m_r 表示，并集中在曲柄销中心，回转半径为 r，则不平衡回转惯性力可由式（4-74）计算。若在图中两个曲柄的相对方向分别配置两个质量均为 $m_0/2$ 的平衡重，平衡重的回转半径为 r_0，如若 m_0、r_0 大小的选择满足 $m_0r_0\omega^2=m_rr\omega^2$，即

$$m_0r_0=m_rr \tag{4-90}$$

则压缩机的回转惯性力就会得到平衡。且由于两平衡重的对称排列，它们的惯性力矩也互相平衡。

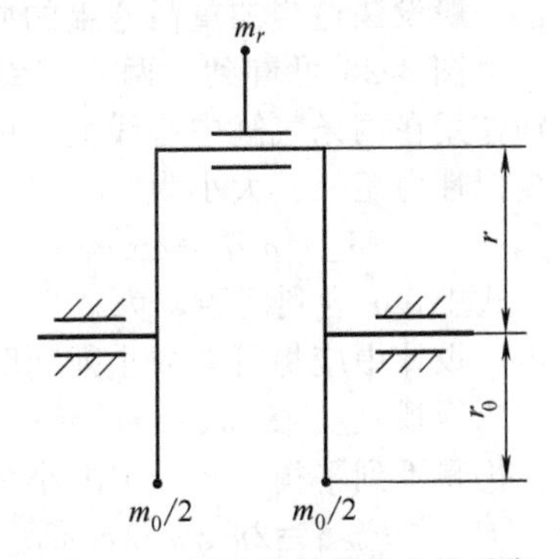

图4-24 回转质量惯性力的平衡

根据公式（4-90），在确定 r_0 后，可算出每块平衡重的质量

$$m_0=m_r\frac{r}{r_0} \tag{4-91a}$$

或

$$\frac{1}{2}m_0=\frac{1}{2}m_r\frac{r}{r_0} \tag{4-91b}$$

4.3.4.2 往复质量惯性力的平衡

单列活塞式压缩机的往复质量惯性力，一般是无法平衡的，只能利用配置平衡重的办法

改变一级惯性力的方向。活塞式压缩机的往复质量惯性力则可以通过各列间曲柄错角的合理布置，使各列的往复惯性力在机器内部得到平衡。

(1) 单列活塞式压缩机

如图 4-25 所示。假设在曲柄相对方向上加平衡重，其质量为压缩机往复运动质量 m_s，回转半径为 r，该平衡重产生的惯性力为 $m_s r\omega^2$，其平行于气缸中心线方向的分力为 $m_s r\omega^2\cos\alpha$。此力与一级惯性力 F_{ms1} 始终大小相等、方向相反，因此可将一级惯性力全部平衡掉。

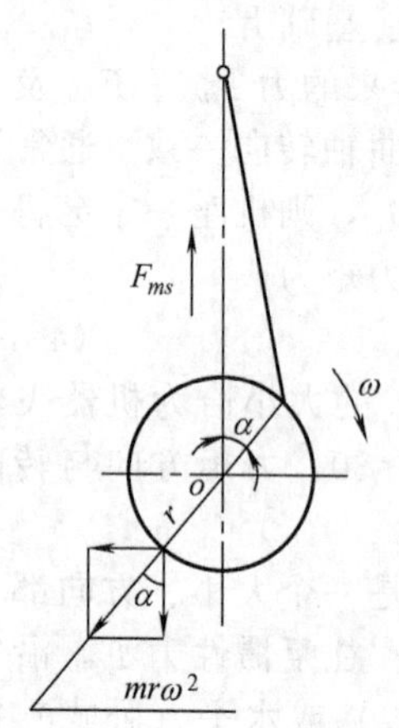

图 4-25 单列压缩机转变往复惯性力方向示意图

另一个分力 $m_s r\omega^2\sin\alpha$ 垂直作用在气缸中心线方向，无法平衡，仍作用在基础上，引起基础振动。由此可见，设置平衡重只相当于把原来的一级惯性力转过 90°而已。在单列卧式压缩机中常利用这一方法，将 30%～50%的水平方向一级惯性力转移到垂直地面方向，以减轻水平方向的振动。

二级惯性力是不能用此法平衡或改变方向的。

(2) 两列曲柄错角为 180°的立式（或卧式）压缩机

设第一列与第二列的往复运动质量各为 m'_s、m''_s，见图 4-26。第一列惯性力为

$$F'_{ms1}=m'_s r\omega^2\cos\alpha \tag{4-92a}$$

$$F'_{ms2}=m'_s r\omega^2\lambda\cos2\alpha \tag{4-92b}$$

第二列惯性力（以第一列的曲柄转角 α 为基准）为

$$F''_{ms1}=m''_s r\omega^2\cos(180°+\alpha)=-m''_s r\omega^2\cos\alpha \tag{4-93a}$$

$$F''_{ms2}=m''_s r\omega^2\lambda\cos2(180°+\alpha)=m''_s r\omega^2\lambda\cos2\alpha \tag{4-93b}$$

两列惯性力的合力为

$$\sum F_{ms1}=(m'_s-m''_s)r\omega^2\cos\alpha \tag{4-94a}$$

$$\sum F_{ms2}=(m'_s+m''_s)r\omega^2\lambda\cos2\alpha \tag{4-94b}$$

由式（4-94a）和式（4-94b）看出，当两列往复运动质量相等时，$m'_s=m''_s=m_s$，即一级惯性力全部达到平衡。为了使两列往复质量大致相等，在设计活塞结构时，低压列因活塞直径大，常设计成中空的盘式活塞，用钢板焊接或用轻金属加工而成；高压列因活塞直径小，一般设法适当加重活塞组的质量。

由图 4-26 可看到，两列一级惯性力分别作用在两条气缸中心线上，因而产生一级惯性力矩，其大小为

$$M_1=m_s r\omega^2\cos\alpha a \tag{4-95}$$

式中，a 为列间距，为减少一级惯性力矩，设计中应尽可能减小列间距。

二级惯性力在 $m'_s=m''_s=m_s$ 的情况下，仍得不到平衡，其合力大小为

$$\sum F_{ms2}=2m_s r\omega^2\lambda\cos2\alpha \tag{4-96}$$

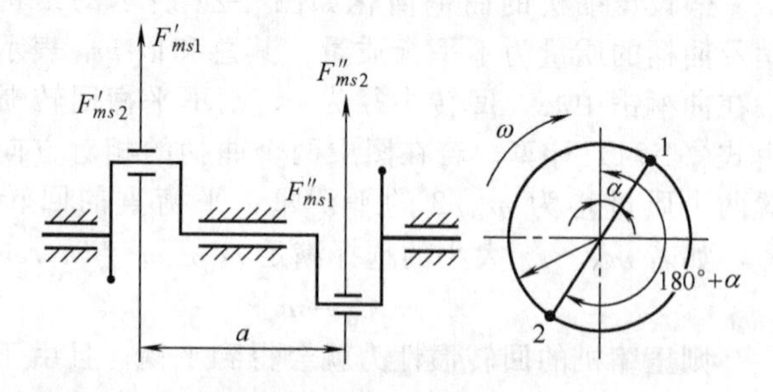

图 4-26 两列活塞式压缩机惯性力平衡分析示意图

但二级惯性力矩得到了平衡，因为 $M_2=(m'_s-m''_s)r\omega^2\lambda\ \dfrac{a}{2}\cos2\alpha=0$。

(3) 对称平衡型压缩机

对称平衡型（又称对动式）活塞压缩机，各列对称排列在曲轴两侧。若两列往复运动质量相等为 m_s，由于其运动方向相反，故对称两列的惯性力无论一级还是二级都能自行平衡，如图 4-27 所示。

一级和二级的惯性力矩为

$$M_1 = am_s r\omega^2 \cos\alpha \tag{4-97a}$$

$$M_2 = am_s r\omega^2 \cos 2\alpha \tag{4-97b}$$

由于两列配置在曲轴两侧，列间距 a 可以设计得很小，因此，M_1、M_2 值并不大，对机器的振动影响也较小，故一般不作处理任其存在。更多列的对称平衡型压缩机，各对动列的惯性力都可得到平衡，有时惯性力矩甚至也可得到平衡。

对称平衡型压缩机惯性力完全平衡这一独特的优点，使其可在较高转速下运行，且基础较轻，两列活塞方向相反，对主轴承的作用力较小，因而磨损轻，是卧式压缩机的发展方向。

(4) 角式活塞压缩机

以一列水平、另一列垂直，连杆连接在一个曲柄销上的 L 型活塞压缩机为例进行介绍，如图 4-28 所示。

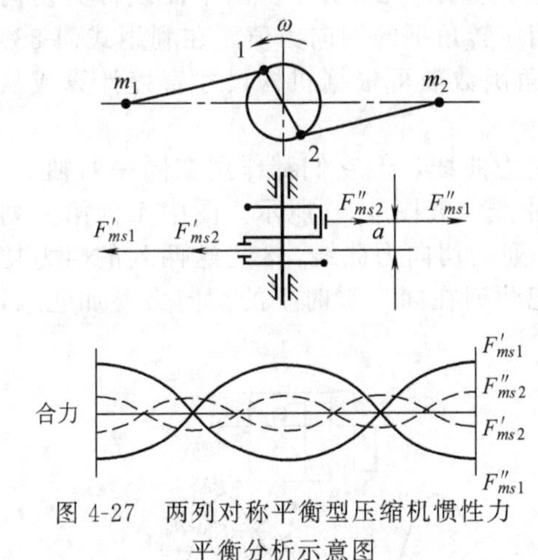

图 4-27 两列对称平衡型压缩机惯性力平衡分析示意图

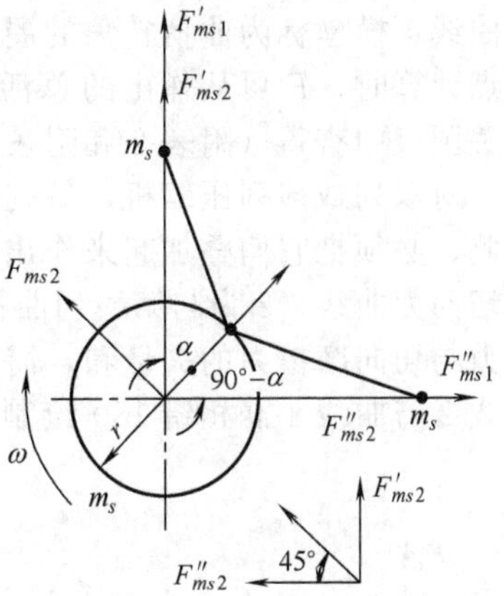

图 4-28 L 型压缩机平衡分析示意图

垂直列的一级惯性力大小为

$$F'_{ms1} = m'_s r\omega^2 \cos\alpha \tag{4-98a}$$

水平列的一级惯性力为

$$F''_{ms1} = m''_s r\omega^2 \cos(90^\circ - \alpha) = m''_s r\omega^2 \sin\alpha \tag{4-98b}$$

两列惯性力均作用在各自的气缸中心线上，将两力矢量相加得合力为

$$F_{ms1} = \sqrt{(F'_{ms1})^2 + (F''_{ms1})^2} \tag{4-99a}$$

若使 $m'_s = m''_s = m_s$，则合力为

$$F_{ms1} = m_s r\omega^2 \sqrt{\cos^2\alpha + \sin^2\alpha} = m_s r\omega^2 \tag{4-99b}$$

该力大小恒定，且始终作用于曲柄方向。因此，可以在曲柄相对方向的回转半径 r 处，设置总质量为 m_s 的平衡重，予以平衡。

垂直列二级惯性力为

$$F'_{ms2} = m'_s r\omega^2 \lambda \cos 2\alpha \tag{4-100a}$$

水平列二级惯性力为

$$F''_{ms2} = m''_s r\omega^2 \lambda \cos 2(90^\circ - \alpha) = -m''_s r\omega^2 \lambda \cos 2\alpha \tag{4-100b}$$

两列二级惯性力的合力为

$$F_{ms2} = \sqrt{(F'_{ms2})^2 + (F''_{ms2})^2} \tag{4-101a}$$

同理假设若 $m'_s = m''_s = m_s$，则

$$F_{ms2} = \sqrt{2}\, m_s r\omega^2 \lambda \cos 2\alpha \tag{4-101b}$$

此力大小周期性变化，而作用方向不变，与水平线成 45°，如图 4-28 所示，故不能用平

衡重予以平衡。

在角式活塞压缩机中，连杆均连于同一个曲柄销上，由于列间距很小，故惯性力矩可忽略不计。

以上讨论的仅为几种典型结构活塞式压缩机。对其他结构形式，均可用同样方法进行分析。

4.3.5 切向力图

活塞压缩机运转时，曲轴会受到切向力矩 M、旋转摩擦阻力矩 M_f 和驱动力矩 M_e 的作用。为了保证曲轴均匀稳定转动，准确计算飞轮矩的大小非常重要。

根据式（4-83），在单列活塞压缩机中曲柄销处垂直于曲柄方向的切向力 $F_{t\tau}$ 随总活塞力 F 和曲柄转角 α 而变化。以切向力图描绘其变化关系，如图 4-29 所示。图中曲线称为切向力曲线，横坐标为曲柄转角的展开值，纵坐标表示相应转角下的切向力值。在利用式(4-83)逐点计算时，F 可从作出的总活塞力图中量得，三角函数项可根据机构尺寸直接计算或从相关图表中查得（附表 2 和附表 3）。

对双列或多列压缩机，每列都有自己单独的切向力曲线，但它们都作用在同一曲轴上，因此，必须把它们叠加起来作出压缩机的总切向力曲线，如图 4-30 所示。图中 1 为第一列的切向力曲线，2 为与第一列曲柄有 180°错角的另一列的切向力曲线，3 为这两列的阻力切向力与切向摩擦力的矢量和。需要说明的是，为了把两列在同一瞬时下的切向力叠加起来，曲线 2 与曲线 1 需相错 180°绘制。

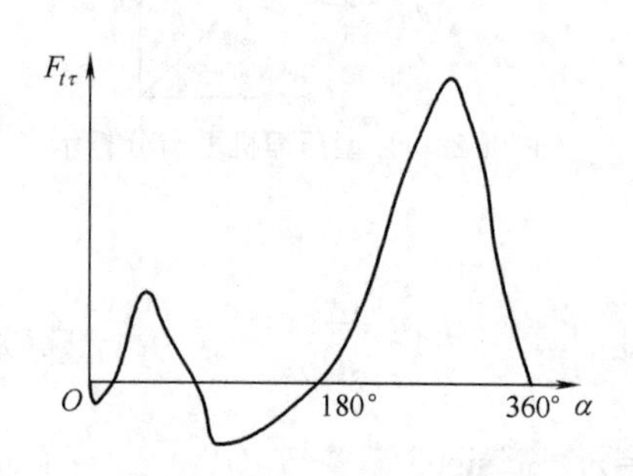

图 4-29　单列单动压缩机切向力图

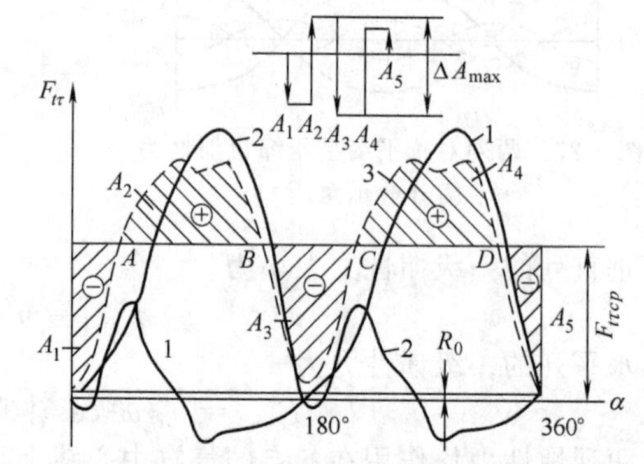

图 4-30　曲柄错角为 180°的双列压缩机切向力图

4.3.5.1 旋转不均匀度

曲轴所受的总切向力与曲柄半径的乘积形成总切向力矩 M，其大小等于旋转总阻力矩 $F_{t\tau 0}r$。由于 $F_{t\tau 0}r$ 随曲柄转角 α 变化，故 M 也随曲柄转角 α 变化。因此，切向力曲线也就是总阻力矩曲线，二者仅差一比例 r。

从图 4-30 可看出：压缩机工作时，产生的阻力矩在一转之中不断变化，而且每转重复一次。压缩机的驱动一般采用电动机，它与主轴弹性连接。电动机传给压缩机的驱动转矩 M_e 可认为是一个常数，如果也把它表示在切向力图上，则其切向力线是一水平线 $F_{t\tau}=F_{t\tau cp}$，称为平均切向力曲线。由于压缩机稳定运转时，曲轴每一转中，电动机输入的能量总是等于压缩机所消耗的能量，所以，平均切向力曲线在数值上就是切向力曲线的平均值，见图 4-30。由图中可以看到，驱动力矩时而大于阻力矩，时而小于阻力矩。前者，原动机供给能量有盈余，使主轴加速旋转，在 A、C 两点处主轴旋转速度达到最大值；后者，原动机供给能量不足，主轴将减速运行，在 B、D 两点处主轴转速达最低值。因此，压缩机的回转速度产生波动，这种波动对机器的正常工作和电网供电都很不利，因而必须限制在一定范围之内。

回转速度的波动用旋转不均匀度 δ 表示，它是旋转角速度差值与平均角速度的比

值，即

$$\delta=\frac{\omega_{\max}-\omega_{\min}}{\omega_{cp}} \tag{4-102}$$

式中 $\omega_{\max}$——旋转一周中的最大角速度，rad/min；

$\omega_{\min}$——旋转一周中的最小角速度，rad/min；

ω_{cp}——主轴平均角速度，$\omega_{cp}=\frac{\omega_{\max}+\omega_{\min}}{2}$，rad/min。

根据实际运转经验，对于一般活塞式压缩机，电动机与压缩机之间用皮带连接时，可取 $\delta=1/30\sim1/40$。若电动机通过弹性联轴器直接与压缩机相连，则 $\delta=1/80$。

由机械原理的基本知识可知，控制主轴周期性速度波动的基本方法，是在主轴下设置具有适当质量的飞轮。当所供给的能量有盈余时，飞轮的转速稍有增加，把多余的能量积蓄起来；当所供能量不足时，飞轮转速稍减，释放所积蓄之能量供给压缩机。只要飞轮有足够的转动惯量（即飞轮矩），就可以将主轴转速波动控制在允许范围之内。由此，压缩机的主轴，实际上并不以恒定角速度旋转，只是由于安设飞轮，角速度变化不大而已。

4.3.5.2 飞轮矩的计算

下面介绍如何根据所选择的旋转不均匀度 δ 设计飞轮。

切向力曲线可以反映飞轮每旋转一周吸收或放出能量的顺序及速度变化的情况。切向力图有几个峰值或谷值，则飞轮就有几次速度达到较大值或较小值。切向力曲线与平均切向力曲线间所包括的面积，表示飞轮吸收或释放能量的大小。因此，可根据切向力曲线确定出各个工作循环中飞轮所做最大的盈余功或不足功 W，即飞轮每转能量变化的最大值。

W 值是将图 4-30 所示的切向力图中各小面积用向量的方式相加得出的，用面积 ΔA 表示；向量的方向按各小面积所在位置确定，在平均切向力线之上者取正值，箭头方向朝上，反之取负值，方向朝下。在单列压缩机中（或切力图中小面积少于六个的情况），最大功面积常常就是此循环中诸小面积中的最大值。

$$W=\zeta\Delta A$$

式中 ζ——面积比例系数，J/cm^2；

ΔA——最大功面积，可用求积仪量出，m^2。

根据动力学原理，飞轮在每转一周中能量的变化的大小为

$$\begin{aligned}W&=J\,\frac{\omega_{\max}^2-\omega_{\min}^2}{2}\\&=J\left(\omega_{\max}-\omega_{\min}\right)\frac{\omega_{\max}+\omega_{\min}}{2}\\&=J\omega_{cp}^2\delta\end{aligned} \tag{4-103a}$$

式中，J 为飞轮的惯性矩，$kg\cdot m^2$。

由此便可根据选择的 δ 及 ω_{cp} 及用切向力图计算得出的 W，从而可以计算出飞轮所需的惯性矩为

$$J=\frac{W}{\omega_{cp}^2\delta} \tag{4-103b}$$

工程实践中飞轮矩习惯采用飞轮重量 G 与飞轮轮缘转动惯性直径 $D_{轮}$ 的平方的乘积（即 $GD_{轮}^2$）来表示，于是

$$GD_{轮}^2=\frac{W}{\omega_{cp}^2\delta} \tag{4-104a}$$

式中，G 为折合到轮缘重心处的飞轮重量，约为飞轮实际重的 0.9 倍，N。

将 $\omega_{cp}=\frac{\pi n}{30}$代入式（4-103）中，得

$$GD_{轮}^2 \approx 3600\frac{W}{n^2\delta} \tag{4-104b}$$

或

$$GD_{轮}^2 \approx 3600\frac{\zeta\Delta A}{n^2\delta} \tag{4-104c}$$

至此即可进行飞轮其他参数的计算和设计，本书不作深入介绍。

4.4 活塞式压缩机的总体结构

本节简要介绍气缸、活塞组件、填料函和曲轴等主要零部件的结构特点、加工材料及制造和安装要求。

4.4.1 气缸

气缸是直接压缩气体的部件，因要承受气体的压力，必须有足够的强度；由于活塞在气缸中做往复运动，内壁承受摩擦，因此需有良好的润滑性。又由于气缸是进行功、热转化的场所，工作介质产生热量，因此要有冷却措施；为了减少气体的流动阻力和提高热效率，吸排气阀要合理布置。因此，气缸结构复杂，机械加工要求较高。

气缸所用材料应具有足够强度，且易于做成复杂的形状。当排气压力不超过 5MPa 时，采用 HT200～HT300 铸铁材料；当排气压力在 5～15.5MPa 范围内，采用 ZG310-570 铸钢材料；当排气压力在 15MPa 以上，可采用 35 号优质碳素钢锻造；对于压缩腐蚀性气体的气缸，应采用各种合金铸铁及合金钢。

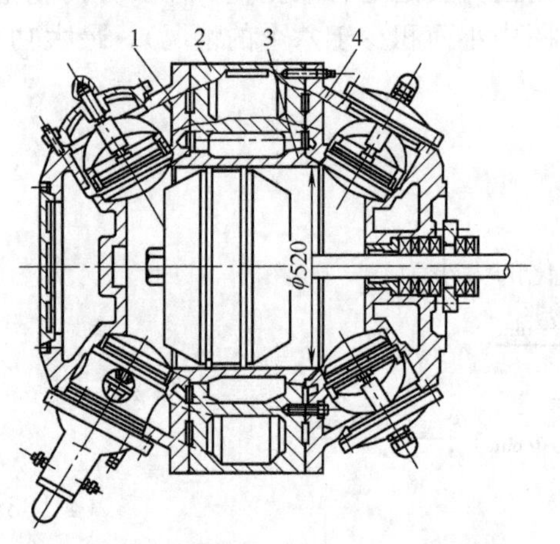

图 4-31　气阀配置在气缸盖上的结构
1—前盖；2—气缸体；3—气缸盖；4—后盖

图 4-31 所示为某活塞式压缩机的一级低压水冷双作用铸铁气缸。其基本结构分为三部分，即环形的气缸体和两个锥形的缸盖，三者分别加工后用螺栓紧固在一起。气阀布置在端盖上，前端盖上有调节排气量用的辅助余隙容积。

与活塞外圆相配合的气缸内壁是气缸的工作表面。气缸工作的可靠性取决于工作表面的磨损情况。为了保证气缸的耐磨性和密封性，工作表面的机械加工和装配精确度要求较高。一般来说，尺寸精度和表面粗糙度愈高，气缸愈耐磨，密封性能愈好，但加工更困难。所以，通常对于缸径 $D<300$mm 的气缸可按 H7 级精度加工，表面粗糙度 Ra 值为 0.4μm，其圆度和圆柱度公差值不应大于 H7 级精度直径公差的一半；对于 $D>300$mm 的气缸，可按 H8 级精度加工，表面粗糙度 Ra 值为 0.8μm；大直径的气缸（如 $D>600$mm）加工困难，精度和表面质量可适当降低要求，如 Ra 值为 1.6μm。

气缸与中体（或导轨）的装配，应该准确对中。否则，活塞在气缸内偏磨，引起局部严重磨损，影响密封效果。为此，在气缸与中体连接处，做出定位凸肩和凹窝（习惯称为止口）。如果在压缩机的一列有若干个气缸，则各缸间的连接处，也应做出定位止口，以保证各气缸间的同心度。

气缸工作表面沿中心线方向的长度，在活塞处于行程终点时，应使第一个及末一个活塞

环能伸出表面之外 1～2mm，如图 4-32 所示，避免形成磨损台阶。工作表面的终端在装入活塞的一头应做出 >15°的锥度，并使锥体部分大头的直径略大于活塞环自由状态下的直径，以便于安装活塞。

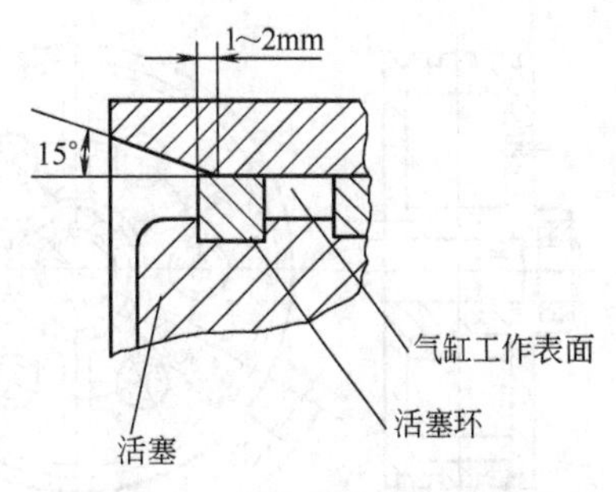

图 4-32　工作表面终端示意图

气缸的工作表面在使用一定时间后，常因间隙过大、椭圆度过大或表面粗糙等原因不能继续使用。此时，可将工作表面再次加工或压入一个圆筒形的薄壁缸套。事实上，很多压缩机预先便采用缸套结构，便于磨损过量后更换，并可降低对缸体铸件的铸造要求。缸套的外表面与冷却水接触，常称为湿式缸套。气缸套不与冷却水接触，习惯称干式缸套。湿式缸套的传热性能好于干式缸套，冷却液一般为水。

缸套材料应具有较好的耐磨性。常用高质量的珠光体铸铁。当气体压力在 3～4MPa 以下时用 HT250 铸铁；压力较高时用 HT350 铸铁，其硬度应为 HB187～241。为了改善传热条件，缸套的壁应尽量薄些，一般中等直径的缸套，壁厚 $\delta=35\sim40$mm。

干式缸套应与缸体贴合为一体，一般采用过盈配合，但过盈量选择应合适。在某些活塞压缩机中，采取在接近凸肩 1/3 处的长度上，作出 $(0.0001\sim0.0002)D$ 的过盈，D 是气缸套外径，其余部分都采用 $(0.00005\sim0.0001)D$ 的间隙。这样安装时较为方便。当压缩机工作时，因缸套热膨胀间隙部分消失，缸套与气缸内壁贴合。

4.4.2　活塞组件

活塞组件包括活塞、活塞杆和活塞环等。它们在气缸中作往复运动，起压缩气体的作用。气体的压力作用在活塞上，由活塞传给活塞杆。在活塞上有活塞环，起密封气体和均布润滑油的作用。因此对活塞组件的要求是有足够的强度、摩擦小、密封好和重量轻。

根据结构形式不同的活塞，可分为筒形、盘形及级差式活塞。

4.4.2.1　筒形活塞

筒形活塞用于无十字头的单作用低压压缩机中，如图 4-33 所示。活塞通过活塞销与连杆小头连接。在压缩机工作时，活塞销一般在销座中允许有相对转动。活塞上除装有活塞环外，还有刮油环，这是筒形活塞的一个特点。因为筒形活塞靠飞溅润滑，油量不易控制。如果过多的润滑油进入工作容积，不仅增加润滑油耗量，而且使气阀启闭不灵并形成积炭。刮油环可以把过多的润滑油刮下来，并通过活塞壁上的回油孔流回曲轴箱。

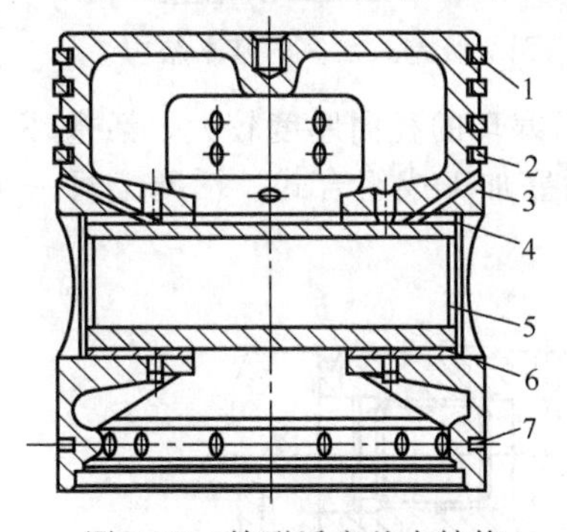

图 4-33　筒形活塞基本结构
1—活塞环；2,7—刮油环；3—活塞；4—销座套；5—弹簧圈；6—活塞销

筒形活塞的下部，一般称为裙部。它与缸壁紧贴，起导向作用，同时承受连杆力的侧向分力。为减轻重量，筒形活塞常用铸铝 ZL102、ZL108 和 ZL104 等材料制造。当活塞较小、转速较低时也有使用灰铸铁 HT250、HT300 和 HT350 的情况。

4.4.2.2　盘形活塞

盘形活塞用于有十字头的双作用气缸中。为了减轻重量，常常做成中空。为了加强平面顶盖刚性和增加结构强度，在活塞两端面间设有数根筋条（根据活塞直径大小设 3～8 根），把两个端面连接起来。由图 4-34 可以看出筋条不与活塞毂部及外缘相接，这样能增加筋条的弹性，防止在铸造应力下或活塞受热膨胀时筋条使活塞产生不规则变形，从而使活塞环槽失去正确形状，导致活塞环被“卡住”或局部磨损加剧。

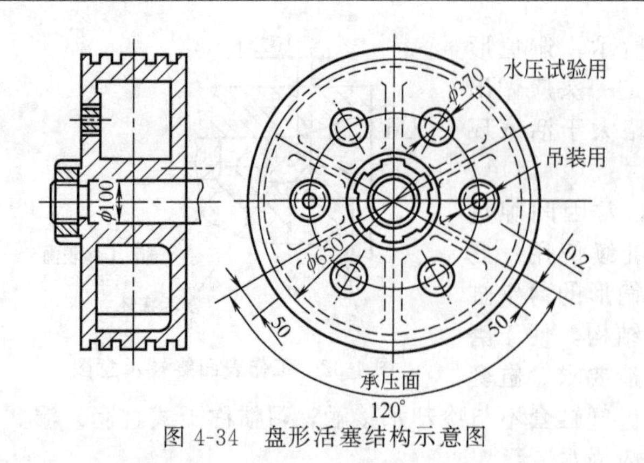

图 4-34 盘形活塞结构示意图

卧式压缩机中直径较大的盘形活塞，其下半部接触面承受活塞组的重量。为减少气缸与活塞的磨损，可用巴氏合金做出承压表面。承压表面与气缸工作表面应准确贴合。考虑到材料的热膨胀，承压表面应限制在90°～120°范围内。承压表面的端部都应开有2°～3°的坡度，其两边也应稍稍锉去一些以形成楔形润滑油层。

大直径的盘形活塞往往很重，常采用贯穿式活塞和端部滑块结构，即活塞杆一端支承在十字头上，另一端穿过气缸盖，支承在端部滑块上。直径1000mm以下的活塞，很少采用此类结构。

盘形活塞采用铸造结构时用铸铝ZL102、ZL108、ZL104和ZL401以及灰铸铁HT250、HT300和HT350等材料。有的大直径盘形活塞为减轻往复运动质量，可采用钢板焊接结构。采用焊接结构时用20钢、Q235、Q345和ZG350—40等材料。

4.4.2.3 级差式活塞

级差式活塞是两个或两个以上不同级次活塞的组合即成。图4-35所示的两级的级差式活塞，直径大的一端称为基本部分，表面铸有巴氏合金，只有一个工作端面。工作端相对应的另一侧为平衡腔。高压级活塞上也铸有巴氏合金，这意味着活塞两部分均承受活塞的自重。当高、低压级活塞直径相差悬殊时，则应由基本部分承受活塞自重。考虑到基本部分因自重的作用磨损，会使活塞中心线位置下沉而使高压级活塞承受附加的载荷，因此要做成浮动结构，如图4-36所示。图中给出的这一典型结构，由于右侧存在平面关节，从而使头部可绕球面转动和沿平面移动。通常高压级活塞环的径向厚度较大，活塞环自由状态时的开口又较小，故当直径小于100mm时，就把活塞加工成组合式，活塞上每一个环槽由直径一大一小的两个隔距环A和B所组成。

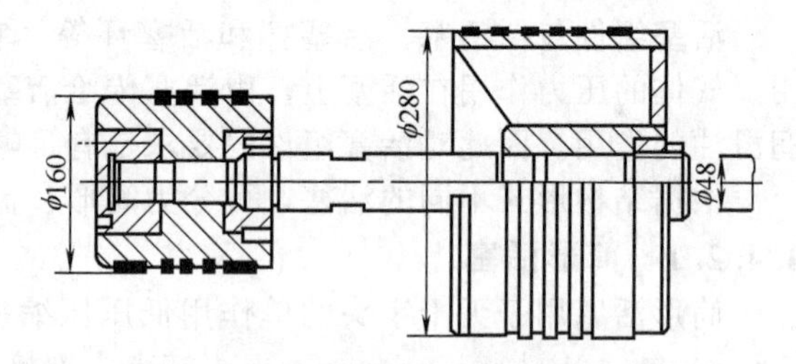

图 4-35 两级级差式活塞的基本结构

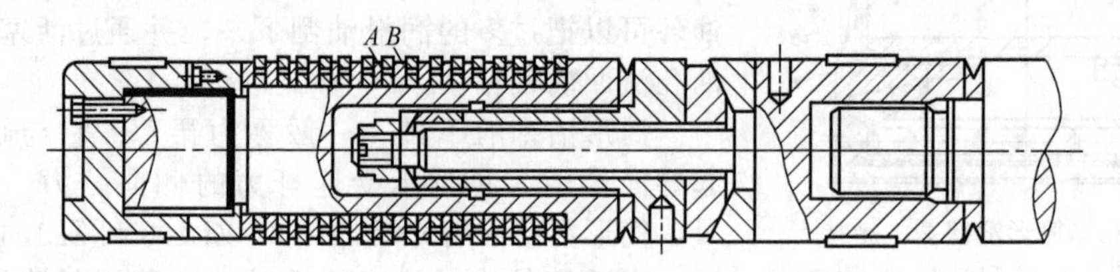

图 4-36 级差式活塞

级差式活塞的低压部分一般用HT250、HT300和HT350铸铁或20钢、Q235和Q345等材料的焊接结构，高压部分用ZG350-450或锻钢。

4.4.2.4 活塞环

活塞环的作用是密封气缸中的气体，防止气体从压缩容积的一侧漏入另一侧。它是一个开口的圆环，在自由状态下，其外径大于气缸的直径，装入气缸后，圆环尺寸收缩，仅在切口处留下一热膨胀间隙δ，如图4-37所示。

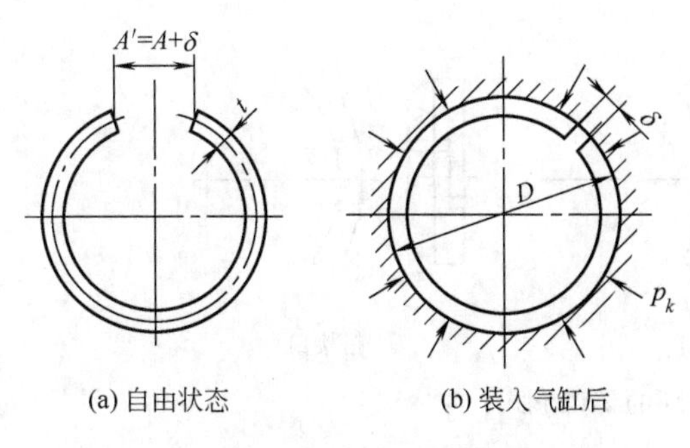

图 4-37 活塞环

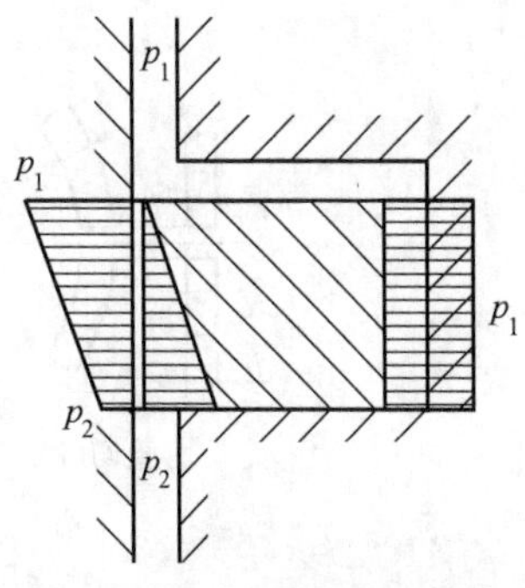

图 4-38 活塞环的密封原理

活塞环依靠节流与阻塞来密封，其密封原理如图 4-38 所示。当活塞环随同活塞装入气缸后，由于活塞环的弹性变形产生预紧压力 p_k 使环紧贴在气缸壁上。当气体通过金属表面高低不平的间隙时，受到节流与阻塞作用，压力从 p_1 降至 p_2。同时，由于活塞环和环槽间有侧间隙，活塞环紧靠在压力低的一侧，所以在活塞环内表面与环槽之间的间隙处（称背间隙）有一个近似等于 p_1 的气体压力（背压）作用着。而沿活塞环外表面作用的气体压力是从 p_1 到 p_2 变化的，其平均值近似等于$\frac{1}{2}(p_1+p_2)$。于是，便在半径方向产生了一个压力差，其大小为 $\Delta p \approx p_1-\frac{1}{2}(p_1+p_2) \approx \frac{1}{2}(p_1-p_2)$，正是该压力差使活塞环紧贴在缸壁上实现密封。同理，在轴向上也有一个压力差，把活塞环紧压在环槽的侧面上起密封作用。气缸内压力越大，密封压紧力也越大，这就表明活塞环具有自紧密封的特点。

当活塞两边的压力差很大时，应采用多个活塞环，经多次节流、阻塞以达到密封要求。研究表明，一般只需三道活塞环便可满足密封要求，其中第一道活塞环压力降最大，起主要密封作用。但实际上，在高压级气缸中，第一道活塞承受的压差很大，磨损很快，工作不久切口便增大，密封效果大大减弱，这时第二道环便起第一道环的作用，磨损也随之加剧，依此类推。所以，在高压级中活塞要采用较多的活塞环，以维持高压级中活塞环的更换时间大致与低压级相同。一般铸铁活塞环的数目可根据所密封的压力差 Δp 按表 4-9 选取。

活塞环个数也可按下面经验公式估算

$$Z=\sqrt{\Delta p} \tag{4-105}$$

式中 Z——活塞环数；

Δp——需要密封的压力差，为 0.1MPa。

表 4-9 密封压力差与活塞环数关系

密封压力差 Δp/MPa	活塞环数 Z	密封压力差 Δp/MPa	活塞环数 Z
<0.5	2～3	3.0～12.0	5～10
0.5～3.0	3～5	12.0～24.0	12～20

活塞环的数目按式（4-105）求得后，再根据实际情况加以修正。高转数压缩机的活塞环数比计算值少些；而易泄漏气体的密封，则需要多一些的活塞环。

活塞环的切口形式，应用较多的有三种，即直切口、斜切口和搭接口，如图 4-39 所示。直切口加工容易，但泄漏量大；搭接口泄漏量小，但加工困难；斜切口泄漏量介于其间，是

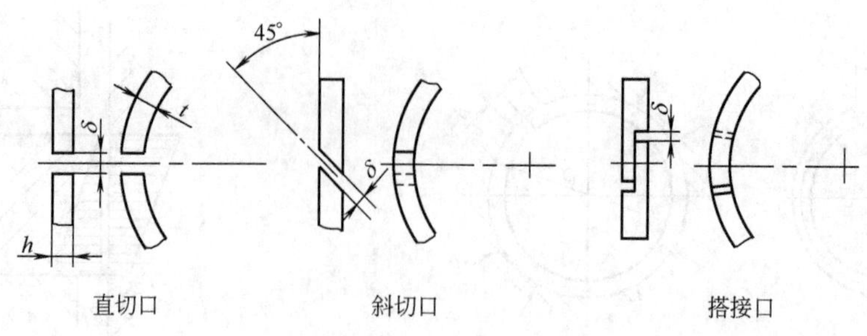

图 4-39 活塞环的切口形式

采用较多的一种形式。

活塞环的材料通常用灰铸铁、合金铸铁加工而成，其中灰铸铁牌号可根据活塞环直径按表 4-10 选取。

表 4-10 活塞环所用材料

活塞环直径/mm	灰铸铁牌号
$D<200$	HT350 或 HT300
$200<D<300$	HT250 或 HT300
$D>300$	HT250

4.4.2.5 活塞杆

活塞杆将盘形活塞或级差式活塞与十字头连接成一整体，传递作用在活塞上的力。活塞通过活塞杆上的凸肩和螺母固定在活塞杆上。为了防止活塞在交变负荷下产生松动，螺纹连接处必须有防松措施。有支承表面的活塞，不允许活塞自由转动，活塞与活塞杆之间有键连接。为防止气体从活塞的一侧漏向另外一侧，有时在键连接处用垫片进行密封。

由于活塞杆承受交变的拉压应力，要求活塞杆表面应有较高的光洁度，变断面处应有较大的圆角，所有螺纹最好为 H7 级精度的细牙。为保证填料函处的密封性能，活塞杆的中段即接触填料函的部分应有良好的耐磨性，较高的尺寸精度和表面光洁度。为增加耐磨性，可进行高频率淬火、渗碳或表面氮化处理。

表面渗碳的活塞杆材料一般选用 20 钢，表面淬火时则选用 35 钢和 45 钢。为防止活塞杆长时间工作而变形，加工前应对金属材料进行正火处理，以消除内应力。表面氮化处理时可用 38CrMoAlA 或 3Cr13 等低合金钢。低合金钢材料的活塞杆有很高的硬度、耐磨性、抗疲劳强度和较高的耐腐蚀性能，因而适合压缩有腐蚀性的气体。

4.4.3 填料函

填料函用来密封活塞杆与气缸之间的间隙，要求密封性能好、耐磨，常用的有平面填料函和锥面填料函。

图 4-40 所示为一低压、有前置填料函的平面填料函结构。该填料函共有五个独立的密封小室及一个前置填料函小室，用长螺栓紧固在一起，并用法兰固定在汽缸上。第一室的前面是一导向轴套，要求用耐磨金属制造，一般都选用巴氏合金，既起导向作用，又起节流密封作用。在图中 A 点和 B 点处设有压力润滑的供油点。润滑油由法兰上的注油口引入，对小室较多的填料函，可以有两个供油点。前置填料函的作用是使其与主要填料函间构成一空间，以便收集由前置填料函泄漏出来的有毒、易燃或贵重的气体，并通过右侧的气体引出口，再次返回第一级进气管中。若被压缩气体允许漏出机外，如空气或氧气等对环境无危害气体，前置填料函可以取消。

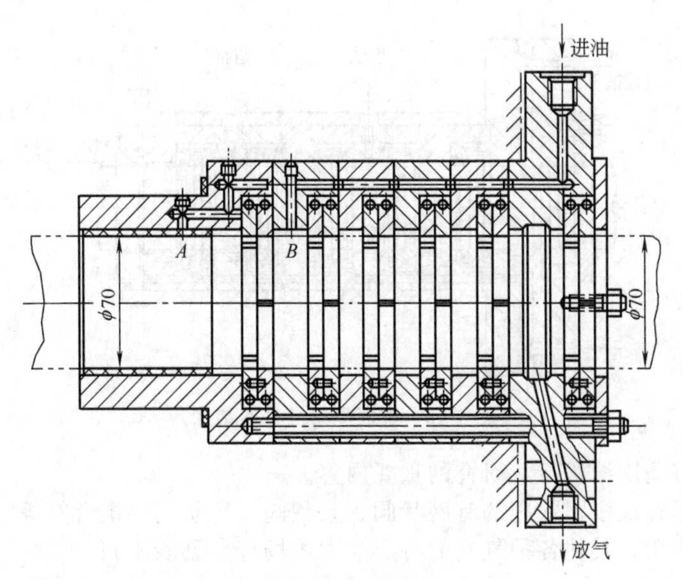

图 4-40 平面填料函结构示意

填料函中的每一个小室中的填料有三瓣和六瓣之分，如图 4-41 所示，一般靠近气缸侧的填料环为三瓣。

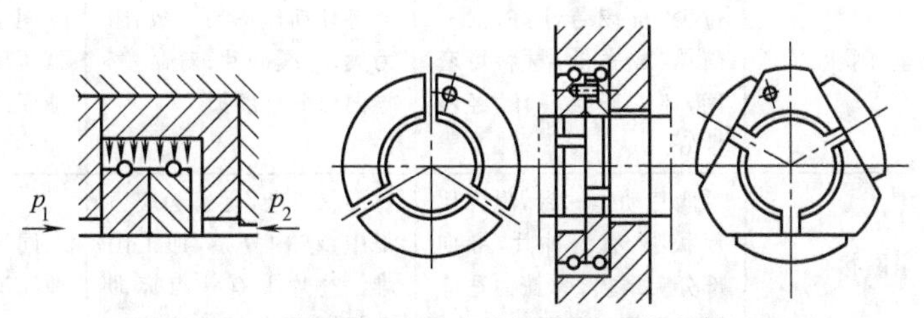

图 4-41 三瓣和六瓣平面填料结构及其密封原理

安装填料函时，切口互相错开，并用定位销固定其相对位置。三瓣环和六瓣环均有弹簧箍紧。切口与弹簧的作用是产生密封的预紧力，环磨损后，能自动紧缩而不致使圆柱面间隙增大。三瓣环的作用是在轴向遮住六瓣环的切口并让高压气体通过本身的切口流入小室。起主要密封作用的是六瓣环，其密封原理和活塞环的密封相似。因此，填料函密封也属于自紧密封。

平面填料一般用铸铁材料。为保证工作的可靠性，所有密封面（内圆柱面、端面）表面粗糙度 Ra 值为 0.2μm。并应经过研磨配合，使贴合面不低于 70%～80%。虽然平面填料函结构简单，但在高压力下由于填料的急剧磨损，密封性能不够好，所以一般只适合于表压 6～10MPa 以下的密封。

如果密封压力较高，可采用图 4-42 所示锥面填料函。锥面填料函适用于气体压差大的情况，密封压差可达 40～100MPa。这种密封结构由多组密封单元构成，每组由一个 T 形环和两个锥形环组成，三者各有一切口。安装时，切口彼此错开 120°，用定位销固定，并放置在具有锥面的钢套之中，钢套再置于外盒中组成一室，在钢套和外盒之间，有轴向弹簧产生预紧力。气体压力作用在钢套端面上，通过锥面使环紧抱在活塞杆上，产生密封压力。

4.4.4 气阀

气阀的作用是控制气缸内气体的吸入和排出，是压缩机中重要而又容易损坏的部件之一。为了提高压缩机的输气系数、降低功耗和保证运转的可靠性，气阀和阀片的结构型式和

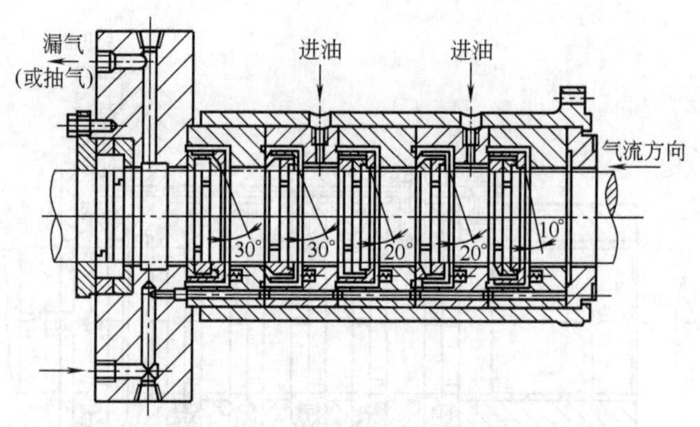

图 4-42 锥面填料函基本结构

使用寿命问题一直是压缩机行业研究的重要内容。

气阀的结构形式很多，常用的有网状阀、条状阀、环状阀、组合阀等。现以应用较为广泛的环状阀为例介绍，其他各种气阀的特点与适用场合参见表 4-11。

表 4-11 各种活塞式压缩机气阀的特点

阀型	结构特征	优点	缺点	适用场合
环状阀	阀片呈环状	形状简单，应力集中部位少，抗疲劳性好，加工简单，成本低，材料可套用，坏一环换一环，经济性好	各环动作不易一致，阻力大，无缓冲片，寿命差，导向部分易磨损	用于大、中、小气量的高低压压缩机。不宜用于无油润滑
网状阀	阀片呈网状	阀片动作一致，阻力比环状小，有缓冲片，导向部分无磨损，弹簧力适应阀片启闭的需要	形状复杂，易引起应力集中，结构复杂，加工困难。阀片上有一点坏即全部报废，经济性差	同环状阀，但适用于无油润滑
碟形阀	阀片呈碟形	结构强度高，圆弧形密封口，阻力损失小，加工简便	通流面积小，不适用大气量运动件，质量大，影响及时启闭	用于高压或超高压压缩机、小型压缩机
条状阀	阀片成条状	阀片本身有弹性，不需弹簧。运动质量小，开程低，适应高速要求	阀片材料及制造要求高	使用较少
直流阀	阀片安装方向与气流流向一致	通道面积大，流向不变，阻力小，阀片轻，有利于及时启闭	阀片厚度小，受压低，寿命差	用于低压、高速压缩机
塑料阀	阀片材料用尼龙，填充聚四氟乙烯或其他	阀片轻，有利于及时启闭；冲击力小，能延长寿命；升程大，阻力小；密封性好；可节省高强度合金钢	强度低，热变形大，耐温性差	目前在吸气阀用得多
组合阀	吸排气阀组合在一起	在高压级上可省去较大的锻造钢头，余隙容积小	结构复杂；吸气阀温度高，降低了加热系数 λ_T	小型压缩机的高压级或超高压压缩机
多层环状阀	环状阀片多层结构	节省气阀安装面积	余隙容积大	用于大型低压安装面积受到限制的地方

4.4.4.1 环状阀的结构型式

图4-43是一环状吸气阀结构图，它由阀座2、升高限制器4、阀片5、弹簧3等用螺栓1紧固在一起，阀座和升高限制器上，都有环形通道供气体通过，阀片为几个同心圆环。阀在关闭状态时，弹簧把阀片顶紧在阀座上。当阀座侧的气体压力高于升高限制器侧的压力且两者的压力差足以克服弹簧力时，阀片即被推开，气体开始进入气缸内。随后阀全开，阀片落在升高限制器上，气体继续进入气缸直至活塞到达终点时，阀座侧的气体压力降低，当降低到小于弹簧力时，阀片被弹回，关闭进气阀，完成吸气过程（排气阀工作过程也亦然）。这类阀是利用气体的压力差自动启闭的，弹簧只是起帮助阀片迅速弹回，起顶紧密封的作用，所以称自动阀。

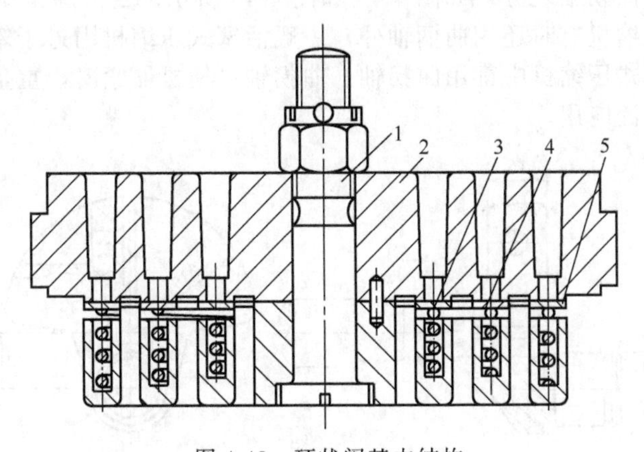

图4-43 环状阀基本结构

1—螺栓；2—阀座；3—弹簧；4—升高限制器；5—阀片

4.4.4.2 对气阀结构的基本要求

（1）关闭时应严密不漏

关闭时是以阀片与阀座直接贴合达到密封的。因此，阀片应进行研磨，表面光洁度要高，阀片平整不翘曲。装配后应进行检验，从阀座侧注入煤油，在5min之内只允许有少量的滴状液体渗漏。

（2）阀片寿命长

要求阀片和弹簧在反复冲击下，寿命达到规定时间，而不过早损坏，造成机器非计划性停车。阀片破坏是由于受多次反复的冲击力产生局部弯曲应力，造成的疲劳破坏。因此，要延长阀片的寿命，除对加工质量提出要求外，材质最好轻一些，环形通道窄一些。另外，弹簧的软硬应适度，过软会造成延迟关闭，过硬会开启不及时，且关闭冲击过大。最理想是采用变刚性弹簧，如弹簧力能在气阀开始开启时很软，以后迅速变硬，以减少气阀对升高限制器的冲击；而在关闭时，开始弹簧力很大，能迅速关闭，以后速度变小，以减小对阀座的冲击。

（3）阻力损失小

通道应光滑，启闭应灵活及时，要有足够的流通面积。采用多通道和窄通道，流通面积大，气流转折小，故阻力小，但阀座铸造困难，从结构上要保证润滑油不在阀中残存，否则润滑油会将阀片粘在阀座上，延迟开启，增大冲击。

4.4.4.3 气阀材料

阀座与升高限制器受冲击载荷作用，阀座还承受两侧的气体压力差，因此要求材料耐冲击，并有足够的强度。一般低压阀座和升高限制器用灰铸铁HT250、HT350或稀土球墨铸铁制造。高压阀座和升高限制器用35、40或45优质碳素钢制造。氧压压缩机上则应用黄铜或不锈钢等既防腐蚀又在与阀片碰撞时不起火花的材料制作。

阀片材料应具有强度高、韧性好和耐磨耐腐蚀等性能。对压缩无腐蚀性介质的压缩机，可用30GrMnSiA，对于有腐蚀性的气体可用1Cr13或1Cr18Ni9Ti制造。用工程塑料也可制造阀片，如聚四氟乙烯。

弹簧材料可用碳素钢、合金钢或不锈钢等加工而成。

4.4.5 曲轴

曲轴是压缩机中最重要的、工作负荷很大的运动零件。工作时承受周期性变化的气体力和惯性力，同时轴颈处会有严重磨损现象。因此，必须对其结构型式、材料的选择和制造工艺等各方面予以高度重视。

曲轴有曲柄轴和曲拐轴之分，如图4-44和图4-45所示。目前除微型压缩机和早期生产的卧式单列或双列压缩机有时还用曲柄轴外，一般活塞式压缩机因过于笨重已很少采用。角式、立式和对称平衡式压缩机中都用曲拐轴。曲拐轴可使机器紧凑，重量轻，气缸列数设置不受限制，因而被广泛应用。

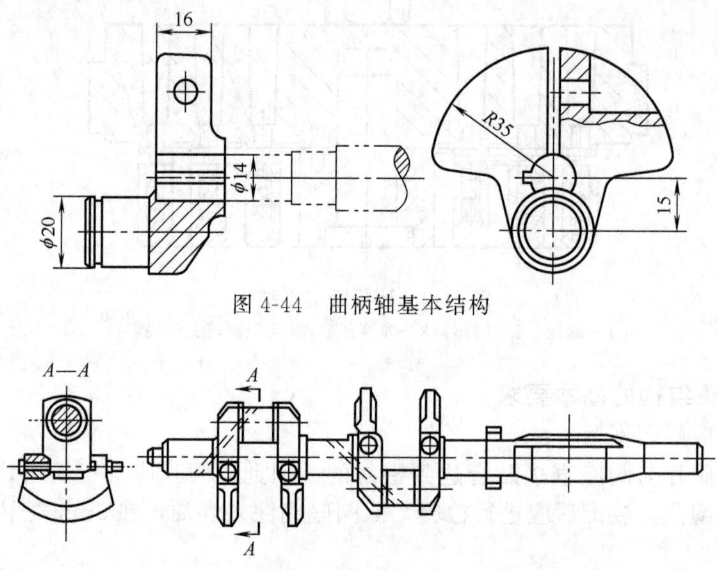

图4-44　曲柄轴基本结构

图4-45　立式两列活塞压缩机的曲拐轴

曲轴的整体结构形式是根据压缩机的总体型式、气缸数目与排列等情况决定的，但任何一个曲轴都是由主轴颈、曲柄销、曲柄以及轴上各零件用的轴身段组成。

主轴颈是与机身上主轴承配合的部分，承受曲柄销传来的作用力与离心力。为使曲轴不产生过大的挠度，两主轴颈之间一般只设一个曲拐，尽可能缩短间距以增加曲轴的刚性。主轴颈受有高负荷的交变应力的作用，因此表面光洁度对其使用寿命有决定性的影响。表面粗糙度越低，抗疲劳强度越高，寿命就越长。曲柄是连接曲柄销与主轴颈的部分，其形式很多，如图4-46所示，其中图（a）、图（b）两种形式适合于自由中碳钢锻造曲轴，是把长方形曲柄的端部做成以主轴颈中心为圆心的圆弧，以利于切削加工。图（b）的形式切去对强度没有影响的曲柄角，以减轻不平衡的旋转质量。对于铸造曲轴往往做成为图（c）、图（d）、图（e）的形状，椭圆形的曲柄更符合曲柄受力特点，即中间受力大则宽度大，两端受力小则宽度也小。图（e）是带平衡重的曲柄，使曲轴结构更为简化。

曲柄与轴颈处的连接圆角 r 对曲柄应力分布影响很大。圆角过小，应力集中严重，致使曲柄产生裂缝或断裂；圆角过大，则削弱轴颈的承压面积，加速轴颈的磨损。一般取 $r=(0.05\sim0.06)D$，式中 D 为曲柄销直径。

曲轴运转中所需润滑油通常由主轴承处加入，通过曲轴内部设置的油路通往连杆轴承，如

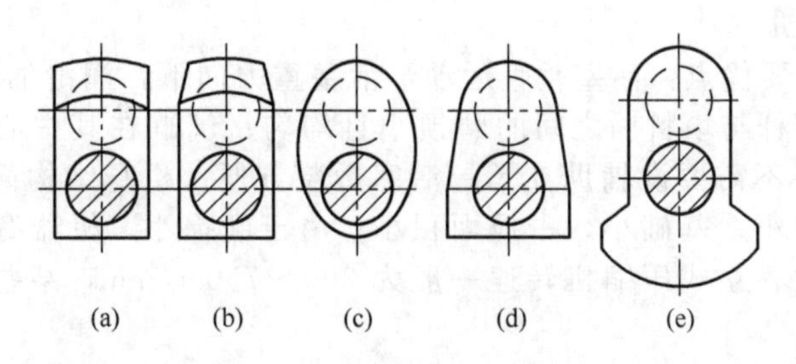

图 4-46 曲柄的基本形状

图 4-45 中斜油孔所示。油孔直径一般为轴颈直径的 0.05～0.06 倍，但不应小于 3mm。

为平衡曲轴的惯性力和力矩，在曲柄一端装有平衡重，并用螺栓固定，如图 4-45 中 *A*—*A* 截面所示。为减轻螺栓负荷，在接合处用键来承担平衡重的离心力。图示结构比较复杂，只适用于大型压缩机。

曲轴一般用 40 或 45 优质碳素钢锻造，而很少用合金钢，是因为曲轴的尺寸常常由刚度决定。而合金钢的弹性模量 E 与碳素钢的弹性模量相近。采用合金钢对提高刚度没有什么增益，且合金钢对应力集中比较敏感。碳素钢在合理的热处理和表面处理后，可以提高表面硬度，同时又有利于抗疲劳和提高耐磨性。常用的表面处理方法有表面淬火和氮化，氮化后的曲轴表面有很高的抗腐蚀性能。

4.5 活塞式压缩机的结构型式及性能

4.5.1 活塞式压缩机的结构型式

活塞式压缩机的基本结构型式可按气缸在空间的位置分为立式、卧式和角式三大类，而每一类又可分为有十字头和无十字头两类。无十字头的仅用于小型压缩机。各种常见的活塞式压缩机结构型式如图 4-47 所示。

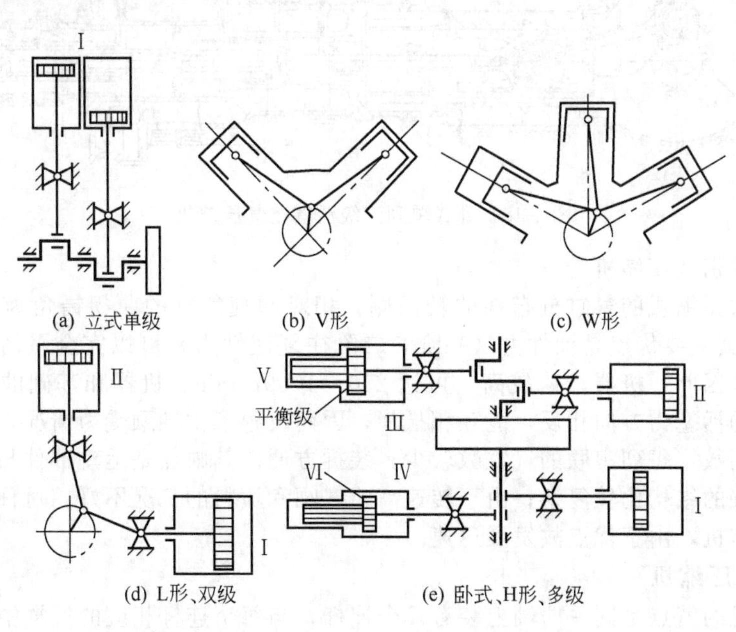

图 4-47 不同结构型式的活塞式压缩机简图

4.5.1.1 立式压缩机

立式压缩机的主要优点：活塞垂直运动，活塞重力向下，润滑油沿摩擦面均匀分布，使气缸与活塞、活塞杆与填料函之间的磨损小且均匀；气缸在其中心线方向可以自由膨胀及弹性伸缩变形，不需要设辅助支承；活塞拆装方便，机身结构简单，重量轻；惯性力垂直于基础，振动小，基础小，占地面积小；由于磨损小，机器有条件设计成有较高转速或较高活塞速度。立式压缩机转速一般为 300～750 r/min，某些无十字头压缩机可达 1500 r/min 以上。

立式压缩机的主要缺点：若多级串联，机器会很高，维护检修不方便；为吊装活塞和活塞杆需要增加厂房建筑高度；传动部件曲轴、连杆何十字头拆装困难；由于气缸间距小，管道布置困难，操作维护不便，因此，立式结构只适用于中、小型压缩机，级数不宜多。

4.5.1.2 卧式压缩机

卧式压缩机的气缸水平布置，有一般卧式、对称平衡式和对置式之分。传动机构都有十字头。

（1）一般卧式压缩机

一般卧式压缩机的气缸都在曲轴一侧，如图 4-48 所示。其主要优点是整个机器处于操作者视线范围之内，管理、维修、拆装方便，一般不超过两列，配管方便整齐，运动部件和填料的数量少。主要缺点是往复惯性力平衡性差，转速低，一般为 100～300 r/min，主机、驱动机和基础的质量都较大。当采用多级时，只能多缸串联，因而气缸、活塞结构复杂，活塞重，易磨损，目前应用已经很少。

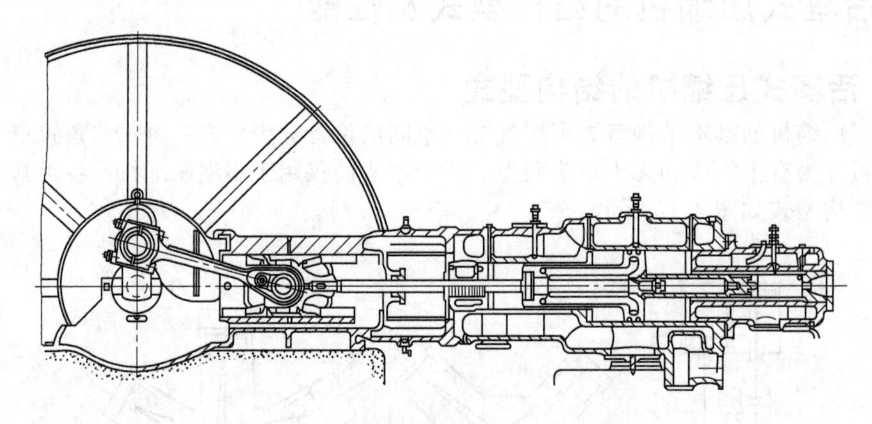

图 4-48　卧式单列三级活塞空气压缩机

（2）对称平衡式压缩机

对称平衡式压缩机的气缸分布在曲轴两侧，相对两列气缸的曲拐错角为 180°，如图 4-47（e）所示。其主要优点是惯性力（一阶和二阶往复惯性力）可以完全平衡。惯性力矩很小，甚至为零。因此，机器转速较高，可达 250～1000r/min。机器和基础的尺寸小、重量轻；相对两列的活塞力方向相反，能互相抵消，因而改善了主轴颈受力情况，减少磨损；可以采用较多的列数，每列串联的气缸数较少，装拆方便。其缺点是运动部件与填料的数量较多，机身和曲轴的结构比较复杂；由于转速高，气阀和填料的工况不好。对称平衡式压缩机适合大中型压缩机，由于优点故发展迅速。

4.5.1.3 角式压缩机

角式压缩机的特点是同一曲轴上装有几个连杆，与每个连杆相应的气缸中心线间具有一定的夹角。按气缸中心线的夹角与列数的不同，可分为 V 形、L 形、W 形和 S 形（扇形）等。

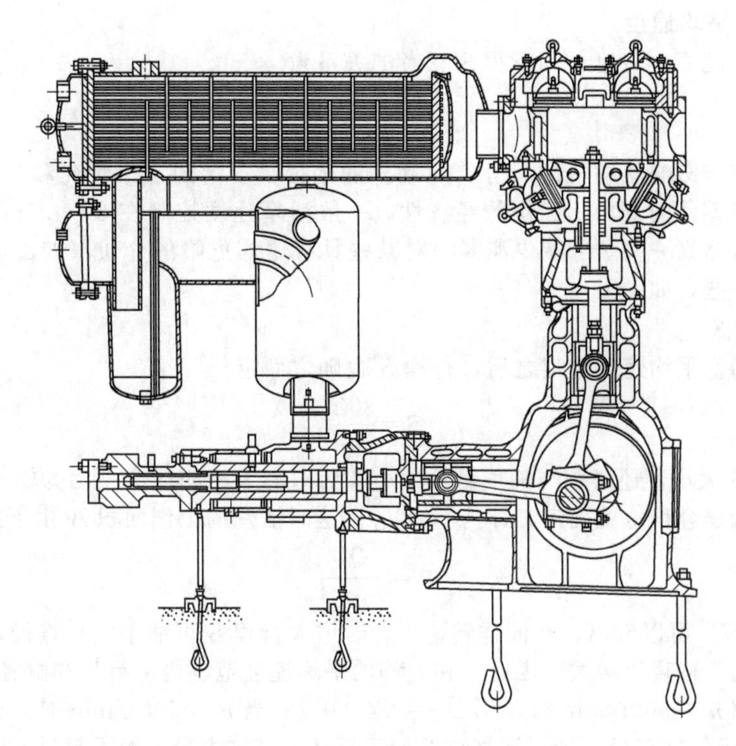

图 4-49 L 形活塞式压缩机

V 形压缩机同一曲拐上的两列气缸中心线夹角可做成 90°、75°或 60°等，但 90°时平衡性最佳。

L 形压缩机是 V 形的特例，其结构如图 4-49 所示。这种压缩机结构，一般大直径气缸垂直布置，小气缸水平布置，可避免较重的活塞对气缸磨损的影响。中间冷却器直接安装在机器上的条件更好。

W 形压缩机同一曲拐上有三列气缸，相邻两列气缸中心线夹角为 60°时动力平衡性最佳。

4.5.2 主要性能参数

活塞式压缩机的主要性能参数是指能反映机器结构特征和工作性能的关键性能数据，如转速 n、活塞平均速度 C、行程 S 等。选择这些参数时，必须符合压缩机系列化、通用化和标准化的原则。

4.5.2.1 转速

由排气量公式可知，排气量随转速的提高而增大。对于已使用的机器，适当提高转速，可使生产能力增大；对于新设计的机器，转速取得高，可使机器尺寸小、重量轻。转速越高，相同功率的电动机外形尺寸越小，并有可能与压缩机直联，占地面积小，总的经济性好。因此，高转速是压缩机的发展趋势之一。但是，转速提高也带来许多不利因素。因为转速增加时，往复惯性力与转速的平方成正比。对于平衡得不够好的压缩机，高转速会使不平衡的惯性力和力矩增加，使机器和基础的振动加剧。转速提高还会显著缩短气阀的工作寿命，因为阀片的使用寿命大致与转速成反比。此外，转速增高，气流在气阀中的速度增大，阻力损耗增加，使压缩机效率降低。

微型和小型活塞式压缩机，其转速通常为 1000～3000r/min，中型为 500～1000r/min，大型为 250～500r/min。

4.5.2.2 活塞平均速度

活塞平均速度 C、转速 n 和行程 S 三者的关系为

$$C=\frac{Sn}{30} \tag{4-106a}$$

C 的大小直接影响压缩机的尺寸、运动件的磨损、气阀的工作状况和气流的阻力损失等。为顾及易损零件的寿命及工作的经济性，一般活塞速度控制在 3～4.5m/s 范围内。无油润滑压缩机可略高一些，以减少泄漏。对某些具有爆炸危险的介质（如乙炔），为安全起见要取得更低一些，如 1m/s。

4.5.2.3 行程 S

在转速和活塞平均速度选定之后，行程 S 也随之而定。

$$S=\frac{30C}{n} \tag{4-106b}$$

但行程 S 的大小，还必须与输气量的大小和活塞力大小相适应。因为输气量一旦确定，气缸每分钟的行程容积也就确定，即为 Q_0/λ_H。这时活塞的工作面积 A 由下式确定

$$A=\frac{Q_0}{\lambda_H nS} \tag{4-107}$$

从式（4-107）可以看出，在同样转速下，若增大行程 S 可缩小气缸直径，但机身加长。若缩小行程，则气缸直径增大。因此，在允许的平均速度范围内，行程和缸径应保持适当比例。一般在转速 $n \leqslant 500$r/min 时，$S/D_1=0.4\sim0.7$；当 $n>500$r/min 时，$S/D_1=0.32\sim0.45$，D_1 是一级气缸直径。为保证气缸的加工精度，气缸直径一般不超过 1m。

4.5.3 活塞式压缩机的选型

在相同工况条件，各种型式活塞式压缩机的性能对比见表 4-12。

表 4-12 各种型式活塞式压缩机的性能对比

型式	相对转速	相对重量	基础的相对重量	相对占地面积（包括附属设备）	操作维修	零部件数量	气阀管道配置	产品变型
一般卧式	100	100	100	100	方便	少	容易	难
对称平衡	200	70	53	62	方便	多	容易	容易
立　式	200	70	49	45	不方便	较少	难	难
角　式	200	68	40	50	居中	较少	较容易	较容易

选型时要考虑制造、安装、维修的方便及产品变型的可能性。对于小型或移动式压缩机采用立式和角式（V 形、W 形）较多。对于大型压缩机则采用对称平衡型，而中型压缩机则视制造厂的习惯与条件，可选用对称平衡型及 L 形。

当机型选定之后，列数的确定及级在列中的配置，应遵循如下原则。

ⅰ. 列数应根据气量大小和级数的多少而定。列数少，填料函少，但一列中串联的级数多，安装维修不方便，惯性力平衡性能较差。列数多，每一列活塞力较小，惯性力平衡性能较好，切向力也较均匀，但零部件多、填料函多，泄漏机会多，制造成本高，维护检修工作量大。因此，必须多个方案比较，根据具体情况而定。一般情况下，活塞力在 35kN 以下的，设置两列，活塞力大时，可采用多列。

ⅱ. 多列压缩机，应合理选择曲柄错角，使惯性力能得到较好的平衡，切向力较均匀。

ⅲ. 级在列中的配置，应力求各列活塞力接近相等，在同一列中，应力求活塞力在往复两行程中相等或接近，这样飞轮尺寸可减小，必要时可采用平衡缸的办法。

ⅳ. 尽可能使填料函位于压力较低处，即低压缸配置在曲轴侧，高压缸配置在远轴端，以减少泄漏和降低对填料函的要求。

ⅴ. 便于制造、安装、维护和检修。

4.6 活塞式压缩机的运转

活塞式压缩机在运转过程中常常碰到气量调节、运动件的润滑、气流脉动与管路振动以及操作故障等问题。本节简要介绍关于这些问题的基本解决方法和原则。

4.6.1 输气量的调节

压缩机都是按一定的生产能力（输气量）和特定的操作条件设计制造的。在实际应用中，输气量一般总是低于它的额定（即设计的）生产能力，且生产中所需气量会有变动，操作条件如吸入压力和温度也会有所变化，以致使输气量有所增减。因此，为满足生产需要，必须对压缩机的输气量在低于额定生产能力的范围内进行调节。

4.6.1.1 气量调节方法

(1) 补充余隙容积调节法

在气缸余隙附近处设置补充余隙容积。调节该容积大小，使气缸容积系数产生变化以达到气量调节目的。这是大型压缩机常用的经济的调节方法，但结构较复杂。

(2) 顶开吸入阀调节方法

在吸入阀处安一顶开装置（压叉），在排气过程中，强行顶开吸入阀，使气体返回吸入管道，减少输气量。此法结构简单，较经济，经常应用于空载启动。

(3) 旁路回流调节法

在排气管与吸入管之间接通一旁路阀，调节旁路阀，使排出的气体部分或全部回到吸入管道，减少流向系统去的气量。此法可以连续调节，但功率消耗较大，一般也是在空载启动时应用或操作中为调节及稳定各中间压力时应用。

(4) 节流吸入调节法

在吸入管道上装节流阀以降低吸入压力。由于吸入气体的密度减小，从而使气体质量流量降低，达到调节目的。此法可以连续调节，但不经济。当压缩可燃性气体时，如果吸入管道压力低于大气压而漏入空气，便有爆炸危险。在化工生产中很少采用，一般适用于空气压缩机站。

(5) 改变转速调节法

这种方法最为直接且经济，适用于蒸汽机或内燃机驱动的压缩机。当用电动机驱动时，需设置变频器、变速电动机或变速箱。

(6) 改变操作台数调节法

当选用的压缩机台数较多时，可根据需要适当减少工作台数，以减少对系统的输气量。此法较经济，可配合检修计划进行维修。

4.6.1.2 多级压缩机输气量的调节及级间压力比重新分配

多级压缩机的输气量主要是由第一级的吸入量决定。因此，当需调节输气量时，只要在第一级采取调节措施即可。但当对于多级压缩机，如果在第一级改变压缩机排气量，而末级的排出压力是由系统决定的，故末级的排出压力不变，因此会导致压力比在级间的重新分配，第一级的压缩比随排气量变化值 ΔQ 成正比例地减少；末级的压力比随变化量的 $1/\Delta Q$ 成正比例地增大，中间各级的压力比保持不变。所有的中间压力值都要降低。

当调节范围很大时，末级压缩比的增大引起排出温度急剧升高，润滑条件恶化，常常为操作条件所不允许。因此，在调节第一级输气量的同时，还必须在末级采取相应调节措施，使压力比不超过允许值。其具体作方法是在末级连通补充余隙容积，则末级吸入容积量减少，但它又必须把前一级所排出的气体全部吸入，所以末前级的排出压力必须要升高，末级吸入压力同样也升高。此时末前级的压力将有所升高，而末级压力比将降低。因此，多级压缩机输气量的调节范围较大时，常在第一级、末级或某中间级都设置调节机构，但除第一级起调节输气量作用外，其余各级的调节，实质上只是起压力比的调节作用。

4.6.2 压缩机的润滑

除无油润滑压缩机外，所有压缩机的气缸、填料函部分及曲轴连杆运动机构部分都应当进行良好的润滑。润滑油在作相对运动的两摩擦表面之间形成油膜，以减少磨损，降低摩擦功耗，同时洗去磨损形成的金属微粒，带出摩擦热，冷却摩擦表面；此外，活塞环和填料函处的润滑油，还起到帮助密封的作用。小型间歇工作的压缩机，可以用飞溅润滑法来润滑全部运动部件；而长期工作的中、大型压缩机一般都有压力系统输送润滑油对气缸、填料部分和运动机构进行润滑。

4.6.2.1 气缸和填料函的滑润

（1）润滑油的选择

活塞式压缩机一般是根据排气压力和压缩气体的性质来选用润滑油。有十字头的压缩机内部润滑和外部润滑可分别用不同油品或是用同一种油品，视具体情况而定。用于气缸、填料函的润滑油应具有足够的化学稳定性，即不与被压缩的气体发生化学反应；在高温下具有足够的黏度，可根据出口压力来选择不同黏度等级的压缩机油。出口压力低的选用黏度小的压缩机油，出口压力高的选用黏度大的压缩机油，要求润滑油的闪点超过最高排气温度20～50℃。这些对压缩机的安全运转而提供良好润滑条件非常重要。例如空气压缩机，由于空气中含有氧，所用的润滑油就应有抗氧化能力。不然，润滑油中的某些组分就可能被氧化成某种碳化物，即所谓“积炭”，积炭附着在活塞上、气阀上或排出管道处。一则增加磨损；二则使气阀关闭不严，管道流通截面缩小，阻力增加，从而使气缸温度更加升高，更促成积炭。研究证明：这种“积炭”在某些外因（如静电作用，撞击火花）作用下，可能导致爆炸，形成事故。因此，气缸内的润滑油应根据被压缩气体的性质、压力和温度的情况而选用不同的种类。

对于润滑油品种，我国等效采用国际标准 ISO 6743/3A—1987，制定了压缩机油分类标准 GB/T 7631. 9—1997，供选用参考。

对于曲轴连杆机构的润滑，单作用式压缩机润滑油和气缸部分相同，因为两者是不可分割的。双作用式压缩机润滑油品种，我国等效采用 ISO 6743/2—1981 主轴、轴承和离合器标准，制定了轴承润滑油分类标准 GB/T 7631. 4—1989，供选用参考。

（2）润滑方式

卧式压缩机压力润滑点一般都是配置在气缸和填料函的上方，对单作用气缸，在第一道活塞环往返行程的中间位置；对双作用气缸，一般在气缸工作表面的中间位置。润滑油通过注油器，由润滑油接管进入气缸内，借助于活塞环的运动分布于工作表面上。注油器产生的油压必须大于注油点处的气体压力。这个压力大致等于该级进气排气压力的平均值。但一般认为，润滑油进入气缸是在吸气过程或压缩过程的前期。

注油器型式很多，它们都必须具有严格控制油量以及各注油点的注油量能单独调节的特点，故一般都采用多柱塞油泵的泵组。它有许多单元组成，每一个单元有两个柱塞泵。第一个柱塞泵从油箱吸油打入“示滴器”，第二个柱塞泵再把示滴器中的这滴油打入气缸或填料函处的润滑点。从示滴器中，可清楚地观察油量的多少，以便控制供油情况。

4.6.2.2 传动机构的循环润滑系统

传动机构的润滑是指主轴承、曲柄销、十字头销和导轨等运动机构摩擦表面处的润滑，大型压缩机也有采用压缩机油或其他更优质的润滑油。

大中型压缩机广泛采用压力循环润滑。润滑油以一定的压力输送到运动机构的各润滑表面，润滑油的输送路线如图4-50所示。其中油槽设有油面指示器。有时，在槽中要有蒸汽加热蛇管，以便在启动时加热润滑油。油槽的容量应为油泵每分钟排量的3～6倍。有的中型压缩机，曲轴箱下部即可作为油槽。循环润滑油使用一定时间后应该更换，一般使用时间为3000～5000h。

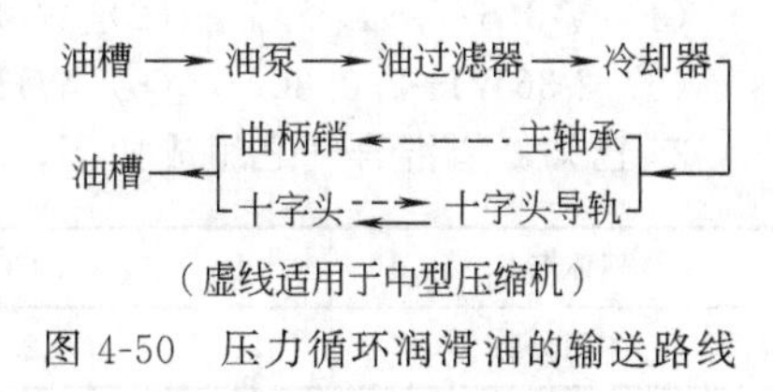

图4-50　压力循环润滑油的输送路线

4.6.3　活塞式压缩机的维护

4.6.3.1　常见故障

活塞压缩机常见的故障有：排气量达不到设计要求；功率消耗超过设计规定；级间压力超过正常力或低于正常压力；排气温度和气缸温度过高；填料函漏气；油泵的油压不够或无油压；气缸内和运动部件发生异常的声音；气缸和机体部分以及管道发生不正常的振动等。

发生这些故障的原因很多，如气阀泄漏、填料函漏气、气阀阻力过大、压缩级间的内泄漏、冷却器冷却不足、管道阻力过大、紧固件松动、运动副间隙过大、配合松动或气缸内掉进异物等。压缩机发生故障的原因往往较为复杂，因此需要细心地观察和分析，以及多方面的实验和多年实践经验的积累才能正确判断产生故障的真正原因。

4.6.3.2　维护

对于单一使用的压缩机，为压缩机能正常运转，延长其使用寿命，应实行定期维护、检修制度。压缩机的维修制度应按机器说明书规定进行。按计划分别进行小修、中修和大修工作。

① 小修　不定期，主要是检查性的维修，例如排除运转中的不正常现象及小故障。

② 中修　每运转3000～6000h后进行一次。需要全面拆卸，检查所有零部件，并对应原来记录的数据，重新找平、找中、彻底清洗积垢的零件（如气缸水套、冷却器等）。冷却器还需做强度及气密性的检查，并作防腐处理。对压缩机基础还要进行沉降观测，并检查有无裂纹等不正常现象。

对压缩机的保养，要注意定期更换润滑油，定期清洗滤油器。严寒冬季停车必须将设备管道中的水全部放净，以免冻坏机器。如压缩机停止使用时间较长时，各加工面应涂防锈油，并定期盘车，使各相接触部件改变位置，以免润滑油油质干硬或发生锈蚀。

随着现代化大生产和科学技术的迅猛发展，现代设备的结构、功能越来越完善，自动化程度越来越高，机械设备的故障诊断也变得十分复杂，维护和维修的难度也显著增加。单一、各自独立的维护、维修、监测与诊断已不能适应现代大型工业连续生产的要求。而大型关键机组在生产过程中，发挥着极其关键的作用，而且数量较多，其运行状态直接影响整个企业的安全生产和经济效益。因此，现在大型企业公司已经或正在建立无线物联网的分布式的监测、诊断与预测和预报系统，实时对设备机组各测点实时数据采集、处理、显示与报警、实时传输数据、存储数据、管理数据库以及设备实时状态等。对存储的数据可在时域、频域、幅值域进行特征提取、趋势分析以判定故障的位置与性质，系统具有良好的开放性，实现资源共享，使来源不同的诊断资源能相互协作，共同解决诊断问题。保证大型关键机组长期稳定运行。

思考与计算题

1. 活塞压缩机的结构型式可分为哪几类？各有何特点？
2. 试说明下列活塞式压缩机各型号的物理意义。

（1）V-3.6/7-c4　（2）W-0.46/6　（3）WWD-6.2/160　（4）M-22/450-230/400
（5）2-36WH-2.0/30c　（6）WH-1.2/30　（7）MH25-180/320　（8）ZT-1.50/6-a2

3. 已知氮氢混合气之组成如下，求混合气的等熵指数。

气体名称	H_2	CO	CO_2	CH_4	n_2	O_2	H_2S
体积分数	50.6	2.0	30.15	0.38	16.80	0.07	少许

4. 压缩机对气体的压缩形式分为哪几种？各有何特点？

5. 某一压缩机压送理想气体，末级出口压力为8×100kPa（表压），温度为155℃，排出状态下的气量为1.57m^3/min，假设压缩机内的气体没有外泄漏，试求：

（1）进口状态下的气量，已知进口温度为30℃，进口压力为100kPa（绝对）；

（2）标准状态下的气量。

6. 活塞式压缩机的理论循环与实际循环的差异是什么原因造成的？

7. 有一单级单作用空气压缩机，吸入温度为20℃，吸入压力为100kPa（绝对），排气压力为5×100kPa（绝对），试求等温、绝热、多变理论循环的排气温度各为多少？（多变指数 m 为1.25）

8. 试计算：

（1）将25℃、1.5m^3 的空气从100kPa压缩到3×100kPa（均为绝对大气压）；

（2）将25℃、1.5m^3 的空气从100×100kPa压缩到300×100kPa时，所需的理论等温绝热循环功（压力均指绝对压力）。

9. 写出容积系数、压力系数和温度系数的数学表达式，并解释各自物理意义。

10. 某一压缩机的第一级吸入压力为100kPa（绝对），吸入温度为30℃，经绝热压缩后，排出压力为2×100kPa（表压）。试求：

（1）压力比；

（2）压缩空气时，排气温度是多少？

（3）压缩乙烯时，排气温度又是多少？

11. 什么是压缩机的排气量？并说明压缩机排气量的影响因素。

12. 如将石油裂解气（取等熵指数 $k=1.23$）进行绝热压缩，其吸入温度为30℃，排气温度规定不允许超过100℃。试求允许压力比？

13. 有一台空气压缩机，名义吸入压力为0.9×100kPa（绝对），名义排出压力为3.3×100kPa（绝对），相对余隙容积为0.07，试求此压缩机的容积系数是多少？

14. 某单级单作用压缩机，其相对余隙容积为0.05，行程容积为0.01m^3，转速为500r/min。压缩某种气体，其实际吸入压力为100kPa（绝对），实际排出压力为5×100kPa（绝对），气体等熵指数 $k=1.4$，气缸为水冷，求该机的输气量（根据所给条件选用输气系数）。

15. 在哪些情况下适合采用多级压缩？多级压缩有何特点？

16. 压缩机的级数和各级压力比的分配原则是什么？

17. 某单级单作用空气压缩机，其相对余隙容积为0.11，行程容积为0.003m^3，转速为980r/min，实际吸入压力为100kPa（绝对），实际排出压力为3×100kPa（绝对），气体绝热指数 $k=1.4$，试求该机的指示功率。

18. 如果吸入温度为20℃，吸入压力为100kPa（绝对），排出压力为55×100kPa（绝对），试计算分为二级、三级、四级压缩时的各级压力，各级排出温度及压缩1kg气体所需的功（假定各级间无压力损失，中间冷却均达到20℃，且按绝热压缩计算）。

19. 飞溅润滑和压力润滑各有何特点？

20. 活塞压缩机内活塞的结构形式有哪几种？并画出各种活塞的结构简图。

21. 活塞压缩机输气量的调节包括哪几种？

22. 活塞压缩机常见的故障有哪些？日常应当如何维护？

参 考 文 献

[1] 余国琮等. 化工机器. 天津：天津大学出版社，1987.
[2] 潘永密等. 化工机器. 北京：化学工业出版社，1987.
[3] 姜培正. 过程流体机械. 北京：化学工业出版社，2001.
[4] 张湘亚，陈弘. 石油化工流体机械，东营：石油大学出版社，1995.
[5] 吴玉林. 流体机械及工程. 北京：中国环境科学出版社，2003.
[6] 陈次昌. 流体机械基础. 北京：机械工业出版社，2002.
[7] [美] Paul C. Hanlon. 压缩机手册. 郝点，魏统胜，胡丹梅等译. 北京：中国石化出版社，2003.
[8] 郁永章. 容积式压缩机技术手册. 北京：机械工业出版社，2000.
[9] 王迪生，杨乐之. 活塞式压缩机结构. 北京：机械工业出版社，1990.
[10] 熊则男，乔宗亮. 压缩机设计中的力学分析. 北京：机械工业出版社，1997.
[11] 陆肇达. 流体机械基础教程. 哈尔滨：哈尔滨工业大学出版社，2003.

5 螺杆式压缩机

5.1 概述

5.1.1 螺杆式压缩机结构与工作原理

一般所称螺杆式压缩机即指双螺杆压缩机，是一种按容积周期性变化原理工作的双轴回转式压缩机，基本结构如图 5-1 所示。螺杆压缩机内平行配置一对互相啮合、旋向一左一右的阴阳转子，通常把节圆外具有凸齿的转子称为阳转子或阳螺杆，把节圆外具有凹齿的转子称为阴转子或阴螺杆。原动机一般与阳转子连接，并由阳转子带动阴转子旋转。因此，阳转子也称主动转子，阴转子称从动转子。压缩机机体两端，分别开有一定形状和大小的孔口，一个供吸气用，称作吸气孔口，另一个供排气用，称作排气孔口。

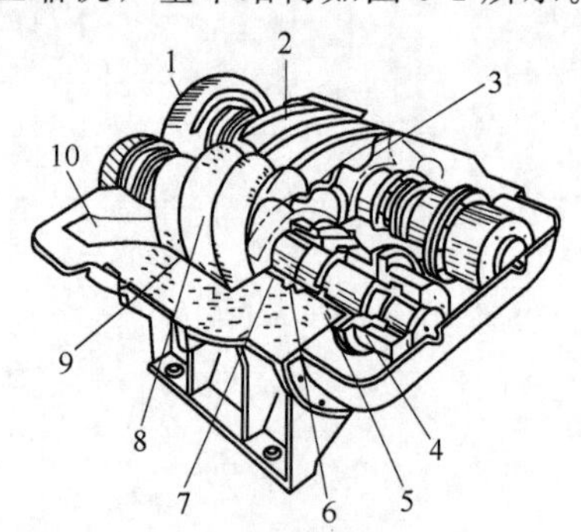

图 5-1 螺杆式压缩机的结构图

1—同步齿轮；2—阴转子；3—排出孔口；4—推力轴承；5—轴承；6—挡油环；7—轴封；8—阳转子；9—气缸；10—吸入孔口

螺杆式压缩机的工作循环可分为吸气、压缩和排气三个过程。机器工作时，阴阳转子每对相互啮合的齿相继完成相同的工作循环，如将阳转子的齿当作活塞，则阴转子的齿槽（齿槽与机体内圆柱面、端壁面共同构成工作容积——称为基元容积）可视作气缸，就如同活塞式压缩机的工作一样，如图 5-2（a）所示。

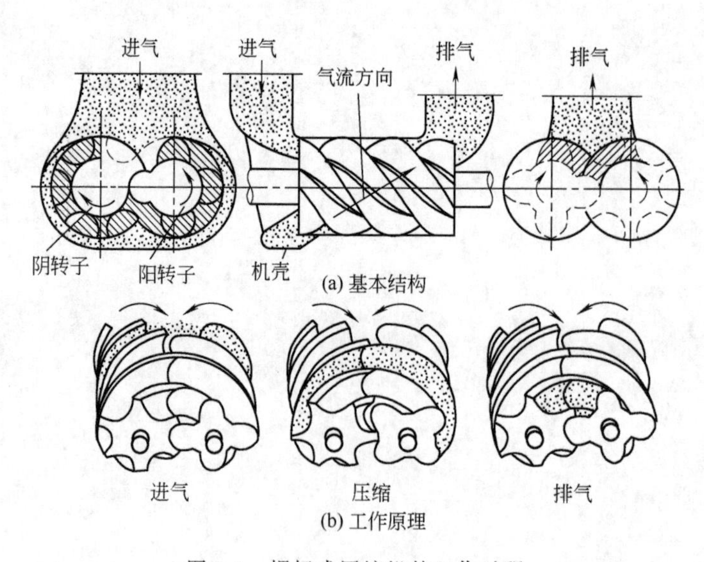

图 5-2 螺杆式压缩机的工作过程

螺杆式压缩机的工作过程如下：齿间基元容积随着转子旋转而逐渐扩大，并和吸入孔口连通，气体通过吸入孔口进入齿间基元容积，进行气体的吸入过程。当转子旋转到一定角度以后，齿间基元容积越过吸入孔口位置，与吸入孔口断开，吸入过程结束。此时，主动转子的齿间基元容积与从动转子的齿间基元容积彼此孤立。转子继续转过一定角度以后，两个孤立的齿间基元容积相互连通，形成一对齿间基元容积。此后，随着啮合齿的互相挤入，基元容积逐渐减小，实现气体的压缩过程，直到一对齿间基元容积与排出孔口相连通的瞬间为止。在基元容积和排出孔口相连通后，排气过程开始，压缩后具有一定压力的气体，从基元容积排至管道，如图 5-2（b）所示。排出过程一直延续到两个齿完全啮合、基元容积值约等于零时为止。随着转子的连续旋转，上述工作过程循环进行。

5.1.2 螺杆式压缩机的分类及应用范围

螺杆式压缩机有多种分类方法：按其运行方式分为无油式螺杆压缩机和喷油式螺杆压缩机；按被压缩气体的种类和用途分为空气压缩机、制冷压缩机和工艺压缩机；按结构形式分为移动式和固定式、开启式和封闭式。常见螺杆压缩机分类如下。

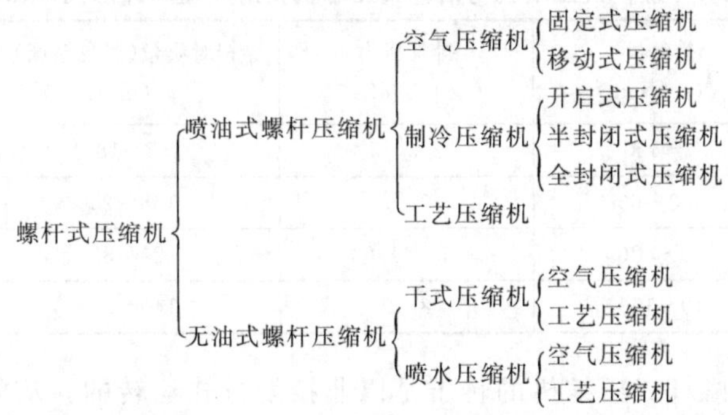

以上各类螺杆式压缩机各有特点，且适用范围不同，但工作原理完全相同。

螺杆式压缩机广泛应用于化工、动力、矿山、冶金、建筑、机械和制冷等工业部门。目前螺杆式压缩机的排气量范围是 0.425～960m³/min，一般采用的范围是 2～600m³/min。在吸入压力为大气压时，无油式螺杆压缩机的单级排出压力达 0.4～0.5MPa，两级排出压力达 1.0～1.2MPa，三级排出压力可选 2.0～3.0MPa，最高排出压力是 4.5MPa。喷油式螺杆压缩机单级排出压力可达 0.8～1.0MPa。螺杆式压缩机也可以作为真空泵使用，单级达到的真空度为 80%，两级达到的真空度可达 97%。

螺杆式制冷压缩机与其他型式制冷压缩机一样，可供冷藏、冻结、冷却、空调、化工工艺等使用，也可作双级系统用于低温制冷，还可与活塞式、离心式制冷压缩机组合使用。

制冷用螺杆压缩机目前绝大多数均为喷油式，单级螺杆式制冷压缩机可制成开启式和半封闭式的。因螺杆压缩机无需设增速齿转箱，转子与电动机直联使用，从而简化了压缩机的结构。螺杆式制冷压缩机配置有滑阀或可调节滑阀的能量调节装置，可实行无级调节和满足各种变工况压力比的要求。

喷油式螺杆工艺压缩机用来压缩各种化工工艺气体，如类似 CO_2 和 N_2 的惰性气体、H_2 和 He 等轻气体以及一些化学性质活泼的气体，如 HCl、Cl_2 等。

喷油式螺杆工艺压缩机的工作压力由工艺流程确定，单级压力比可达 10，排气压力一般小于 4.5MPa，但最高可达 9.0MPa，容积流量为 1～200m³/min。

无油式螺杆压缩机的压缩过程无液体冷却和润滑。这类压缩机转速较高，对轴承和轴封要求严格，排气温度较高，单级压力比较小。目前，无油式螺杆压缩机的单级压力比为 1.5～3.5，双级压力比可达到 8～10，排气压力小于 2.5MPa，容积流量为 3～500m³/min。

5.1.3 螺杆式压缩机的特点

就工作原理而言，螺杆式压缩机与活塞式压缩机都属于容积式压缩机，而其主要部件的运动形式又与叶片式压缩机类似，所以螺杆式压缩机兼有容积式和速度式压缩机的共同特点。

5.1.3.1 无油螺杆式压缩机的特点

无油螺杆式压缩机与活塞压缩机比较，具有以下优点。

(1) 无油螺杆式压缩机的主要优点

① 无不平衡质量力　无不平衡质量力使得机器在较高转速下也能平稳、无振动地运转，通常，螺杆式压缩机不需要特别的基础，所以对于这类压缩机，即使功率较大，也可用于移动式装置中。

② 转速高　高转速可使相同生产能力的机器结构体积小且重量轻。一台螺杆式压缩机的重量，约为一台同等功率的活塞式压缩机重量的1/13～1/7。这使得制造功率大、尺寸紧凑的螺杆式压缩机成为可能。由于工作转速高，可以直接选用价格便宜的原动机而无需配置减速设备。表5-1列出了螺杆式压缩机与往复活塞式压缩机的相对质量和外形尺寸。

表5-1　螺杆式压缩机与活塞式压缩机相对质量和外形尺寸比较

压缩机类型	排气量 /(m^3/min)	排气压力 /0.1MPa	相对质量(黑色金属) /[kg/(m^3/min)]	相对外形体积 /[m^3/(m^3/min)]
单级螺杆式	5～420	2.5～5	5～18	0.005～0.01
单级活塞式	2.3～60	5～7	138～260	0.15～0.39
两级螺杆式	10～420	7～11.5	20～35	0.012～0.03
两级活塞式	10～130	8～9	140～392	0.16～0.68

③ 无磨损　无油螺杆式压缩机的转子是以非接触方式运转的，从而保证了无磨损、长寿命以及在整个使用期间功率保持恒定不变，但机器寿命受轴承的耐久性所限制。

④ 结构简单，运转可靠　螺杆式压缩机零部件少，没有易出故障的气阀或密封件。故运转可靠，维护工作少，对侵蚀性气体和污垢不敏感。

⑤ 调节性能良好　螺杆式压缩机可在多方面满足工况的要求，其调节措施有：变转速调节、吸气节流调节、用电机驱动时的停机——运转控制、旁通调节以及用于制冷压缩机的滑阀调节。

⑥ 绝对的无油压缩　与大多数其他压缩机比较，无油式螺杆压缩机具有绝对无油压缩的优点，因此可用于输送不能受油侵蚀的气体。

⑦ 性能稳定　螺杆式压缩机输气量平稳、功耗小，压力比变化时排气量变化平缓，无喘振界限。

(2) 无油螺杆式压缩机的主要缺点

① 效率较低　螺杆式压缩机发展到今天，虽有许多改进，但由于其内部密封性不好和高的气流速度，螺杆式压缩机的等温效率比同等功率的活塞式压缩机低。只有高转速螺杆式压缩机，才具有良好的相对密封性。

② 转子制造复杂、支承要求高　基于高的转速和很小的间隙，螺杆式压缩机的转子必须高精度加工，为此所需的工具和机床价格十分昂贵。由于齿廓形状复杂，故配对的每个转子均需要专用的铣刀加工。转子配对也不能随便组合，而应选配，以便获得良好的配合，所以损坏的压缩机转子常常是成对地调换。

此外，无论是喷油式机器所用的滚动轴承还是大型无油式机器所用的滑动轴承，都必须精工制作。

③ 噪声较大　无油式压缩机噪声大，需附带有特殊的吸气及排气消音器，以便将噪声保持在允许限度之内。由于高频比例较大的频谱特性，可采用隔声罩壳。螺杆式压缩机的噪

声问题一般比活塞式压缩机的好处理。

5.1.3.2　喷油式螺杆压缩机的特点

喷油式螺杆压缩机有下列优点。

① 结构大为简化　喷油式螺杆压缩机省去同步齿轮及高压端的轴封，采用滚动轴承代替滑动轴承，省去大多数无油式压缩机常用的滑动轴承所需的复杂的润滑系统。

② 接近等温压缩　压缩腔内喷入大量的冷却油（油气质量比约为5：1～10：1），可有效控制压缩气体的温升，单级压缩比可达到15，而排气温度不会超过100℃。这种机器的转子和壳体间的公差配合可做得很小，因为转子和壳体的热膨胀是近乎均匀且比无油式机器的小。

③ 噪声低　基于较小的圆周速度和喷油的缓冲作用，喷油螺杆式压缩机产生的噪声远低于无油式螺杆压缩机所产生的噪声。

喷油式螺杆压缩机的缺点：由于喷油式螺杆压缩机的转速一般比无油式螺杆压缩机低，故机器的重量和尺寸都较大；后续的油气分离也较为麻烦，目前，压缩气除油装置虽能使气体含油量小于5～10mg/m^3，但对大型机器而言，耗油量也相当可观。

另外，喷油系统油路复杂，设备投资增加，因气体带油而食品工业不能应用等都是其不足之处。由于气体密封和转子刚度等方面的限制，螺杆式压缩机还不能达到较高的排气压力，目前只能用于中压4.5MPa以下的场合。

5.2　螺杆式压缩机的工作过程及主要热力参数

5.2.1　工作过程

螺杆式压缩机的理论循环是假定压缩机无摩擦、无热交换、无泄漏、无吸排气压力损失，工作过程包括吸气、压缩和排气三个阶段。螺杆式压缩机转子在每个运动周期内，分别有若干个齿间容积依次进行相同的工作过程。因此，在介绍螺杆式压缩机的工作过程时，只需分析其中某一个齿间容积的全部过程，即可了解整个机器的工作。

根据容积压缩机的工作原理，为了充分利用工作容积实现气体的压缩，应在齿间容积扩大时，与吸气孔口联通，开始吸气过程。在齿间容积达到最大容积时，结束吸气过程；然后，齿间容积在封闭状态下减少容积，并在与排气孔口连通前，压力升高到排气压力，完成压缩过程；最后，随着齿间容积的进一步减小，所有高压气体逐渐从排气孔口排出。理论工作过程如图5-3所示。

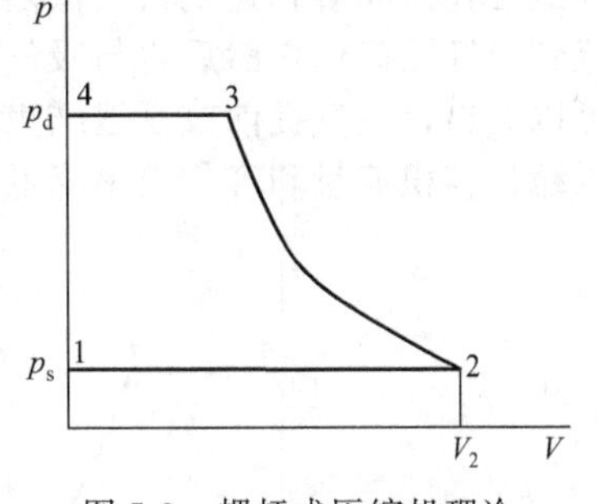

图5-3　螺杆式压缩机理论循环过程

5.2.2　实际工作过程

螺杆式压缩机的实际工作过程与理论工作过程有很大差别。影响实际工作过程的因素主要有：齿间容积内的气体会通过间隙产生泄漏，流经吸、排气孔口时，产生压力损失；在压缩过程中，存在热交换；由于吸、排气孔口位置等压缩机结构参数的影响，也会使压缩机实际工作过程与理论工作过程有所不同。下面从几个主要方面讨论影响实际工作过程的因素。

5.2.2.1　内、外压力比不相等的影响

压缩机的齿间容积与排气孔口即将连通之前，齿间容积内的气体压力 p_i 称为内压缩终了压力。内压缩终了压力与吸气压力之比，称为内压力比。排气管内的气体压力 p_d 称为外压力或背压力，其与吸气压力的比值称为外压力比。

螺杆式压缩机吸、排气孔口的位置和形状决定了内压力比的大小。运行工况或工艺流程中所要求的吸、排气压力，决定了外压力比。与一般活塞式压缩机不同，螺杆式压缩机的内、外压力比可以不相等。

在排气压力大于内压缩终了压力的情况下，齿间容积与排气孔口连通的瞬时，排气孔口中的气体将迅速倒流入齿间容积中，使其中的压力从 p_i 突然上升至 p_d，然后再随着齿间容积的不断缩小，排出气体，如图 5-4（a）所示；在排气压力低于内压缩终了压力的情况下，齿间容积与排气孔口连通的瞬间，齿间容积中的气体会迅速流入排气孔口中，使齿间容积中的气体压力突然降至 p_d，然后再随着齿间容积的继续缩小．将气体排出，如图 5-4（b）所示。

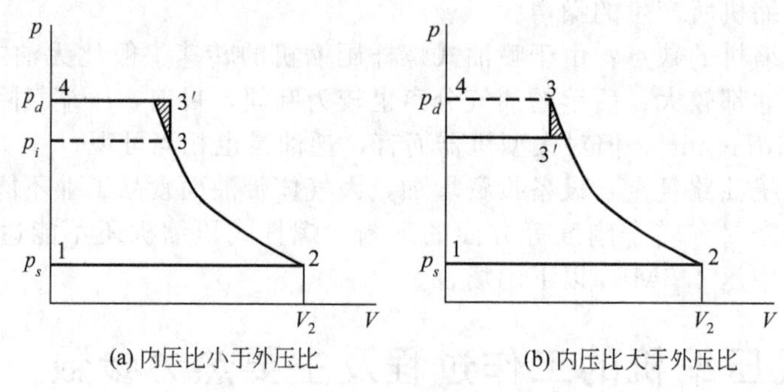

图 5-4 内、外压力比不相等的工作过程

因此，由于内、外压力比不相等，会引起齿间容积与排气孔内气体混合，产生附加能量损失，如图中阴影部分面积。同时，由于内外压力比不等，还会引起强烈的周期性排气噪声。

5.2.2.2 吸气提前或延迟结束的影响

吸气提前是指吸气过程在齿间容积达到最大值之前结束，此时齿间容积中的气体将在吸气结束之后膨胀，达到最大容值后，才开始压缩过程，如图 5-5（a）所示；延迟结束是指吸气过程在齿间容积达到最大值之后存在一定时间的滞后，齿间容积中的气体有一部分重新回流到吸气孔口内，然后再与吸气孔口脱离，并开始压缩过程，如图 5-5（b）所示。从图中可以看出，吸气提前或延迟结束，其后果都使齿间容积的每个工作循环实际吸气量减小，使压缩机容积流量和容积效率降低。

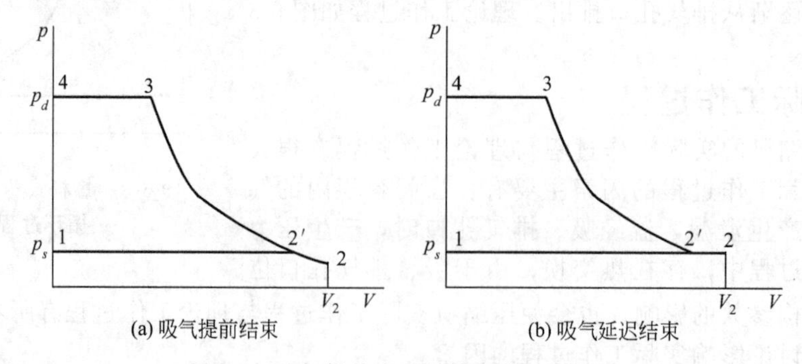

图 5-5 吸气提前或延迟结束的工作过程

5.2.2.3 余隙容积的影响

齿间容积所能达到的最小容积称为余隙容积，也称为穿通容积。当余隙容积不为零时，齿间容积中的气体不能全部排出。只有当余隙容积内残留的高压气体膨胀到略低于吸气压力

后，齿间容积才能吸进新鲜气体，在示功图上将多出一条膨胀线，如图 5-6 所示。显然，余隙容积存在会导致吸气量减小，容积效率下降。

5.2.2.4 实际工作过程

除上述影响因素外，在实际工作过程中，齿间容积内的气体会通过间隙产生泄漏，流经吸、排气孔口时产生压力损失，压缩过程中又存在热交换等，所以螺杆式压缩机的实际工作过程与理论工作过程有很大的差别。图 5-7 为某螺杆式压缩机的实测示功图。

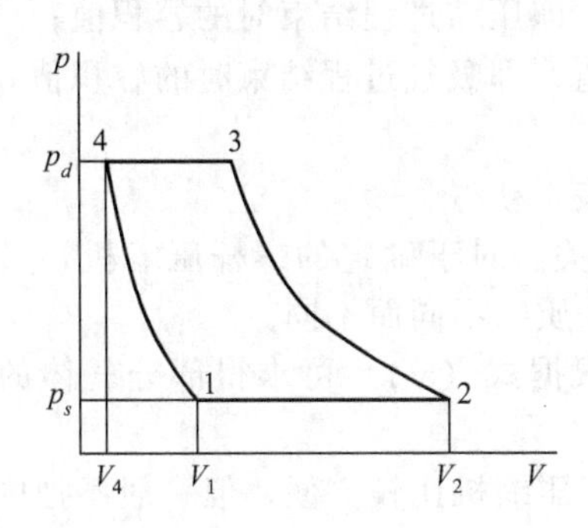

图 5-6 具有穿通容积的工作过程

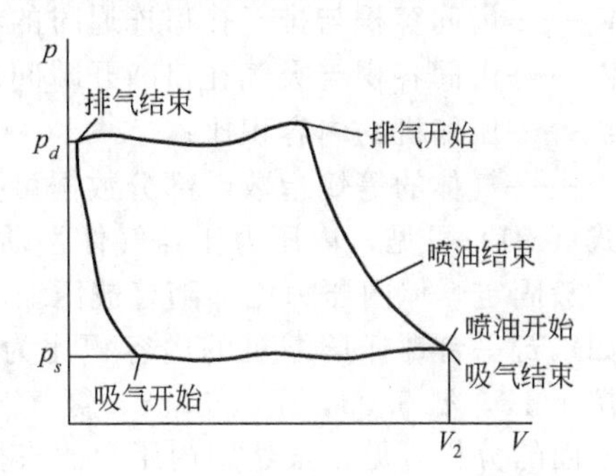

图 5-7 螺杆式压缩机的实测示功图

(1) 气体泄漏引起的影响

螺杆式压缩机存在内泄漏和外泄漏两种。泄漏造成压缩机的容积流量和效率降低，压缩机转速较低时，泄漏是影响压缩机性能的主要因素。

内泄漏是指在齿间容积内气体从高压处到低压处的泄漏，泄漏的气体不会直接影响到压缩机的容积流量。例如，气体从具有较高压力处，泄漏至不处于吸气过程的齿间容积，即属于内泄漏。内泄漏不会直接影响压缩机的容积流量。内泄漏会使齿间气体温度升高，功耗增加，间接降低容积流量。

直接影响容积流量的气体泄漏，称为外泄漏。外泄漏直接影响压缩机的容积流量。气体泄漏到处于吸气过程的齿间，或直接泄漏到吸气孔口，属于外泄漏。外泄漏直接导致容积效率降低，功耗增加。

(2) 气体流动损失的影响

气体在实际流动过程中，存在沿程阻力损失和局部阻力损失。沿程阻力损失由气体黏性引起，其大小与速度的平方成正比，与流动状态、表面粗糙程度及流动距离也有关。局部阻力损失是因截面突变引起的，其大小与截面突变情况有关，也与速度的平方成正比。

提高转速引起气体速度增加，从而导致流动损失显著增加；若气体在流动过程中，同时具有压力脉动时，这种损失将会更大。

(3) 气体动力损失的影响

螺杆式压缩机的气体动力损失，主要是指转子扰动气体的摩擦鼓风损失。气体动力损失随转速的增加而明显增大，高转速的螺杆压缩机，气体动力损失对效率起主要影响。

(4) 喷液的影响

绝大多数的螺杆压缩机需要向工作腔中喷入具有一定压力的液体。喷入的液体能够起到冷却、密封、润滑和降噪的作用，提高机器的性能，另外，喷入的液体会引起转子对液体的扰动损失和液体黏性摩擦损失。因此，喷液的类型和喷液量也对螺杆式压缩机的性能有重要影响。

5.2.3 内压力比及压力分布图

螺杆式压缩机的内压力比，是指压缩终了时齿间容积的压力 p_i 与吸气压力 p_s 的比值。若工作压力不是很高，忽略气体和外界热交换，则可近似看作理想气体的理论绝热压缩过

程，则齿间容积所达到的压缩终了压力比 ε_i 为

$$\varepsilon_i=\frac{p_i}{p_s}=\left(\frac{V_0}{V_i}\right)^k=\varepsilon_v^k \tag{5-1}$$

式中 p_i——齿间容积与排气孔口连通时，该容积内的气体压力，即内压缩终了压力；

p_s——齿间容积与吸气孔口断开瞬间，内部气体的压力，即吸气终了压力；

V_i——齿间容积与排气孔口连通时的容积值，即压缩过程结束时的容积值；

V_0——齿间容积与吸气孔口断开瞬间的容积值，即吸气过程结束时的容积值；

ε_v——压缩机的内容积比；

k——气体的等熵指数，部分数据可查阅附表 1 获得。

由式（5-1）可见，内压力比与气体性质密切相关。对于确定的螺杆压缩机，虽然其内容积比一般固定，但内压力比却随着被压缩的气体性质的不同而不同。

例如，若一台螺杆压缩机的内容积比为 3.5，根据式（5-1）可求得部分气体的内压力比：丙烷 4.17，氨 5.03，空气 5.78，氦气 7.71。

从上面的分析可见，虽然用内压力比来描述螺杆压缩机比较方便，但一般不把内压力比看成是螺杆压缩机的基本参数，除非机器工质总是同一种气体，如螺杆空气压缩机。对于螺杆制冷压缩机及螺杆工艺压缩机，通常用内容积比表征。在大多数情况下，螺杆压缩机的内容积比是一个常数，但个别螺杆压缩机的内容积比却是可变的。

在实际的螺杆压缩机中，内压力比的准确计算，需要对螺杆压缩机工作过程进行数学模拟。若压缩气体可视为理想气体，则内压力比可用式（5-2）近似计算。

$$\varepsilon_i=\frac{p_i}{p_s}=\left(\frac{V_0}{V_i}\right)^m=\varepsilon_v^m \tag{5-2}$$

式中，m 为多变指数，其数值取决于螺杆压缩机的运行方式、结构间隙等因素，可选取同类机器的经验数据。

由式（5-2），可以求出已有机器所能达到的内压力比，以验证该机器适应现时运行工况的程度。反之，在设计新机器时，可根据所需达到的内压力比，确定内容积比及阳转子的内压缩转角 φ_{1c}，为设计排气孔口提供数据。更深入内容，此处不再赘述。

5.2.4 螺杆式压缩机的排气量及容积效率

螺杆式压缩机的排气量与转子的齿数有关，而齿数通常又由排气量、排气压力、吸排气压差以及转子的刚度等因素来确定的。一般来说，减少螺杆式压缩机转子的齿数，可以增加转子有效面积的利用，但由于转子的抗弯模量下降，使转子的刚度下降；反之，转子的齿数增加，转子的刚度会提高，但转子有效面积的利用率降低。所以，低压螺杆式压缩机可以采用较少的齿数，且齿数 $m_1:m_2=3:3$ 时，有效面积利用率最高，从而可以使机器单位排气量的重量和尺寸指标为最小。

转子齿数 $m_1:m_2=4:6$ 的配置，具有良好的刚度，并能使主动转子和从动转子的刚度接近相等。所以，现代螺杆式压缩机中，多用 $m_1:m_2=4:6$ 的齿数配置。

当排出压力较高或吸排气压差较大时，为保证转子具有足够的刚度，应采用较多的齿数。

理论研究和实践得出，两转子的齿数比为 $m_1:m_2=6:8$ 时，转子的刚度进一步提高，它适用于高压力的螺杆式压缩机。

实际应用的螺杆式压缩机中，常见的转子齿数配置如下：

齿数比 m_1/m_2	2/4	3/3	3/4	4/4	4/5	4/6	5/7	6/8

齿数比 m_1/m_2 就等于压缩机两转子的传动比 i_{21}。

螺杆式压缩机的转子，当相邻两齿之间在端平面上的齿间面积为 A_0，轴向长度为 dz 时，齿间容积 dW 为

$$\mathrm{d}W=A_0\mathrm{d}z \tag{5-3}$$

当螺杆长度为 L 时，齿间容积 W_0 则为

$$W_0=\int_0^L A_0\mathrm{d}z \tag{5-4}$$

因为一般 A_0 沿轴向长度保持不变，故

$$W_0=A_0L \tag{5-5}$$

螺杆式压缩机的理论排气量 Q_T 应为单位时间内各转子转过的齿间容积之和，即

$$Q_T=m_1n_1W_{01}+m_2n_2W_{02} \tag{5-6}$$

式中 W_{01}，W_{02}——阳转子与阴转子的齿间容积，m^3；

m_1，m_2——阳转子与阴转子的齿数；

n_1，n_2——阳转子与阴转子的转速，r/min。

由于 $m_1n_1=m_2n_2=mn$，则式（5-6）可变为

$$Q_T=mn(W_{01}+W_{02}) \tag{5-7a}$$

将式（5-5）代入式（5-7a）中，可得

$$Q_T=mnL(A_{01}+A_{02}) \tag{5-7b}$$

式中，A_{01}，A_{02}分别为阳转子与阴转子的齿间面积，m^2。

以上的公式，假定转子螺齿的扭转角很小，故螺齿在整个转子长度上完全脱离啮合。在这种情况下，阳转子齿槽所输送的最大容量为 $A_{01}L$，阴转子的最大输送容量为 $A_{02}L$。然而实际情况扭转角是很大的，使得螺齿不会在整个转子长度上完全脱离啮合，故齿槽的容积总量总是小于（$A_{01}L+A_{02}L$）。

令

$$C_n=\frac{m_1(A_{01}+A_{02})}{D_1^2} \tag{5-8}$$

式中，D_1 为阳转子的外径，m。

C_n称为转子的面积利用系数。很显然，型线不同、齿数不同时，面积利用系数 C_n 也不同。

这样，式（5-7b）可写成

$$Q_T=C_nn_1LD_1^2 \tag{5-9a}$$

令 $\lambda=L/D$，则上式可写为

$$Q_T=C_nn_1\lambda D_1^3 \tag{5-9b}$$

阳转子的齿间面积 A_{01} 和阴转子的齿间面积 A_{02} 可用作图法借助求积仪求出，也可用计算分析法求得。因为用分析法比较复杂，本书不作详细介绍。对于对称圆弧型线的螺杆式压缩机，主从动轮的齿间面积分别为

$$A_{01}=\frac{1}{16}D_1^2$$

$$A_{02}=\frac{1}{18}D_1^2$$

则其面积利用系数为 $C_n=\dfrac{m_1\ (A_{01}+A_{02})}{D_1^2}=\dfrac{4x\left(\dfrac{1}{16}+\dfrac{1}{18}\right)D_1^2}{D_1^2}=0.472$。

由于 $$u_1=\frac{\pi}{60}D_1n_1$$

由此得 $n_1=\frac{60}{\pi}\frac{1}{D_1}u_1$，代入式（5-9）得

$$Q_T=C_n\frac{60}{\pi}\lambda u_1 D_1^2 \tag{5-10}$$

若考虑容积效率 η_V，则得螺杆式压缩机的实际排气量 Q 为

$$Q=\eta_V\frac{60}{\pi}C_n\lambda u_1 D_1^2 \tag{5-11}$$

螺杆式压缩机的容积效率为

$$\eta_V=\frac{Q}{Q_T} \tag{5-12}$$

式中，Q 和 Q_T 分别为螺杆压缩机的实际排气量和理论排气量（都应折算到吸入状态下）。容积效率反应螺杆压缩机齿间容积的利用程度，Q 和 Q_T 的差值，主要由气体泄漏引起。

螺杆压缩机的容积效率 η_V，受型线种类、喷油与否、压差、转速和气体性质等众多因素的影响。在实际计算中，可参照类似机器的试验数值选取，或通过螺杆式压缩机工作过程数学模拟的方法进行计算。

各种螺杆式压缩机容积效率的变化范围有所差别，通常是 $\eta_V=0.75\sim0.95$。一般低转速、小排气量、高压力比、不喷液的压缩机，容积效率较低，相反情况则容积效率较高。

影响螺杆式压缩机容积效率的因素如下。

① 泄漏的影响　气体通过间隙的泄漏，分为外泄漏和内泄漏两种。外泄漏是高压气体通过间隙向吸气管道及吸气基元容积中的泄漏，内泄漏是具有较高压力的气体，通过间隙向较低压力（但高于吸入压力）的基元容积泄漏。显然，只有外泄漏才影响压缩机的容积效率，因为漏进吸气腔的高压气体要膨胀，占去了本该新鲜气体充满的那部分容积。

② 吸入压力损失　气体经过吸入管道和吸入孔口的气体动力损失，使吸入压力降低，造成气体膨胀，密度降低，相应地减少了压缩机的吸入气体量。

③ 加热损失　转子和机体受到压缩气体的加热，具有比吸入气体高得多的温度。在吸气过程中，气体受热而膨胀，从而相应减少了压缩机的吸入的气体量。

5.2.5 螺杆式压缩机的排气温度

无油式螺杆压缩机和喷油式螺杆压缩机的排气温度有很大差别。无油式螺杆压缩机的排气温度主要取决于介质物性和运行压力比，而喷油式螺杆压缩机的排气温度主要取决于喷油量和喷油温度。

5.2.5.1 无油式螺杆压缩机的排气温度

无油式螺杆压缩机的排气温度按下式计算

$$T_d=T_s\varepsilon_0^{\frac{m-1}{m}} \tag{5-13}$$

式中　T_d——压缩机的排气温度，K；

T_s——压缩机的吸气温度，K；

ε_0——压缩机的压缩比；

m——多变压缩指数。

从上式看出，影响无油式螺杆压缩机的排气温度的因素有吸气温度、压缩比及多变压缩指数，其中吸气温度和压缩比一般取决于吸入条件或给定工艺要求，因此多变压缩指数就成为影响排气温度的最重要因素。实际压缩过程中，被压缩气体通过许多途径与外界进行能量交换，如：壳体冷却套、润滑系统、转子冷却系统、对流及辐射。从被压缩气体中传出热量的多少，除取决于上述因素外，还取决于压缩机所产生的温升、气体与转子及机壳间的温差，也与气体的密度有关，因为气体的密度会影响到热导率。

无油式螺杆压缩机的转速通常很高，容积流量也较大。因而当气体通过压缩机时，气体被冷却的时间很短。所以，无油式螺杆压缩机中的冷却，常常是为了保持压缩机的几何尺寸和间隙不变，对气体的冷却不会起明显作用。

当排气温度低于100℃时，转子和机壳并不需要专门的冷却装置，空气冷却足以保证机壳的几何尺寸不发生改变。但当排气温度更高时，由于螺杆式压缩机的气缸是双孔形状，故其整个表面的膨胀是不均匀的。因此，为保证气缸的形状不发生改变，常在气缸的周围布置冷却套，用水、油或其他液体冷却。冷却介质吸收的热量，取决于气缸内气体的压力和温度，一般为压缩机输入功的5%～10%。

当不采用冷却套时，无油式螺杆压缩机的排气温度可达200℃。当有冷却套时，排气温度一般为240～250℃。为留有一定的安全系数，压缩机连续运转的最高排气温度可达220～230℃。

采用转子内部冷却方式，即让冷却油从转子中心流过，其目的是保证转子的尺寸和形状。这种冷却方式还有一个更大的优点，是可以防止压缩机停机后的余热导致转子温升。当压缩机工作时，压缩气体向转子传递热量，而该热量的一部分又沿转子向温度较低的一端传递，被温度较低的进气带走，从而实现转子的热平衡，使转子的温度保持稳定。但是当压缩机停机时，进气端不再具有冷却作用，因而转子的实际温度要上升一段时间后才能再降下来，此时不能立即再起动压缩机，必须延迟大约15min。而当采用转子内部冷却后，这种延迟就不需要了。

5.2.5.2 喷油式螺杆压缩机的排气温度

喷油式螺杆压缩机的排气温度不由工作压力比和介质物性决定，而是由压缩机功耗、被压缩气体的比热容以及所喷入的油量综合作用的结果。事实上，如果能喷入足量温度很低的油液，甚至可以使这类压缩机的排气温度低于进气温度。在这种情况下，有时会误认为实现了等温压缩过程，能获得比绝热压缩时更高的效率。但实测数据表明，实际压缩机的最高效率仍比绝热压缩时的效率低一点。所以在实际工作中，一般将压缩机效率与绝热压缩联系起来，而不是与等温压缩联系起来。

另外，实际测得的示功图曲线也表明，喷油式螺杆压缩机中的压力升高过程，与绝热压缩过程比较接近，一般认为，由于螺杆式压缩机转速较高，被压缩气体在压力升高过程期间，与喷入的润滑油之间的热交换很不充分。因此，在压缩结束时，气体的温度会明显高于油液温度。然后，气体和油液经过排气过程和在排气管道中的流动，最终实现热量平衡，并达到相同的排气温度。

允许的排气温度越高，所需的油冷却器越小，另外，所需循环流动的油量越少。但排气温度越高，压缩机中为考虑膨胀影响而留的间隙也越大，压缩机的效率就会降低。排气温度升高也会导致更多的润滑油处于气相，增加油气分离的困难。另外，高的排气温度还会降低油的寿命。特别是矿物油，在高温的情况下，会发生氧化、碳化或分解。所以，喷油式螺杆压缩机的排气温度，通常由高温对油的影响而确定。对空气压缩机，额定的排温极限一般设定为约100℃。有些机器的排气温度可高达120℃，但在这种温度下，矿物油的寿命很短，故多采用高级合成油，其不仅寿命长、适应温度高，而且润滑特性也能得到提高。

需要指出的是，对喷油式螺杆空气压缩机，排气温度还有一个下限。即不得低于气体压缩后水蒸气分压所对应的饱和温度，它与压力比及吸气状态下水蒸气的原始分压力有关。在100%的相对湿度时，从20℃的环境温度压缩到0.8MPa时，相应的饱和温度约为59℃。考虑到工况的不稳定，为了保证在这种条件下绝对不出现冷凝水，通常控制排气温度不得低于70℃。一旦在系统中出现冷凝水，应将压缩机停车5～6h，让油与水充分分离并排放水分。否则，会使油质恶化并降低轴承寿命。

对制冷和工艺螺杆式压缩机，也采用同样的额定排气温度上限，即100℃。而且即使采用高级合成油，也很少会运行至超过这一上限。对密度大的气体，如R22、丙烷等，排气温度趋于更低，大约为70～80℃。这是由于在设计压缩机时，同一压缩机往往要求能用于压缩多种气体，为能满足小密度气体的排温要求，设计时所给的油流量往往偏大。

值得注意的是，这类压缩机的进气温度也有一个下限。因为在非常低的温度下，必须选择特殊的合成润滑油，以便既能在低温下保持为液态，又能在较高的温度下保持足够的黏性。另外，在进气温度非常低的条件下，转子的平均温度要比机壳的平均温度高。这是因为转子不仅受到喷入的高温油影响，而且受到压缩过程中温度升高的影响，而机壳却被进气充分地冷却，从而平均温度较低。在压缩机的进气中含有制冷剂液体时，这种现象尤为明显。当然，如果在转子进气端面留有适当的间隙，上述情况并不成为问题。否则，就会导致转子端面的磨损。

5.3 螺杆式压缩机的性能曲线

螺杆式压缩机性能曲线用来表征螺杆压缩机排气量、压力比、转速和效率之间关系，性能曲线对于螺杆式压缩机的正确选择、使用和维护等具有重要作用。

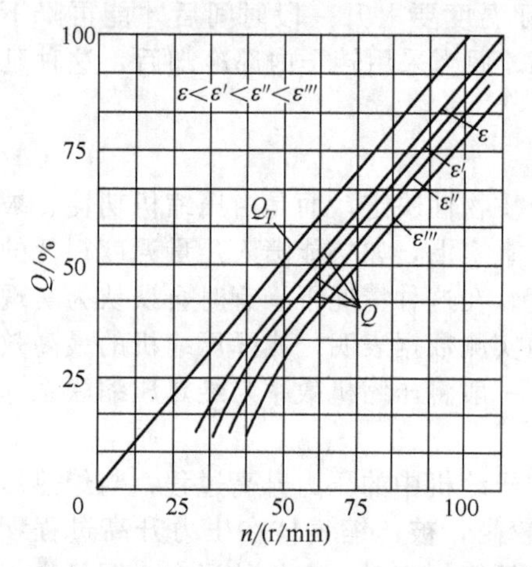

图 5-8 不同压力比下排气量和转速的关系

图 5-8 表示了螺杆式压缩机在不同压力比 ε 时，排气量 Q 和转速 n 之间的关系。从坐标原点引出的一条直线表示理论排气量 Q_T 和转速 n 的关系，直线以下的曲线表示各种不同压力比时，实际排气量 Q 和转速 n 的关系。

某一转速下，理论排气量 Q_T 和实际排气量 Q 之间的垂直距离 ΔQ 表示由于气体泄漏和吸入压力损失造成的排气量降低。低转速时，相对泄漏量（即单位排气量的泄漏量）较大，实际排气量曲线 Q 急剧下降。转速增加时，相对泄漏量减少，实际排气量曲线 Q 和理论排气量曲线 Q_T 逐渐接近。转速再增加，吸入压力损失的增加抵消了相对泄漏的减少，实际排气量 Q 与转速几乎呈直线关系，并和理论排气量 Q_T 相平行。图 5-9 表示不同转速 n 时，排气量 Q 和压力比 ε 的关系。图 5-9 中还给出了不同工况时的等效率曲线。由图中曲线可以看出，随着压力比的增加，实际排气量呈直线略微下降，这是因为通过间隙的泄漏量随压力比提高而增加所致。

图 5-10 表示容积效率、绝热效率和转速的关系。由图 5-10 清楚地看出，随着转速的增加，泄漏的影响减弱，螺杆式压缩机的容积效率相应增加。

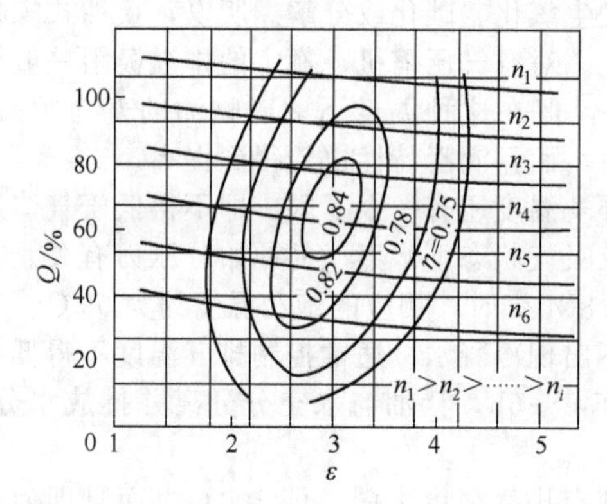

图 5-9 不同转速下排气量与压力比的关系曲线

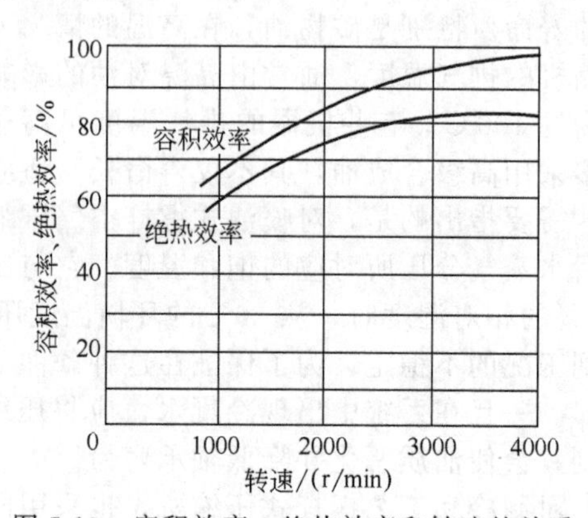

图 5-10 容积效率、绝热效率和转速的关系

绝热效率开始随转速增加而上升，在某一特定转速下达到最高值以后，反而随转速的增加而下降。上述特性是由于螺杆式压缩机的内部损失（泄漏损失和空气流动损失）与转速之间存在着不同的关系造成的。空气动力损失与转子齿顶的线速度 u^2 成正比，亦即与转速 n^2 成正比，而相对泄漏损失随转速的增加而减小。在图 5-10 中绝热效率和转速曲线的前一段（低转速部分），起主要作用的是泄漏损失。所以，转速增加会使绝热效率上升。但在曲线的后一段（高转速部分）起主要作用的是空气动力损失，故转速的增加反而使绝热效率下降。只有在某一特定转速时，泄漏损失与空气动力损失之和为最小，才能得到最佳绝热效率。

5.4 单螺杆压缩机

单螺杆压缩机是一种新型的容积式回转压缩机，它只有一个螺杆，螺槽同时与几个星轮啮合，基本结构见图 5-11，垂直单螺杆轴心线剖面示意图见图 5-12。它由一个螺杆 4 和两个对称配置的平面的星轮 2 组成啮合副，装在机壳 1 内。螺杆螺槽、机壳（气缸 7）内壁和星轮齿顶面构成封闭的基元容积。运转时，动力传到螺杆 4 上，由螺杆带动星轮旋转。气体由进气腔 8 进入螺槽内，经过压缩后通过气缸上的排气口 3 由排气腔 6 排出。

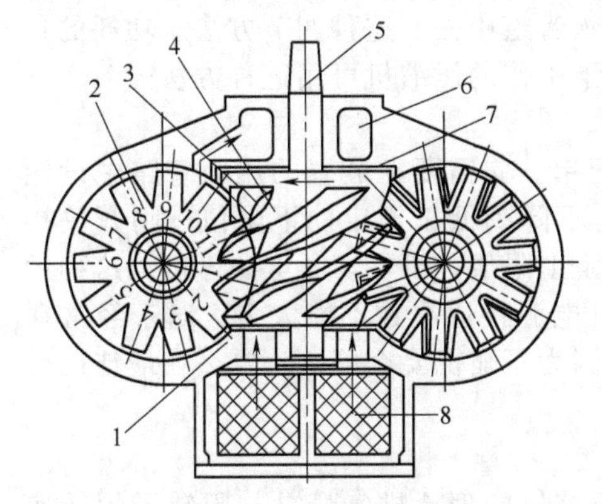

图 5-11 CP 型单螺杆压缩机

1—机壳；2—星轮；3—排气口；4—螺杆；5—主轴；6—排气腔；7—气缸；8—进气腔

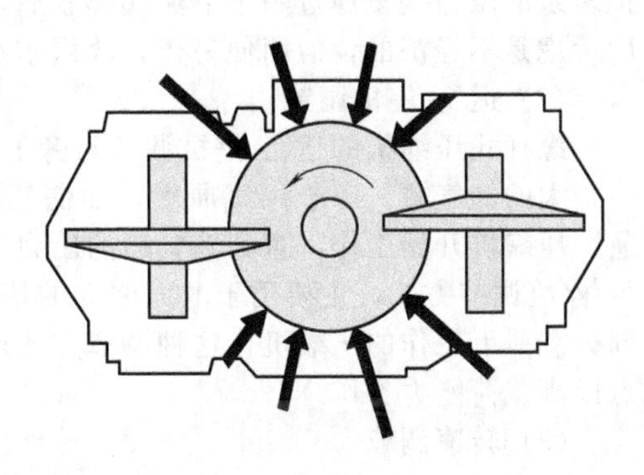

图 5-12 垂直单螺杆轴心线剖面示意图

螺杆通常有 6 个螺槽，由两个星轮将它分隔成上、下两个空间，各自实现进气、压缩和排气过程。因此，单螺杆压缩机相当于一台六缸双作用的活塞式压缩机。螺杆旋转一周，有 12 个吸排气过程。这里以螺杆上一个螺槽为例，说明单螺杆压缩机的工作过程。

螺杆螺槽在星轮齿尚未啮入前与进气腔相通，处于进气状态。当螺杆转到一定位置，星轮齿将螺槽封闭时，如图 5-13（a）所示，进气过程结束。此时螺杆继续转动，随着星轮齿

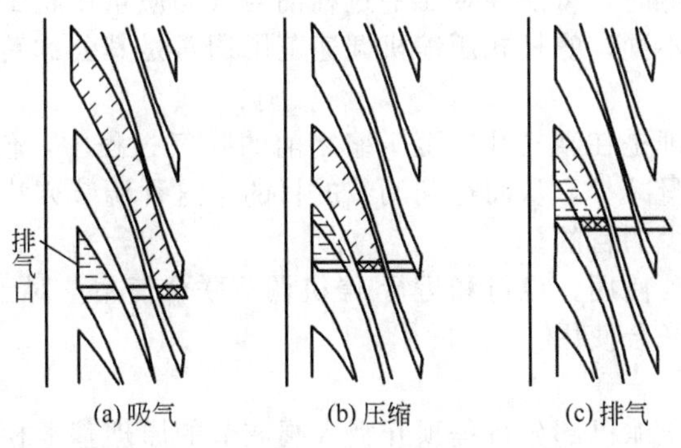

图 5-13 单螺杆压缩机的工作过程

沿着螺槽推进，封闭的基元容积逐渐减少，实现气体的压缩过程，如图 5-13（b）所示。当基元容积与排气孔口连通后，由于螺杆继续旋转，被压缩气体通过排气孔口输送至排气管，直至星轮齿脱离该螺槽为止，如图 5-13（c）所示。

单螺杆压缩机除了具有回转压缩机的优点外，还具有其独特的优点，如结构合理、受力的平衡性能好、满负荷运行时几乎无振动、没有余隙容积等。单螺杆压缩机在空气动力工程和工艺流程中有较广泛的应用。

5.5 螺杆式压缩机的排气量调节

螺杆式压缩机属于容积式机器。就是说，在稳定工况下，其单位时间的排气量实际上与压缩终压力无关。压缩机调节系统的目的都在于：不管用气量多少，都要维持螺杆式压缩机的压缩终压力基本不变。一般允许的压力波动约为压缩机终压力的 5%～10%。

螺杆式压缩机的排气量调节有以下几种方式。

（1）旁通调节

旁通调节是在恒定的终压下，调节螺杆式压缩机排气量的一种最简单的方法。其原理是把多余的压缩气量通过一个节流阀膨胀后，再回到吸入管道中去。这种调节方法从功耗的角度考虑是不经济的，但简便易行，故偶尔在部分载荷下工作的压缩机可用这种方法。

（2）运行-停机调节

螺杆式压缩机的运行-停机调节与旁通调节一样简单。它需要在装置的压力管路中设置一个大的储气罐。由于用气原因，如储气罐中的压力下降到低于规定的下限值，则开关接通，压缩机开始工作，直到储气罐的压力上升达到规定上限值，机器切断电源停机。这种运行-停机调节方式，主要用于电力驱动的压缩机，而且电源接通次数不能太多。对于经常在部分载荷下工作的压缩机，这种调节方式最为适用，因为压缩机要么停机，要么在最佳运行点以满载荷能力工作。

（3）转速调节

由式（5-9b）$Q_T=C_n n_1 \lambda D_1^3$ 可以看出，螺杆式压缩机的理论排气量是与阳转子的转速 n_1 成正比的，显然当转速改变时，压缩机的排气量也随之改变。排气量减小，则机器的功耗也下降。当然，每一螺杆式压缩机均有一最佳的圆周速度，在这个速度下，机器的比功率为最小。当转速改变时，自然离开这个最佳工况点，所以在调节范围内的部分载荷效率比最佳效率要低。转速调节主要用于内燃机驱动的压缩机。对于柴油机驱动，压缩机的最小转速可为其公称转速的 50%。

应该指出，无油式螺杆压缩机的转速调节还受到排气温度的限制，转速较低时，压缩机中的内泄漏会导致排气温度明显升高；而对于喷油式螺杆压缩机，通常喷油量不随压缩机转速变化，转速过高或过低时，可能导致压缩过程油与气体质量比超出许可范围。因此，根据工作介质及运行工况的不同，螺杆式压缩机调速范围通常是其公称转速的 60%～100%。

（4）吸气节流调节

吸气节流调节的原理是在吸气开始至压缩之前的吸气过程中，使基元容积的压力降低，其结果是吸入的气体质量减少，从而达到调节的目的。这种调节方法，其实质是通过降低容积效率来达到吸气量减少的目的。

吸气节流调节可单独使用，也可和运行-停机调节联合使用。对于柴油机驱动的压缩机，吸气调节常与转速调节联合使用。

（5）滑阀调节

滑阀调节与往复式压缩机部分行程顶开吸入阀调节的原理基本相同，它是使基元容积在啮合线从吸入端向排出端移动的前一段时间内，与吸入孔相通，也就是说，减少了螺杆式压缩机的有效长度，以达到减少排气量的目的。

这种方法是在螺杆式压缩机的机体上装一滑动调节阀，即滑阀，它位于排气一侧机体两内圆的交点处，且能在与气缸轴线平行方向上来回移动。滑阀的移动是靠与它连成一体的油压活塞推动的。

滑阀的背部在非调节工况时，与机体固定部分紧贴，而在调节工况时，与固定部分脱离。离开的距离取决于预调节排气量的大小。在调整工况时，在基元容积缩小的前一段吸入的气体并不开始压缩，而是通过滑阀与固定部分之间的空隙回流到吸入口，直到阳转子与阴转子的啮合点移过滑阀与固定部分的空间以后，基元容积内的气体才开始压缩。

滑阀调节的优点是调节范围宽。可在10%～100%的排气量范围内有级或无级调节，且调节的经济性好。在50%～100%范围内时，原动机功耗可与压缩机排气量的减少成比例地下降，但调节量超过50%以后，功耗降低不显著。

这种调节方法的不足之处是使螺杆式压缩机的结构变得复杂，而且系统的调整也相当复杂，其结果是造价提高、维护检修工作量大、事故机会增加。

思考与计算题

1. 结合图5-2，简要说明螺杆式压缩机的工作原理和工作过程。
2. 与活塞式压缩机相比，无油式螺杆压缩机有哪些特点？
3. 简述螺杆式压缩机的用途，其排气量和排气压力在什么范围？
4. 螺杆式压缩机实际工作过程与理论工作过程有何区别？
5. 试分析有哪几个因素影响螺杆式压缩机的容积流量和容积效率？
6. 什么是内容积比和内压力比，两者之间有怎样的关系？
7. 某螺杆制冷压缩机的内容积比为3.5，压缩过程按绝热考虑，计算其在压缩氨、R12和氩三种制冷剂蒸汽时的内压力比，并利用螺杆压缩机性能曲线分析压缩几种不同工质时压缩机容积效率的变化情况。
8. 一台双螺杆空气压缩机，其阳转子外径$D_1=200$mm，转速$n_1=2900$r/min，螺杆的轴向长度$L=300$mm，容积效率为0.85，面积利用系数为0.5，求螺杆式压缩机的实际排气量和理论排气量，分析两者间的差值主要由哪些因素引起？
9. 喷油螺杆式压缩机气体的压缩近似什么过程，向工作腔喷油有哪些作用？
10. 提高螺杆式压缩机容积效率应从哪几方面考虑？
11. 无油式螺杆压缩机与喷油式螺杆压缩机分别采用何种冷却方式，都适合用来压缩哪些种类的气体？
12. 不同压力比时，螺杆式压缩机的排气量随转速如何变化，试用性能曲线图表示，并加以分析说明。
13. 随着转速变化，螺杆式压缩机容积效率和绝热效率有什么变化特点，在一定转速下，容积效率和绝热效率由什么因素决定？
14. 螺杆式压缩机的排气量受什么因素控制，不同的转子齿数比时压缩机的性能参数有什么特点？
15. 螺杆式压缩机容积效率受什么因素影响，为什么小排量、高压力比情况容积效率高些？
16. 影响干式螺杆压缩机排气温度的因素有哪些？采用何种措施可降低排气温度？
17. 喷油式螺杆压缩机喷油孔位置对容积效率有什么影响，怎样提高喷油的雾化程度？
18. 喷油式螺杆压缩机有哪些特点？
19. 单螺杆压缩机主要有哪几个部分组成，有什么优点？
20. 螺杆式压缩机气量调节的目的是什么，有哪几种主要方法？
21. 滑阀调节气量的原理是什么，分析其特点。

22. 说明转速调节气量的原理及适用范围。

23. 简述干式螺杆压缩机与喷油式螺杆压缩机在结构和应用中的区别。

参 考 文 献

[1] [奥地利] 林德著. 螺杆压缩机. 霍励强译. 北京：机械工业出版社，1986.
[2] 西安交通大学. 回转式压缩机. 西安：西安交通大学出版社，1974.
[3] 吴宝志. 螺杆式制冷压缩机. 北京：机械工业出版社，1985.
[4] [苏] 雅柯勃松著. 小型制冷机. 王士华等译. 北京：机械工业出版社，1982.
[5] 姜培正. 过程流体机械. 北京：化学工业出版社，2001.
[6] 余国琮. 化工机械工程手册：中卷. 北京：化学工业出版社，2003.
[7] 邢子文. 螺杆压缩机-理论、设计及应用. 北京：机械工业出版社，2000.

6 离心式压缩机

6.1 概述

6.1.1 离心式压缩机的特点

离心式压缩机属于透平式压缩机。早期只用于压缩空气，适用于低、中压力及气量很大的场合。目前，离心式压缩机在大流量、中低压范围内应用越加广泛。这主要是因其具有以下优点。

① 排气量大　如在大型合成氨厂中，主要压缩机均为离心式压缩机。其中在标准状态下排气量可达（12～17）×10^4 m^3/h。

② 结构紧凑、尺寸小　机组占地面积及重量都比相同气量的活塞式压缩机小得多。

③ 运转平稳可靠、连续运转时间长　机器利用率高，维护费用低，操作人员少。

④ 不污染被压缩的气体　该特点在化工及许多行业的生产中保证被压缩气体的纯净度极为重要。

⑤ 转速高　离心式压缩机的转速较高，适宜用蒸汽轮机或燃气轮机直接拖动，一般在大型化工生产过程中往往有副产蒸汽，因此可用蒸汽轮机来拖动离心式压缩机，达到节能降耗的目的。

离心式压缩机也存在一些缺点：

ⅰ. 不适用于气量太小及压力比过高的场合；

ⅱ. 稳定工况区较窄，气量调节虽较方便，但经济性较差；

ⅲ. 目前离心式压缩机的总效率一般仍低于活塞式压缩机。

随着在设计、制造等方面不断地采用新技术、新结构和新工艺，离心式压缩机的上述缺点必将逐步得以克服。

6.1.2 离心式压缩机的应用

离心式压缩机不仅可以用来压缩和输送化工生产中的多种气体，而且在采矿、制冷、冶金和动力等国民经济诸多领域也得到了广泛应用，如：

ⅰ. 在冶金工业中通常用于高炉鼓风、氧气制取和氧气炼钢；

ⅱ. 化肥制造工艺中氮、氢混合气的压缩提压，石油裂化和重整过程中的气体压缩，以及天然气的管道输送沿线的压缩提压等众多生产作业；

ⅲ. 在动力工业中，离心式压缩机作为燃气轮机和内燃机的增压设备，可提高装置输出功率；此外，离心式压缩机常用于各种风动工具的动力风源的产生；

ⅳ. 压缩机是制冷系统中的关键设备，可压缩氟利昂、氨、丙烯、乙烯等多种制冷剂。

6.1.3 离心式压缩机的基本结构及工作原理

离心式压缩机通过叶轮对气体做功，将能量传递给气体，最终使其压力得到升高。图 6-1 为 DA120-61 型离心式压缩机的纵剖面图。该压缩机用于压缩空气，其设计流量为在标准状态下 125m^3/min，排气压力为 0.6MPa，工作转速为 13900r/min，由功率为 800kW 的电动机通过增速器驱动。由图 6-1 看出，该压缩机是由一个带有 6 个叶轮的转子以及与其相配合的固定部件所组成。为了节省能量及避免温度过高，压缩机分为两段，每段由三个叶轮及与其配合的固定组件组成。空气经过一段压缩后，从中间蜗壳引出到冷却器进行冷却，然后重新引入第二段继续进行压缩，直到由最后一级的蜗壳引出。从气体动力学观点看，离心式压缩机主要由以下构件所组成。

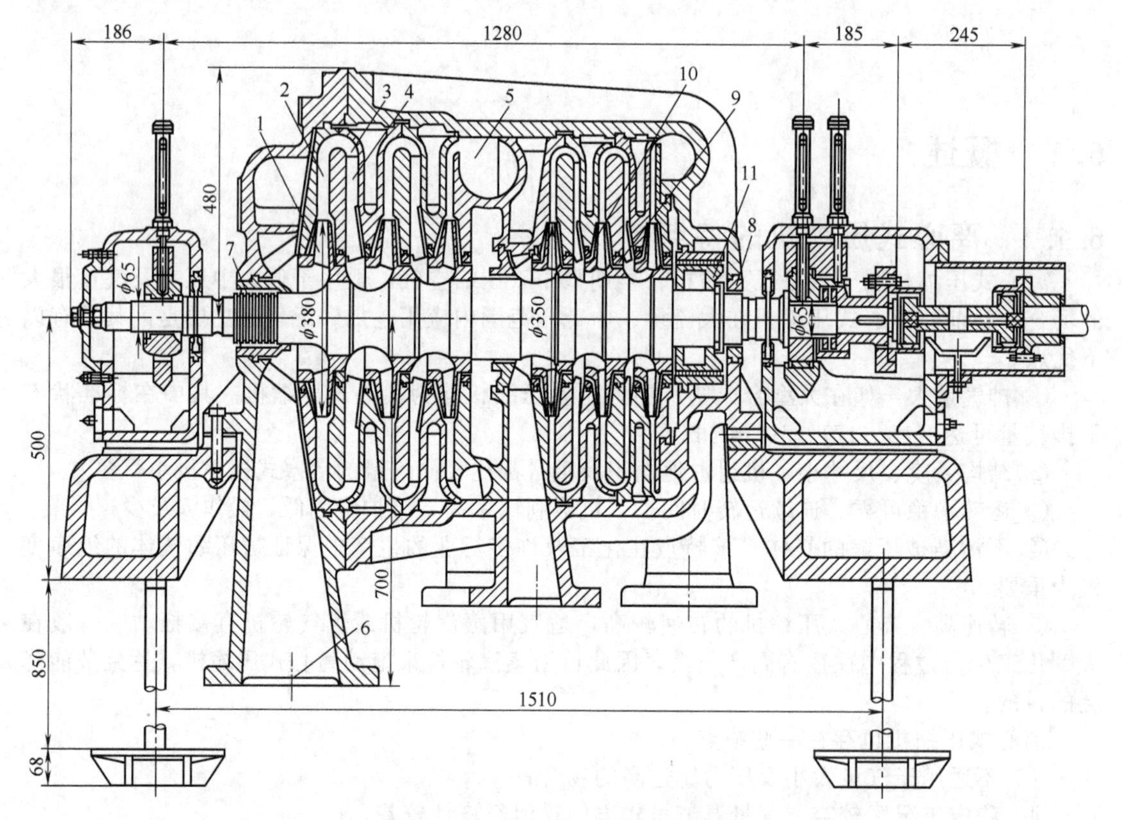

图 6-1　DA120-61 型离心式压缩机

1—叶轮；2—扩压器；3—弯道；4—回流器；5—蜗壳；6—吸气室；
7，8—前、后轴封；9—级间密封；10—叶轮进口密封；11—平衡盘

① 叶轮　是离心式压缩机中唯一对气体做功的部件。气体进入叶轮后，在叶片的作用下随着叶轮旋转，由于叶轮对气体做功，增加了气体的能量，因此气体流出叶轮时的压力、速度和温度均有所增加。

② 扩压器　气体从叶轮流出时速度很高，为了充分利用这部分速度能，常常在叶轮后设置流通截面逐渐扩大的扩压器，以便将速度能转变为压力能。一般常用的扩压器是一个环形通道，其中装有叶片的称为叶片扩压器，不装叶片的称为无叶扩压器。

③ 弯道　为了把由扩压器出来的气流引入下一级叶轮进行再压缩，在扩压器后设置了使气流由离心方向改变为向心方向的弯道。

④ 回流器　为了使气流以一定方向均匀地进入下一级叶轮进口，设置了回流器，在回流器中一般装有导叶。

⑤ 蜗壳　其主要作用是将由扩压器（或直接由叶轮）出来的气流汇集起来并引出机外。此外，在蜗壳汇集气流的过程中，由于蜗壳曲率半径及流通截面逐渐扩大，也有降速扩压的作用。

⑥ 吸气室　其作用是将需压缩的气流，由进气管（或中间冷却器出口）均匀地导入叶

轮上进行增压。因此，在每一段的第一级前都有吸气室。

在离心式压缩机中，通常将叶轮与轴的组件称为转子；将扩压器、弯道、回流器、蜗壳及吸气室等称为固定组件。除这些组件外，为了减少机器向外漏气，在机壳的两端还装有前轴封和后轴封。为了减少机器的内部泄漏，在级与级之间和叶轮盖板进口外圆面处还分别装有密封装置。此外，为了平衡作用在止推轴承上的轴向力，常常在机器的一端装有平衡盘。

在离心式压缩机的术语中，常用的有“级”、“段”、“缸”和“列”等名词。

所谓压缩机的“级”，就是由一个叶轮及与其相配合的固定组件所构成的实现气体压力升高的基本单元。

“级”是离心式压缩机的基本单元。一台离心式压缩机一般由几个级所组成。从级的类型来看，一般可分为中间级和末级两类。图 6-2（a）为中间级的简图。由图可以看出，中间级由叶轮 1、扩压器 2、弯道 3 和回流器 4 所组成。在离心式压缩机的段中，除了段的最后一级外，其余的级均为中间级。末级的简图如图 6-2（b）所示，它是由叶轮 1、扩压器 2 和蜗壳 5 所组成（有的末级只有叶轮及蜗壳而无扩压器）。

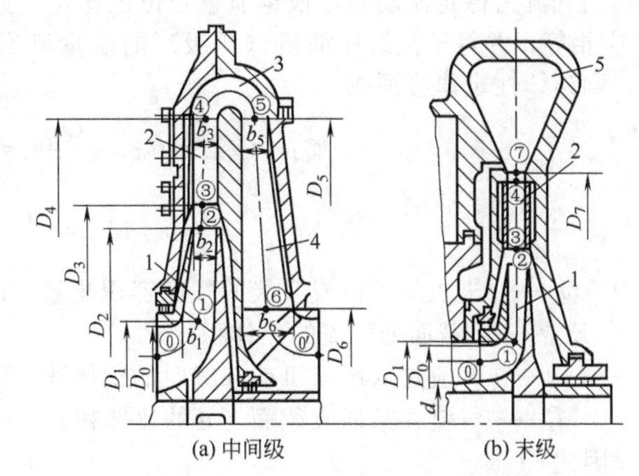

图 6-2 离心式压缩机级及其关键截面

1—叶轮；2—扩压器；3—弯道；4—回流器；5—蜗壳

在逐级的分析和计算中，一般只着重分析、计算级内几个关键截面上的参数。图 6-2 中给出了这些截面的位置，其中各个截面标号所指的位置分别为：⓪—叶轮进口截面；①—叶道进口截面；②—叶道出口截面；③—扩压器进口截面；④—扩压器出口截面；⑤—回流器叶道进口截面；⑥—回流器叶道出口截面；⑦—蜗壳进口截面；⓪′—本级出口或下一级进口截面。

压缩机的“段”，是以进排气口为标志，压缩机只有一个进气口和一个排气口就称为一段压缩。如上述 DA120-61 型离心式压缩机中，气流在第三级后被引出进入冷却器降温（有的压缩机是在中间抽出或补进部分气体），然后返回第四至六级继续进行压缩，所以它是两段压缩机，一至三级是第一段，四至六级为第二段。在离心式压缩机的每一段中，除了段的最后一级为末级外，其余的级均为中间级。

压缩机的“缸”，是将一个机壳称为一个缸，多机壳的压缩机就称为多缸压缩机。压缩机分成多缸的原因是：设计一台离心式压缩机时，有时由于所要求的终压力较高，需用叶轮数目较多，如果都安装在同一根轴上，则会使轴的临界转速变得很低，结果使工作转速与二阶临界转速过于接近，这是不允许的。另外，为使机器设计得更为合理，压缩机各级需采用一种以上的不同转速时，亦需分缸。一般压缩机每个缸可以有 1～10 个叶轮。多缸压缩机各缸的转速可以相同，也可以不同。

压缩机的“列”，就是指压缩机缸的排列数目，一列可由一至几个缸组成。

6.2 离心式压缩机热力过程分析

在离心式压缩机中，特别是在叶轮中的气体流动实际上是三元流动。但在工程上为了分析研究简便起见，常把气体在离心式压缩机流道中的流动视作一元稳定流动，即在压缩机的进气状态，排气压力以及转速不变的情况下，可以认为流道中同一通流截面上各点的气流参数是相同的（用其平均值来表示），并认为在稳定工作时各截面上的参数不随时间而改变。根据此假定来研究压缩机内气流的工况就比较方便，且在一般情况下，只要一些关键的系数是根据比较可靠的实验资料得来的，则其计算结果基本上是正确的。

6.2.1 连续性方程

离心式压缩机各通流部分的尺寸，是根据气体流过该通流截面处的容积流量和在规定该处气速（大小和方向）的条件下得出的。如流过 i 截面处的气流容积流量为 Q_i，则其大小等于该通流面积 A_i 与该通流面积相垂直的气流分速度 c_{yi} 的乘积，即

$$Q_i = A_i c_{yi}$$

当气流为稳定流动时，根据质量守恒定律，气体流过任何一个通流截面 i 处的质量流量 G_i 应相等，并等于流过压缩机（或级）的质量流量 G，即 $G_i=G$；再根据 $Q=Gv$ 的关系式，则连续性定律可写成

$$Q_i = G_i v_i = G v_i = \frac{Q_j}{v_j} v_i = \frac{Q_j}{K_{vi}} = G\frac{v_j}{K_{vi}} \tag{6-1}$$

$$K_{vi} = \frac{v_j}{v_i} \tag{6-2}$$

式中 Q_j——进入压缩机或某级的气流容积流量，m^3/s；

K_{vi}——i 截面处气流的比体积比；

v_j——气流进入压缩机或某级时的比体积，m^3/kg；

v_i——气流在某通流截面 i 处的比体积，m^3/kg。

因此

$$A_i = \frac{Q_i}{c_{yi}} = G\frac{v_j}{K_{vi}} \times \frac{1}{c_{yi}} = \frac{Q_j}{K_{vi}} \times \frac{1}{c_{yi}} \tag{6-3}$$

在离心式压缩机的计算中，根据连续性定律导出的计算式（6-3）称为连续性方程。如已知进入压缩机或某级的容积流量 Q_i 或质量流量 G，则当确定气速 c_{yi} 后，按式（6-3）便可算出通流截面 i 处的面积 A_i，或知道通流截面面积 A_i，按公式便可算出气速 c_{yi}。

计算时，需要知道气流的比体积比 K_{vi}。由于气体压缩过程一般可用多变过程来描述，故有

$$K_{vi} = \frac{v_j}{v_i} = \left(\frac{p_i}{p_j}\right)^{\frac{1}{m}} = \varepsilon^{\frac{1}{m}}$$

或

$$K_{vi} = \frac{v_j}{v_i} = \left(\frac{T_i}{T_j}\right)^{\frac{1}{m-1}} = \left(1+\frac{\Delta T_i}{T_j}\right)^{\frac{1}{m-1}} \tag{6-4}$$

式中 ΔT_i——在某通流截面 i 处气流的温度 T_i 与进气温度 T_j 之差，即 $\Delta T_i = T_i - T_j$，K；

p_i，p_j——通流截面 i、j 处的气体绝对压力，Pa。

6.2.2 欧拉方程

离心式压缩机级的理论能量头是指气体流过叶轮叶片间流道时，叶轮对单位质量气体所做的功。其实际上相当于离心泵中所讲的理论扬程 H_T，因此离心泵中用来计算理论扬程的欧拉方程和有关内容，对离心式压缩机来也说是适用的。即离心式压缩机的欧拉方程为

$$H_{th\infty} = u_2 c_{2u\infty} - u_1 c_{1u\infty} \tag{6-5a}$$

按照速度三角形，可推导出 $H_{th\infty}$ 的另一表达式

$$H_{th\infty} = \frac{u_2^2 - u_1^2}{2} + \frac{c_{2\infty}^2 - c_{1\infty}^2}{2} + \frac{w_{1\infty}^2 - w_{2\infty}^2}{2} \tag{6-5b}$$

由式（6-5b）可以看出，离心式压缩机的 $H_{th\infty}$ 也只与气体进出叶片间流道时的速度三角形的形状与大小有关。

和离心泵一样，对叶片数无穷多的理想叶轮，在知道叶轮几何形状、尺寸、工作转速及气量以后，可以做出气体进出叶轮时的速度三角形。

气体进入叶轮叶道时一般设计成无预旋的，即气体径向进入叶轮叶道，$\alpha=90°$，$c_{1u\infty}=0$，所以对于叶片数无限多的理想叶轮，其理论能量头可写成

$$H_{th\infty}=u_2c_{2u\infty} \tag{6-5c}$$

对于叶片数有限的实际叶轮，轴向旋涡的影响使出口速度三角形偏离，三角形的三个向量为 $\boldsymbol{u}_2$、$\boldsymbol{c}_2$、$\boldsymbol{w}_2$ 如图 6-3 所示，理论能量头为

$$H_{th}=u_2c_{2u} \tag{6-5d}$$

有限叶片数的实际叶轮，所产生的理论能量头 H_{th} 将小于同一气量下理想叶轮所产生的理论能量头 $H_{th\infty}$。在离心式压缩机中，通常也是用环流系数 μ 修正实际叶轮有限叶片数对理论能量头的影响，即

$$H_{th}=\mu H_{th\infty} \tag{6-6}$$

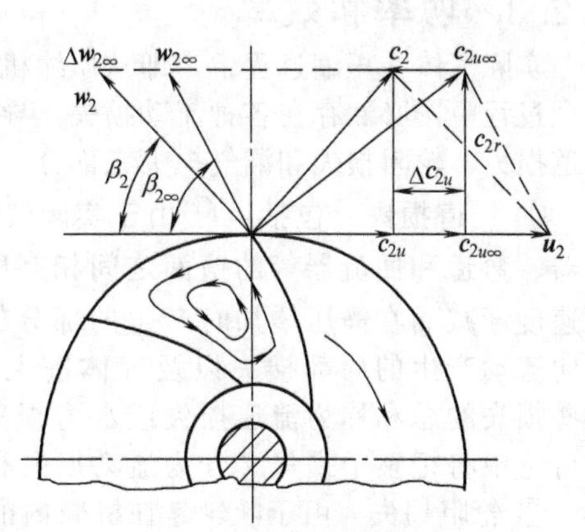

图 6-3　有限叶片数对叶轮出口速度三角形的影响

计算环流系数的方法很多，如根据理论假设得到的近似计算公式，或是根据实验资料整理出来的经验公式，每一种方法都有一定的局限性。斯陀道拉（Stodola）公式是比较常用的一个。该公式推导的假设条件是当轴向旋涡转速等于叶轮转速且方向相反时，它使叶轮出口处气体产生附加圆周分速度 Δw_{2u}，如图 6-3 所示，其大小为

$$\Delta w_{2u}=\frac{\pi n}{60}\left(\frac{\pi D_2}{Z}\sin\beta_{2A}\right)=\frac{\pi u_2}{Z}\sin\beta_{2A}$$

式中　Δw_{2u}——叶轮出口附加圆周分速度，m/s；

n——叶轮转速，r/min；

D_2——叶轮出口直径，m；

β_{2A}——叶轮叶片出口安置角，(°)；

Z——叶片数。

由图 6-3 可以看出

$$\Delta c_{2u}=\Delta w_{2u}$$
$$c_{2u}=c_{2u\infty}-\Delta c_{2u}$$
$$c_{2u\infty}=u_2-c_{2r}\cot\beta_{2A}$$

所以

$$\begin{aligned}c_{2u}&=c_{2u\infty}-\Delta w_{2u}=u_2-c_{2r}\cot\beta_{2A}-u_2\frac{\pi}{Z}\sin\beta_{2A}\\&=u_2\left(1-\frac{c_{2r}}{u_2}\cot\beta_{2A}-\frac{\pi}{Z}\sin\beta_{2A}\right)\end{aligned}$$

令 $\varphi_{2r}=\dfrac{c_{2r}}{u_2}$，$\varphi_{2r}$ 称为流量系数。上式变为

$$c_{2u}=u_2\left(1-\varphi_{2r}\cot\beta_{2A}-\frac{\pi}{Z}\sin\beta_{2A}\right)$$

将此式代入式（6-5d），可得叶片功大小为

$$H_{th}=u_2c_{2u}=u_2^2\left(1-\varphi_{2r}\cot\beta_{2A}-\frac{\pi}{Z}\sin\beta_{2A}\right) \tag{6-7}$$

将式（6-7）代入式（6-6），可得

$$\mu=\frac{H_{th}}{H_{th\infty}}=1-\frac{\frac{\pi}{z}\sin\beta_{2A}}{1-\varphi_{2r}\cot\beta_{2A}}$$

一般认为，上式用于 $\beta_{2A}=20°\sim30°$ 的强后弯水泵型的叶轮或 $b_2/D_2>0.03$ 的中等宽度的叶轮较为适宜。其他型式的叶轮所用 μ 值可查阅有关手册。

在离心式压缩机的计算中，环流系数 μ 值的计算十分重要。它直接影响到压缩机级数、级的气流参数、级的结构尺寸等，级数越多，影响越严重。

6.2.3 功率和效率

实际气体在压缩过程中，即从压缩机吸入口经叶轮、扩压器、弯道和回流器进入下一级的全过程中，必然存在各种流动损失，导致压缩机无用功率增加和效率下降。这些损失包括流道损失、轮阻损失和漏气损失三部分。

① 流道损失　包括：ⅰ由于实际气体因具有黏性而在流动时必然与叶片、叶轮、扩压器、弯道和回流器等的壁面之间相互摩擦，产生摩擦损失；ⅱ气体在叶轮和扩压器中因速度渐减而在静压增加时产生的部分旋涡损失；ⅲ气体在叶轮进口由轴向流动转变成径向流动产生的局部损失以及气体进入叶轮叶片和扩压器叶片时所产生的冲击损失等。这些损失的总和称为流道损失或水力损失，其大小占总无用功损失的主要部分。在以后的讨论中将把整个损失又分为流动损失和冲击损失，这对分析性能曲线是比较方便的。

② 轮阻损失　由于叶轮是在机壳内的气体中高速旋转的，因而叶轮的轮盘和轮盖两侧壁面会与空气发生摩擦，这部分无用功称为轮阻损失。

③ 漏气损失　在离心式压缩机中，虽然在旋转的轴、叶轮与固定组件之间采用了密封装置，但仍会产生泄漏。这部分内部及外部的漏气，使叶轮中真正通过的气量大于压缩机输出的气量，故叶轮要多耗一部分功，造成效率下降。

以上这三类功耗损失均可以计算求得，但一般通用的办法还是引用各种效率以估计各项损失的大小。下面从效率角度来求功率的消耗。

上述提到的三类损失及对应效率的计算都和叶片功密切相关，因此首先需要明确叶轮实际工作过程叶片功的概念。由式（6-7）求出的叶片功是在理想状况下叶轮传给气体的能量，但是实际上传给气体的这部分能量并未全部有效利用，而是消耗于以下三个方面。

(1) 用于提高气体的静压能

气体由压缩机进口压力 p_j 提高到出口压力 p_c，这部分静压的提高要消耗一部分压缩功。压缩功的大小与压缩条件有关，可参考活塞压缩机计算公式。若压缩是按多变过程进行的，这部分压缩功可按式（6-8）计算，即

$$H_{pol}=\frac{m}{m-1}p_jV_j\left[\left(\frac{p_c}{p_j}\right)^{\frac{m-1}{m}}-1\right] \tag{6-8}$$

式中，下标 j 表示进口，下标 c 表示出口。

(2) 用于提高气体的动能

若压缩机某一级的进口速度为 c_j（m/s），而该级的出口速度为 c_c（m/s），则出口处因气体动能增加的功耗为

$$H_m=\frac{c_c^2-c_j^2}{2} \tag{6-9}$$

由于 c_c 与 c_j 相差不大，所以这部分功耗常被略去。

（3）用于克服气体在级中的流动损失

流动损失所需的功耗均来自于叶片功，但为了下面分析各部分功率及效率更加简化，轮阻损失和漏气损失部分这里暂不考虑，只考虑流道损失一项，即理论叶片功仅表示压缩机（或级）实际输出气体所消耗的功。

流道损失可用 H_{hyd} 表示，流道损失将使压缩机有用的多变功小于理论的叶片功，它占无用功的主要部分，所以也是在设计时应尽量减少的一项。

为了反映压缩机中流道损失的大小，一般用多变功与叶片功的比值来进行衡量，并把该比值称为流动效率或水力效率 η_h，即

$$\eta_h=\frac{H_{pol}}{H_{th}} \tag{6-10}$$

因此流动效率是反映压缩机中流道损失的一个主要指标。

再由式（6-5d）可知

$$H_{th}=u_2c_{2u}=u_2^2\varphi_{2u}$$

式中，φ_{2u} 为周速系数，$\varphi_{2u}=\dfrac{c_{2u}}{u_2}$。

因此

$$H_{pol}=\eta_h\varphi_{2u}u_2^2 \tag{6-11}$$

令 $X=\eta_h\varphi_{2u}$，称 X 为能量头系数，则多变功为

$$H_{pol}=Xu_2^2 \tag{6-12}$$

下面来讨论漏气损失和轮阻损失部分的情况。

① 漏气损失　若压缩机的叶片功为 H_{th}（J/kg），输气量为 G（kg/s），漏气量为 G_l（kg/s），通过叶轮的实际气量就是 $G+G_l$，这时的功率消耗为

$$(G+G_l)H_{th}=G_{th}H_{th} \tag{6-13}$$

② 轮阻损失　假设轮阻损失功耗为 H_{tdf}（J/s）则

$$H=G_{th}H_{th}+H_{tdf}$$

即

$$H=GH_{th}+G_lH_{th}+H_{tdf} \tag{6-14}$$

上式即为压缩机总的功率消耗，这一总的功耗包括三部分：叶片功、气体泄漏功耗和轮阻损失功耗。而叶片功又是由多变压缩功、气体动能增加功耗和流道阻力功耗三部分组成。所以当压缩 1kg 气体时，压缩机所需耗功可用下面的关系式表示

$$\begin{aligned}H_{tol}&=H_{th}+H_l+H_{df}\\&=H_{pol}+H_m+H_{hyd}+H_l+H_{df}\end{aligned} \tag{6-15}$$

式中　H_{tol}——离心式压缩机实际功，J/kg；

H_{th}——叶片功，J/kg；

H_{pol}——多变压缩功，J/kg；

H_m——气体进出口动能增加耗功，J/kg；

H_{hyd}——流道阻力耗功，J/kg；

H_l——漏气损失耗功，J/kg；

H_{df}——轮阻损失耗功，J/kg。

式（6-15）也可用如图 6-4 所示的解析关素表示。

多变功 H_{pol} 实际上是有用功表示气体压力的升高的大小，只占总耗功的一部分，故常以多变功 H_{pol} 与实际耗功 H_{tol} 之比来表示实际耗功的有效利用程度。它反映了离心式压缩机总的内部性能，故可称之为内效率，或称为多变效率 η_{pol}，即

$$\eta_{pol}=\frac{H_{pol}}{H_{tol}} \tag{6-16}$$

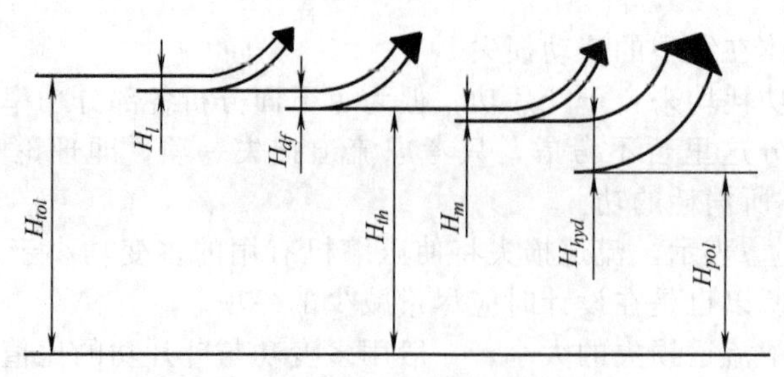

图 6-4 压缩机的耗功分配

多变效率通常根据实验确定。当多变效率 η_{pol} 选定后就可根据式（6-8）求出多变功 H_{pol}，最后用式（6-16）求出总功，这种计算方法称为效率法。

虽然多变效率反映压缩机总的内部性能，但还不能反映各部分的损失情况，还需逐项估计各部分损耗情况。为了求出泄漏损失功耗 H_l 和轮阻损失功耗 H_{df}，引入漏气损失系数 β_l 和轮阻损失系数 β_{df}，即

$$\beta_l=\frac{G_l}{G} \tag{6-17}$$

$$\beta_{df}=\frac{H_{df}}{GH_{th}} \tag{6-18}$$

漏气损失系数 β_l 表示压缩机泄漏情况的好坏，而轮阻损失系数 β_{df} 表示轮阻损失耗功 H_{df} 的相对值。一般情况下 $\beta_l=0.005\sim0.05$，而 $\beta_{df}=0.02\sim0.13$。具体 β_l 和 β_{df} 的选取，可查阅有关参考资料。

将上两系数代入式（6-14），可得出实际功率的计算公式，即

$$H=(1+\beta_l+\beta_{df})H_{th}G \tag{6-19}$$

当压缩气体的质量为 1kg 气体时，则有

$$H_{tol}=(1+\beta_l+\beta_{df})H_{th} \tag{6-20}$$

在已知 β_l 和 β_{df} 两系数后，可用式（6-19）和式（6-20）计算总的实际压缩功，同时也可以分别求出泄漏功耗 H_l 和轮阻损失功耗 H_{df}，即可得

$$H_l=\beta_l H_{th} \tag{6-21}$$

$$H_{df}=\beta_{df}H_{th} \tag{6-22}$$

以上讨论了各种效率和功率的常用计算方法，求出的实际功全部是内部功率消耗，若再考虑外部的传动机构和轴承等功耗的机械效率 η_m，最后可求出带动离心式压缩机的电动机或汽轮机所需的轴功率 P，即

$$P=\frac{H}{\eta_m} \tag{6-23}$$

例 6-1 已知 DA350-61 离心式压缩机的叶片功 $H_{th}=45864\text{J/kg}$；多变效率 $\eta_{pol}=81\%$；进口流速 $c_j=31.4\text{m/s}$；出口流速 $c_c=69\text{m/s}$；轮阻损失系数 $\beta_{df}=0.03$；漏气损失系数 $\beta_l=0.012$。试求该压缩机第一级多变功和级的各项损失效率。

解 由式（6-20）可求出实际功，即

$$\begin{aligned}H_{tol}&=(1+\beta_l+\beta_{df})H_{th}\\&=(1+0.03+0.012)\times45864\\&=47790\ (\text{J/kg})\end{aligned}$$

由式（6-16）求取多变功，即

$$\begin{aligned}H_{pol}&=\eta_{pol}H_{tol}\\&=0.81\times47790\\&=38710\ (\text{J/kg})\end{aligned}$$

气体由级的进口到出口动能增加值为

$$H_m=\frac{c_c^2-c_j^2}{2}=\frac{69^2-31.4^2}{2}=1887\ (\text{J/kg})$$

由式（6-15）可求得级的流动损失功耗为

$$H_{hyd}=H_{th}-H_{pol}-H_m=45864-38710-1887=5267\ (\text{J/kg})$$

轮阻功耗可由式（6-22）求得

$$H_{df}=\beta_{df}H_{th}=0.03\times45864=1376\ (\text{J/kg})$$

漏气功耗应用式（6-21）可得

$$H_l=\beta_l H_{th}=0.012\times45864=550\ (\text{J/kg})$$

将上述计算结果及各功耗所占比例汇总如下

项　目	多变功 H_{pol}	动能功耗 H_m	流道功耗 H_{hyd}	轮阻功耗 H_{df}	泄漏功耗 H_l	总功耗 H_{tol}
功耗/(J/kg)	38710	1887	5267	1376	550	47790
比例/%	81.00	3.91	11.05	2.88	1.16	100

6.2.4　级中气体状态的变化

气体在压缩过程中，不仅压力发生变化，气体的温度、比体积、体积流量等也要发生变化。这些状态参数的变化对于设计离心式压缩机极为重要。下面讨论气体的这些状态参数的变化情况，以便对离心式压缩机内的过程有更清楚的认识。

图 6-5 表示压缩机第一级进口至第二级的情况，现在要分析从进口的 $j—j$ 截面，经过 0—0、1—1 等截面直至该级出口 6—6 截面的气体状态变化。

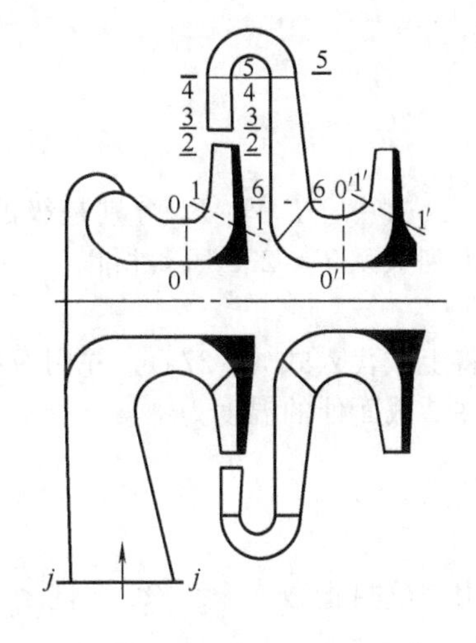

图 6-5　第一级至第二级的流通截面

6.2.4.1　级中气体温度的变化

由热力学第一定律可知，在某一时间间隔内，所研究系统内热力介质所接受的外功与周围介质传给它的热量之和等于同一时间内该热力介质能量的增加量，即

$$\Delta E=H+Q \tag{6-24}$$

式中　ΔE——气体能量的增量，J/kg；

H——系统内热力介质所接受的外功，J/kg；

Q——周围介质传给气体的热量，J/kg。

热力学第一定律就是能量守恒定律在热力学过程中的应用。以下来分析某一级内气体的能量变化情况。

在图 6-6 中用两个垂直于轴的进口截面 $j—j$ 和级的出口截面 $c—c$ 划出某一瞬时充满所要研究的级中的气体量。为了便于分析，以 1kg 气体为计算基准，假设气体在级的进口截面 $j—j$ 和出口截面 $c—c$ 的压力分别为 p_j 和 p_c，速度分别为 c_j 和 c_c，温度分别为 T_j 和 T_c。当气体流入进口截面 $j—j$ 时带入的总能量有：内能 U_j、位能 gZ_j、动能 $c_j^2/2$、静压能 p_jv_j 及外界加入的热量 Q_T。在出口 $c—c$ 截面气体所带走的总能量有：内能 U_c、位能 gZ_c、动能 $c_c^2/2$、静压能 p_cv_c 及通过叶轮对气体所做的功 H。按能量守恒定律，可以得出

$$U_j+gZ_j+\frac{1}{2}c_j^2+p_jv_j+Q_T=U_c+gZ_c+\frac{1}{2}c_c^2+p_cv_c-H \tag{6-25}$$

设 $Z_j=Z_c$，即进口截面的位能等于出口截面的位能，并令 $U+pv=i$，（i 为即气体热焓，

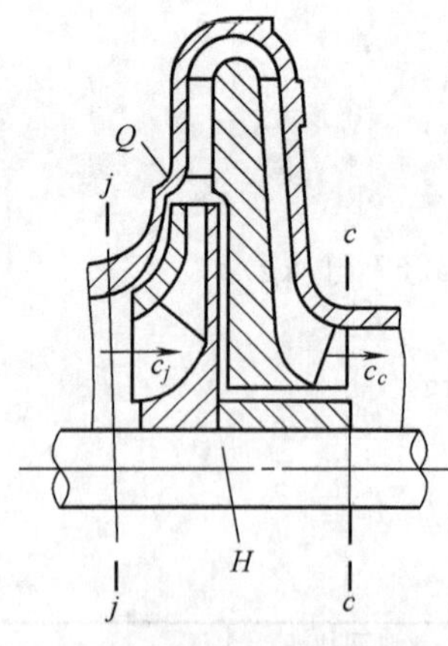

图 6-6 推导热焓方程用图

概念式为 $i=c_pT$，单位为 J/kg)，则式（6-25）可以写为

$$i_j+\frac{c_j^2}{2}+Q_T=i_c+\frac{c_c^2}{2}-H$$

整理后得

$$Q_T+H=(i_c-i_j)+\frac{c_c^2-c_j^2}{2} \tag{6-26}$$

式中，i_j 与 i_c 分别表示级进口和出口处的气体热焓，其大小与气体温度有关。

式（6-26）说明在这一级中加入的外功 H 和传入的热量 Q_T 将用于提高气体的热焓和增加气体的动能。这个公式是讨论级中气体状态变化的基本关系式，它建立了气体温度、速度、加入的外功和传入的热量之间的关系。由式（6-15）和式（6-20）已求出了加入压缩机的总功，除此之外再也没有其他功和热量输给压缩机了，因此在应用式（6-26）时，可代入求出的 H，并使 $Q_T=0$，这样式（6-26）可以写成

$$H=i_c-i_j+\frac{c_c^2-c_j^2}{2} \tag{6-27a}$$

或

$$H=\zeta_p(T_c-T_j)+\frac{c_c^2-c_j^2}{2} \tag{6-27b}$$

式中，T_j 和 T_c 分别是级的进出口处气体的绝对温度，因绝对温度 T 和摄氏温度 t 有下列关系 $T=273+t$，所以

$$\zeta_pT_c-\zeta_pT_j=\zeta_pt_c-\zeta_pt_j$$

将上式代入式（6-27a)，并用级中的任意 i 截面代替出口截面，经适当整理后，可求出气体在 i 截面处的温度为

$$t_i=\left(\zeta_pt_j+H+\frac{c_j^2-c_i^2}{2}\right)\frac{1}{\zeta_p} \tag{6-28}$$

由于绝热指数 $k=\zeta_p/\zeta_v$，且 $\zeta_p-\zeta_v=R$，所以可得到 $\zeta_p=R\,\frac{k}{k-1}$。此处 ζ_p 是比定压热容，ζ_v 是比定容热容，R 是气体常数。将 ζ_p 代入式（6-28)，于是得

$$t_i=t_j+\frac{H}{R\,\frac{k}{k-1}}+\frac{c_j^2}{2R\,\frac{k}{k-1}}-\frac{c_i^2}{2R\,\frac{k}{k-1}} \tag{6-29}$$

式（6-28）及式（6-29）是经常用于计算任意 i 截面上气体温度的公式。有时需要求出 i 截面和进口的 j—j 截面之间的温度差，则

$$\Delta t_i=t_i-t_j=\frac{H}{R\,\frac{k}{k-1}}-\frac{c_i^2-c_j^2}{2R\,\frac{k}{k-1}} \tag{6-30}$$

在图 6-5 中叶轮前面的各截面（如 j—j，0—0，1—1 截面）没有外功输入，即 $H=0$，所以这些截面与 j—j 截面之间的温度差为

$$\Delta t_i=-\left(\frac{c_i^2-c_j^2}{2R\,\frac{k}{k-1}}\right) \tag{6-31}$$

这表示当没有外功和热量输入或输出时，在离心式压缩机内，因气体速度的不同，也会有气体温度的变化，反之亦然。这一点从气体总能量保持守恒来看是很显然的。

例题 6-2 已知空气的绝热指数 $k=1.4$；$R=288.4\text{J}/(\text{kg}\cdot\text{K})$；叶轮实际功 $H_{tol}=47829\text{J/kg}$；级的进口气体温度 $t_j=20℃$，流速 $c_j=31.4\text{m/s}$；叶轮进口 0—0 截面流速 $c_0=92.8\text{m/s}$，1—1 截面流速 $c_1=109\text{m/s}$，2—2 截面流速 $c_2=183\text{m/s}$，4—4 截面流速 $c_4=69.3\text{m/s}$，6—6 截面流速 $c_6=69\text{m/s}$。试求第一级各截面上的气流温度，各截面位置如图 6-5。

解 应用式（6-30）求各截面和 j—j 截面之间的温度差，然后求出各截面的气体温度，结果列于下表。

截面	气流温差/℃	气流温度/℃
	$\Delta t_i=t_i-t_j=\dfrac{H}{R\dfrac{k}{k-1}}-\dfrac{c_i^2-c_j^2}{2R\dfrac{k}{k-1}}$	$t_i=t_j+\Delta t_i$
0—0	$\Delta t_0=-\dfrac{92.8^2-31.4^2}{2\times288.4\times\dfrac{1.4}{1.4-1}}=-3.77$	$t_0=20-3.77=16.23$
1—1	$\Delta t_1=-\dfrac{109^2-31.4^2}{2\times288.4\times\dfrac{1.4}{1.4-1}}=-5.4$	$t_1=20-5.4=14.6$
2—2	$\Delta t_2=\dfrac{47829}{288.4\times\dfrac{1.4}{1.4-1}}-\dfrac{183^2-31.4^2}{2\times188.4\times\dfrac{1.4}{1.4-1}}=31.3$	$t_2=20+31.3=51.3$
4—4	$\Delta t_4=\dfrac{47829}{288.4\times\dfrac{1.4}{1.4-1}}-\dfrac{69.3^2-31.4^2}{2\times188.4\times\dfrac{1.4}{1.4-1}}=45.51$	$t_4=20+45.51=65.51$
6—6	$\Delta t_2=\dfrac{47829}{288.4\times\dfrac{1.4}{1.4-1}}-\dfrac{69^2-31.4^2}{2\times188.4\times\dfrac{1.4}{1.4-1}}=45.53$	$t_6=20+45.53=65.53$

6.2.4.2 级中气体压力、比体积、容积流量的变化

气体在压缩时，其压力、比体积、容积流量的变化可以应用气体状态的有关公式来计算。一般把整个级中的气体状态变化看成是一个多变过程。在多变压缩过程时，气体的压力和比体积应符合下列关系，即

$$p_jv_j^m=p_iv_i^m \tag{6-32}$$

式中 p_j，p_i——气体压力，Pa；

v_j，v_i——气体比体积，m^3/kg；

m——多变指数。

将 $pv=RT$ 代入上式，可得

$$\frac{p_i}{p_j}=\left(\frac{T_i}{T_j}\right)^{\frac{m}{m-1}} \tag{6-33}$$

$$\frac{v_j}{v_i}=\left(\frac{T_i}{T_j}\right)^{\frac{1}{m-1}} \tag{6-34}$$

若用压力比 $\varepsilon=p_i/p_j$ 表示 i 和 j 两截面压力的变化，用比体积比 $K_{vi}=v_j/v_i$ 表示 i 和 j 两截面气体比体积的变化，同时取 $\sigma=\dfrac{m}{m-1}$，称为指数系数，则式（6-33）和式（6-34）

可变形为

$$\varepsilon=\left(\frac{T_i}{T_j}\right)^{\sigma}=\left(1+\frac{\Delta T_i}{T_j}\right)^{\sigma} \tag{6-35}$$

$$K_{vi}=\left(\frac{T_i}{T_j}\right)^{\sigma-1}=\left(1+\frac{\Delta T_i}{T_j}\right)^{\sigma-1} \tag{6-36}$$

如果已知指数系数 σ 和 i 截面相对于 j 截面的气体温度变化 ΔT_i，即可分别由上面两式求出 i 截面相对于 j 截面的压力和比体积的变化。

求出了比体积比 K_{vi} 之后，则 i 截面的气体密度 ρ_i 也可由进口的 j 截面的气体密度 ρ_j 求得，即

$$\rho_i=K_{vi}\rho_j \tag{6-37}$$

同时 i 截面处的气体容积流量 Q_i，也可由 j 截面处的气体容积流量求出，即

$$Q_i=\frac{Q_j}{K_{vi}} \tag{6-38}$$

至此，建立了气体压力、比体积和容积流量变化的关系式。为了应用这些关系式，首先要知道指数系数 σ，其可按与多变效率 η_{pol} 的关系来求取。

从多变效率的定义知

$$\eta_{pol}=\frac{H_{pol}}{H_{tol}}$$

总实际耗功 H_{tol} 可按式（6-27）计算，即

$$H=i_c-i_j+\frac{c_c^2-c_j^2}{2}$$

而多变功 H_{pol} 可由式（6-8）计算，但因 H_{pol} 也可用温度关系表示为

$$H_{pol}=R\frac{m}{m-1}(T_c-T_j) \tag{6-39}$$

故可将式（6-39）和式（6-27）代入 η_{pol} 的关系式，即

$$\eta_{pol}=\frac{R\dfrac{m}{m-1}(T_c-T_j)}{i_c-i_j+\dfrac{c_c^2-c_j^2}{2}} \tag{6-40a}$$

由于热焓 $i=\zeta_p T=R\dfrac{k}{k-1}T$，故代入式（6-40a）后可写成

$$\eta_{pol}=\frac{R\dfrac{m}{m-1}(T_c-T_j)}{R\dfrac{k}{k-1}(T_c-T_j)+\dfrac{c_c^2-c_j^2}{2}} \tag{6-40b}$$

因为在离心式压缩机中，c_c 和 c_j 往往相差不大，故 $\dfrac{c_c^2-c_j^2}{2}$ 这一项常可略去，则上式可写成

$$\eta_{pol}=\frac{m}{m-1}\times\frac{k-1}{k}$$

指数系数 σ 的计算公式为

$$\sigma=\frac{m}{m-1}=\frac{k}{k-1}\eta_{pol} \tag{6-41}$$

因此，在给出了压缩机的多变效率 η_{pol} 后（多变效率应根据实验或类似机器选取），就可由上式求出指数系数 σ，此时级中任意截面的压力、比体积、容积流量等参数即可算出。

例 6-3 已知DA350—61离心式压缩机级的多变效率 $\eta_{pol}=81\%$；级的进口压力 $p_j=0.1\text{MPa}$；级的质量流量 $G=6.95\text{kg/s}$；级的进口温度 $t_j=20℃$；空气的气体常数 $R=288.4\text{J/(kg·K)}$；级的进口流速 $c_j=31.4\text{m/s}$。其他截面的流速和气体温度列于下表。试计算该压缩机第一级各主要截面的气体压力、密度和容积流量。

截面	$j—j$	0—0	1—1	2—2	4—4	6—6
流速 c_i/(m/s)	31.4	92.8	109	183	89.3	69
气体温度 t_i/℃	20	16.23	14.6	51.3	65.5	65.5
气体温差 Δt_i/℃	0	−3.77	−5.4	31.8	45.5	45.5

解 (1) 级的各截面气体压力 p_i 的计算

首先，可由式（6-41）求出指数系数σ，即

$$\sigma=\frac{m}{m-1}=\frac{k}{k-1}\eta_{pol}=\frac{1.4}{1.4-1}\times 0.81=2.835$$

然后应用式（6-35）计算各截面气体的压力，结果列于下表。

截　面	计　算　公　式	各截面压力/MPa
0—0	$p_0=p_j\left(1+\frac{T_0}{T_j}\right)^{\sigma}\approx p_j\left(1+\sigma\frac{\Delta T_0}{T_j}\right)$	$p_0=0.1\times\left(1-2.835\times\frac{3.77}{293}\right)=0.0963$
1—1	$p_1=p_j\left(1+\sigma\frac{\Delta T_1}{T_j}\right)$	$p_1=0.1\times\left(1-2.835\times\frac{5.4}{293}\right)=0.948$
2—2	$p_2=p_j\left(1+\frac{\Delta T_2}{T_j}\right)^{\sigma}$	$p_2=0.1\times\left(1+\frac{31.3}{293}\right)^{2.835}=0.1333$
4—4	$p_4=p_j\left(1+\frac{\Delta T_4}{T_j}\right)^{\sigma}$	$p_4=0.1\times\left(1+\frac{45.5}{293}\right)^{2.835}=0.1505$
6—6	$p_6=p_j\left(1+\frac{\Delta T_6}{T_j}\right)^{\sigma}$	$p_6=0.1\times\left(1+\frac{45.5}{293}\right)^{2.835}=0.1505$

(2) 各主要截面气体密度的计算

根据理想气体状态方程，可计算出级进口 $j—j$ 截面气体密度为

$$\rho_j=\frac{p_j}{RT_j}=1.183\ \text{kg/m}^3$$

应用式（6-36）和式（6-37）可求出其余各截面的气体密度，结果列于下表。

截面	比体积比 K_{vi}	密度 ρ_i/(kg/m³)
0—0	$K_{v0}\approx 1+(\sigma-1)\frac{\Delta T_0}{T_j}=1-(2.835-1)\frac{3.77}{2.93}=0.9764$	$\rho_0=K_{v0}\rho_j=0.9764\times 1.183=1.155$
1—1	$K_{v0}\approx 1+(\sigma-1)\frac{\Delta T_0}{T_j}=1-(2.835-1)\frac{5.4}{2.93}=0.9662$	$\rho_1=K_{v1}\rho_j=0.9662\times 1.183=1.143$
2—2	$K_{v2}=\left(1+\frac{\Delta T_2}{T_j}\right)^{\sigma-1}=\left(1+\frac{31.8}{293}\right)^{2.835-1}=1.204$	$\rho_2=K_{v2}\rho_j=1.204\times 1.183=1.424$

续表

截面	比体积比 K_{vi}	密度 $\rho_i/(\mathrm{kg/m^3})$
4—4	$K_{v4}=\left(1+\frac{\Delta T_4}{T_j}\right)^{\sigma-1}=\left(1+\frac{45.5}{293}\right)^{2.835-1}=1.303$	$\rho_4=K_{v4}\rho_j=1.303\times1.183=1.541$
6—6	$K_{v6}=\left(1+\frac{\Delta T_6}{T_j}\right)^{\sigma-1}=\left(1+\frac{45.5}{293}\right)^{2.835-1}=1.303$	$\rho_6=K_{v6}\rho_j=1.303\times1.183=1.541$

(3) 级内各截面的气体容积流量的计算

应用式（6-38）进行计算，结果列于下表。

截　面	气体容积流量 $Q_i/(\mathrm{m^3/s})$	截　面	气体容积流量 $Q_i/(\mathrm{m^3/s})$
j—j	$Q_j=\frac{G}{\rho_j}=\frac{6.95}{1.183}=5.875$	2—2	$Q_2=\frac{Q_j}{K_{v2}}=\frac{5.875}{1.204}=4.880$
0—0	$Q_0=\frac{Q_j}{K_{v0}}=\frac{5.875}{0.9764}=6.017$	4—4	$Q_4=\frac{Q_j}{K_{v4}}=\frac{5.875}{1.303}=4.509$
1—1	$Q_1=\frac{Q_j}{K_{v1}}=\frac{5.875}{0.9662}=6.081$	6—6	$Q_6=\frac{Q_j}{K_{v6}}=\frac{5.875}{1.303}=4.509$

由前面三个例题得出了离心式压缩机第一级各主要通流截面的压力、气体速度及温度的计算结果，用作图法表示于图 6-7 中，此图可以反映出气体在离心式压缩机级中主要过流部件的热力参数变化趋势，进而可用于分析级中各主要部件的功能和作用效果。

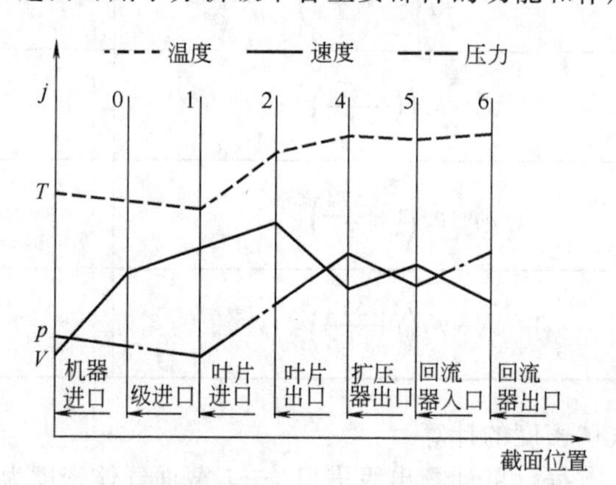

图 6-7　级通流截面的温度、速度和压力变化趋势

6.2.5　离心式压缩机级的性能曲线

为反映离心式压缩机级的特性，常把压缩机在不同流量时级的压力比 ε 和多变效率 η_{pol} 与流量的关系用 Q-ε 和 Q-η_{pol} 曲线形式表示出来，这些曲线即为级的性能曲线。

图 6-8 就是一台离心式压缩机通过试验测得的级性能曲线。试验是在叶轮圆周速度 $u_2=311\mathrm{m/s}$ 情况下进行的，设计点的级压力比 $\varepsilon=1.54$；设计点的流量 $Q_j=67.5\mathrm{m^3/min}$。可以看出这些曲线与离心泵性能曲线基本相同，这一点不难理解。此处将进一步讨论影响这种曲线形状的因素。

由式（6-7）计算叶片功 H_{th} 的公式可以知道，当叶轮几何参数和转速一定时，对于后弯式叶片（$\beta<90°$），叶片功 H_{th} 将随流量系数（即流量 Q）的增大而降低，在 Q_j-H_{th} 图中将是一条斜率为负值的直线，如图 6-9 中直线 2 所示。但叶片功是理论功，主要由多变功和

流道损失功耗所组成。从叶片功中减去流道损失功耗就可得出多变功，在图 6-9 上就可以得出表示多变功 H_{pol} 和流量的关系曲线，即曲线 3。下面讨论流道损失功耗的情况。

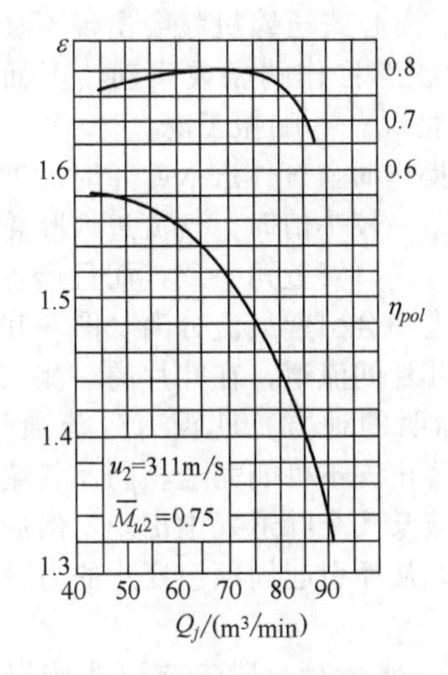

图 6-8 离心式压缩机某级的性能曲线

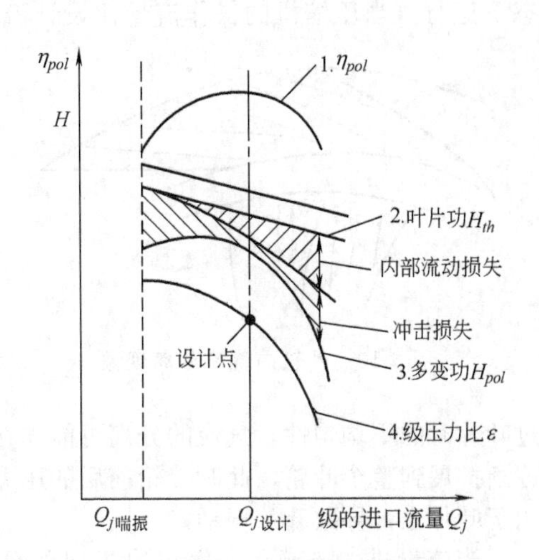

图 6-9 级的性能曲线分析

已知流道损失或称水力损失包括内部流动损失和冲击损失两部分。内部流动损失主要是各种流动摩擦损失和局部阻力损失，因此可用流体力学中计算流体阻力的一般公式来计算之，即

$$h=\xi\frac{1}{2}c^2=\xi\frac{1}{2}\left(\frac{Q}{A}\right)^2 \tag{6-42}$$

式中 ξ——阻力系数，根据流道情况决定；

c——气体平均流速，$c=\dfrac{Q}{A}$，m/s；

A——流道截面积，m^2；

Q——气体流量，m^3/s。

由式（6-42）可知，内部流动损失耗功与气体流量的平方成正比，这在图 6-9 上表示为一条抛物线，它与直线 2 的距离就是流动损失的大小，而且流量越大，损失也越大。

冲击损失已在叶片泵的章节中做过介绍，对离心式压缩机叶轮的叶片进口也完全适用。实际操作流量与设计流量的差值是造成冲击损失的主要原因，两者差值越大，冲击损失功耗也越大。冲击损失功耗与流量差值的平方成正比，即与 $(Q_j-Q_{j设计})^2$ 成正比。将此表示在图 6-9 上，就成为一条表示冲击损失大小的曲线，图上明显表示出这个冲击损失与流量变化的关系，在设计流量 $Q_{j设计}$ 时，冲击损失最小，当流量偏离 $Q_{j设计}$ 时，冲击损失很快增加。

同理在扩压器叶片进口和蜗壳进口等处，也会存在这种损失。

在对流动损失和冲击损失进行分析后，对于在图 6-9 上如何由表示叶片功的直线 2 变化为表示多变功的曲线 3 可以有进一步的了解。式（6-8）反映出多变功 H_{pol} 和级压力比 ε 间的关系，两者间有类似的变化趋势，因此可以得出一条与 Q_j-H_{pol} 形状相似的 Q_j-ε 曲线，即曲线 4。

级效率曲线 1 的形状，也是由级内气体流动状态决定的。一般来说，在设计流量时，压缩机内流动状况最好，冲击损失最小，所以在 $Q_{j设计}$ 点级效率最高。随着流量的增加，将会引起冲击损失和流动损失的增加；同时因流量不大，漏气损失和轮阻损失也相对增加，这些都导致效率下降。因此可以看出 Q_j-η_{pol} 曲线在 $Q_{j设计}$ 点最高，在其他流量时都较低。

离心式压缩机的性能曲线，除了反映级的压力比和流量、效率和流量的关系外，同时反映出压缩机级的稳定工作范围。对于离心式压缩机的正确选择、使用具有重要作用。

离心式压缩机实际工作的情况，除了要保证其在高效工作区运行，还应保证其在稳定状态下运行。当压缩机的操作流量比设计流量小到一定程度时，离心式压缩机就会出现不稳定的工作状态，这种状态称作喘振或飞动。下面介绍稳定工作的极限情况——喘振工况。

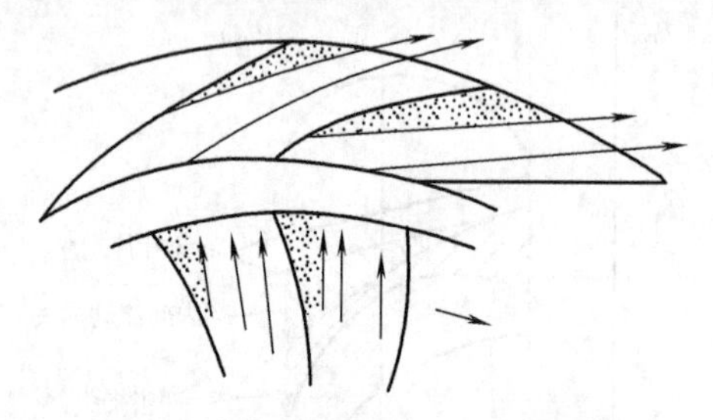

图 6-10　叶轮内气流分离现象

在设计流量下操作时，气体进入叶轮时无冲击损失，当流量小到某一较小值时，气流进入叶轮时的速度就不再和叶片进口安置角一致，而且产生严重冲击损失，在叶道中会引起气流分离（图 6-10），气流不能充满整个叶片间流道，在叶片的一侧（即图 6-10 上用黑点标明的地方）就没有气流通过。由于叶片形状和安装位置不可能完全相同及气流流过叶片时的不均匀性，气流的分离可能先在叶轮的某个叶道（或某几个叶道）中出现，然后再逐渐扩展到整个叶轮，此时叶轮前后的压力就产生强烈的脉动，从而引起周期性变化的力并作用于叶片上，导致叶片振动。

当流量进一步减小，气流边界层的分离扩及整个通道时，就会有一股气流形成旋涡运动，从叶轮外圆折回到叶轮内圆，导致叶道中气流无法通过，这时级的压力突然下降，级后较高压力的气体倒流进级里补充了级流量的不足，从而使叶轮恢复正常工作，重新把倒流进来的气体压出去。这样又使级中流量减小，于是压力又突然下降，级后的高压气体又倒流回来，重复出现上述过程。在该过程中压缩机级和其后连接的储气罐中会产生一种低频高振幅的压力脉动，引起叶轮应力的增加，产生严重噪声，进而整个机器强烈振动，甚至无法操作，这就是喘振现象。

在进行压缩机性能试验中，可以看到在接近喘振区时，压力表和流量计都产生大幅度的波动，出口处气流忽进忽出，发出异声，机组的振动加剧。如机器长期处于不稳定状态时间一长，机器将被破坏。在压力比大、出口流量大、压力高、气体密度大的情况下，这种现象更为严重，因此，决不允许机器在喘振情况下运转。

由于离心式压缩机的喘振，要求其实际运行过程的流量不能太大，避免因流量增加导致效率下降过多，同时还存在一流量下限，即发生喘振时临界流量值，这就使得流量操作范围受到相当严格的限制。为了表示离心式压缩机工作的稳定范围，通常都指出设计流量到喘振流量之间的工作区域，并把此称为稳定工作区，以$\frac{Q_{j喘振}}{Q_{j设计}}$表示其大小，见图 6-11。一般喘振点的流量为设计点流量的 70%～85%，比如 DA120-121 型离心式压缩机有 12 个叶轮，设计流量为 120m^3/min，压力为 2.4MPa，而喘振点流量为 106m^3/min，压力为 2.7MPa。

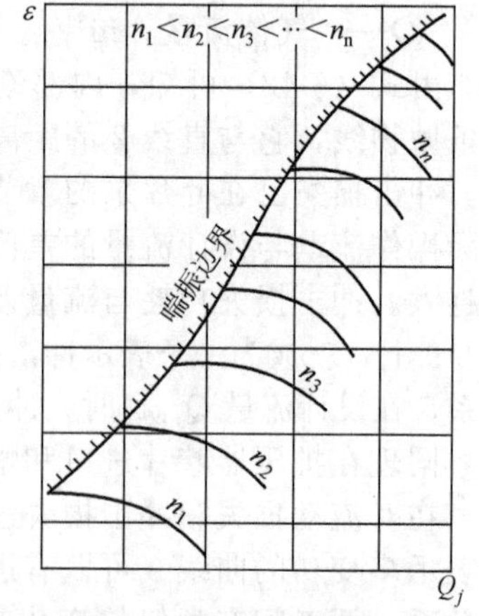

图 6-11　离心式压缩机的典型性能曲线

图 6-11 是一台离心式压缩机的典型性能曲线，表示了该机器在不同转速下所得的 ε-Q_j 曲线。在一定转速下有一条曲线，改变转速可得一组曲线，每条曲线都有各自的稳定工作区。如图所示，每条曲线的左部端点所对应的流量为发生喘振的临界值，即当操作流量低于此流量时，机器会发生喘振。连接每条曲线的左部端点，得出一条边界线，它表明了该离心式压缩机的稳定工作范围。

不难理解，在叶片型扩压器的叶片间流动时也可能发生喘振现象。

6.3 叶轮

6.3.1 叶轮的结构形式

叶轮是使气体获得能量，从而提高压力和速度的重要组件。如图6-12所示，按叶片弯曲的形式，叶轮可分为三种类型：叶片出口安置角$\beta_{2A}<90°$称为后弯叶轮，其叶片的弯曲方向与叶轮的旋转方向相反；叶片出口安置角$\beta_{2A}=90°$称为径向叶轮；叶片出口安置角$\beta_{2A}>90°$称为前弯叶轮，其叶片弯曲方向与叶轮旋转方向相同。

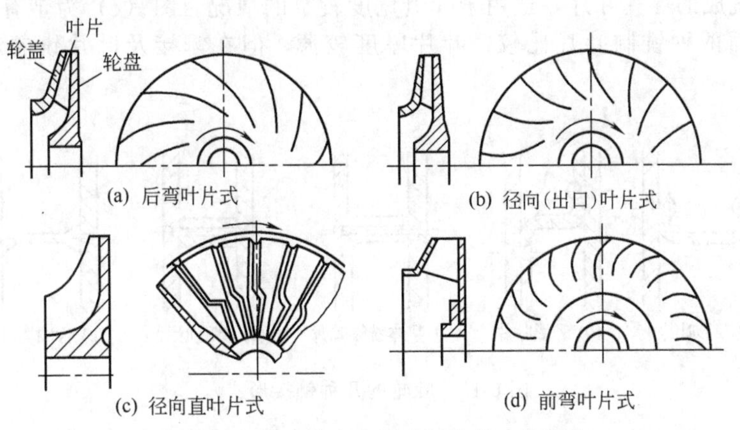

图6-12　按叶片弯曲形式区分的叶轮形式

关于后弯、径向和前弯叶轮出口处的速度图的变化及叶轮对流体所做功的大小，在第2章已作详细介绍，此处不再重复。

由前弯、径向和后弯叶轮的比较可知：前弯叶片式叶轮产生的能量头较大，但其中动能部分较多，故流动损失大，同时因前弯叶轮的叶片流道较短，叶片弯曲度大，叶片流道截面增加快，气体在中间容易产生边界层分离，所以效率较低；后弯叶片式叶轮产生的能量头较低，但其静压能所占的比例较大，同时气体在流道中产生的边界层分离较小，故其效率较高；径向式叶轮产生的能量头和效率介于后弯和前弯叶轮之间。

对于固定式离心压缩机而言，其效率是很重要的经济指标，故一般采用后弯式叶轮。而对于移动式离心压缩机，为减轻重量、缩小尺寸，则可采用径向式或前弯叶片式叶轮，以获得更高的能量头。

一般后弯叶片式叶轮其叶片出口安置角$\beta_{2A}=15°\sim60°$，当$\beta_{2A}=15°\sim30°$时称为强后弯型或水泵型叶轮；当$\beta_{2A}=30°\sim50°$时称为正常后弯型或压缩机型叶轮。

叶轮按其结构形式还可以分为闭式、半开式和双面进气式三种。闭式叶轮的特点是效率较高，应用最广，但其轮盖应力较大，限制了转速的提高，一般$u_2<300\text{m/s}$；半开式叶轮的特点是无轮盖，对强度有利，u_2可达450～540m/s，但其叶轮中气流速度较高，能量损失较大，气体在叶片和固定壁面之间的缝隙中容易泄漏，因此效率较低；双面进气式叶轮其特点是可以两面进气，适用于大流量压缩机或多级压缩机的第一级，而且叶轮的轴向力本身可以平衡，但其结构和制造工艺较为复杂。

从制造工艺来看，叶轮有铆接、焊接、精密铸造、钎焊及电蚀加工等。精密铸造多用于叶轮材料为铝合金的制冷用的透平压缩机，钢制的叶轮目前大多是铆接或焊接结构。图6-13所示为铆接叶轮的结构形式。对于叶轮出口宽度b_2在20～30mm以上的叶轮，通常采用图（a）的U形叶片结构形式。对于叶轮出口宽度在10～20mm左右的叶轮，为了铆接方便，可采用图（b）Z形叶片结构形式。U形或Z形叶片一般用厚度为2～6mm的薄钢板压制而成。为了减少轮盖的受力、去掉叶道中叶片褶边以及铆钉头等凸起部分对叶道粗糙度的不良影响，在圆周速度 u_2 较高或叶道宽度较小时的情况，可采用如图（c）所示的整体铣制叶片的结构形式，即叶片与轮盘一起从整块锻件中铣出，然后用贯穿的铆钉将其与轮盖铆接。从强度和气体流动观点看，这是一种比较合理的结构形式，但从材料消耗及加工工艺看是不利的。因此这种结构形式只适用于小直径或中等直径的叶轮，一般最大的适用直径 D_2 约为 600～800mm。如直径超过此范围，则适宜采用图（a）或图（b）的形式，这时钢板压制叶片褶边与叶道宽之比显然很小，故对级效率不会有很大的影响。除了上述三种最常用的叶片结构形式外，铆接的叶片结构形式尚有如图（d）和图（e）的形式。其中图（d）形式的叶片是单独铣成的穿孔叶片，适用于叶道宽度较窄的情况。图（e）为带有铆接榫头的铣制叶片，与前面两种铣制叶片比较，叶片厚度较薄，但在铆接及叶片铣制工艺上则要求较高。

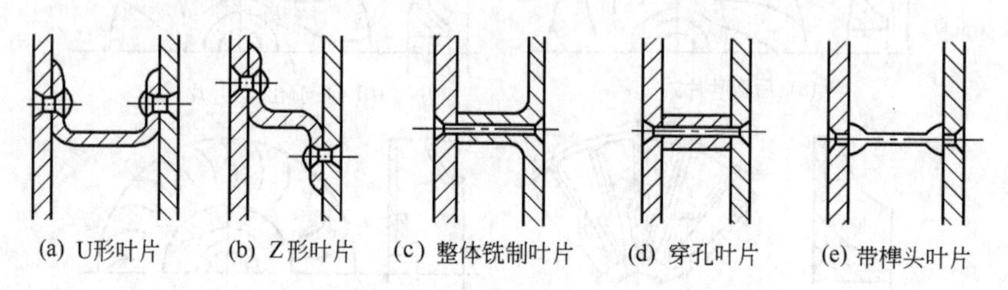

图 6-13　叶轮的几种铆接形式

当离心式压缩机叶轮中的叶片的厚度较大时，必须将叶片的进出口处加以削薄，以减少气流进入叶道时的冲击损失和流出时的尾迹损失。叶片出口处削薄的一面，通常是在叶片的非工作面，这样削薄会使叶片出口处的平均安置角有增大的趋势，故有使 φ_{2u}（c_{2u}/u_2）略有增大的效果。叶片进口处的削薄，可在叶片的工作面或非工作面上进行，对性能影响不大。对于铆钉，一般认为采用直径不超过 8～9mm 的小直径铆钉最合适。如强度不够，最好是增加铆钉的数目而不是增大铆钉的直径。

焊接叶轮适用于叶道较宽的情况，尤其是叶片做成空间扭曲的三元叶轮。叶轮焊接时，一般是将叶片先焊在轮盘上，然后再焊轮盖。焊接时一般要将焊件预热到 300～350℃后再进行焊接，焊后要在 650℃退火。叶片与轮盘焊接时，焊缝是连续的，可以单面焊，也可以双面焊。焊轮盖时，对后弯叶片式叶轮，要从弯曲的叶道内部对叶片与轮盖焊接较困难。一般只在叶片进出口端各用长约 30mm 的单面角焊缝将轮盖与叶片焊住即可。这样的结构在做强度校核时，轮盖应按不受支承的回转圆环来计算。轮盖与叶片的焊接可采用如图 6-14 所示的塞焊方法，焊接可在盖外进行。这种焊接方法较适用于叶道宽度较小的叶轮，这时叶片与轮盘是整体铣出的，焊接叶轮最小出口宽度约为 6mm。对于出口宽度更小的叶轮则要用钎焊或电蚀加工。钎焊处能达到和本体金属同样的强度。它与焊接相比，对缺陷的敏感性小、有较大的疲劳强度。电蚀加工不仅能加工出叶轮宽度 b_2 仅为 2mm 的叶轮，且加工的尺寸精度高、表面质量好。

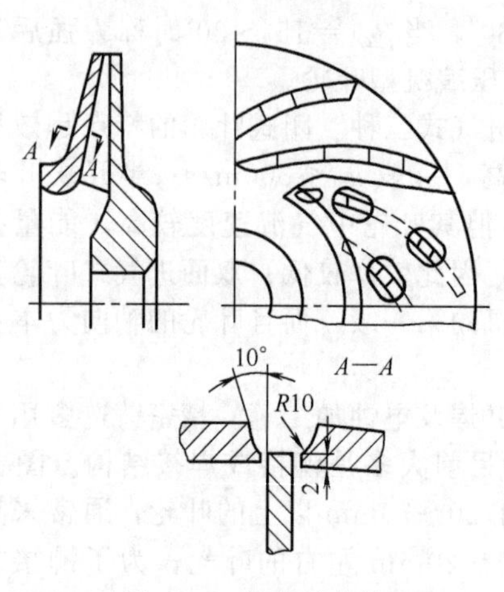

图 6-14　轮盖的塞焊

综上所述，铆接叶轮与其他制造方法相比成本较低，并从实际使用经验看，这种结构形式相当可靠。而焊接叶轮强度高，并且允许叶片做成空间扭曲的形式。钎焊或电蚀加工则可制成轮宽很小的叶轮。

6.3.2 叶轮的主要参数

6.3.2.1 相对宽度

叶轮的宽度 b_2 与气量、设计工况点的 φ_{2r} 及轮径 D_2 的大小有关，b_2 过大或过小对级效率都不利。因为轮宽 b_2 过大对叶轮强度不利，而且对气体在叶道中流动也不利，这时如果叶片不是做成空间扭曲的三元叶轮，就会使叶道中气流很不均匀，且局部会产生过高的气速而引起边界层分离。同时，叶道中的气流流线具有不同的能量，气流相互混合会加剧叶道中的二次涡流和能量损失，从而导致叶轮的流动效率降低；此外也使进入扩压器的气流很不均匀，导致扩压器的流动效率下降。而叶轮宽度较小时，在气量 Q_j 为常数及设计点的流量系数 φ_{2r} 不变的情况下，对应的 D_2 较大，即机器尺寸较大。另外当 b_2 过小时，使气体流过叶轮的能量头损失 $(h_{los})_{imp}$ 增大。尤其是当 b_2/D_2 过小时，轮阻损失系数 β_{df} 及漏气系数 β_1 会变得很大，因此级效率就很低。

由上可知，当叶轮相对宽度由大变小时，级效率先随 b_2/D_2 减小而上升，后来则转为随 b_2/D_2 减小而下降，故存在一个使级效率为最高的适宜 $(b_2/D_2)_{opt}$ 值，而该值随叶轮的形式不同而有差异。水泵型叶轮的 $(b_2/D_2)_{opt}$ 较压缩机型的大些，而径向叶片式的 $(b_2/D_2)_{opt}$ 为最小。目前对 b_2/D_2 值的选取，一般只给出适用的参考范围，而不给出最佳值。b_2/D_2 值的上限的选择一般以下两方面考虑。

ⅰ. 从叶轮轮盘强度方面看，一般认为，在周速 u_2 为 270～300m/s 的情况下，b_2/D_2 如果大于 0.07～0.075，则会由于叶片铆钉及叶轮中的应力过大而难于实现。

ⅱ. 从效率方面看，b_2/D_2 过大，适合采用空间扭曲的三元叶轮，否则由于气流不均匀而使效率下降。b_2/D_2 的上限与叶轮的形式有关：对径向叶片式叶轮，$(b_2/D_2)_{max}=0.04$～0.05；压缩机型叶轮，$(b_2/D_2)_{max}=0.05$～0.065；水泵型叶轮，$(b_2/D_2)_{max}=0.065$～0.075。如采用三元叶轮时，$(b_2/D_2)_{max}$ 主要决定于强度。

b_2/D_2 的下限选择，主要考虑 b_2/D_2 过小时会使 β_{df} 及 β_1 的增大很快，进而使级效率不高。一般认为，对水泵型叶轮，$(b_2/D_2)_{min}=0.025$～0.035（一般取≥0.03）；对径向叶片式及压缩机型叶轮，$(b_2/D_2)_{min}=0.02$～0.03（一般取≥0.02）。只有在下面情况下，b_2/D_2 可以不受上述 $(b_2/D_2)_{min}$ 的限制，即不用增速箱而在较低转速下工作或当气量很小，虽已采用了相当高的转速，但 b_2/D_2 仍无法达到上述最小值，工作情况又允许级效率可以较低时。离心式压缩机向高压力比、小流量的方向发展，则小宽度的叶轮成为需要解决的主要的矛盾。目前已制成最后一级叶轮 b_2 仅为 2.8mm，b_2/D_2 为 0.0067 的离心式压缩机。虽然用电蚀加工技术解决了窄叶道加工问题，但这样小的叶轮宽度对级性能的影响仍有待深入研究。

由上面的分析可以看出，离心式压缩机叶轮出口相对宽度 b_2/D_2 值一般应在 0.065～0.060 以下（最高不超过 0.075)，下限值在 0.020～0.035 以上，对水泵型叶轮，b_2/D_2 值宜偏高些。

6.3.2.2 轮径比

轮径比 D_1/D_2 值过大或过小都会降低气流在叶轮中的流动效率。过大的轮径比会增加叶轮叶道的扩张角，容易引起边界层分离而使叶轮效率下降。同时过大的 D_1/D_2 还会使 D_1 和 D_2 相差不多，因而 $(u_2^2-u_1^2)$ 减小。

由欧拉方程式（6-5b）可以看出，等式右边第一项的数值很小，表明气体流过时未能充分利用离心力来提高压力，故气体流经这样的叶轮级时，其级效率不高。此外，D_1 太大会显著降低轮盖的强度。反之，如轮径比 D_1/D_2 太小，会使叶轮的叶道过长，因而气体流过叶轮的沿程摩擦阻力增大，也会使级效率下降。

一般叶轮轮径比应在 $D_1/D_2=0.45\sim0.65$ 之间，过大或过小的轮径比都会使级效率下降。根据已有的经验，级效率较高时所对应的轮径比分别为：固定式压缩机，$D_1/D_2=0.48\sim0.58$；移动式压缩机，$D_1/D_2=0.45\sim0.65$。

6.3.2.3　叶片进口安置角

为了避免气流进入叶道时对叶片产生冲击，叶片进口安置角是按在设计工况时气流进入叶道的相对速度方向角 β_1 而定出的。但 β_{1A} 不应过小（一般不小于 15°），如太小则会使叶道过长，并且会增加叶道进口处叶片的阻塞作用。一般压缩机型的叶轮，$\beta_{1A}=30°\sim34°$为宜；水泵型的叶轮，β_{1A} 在 25°～30°为宜。

6.3.2.4　叶片出口安置角

出口安置角 β_{2A} 的影响在前面已有论述。β_{2A} 大，能量头高，效率低；β_{2A} 小，能量头低，效率高。由于压缩机中的气体容积流量是逐级减小的，因此压缩机各级出口角的数值，从级效率角度考虑应逐级减小。但考虑制造的方便，通常对同一段中各级的叶轮选取相同的叶片出口安置角。对低压固定式离心压缩机 β_{2A} 一般在 20°～50°之间。

6.3.2.5　叶片数

气体流过叶轮得到的能头 H_{th} 主要是通过叶片来传递的，叶片同时还起着引导气流在叶轮中做相对运动的作用。如叶片数过少，则叶片对气流的引导作用减弱，叶道中轴向旋涡强度加大，环流系数 μ 减小，叶轮所提供的能头 H_{th} 减小。并且叶片数过少还会使叶道的当量扩张角加大，容易引起边界层分离及效率下降。当叶片数增加时，叶轮中的附加相对运动——轴向旋涡减弱，使环流系数 μ 增大，叶道当量扩张角减小；但叶片数过多又会增加叶轮的阻塞程度，气体流过时摩擦损失也会增加，这都会增加气体流过叶轮的阻力损失，影响压力升高并使效率下降。因此随着叶片数 Z 的增加，级压力比、效率先增加后又减小，即存在一个效率较高的最佳叶片数。一般说来，β_{2A} 大的叶轮其叶道的当量扩张角较大，因而其最佳叶片数就宜多些；而 β_{2A} 小的叶轮叶道较长，其最佳叶片数宜少些。

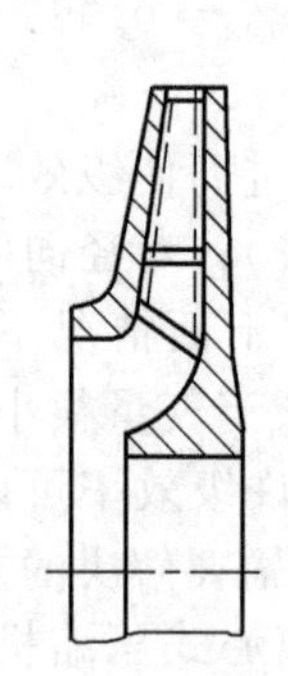
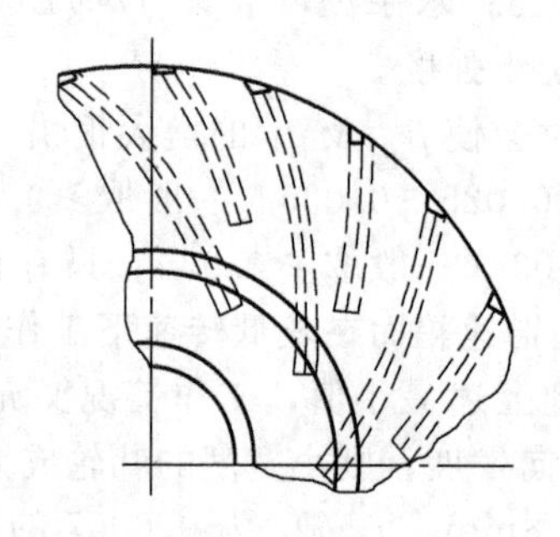

图 6-15　有长短叶片的叶轮

一般压缩机型和径向叶片式叶轮的叶片数 $Z=14\sim32$，水泵型叶轮的叶片数 $Z=6\sim12$。当叶片出口安置角 $\beta_{2A}=45°\sim90°$，而叶轮直径又较小时，由于叶片数目相对较多，常会造成叶道进口处出现较严重的阻塞，实际设计时应尽量避免。此时往往采用如图 6-15 所示的长短叶片相间的结构来改善叶道进口处气流的流场。

6.3.2.6　叶片的型线

由欧拉方程式知，气体从叶轮中获得的理论能量头为

$$H_{th\infty}=u_2c_{2u\infty}-u_1c_{1u\infty}=u_2^2\left[1-\varphi_{2r}\cot\beta_{2A}-\frac{D_1^2}{D_2^2}(1-\varphi_{1r}\cot\beta_{1A})\right]$$

由上式可知，理论上叶片的形状对叶轮所产生的理论能头没有影响，而叶片进出口处的安置角 β_{1A} 与 β_{2A} 对理论能头作用明显。但实际上，叶片的型线对气流流过叶道时的扩压程度、流动阻力以及是否会有局部超声速或边界层分离等显然是有影响的。所以即使叶片具有同样的 β_{1A} 与 β_{2A}，只要其采用不同的型线就会有不同的叶轮效率。一般叶片的型线（简称叶型）有两种：一种是在保证给定的进出口安置角 β_{1A} 与 β_{2A} 的前提下，用某种较方便的几何作图法画出叶型，其叶型通常是用几个圆弧构成，这种方法构成的叶

片称为圆弧构成叶片；另一种叶型的构成方法是预先给定叶片安置角 β_A 或相对速度 w 沿叶道的变化规律，然后找出符合此变化规律的叶型，这种叶型的画法称为叶型的逐点计算法。

在实际应用中，除了宽度大的叶轮用空间扭曲的三元叶轮外，一般都采用单圆弧叶型。因为在所有的曲线形叶片中，单圆弧叶片加工最为方便。此外由试验得知，在同样的 β_{1A} 与 β_{2A} 的条件下，用三段圆弧构成的叶片其性能不如单圆弧叶片。单圆弧叶型的圆弧半径 R 及叶型圆弧圆心所在半径 R_0 可分别按式（6-43）和式（6-44）计算，其画法见图 6-16（b）。

$$R=\frac{D_2\left[1-\left(\frac{D_1}{D_2}\right)^2\right]}{4\left(\cos\beta_{2A}-\frac{D_1}{D_2}\cos\beta_{1A}\right)} \tag{6-43}$$

$$R_0=\sqrt{R(R-D_2\cos\beta_{2A})+\left(\frac{D_2}{2}\right)^2} \tag{6-44}$$

6.3.2.7 轮盖转角的圆弧半径及轮盖倾角

在图 6-16（a）中，为了减小气流进入叶轮时由轴向转为径向的局部阻力，减轻气流的不均匀分布，设法加大轮盖转角处的圆弧半径 r［见图 6-16（a）］很有必要。一般希望 $r/R_0>0.2\sim0.25$，尤其是在叶轮进口处相对宽度 b_1/D_2 较大的情况下，气流分布不均匀，这时更应采用较大的 r/R_0 值。

一般叶轮轮盘在靠叶道的一侧其型线往往做成与轮轴相垂直的直线，轮盖在靠叶道侧的型线通常也做成直线。但由于叶道进口宽度 b_1 大于出口宽度 b_2，因而轮盖的型线通常是条斜直线。考虑到轮盖的强度，轮盖的倾角 θ 宜小于 12°，如图 6-16（a）所示。

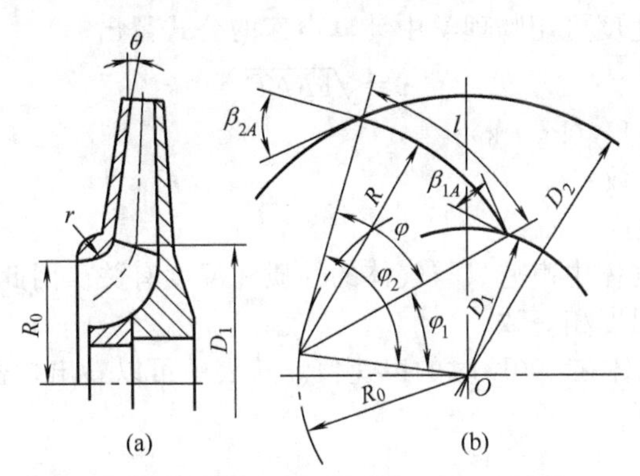

图 6-16 单圆弧叶型的半径 R 及圆心所在半径 R_0

6.3.2.8 叶轮转速与圆周速度

从离心式压缩机的能量头计算公式可以看出，提高叶轮转速，对于提高叶轮的能量头和压力比有显著作用，从而可以减少机器的级数、重量和尺寸。因此，提高机器的转速是有利的。但叶轮转速的提高，受到以下三个方面的限制：一是机械方面的限制，如轴承寿命、增速器的结构、电动机或汽轮机的选用等；二是叶轮材料强度的限制；三是高速气流马赫数 Ma 的限制。

随着叶轮转速的增大，叶轮本身因离心力将产生很大的应力，严重时使叶轮发生形变以致破坏。因此，叶轮材料的强度和密度是限制叶轮转速提高的重要因素。一般 45 钢的允许圆周速度约 200m/s 以下，35CrMo 钢可达 250～290m/s，而一些高强度的轻合金，可高达 300m/s 以上。

由气体动力学可知，不能无限制地提高叶轮转速，因为当离心式压缩机内的气体以超声速流动时，气体的温度提高，弹性也会增加，从而使气流的可压缩性阻力增大。同时，气体从叶轮出口流到扩压器时，速度有可能从超声速变为亚声速，气流的状态（温度、压力、比体积）发生急剧变化，这种状态的突变称为冲波。当冲波与附面层相互作用时就形成波阻，波阻的产生使气体发生分离，此时气流将向相反的方向流动，形成强烈的涡流，造成气流损失增加，而达不到预期的压力，最终使效率下降，性能曲线变陡，稳定工作区变小。因此，从气体动力学的角度考虑，也不允许叶轮圆周速度过高。

在气体动力学以及离心式压缩机中对气体流动状态的研究中，通常用马赫数 Ma 来表征气流的超声速性质。马赫数 Ma 是指在相同温度下，气体流动速度 c 和在该气体中的声速 v 之比，即

$$Ma=\frac{c}{v}$$

当 $Ma<1$ 时，称为亚声速；$Ma>1$ 时，称为超声速。由上可知，在离心式压缩机内不希望马赫数太大。在应用上面公式求马赫数时，气流速度的选取有两种情况：绝大多数采用叶轮入口处的相对速度 w_1；但有时采用叶轮外圆周速度 u_2。所取的速度不同，马赫数的计算式亦不同，即

$$Ma_{w1}=\frac{w_1}{v}$$

$$Ma_{u2}=\frac{u_2}{v}$$

实验证明，为保证离心式压缩机有较高的效率，Ma_{w1} 不应大于 0.8，Ma_{u2} 不应大于 1.4～1.5。

气体中声波的传播速度可用物理学中计算声速的公式得出

$$v=\sqrt{gRkT}$$

式中　R——气体常数，J/（kg·k）；

　　k——气体等熵指数；

　　T——气体绝对温度，K。

由上式可以看出，气体中声速只与气体的性质和温度有关。因此在求 Ma 值时，所用的声速应与其对应的气体温度相一致。

表 6-1 给出了部分气体在 300K 时的声速值。从表中可以看出，密度小的气体声速较高，而密度大的气体声速较低。

表 6-1　部分气体在 300K 时的声速值

介质名称	氢气	焦炉气	空气	二氧化碳	氟里昂 11
声速 v/(m/s)	1450	555	359	281	146

因此，叶轮强度和马赫数是限制叶轮转速大小的因素。对密度较小的气体，由于其声速较高，转速常受叶轮强度的限制；对于密度较大的气体，则叶轮转速主要受马赫数的限制。

在设计中，一般根据材料选定圆周速度，再由下式求得叶轮转速。

$$n=33.9\sqrt{\frac{\tau_2 K_{v2}\frac{b_2}{D_2}\times\frac{c_{2r}}{u_2}u_2^3}{Q_j}}$$

在确定了转速 n 和叶轮外径 D_2 以后，还应对轴的临界转速、叶轮强度、马赫数进行校核。

6.4 其他零件

6.4.1 扩压器

从叶轮出来的气体速度相当大，一般叶轮出口气体速度有 200～300m/s，有的甚至更高。这样高速度的气体具有很大动能。对于后弯式叶轮，这部分能量约占叶片功的 25%～40%，因此必须很好地利用，使其有效地转换成所需的静压能。扩压器就是使气流的动能转换为静压能的组件。

扩压器一般形式有无叶扩压器、叶片扩压器和直壁形扩压器（或称少通道扩压器）等。

6.4.1.1 无叶扩压器

无叶扩压器是由两个平行壁构成的等宽度环形通道组成，结构简单，如图 6-17 所示。因流道截面渐大，气体从叶轮出来经过这个环形通道，速度就会逐渐降低，压力渐渐增高。叶轮出口气流速度 c_2 愈大，就愈需要较大的扩压器。

为了分析扩压器的降速增压作用原理，假定气体在无叶扩压器中流动时的密度不发生变化，也不考虑由于气体黏性而产生的流动摩擦影响。气体从叶轮以速度 c_2 和方向角 α_2 流出并进入扩压器内，气体的流动遵循连续性定律和动量矩守恒定律。

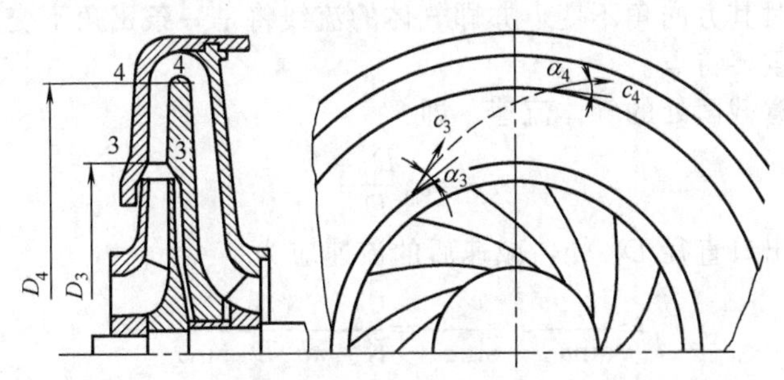

图 6-17 无叶扩压器

（1）连续性定律

按照这个定律，在无叶扩压器的任一半径处的各圆周截面上，气体的总流量应保持不变。因此，在图 6-17 中，若取无叶扩压器之任意直径 D、内径 D_3 和外径 D_4 三个截面，可列出流体流动的连续性方程，即

$$Q=\pi D_3 b_3 c_{3r}=\pi D_4 b_4 c_{4r}=\pi D b c_r \tag{6-45}$$

式中 Q——气体流量，m^3/s；

b_4，b_3，b——对应于各截面处的气体流道宽度，m；

c_{3r}，c_{4r}，c_r——对应于各截面处的气体径向分速度，m/s。

考虑对应 D 和 D_3 直径的两个截面，由于 $b=b_3=b_4$，故可以列出

$$c_r=c_{3r}\frac{D_3}{D} \tag{6-46}$$

式（6-46）表示在无叶扩压器中，任意直径处的气体径向分速度随直径的增大而减小。这一规律对其他类型扩压器同样适用。

（2）动量矩守恒定律

气体在无叶扩压器中流动时，若不考虑摩擦作用，则没有任何外力矩作用在气体上，因此按照动量矩定理，气体的动量矩将保持不变。这里仍对直径为 D、D_3、D_4 的三个圆周进行讨论，则可得到

$$mc_u\frac{D}{2}=mc_{3u}\frac{D_3}{2}=mc_{4u}\frac{D_4}{2}$$

式中　　m——流过气体的质量，kg；

c_u，c_{3u}，c_{4u}——各截面处的气体圆周分速度，m/s。

由此可以求得在扩压器任意截面处，气体的圆周速度应为

$$c_u=c_{3u}\frac{D_3}{D} \tag{6-47}$$

由式（6-47）可以看出对于无叶扩压器，随着直径增大，气体的圆周分速度会成比例下降。

由式（6-46）和式（6-47），可以求出直径为 D 处气体流动的方向角 α，即速度 c 和 c_u 的夹角，其大小为

$$\tan\alpha=\frac{c_r}{c_u}=\frac{c_{3r}\frac{D_3}{D}}{c_{3u}\frac{D_3}{D}}=\frac{c_{3r}}{c_{3u}}=\tan\alpha_3 \tag{6-48}$$

式（6-48）中，α_3 表示无叶扩压器进口处的气流方向角，这说明在无叶扩压器任意截面上的气流方向角与进入无叶扩压器时的方向角相同，而且不难看出 $\alpha=\alpha_3=\alpha_4$。因此气体在无叶扩压器中流动时其方向角不变，亦即气体的流线将是一条 α 角不变的对数螺旋线。这是无叶扩压器的一个重要特点。

在此可以求出任意截面处的气体流速，即

$$c=c_3\frac{D_3}{D}$$

而在无叶扩压器出口直径 D_4 处，减速后的流速应为

$$c_4=\frac{c_{4r}}{\sin\alpha_4}=\frac{c_{4r}}{\sin\alpha_3}=\frac{Q_j}{K_{v4}\pi b_4D_4\sin\alpha_3}$$

无叶扩压器上没有叶片，所以不存在进口冲击损失问题。当改变流量时，有良好的适应性，故对于流量变化较大的离心式压缩机或其中的某些级，采用无叶扩压器效果较好。不过由于在无叶扩压器中，气体做对数螺旋线流动，因而流动路程较长，流动阻力增加，从而使其效率比其他型式扩压器低。

6.4.1.2　叶片扩压器

如图 6-18 所示，叶片扩压器是在无叶扩压器的环形通道中沿圆周装有均匀分布的叶片。安装了叶片之后，气体流过此扩压器时，一方面因直径的加大而减速，同时还将按照叶片的形状沿着叶片的方向流动，气体的流动方向基本上和叶片形状一致。叶片扩压器中叶片的形状通常做成 α 角是逐渐增加的，即 $\alpha_3<\alpha<\alpha_4$，所以气流的 α 角也在逐渐增大。在叶片扩压器中，连续性规律同样适用，但由于存在叶片和气流之间的相互作用，气体的动量矩会发生变化，即 $c_uD/2$ 不再是常数。由 $c_i=\frac{Q_j}{K_{vi}\pi b_iD_i\sin\alpha_i}$ 可知 $\frac{c_4}{c_3}=\frac{D_3\sin\alpha_3}{D_4\sin\alpha_4}$。

由此说明叶片扩压器可以通过改变直径和气流方向角两个途径来改变气流速度，当直径比 D_3/D_4 相同时，由于 $\alpha_4>\alpha_3$，叶片扩压器内的速度变化要比无叶扩压器内速度变化大，即 c_4 下降程度更大，也就是在同样直径比时，叶片扩压器内气流的扩压程度比无叶扩压器的扩压程度更大，换言之，如果所需的扩压程度相同，则叶片扩压器的尺寸 D_4/D_3 可以做得比无叶扩压器小些。例如要使扩压器出口气流速度 c_4 下降到进口气流速度 c_3 的一半，如采用无叶扩压器，则扩压器外径 D_4 将是内径 D_3 的二倍；如采用叶片扩压器，α_4 就要增加到一定值（如 $\alpha_3=20°$，$\alpha_4=38°$），外径 D_4 只需内径 D_3 的 1.2 倍就

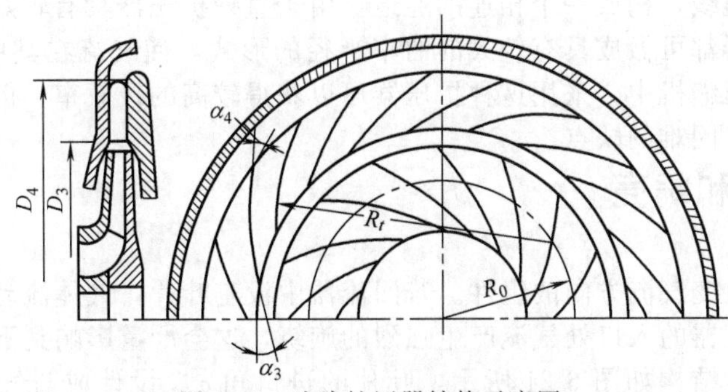

图 6-18 叶片扩压器结构示意图

能达到所给要求。

叶片扩压器除了有扩压程度大、尺寸小的优点以外，气流损失也比无叶扩压器小。因为叶片扩压器中气体流动的方向角 α 是不断增加的，所以气体流动所走的路程就比无叶扩压器更短，因而损失小、效率高。一般在设计工况下工作时，叶片扩压器效率可比无叶扩压器的效率高 3%～5%。

叶片扩压器也有明显的缺点。由于有叶片存在，在工况变化时，扩压器进口气流的速度大小和方向都会发生变化，这时气流就会对叶片进口产生冲击而使损失急剧增加，其稳定工作区就比无叶扩压器小。为此，在一些大型压缩机上已开始采用可调节其叶片角度的叶片扩压器，以此来适应不同的流量变化，但其结构比较复杂。

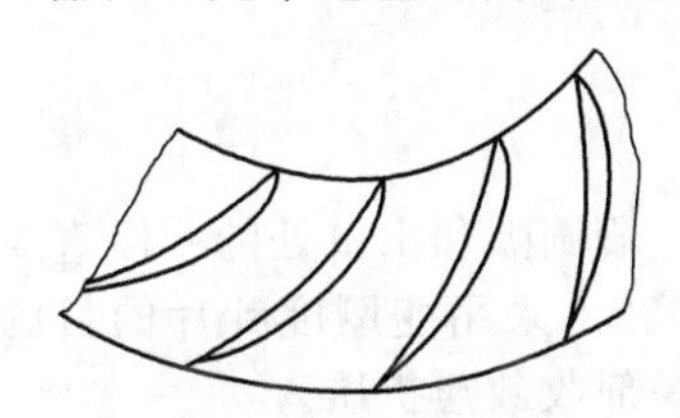
图 6-19 扩压器的机翼型叶片

为了减少流动损失和冲击损失，叶片大多采用机翼型，如图 6-19 所示，机翼型叶片具有流动损失小和变工况性能好的优点。叶片扩压器的入口直径 D_3 一定要比叶轮外径大，中间有一段间隙，使气体缓冲一下，以便气流进入叶片扩压器时变得均匀一些，有利于改善气流在叶片扩压器内的流动，提高效率。一般要求 $D_3/D_2=1.08\sim1.15$。

为减小气体分离的损失，对扩压器叶片间的扩张角也有一定的限制，一般设计成 $\alpha_4-\alpha_3=12°\sim15°$，$D_4/D_3=1.3\sim1.55$。扩压器叶片数 Z_3 和叶轮叶片数 Z_2 之间应该不是整倍数的关系。

6.4.1.3 直壁扩压器

直壁扩压器，实际上也是叶片扩压器的一种。如图 6-20 所示，由于其叶片间形成的通道有一段接近于直线段，故称为直壁扩压器。又因为这种扩压器通道数不多，只有 4～12 个，所以又称为少通道扩压器。

对于流量较小的离心式压缩机，采用强后弯水泵型叶轮比较合理，而这种叶轮的气流出口角 α_2 较小。此时若仍采用一般的叶片扩压器，则由于叶片扩压器上应使 $\alpha_3=\alpha_2$，从而造成叶片过长，致使扩压器中流动损失增加。因此，这种情况就采用直壁形扩压器。

扩压器的气流进口部分，先采用一段对数螺旋线叶片，使气流与在无叶扩压器中的流动相似，然后进入由两相邻直平板壁构成的气体通道中，如图 6-20 上实线，此气流通道具有一定的扩张角，并且分别与各自的弯道和回流器

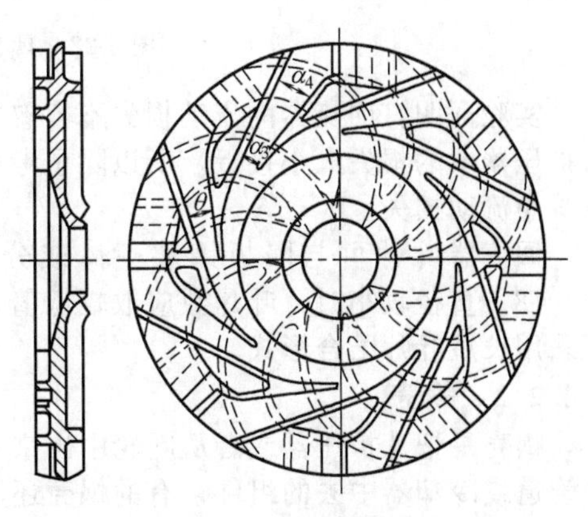

图 6-20 少通道扩压器

连接在一起见图中虚线，构成一个相连的通道。由于直壁扩压器具有较好的扩压效果，而所配用的弯道和回流器都可做成具有较大的曲率半径的形式，使气流在其中的流动损失较小。因此，在小流量的压缩机中，采用这种扩压器可以获得较高的级效率，但这种扩压器存在着径向尺寸太大和加工困难的缺点。

6.4.2 回流器和蜗壳

6.4.2.1 回流器

回流器是用于改变气流方向的组件。若回流器中没有叶片，气体流动仍将遵循动量矩守恒规律，造成在回流器的入口处气流产生强烈的旋绕，这会严重影响到下一级。所以回流器中都装有叶片，基本结构如图 6-21 所示，叶片的进口角 α_{5A} 设计成与气流进口角 α_5 一致，出口角 α_{6A} 取为 90°，使气体没有旋绕，能按轴线方向流入下一级。

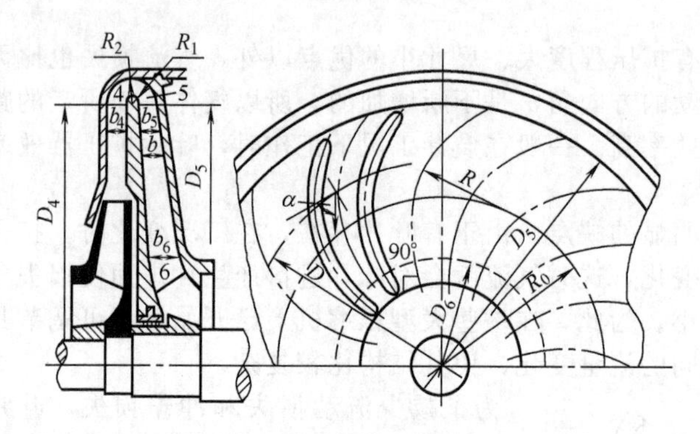

图 6-21 弯道和回流器

回流器叶片的中心线和叶轮叶片一样，也是圆弧形的，或一段圆弧和出口处的一段直线相结合，其叶片有等厚度和变厚度两种，分别见图 6-21、图 6-22。采用变厚度叶片的目的是使气流沿着叶片间通道流动时速度变化更加均匀，避免产生局部收敛与扩压。

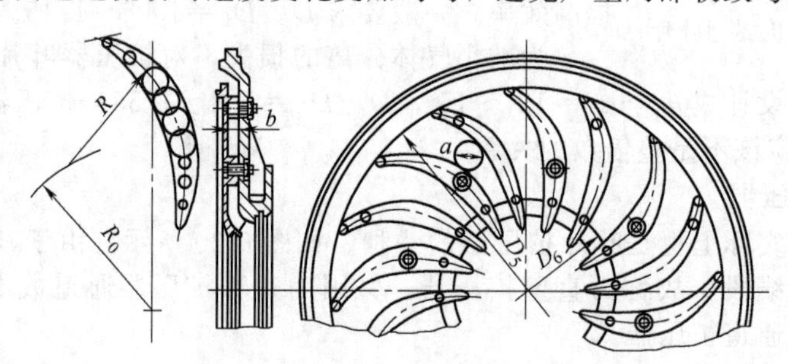

图 6-22 具有变厚度导叶的回流器

实验证明，回流器的流动损失不容忽视，有些回流器损失可达整个级能量的 6%～8%，与扩压器中的损失大小接近。所以除了考虑叶片的形状以外，必须降低回流器流道的粗糙度以减小流动损失。

回流器叶片可与隔板铸成一体或分开制造，然后用螺栓连在一起。叶片数一般为 12～18。直径较小时，叶片数应取较低值，有时为了避免在回流器出口处叶片过于稠密，也可采用长短叶片结合形式。

6.4.2.2 蜗壳

蜗壳是把从扩压器或者从叶轮中出来（没有扩压器时）的气体收集起来引到压缩机的排气管道或冷却器中去的组件，有的蜗壳还起一定的扩压作用。

对等截面的排气室，气体在叶轮或扩压器出来时具有明显的旋绕。这些旋绕着的气体汇入排气室，在排气室的不同位置（即位置角 ϕ 不同）气体的容积流量不同。愈接近排气室出口，流量愈大，因此这种等截面的排气室就不能很好适应流量变化。实验证明，等截面排气室效率较低。

离心式压缩机中用得最多的是蜗壳式排气室，如图 6-23 所示，蜗壳的流通截面沿着气流旋绕方向逐渐增加。

通常蜗壳的结构形式有许多种，有的蜗壳前具有扩压器如图 6-24 所示；有的蜗壳直接在叶轮外面如图 6-25 所示，蜗壳起一部分扩压器作用。蜗壳的横截面形状除了梯形以外，还有圆形、梨形和矩形等，见图 6-26。蜗壳截面的形状对流动的影响不是很大，因此采用何种截面形状，可根据压缩机结构和制造上的情况来考虑。

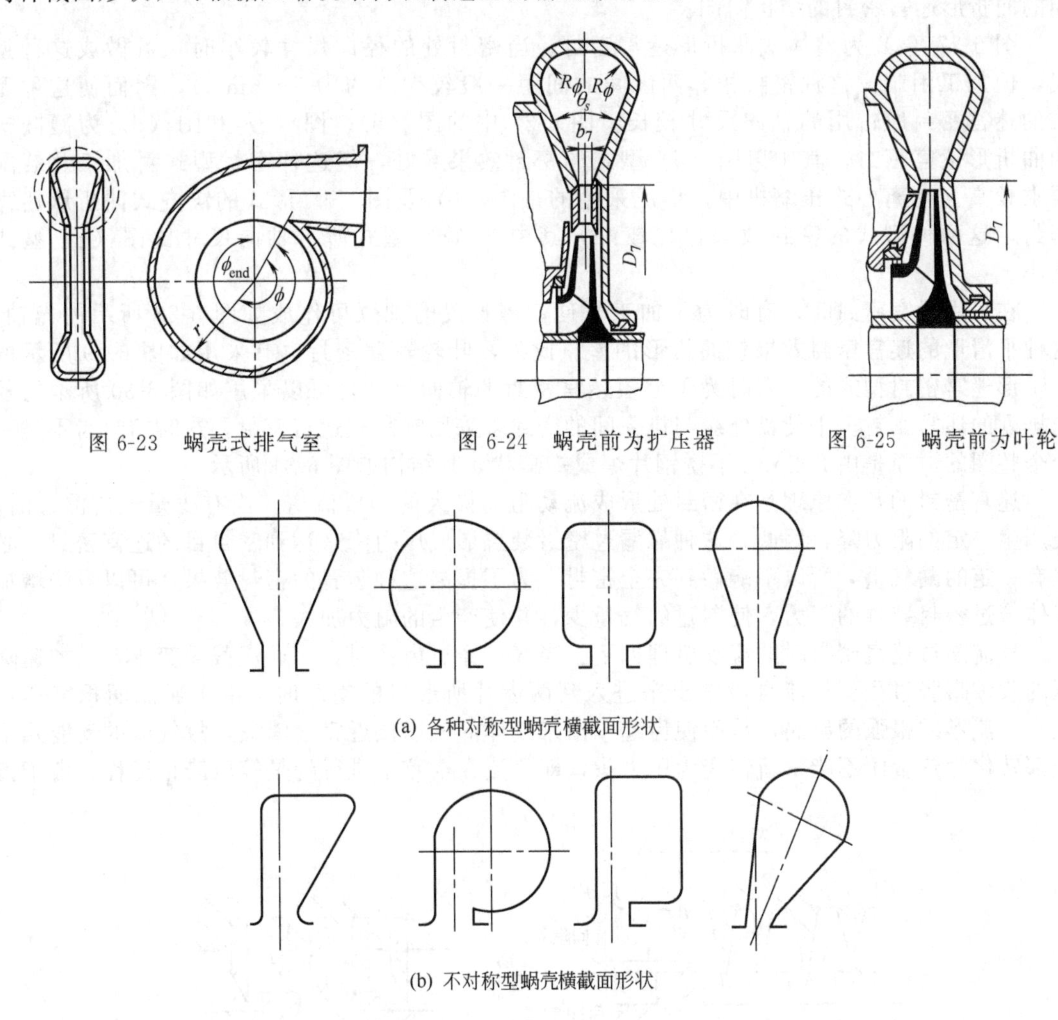

图 6-23 蜗壳式排气室　　图 6-24 蜗壳前为扩压器　　图 6-25 蜗壳前为叶轮

(a) 各种对称型蜗壳横截面形状

(b) 不对称型蜗壳横截面形状

图 6-26 蜗壳的横截面形状

6.5 离心式压缩机的密封

转子与固定件间应有一定的间隙，以避免离心式压缩机的转子与固定组件相碰。为了减少通过间隙的漏气量，通常在气缸两端装有前后轴封；在气缸内部设有隔板内孔密封、平衡盘密封和叶轮轮盖密封，如图 6-1 所示。

在离心式压缩机中用得最普遍的密封形式是迷宫密封，气缸内部的级间密封几乎都采用迷宫密封。对低压的离心式压缩机，如所压缩的气体有泄漏也不会发生危险，或采用抽走漏气的措施，则两个轴端的前后轴封可用迷宫密封的形式。对高压的或所压缩的气体不允许外漏的离心式压缩机，两端的轴封常采用靠高压油膜形成密封的浮环密封（这时仍常用迷宫装置作为预密封）或干气密封。在冷冻用的离心式压缩机中，为了保证停车时机器里的气体不漏，轴端密封常采用填料函密封或机械密封。

6.5.1 迷宫密封

6.5.1.1 迷宫密封的结构型式

迷宫密封又称梳齿密封。最常用的迷宫密封的型式是曲折形迷宫密封，图 6-27 表示常用的曲折形迷宫密封的结构简图。

图 6-27（a）为整体式曲折形迷宫密封。当密封处的径向尺寸较小时，可做成这种型式，但加工困难。这种密封相邻两齿间的间距一般较大（约为 5～6mm），因而使这种型式的迷宫密封所占用的轴向尺寸较长。图 6-27 中的图（b）、图（c）和图（d）为镶嵌式的曲折形迷宫密封，其中以图（d）型式的密封效果最好，但这种密封型式对加工及装配要求较高。在离心式压缩机中，广泛采用的是图（b）及图（c）形式的镶嵌式曲折形迷宫密封，这两种型式的密封效果也比较好，其中图（c）型式所占轴向尺寸比图（b）型式更小。

在采用迷宫密封时，有时为了加工方便，密封段的轴颈可作成如图 6-28 所示的光轴，这种平滑形的迷宫密封效果较曲折形的差。此外，叶轮轮盖密封也有采用如图 6-29 所示的台阶形迷宫密封型式的。有时为了缩短迷宫密封的轴向尺寸，可以采用如图 6-30 所示的径向排列的迷宫密封。平衡盘外缘与机壳间的密封多采用蜂窝式迷宫密封，这时密封齿不是一个个整圈的，而是由 0.2mm 不锈钢片焊成蜂窝状，其结构如图 6-31 所示。

迷宫密封的基本原理是在密封处形成流动阻力极大的一段流道。当有少量气流漏过时，便产生一定的阻力降，因此，这种靠漏过密封装置形成压力降来达到密封目的迷宫密封，必然有一定的漏气量，所以不能做到完全密封。为了提高这种装置的密封效果，可以设法增加气体流过密封装置的阻力，使漏过的气量少，并使产生的阻力加大。

气流漏过迷宫密封时的流动机理如下：当气流经过齿缝时，因通流截面变小，是加速降压的收敛膨胀过程。气流自齿缝出来进入到两齿片所形成的空腔时，由于通流面积突然扩大，气流形成很强的旋涡，从而使齿缝中出来气体的气速接近完全消失，故气流的动能几乎全部转化为热量而不能重新转变为压力头，即气流在空腔中进行的是等压滞止过程。由于齿

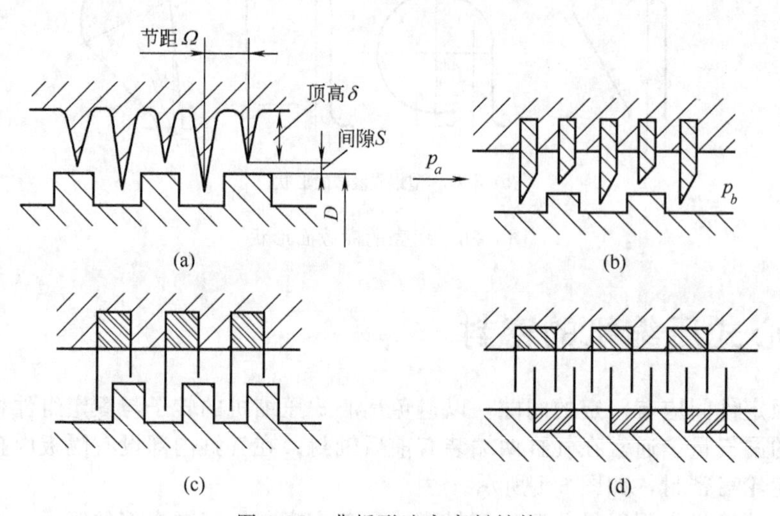

图 6-27　曲折形迷宫密封结构

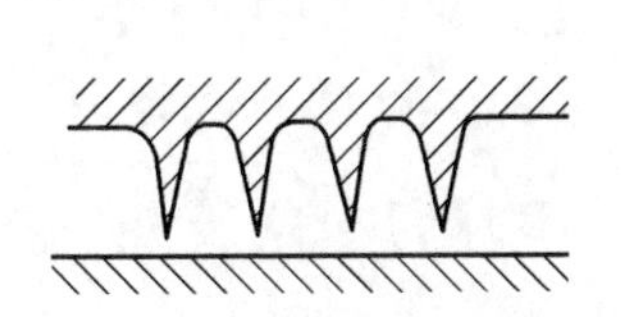

图 6-28　平滑形迷宫密封

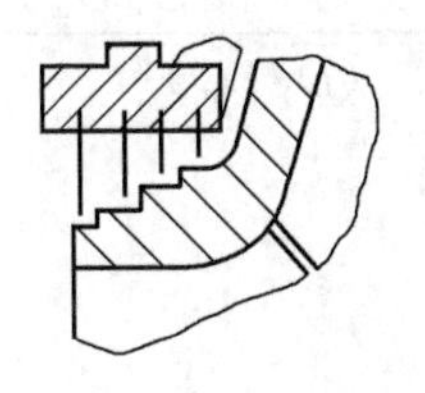

图 6-29　台阶形密封

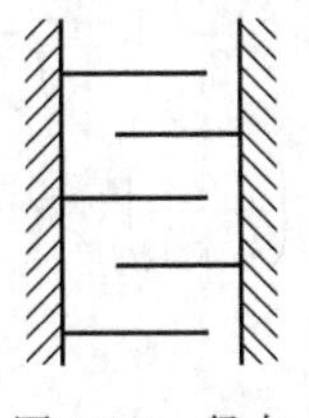

图 6-30　径向排列迷宫密封

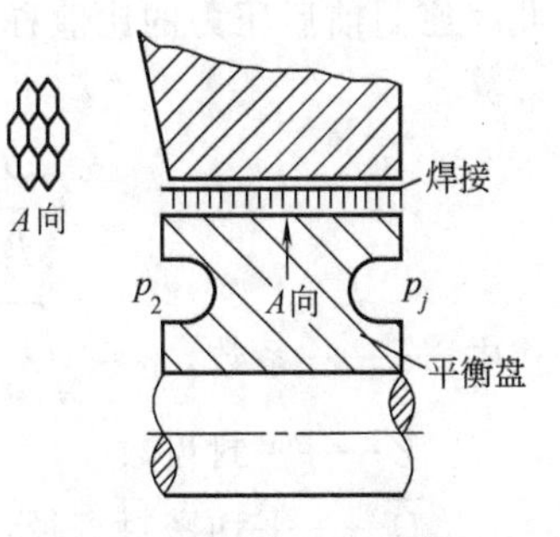

图 6-31　蜂窝式迷宫密封

缝中气流的部分静压头转变为速度头，故压力比齿缝前空腔中的低。在齿缝后的空腔中，气速虽被滞止但压力并不增加（仍等于齿缝中的压力），因此相邻的两个空腔就有压差（其值即为气流流过齿缝时所产生的压力降）。为了使少量的气流经过一系列的空腔后，气流的压力降（各相邻空腔压差之和）与密封装置前后的压差相等，需要装置一定数目的密封齿。

由上看出，要使迷宫密封效果好，应该注意两个方面：一方面要求在小的漏气量流过齿缝时，能有较大的速度头（由压力头转变来的），因此要求齿缝间隙小，密封周边要短；另一方面要求在两齿间的空腔中能将齿缝中出来的气流的动能完全变为热量损失而不使它再恢复为压力头，这就要求气流流过空腔时局部阻力愈大愈好，为此需设法增加气流通流面积突然变化的程度及增加流道的曲折程度。在设计迷宫密封时，为达到良好的密封效果，建议梳齿高δ与节距Ω之比大于1，即$\delta/\Omega>1$，如比值太小则效果差。相邻两齿间节距Ω与齿缝间隙S之比的范围在$\Omega/S=2\sim6$。实际上，同样的密封长度内，采用齿数较多、空腔较窄的密封结构比齿数少、空腔宽的结构密封效果更好。

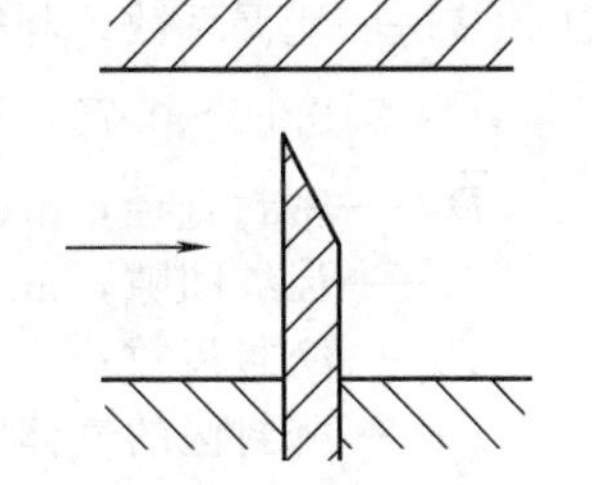

图 6-32　梳齿安装的正确方向

除了叶轮进口轮盖处的密封用$Z=4\sim6$齿数外，其他地方迷宫密封的齿数Z不应少于6个，但也不是齿数越多越好。因为过多的齿数会使轴向尺寸加大，而且对进一步降低漏气量作用不大，因此齿数最多不超过35个。同时应注意齿的顶圈与转子的同心度，如偏心超过规定数值，则会使漏气量增大，并且有可能引起事故。齿的结构最好做成如图6-32所示，在气体来流一侧的齿顶做成尖角形。如果做成圆角，则会使漏气量增大。齿顶尽可能削薄，这样可减少漏气量，同时也可减弱转子与密封齿意外相碰时可能发生的危害。

一般齿缝间隙S的最小值可取为

$$S=0.2+(0.3\sim0.6)D/1000$$

式中，D为密封直径，mm。

迷宫齿片的材料一般采用青铜、铜锑锡合金、铝合金。当温度超过120℃时，应采用镍-铜-铁的合金或不锈钢。当气体具有爆炸性时（如石油气、氧气等），则应采用不会产生火花的材料（如铝或铝合金），为了减少摩擦，也可采用聚四氟乙烯。

6.5.1.2　迷宫密封漏气量的计算

离心式压缩机两端的迷宫轴封处，向外泄漏的气量取决于密封装置前后的压力差、密封结构型式、密封齿数和间隙截面积。当密封装置前后的压力差较小时，漏气量与压力差值成正比。但当迷宫密封装置前后的压力差大到某一临界值时，会使通过迷宫密封最后一条齿缝气体的速度达到临界声速而使迷宫装置发生阻塞，使漏气量不再随前后压差的增大而增加。

此时密封前后压力的比值称为临界压力比，用 p_a/p_x 表示。其临界压力比值按式（6-49a）计算

$$\frac{p_a}{p_x}=\left(\frac{k+1}{2}\right)^{\frac{k}{k-1}}\sqrt{\frac{a^2(Z-1)+(\overline{D}/D_x)^2}{(\overline{D}/D_x)^2}} \tag{6-49a}$$

式中 a——系数，$a=\sqrt{2\frac{k}{k+1}\left(\frac{2}{k+1}\right)^{\frac{1}{k-1}}}$；

Z——密封齿数；

$\overline{D}$——平均密封直径，m；

D_x——最后一个齿的密封直径，m。

对空气、氧气及氮气等（$k=1.4$），系数 $a=0.6847$，故临界压力比的计算式变为

$$\frac{p_a}{p_x}=\frac{1}{0.77}\sqrt{\frac{Z-1+2.13(\overline{D}/D_x)^2}{(\overline{D}/D_x)^2}} \tag{6-49b}$$

若近似取 $\overline{D}=D_x$，则

$$\frac{p_a}{p_x}=\frac{\sqrt{Z+1.13}}{0.77} \tag{6-49c}$$

在知道临界压力比以后，根据迷宫密封装置前后的压力算出实际压力比，用 p_a/p_b 表示。若 $(p_a/p_b)<(p_a/p_x)$ 时，则漏气量 G 可按式（6-50）计算

$$G=\overline{\alpha}\,\overline{D}S\pi\sqrt{\frac{(p_a+p_b)(p_a-p_b)\rho_a}{Zp_a}} \tag{6-50}$$

式中 $\overline{\alpha}$——泄漏系数，与密封结构有关的修正系数，通常取 0.65～0.85，其中曲折形 $\overline{\alpha}=0.65\sim0.75$，平滑形 $\overline{\alpha}=0.75\sim0.85$；

$\overline{D}$——密封直径，m；

S——齿缝间隙，mm；

Z——密封齿数；

ρ_a——密封区的气体密度，kg/m^3。

若 $(p_a/p_b)>(p_a/p_x)$ 时，漏气量按式（6-51a）计算，即

$$G=\overline{\alpha}\,\overline{D}S\pi\sqrt{\frac{p_a\rho_a}{(Z-1)+\left(\frac{D}{D_s}\right)^2\frac{g}{a^2}}} \tag{6-51a}$$

式中 a——系数，其值同式（6-49a）；

$\overline{\alpha}$——修正系数，其值取法同式（6-50）。

对 $k=1.4$ 的气体，由于式中系数 $a=0.6847$，并近似取 $\overline{D}=D_x$ 时，则上式变为

$$G=\overline{\alpha}\,\overline{D}S\pi\sqrt{\frac{p_a\rho_a}{(Z-1)+2.13}} \tag{6-51b}$$

6.5.2 浮环密封

浮环密封和迷宫密封不同，如果装置运转良好，它可以做到“绝对密封”。浮环密封主要用于机壳两端的轴封，以防止机内气体逸出或空气进入机内，其结构简图如图 6-33 所示。密封由几个浮环所组成（图中是 4 个），高压密封油由孔 4 注入，并向左右两边流动。图中左侧是高压端，右侧低压端。流入高压端的密封油通过高压浮环、挡油环 11 及甩油环 12，由回油孔 5 排至油气分离器。因为密封油压一般是控制在比高压气体略高 0.05MPa 左右，

压差很小，因此向高压端的漏油量亦很少。但密封油压与低压侧的压差则很大，故流入低压端的油是很多的。图中流至低压端的油先通过 3 个低压浮环，最后在回油孔 5 处通过回油管排至回油箱。由于这部分油没有与压缩气体接触，所以是干净的。但由高压端回油孔 2 流出的油是与高压气体相混的，要经过油气分离处理后才有可能再使用。浮动环一般装在 L 形的固定环中。高压侧压差小，一般只用一个浮环。低压侧压差大，一般用 2～3 个或更多的浮环。浮环是活动的，在轴转动时它被油膜浮起。为了防止浮环转动，环中装有销钉 8。有些浮环密封装置为了使浮环与固定环间贴合，用弹簧 9 将浮环压向固定环。轴上通常都装有轴套 10，轴套与浮环间的径向间隙很小，一般是轴径的 0.0005～0.001，具体尺寸按设计要求确定。

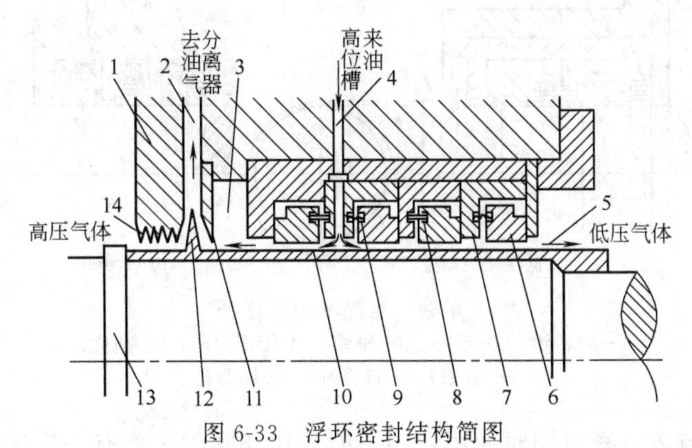

图 6-33　浮环密封结构简图

1—梳齿座；2—高压侧回油孔；3—空腔；4—进油孔；5—低压侧回油孔；6—浮环；7—L 形固定环；8—销钉；9—弹簧；10—轴套；11—挡油环；12—甩油环；13—轴；14—高压侧预密封梳齿

浮环密封的原理是靠高压密封油在浮环与轴套间形成油膜，产生节流降压，阻止高压侧气体流向低压侧。因为主要是油膜起作用，故又称为油膜密封。在工作时，浮环受力情况与轴承相似，所不同的是对轴承而言，轴浮动而轴瓦固定不动，因此当轴转动时油膜产生浮力将轴抬起；而对浮环来说，由于浮环重量很小，轴转动时在浮环与轴的间隙中产生的油膜浮力可将浮环浮起，轴是相对固定的。根据轴承油膜原理可知，浮环与轴完全同心时，则不会产生油膜浮力，如浮环与轴偏心，则轴转动时将会产生油膜浮力，这浮力使浮环浮起而使偏心减小。当偏心减小到一定程度时，产生的浮力正好与浮环重力相等，达到动态平衡。由于浮环很轻，所以动态平衡时的偏心是很小的，即浮环会自动与轴保持基本同心，这是浮环密封的优点。

浮环密封装置中所用的浮环大多是整体的，也有两半的。浮环一般分为宽浮环和窄浮环两种，如图 6-34 所示。宽浮环具有较大的相对宽度，一般 $l/D=0.4\sim0.6$。对同样压差及漏液量来说，宽环的数量可比窄环少些，所以其密封总体结构简单，制造费用较低，且易于装配。窄浮环的相对宽度一般为 $l/D=0.1\sim0.2$，由于较窄，流体动力作用小，故需用 O 形环帮助使浮环对中。用弹性材料制成的 O 形环帮助对中的好处是偏心度较小（当机器停车时亦然），而使漏油量较小。此外当油压不能保持时，可保证浮环与轴套互不相碰，这样可保证机器在各种情况下启动。每个窄浮环的前后压差比宽浮环要小，故端面上的比压和摩擦力也小些。为了卸去 O 形环上的压力，在浮环上钻有卸荷孔 8。窄浮环密封也可做成不带 O 形环的，为了定位，窄浮环可以用弹簧压在 L 形固定环上。这样，当液膜压力降低时浮环仍可保持其对中的位置，这对轴是水平安置的机器特别重要。有的浮环结构为了防止油从浮环与 L 形固定环间短路，在浮环与固定环接触的端面处装有橡皮密封圈，如图 6-35 (a) 所示，但这样的结构因橡皮密封圈摩擦力大，浮环的浮动性较差，在开车时容易损坏。对高压侧的浮环，因流过的油量少，浮环容易发热，这会使环隙中油黏度下降而使偏心加大，严重时会使浮环与轴套相碰而烧坏。有些结构在高压侧的浮环上开有许多轴向孔，同时使注油孔偏置在高压侧，使密封油通过浮环上的轴向孔以加强环的冷却，见图 6-35（b）。也有时在高压浮环上开若干条径向槽以代替钻孔，如图 6-35（c）所示，这样冷却效果更好。考虑到启动和通过临界转速时，浮环与轴套会有短暂的摩擦接触，所以最好在浮环的端面镀锡青铜，环内侧浇巴氏合金。如用水作密封液，则浮环最好由防锈材料制成。为了保证密封油压比所密封的气体压力高 0.05MPa 左右，一般是用高位槽的液位来保持这个压差，槽内油面上则与要密封的气体相通，以保持要密封气体的压力。

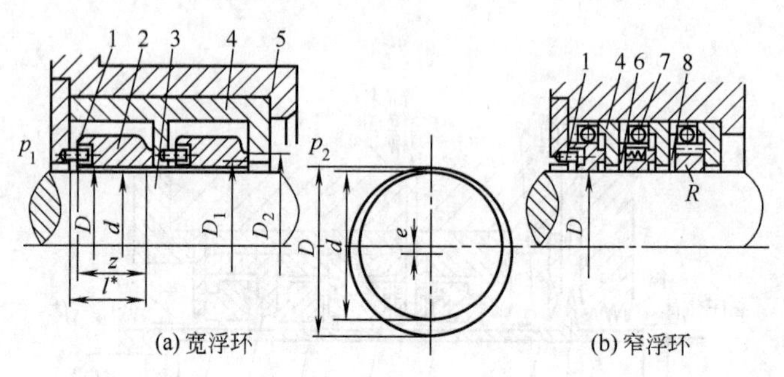

图 6-34　宽浮环与窄浮环

1—防转销；2—浮环；3—轴；4—L 形固定环；5—机壳；6—弹簧；7—O 形环；8—卸荷孔

浮环密封通常与迷宫密封同时使用，即一般在浮环密封之前有一道迷宫密封，用来减少被高压油带走的气体。图 6-36 为一浮环密封的结构图，其右侧是要密封的高压气体侧，左侧是低压侧。高压密封液从定位环引入，并有销钉使浮环不会转动。这种密封装置的特点是：ⓘ浮环设计成 L 形，在同样的密封长度下可以减少轴向尺寸；ⓘⓘ整个密封零件都配置在一个可拆卸的套筒上，现场检修非常方便。浮环密封与大多数的不接触式密封装置一样，对运转工况的变化不很敏感，同时在正常条件下不会产生磨损，故很安全。由于浮环密封对大压差及高转速具有良好的适应性，其密封油系统不太复杂。

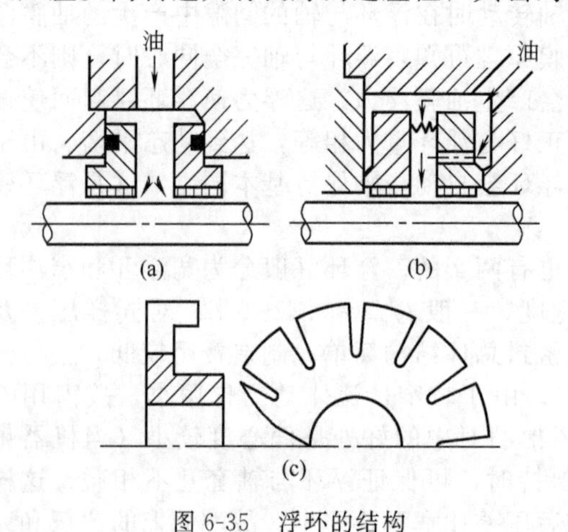

图 6-35　浮环的结构

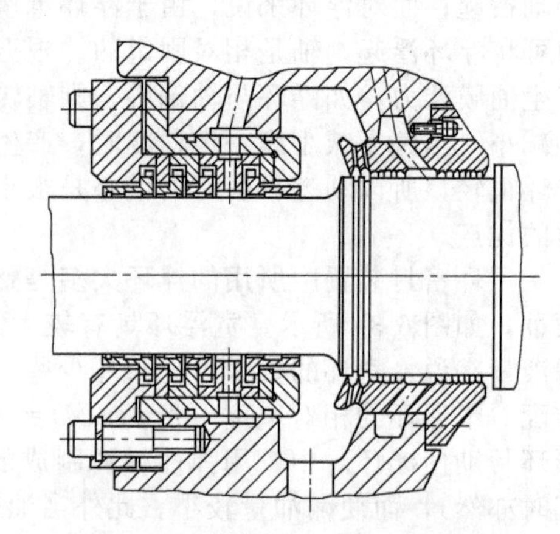

图 6-36　浮环密封的典型结构

6.5.3　干气密封

干气密封为干气体密封的简称，干气密封与机械接触式密封剖面外形相似，密封也是在与转动轴线相垂直的平面内实现，干气密封公用面结构主要有四种形式：扁平密封块、台阶形密封块、楔形密封块和螺旋槽表面。现以螺旋槽式气体密封为例，简要介绍干气密封的结构特点、工作原理和维护要求等。

6.5.3.1 基本结构

图 6-37 为干气密封结构示意图，图 6-38 为动环端面槽型示意图。干气密封主要由动、静两部分组件构成。静止部分包括带 O 形环密封的静环（主环）、载入弹簧和固定静环的不锈钢夹持套（固定在压缩机机壳内）。动环（又称配对环）组件由夹紧套和锁定螺母（保持轴向定位）等部件安装在旋转轴上随轴高速旋转。动环一般由硬度高，刚性好且耐磨的钨、硅硬质合金制造。螺旋槽式干气密封设计的特点是在动环表面加工出一系列螺旋散浅槽，深度一般为 0.0025～0.01mm。在静止条件下，由静环上的弹簧力使动环与静环保持相互接触。

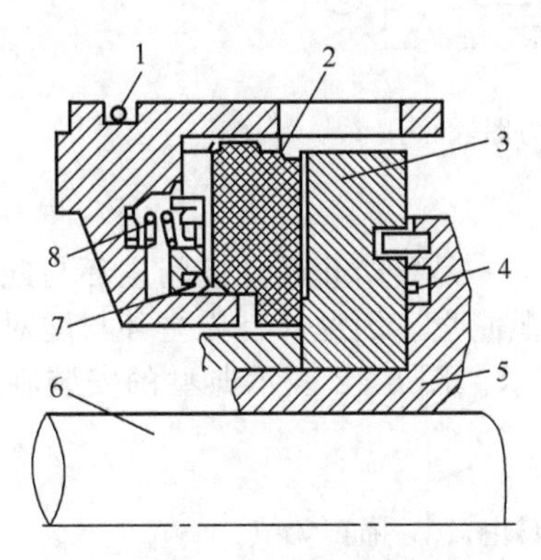

图 6-37　干气密封结构图

1，4，7—O 形环；2—静环；3—动环；5—组装套；6—转轴；8—弹簧

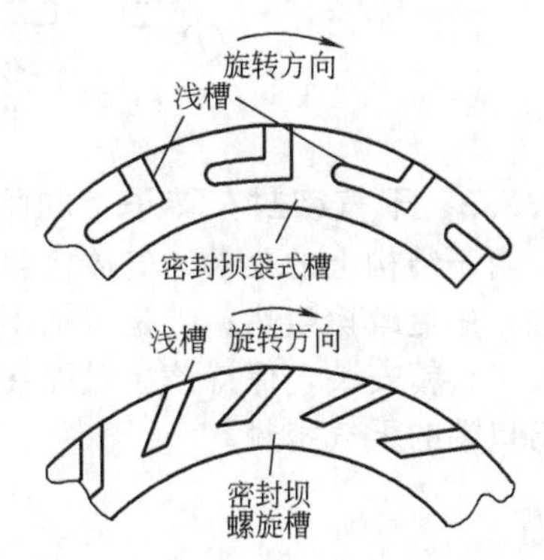

图 6-38　部分动环端面槽型结构

6.5.3.2 工作原理

螺旋槽的气体密封原理是流体静力和流体动力的平衡。为了清晰起见，将螺旋槽密封块外形放大，如图 6-39 和图 6-40 所示。

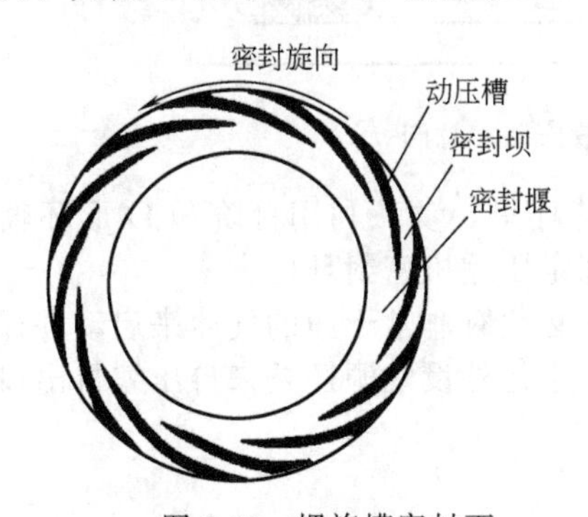

图 6-39　螺旋槽密封面

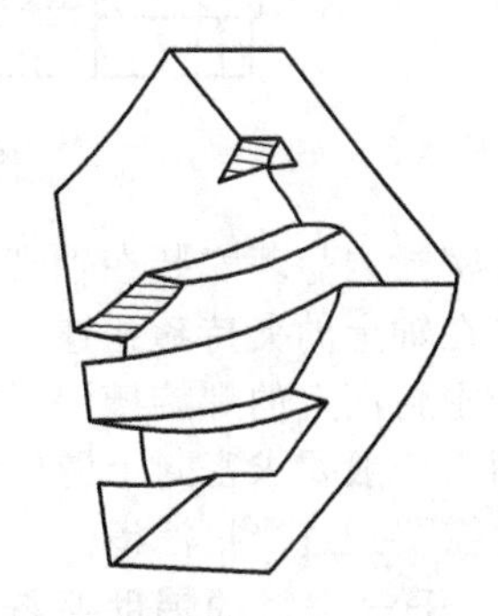

图 6-40　螺旋槽密封面结构放大图

密封气体注入密封装置，使动、静环受到流体静压力的作用，不论配对环是否转动，静压力都是存在的。而流体的动压力只在转动时才产生，配对动环上的螺旋槽是产生流体动压力的关键。当动环随轴转动时，螺旋槽内的气体受剪切作用从外缘流向中心，产生动压力，而密封堰对气体的流出有抑制作用（有静压力存在），使得气体流动受阻，气体压力升高，因此使挠性安装的静环与配对动环分开。当气体压力与弹簧恢复力达到平衡时，静环与动环间维持一最小间隙，形成气膜，来密封工艺气体。动、静环间互不接触，气膜具有良好的弹性，即气膜刚度。动、静环工作时的受力情况如图 6-41 所示，图中：①为动、静环间隙，对不同密封形式，其范围在 3～10μm；②为动环内螺旋槽，高压气由环的外侧进入螺旋槽

内形成密封气动压力④，流动至密封堰⑤时受阻，气体压力升至最高值，然后迅速降低螺旋槽内气体压力⑥，并使静环离开动环一个微小间隙，该间隙的大小是弹簧力⑦、介质气体压力⑧以及动静环间隙中密封气压力平衡的结果，并维持动、静环一个合适的间隙值。③代表密封气动初始压力。

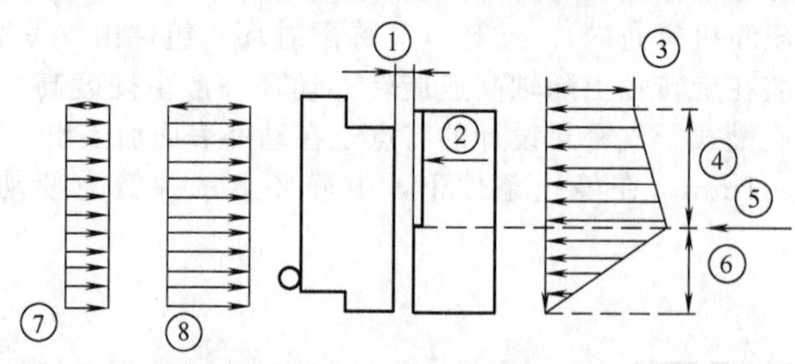

图 6-41　动、静环工作受力图

6.5.3.3　干气密封在转子上的配置与运行要求

由于结构上的要求，气体密封承担着两方面的任务：一是要防止转动期间主环与配对环接触，避免摩擦生热；二是当轴不转动时，密封应为零泄漏量。因此，首先主环与配对环要精加工、精安装，保持该接触面在光带上所测平面度要求。图 6-42 表示典型的安装在压缩机出口端的干气密封。

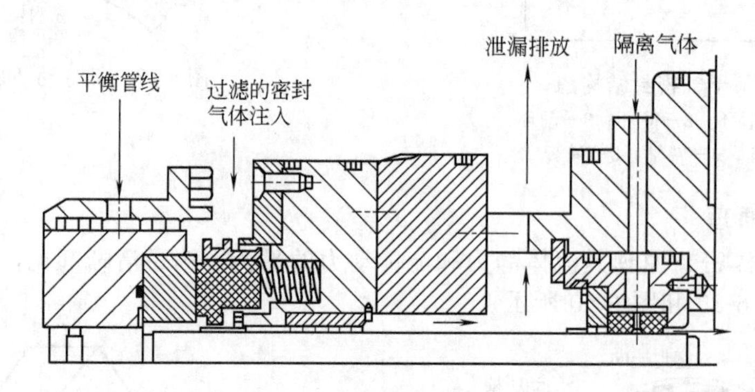

图 6-42　干气密封装置安装示意图

干气密封内静环安装在轴端上可以移动的夹持环里，动环利用台阶和 O 形环辅助密封件与安装在轴上的夹持箍相连，这是一种常见的固定压缩机密封环的方法。

由于密封面上的螺旋槽深只有几个微米，因此必须有非常干净的气体来启动并保护密封面外表面。一般要求密封上游的注气非常洁净，无论是外设气源还是来自压缩机出口的工艺密封气都需要经过严格滤清。

6.5.3.4　干气密封的辅助系统

和浮环油膜密封比较，干气密封不需要复杂的辅助系统。只需要提供简单的控制系统用来监测密封效果和自动停车的情况。图 6-43 所示为一典型的干气密封辅助系统。洁净的密封气（可以是工艺气，也可以是惰性气体如氮气等）以高于压缩机内被封工艺气体的压力由入口 1 注入密封装置，用以阻止压缩机工艺气体渗漏。在两侧干气密封面间泄漏的工艺介质气和隔离气的混合气经过压力开关 PSM 和 PAM、限流孔板 3 和流量计 4 后，排放到主放空口，去火炬系统。隔离气（氮气）由入口 2 注入，用以保护密封部件免受污染并阻止工艺气体泄漏，而靠近压缩机外部的密封泄漏气体主要为极少量的缓冲气体，经次放空口 5 放空。压缩机油泵运行前，必须将隔离气体（氮气）引入到干气密封装置，以防止密封部件和油接触。压缩机使用前，一般先注入洁净的氮气启动和保护密封面，在压缩机投入正常运行前，置换来自压缩机出口的工艺气，工艺气必须经过过滤器过滤。

干气密封的支持系统控制部件和管线远不及常规液体密封安装得那么复杂或昂贵，通常具有如下特点。

ⅰ. 气源与支持系统工程简单；

ⅱ. 操作时无磨损，密封寿命可达数年；

ⅲ. 工艺气体漏损率低，且工艺介质不会被污染；

ⅳ. 对转子轴向或径向移动不敏感；

ⅴ. 对密封的气体性能相对来说不敏感；

ⅵ. 低动力消耗，约为机械接触式密封的1/20。

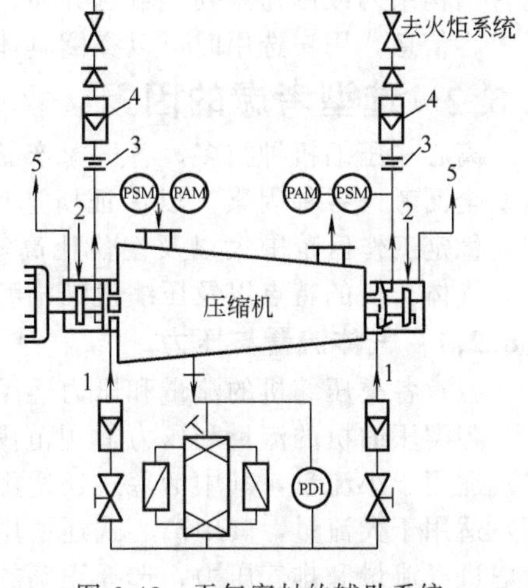

图 6-43　干气密封的辅助系统

1—密封气入口；2—隔离气入口；3—限流孔板；4—流量计；5—放空口

6.5.4　其他类型的密封

（1）充气密封

当要求压缩机中易燃、易爆、剧毒气体绝对不允许外泄，且又允许混入少量其他气体时，则可利用充气密封的方法防止有害气体外漏，如图 6-44 所示。密封气可为空气、氮气或其他合适的气体。密封气的压力要高于机器的吸入压力，而出口端通过一道梳齿形密封进入 A 室。A 室有平衡管与吸入端 B 室相连，以降低密封压力。这样，一部分密封气体便混入被压缩气体中，而另一部分密封气体则从梳齿形密封漏至机外，以此来防止有害气体漏出。

（2）抽气密封

为了防止易燃、易爆或剧毒气体向外泄漏，还可以采用抽气密封的方法，如图 6-45 所示。

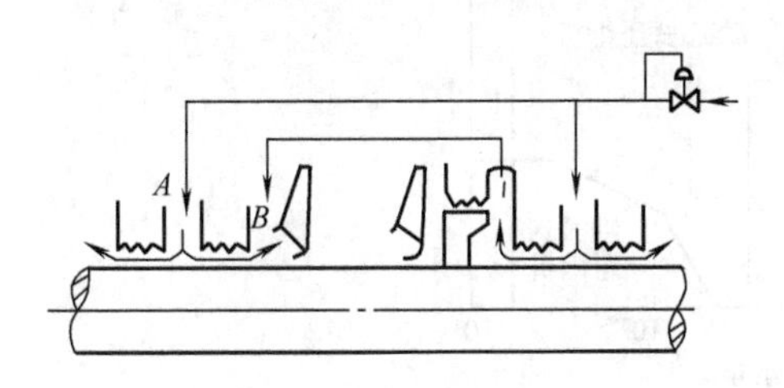

图 6-44　充气密封示意图

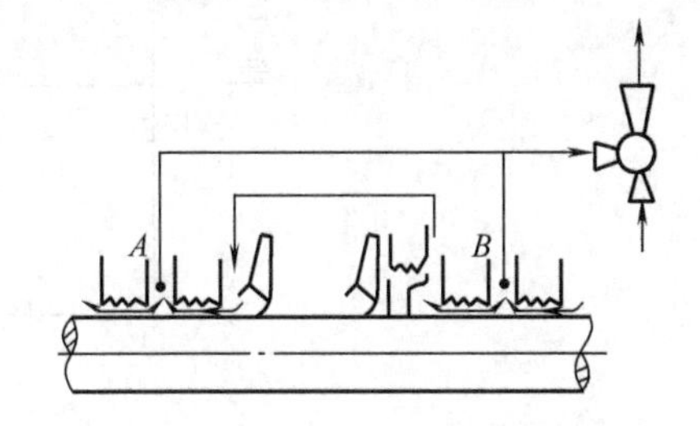

图 6-45　抽气密封示意图

抽气密封装置需要一个空气源或一个蒸汽源。将蒸汽通过一个引射器以造成低于一个大气压的抽气装置，这样，密封腔 A、B 室的压力将低于大气压力，机内气体和大气通过管道而被引射到室外。为了减少有害气体的泄漏，而将机器的高压端与低压吸入端用平衡管相连，从而降低密封压力差，以减少漏损。

除上述几种密封以外，还有碳环密封、动力密封等，因应用较少，故不再介绍。

6.6　离心式压缩机的选型

6.6.1　离心式压缩机的型号编制

目前，国内离心式压缩机尚无统一的型号编制国家标准，各厂家都有各自的型号编制方法。国内比较大型的压缩机制造厂家有沈阳鼓风机厂、陕西鼓风机厂、杭氧、开封空分集团、上海鼓风机厂、新锦华机、重庆通用机械和林德等。通常生产厂家所提供产品型号一般包含结构系列或用途系列、输送介质、进气口名义流量、进气口绝对压力和出气口绝对压力等内容信息，用户选用时可以查阅具体厂家产品目录。

6.6.2 选型考虑的因素

离心式压缩机种类多，各厂家产品的规格型号无统一标准，按照用户要求在压缩机选用时要全面考虑各种因素，以保证所选产品既满足用户要求，同时还具有运转可靠、便于维护、稳定工作区范围大以及性价比高等优势。压缩机选型需考虑的因素有：气体流量、压力、气体介质的特点以及压缩机结构型式等。

6.6.2.1 气体流量与压力

（1）各类压缩机的流量和压力适用范围

各类压缩机的流量和压力适用范围如图 6-46 所示，通常容积式压缩机（活塞式和回转式）适用于小流量，其中活塞式还适用于很高的排气压力，而透平压缩机（离心式和轴流式等）适用于大流量，其中离心式还适用于较高的排气压力。因此，在选用压缩机时，首先应考虑进气流量和排气压力，选择正确的类型，如选择离心式压缩机，则其流量和压力必须在其适合的范围。

随着技术进步和新产品不断开发和应用，各类压缩机在其适用边界处都存在扩展和交叉，故该图只是一个初步选型的参考。

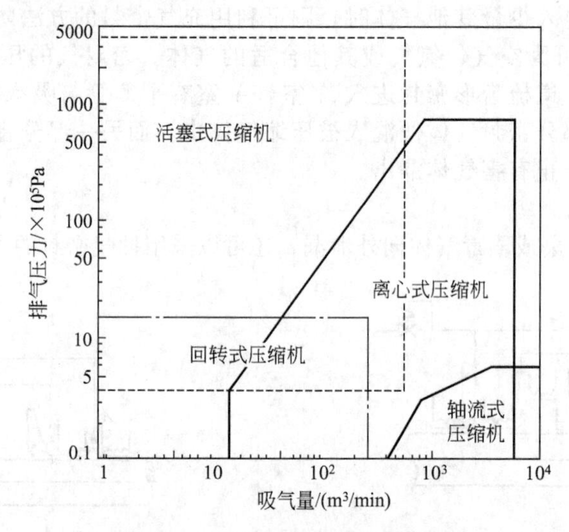

图 6-46 各类压缩机的适用范围

（2）流量对选型的影响

较小流量（这里所指流量的大小，不完全是数量的概念，还与机器类型和结构的相对几何尺寸有关）选用窄叶轮的离心式压缩机。如果要求流量接近于图 6-46 离心式压缩机适用范围的左边界，应选用较窄的叶轮，即 $b_2/D_2 \leqslant 0.025$；若流量小压力比高，则其级数较多，末级叶轮将更窄，有的 $b_2/D_2 \leqslant 0.005$，叶轮出口的叶片宽度仅为 1～2mm，这样的叶轮一方面加工制造需采用特殊的工艺（如电火花加工），另一方面级效率将会很低，η_{pol} 仅为 60%，此时可考虑选用容积式的压缩机。

流量在 50～5000m³/min 范围内时，选用离心式压缩机较为合适，其叶轮的相对宽度范围为 $0.025 \leqslant b_2/D_2 \leqslant 0.065$。这种机器的性能良好，效率较高。

较大流量的压缩机或级，可以选用双面进气的叶轮，不仅满足较大流量需求，且作用在叶轮上的轴向推力可自行平衡；叶轮的相对宽度 $b_2/D_2 \geqslant 0.06$，可选用具有空间扭曲型叶片的三元叶轮，以改善宽叶轮的性能，效率较高，三元叶轮的级效率 η_{pol} 可达 80%～86%。

流量在 1～20000m^3/min 范围、排气压力在 1 MPa 以下或压力比约在 10 以下时，则可选用轴流式压缩机。

(3) 压力对选型的影响

按排气压力的大小选型，相对于进口为一个大气压（即进口压力约为 0.1MPa）的空气而言，一般选用压缩机时的排气压力在 0.34MPa 以上，鼓风机的排气压力在 0.15～0.34MPa 范围内，而通风机排气压力一般在 0.15MPa 以下（表压在 1950mmH_2O 以下）。需要说明的是鼓风机、通风机大多也为离心式，少部分为轴流式，其工作原理、结构形式等与压缩机类似，但由于压升不大，机器简单，此不赘述，用户选用时可查阅厂家产品目录。

6.6.2.2 工作介质种类对选型的影响

(1) 被压缩气体密度的影响

由于压缩功与气体常数 R 成正比，因此压缩比相同时，气体密度越小，有效压缩功越大，选用的压缩机级数就多，甚至需要选用多缸串联的压缩机机组。为了使得机器结构紧凑，应尽可能选用优质材料以提高叶轮的出口线速度 u_2，并选用叶片出口角较大且叶片数较多的叶轮，以尽可能提高单级的压力比，从而减少级数；而气体密度越大，所需的压缩功越小，此时选用的级数越少，甚至要选用单级离心压缩机，但应注意 u_2 的数值不能太大，否则还将受马赫数较大的影响而使效率下降，工况范围缩小。

(2) 工作介质的性质及排气压力的影响

如工作介质有毒、易燃、易爆、贵重或者排气压力很高，则要求选用的机器前后轴封的密封效果极好，满足对介质泄漏量的要求。另外，为了工作的稳定与安全，在气体被压缩不断提高压力的同时，应对温度的提高有一定的限制，这就需要选用带有中间冷却装置的压缩机。其压缩机如何分段，则需按对温度升高的限制程度和节省能耗的多少进行综合考虑。

对于气体中含有固体颗粒或液滴的两相介质，用户应提供气体中所含颗粒或液滴的浓度、大小等参数，要求机器的设计制造单位，按两相流理论进行设计，而通流部件特别是叶轮、叶片应选用耐磨损、耐锈蚀的材料或表面喷涂硬质合金等进行特殊的表面处理。

6.6.2.3 考虑不同机器结构型式的适应性

(1) 单级结构

单级离心式压缩机适合于工作介质分子量大或要求的压力比不高的情况。为了提高单级离心压缩机的压力比，可选用半开式径向型叶片的叶轮，其特点是强度高，允许的圆周速度大，u_2可达 550m/s，进入导风轮和叶片扩压器的来流速度甚至可达超声速，其压缩空气的压力比可达 6.5。这种离心式压缩机已在小功率燃气轮机和离心增压器中被广泛采用。

(2) 多级多轴结构

由于多级离心压缩机逐级容积流量不断减小，而一个转子或直线式串联的多个转子上的叶轮转速都相同，则前级和后级叶轮的 b_2/D_2 很难满足性能好、效率高的要求，如被压缩气体在各级间容积流量变化较大，可采用多轴结构，使各轴的转速不同来满足各级的 b_2/D_2 要求。

(3) 多缸串联机组

对于要求高压力比（如尿素装置的 CO_2 压缩机压力比可达 150）或输送轻气体因气体常数 R 很大即使压力比不大，但功耗却很大的情况（如氢气压缩机），适宜选用两缸或多缸压缩机串联的机组。

(4) 气缸结构的选择

① 上下中分型气缸　一般多级离心式压缩机多选用上、下中分型的气缸，并将进气管和排气管与下半缸相连，这样拆装方便，结构如图 6-1 所示。

② 竖直剖分型气缸　这种型式多用于叶轮安装于轴端的单级压缩机，也有多级压缩机采用这种型式，或者既采用上、下中分型又采用竖直剖分型的结构。

③ 高压筒型气缸　这种型式的外气缸由锻造厚壁圆筒与端盖构成，因装配需要还有内气缸，不分段无中间冷却器，轴端有严防漏气的特殊密封。这种高压压缩机往往还与低、中压压缩机串联成机组使用。

(5) 叶轮结构与排列

ⅰ. 一般采用性能好、效率高的闭式叶片后弯式的叶轮，其中一般后弯型叶轮的 $\beta_{2A}=30°\sim60°$，适用于前几级和中间级，强后弯型叶轮的 $\beta_{2A}\leqslant30°$，适用于后几级。

ⅱ. 为了提高单级压力比，使结构简单紧凑，可选用半开式径向直叶片的叶轮，其前面加上一个沿径向叶片扭曲的导风轮，以适应气流进入叶轮时沿径向不同的圆周速度 u_1。

ⅲ. 为适应较大的流量，当前几级 $b_2/D_2\geqslant0.06$ 时，可选用具有叶片扭曲的三元叶轮，以改善性能提高效率。

ⅳ. 为了提高叶轮的做功能力，而又减少叶片进口区的叶片堵塞，有的叶轮可选用长、短叶片相间排列的结构，以增加叶片数。

ⅴ. 多级压缩机的叶轮可以顺向排列，也可对向排列。选用对向排列结构，可以消除转子上的轴向推力，而不必另加平衡盘，但增加了进气管和排气管，而这正符合选用分段中间冷却的要求。

(6) 扩压器结构

ⅰ. 一般多级离心式压缩机多选用无叶扩压器，因其结构简单，变工况的适应性好，但在最佳工况点上的效率低一点。

ⅱ. 有的单级或个别的多级离心式压缩机选用有叶扩压器。这种扩压器的外径小，结构紧凑，最佳工况点的效率高。但工况范围小，效率低。如若再选用扩压器叶片角度可调装置，则变工况的范围亦可很宽，效率仍较高。

6.6.3 选型步骤

(1) 列出原始数据

原始数据包括输送气体种类、温度、流量和进出口压力，以及用户要求的效率、变工况适用范围等。上述条件有些用户直接给定，有些需首先确定相关工艺条件计算确定。

(2) 确定选型需要的流量及压力比

流量是指在压缩机排出的气体换算到第一级进口状态的压力和温度时气体的质量流量 Q_m (kg/min) 或容积流量 Q (m^3/min)。标准状态流量是指气体进口状态为 1 标准大气压、温度为 20℃时的流量。流量一般作为给定工艺条件或用户给定。

压力比是指气体在压缩机出口法兰处的压力与进口法兰处的压力之比。如过程装置中在远离压缩机的进出口管道上，或者是某设备上安装压力表测量压力作为压力比，则应进行进出口两段管网的阻力压降计算，确认压缩机的进出口压力。显然，压缩机的进出口压力比要大于由远离压缩机管道上两压力表读出的压力比。

由于离心式压缩机性能曲线通常是在标准状况下得到，因此选型时，如实际使用条件与标准状态不一致，则首先要将流量和进出口压升换算到标准状态下对应的流量 Q_0 和压升 Δp_0。换算公式方法如下：

$$Q_0=Q \tag{6-52}$$

$$\Delta p_0=\Delta p\frac{p_{b_0}}{p_b}\times\frac{273+t}{273+20} \tag{6-53}$$

式中，Q_0、Δp_0 和 p_{b0} 分别为标准状况下对应的流量 (m^3/min)、进出口压力 (Pa) 和标准大气压；Q、Δp、p_b 和 t 分别为实际使用条件下对应的流量 (m^3/min)、进出口压升 (Pa)、大气压和实际进口温度 (K)。

考虑到压缩机使用时的最佳工况点与设计制造的最佳工况点可能有偏差，或者偏离设计工况运行时，压力比和流量达不到性能参数所规定的要求时，需要适当加上一个余量。

通常流量多加1%～5%的余量。即

$$Q_{0计算}=(1.01\sim1.05)Q_0 \tag{6-54}$$

其中流量大、压力比小的压缩机取小值；流量小、压力比大的取大值。

进出口的压升多加2%～6%的余量，即

$$\Delta p_{0计算}=(1.02\sim1.06)\Delta p_0 \tag{6-55}$$

$$\varepsilon_{计算}=\frac{p_{in}+(1.02\sim1.06)\Delta p_0}{p_{in}} \tag{6-56}$$

其中压升较大时，取小值；压升较小时，取大值。

(3) 进行计算

结合选型需考虑的各种因素，进行初步的方案计算，选择合适的机器类型、结构型式和级数等。

(4) 选择型号

上述条件确定后，查找、比较生产厂家产品目录，选择具体型号。

(5) 满足用户要求

在确定所选压缩机厂家和型号后，要求所选定产品效率和变工况稳定工作的范围满足用户要求。

思考与计算题

1. 与活塞式压缩机相比，离心式压缩机有哪些特点，它们的应用场合有什么不同？
2. 扩压器的作用是什么，有哪几种形式？
3. 弯道和回流器有什么作用？
4. 密封的作用，按结构特点分为哪几种类型？
5. 简述迷宫密封原理，如何提高迷宫密封效果？
6. 浮环密封主要有哪些部件构成，密封原理如何？
7. 结合图6-34，比较宽浮环和窄浮环的结构与密封效果。
8. 结合图6-39，分析干气密封原理。
9. 离心式压缩机有哪些主要性能参数？
10. 转速对离心式压缩机性能有何影响？
11. 画出离心式压缩机典型性能曲线，分析压缩机的特性。
12. 什么叫喘振？什么情况下会发生喘振及如何防止？
13. 进气室的作用是什么，按结构特点分为哪几种类型？
14. 排气室的作用是什么，按结构特点分为哪几种类型？
15. 离心式压缩机有哪些主要元件组成？
16. 叶轮的作用是什么，有哪几种类型？
17. 离心式压缩机选型中需要确定的主要性能参数有哪些？
18. 离心式压缩机的最佳流量范围为多少？
19. 已知某压缩机：级的进口截面气流温度 $t_j=20$℃，流速 $c_j=0$，气体常数 $R=29.4$，叶轮的总耗功 $H_{tol}=4900$J/kg。叶轮进口截面0—0，流速 $c_0=96.2$m/s；叶轮叶道进口截面1—1，流速 $c_1=122.5$ m/s；叶轮出口截面2—2，流速 $c_2=179.5$m/s；扩压器出口截面4—4，流速 $c_4=83.1$m/s；回流器进口截面5—5，流速 $c_5=100$m/s；级的出口截面6—6，流速 $c_6=74$m/s。计算该压缩机级各主要截面上的气流温度。
20. 已知：叶轮外径 $D_2=0.452$m；叶片出口宽度 $b_2=33$mm；轮盖密封直径 $D=0.28$m；

流量系数 $\varphi_{2r}=c_{2r}/u_{2r}=0.49$；叶片进口直径 $D_1=0.252\text{m}$；比容比 $K_{v2}=1.208$；叶轮出口阻塞系数 $\tau_2=0.922$。计算离心式压缩机该级叶轮的漏气损失系数。

21. DA120-61 空气离心式压缩机，低压缸某级叶轮外径 $D_2=380\text{mm}$，叶轮出口安置角 $\beta_{2A}=42°$，出口叶片数 $Z_2=16$，选用的流量系数 $\varphi_{2r}=0.233$，叶轮工作转速 $n=13800$ r/min，求该级叶轮的叶片功 H_{th}。

22. DA450-121 裂解气离心式压缩机，第一级叶轮外径 $D_2=655\text{mm}$，叶片出口安置角 $\beta_{2A}=45°$，出口叶片数 $Z_2=22$，出口绝对速度 $c_2=200\text{m/s}$，气流方向角 $\alpha=21.1°$，叶轮工作转速 $n=8400\text{r/min}$，求该级叶轮的叶片功 H_{th}。

23. 一台离心式压缩机，一级叶轮有效气体的质量流量 $G=6.95\text{kg/s}$，漏气损失系数 $\beta_l=0.012$，轮阻损失系数 $\beta_{df}=0.03$，叶片功 $H_{th}=45864$ J/kg，试计算实际耗功 H、漏气损失耗功 H_l、轮阻损失耗功 H_{df} 和实际叶片功率 P。

24. 一台离心式压缩机，一级叶轮的叶片功为 $H_{th}=45864\text{J/kg}$，多变效率 $\eta_{pol}=78\%$，级的进口流速 $c_j=74\text{m/s}$，出口流速 $c_c=96\text{m/s}$，轮阻损失系数 $\beta_{df}=0.03$，漏气损失系数 $\beta_l=0.012$，求实际耗功 H、多变功 H_{pol}、流道损失耗功 H_{hyd}、漏气损失耗功 H_l、轮阻损失耗功 H_{df}。

25. DA350-61 离心式空气压缩机，叶轮对每千克气体所做的叶片功 $H_{th}=46866\text{J/kg}$，该级的质量流量为 421kg/s，求第一级叶轮所需的叶片功和理论功率。

26. DA350-61 离心式压缩机，按设计要求吸入流量为 $Q_j=350\text{m}^3/\text{min}$，排出压力为 $p_c=0.6\text{MPa}$，但某厂在实际操作中吸入流量只有 $Q_j=300\text{m}^3/\text{s}$，排出压力为 $p_c=0.4\sim0.5\text{MPa}$，试分析：

(1) Q_j 和 p_c 都达不到设计指标的主要原因是什么？

(2) 在进口管在线加一台风机，能否使压缩机的流量提高？

(3) 该压缩机冬天的质量流量比夏天的大，原因是什么？

27. 某氨压缩机轴端密封装置为曲折迷宫密封，密封直径为 210mm，密封径向间隙 0.45mm，齿数为 45，轴封前压力为 12.54bar，轴封后压力为 5.45bar，气体密度为 7.4 kg/m^3。求漏气量（$1\text{bar}=10^5\text{Pa}$）。

参考文献

[1] Klaus H. Lüdtke，Process Centrifugal Compressors. Berlin：Springer-Verlag Berlin Heidelberg，2004.

[2] 余国琮，孙启才，朱企新．化工机器．天津：天津大学出版社，1988.

[3] 余国琮，化工机械工程手册：中卷，北京：化学工业出版社，2003.

[4] 李云，姜培正．过程流体机械．第二版．北京：化学工业出版社，2008.

[5] David S. J. Jones，Peter R. Pujadó，Handbook of Petroleum Processing. Berlin：Springer Science and Business Media B. V. 2008.

[6] 黄钟岳、王晓放．透平式压缩机．北京：化学工业出版社，2004.

[7] M. D. Holloway，C. Nwaoha，O. A. Onyewuenyi. Process Plant Equipment：Operation，Control，and Reliability. Hoboken：John Wiley & Sons，Inc.，2012.

[8] S. A. Korpela. Principles of Turbomachinery. Hoboken：John Wiley & Sons，Inc.，2011.

7 风机

风机是用于输送气体的流体机械，同泵和压缩机一样，属通用机械范畴。从能量观点来看，它是把原动机的机械能转变为气体压力能的一种机械。

7.1 概述

7.1.1 风机的分类

由于风机的用途广泛，种类繁多，因而分类方法也很多，但目前多采用以下两种分类方法。

(1) 按工作原理分类

风机按作用原理可以分为叶片式和容积式，其中叶片式又分为离心式和轴流式；容积式分为回转式和往复式，回转式又包括螺杆式，罗茨和叶氏风机。

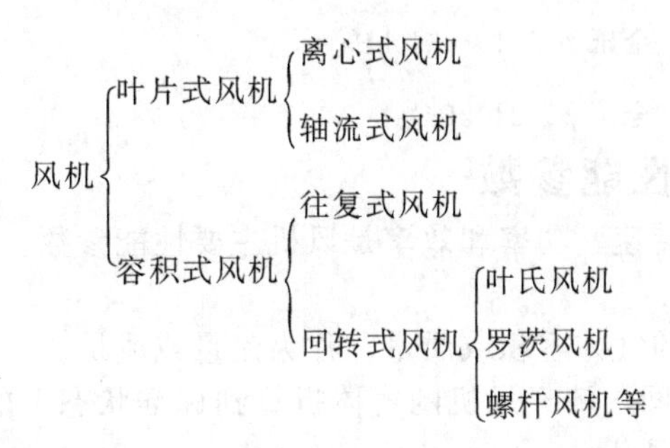

离心式风机的工作原理是借助旋转叶轮产生的离心力，输送气体并提高其压力。基本结构如图 7-1 所示。由于离心式风机性能范围广、效率高、体积小、重量轻、能与高速原动机直联，所以应用最广泛。

轴流式风机的工作原理是利用旋转叶轮、叶片对流体作用的升力来输送流体，并提高其压力。基本结构如图 7-2 所示。轴流式风机与离心式风机相比，流量大、出风口压力小，故一般用于大流量场合。

往复式风机的工作原理是利用工作容积周期性改变来输送气体，并提高其压力。其产生的压力较高，但流量小而不均匀，不利于高速原动机直联，调节较为复杂，适用于压力高、流量小的场合。

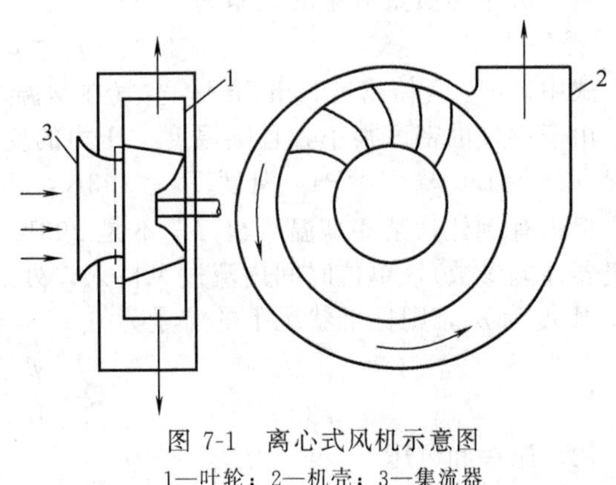

图 7-1 离心式风机示意图

1—叶轮；2—机壳；3—集流器

回转式风机的工作原理是利用一对或几个特殊形状的回转体如齿轮、螺杆或其他形式的转子，在壳体内做旋转运动来输送流体并提高其压力。

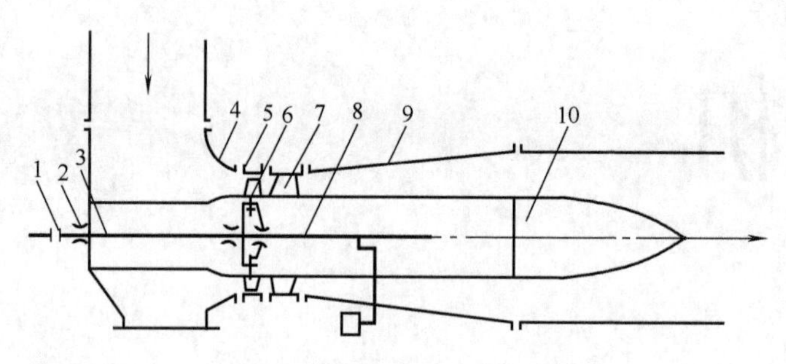

图 7-2 轴流式风机示意图

1—联轴器；2—轴承；3—轴；4—进气箱；5—外壳；6—动叶片；
7—导叶；8—动叶调节机构；9—扩压筒；10—导流体

（2）按产生压力大小分类

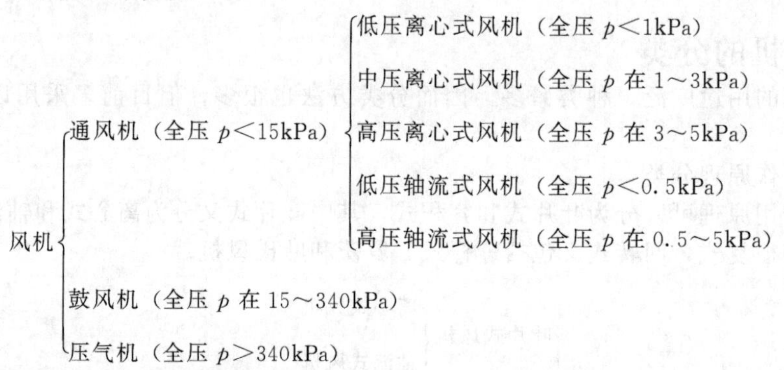

7.1.2 风机的基本性能参数

流量、压头与风压、转速、功率和效率是风机主要性能参数。

（1）流量

单位时间内流经风机的气体容积或质量，称为流量或风量。

① 容积流量　单位时间内流经风机的气体折算到标准状态下的容积，用 Q 表示。常用单位为 m^3/s、m^3/min、m^3/h。

② 质量流量　单位时间内流经风机的气体质量，用 q_m 表示，常用单位为 kg/s、kg/min、kg/h。

容积流量与质量流量的关系为

$$q_m=\rho Q \tag{7-1}$$

式中，ρ 为气体密度，kg/m^3，空气在常温 20℃时的密度为 $1.2kg/m^3$。

由于空气的密度很小，且随温度、压力的变化而变化，所以风机的流量通常是以在标准状况（$p_a=1.013\times10^5$Pa，温度 $T_a=293$K，相对湿度 $\varphi=50\%$，空气密度 $\rho=1.2kg/m^3$）下（但也有例外，某些高温风机 T_a 不是 293K，如锅炉引风机 $T_a=473$K，所以应注意查看机器性能参数），单位时间内流过风机入口处的体积，用 Q 表示。若工作状况下的流量为 Q_1，密度为 ρ_1，则标准状况下的流量为

$$Q=\frac{\rho_1}{1.2}Q_1 \tag{7-2}$$

（2）压头和风压

风机压头指单位重量气体通过风机所获得的能量头增值，即气体在风机内压头升高值或风机进出口处气体压头之差，用 H 表示。风机压头分为静压 H_{st}、动压 H_d 和全压 H，单

位为 J/N 或 m。风机的全压包括静压和动压两部分。

风压是指单位体积气体通过风机所获得的能量增加值，即气体通过风机的压力增值，用符号 p 表示。同样，风压分为静压、动压和全压，单位为 Pa。

风机压头和风压间换算关系如下。

$$p = H\rho g \tag{7-3}$$

式中 H——风机所产生的压头，J/N；

ρ——气体密度，kg/m^3。

(3) 转速

风机转速是指叶轮单位时间转过的圈数，用 n 表示，单位为 r/min。风机转速影响风机流量、压力和效率。所以，必须按照说明书或铭牌上规定的转速运转，否则将达不到设计要求。

(4) 功率

功率是指单位时间内所做功的大小，单位是 kW。功率分为有效功率 P_e、轴功率 P 和原动机功率 P_g。有效功率是指单位时间内通过风机的流体所获得的功率，也就是输出功率。轴功率是指原动机传到风机轴上的功率。

由于风机内部有各种损失，因而轴功率不可能完全传给流体，所以有效功率始终小于轴功率，同时要考虑风机运转时可能出现超负荷情况，原动机功率应比轴功率大些，即原动机功率>轴功率>有效功率。

(5) 效率

因为在风机内部有各种损失，要消耗一部分能量，轴功率不能全部变为有效功率。把有效功率与轴功率之比称为效率，用 η 表示。在有效功率一定时，轴功率越小，则风机的效率越高。效率反映风机对能量的利用程度。

$$\eta = \frac{P_e}{P} \times 100\% \tag{7-4}$$

7.1.3 风机的应用

风机广泛应用于冶金、煤炭、机械、电力、石油、化工、化肥、建材、环保、水泥、造纸、水产养殖、污水处理和气力输送等领域或工业过程，用来输送清洁空气、清洁煤气、二氧化碳、二氧化硫及各种中性气体。各类风机基本上实现了产品系列化。以下列举几种工业上应用较广泛的情况。

① 锅炉用风机　锅炉用风机常选用离心式或轴流式。按其作用不同分为锅炉送风机（向锅炉内输送常温空气）和锅炉引风机（从锅炉内抽取 70～250℃的烟气）。由于所需流量变化，风机进口装有导流器以调节流量。

② 通风换气用风机　一般用于化工厂通风换气，要求压力不高，噪声低，常采用离心式或轴流式风机。

③ 高温风机　用于为各种加热炉排送气体。

④ 防爆风机　用于输送易爆性气体。

⑤ 耐腐蚀风机　用于输送有腐蚀性化工气体，常采用耐腐蚀塑料材料制造。

目前，风机正向高效率、低噪声、大容量、调节自动化、高可靠性方向发展。

(1) 高效率

对于大容量的风机，提高效率具有十分重要的意义，世界各国都在研制高效率的水力模型。我国在这方面也进行了大量的工作，产品效率普遍提高，如改进后的 G4-73 型后弯机翼型叶片离心式送风机、Y4-73 型后弯机翼型叶片离心式引风机的效率已达到 90%以上。

(2) 低噪声

火电厂是一个强噪声源，如 300MW 机组的送风机附近的噪声高达 124dB，一般希望控制在 90dB 以下。噪声污染如同空气污染、水污染一样，对人们健康是有害的。目前，许多国家对噪声控制的机理、噪声监测技术以及对噪声限制标准等方面都做了大量研究，并形成了一门新兴学科。

（3）大容量

风机容量增加后，可减少设备并降低建造费用，节约能源，便于管理和采用自动化，同时还可以提高机组的技术经济指标和运行可靠性。如国外 7.29×10^4kW 机组的两台离心式送风机，合用一台汽轮机驱动，其驱动功率为 10100kW。国外 700MW 的机组的轴流式送风机和引风机功率均为 11000kW。

（4）高速小型化

同国外产品相比，我国风机产品体积较大，造成重量大、生产成本高、价格高。因此，减小风机体积重量，提高运行效率，发展高速小型化产品，符合环保发展趋势。

（5）调节自动化

随着科学技术的发展，自动检测技术、自动控制技术和电子计算机已不仅逐步应用于风机的设计、制造过程中，而且还日益广泛的应用在风机的运行上，例如：风机实验装置的自动化；风机的自动启停；压力、流量、温度等参数的自动检测、显示和控制等。

（6）高可靠性

随着风机向大容量、高转速方向发展，对可靠性的要求越来越高。因为只追求高效率而忽略可靠性，则在运行中的节能的费用远远抵消不了风机事故停机所造成的经济损失。因此，在提高效率的同时，可靠性应放在首要位置。

7.2 离心式风机

7.2.1 离心式风机的工作原理

图 7-3 为离心式风机结构示意图，离心式风机主要由叶轮、主轴、进排气口、蜗壳、出口扩压器以及密封组件等组成。离心式风机的工作原理与离心式压缩机完全相同，气体的流动先为轴向运动，后转变为垂直轴的径向运动，气流通过旋转叶轮，由于叶片的作用获得能量，即气体压力提高和动能增加。蜗壳及出口扩压器的作用是使气体压力进一步提升，最后气体从排气口排出。

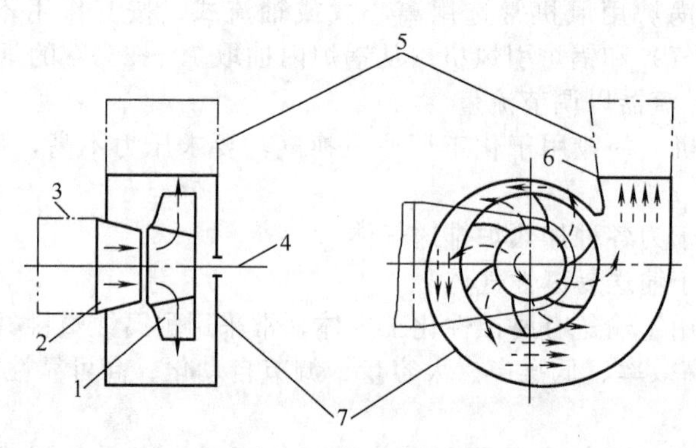

图 7-3 离心式风机

1—叶轮；2—进气口；3—进气室；4—主轴；5—出口扩压器；6—出气口；7—蜗壳

在图 7-3 中，叶轮安装在蜗壳 7 内，当叶轮旋转时，气体经过进气口 2 轴向吸入，然后气体折转 90°流经叶轮叶片构成的流道间（简称叶道），而蜗壳将叶轮甩出的气体集中、导流，从通风机出气口 6 或出口扩压器 5 排出。

7.2.2 离心式风机的型号编制

离心式风机的型号编制包括名称、型号、机号、传动方式、旋转方向和出风口位置等六部分内容，排列顺序如下。

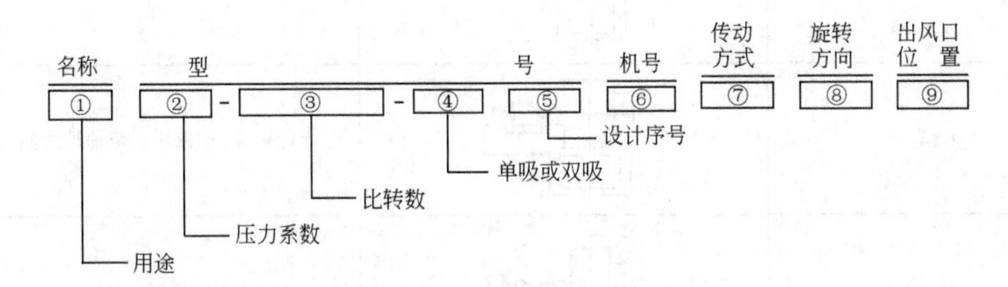

现以 Y4—73—11No20D 右 90°离心式风机为例来讨论其命名方法。

① 名称——指通风机的用途，以用途关键词的汉语拼音的首字母来表示，对一般用途的通风机则省略不写。风机的用途代号见表 7-1，示例中的字母“Y”代表锅炉引风机。

表 7-1 风机的用途代号

序号	风机用途	代号		序号	风机用途	代号	
		汉字	简写			汉字	简写
1	一般用途通风换气	通用	T(省略)	9	高温气体输送	高温	W
2	工业冷却水通风	冷却	L	10	空气动力	动力	DL
3	防爆气体通风换气	防爆	B	11	高炉鼓风	高炉	GL
4	防腐气体通风换气	防腐	F	12	化工气体输送	化气	HQ
5	锅炉通风	锅通	G	13	天然气输送	天气	TQ
6	锅炉引风	锅引	Y	14	船舶用通风换气	船通	CT
7	排尘通风	排尘	C	15	谷物粉末输送	粉末	FM
8	煤粉输送	煤粉	M	16	热风吹吸	热风	R

②～⑤型号——由基本型号和补充型号组成，共分三组，中间用横短线隔开。基本型号占二组，用通风机的压力系数乘以 10 后化成的整数和比转数（取两位整数）表示；补充型号占一组，用来表示通风机的进气型式和设计序号。示例中的“4”，表示通风机的压力系数，“73”表示比转数，“11”中的第一个数字“1”，指该通风机采用单侧进气结构（0 为双侧进气结构）；第二个数字“1”指该通风机为第一次设计。

⑥ 机号——用通风机叶轮直径的分米数表示，尾数四舍五入，数字前冠以符号“No”。

⑦ 传动方式——风机的传动方式有六种，分别以大写字母 A、B、C、D、E、F 等表示，见表 7-2。

⑧ 旋转方向——离心式风机根据旋转方向不同分为左旋、右旋两种。示例中的“右”字表示从原动机一端看，叶轮旋转为顺时针方向，习惯上称为右旋。叶轮旋转为逆时针方向的称为左旋。

⑨ 出风口位置——根据使用要求，离心式风机蜗壳出风口方向规定了 8 个基本出风口位置，如图 7-4 所示。示例中的“90°”表示出风口位置在 90°处。有时为了方便也常用压力系数和比转数作简略型号，如 4-73 型通风机。

表 7-2 离心式风机基本结构形式

形式	图示	特点
A 型	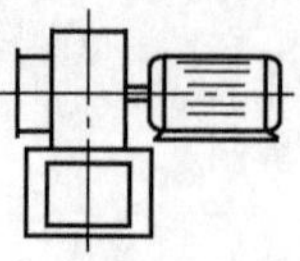	叶轮直接装在电动机轴上
B 型	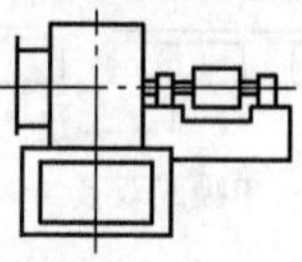	叶轮悬臂，皮带轮在两轴承之间
C 型	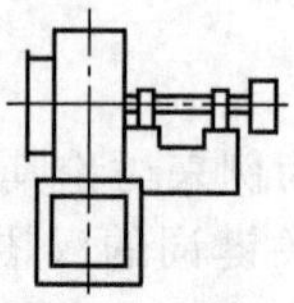	叶轮悬臂，皮带轮悬臂
D 型	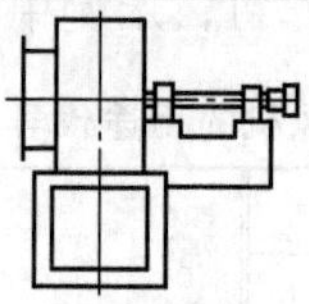	叶轮悬臂，联轴器直接传动
E 型	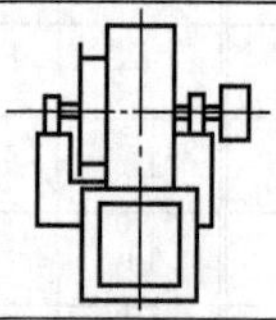	皮带轮悬臂传动，叶轮在两轴承之间
F 型	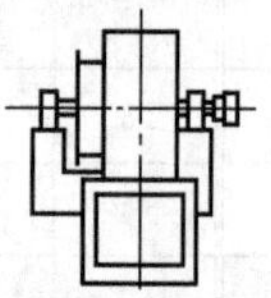	联轴器直接传动，叶轮在两轴承中间

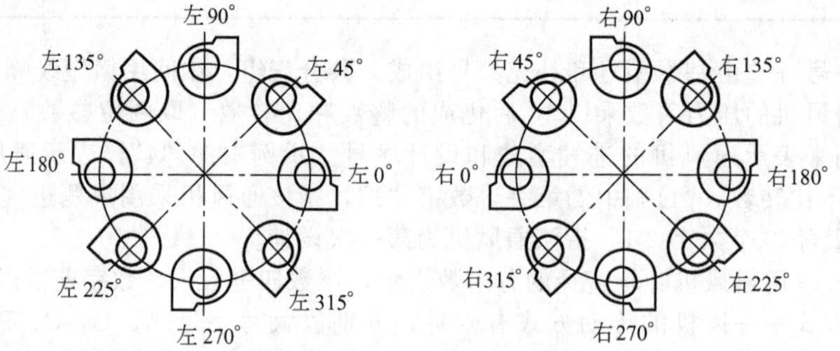

图 7-4 出风口位置示意图

例如 C4-73-11No. 5. 5C 左 45° 代表是排尘离心式风机，设计工况压力系数 0.4，比转数 73，风机单侧进气，第一次设计，叶轮直径为 550mm，叶轮、皮带轮悬臂，叶轮逆时针旋转，出风口位置左 45°。

离心式风机产品规格多，用途广泛，已经形成标准化、系列化，表 7-3 列出一些常用离心式风机型号及性能。

表 7-3 离心式风机示例

序号	型号	产品名称	用途说明
1	4-72-11No6～12	(通用)离心式风机	一般用途通风换气
2	8-18-12No4～16	(通用)高压离心式风机	一般锻压炉或高压强制通风
3	Y4-73-11No8～20	锅炉离心式风机	锅炉引风
4	G4-73-11No8～20	锅炉离心式风机	锅炉送风
5	KT11-74No5	空调离心式风机	用于空调通风
6	F4-62-1No3-12	离心式风机	防腐气体通风换气
7	C4-73-11	排尘离心式风机	排尘通风

7.2.3 离心式风机的性能曲线

7.2.3.1 有因次性能曲线

离心式通风机的性能曲线是指风机流量与风压、轴功率和效率之间的关系，如图 7-5 所示。

流动损失等阻力损失在不同工况下大小难以精确计算，一般都采用通过试验测得实际性能曲线，其可检验设计参数与实测参数之间误差，也可判定风机适应性。

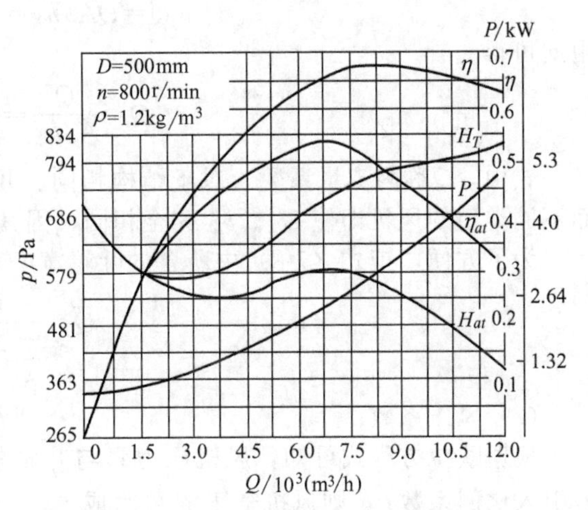

图 7-5 离心式风机的有量纲性能曲线

必须注意的是，风机性能曲线中的风量 Q，静压 p_{at}，全压 p_T、全效率 η 以及静压效率 η_{at} 均按气体在标准状态（$p_a=1.013\times10^5Pa$；温度 $T_a=293K$，相对湿度 $\varphi=50\%$，空气密度 $\rho_a=1.2kg/m^3$）下的参数作出的（高温风机例外）。风机吸入的气体状态不同，性能曲线的形状会有所变化，其相应各参数应换算成标准状态下的参数，以便于比较和应用。因此，在选用风机时，必须把不同吸入状态下的参数换算到标准状态下的数值，方可使用该图。

如果由于输送的气体状态不同，气体的密度有改变时，查性能表后应进行如下换算

$$Q=Q_0 \tag{7-5}$$

$$p=\frac{\rho}{1.2}p_0 \tag{7-6}$$

$$P=\frac{\rho}{1.2}P_0 \tag{7-7}$$

式中 Q_0，p_0，P_0——标准状况下的风量、风压和功率；

Q，p，P——气体密度为 ρ 时的风量、风压和功率。

7.2.3.2 无因次性能曲线

对于离心式风机来说，其性能曲线 Q-p、Q-P、Q-η 都是对一定的风机在固定的转速下对一定的气体用实验测定的。根据理论分析，这些性能曲线只与叶轮的大小、叶片形状、叶轮转速和流体流动状态有关。可以想象，若两台风机几何形状完全相似，尽管尺寸大小和转速不同，但测得各自的性能曲线应该相似。因此，能否使用只对某一风机做一次实验后所得

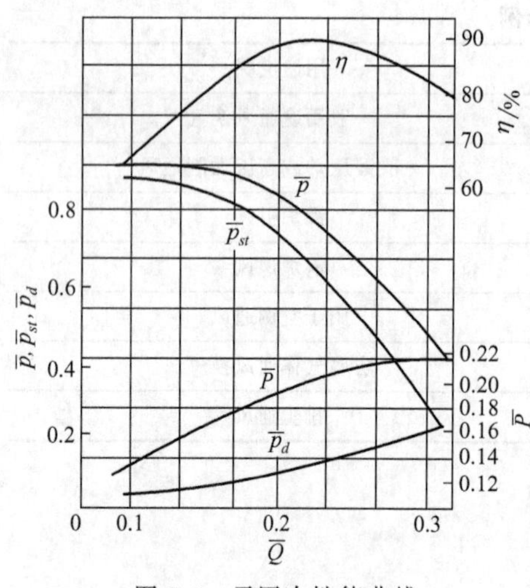

图 7-6　无因次性能曲线

到的性能曲线来概括反映几何形状相似，但几何尺寸不同，或转速不同或输送不同性质流体的性能呢？即只用一条性能曲线来描述同一类型风机的共性呢？

这个问题可用无因次性能曲线来解决。如图 7-6 所示。为此，引入三个无因次系数，即流量系数$\overline{Q}$，风压系数$\overline{p}$和功率系数$\overline{P}$。在对某一风机做实验后，即可求得无因次性能曲线$\overline{Q}$-$\overline{p}$、$\overline{Q}$-$\overline{P}$和$\overline{Q}$-η。在风机几何形状相似的前提下，无论尺寸大小和转速多少，都可以用实验得出无因次性能曲线反映出与此模型风机相类似的一组风机的性能。

(1) 流量系数

如前所述，风机的风量 Q 应与叶轮的圆周速度 u 和叶轮外缘流道截面积 A_2 （$A_2=\pi D_2 b_2$） 成比例。因此，若引入比例系数$\overline{Q}$，则风量 Q 就可写成

$$Q=\overline{Q}A_2 u_2=\overline{Q}\pi D_2 b_2 u_2$$

由此可得

$$\overline{Q}=\frac{Q}{A_2 u_2}=\frac{Q}{\pi D_2 b_2 u_2} \tag{7-8}$$

式中，$\overline{Q}$称为流量系数。对于结构相同、几何形状相似的风机，其流量系数是相同的；而不同类型的风机即使 D_2、b_2 完全相同，因其结构形式不同，则流量系数也不同。

为了方便，把式 (7-8) 中所含的叶轮宽度 b_2 换算成以叶轮的外径 D_2 表示的形式，即

$$\overline{Q}=\frac{Q}{\frac{\pi}{4}D_2^2 u_2} \tag{7-9}$$

(2) 风压系数

根据欧拉方程式可知，风机压力只与叶轮外圆周速度 u_2 的平方和气体的密度成正比，若引入比例系数$\overline{p}$，则风机全压 p 可写成

$$p=\overline{p}u_2^2\rho$$

变形可得

$$\overline{p}=\frac{p}{u_2^2\rho} \tag{7-10}$$

式中，$\overline{p}$称为风压系数。同类型风机的风压系数$\overline{p}$是相同的。不同类型的风机，其压力特性不同，其风压系数也不相同。

应该指出，风压系数、流量系数和比转数的值相等时，并不代表两台风机相似。但若两台风机相似，它们的风压系数、流量系数和比转数一定相等。

(3) 功率系数

风机消耗的功率直接与风量 Q 和风压 p 有关。因此，引入功率系数$\overline{P}$，故功率计算公式可写为

$$P=\overline{P}Qp=\overline{P}\rho A_2 u_2^3$$

上式变形为

$$\overline{P}=\frac{P}{Qp}=\frac{P}{u_2^3 A_2\rho}=\frac{P}{\rho\pi D_2 b_2 u_2^3} \tag{7-11}$$

$\overline{P}$称为功率系数。

用上面得到的无因次性能系数$\overline{Q}$、$\overline{p}$、$\overline{P}$来代替Q、p、P，所得到的无因次性能曲线可反映一组相类似的风机在不同尺寸、不同转速下的性能。

设有一台风机的性能曲线Q-p已知，从Q-p曲线上任取一点，其全压和流量为p_1和Q_1。依据公式即$\overline{p}=\dfrac{p_1}{u_2^2\rho}$、$\overline{Q}=\dfrac{Q_1}{D_2^2u_2\pi/4}$可算出与该点对应的$\overline{p}_1$、$\overline{Q}_1$值。就确定了$\overline{Q}$-$\overline{p}$曲线上的一点。用同样的方法可确定$\overline{Q}$-$\overline{p}$曲线上的其他许多点，这样就可以把$\overline{Q}$-$\overline{p}$曲线画出，此曲线就是该类型风机的无因次性能曲线。同理，可作出$\overline{Q}$-$\overline{P}$和$\overline{Q}$-η曲线。反之，有了某一类型风机的无因次性能曲线，亦可作出该类型风机的单独性能曲线。

利用无因次性能曲线，根据所需要的Q和p可选择合适的风机。其方法是从无因次性能曲线上查出最高效率下的$\overline{p}$和$\overline{Q}$的值。根据需要的p和$\overline{p}$，由下式求得u_2。

$$u_2=\left(\frac{P}{\rho\,\overline{p}}\right)^{\frac{1}{2}} \tag{7-12}$$

选风机时，p、Q和气体的密度ρ是已知的。在确定转速n以后，便可按公式$u_2=\dfrac{\pi D_2n}{60}$确定合适的叶轮外径D_2，从而可确定风机的机号。因为在通常情况下，机号是风机叶轮外径D（单位为mm）除以100得到的。如直径800mm，除以100后得8，即为8号风机。

7.2.3.3　对数坐标性能曲线

对数坐标性能曲线是把在标准进口状态下对应于无因次性能曲线上一个工况点的所有同系列通风机的叶轮直径D_2、转速n、圆周速度u_2以及相应的流量Q、风压p、功率P全部表示出来，即对数坐标性能曲线表示了同系列通风机主要参数n、D_2、u_2、Q、p及P之间的关系。这种曲线可供使用部门方便地选择所需要的通风机，制造厂可用这种曲线合理地确定该型号系列产品的性能型谱，即确定机号和转速，为产品标准化、通用化、系列化创造了一定的条件。

为便于选用风机产品，制造厂提供风机选择曲线。选择曲线是指用对数坐标综合表示某一型号的一组风机在工作范围内的性能曲线。图7-7是Y4-73型单吸锅炉离心风机性能选择曲线图，选择曲线图的横、纵坐标均采用对数坐标，图中有三组线：等外径线D_2（即机号相同）、等转速线n和等功率线P。选择曲线上列出的机号为系列产品的机号，转速为电动机铭牌转速或配上皮带轮后所能达到的转速，功率则为电动机系列产品功率。选择曲线图右侧纵坐标上给出了叶轮圆周速度u_2数值，它从性能曲线上最高效率点处位置查得。制造厂给出的选择曲线图和产品规格表均是在标准状态下数据，在查用图表时应先将工作状态下参数换算为标准状态下的参数。

7.2.4　离心式风机的选型

为了制造和使用的方便，我国已制定了一系列的标准，包括一般厂房通风换气使用的离心式风机、高压强制通风或锻冶炉使用的高压离心式风机、锅炉鼓风机、锅炉引风机和输送易挥发易腐蚀气体使用的离心式风机供选用。选型就是根据使用要求，在通风机的已有系列产品中，选择一种适用的，而不再重新设计和制造。

7.2.4.1　通风机的选择原则

用户在选择离心式风机时，应根据使用要求准确确定所需流量和压力等性能参数，全面考虑管路系统构成与布置，还应注意下列原则。

ⅰ. 根据被输送气体物理、化学性质的不同，选择不同用途的离心式风机。如输送易燃易爆气体，应选择防爆通风机；排尘或输送煤粉，应选择排尘或煤粉通风机；输送腐蚀性气

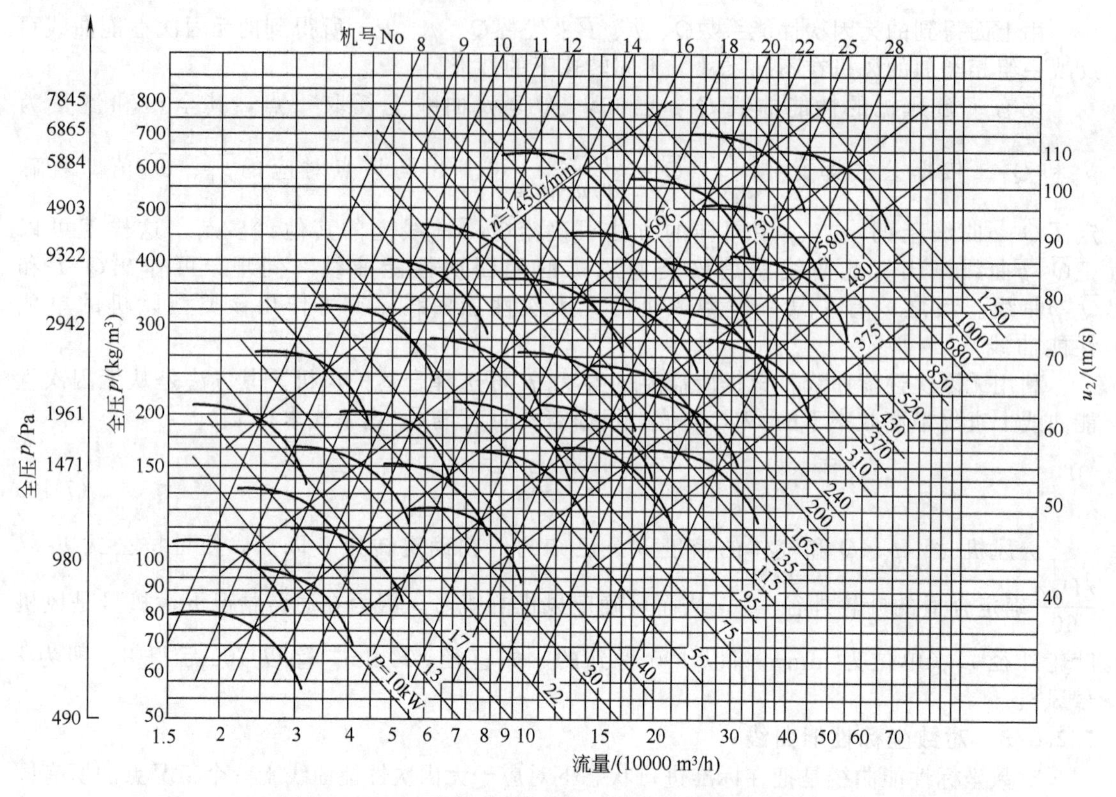

图 7-7　Y4-73 型单吸锅炉离心式风机性能选择曲线图

体，应选择防腐通风机；在高温场合下工作或输送高温气体，应选择高温通风机等。

ⅱ. 选择通风机时，一定要注意离心式风机所示性能参数为标准状态下的数值，当使用条件不同于标准状况时，要进行性能参数换算。一般风机的标准状况为：大气压力 $p_a=1.013\times10^5\text{Pa}$，温度 $t_a=293\text{K}$，相对湿度 $\varphi=50\%$，密度 $\rho_a=1.2\text{kg/m}^3$；高温风机的标准状况为：压力 $p_a=1.013\times10^5\text{Pa}$，温度 $t_a=493\text{K}$，密度 $\rho_a=0.745\text{kg/m}^3$。

改变介质密度与转速时的换算公式为

$$\left.\begin{aligned}Q&=Q_0\frac{n}{n_0}\\p&=p_0\left(\frac{n}{n_0}\right)^2\frac{\rho}{\rho_0}\\P&=P_0\left(\frac{n}{n_0}\right)^3\frac{\rho}{\rho_0}\end{aligned}\right\}\tag{7-13}$$

大气压力及温度变化时的换算公式

$$\left.\begin{aligned}Q&=Q_0\\p&=p_0\frac{p_b}{p_{b_0}}\frac{273+20}{273+t}\\P&=P_0\frac{p_b}{p_{b_0}}\frac{273+20}{273+t}\end{aligned}\right\}\tag{7-14}$$

式中，有下标符号“0”者表示为标准状态下的参数，即供用户选择用的性能表上所列的参数；无下标“0”者表示为通风机实际工作条件下的参数。

ⅲ. 当从参考图表上查得有两种以上的通风机可供选择时，应认真加以比较，优先选择效率较高，机器尺寸小、调节范围大的一种。

ⅳ.选择离心通风机时，当其配用的电机功率小于或者等于75kW时，可不装设仅为启动用的阀门。当因排送高温烟气或空气而选择离心锅炉引风机时，应设启动用的阀门，以防冷态运转时造成电机过载。

ⅴ.应尽量避免通风机并联或串联工作。必须需要时，通风机之间应有一段管路连接。

ⅵ.对有消声要求的通风系统，应首先选择效率高、叶轮外缘圆周速度低的通风机，且使其在最高效率点附近工作。还应根据通风系统产生噪声和振动的传播方式，采取相应的消声和减振措施。

7.2.4.2 离心式风机选型步骤

ⅰ.依据工艺要求，确定最大风量Q_{max}和最大风压p_{max}。

当工艺条件给出正常风量、最小和最大风量时，直接选取最大风量作为选择风机的依据，如只给出正常工作的风量，则应采用一定的安全系数估算，通常安全系数取1.05～1.1。

当工艺条件直接给出最大风压时，可直接选取。如未给出，则需先计算风机系统工作时的总压头，再计算风压。总压头可按下式确定

$$H_z=\frac{p_3}{\rho_3 g}-\frac{p_0}{\rho_0 g}+\sum\Delta h_1+\sum\Delta h_2 \tag{7-15}$$

式中 H_z——风机工作时的总压头，m；

p_0——风机进风口外静压，Pa；

p_3——风机排风口外静压，Pa；

ρ_0——风机吸风口外气体密度，kg/m^3；

ρ_3——风机排风口外气体密度，kg/m^3；

$\sum\Delta h_1$——吸入管道总阻力损失，m；

$\sum\Delta h_2$——排出管道总阻力损失，m。

根据风压和总压头的关系，风机风压为

$$p=H_z\rho g \tag{7-16}$$

通常情况下，风机调节会导致风量和风压下降，应按最大风量和风压选择。另外，确定管路阻力时，一般会有误差，因此一般按下式确定

$$\left.\begin{aligned}Q&=1.1Q_{max}\\p&=1.2p_{max}\end{aligned}\right\} \tag{7-17}$$

ⅱ.按式（7-14）确定标准状况下的风量和风压。

ⅲ.通风机的流量、压力确定之后，就可以进行选型。选型可以按无因次性能曲线、有因次性能曲线或对数坐标性能曲线进行，但由于制造厂对不同用途的产品都按系列、机号、规格、转速和温度等条件给出了产品的性能以及配套等资料，所以在大多数情况下，用户是根据制造厂的产品样本进行选型的。

此外，所选定的风机要求其在最高效率的90%范围内工作。

【例7-1】 某锅炉需要一台送风机，使用要求：最大流量$Q_{max}=4.0\times10^4 m^3/h$，最大风压$p_{max}=2.3kPa$，进口状态如下：$p_a=9.8\times10^4 Pa$，$t_a=40℃$，拟选择一台4-73型离心式风机，试利用性能曲线选择风机。

解 考虑风量调节及阻力计算误差，确定风量安全裕度为10%，风压安全裕度为20%。则计算风量及风压为

$$Q=1.1Q_{max}=1.1\times40000=44000\ (m^3/h)$$
$$p=1.2p_{max}=1.2\times2300=2760\ (Pa)$$

按式（7-12）换算成制造厂标准工况：$Q_0=Q=44000\ m^3/h$

$$p_0=p\frac{p_{b0}}{p_b}\times\frac{273+t}{273+20}=2760\times\frac{101325}{98000}\times\frac{273+40}{273+20}=3048\ (\mathrm{Pa})$$

由4-73系列离心式风机性能曲线查得，满足风量、全压的工况点机号为No10，即$D_2=1.0\mathrm{m}$，转速$n=1450\mathrm{r/min}$，电动机配套功率$P_{g0}=55\mathrm{kW}$。按式（7-14）计算运行条件下所需电动机配套功率为

$$P=P_0\frac{p_B}{p_{B_0}}\times\frac{273+20}{273+t}=55\times\frac{98000}{101325}\times\frac{293}{313}=49.8(\mathrm{kW})$$

因此配套电动机功率满足要求。

7.2.5 离心式风机的调节与运行

7.2.5.1 离心式风机的调节方法及其比较

调节通风机的目的是改变通风机和管网中的流量，使其在新的工况点工作。调节的方法一般分为改变管网性能曲线和改变通风机的性能曲线两类。

（1）改变管网性能曲线

通风机在使用中常与通风管道及其组合部件（即管网）连接在一起工作，而管网的结构又与通风机的性能有密切关系。因此，首先要了解管网的性能。管网就是指通风机所工作的系统，包括通风管道及其附件，如过滤器、换热器、调节阀等的总称。根据使用需要，通风机的管网有三种形式：ⅰ只有吸气管道而无排气管道；ⅱ只有排气管道而无吸气管道；ⅲ既有吸气管道又有排气管道。

管网阻力是指管网在一定的气体流量下所消耗的压力，其与管网的结构及尺寸、气流速度有关。例如，吸排气管、阀门和弯道等的阻力损失与流量（或气流速度）的平方成正比，过滤器、换热器等的阻力损失也与流量的n次方成正比，不过n稍小于2。由于这部分损失只占整个管网损失的很小一部分，故可认为整个管网的阻力损失均与流量平方成正比，即与气流速度平方成正比。常用阻力公式为

$$\Delta p=\xi\frac{\rho}{2}c^2 \tag{7-18}$$

式中，ξ为阻力系数，它与管网的结构有关，一般由试验测定。

管网的阻力可写成

$$p=\sum_{i=1}^{n}\xi_i\frac{\rho}{2}c_i^2+\frac{\rho}{2}c_d^2=\sum_{i=1}^{n}\xi_i\frac{\rho}{2}\left(\frac{Q}{A_i}\right)^2+\frac{\rho}{2}\left(\frac{Q}{A_d}\right)^2 \tag{7-19}$$

$$p=KQ^2 \tag{7-20}$$

式中　ξ_i——各节管道或部件的阻力系数；

c_i——各节管道或部件截面处的气流速度，m/s；

A_i——各节管道或部件的截面面积，m^2；

Q——管网的流量，m^3/s；

K——管网总阻力系数，对于一定的管网K值也是一定的。

显然，若已知管网中通过的流量、管网各部分的几何尺寸和局部阻力系数ξ，就可以根据上式计算管网的阻力。

管网总阻力与通过管网气体流量之间的关系称为管网的性能曲线或特性曲线，管网的p-Q关系曲线有两种情况，一是如式（7-20）所示，$p=KQ^2$，即为通过坐标原点的抛物线；二是管网中的阻力与流量无关而保持一定，即p为常数C。常见的情况是第一种或者是两种的组合，即不通过坐标原点的抛物线$p=c+KQ^2$，见图7-8。

通风机与管网联合工作过程中，气体在通风机中获得外功时，其压力与流量之间的关系

是按通风机的性能曲线变化的。而当气体通过管网时，其 p-Q 关系又要遵循管网的性能曲线，那么，通风机的性能与管网的性能之间必须有如下关系：

ⅰ. 通过通风机与不漏气管网的气体流量应完全相等；

ⅱ. 通风机所产生的全压的一部分即静压用于克服管网中的阻力 $\sum\Delta p$，全压的其余部分消耗在气流从管网出口时所具有的动能 p_d 上。图 7-9 为通风机压力与管网阻力之间的关系，要满足上述两个要求，整个装置——包括通风机与管网只能在通风机压力曲线 p-Q 与管网性能曲线的交点 A 上运行。

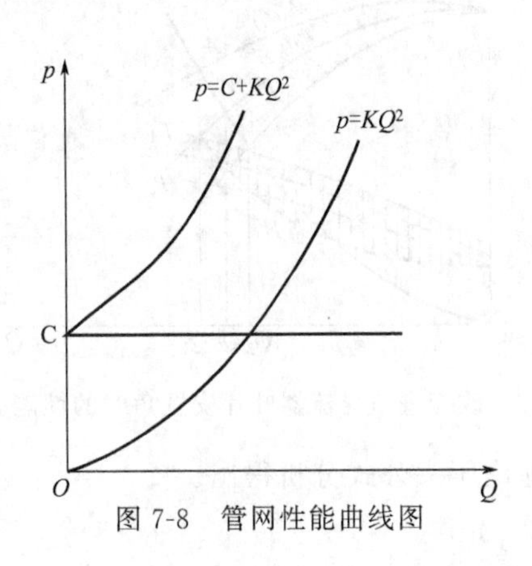

图 7-8 管网性能曲线图

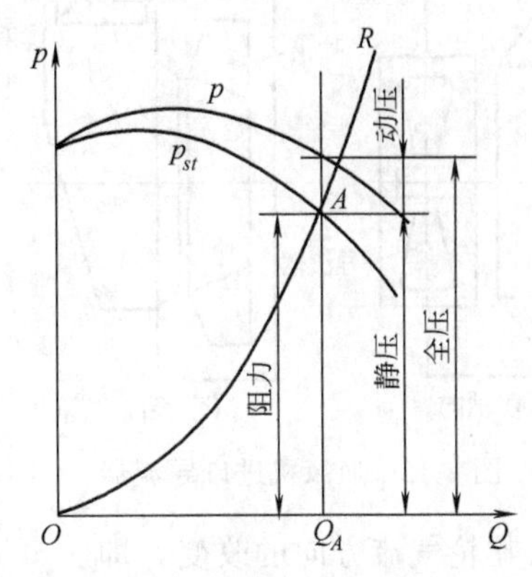

图 7-9 通风机压力与管网阻力之间的关系

改变管网性能曲线则是在通风机的吸气管和排气管上设置节流阀或风门，来增减管网阻力、改变管网性能曲线，使工况点沿着压力曲线移动至 A' 和 A''，以达到调节通风机的目的，如图 7-10 所示。

(2) 改变通风机的性能曲线

当管网性能曲线不改变时，可以改变通风机的性能曲线，通常可以通过以下调节方法达到上述目的。

① 改变通风机转速　改变转速时的性能曲线如图 7-11 所示。可采用调速电动机、液力耦合器传动、皮带轮变速等方法。改变转速时，要注意叶轮的强度和电动机的负荷。当通风机的转速由 n_1 改变至 n_2 时，通风机的流量、压力和功率值分别按下列关系式变化

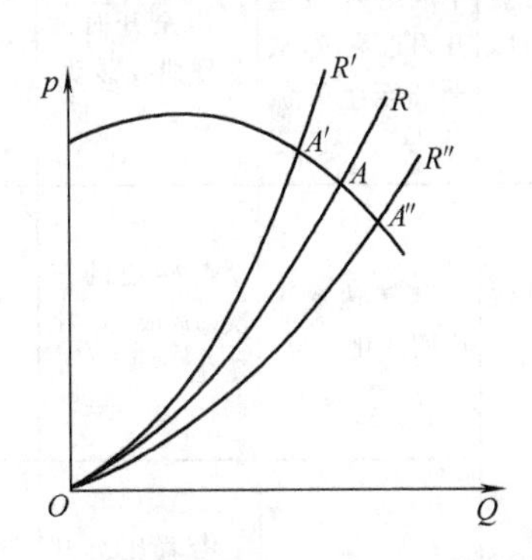

图 7-10 改变管网阻力时的性能曲线

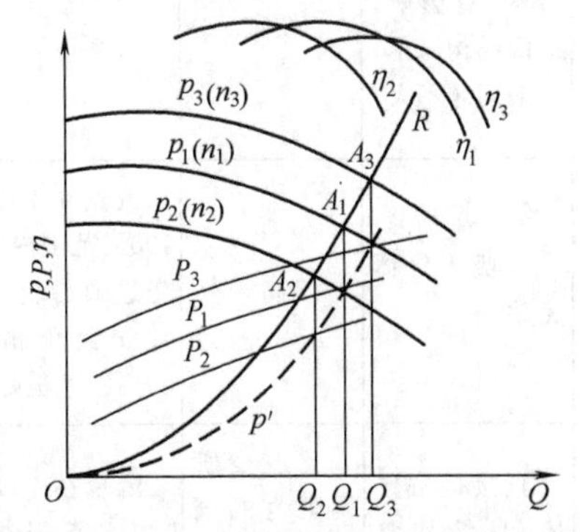

图 7-11 改变转速时的性能曲线

$$\frac{n_1}{n_2}=\frac{Q_1}{Q_2}=\sqrt{\frac{p_1}{p_2}}=\sqrt[3]{\frac{P_1}{P_2}} \tag{7-21}$$

可见，除效率外，通风机的流量、压力、功率均随转速的改变而不同程度地变化。

② 在叶轮进口前设置导流器　通过改变导流器叶片安置角，使进入叶轮的气流方向发生变化，以达到改变通风机性能曲线的目的。进口导流器的结构见图 7-12。

轴向导流器一般用于通风机进口没有进气箱的情况；当通风机进口设置进气箱时，可采用径向导流器。

改变进口导流器叶片安置角时，通风机性能曲线的变化如图 7-13 所示。

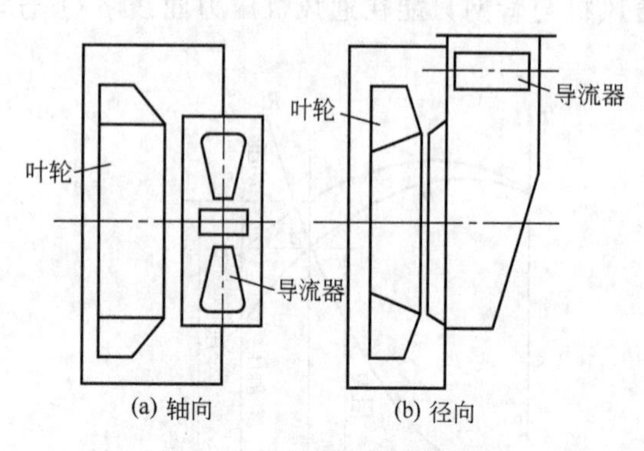

图 7-12　通风机进口导流器

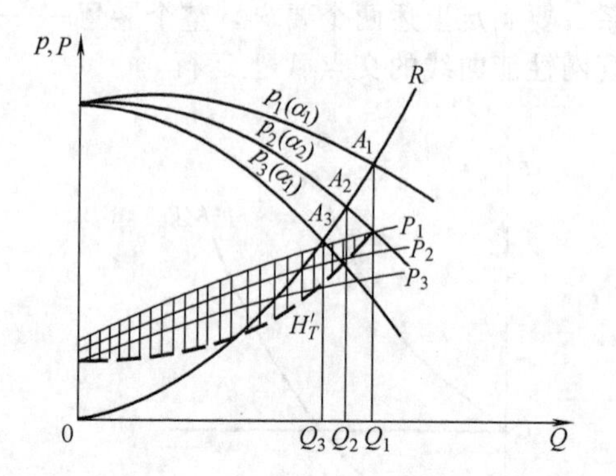

图 7-13　改变进口导流器叶片安置角时的性能曲线

进入叶轮气流方向的改变，即 c_{1u} 的变化。可由理论压头公式分析得出

$$p_{th}=\rho(c_{2u}u_2-c_{1u}u_1)$$

由上式可知，c_{1u} 变小，p_{th} 增加；c_{1u} 变大，p_{th} 减小。

③ 改变叶片宽度调节法　在离心式通风机的设计中，把一个活动后盘套在叶片上，在运行时调节其叶片的宽度，从而改变通风机的性能曲线。

(3) 各种调节方法的比较

各种调节方法的比较见表 7-4。

表 7-4　各种调节方法的比较

调节方法	吸入气体的影响	设备费用	调节效率	调节时性能稳定性	流量变化	轴功率变化	维修保养
改变管网阻力	与气体直接接触，有影响，但因结构简单，一般问题不大	便宜	最差	管网阻力愈偏离设计条件，性能愈差	与阀的角度不成比例，在全开附近灵敏，从全开至半开流量几乎不变	沿全开时的功率曲线移动	极容易
改变转速	与吸入气体无关	高	流量在 70%～100%范围内比改变进口导流器叶片安置角稍低，80%以下很好	调节时对效率影响最小	与转速成正比例变化	与转速的三次方成正比变化	麻烦
改变进口导流器叶片安置角	直接接触气体，且结构复杂，只适用于清洁的常温气体	比改变管网阻力的阀门费用高，但比其他两种方法低	流量在 70%～100% 范围内最高，80% 以下也很好	在非设计工况时，效率较高	—	沿着比全开时功率更低的曲线移动	稍微麻烦
改变叶片宽度	与无调节一样	高	最佳	调节性能好	变化范围广	最省功	麻烦

7.2.5.2 离心式风机的串联与并联

当采用一台离心式风机不能满足风量或压力要求时，往往要用两台或两台以上的离心通风机联合工作。离心式风机的联合工作可以分为并联和串联两种。

(1) 通风机的并联

两台通风机并联工作，每台通风机全压相同，系统总流量为该全压下两风机对应的流量之和。据此，可以做出两台或多台并联工作的通风机组的合成特性曲线。

如将两台型号相同的通风机并联操作，因各自的吸入管路、排出管路相同，则两风机的流量和全压相同，即两台风机具有相同通风机特性曲线及管路特性曲线，如图 7-14 所示。在同一全压 p_{tF} 下，两台并联风机的流量等于单台通风机流量 Q 的两倍。于是，依据单台通风机特性曲线Ⅰ上的一系列坐标点，保持其纵坐标 p_{tF} 不变、使横坐标流量 Q 值增加一倍，由此得到的一系列对应的坐标点，即可绘出两台通风机并联操作的合成特性曲线，如图中的曲线Ⅱ所示。

并联通风机的特性曲线Ⅱ与管路特性曲线的交点 $a_{\text{Ⅱ}}$ 即为其工作点。由图可见，与单台在同一管路中工作的通风机工作点 $a_{\text{Ⅰ}}$ 相比，并联管组不仅流量增加，全压 $p_{tF,\text{Ⅱ}}$ 也随之有所增加，因为管路阻力损失增加。但应注意，两台风机并联工作时每一台风机的全压、流量与单台风机单独工作相比，流量减小而全压增加。同一管路系统中并联通风机组的输气量 $Q_{\text{Ⅱ}}$ 并不能达到两台通风机单独工作时的输气量 $Q_{\text{Ⅰ}}$ 之和。

(2) 通风机的串联

两台通风机串联操作时，每台通风机流量相同，串联工作系统的全压为该流量下各风机对应的全压之和。据此可以做出两台或多台风机串联工作的合成特性曲线。

显然，两台型号相同的风机串联操作，每台通风机应具有相同通风机特性曲线及管路特性曲线，如图 7-15 所示。在同一流量 Q 下，两台串联风机的全压 p_{tF} 为单台通风机的两倍。于是，依据单台通风机特性曲线Ⅰ上一系列坐标点，保持其横坐标流量 Q 不变，使纵坐标全压 p_{tF} 增加一倍，由此得到的一系列对应坐标点，就可绘出两台串联通风机的合成特性曲线如图 7-15 中的曲线Ⅱ所示。

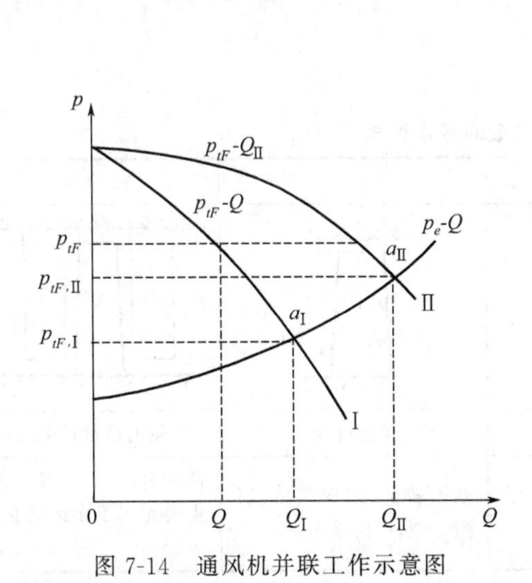

图 7-14 通风机并联工作示意图

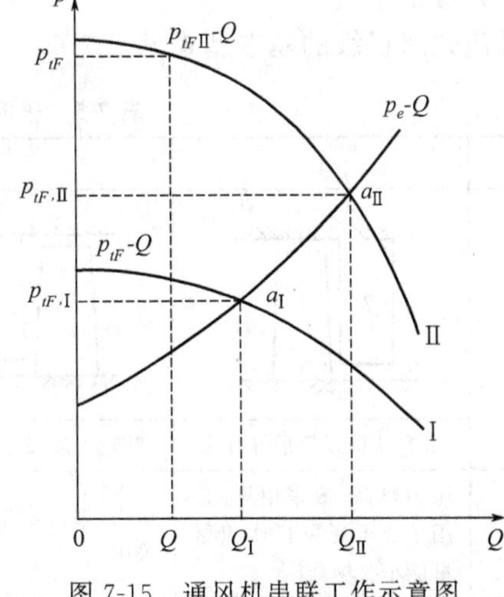

图 7-15 通风机串联工作示意图

两台串联通风机的工作点也由管路特性曲线与风机的合成特性曲线的交点 $a_{\text{Ⅱ}}$ 来决定。由图可见，与单台在同一管路中工作的通风机工作点 $\alpha_{\text{Ⅰ}}$ 相比，串联管组不仅提高了全压，同时还增加了输送量。正因为如此，在同一管路系统中串联风机组的全压 $p_{tF,\text{Ⅱ}}$，不能达到两台通风机单独工作时的全压之和。

7.2.5.3 离心式风机运行注意事项

离心式风机的启动、运行、停车，除应遵守一般规程外，特别应注意以下事项：

ⅰ. 为使启动负荷最小，离心式风机启动时出气阀或进气阀全闭；

ⅱ. 以常温或低于额定温度状态启动锅炉引风机或高温风机时，由于风机的轴功率增大，则应在确认原动机未超过负荷后方可启动；

ⅲ. 对于除尘、排煤粉风机，要检查粉尘、颗粒的变化是否符合风机的使用要求；

ⅳ. 对高温风机，要注意气体温度的变化是否超过风机允许的最高温度；

ⅴ. 通常是以轻载荷使风机停车，停车后进气阀、排气阀处于全闭；

ⅵ. 用于输送有害气体的风机，应防止从轴封处向外漏气；

ⅶ. 输送高温气体的风机若准备停车，降负荷后要继续运转，直至机壳内的气体温度降到 100℃以下为止。

7.3 轴流式风机

7.3.1 轴流式风机的结构型式与工作原理

(1) 基本结构型式

轴流式风机的常见结构型式如图 7-16 所示。

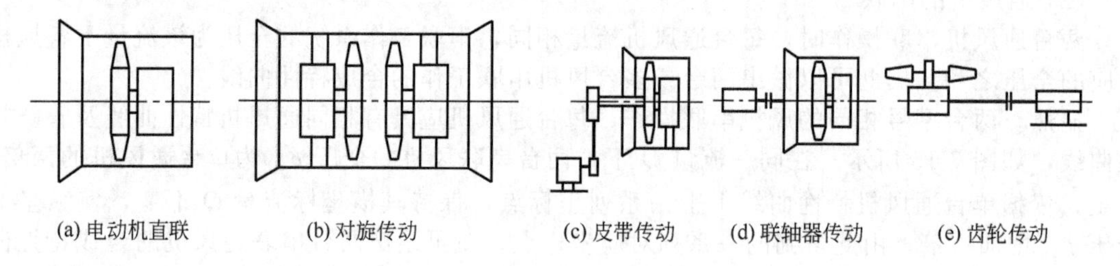

图 7-16 轴流式风机基本结构型式

(2) 级的型式

轴流式风机级的基本型式见表 7-5。

表 7-5 轴流式风机级的基本型式

序号	1	2	3	4
图示	2 1	1 3	1	2 1 3
	叶轮 1 前设置前导叶 2	叶轮 1 后设置后导叶 3	单独叶轮	叶轮前后都设置导叶
特点与应用	压力较高、效率中等，常用于要求通风机体积尽可能小的场合。	压力、效率都较高，广泛采用。	效率较低、结构简单、制造方便，广泛采用。	性能介于 1、2 者之间，主要应用于多级通风机中。

(3) 工作原理

轴流式风机的工作原理是气体从集流器轴向进入，通过叶轮使气体获得能量，然后进入导叶，导叶将一部分偏转气流动能转变为静压能，气体通过扩散器时又将一部分轴向气流动能转变为静压能，然后输入管路。轴流式风机的基本结构组成如图 7-17 所示，其叶轮和导

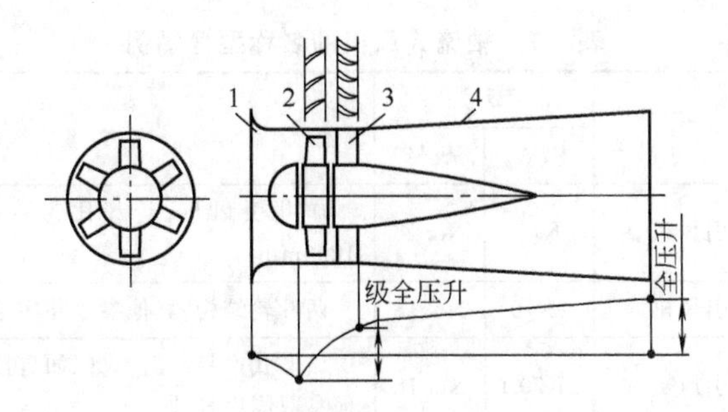

图 7-17 轴流式风机

1—集流器；2—叶轮；3—导叶；4—扩散器

叶组成轴流式风机的级，动叶和导叶叶栅的组合称为基元级。

7.3.2 轴流式风机的型号编制及命名方法

（1）型号编制

轴流式风机的型号一般由机器的型式号和规格号两部分组成，共包含七个方面的信息。

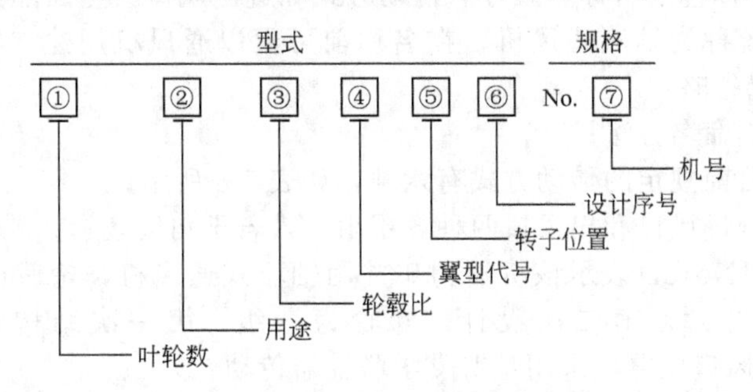

①—叶轮数代号，一个叶轮可不表示，双叶轮用“2”表示；

②—风机用途代号，参见表 7-1 规定；

③—轮毂比为叶轮底径与外径之比，以轮毂比×100 的值的两位整数表示；

④—叶片翼型代号见表 7-6；

表 7-6 轴流式风机机翼型式代号

代号	机翼型式	代号	机翼型式
A	机翼型扭曲叶片	O	对称半机翼型扭曲叶片
B	机翼型非扭曲叶片	H	对称半机翼型非扭曲叶片
C	对称机翼型扭曲叶片	K	等厚板型扭曲叶片
D	对称机翼型非扭曲叶片	L	等厚板型非扭曲叶片
E	半机翼型扭曲叶片	M	对称等厚板型扭曲叶片
F	半机翼型非扭曲叶片	N	对称等厚板型非扭曲叶片

⑤—转子位置代号，卧式用“A”表示，立式用“B”表示，无转子位置变化不表示；

⑥—设计序号，表示第几次设计，若产品形式中产生有重复代号或派生型，则在设计序号前加注序号，用Ⅰ、Ⅱ等表示；

⑦—机号，以叶轮直径的分米数表示，前面冠以“No”符号。

部分轴流式风机型号编制举例见表 7-7。

表 7-7　轴流式风机的名称型号举例

序号	名称	型号		说明
		型式	机号	
1	矿井轴流式引风机	K70	No. 18	矿井引风机，轮毂比为 0.7，机号为 18，即叶轮直径 1800mm
2	矿井轴流式引风机	2K70	No. 18	两叶轮结构，其他参数同序号 1
3	矿井轴流式引风机	2K70 I	No. 18	该形式产品的派生型(如有反风装置)用 I 代号区分。其他参数同序号 2
4	矿井轴流式引风机	2K70-1	No. 18	某厂对原 2K70 型产品有重大修改，为便于区别，用“-1”设计序号表示。其他参数同序号 2
5	(通用)轴流式引风机	T30	No. 18	一般通风换气用，轮毂比为 0.3，机号为 8，即叶轮直径为 800mm

(2) 命名方法

轴流式风机的全称包括名称、型号、传动方式和进出风口位置四部分。

① 名称　一般统称为轴流式风机，在名称前可冠以通风机用途二字或汉语拼音缩写，作为一般用途的可以省略；

② 型号　见上面命名方法；

③ 传动方式　目前规定的传动方式有六种，如表 7-8 所示；

④ 风口位置　分进风口和出风口两种，用出、入若干角度表示。

例如，K70B2 11No18D 表示该机器为矿井用轴流式通风机，轮毂比为 0.7，通风机叶片为机翼型非扭曲叶片，第二次设计，叶轮为一级，第一次结构设计，叶轮直径为 1800mm，无进、出风口位置，采用悬臂支承联轴器传动。

轴流式风机的选型方法及步骤可参照离心式风机。

表 7-8　轴流式风机的基本传动方式

传动方式	图示	特点	传动方式	图示	特点
A	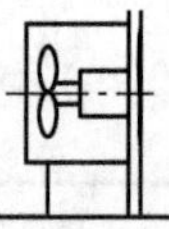	直联传动，叶轮直接装在电动机轴上	D	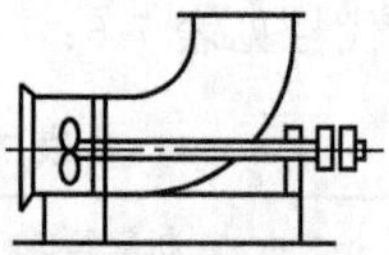	引出式联轴器传动
B	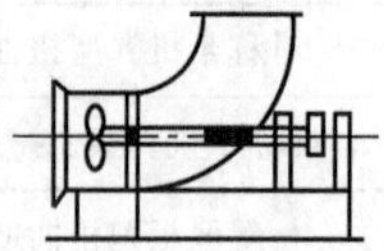	引出式皮带传动	E	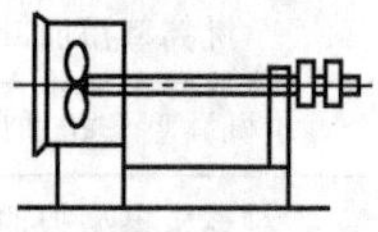	长轴式联轴器传动
C	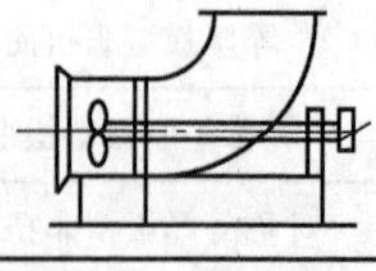	引出式皮带传动	F	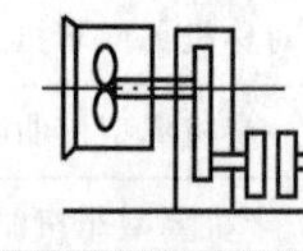	长轴式联轴器传动

7.3.3　轴流式风机的性能曲线

与离心式风机一样，轴流式风机的性能曲线也可表示为在一定转速条件下，风压 p、功率 P 及效率 η 与流量 Q 之间的关系。轴流式风机的性能曲线如图 7-18 所示，从图中可以看出具有以下几个特点：

ⅰ. 压力性能曲线 p-Q 的右侧相当陡峭，而左侧呈马鞍形，c 点的左侧是风机处于小流量情况下的运行性能，称为不稳定工况区；

ⅱ. 从 P-Q 曲线可以看出小流量时的功率特性变化平稳。当流量减小时，功率 P 反而增大，当流量 $Q=0$ 时，功率 P 达到最大值，所以这种风机不宜在零流量下启动；

ⅲ. 最高效率点的位置相当接近不稳定工况区的起始点 c 。

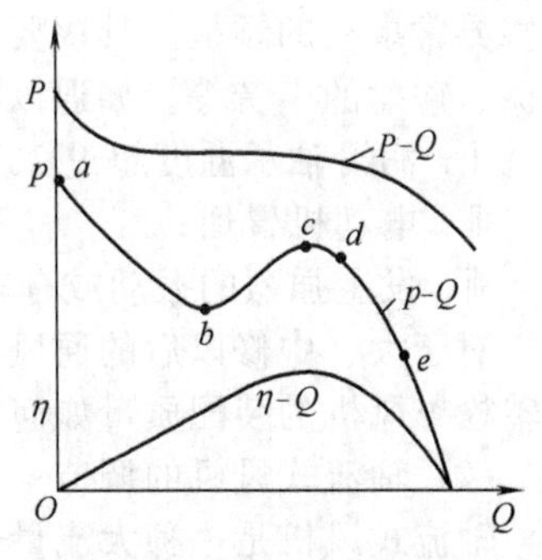

图 7-18 轴流式风机的性能曲线

轴流式风机的性能特点与机器在不同工况下叶轮内部的气流流动状况有着密切的联系。图 7-19 是轴流式风机在不同流量时，叶轮内部气流流动状况的示意图。图（d）相当于性能曲线中最高效率点，即设计工况，此工况下气流沿叶片高度均匀分布；图（e）表示超负荷运行的工况，此时叶顶附近形成一小股回流，使压力下降；图（b）、图（c）表示低于设计流量的运行情况，图（c）表示流量比较小时，p-Q 特性曲线到达峰顶位置时，在动叶背面会产生气流分离，形成旋涡，挤向轮毂，并逐个传递给后续相邻的叶片，形成旋转脱流，这种脱流现象是局部的，对流经风机总流量的影响不大，但旋转脱流容易使叶片疲劳断裂造成破坏。随着流量的继续减小，p-Q 特性曲线到达最低位置，轮毂处的涡流不断扩大，同时又在叶顶处形成新的涡流，如图（b）所示。这些涡流阻塞了气流的通道，表现为气流压力有所升高；图（a）为流量为零的情况，进出口均被涡流充满，涡流的不断形成和扩展，使压力上升。图 7-20 示出了轴流式风机的不稳定工况区。如果通风机在这个区段运行，就会出现流量和压力脉动等不正常现象。有时，这种脉动现象相当剧烈，流量 Q 和压力 p 大幅度波动，噪声增大，甚至通风机和管道也会发生激烈地振动，这种现象称为“喘振”。

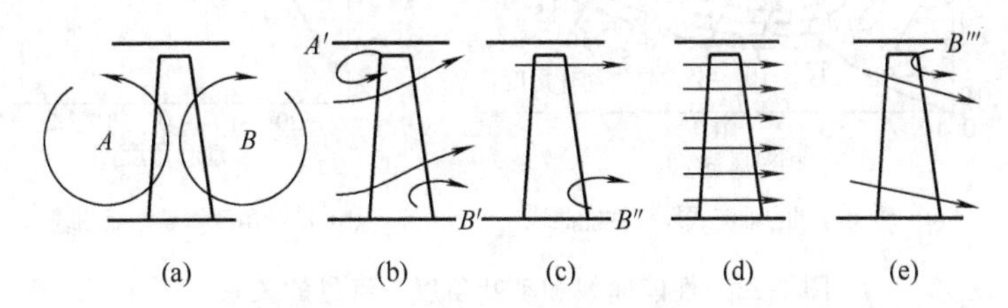

图 7-19 轴流式风机在不同工况下叶轮内部气流流动状况示意

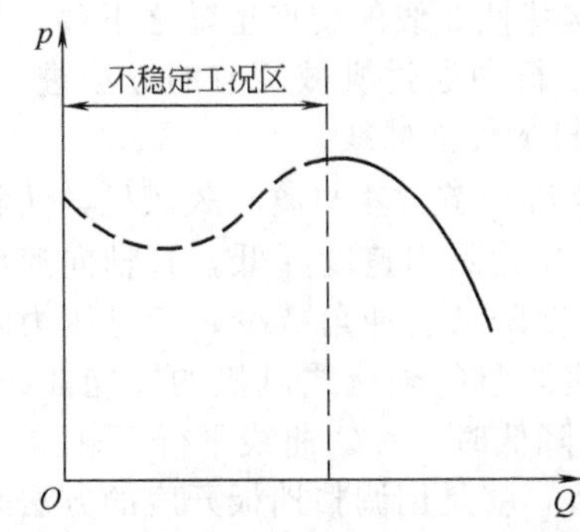

图 7-20 轴流式风机的不稳定工况区

喘振的振幅和频率受风道系统容积的支配，但不受其形状的影响。系统容积越大，喘振的振幅越大，振动也越强烈，但频率越低。因此，可以通过缩小系统的容积来减轻喘振的激烈程度。此外，通风机的转速越高，如引起喘振，喘振的程度越激烈。

7.3.4 轴流式风机的运转与调节

（1）轴流式风机的运转

与离心式风机不同，轴流式风机在启动时要注意开启进风阀或出气阀。此外在启动前要进行认真检查。检查内容应包括轴承的润滑系统、密封系统和轴承的冷却系统是否完好畅通，转动件、传动件附近是否有妨碍运动的杂物等，将通风机的转子盘动1～2次，检查转子是否有卡住和摩擦等现象。通风机启动的一般顺序是：先启动润滑系统油泵，再启动冷却水泵或打开冷却水阀门，最后启动通风机。

通风机在正常运转中，要注意监视通风机的电流。电流不仅是通风机负荷的标志，也是一些异常事故的预报。其次要经常检查润滑和冷却系统是否通畅，轴承温度是否正常及有无摩擦、碰撞的声音等。如遇以下情况，应立即停车检查或修理。

ⅰ. 润滑轴承温度超过70℃或轴承冒烟；

ⅱ. 电动机冒烟；

ⅲ. 发生强烈的振动或有较大的摩擦、碰撞声。

对于大、中修以后的通风机，在投入正常运转之前，一般须进行试运转。第一步空载试运转检查风机的装配质量如何，第二步进行负荷运转主要是检查是否符合设计要求。

(2) 轴流式风机的调节

轴流式风机是一种大流量、低压头的通风机，它的压力系数比离心式风机要低一些，比转数比离心式风机要高一些。从性能曲线上看，轴流式风机还有一个大范围的不稳定工况区，在式风机的性能调节时应尽量远离这个区域。轴流式风机的调节方法有动叶调节、前导叶调节、转速调节和节流挡板调节四种。

① 动叶调节　是利用调整动叶的角度来适应负荷的变化。这种风机的特点是当动叶角度改变时，效率变化不大，功率随导叶角度的减小而降低，风量的调节范围比较大，效果也很好。因此，这是一种比较理想的调节方法，但调节机构比较复杂。图7-21是300MW机组机组中轴流式风机的性能曲线和动叶角度与流量的关系。

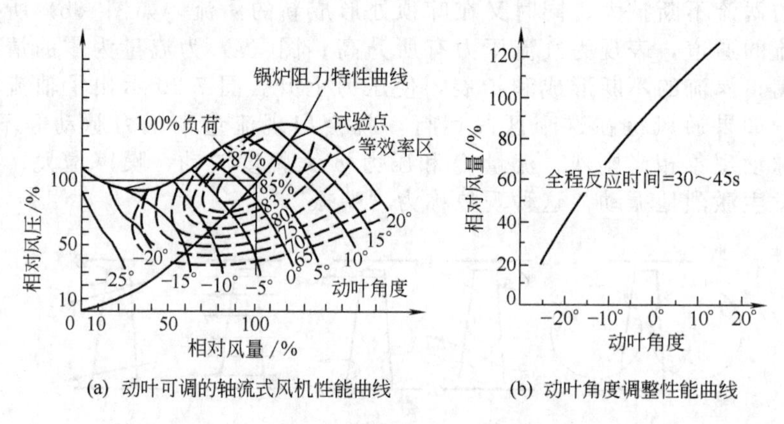

图7-21　性能曲线和动叶角度与流量的关系

② 前导叶调节　又称导向静叶调节。当导向叶片角度关小时，使进入叶轮的气流产生预旋，使压力降低，压力特性曲线近似平行下移，其与管网特性曲线的交点也随之下移，从而达到调节气量和压力的目的。改变导叶角度，可在风机运行中通过机械调节的方法进行，调节装置比较简单。图7-22是利用前导叶调节的轴流式风机的性能曲线。

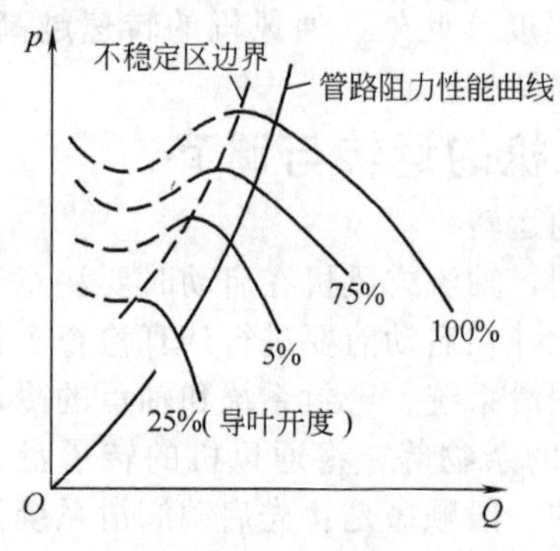

图7-22　前导叶调节的轴流式风机性能曲线

③ 转速调节　这种调节方法与离心式风机方法相同。当转速降低时，叶轮圆周速度降低，若轴向速度维持不变，则相对速度降低、冲角减少，于是压力降低。图7-23是用转速调节的轴流式风机的性能曲线，从图中可看出当转速降低时，p-Q 曲线平行下移。

④ 节流挡板调节　就是用调整挡板开度的方法来改变管路系统的阻力特性曲线，从而达到调节的目的。但这种调节方法，必须要求选择的风机参数比较合适，即系统所需的最小风量大于不稳定区边界的流量，然后增大挡板的开度，可降低管网阻力系数，增加流量。这种方法调节的范围很小，只能作为一种辅

助的调节手段，如图 7-24 所示。

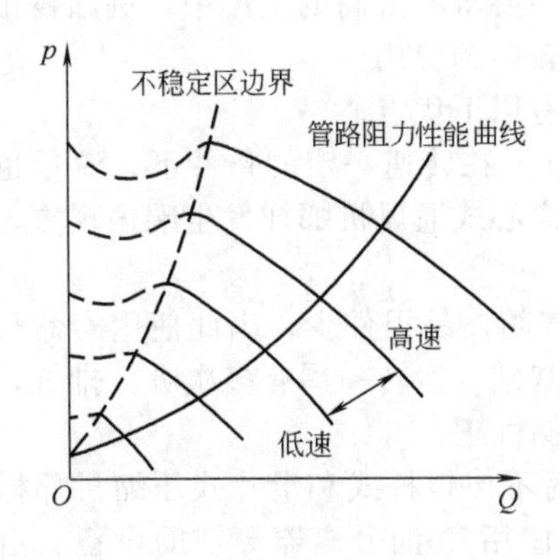

图 7-23 转速调节的轴流式风机性能曲线

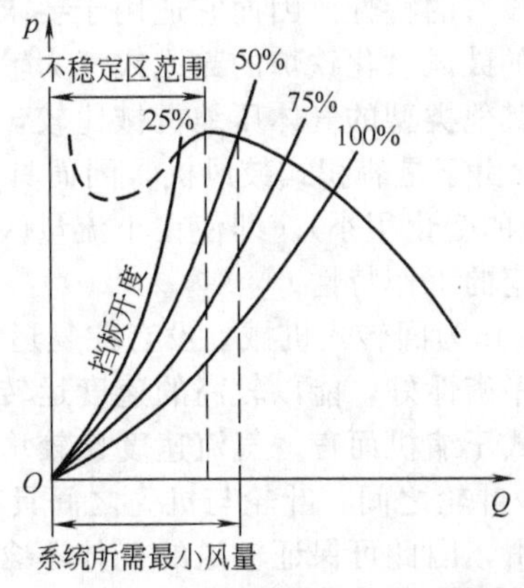

图 7-24 节流挡板调节的轴流式风机性能曲线

7.4 罗茨鼓风机

7.4.1 罗茨鼓风机的结构与工作原理

罗茨鼓风机的基本结构和工作原理如图 7-25 所示，其主要工作元件是转子，随着转轴安装位置不同，罗茨鼓风机有 W 式（卧式）和 L 式（立式）之分。W 式的两个转子中心线在同一水平面内，气流为垂直流向；L 式的两个转子中心线在同一垂直面内，气流为水平流向。工作时耦合的转子以相同的速度作反向旋转，在转子分向侧（图中 W 式的下侧和 L 式的左侧），由于气室容积由小变大，此侧形成低压区，得以进气。在转子的合向侧（图中 W 式的上侧和 L 式的右侧），气室容积由大变小，此侧形成高压区，得以压送气体。气体从低压区向高压区的输送，则依靠转子任一端将气体从低压区沿机壳区间（图上的网格区域）扫入高压区。转轴旋转一周，气体便定量地被压送 4 次。因此，它的流量与转速成正比，同时不受高压区压力变化的影响。

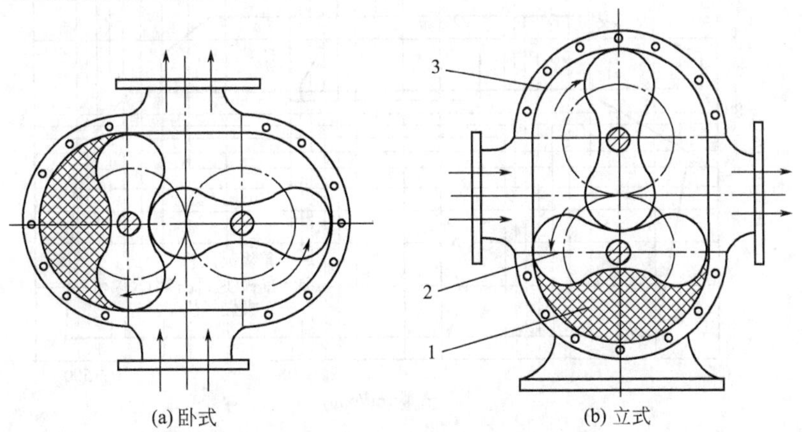

图 7-25 罗茨鼓风机工作原理

1—机壳区间；2—转子；3—机壳

7.4.2 罗茨鼓风机的特点与应用

罗茨鼓风机是一种低压（10～200kPa）、排风量较大（25～400m^3/min）、效率较高（η=65%～80%）的风机。其总体特点是流量几乎不随风压改变而改变，即流量几乎不受管道阻力的影响，只要转速保持不变，流量也就基本不变（俗称“硬风”）。这是离心式和轴流式风机所没有的特性。因而它适用于要求风量稳定而压力要求不太高的生产中，例如铸工车间冲天炉的鼓风、化铁炉的鼓风或气力输送等方面得到较广的应用。

与其他类型的气体压缩机械比较，罗茨鼓风机具有以下优点。

ⅰ. 由于是容积式鼓风机，因而具有强制输气特征。在转速一定的条件下，流量也一定（随压力的变化很小）。即使在小流量区域，也不会像离心式通风机那样发生喘振现象，具有比较稳定的工作特性。

ⅱ. 作为回转式机械，没有往复运动机构，没有气阀，易损件少，因此使用寿命长，并且动力平衡性好，能以较高的速度运转，不需要重型基础。运转一周有多次吸、排气，相对于活塞式压缩机而言，气流速度比较均匀，不必设置储气罐。

ⅲ. 叶轮之间、叶轮与机壳之间具有间隙，运转时不像螺杆式和滑片式压缩机那样需要注油润滑，因此可保证输送的气体不含油，也不需要使用气-油分离器等辅助设备。由于存在间隙及没有气阀，输送含粉尘或带液滴的气体时也比较安全。

ⅳ. 无内压缩过程，理论上比那些有内压缩过程的鼓风机要多耗压缩功。除同步齿轮和轴承外，不存在其他的机械摩擦，因此机械效率高。特别是大型罗茨鼓风机，容积效率高，全绝热效率也比较高。

ⅴ. 结构简单、制造容易、操作方便、维修周期长。

罗茨鼓风机的主要缺点是：

ⅰ. 无内压缩过程，绝热效率较低（小机型尤为偏低）；

ⅱ. 由于间隙的存在，造成气体泄漏，且泄漏流量随升压或压力比增大而增加，因而限制了鼓风机向高压方向的发展；

ⅲ. 由于进、排气脉动和回流冲击的影响，气体动力性噪声较大。

作为一种典型的气体增压与输送机械，罗茨鼓风机在其特定压力区域内具有广泛的适用特性。其流量通常为 0.5～800 m^3/min，最大可达 1400m^3/min 左右，单级工作压力为 －53.3～98kPa。双级串联时，鼓风机正压可达 196kPa，真空泵负压可达－80kPa。采用逆流冷却时，单级正压可达 156.8kPa，负压可达－78.4kPa。图 7-26 为某型罗茨鼓风机的性能范围。

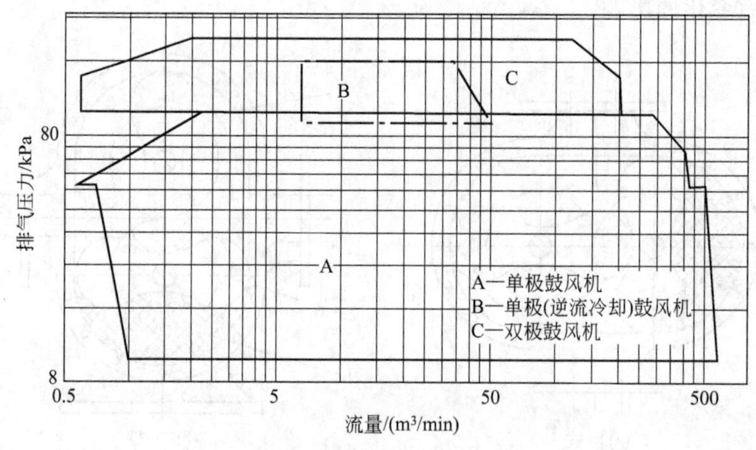

图 7-26　罗茨鼓风机的性能范围

就应用而言，罗茨鼓风机大多作空气鼓风机使用，其用途遍布建材、电力、冶炼、化工与石油化工、矿山、港口、轻纺、邮电、食品、造纸、水产养殖和污水处理等许多领域。采用气密性好的密封装置时，也可用来输送空气之外的气体，如氢气、氧气、一氧化碳、二氧化碳、硫化氢、二氧化硫、甲烷、乙炔、煤气等。另外，在医药、食品、化工和石油化工等部门，罗茨鼓风机通常用作各种低压气力输送系统的气源机械。

7.4.3 罗茨鼓风机选型及计算

7.4.3.1 罗茨鼓风机的型号

罗茨鼓风机目前尚无统一的型号编制国家标准，各厂家都有各自的型号规格，型号一般以结构系列或用途系列、出口口径、出口压力编制较多，性能规格主要包括鼓风机的流量及压力。图 7-27 为湖南某鼓风机厂 R 系列及其派生产品型号示例。

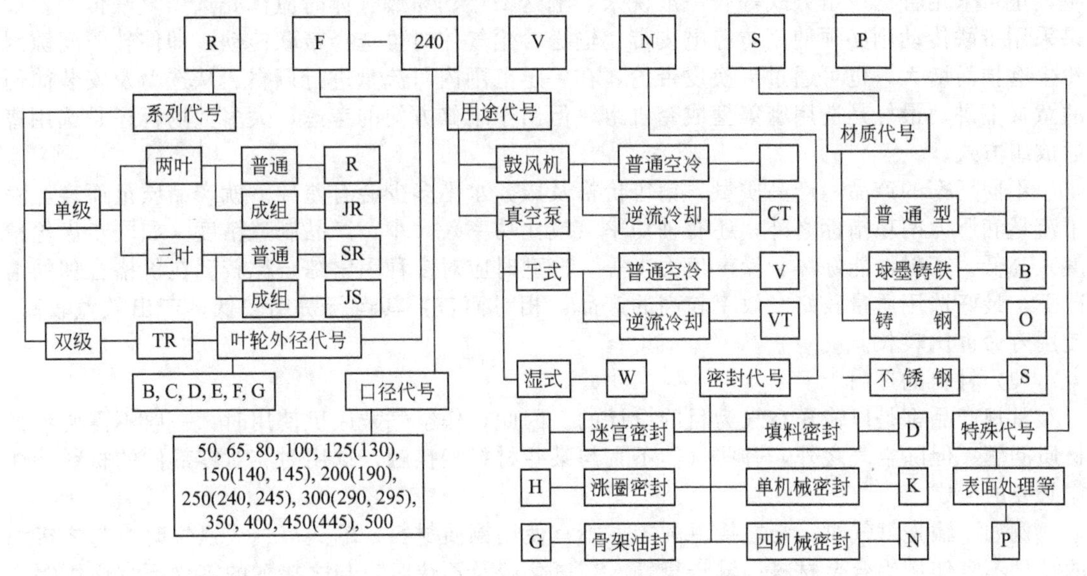

图 7-27 长沙鼓风机厂 R 系列及其派生产品型号示例

7.4.3.2 选型需考虑的因素

(1) 应满足工艺系统所需要的流量、压升的要求

① 流量 如工艺条件未直接给出鼓风机运行工况的流量，则应按系统设计要求达到的能力计算来确定鼓风机的流量，使之与系统中其他设备的能力相匹配，考虑漏风损失的影响以及实际操作时工况参数的变化或用户变工况运行的需要，设计工艺系统时通常考虑一定的余量，鼓风机的流量一般为系统所需流量的 1.1～1.25 倍；如生产过程中流量是变化的，工艺上给出了正常、最小和最大流量，则选型时以最大流量为依据；

② 压升 作为强制鼓风机械，罗茨鼓风机的压升总是与所在系统的压力降相平衡，因此通过计算工艺系统的压力降确定鼓风机所需压升，考虑到工艺设计中压力降的计算比较复杂，难免计算误差，为保守起见，确定鼓风机的压升时应留有一定的余量，一般为系统压力降的 1.05～1.15 倍。如果系统压力降在生产过程中经常变化，须以最大压力降为依据，确定鼓风机的压升。

此外，参照现有同类系统的配置情况，或者按同类装置进行类比、推算，也是确定鼓风机工况参数的一种常用方法。

(2) 对所选型号规格的要求

同样一种用途，能够满足流量与压升要求的鼓风机往往不止一种型号。选型时，要考虑适用性和经济性的统一、机器大小、传动方式以及不同厂家等因素，正确选择。

首先是适用性和经济性的统一。从适用性角度讲，除压力、流量必须满足要求之外，还应考虑产品使用的可靠性，如耐腐蚀性能、耐磨性能和密封性能等；从经济性考虑，在多种可供选用的机型中，应根据高效节能、质优价廉等要求，或侧重其中某项要求进行选择。

对于同样的流量，既可选用尺寸较小的机型，以较高的转速来达到，也可采用较大的机型，以较低的转速来满足。前者体积小、重量轻、效率高，但对振动、噪声及使用寿命有不利的影响；后者运转比较平稳、噪声较低、使用寿命相对较长，但体积和重量比较大，造价相对较高。若侧重经济性考虑，可选用转速较高的小机型；若侧重平稳性考虑，可选用转速较低的大机型。

对于同样的性能要求，既可选用直联传动，也可选择带联传动；既可选用密集型成套机组，也可采用普通成组方式等。一般说来，输送易燃、易爆气体时应优先选用直联传动，如果采用带联传动则必须使用防静电皮带。输送含尘气体时可选择带联传动，即使转子间隙因粉尘磨损而增大，也可通过更换皮带轮，在一定范围内对流量进行调整。从选型及安装简便的意义上讲，最好是选用密集型成套机组，但出于维修方便的考虑，大多数场合还是选用普通成组方式。

不同厂家的产品，产品质量、销售价格及服务水平多少会有差异。就产品质量而言，除了流量和压力两项指标之外，还有轴功率（或比功率）大小，产品制造精度（如同步齿轮精度）高低，密封性能好坏，噪声值大小等，选型时应对多种因素综合比较。在价格合理的情况下，最好选用质量较好、效率较高的产品，相对而言，其运行费用较低，产出效益较高，使用寿命也比较长。

(3) 材料的选用

常规产品都是以输送空气为目的设计的。因此，作空气鼓风机使用时，一般不需要考虑材质问题。但除空气之外，有些气体不宜与某些材料相接触，选用时应对零部件的材料特性作必要的考虑。

例如，输送氮气时，与之接触的零件不宜使用铜质材料；输送氧气或氯气时，与之接触的零件不宜使用铝合金材料；输送氢气、二氧化硫及乙炔时，与之接触的零件不宜使用铝合金材料和铜质材料；输送湿性氯化氢时，与之接触的零件不宜使用碳素钢、铝合金及铜质材料；输送湿性硫化氢时，与之接触的零件不宜使用碳素钢、灰铸铁及铜质材料等。

某些情况下，主气流不一定有腐蚀作用，但杂质的影响不可忽略。例如，输送干燥的纯氯气和输送含有5%水分的氯气，情况就大不一样；输送干性二氧化碳时可以使用铜质材料，输送湿性二氧化碳则不行。

有时主要零部件按常规选材不会有问题，但一些细微因素的影响也不容忽视。例如输送乙炔时，叶轮、机壳及墙板等主要零部件仍可采用铸铁材料制造，但是轴承不得像通常那样使用铜质和铝质保持架（除非它不与乙炔接触）。

(4) 密封型式的选择

鼓风机的密封型式，有迷宫密封、胀圈密封、填料密封、机械密封及骨架油封组等多种密封型式。一般而言，不同的密封型式，有不同的密封效果和不同的适用特性。对于不同的介质，特别是易燃、易爆、有毒、有腐蚀性的气体和稀有、贵重气体，必须按照密封有效和经济实用的原则，合理选择密封型式。

输送空气的鼓风机，对外泄漏量的限制不是太严，可以选用迷宫密封。如果选用填料密封、胀圈密封或机械密封，制造成本高，维护及维修也比较麻烦，经济上不合算。

对于以氮气为介质作气力输送的鼓风机，为了防止粉粒料通过轴端间隙外漏，或阻止空气混入输送系统，可选用“闭式墙板·充气迷宫”的密封型式。此时，四个轴端部位各设一组充气迷宫，工作时将压力较高的氮气充入迷宫中段，墙板内腔与氮气回收系统连通。

输送瓦斯的鼓风机，不允许瓦斯进入润滑系统，否则会对润滑油（或润滑脂）产生稀释作用。可选用“开式墙板·填料密封”的密封型式，在四个轴端部位各设一组填料密封，使机壳内的介质与齿轮、轴承及其润滑系统完全隔离开来。

(5) 电机的选择

所选电机的功率必须大小适当。如果功率选得过大，不能充分利用和发挥电机的能力，不仅增加了电机的购置费用，而且电机在轻载时效率变得很低，运行费用增加；如果功率选得过小，电机长期超载运行，又会发热，缩短寿命，甚至烧毁。

电机功率可按下式计算

$$P=K_eP_{sh} \tag{7-22}$$

式中 P_{sh}——鼓风机的轴功率，kW；

P——电机功率，kW；

K_e——余量系数，$K_e=1.05\sim1.25$；采用机械密封、填料密封时，取较大的值。

由式（7-22）得出的功率 P，为电机应当具有的功率。实际上，电机的额定功率是按标准分级的，不可以任意选定。如果计算功率与电机额定功率数值不符，选择电机时须往上一个功率级靠。

7.4.3.3 选型步骤

（1）列出原始数据与要求

ⅰ.用途：鼓风机在流程中的位置和作用，区别鼓风用途与真空用途。

ⅱ.气体性质：名称，分子量，有无毒性、腐蚀性和爆炸性，混合气体的组成比，含尘情况等。

ⅲ.工况参数：进气温度，进气压力，压升（排气压力或真空度），流量，以及对排气温度和噪声的允许限值等。

ⅳ.环境状况：安装场所（户外或室内，地面或楼板上），大气压、温度和湿度等。

ⅴ.公用条件：供水、供电（包括电源电压）等情况。

ⅵ.其他：变工况运行时压力或流量调节要求，运转状况，连续运转时间或间断运行频度，涂漆（包括颜色）、包装、运输等方面的要求。

（2）选型计算

ⅰ.根据使用要求，选定鼓风机的材质和密封型式，初步选定产品型号及规格；

ⅱ.核算初选产品在规定工况下的性能参数，包括流量、轴功率及排气温度等；

ⅲ.选定鼓风机型号规格之后，确定原动机（电机）及传动方式，选择配套附件。

（3）列出选型清单

ⅰ.鼓风机：口径、材质和密封型式等，流量、压升（或真空度）、转速和轴功率等。

ⅱ.电机：电压、功率、极数（或转速）、防护等级和绝缘等级等。

ⅲ.传动方式：直联、带联（是否为防静电皮带）或其他传动方式。

ⅳ.配套附件：消声器，过滤器，弹性接头，安全阀，逆止阀，隔声罩，起动柜的型号规格等。

7.4.3.4 性能参数换算

7.4.3.4.1 流量换算

（1）不同状态下的流量换算

ⅰ.基准状态与进气状态下的流量换算。工艺要求的流量，通常以基准状态（温度0℃，压力101.325kPa）下的数值 Q_N（m^3/min）给出，可按下式将 Q_N 换算成实际进气状态下的流量 Q_s（Nm^3/min）为：

$$Q_s=Q_N\frac{273+t_s}{273}\times\frac{101.325}{101.325+p_s} \tag{7-23}$$

式中 t_s——进气温度，℃；

p_s——进气压力（表压），kPa。

鼓风机的样本流量，通常为标准吸入状态（即20℃，101.325kPa，相对湿度为50%的空气状态）下的流量。不考虑湿度的影响，可按下式将 Q_N 换算成标准吸入状态下的流量为：

$$Q_s=1.07326Q_N \tag{7-24}$$

ⅱ. 进、排气状态下的流量换算公式为：

$$Q_s=Q_d\frac{273+t_s}{273+t_d}\times\frac{101.325+p_d}{101.325+p_s} \tag{7-25}$$

式中 t_d——排气温度，℃；

p_d——排气表压，kPa；

Q_d——排气流量，m^3/min。

(2) 不同工况下的流量换算

实际工况与样本工况可能存在以下差异，如介质不是空气，进气温度不是20℃，压力比及转速与样本值不符，必须将样本工况参数换算为实际工况下的参数。

ⅰ. 实际转速下的理论流量为

$$Q_{th}=Q_{tha}\frac{n}{n_a} \tag{7-26}$$

式中 Q_{th}——实际转速下的理论流量，m^3/min；

n——实际转速，r/min；

n_a——样本工况的转速，r/min；

Q_{tha}——样本转速下的理论流量，m^3/min。

ⅱ. 样本工况下的泄漏流量为

$$Q_{ba}=Q_{tha}-Q_{sa} \tag{7-27}$$

式中，Q_{sa}为样本工况下的"实际流量"，m^3/min。

ⅲ. 实际工况下的泄漏流量为

$$Q_b=Q_{ba}\sqrt{\frac{273+t_s}{293}\times\frac{29}{M}\times\frac{\varepsilon-1}{\varepsilon_a-1}} \tag{7-28}$$

式中 t_s——实际进气温度，℃；

M——气体分子量，空气$M=29$；

ε——实际压力比；

ε_a——样本工况下的压力比。

ⅳ. 实际流量为

$$Q_s=Q_{th}-Q_b \tag{7-29}$$

7.4.3.4.2 轴功率换算

对于同一台鼓风机，当转速、压升的实际值与样值差别不是很大时，轴功率可按下述方法换算。

ⅰ. 当压升与样本值相等，转速与样本值不同时，实际轴功率为

$$P_{sh}=P_{sha}\frac{n}{n_a} \tag{7-30}$$

式中 P_{sh}——实际轴功率，kW

P_{sha}——样本上标出的轴功率，kW。

ⅱ. 当转速与样本值相同，压升与样本值不同时，实际轴功率为

$$P_{sh}=P_{sha}+\frac{(\Delta p-\Delta p_a)Q_{tha}}{60} \tag{7-31}$$

式中 Δp——实际压升，kPa；

Δp_a——样本工况的压升，kPa。

ⅲ. 当 $n \neq n_a$、$\Delta p \neq \Delta p_a$ 时，实际轴功率为

$$P_{sh}=\frac{n}{n_a}\left[\frac{(\Delta p-\Delta p_a)Q_{tha}}{60}+P_{sha}\right] \tag{7-32}$$

7.4.3.5 选型案例

（1）流量以基准状态下的数值 Q_N 表示时，不可直接引用产品样本上的参数

【例 7-2】 进气口为标准吸入状态，压升为 49kPa，要求流量为 7.9m³/min。对流量作保守考虑，请选择鼓风机。

解 将基准状态下的流量 Q_N 换算成标准吸入状态下的流量

$$Q_s=1.07326Q_N=1.07326\times7.90=8.48\ (\mathrm{m^3/min})$$

作保守考虑，鼓风机的样本流量应不小于

$$Q_{s,1}=Q_s/(1-5\%)=8.48/(1-5\%)=8.93\ (\mathrm{m^3/min})$$

初选 RC-100 型鼓风机，性能见下表。

型号	转速 n_a/(r/min)	理论流量 Q_{tha}/(m³/min)	Q_{sa}/(m³/min)	P_{sha}/kW
RC-100	2000	11.02	8.25	10.3

由上表可知样本工况下的泄漏量

$$Q_{ba}=Q_{tha}-Q_{sa}=11.02-8.25=2.77(\mathrm{m^3/min})$$

为确保流量 $Q_{s,1}=8.93\mathrm{m^3/min}$，所需的理论流量为

$$Q_{th}=Q_{s,1}+Q_{ba}=8.93+2.77=11.70(\mathrm{m^3/min})$$

故实际所需的转速为

$$n=n_a\frac{Q_{th}}{Q_{tha}}=2000\times\frac{11.70}{11.02}=2123\ (\mathrm{r/min})$$

实际轴功率为

$$P_{sh}=\frac{n}{n_a}P_{sha}=\frac{2123}{2000}\times10.3=10.9\ (\mathrm{kW})$$

选型结果：RC-100 型鼓风机，$n_a=2123\mathrm{r/min}$，$Q_s=8.48\mathrm{m^3/min}$，$P_{sh}=10.9\mathrm{kW}$。

（2）不同的温度、压力、气体成分等，对鼓风机的性能影响

【例 7-3】 某高原地区的大气压为 80.636kPa，混合气体介质 $M=21.2$，进气温度 $t_s=40℃$，进气表压 $p_{s0}=-9.8\mathrm{kPa}$，压升 $\Delta p=53.9\mathrm{kPa}$。要求流量 $Q_s=25\mathrm{m^3/min}$，请选择鼓风机。

解 鼓风机进气压力（绝对压力）为

$$p_s=p_a+p_{s0}=80.636-9.8=70.836\ (\mathrm{kPa})$$

排气压力（绝对压力）为

$$p_d=p_s+\Delta p=70.836+53.9=124.736\ (\mathrm{kPa})$$

压力比为

$$\varepsilon=p_d/p_s=124.736/70.836=1.761$$

初选 RE-150 型鼓风机，性能见下表。

型号	转速 n_a/(r/min)	理论流量 Q_{tha}/(m³/min)	Q_{sa}/(m³/min)	P_{sha}/kW
RC-150	970	35.54	25	50.0

样本工况下的压力比为

$$\varepsilon_a=\frac{101.325+78.4}{101.325}=1.774$$

泄漏流量为

$$Q_{ba}=Q_{tha}-Q_{sa}=35.54-25.5=10.04\ (\mathrm{m^3/min})$$

实际工况下的泄漏流量为

$$Q_b=Q_{ba}\sqrt{\frac{29}{M}\times\frac{T_s}{293}\times\frac{\varepsilon-1}{\varepsilon_a-1}}=10.04\times\sqrt{\frac{29}{21.2}\times\frac{273+40}{293}\times\frac{1.761-1}{1.774-1}}=12.03\ (\mathrm{m^3/min})$$

实际流量 $Q_s=25\mathrm{m^3/min}$ 时，理论流量为

$$Q_{th}=Q_s+Q_b=25+12.03=37.03\ (\mathrm{m^3/min})$$

实际所需的转速为

$$n=n_a\frac{Q_{th}}{Q_{tha}}=970\times\frac{37.03}{35.54}=1010\ (\mathrm{r/min})$$

实际轴功率为

$$P_{sh}=\frac{n}{n_a}\left[P_{sha}+\frac{(\Delta p-\Delta p_0)Q_{tha}}{60}\right]=\frac{1010}{970}\times\left[50.0+\frac{(53.9-78.4)\times 35.54}{60}\right]=36.95\ (\mathrm{kW})$$

选型结果：RE-150 型鼓风机，$n_a=1010\mathrm{r/min}$，$Q_s=25\mathrm{m^3/min}$，$P_{sh}=36.95\mathrm{kW}$。

思考与计算题

1. 风机的常用的分类依据有哪几种？具体又可以将风机分为几种？

2. 反应风机性能的主要性能参数有哪些？其意义是什么？

3. 风机主要用途有哪些，列举 2-3 个风机应用实例。

4. 离心式风机有哪些主要部件组成，简述其工作原理。

5. 离心机型号的编制包括哪几部分？排列顺序如何？

6. 说明以下风机型号的意义：(1) 4-72-11No6C 左 45°；(2) G4-73-11No9D 右 90°；(3) F4-62-1No4。

7. 说明离心式风机性能曲线的意义和作用。

8. 无因次曲线是如何绘制的？无因次曲线所反映的是什么？

9. 说明选择风机时，风量和风压的确定方法。

10. 风机工况调节的目的是什么？有哪些调节方法？

11. 利用图 7-14 说明两台型号相同的风机并联工作时，风量、风压在并联前后的变化情况。

12. 利用图 7-15 说明两台型号相同的风机串联工作时，风量、风压在串联前后的变化情况。

13. 轴流式风机型号包括哪几部分内容？

14. 从性能曲线分析，离心式风机与轴流式风机性能主要区别。

15. 从罗茨鼓风机的工作原理分析其性能特点及应用场合。

16. 一台风机，在标准状态下吸入，工作转速 $n=1450\mathrm{r/min}$，流量 $Q=49400\mathrm{m^3/h}$，压头为 $p_T=3\mathrm{kPa}$，功率 $P=52\mathrm{kW}$，当 n 变为 $n'=2900\mathrm{r/min}$ 时，求 Q'、p'_T 和 P' 为多少？

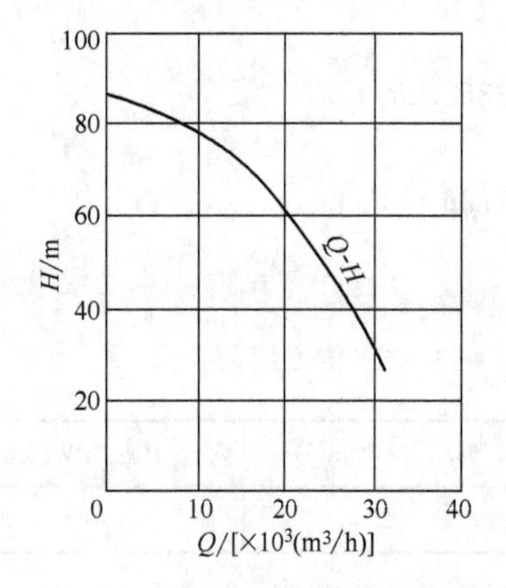

图 7-28　某离心式风机性能曲线

17. 在 100kPa、20℃下使 30000m³/h 的空气通过一翅

片换热器，自20℃加热到80℃。根据工艺要求，风机装于换热器之后，试求风机所需的风量和风压，假设管路和换热器的全部流动阻力为1176.84Pa。

18. 在标准状况下，一台锅炉需要助燃风50000m^3/h空气，锅炉烟囱出口温度为120℃，试求风机装在锅炉之前与装在锅炉之后烟囱出口处风机所需的风量？

19. 有两台性能相同的离心式风机，其中一台的性能曲线如图7-28所示，并联在管路上工作，管路特性方程式 $p=0.65Q^2$。问当一台通风机停止工作时，管路中的送风量减少了多少？

20. 介质为空气，进气压力为98kPa（绝对压力），进气温度为40℃，升压为49kPa。要求流量为7.90m^3/h，请选择鼓风机。

参 考 文 献

[1] 郭立君，何川．泵与风机．北京：中国电力出版社，2004.

[2] 刘志军，喻健良，李志义．过程机械．北京：中国石油出版社，2002.

[3] 重庆大学流体力学教研室．泵与风机．北京：水利电力出版社，1983.

[4] 余国琮．化工机械工程手册：中卷．北京：化学工业出版社，2003.

[5] 余国琮，孙启才，朱企新．化工机器．天津：天津大学出版社，1987.

[6] 机械工程手册编委会．机械工程手册（第二版）：第12卷第9篇，北京：机械工业出版社，1997.

[7] Perry. Chemical Engineer’s Handbook（7th）. London：McGraw-Hill，北京：科学出版社，2001.

[8] 李庆宜．通风机．机械工业出版社，1986.

[9] 王松汉．石油化工设计手册：第3卷，化工单元过程．北京：化学工业出版社，2002.

[10] 罗春模，罗茨鼓风机及其使用．长沙：中南大学出版社，1999.

[11] 张玉成，仪登利，冯殿义．通风机设计与选型．北京：化学工业出版社，2011.

8 离心机

8.1 离心机及其分离原理

离心机是利用转鼓旋转产生的离心惯性力使具有密度差的液相非均匀系混合物实现分离的流体机械。离心机主要用于脱液、浓缩、澄清、净化及固体颗粒分级等分离过程。与其他类型分离机械相比，离心机可以得到含湿量较低的固相和高纯度的液相，还具有自动控制、分离效率高、占地面积小和节省劳力等优点，广泛用于资源开发、过程生产、三废治理和国防工业等各部门，在轻化、生物、食品工业中更是占据着非常重要的地位。

离心分离过程包括离心过滤和离心沉降两种类型，据此，离心机可分为过滤式离心机和沉降式离心机两大类。

8.1.1 分离因数

离心分离过程是在离心力场中进行的，离心力场是由离心机转鼓高速回转所形成的。转鼓内物料颗粒作回转运动时所受离心力 F_c 为

$$F_c = mR\omega^2 \tag{8-1}$$

式中　F_c——固体颗粒所受的离心力，N；

　　m——物料颗粒质量，kg；

　　R——转鼓内颗粒位置处的回转半径，m；

　　ω——回转角速度，rad/s。

离心机转鼓内物料在离心力场中所受离心力与其所受重力的比值，即离心加速度与重力加速度的比值，称为分离因数，一般用 K_c 表示，其定义式为

$$K_c = \frac{mR\omega^2}{mg} = \frac{R\omega^2}{g} \approx 1.12 \times 10^{-3} Rn^2 \tag{8-2}$$

式中，n 为转鼓转速，r/min。

由上式可以看出，在离心机转鼓内不同半径处，固体颗粒所受离心力不同，K_c 也不同。离心机的分离因数通常指转鼓内壁最大半径处的 K_c 值。分离因数是衡量离心机分离性能的主要指标，离心机分离因数不同，离心机也具有不同的适用场合和使用范围。除了对具有可压缩变形颗粒的悬浮液进行离心过滤时，过大的 K_c 会使滤饼层孔隙率减少、孔隙堵塞，分离效果恶化之外，一般来讲 K_c 越大离心分离的推动力越大，分离效果越好。工业用过滤和沉降离心机的分离因数一般为 120～3000，高速沉降离心机的 K_c 可达 3000～20000，超速离心机大于 20000，实验和分析用超高速离心机可达 600000。

但是分离因数的提高不是无限制的，以圆筒形离心机转鼓为例分析，转鼓壁质量产生的离心力 F_c 使转鼓像受内压力的壳体一样，它的周向（环向）应力 σ_2 的大小可由拉普拉斯方程求得

$$\sigma_2 = \rho_0 R^2 \omega^2 \tag{8-3}$$

式中　ρ_0——转鼓材料密度，kg/m³；

R——转鼓壁内表面半径，m；

ω——回转角速度，rad/s。

若满足转鼓材料的强度要求，必须使材料的屈服许用应力 $[\sigma_2] \geqslant \sigma_2$，故有

$$[\sigma_2] \geqslant \rho_0 R^2 \omega^2 = g\rho_0 R \frac{R\omega^2}{g} = g\rho_0 R K_c$$

所以
$$K_c \leqslant \frac{[\sigma_2]}{g\rho_0 R} \tag{8-4}$$

从式（8-4）可见，分离因数的提高受转鼓材料的限制，且与转鼓结构有关。对于一定直径的转鼓，K_c 的极限值取决于转鼓材料的屈服极限和密度。强度高、密度小是转鼓的优选材料。当转鼓的材料选定以后，要想获得更大的分离因数，只有减小转鼓的半径。同时从式（8-2）可以看出提高转鼓转速比，加大转鼓直径对增大 K_c 更易见效。这也是为什么所有高速离心机转鼓的直径均较小的原因。

8.1.2 离心分离原理

（1）离心过滤原理

当悬浮液加入转鼓后，固体颗粒很快沉积到鼓壁的过滤介质上形成滤饼层，如图 8-1 所示，液体在离心液压作用下渗透过滤渣层和过滤介质及鼓壁孔而被甩出从而达到分离效果。

离心机运转时，进入旋转转鼓的悬浮液或乳浊液在离心力作用下形成环状液层，由于离心力大大超过重力，可以认为液层自由表面近似于与转鼓同轴心的圆柱面，如图 8-2 所示。一般将过滤离心机的作业过程分为两个阶段，即过滤阶段和脱水阶段，其中过滤阶段是指液体自由液面从 R_0 降到滤渣表面 R_S 处；脱水阶段，指液面自 R_S 降至 R 处及空气流穿过滤饼层的进一步脱水。

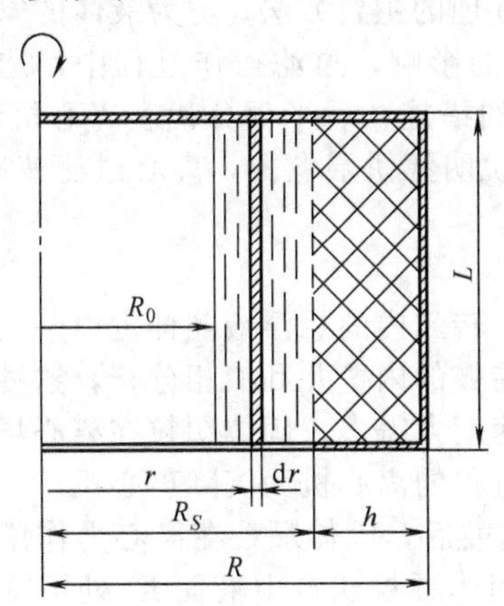

图 8-1 过滤离心机转鼓内物料分布情况

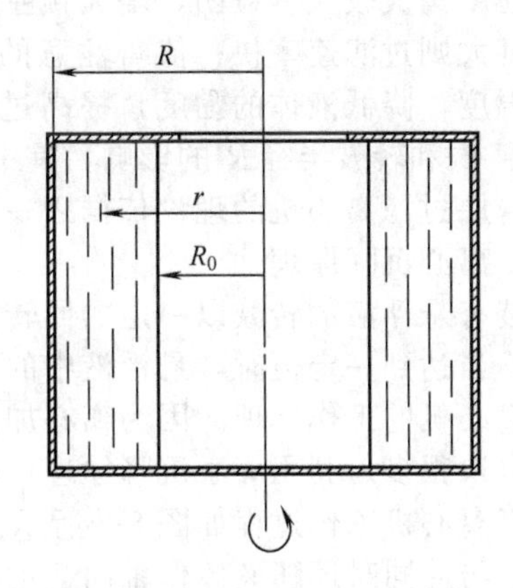

图 8-2 旋转转鼓内流体分布状态

离心力场中的环状液层中的离心液压 p_c 为

$$p_c = \frac{1}{2}\rho_l \omega^2 (r^2 - R_0^2) \tag{8-5}$$

式中 ρ_l——液体密度，kg/m³；

r——液层中任意位置半径，m；

R_0——自由液面半径，m。

于是，对转鼓壁的离心液压为

$$p_c = \frac{1}{2}\rho_l \omega^2 (R^2 - R_0^2) \tag{8-6}$$

式中，R 为转鼓壁内半径，m。

流体所产生的离心液压 p_c 对离心分离过程和离心机结构设计具有重要意义，沉降离心机利用撇液管等自动排液，活塞排渣碟式分离机的活塞运动都是依靠离心液压实现的。

过滤速率可以反应过滤离心机的生产能力，根据流体流过颗粒多孔层的达西定律可推导出过滤离心机的过滤速率为

$$q=\frac{dQ_f}{dt}=\pi KL\rho_l\omega^2\frac{R^2-R_0^2}{\mu\ln(R/R_S)}=\frac{K\rho_l g}{\mu}\times\frac{\pi L\omega^2(R^2-R_0^2)}{g\ln(R/R_S)} \tag{8-7}$$

式中 q——过滤离心机的过滤速率，m^3/s；
K——滤渣层的渗透率，m^2；
L——转鼓的长度，m；
ρ_l——液体的密度，kg/m^3；
ω——转鼓角速度，rad/s；
R——转鼓壁内半径，m；
R_0——自由液面半径，m；
R_S——滤渣层表面半径，m；
μ——液体黏度，kg/m·s。

式（8-7）的假设条件是忽略了过滤介质阻力和重力的影响，液体通过滤饼层孔隙作层流流动和滤饼层是不可压缩的。这些假设多数物料和工业用间歇式过滤离心机是合适的。上式由两部分组成，前半部分$\frac{K\rho_l g}{\mu}$代表物料的影响，其中 K 反应了滤饼层的性质，与固体颗粒的大小、形状和刚性有关，过滤操作过程中在悬浮液内加入适量的凝聚剂或絮凝剂使分散的细颗粒凝集成较大颗粒团，增大颗粒的渗透性是预处理的主要方法；ρ_l 为液体的密度，液体的密度大则过滤速率快；值得注意的是液体黏度 μ 的影响，过滤操作过程中，选择适宜的操作温度，降低液体的黏度，提高过滤速率是常用的措施；后半部分代表离心机转速 n、转鼓长度 L 和转鼓半径 R 的影响，其中 ln（R/R_S）说明滤饼层愈薄，离心过滤速率愈大，这也是薄层过滤离心机的理论依据之一。

（2）离心沉降原理

当装有悬浮液的转鼓以一定的回转角速度旋转时，转鼓内的悬浮液同样也以一定的角速度旋转。当达到一定值时，悬浮液中的固相会沉降到转鼓的内壁并和液相分开，这种现象就是沉降离心机的工作原理。因为离心加速度比重力加速度大得多，固体颗粒在离心场中的沉降速度也快很多。利用离心沉降原理，实现固液分离过程的离心机为沉降离心机。

沉降离心机工作过程如图 8-3 所示。悬浮液加入转鼓后，固体颗粒在离心力作用下做径向运动，与此同时还随液体作轴向运动，在此过程中固体颗粒从自由液面 R_0 处沉降到鼓壁 R 处，径向运动所需的时间 t_1 必须小于颗粒在转鼓内的停留（轴向运动）时间 t_2 才能不被液流带出鼓外，从而达到分离目的。

按照分离条件 $t_1 \leqslant t_2$，可得出圆柱形转鼓沉降离心机生产能力计算式为

$$Q=\frac{d^2\Delta\rho\,\omega^2}{18\mu}\times\frac{\pi L(R^2-R_0^2)}{\ln(R/R_0)}=v_g\frac{\pi L(R^2-R_0^2)}{\ln(R/R_0)}=v_g A \tag{8-8}$$

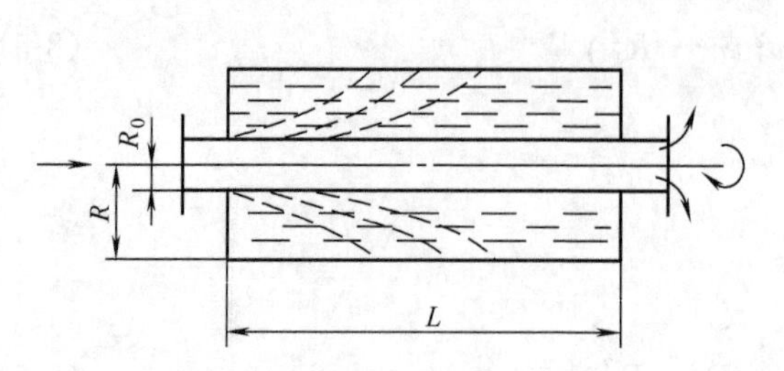

图 8-3 沉降离心机转鼓内固体颗粒运动状态

式中 Q——圆柱形转鼓沉降离心机生产能力，m^3/s；
d——颗粒直径，m；
$\Delta\rho$——固、液相密度差，kg/m^3；

ω——转鼓角速度，1/s；

μ——液相黏度，kg/m·s；

L——转鼓的长度，m；

R——转鼓壁内半径，m；

R_0——自由液面半径，m；

v_g——固体颗粒的重力沉降速度，m/s；

A——当量沉降面积，m^2。

将式（8-8）与式（8-7）比较可以看出，两式表达形式几乎完全相同。式（8-8）同样是由两部分组成，前半部分$\frac{d^2\Delta\rho\ \omega^2}{18\mu}$为固体颗粒在重力场中的沉降速度。固、液相密度差愈大，在悬浮液内加入适量的凝聚剂或絮凝剂使分散的细颗粒凝集成较大颗粒团，可以增大颗粒的沉降速度；同样值得注意的是液体黏度μ的影响，选择适宜的操作温度，降低液体的黏度来提高沉降速度是常用的措施；后半部分表示离心机的结构参数的影响，概括为当量沉降面积A的影响，其中$\ln(R/R_0)$说明沉降距离愈短，沉降离心机生产能力愈大，这也是碟式、室式、管式分离机的设计理论依据之一。

8.2 过滤离心机

实现离心过滤操作过程的离心机称为过滤离心机。图8-4为离心过滤过程示意图，离心机转鼓壁上有许多孔，供排出滤液用。转鼓内壁上铺有过滤介质，过滤介质一般由金属丝网和滤布组成。加入转鼓的悬浮液随转鼓一同旋转，悬浮液中的固体颗粒在离心力作用下，沿径向移动被截留在过滤介质表面形成滤饼层。与此同时，液体在离心力作用下透过滤饼、过滤介质和鼓壁上的孔被甩出，从而实现固体颗粒与液体的分离。

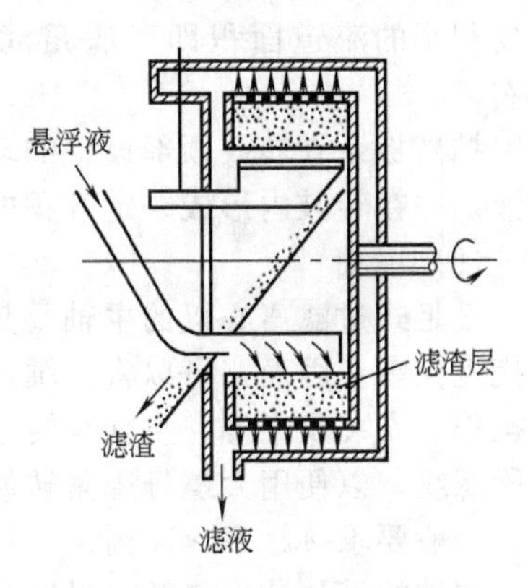

图8-4　离心过滤过程示意图

悬浮液在离心力场中所受离心力很大，这就强化了过滤过程，加快了过滤速度，滤渣中的液体含量也较低。过滤离心机一般用于固体颗粒尺寸大于10μm的悬浮液的过滤。过滤离心机因支承型式、卸料方式和操作方式不同而有各种结构类型。

8.2.1 三足式过滤离心机

三足式过滤离心机是应用最广泛的一类过滤离心机，它对物料的适应性强，可用于各种不同浓度和不同固相颗粒粒度的悬浮液的分离、洗涤脱水。机器安装在弹性悬挂支承上，质量中心低，机器运转平稳，结构简单，制造容易，安装方便，操作维护易于掌握。特殊结构的密封防爆型三足式离心机可用于分离易燃、易爆的悬浮液或应用于工作环境有防爆要求的场合。

三足式过滤离心机主要由转鼓、主轴、机壳、弹簧悬挂支承装置、底盘和传动系统等零部件组成，图8-5为三足式人工上部卸料离心机结构简图。

（1）转鼓

三足式过滤离心机的转鼓由鼓底、鼓壁及拦液板三部分组成。在鼓壁内侧衬有支承滤布的金属网，以利排液；滤布则常制成袋形铺在金属网上。为了防止从滤布与鼓壁间的缝隙漏渣，有时在转鼓与滤布上下两端压紧的部位制出环形槽；用压条压紧滤布，形成迷宫式密封。

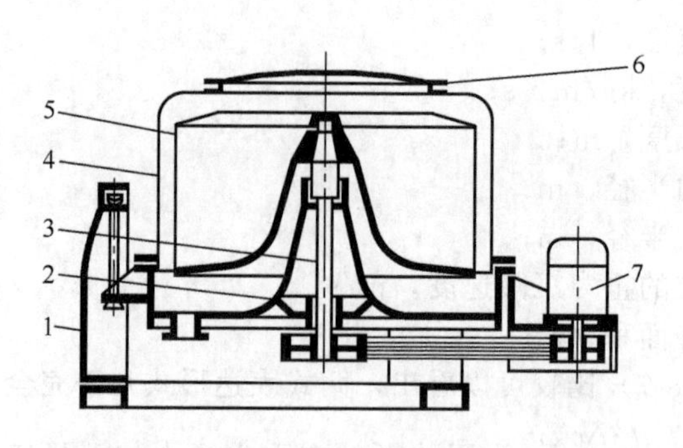

图 8-5　三足式人工上部卸料离心机

1—柱脚；2—底盘；3—主轴；4—机壳；5—转鼓；6—盖；7—电动机

上部卸料的鼓底密封，下部卸料的鼓底则为环状。为了卸料时刮刀旋转进刀、退刀方便，并能沿转鼓全高充分刮料，所以环状鼓底多制成平板形。为了提高离心机主轴的临界转速，应使转鼓质量中心在轴向尽量靠近轮毂内轴承的支承中心，即应使轮毂尽量伸入转鼓内部，呈凹式转鼓。通常多将轮毂与鼓底铸造或焊接成整体结构。轮毂中的轴孔通常制成1∶10的锥孔，以利于对中。轮毂的长度一般为孔径的1.2倍。

三足式离心机的圆筒形鼓壁多为钢板卷焊，直径较大时在鼓壁外侧常增加几道加强圈。鼓壁上开有很多圆形小孔。鼓壁开孔率的大小，应根据转鼓的转速及所处理的物料性质而决定；由于滤液从开孔处流出时，在离心力作用下具有很高的流速。所以滤液流经开孔时，只需要很小的流道面积即可满足滤液的流量。我国现有的三足式离心机的开孔率约为5%左右。

挡液板系在转鼓顶部设置的环形盖板。它可以挡住悬浮液，不使其从顶端溢出鼓外混入滤液。并在转鼓内形成一定容积的容渣空间。

(2) 主轴

三足式过滤离心机的主轴及其支承、驱动装置，都被安装在机器的外壳上，整个主机处于挠性支承。因而，可以将主轴设计成短而粗的刚性轴。这样能使设备高度进一步降低，便于操作、安装及维修。主轴与转鼓配合面为圆锥面，靠锥面摩擦传递力矩。在轴的端部则有一段螺纹，以便用大螺母压紧转鼓。为此还要求锥面有足够的接触强度，有较高的配合接触率。一般要求接触率≥70%。

主轴的设计计算包括临界转速计算和强度计算。应当指出，由于离心机刹车时，扭矩有最大值，所以强度计算中还应该对刹车状态受力进行校核，最后确定合适的轴径。

(3) 弹簧悬挂支承装置

图8-6为目前应用较多的三足式过滤离心机弹性悬挂支承装置。在摆杆上套有一压缩弹簧，安装时以一定的预紧力定位于支柱及底盘之间。它既可以作为摆动系统的一个阻尼，又可以缓冲垂直方向的振动。图8-6 (a) 所示结构仍具有不易调节、安装不便的缺点。而图8-6 (b) 中的结构通过调节摆杆的工作长度，可以调节缓冲弹簧的预紧力，减振性能好。

一个典型的操作循环包括七个阶段：ⓘ启动加速至加料转速；ⓘⓘ在加料转速下加料；ⓘⓘⓘ停止加料后，继续加速至规定的工作转速进行分离；ⓘⓥ加洗涤液洗涤滤饼；ⓥ脱液干燥；ⓥⓘ制动进入低转速；ⓥⓘⓘ在低速下用刮刀机构排除滤饼。卸料时，液压系统使转鼓转速降至低速。通过旋转油缸使刮刀旋转进刀切入滤饼，随后升降油缸推动刮刀沿轴向刮料。滤饼在刮刀片的引导作用下，克服离心力向轴心方向由鼓底辐条状筋间的敞口落下排出。三足式离心机均采用间歇操作方式。按卸料方式，可分为上部卸料和下部卸料两类，具体操作特点见表8-1。

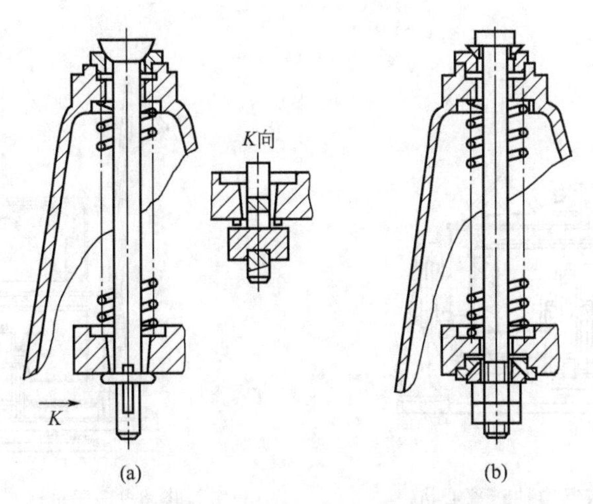

图 8-6　三足式过滤离心机弹性悬挂支承装置

表 8-1　三足式过滤离心机操作特点

卸料方式	卸料			转鼓运转方式	使用典型物料
	操作方式	位置	卸料时机器状态		
人工卸料	手工	上部或下部	停机	恒速,间歇	各种物料
	可吊起的滤袋	上部	停机	恒速,间歇	毛线等织物
	手动刮刀	下部	低速	变速,连续	松软物料
机械卸料	液压驱动刮刀	下部	低速	变速,连续	有一定黏性物料
	气力提升	上部	低速	变速,连续	羽绒、短纤维
	螺旋提升	上部	低速	变速,连续	一般饼层物料

图 8-7、图 8-8 和图 8-9 分别为三足式刮刀下部卸料离心机结构、三足式气力抽送离心机结构、三足式吊袋卸料离心机结构。图 8-10 和图 8-11 分别为工业中三足式人工下部卸料过滤离心机和三足式吊袋卸料离心机的实物图。

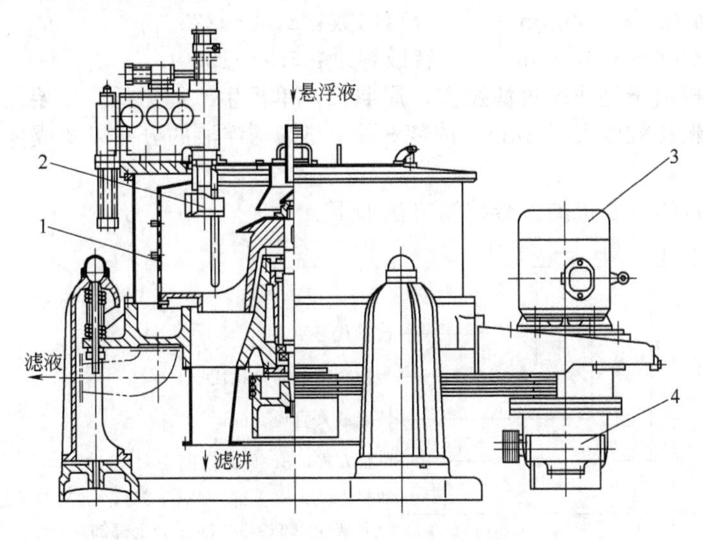

图 8-7　三足式刮刀下部卸料离心机

1—转鼓；2—刮刀；3—电动机；4—传动机构

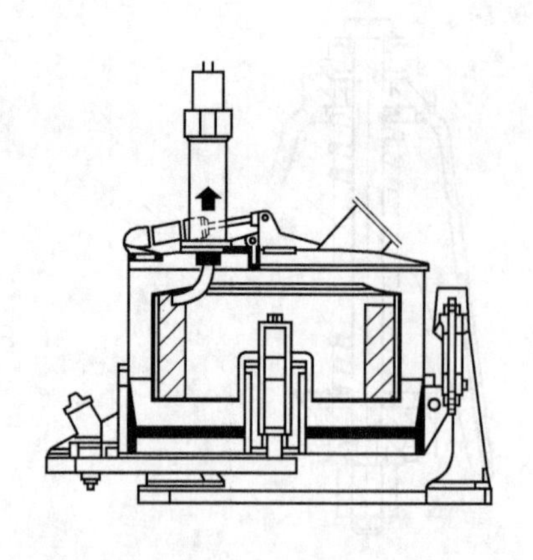

图 8-8　三足式气力抽送离心机

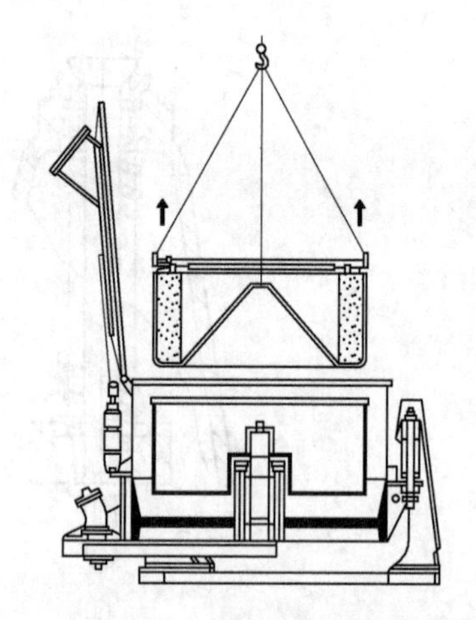

图 8-9　三足式吊袋卸料离心机

图 8-10　三足式人工下部卸料过滤离心机

图 8-11　三足式吊袋卸料离心机

目前，国内外生产的三足式离心机参数的一般范围如下。

转鼓直径：Φ255～3000mm　　　分离因数：2100～225

主轴转速：3500～500r/min　　　转鼓容量：3.4～1800L

三足式离心机由于是间歇过滤操作，周期长，单机生产能力低，主要用于中小型的生产规模，用于固体颗粒粒度大于5μm、浓度5%～75%悬浮液的分离以及成件产品、金属制品的脱液。

我国三足式过滤离心机的型号编制方法如下。

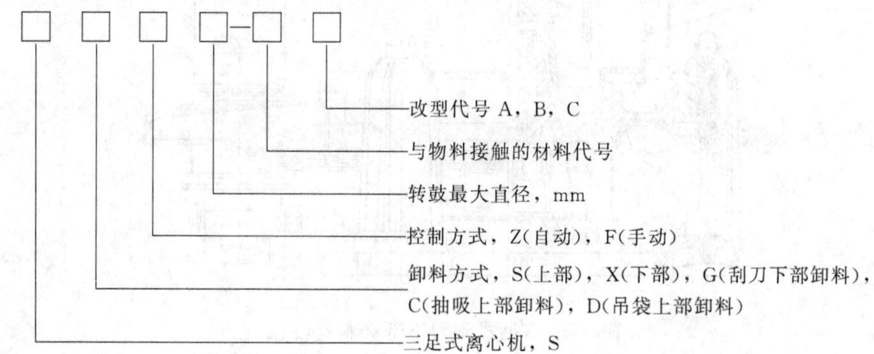

例如，转鼓最大内径为800mm，转鼓材料为衬塑，人工上卸料，经一次改进设计的三足式离心机的型号可以表示为SS800-SA；转鼓最大内径为600mm，转鼓材料为碳钢，手动刮刀下卸料的三足式离心机，其型号表示为SG600-G。

8.2.2 上悬式过滤离心机

上悬式过滤离心机常为立式，是一种间歇式过滤机。转鼓装在细长主轴的下端，主轴通过其上端的轴承垂直悬挂在铰接支承上，如图8-12所示。上悬式过滤离心机的支承特点在于主轴的支点远高于转动部件的质量中心，转轴本身又有较大的挠性，使转动部件具有自动对中性能，保证离心机运转平稳。

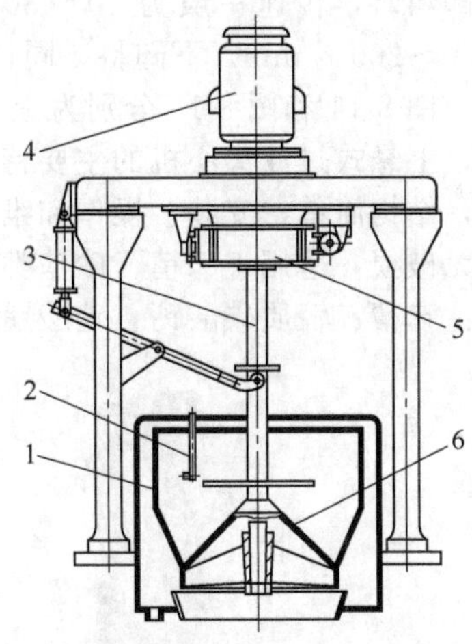

图8-12 上悬式离心机结构简图
1—转鼓；2—洗涤管；3—主轴；4—电机；5—制动器；6—锥形罩

上悬式过滤离心机均采用下部卸料，方式分重力卸料和人工卸料两种。为适应不同的卸料方式，上悬式离心机转鼓有两种结构形式。重力卸料转鼓为圆柱-圆锥形，机械卸料转鼓为圆筒形，如图8-13所示。

对于重力卸料离心机转鼓，其锥段部分的半锥角$\alpha=23°\sim25°$，为使物料能在重力作用下自动卸出，转鼓转速n应当满足如下条件

$$n<\frac{30}{\pi}\sqrt{\frac{g(1-f\tan\alpha)}{R(f+\tan\alpha)}} \tag{8-9}$$

式中 R——转鼓半径，m；

f——物料与筛网的摩擦系数；

α——半锥角，(°)。

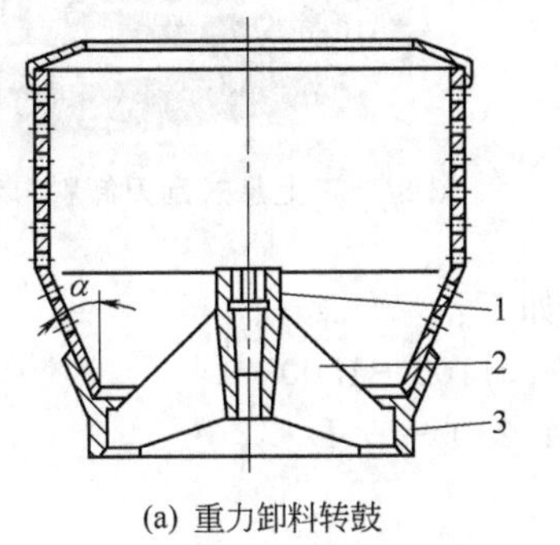

(a) 重力卸料转鼓

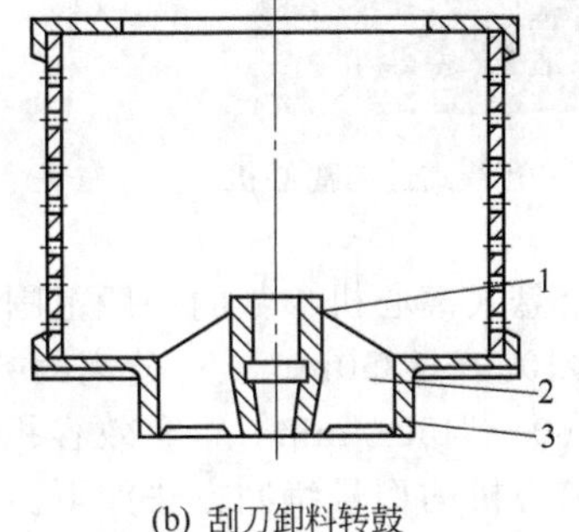

(b) 刮刀卸料转鼓

图8-13 上悬式离心机转鼓结构示意图
1—轮毂；2—辐板；3—底环

重力卸料转鼓的圆筒与圆锥连接处应有适当的圆弧过渡，以防止卸料时鼓内积料。转鼓圆锥部分的半锥角大小应考虑使转鼓在降速或者停车卸料时，滤渣颗粒在重力作用下能顺利从锥形滤网上滑落。除转鼓圆锥的结构参数外，滤渣的性质和离心机运行条件对重力卸料的可靠性也有很大的影响。黏性低而易于松散的滤渣在停车或者低速下即可借重力自动卸料；黏性高的滤渣停车卸料时，还必须靠人工先行松动滤渣才能靠重力卸料。增大滤渣层厚度，转鼓急剧制动，以及加料前仔细清洗滤网，都能促使滤渣在卸料时易于松散，有利于重力卸料。转鼓的振动也能促使重力卸料顺利进行，但不能保证卸料完全，残留于转鼓内的滤渣还需人工清除。

由于重力卸料时转鼓内滤渣不易清除干净，往往还需人工辅助，所以目前上悬式过滤离心机多采用机械刮刀卸料。机械刮刀卸料的转鼓直径通常为1220～1250mm，目前最大可达

1370mm。转鼓直径越大，越便于鼓内装配刮刀卸料装置、洗水或者蒸汽碰嘴、控制加料量的探头，以及滤网的更换等。但是直径的加大将使其回转力矩急剧增大。因此大容量离心机均采用适当的转鼓直径，而以适当加大转鼓高度来提高转鼓容积。

上悬式离心机通常在转鼓转速为100～300r/min范围内进行加料。离心机加料转速应低于临界转速或高于临界转速。卸料时转鼓转速通常较低，这是由其结构特征决定的。机械刮刀卸料时，转速一般为40～80r/min，只有转鼓设有专用定心机构时，才能在较高转速(150～200 r/min）下卸料。同样，卸料转速也必须避开转子的临界转速。

图8-14和图8-15分别为上悬式过滤离心机和上悬式刮刀卸料自动过滤离心机的实物图。上悬式过滤离心机的主要特点是：对物料适应性较强，特别适用于糖膏等黏稠物料的脱液，结构简单，安装、操作和维修方便，处理结晶形物料时若采用重力卸料，晶形能保持完整无破损，适用于味精、砂糖类晶形要求严格的物料分离。上悬式离心机所适用的典型物料有：味精、轻质碳酸钙、碳酸镁、葡萄糖、聚氯乙烯等。

图8-14　上悬式过滤离心机

图8-15　上悬式刮刀卸料自动过滤离心机

目前，国产上悬式离心机参数的一般范围如下：

转鼓直径：Φ1000～1350mm　　分离因数：1100～1500

转鼓转速：960～1450r/min　　有效容积：210～750L

我国上悬式离心机的型号编制方法如下。

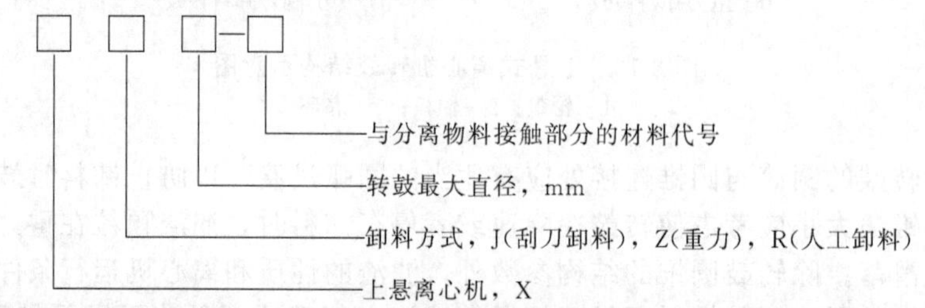

例如，转鼓筛网最大内径为1250mm，转鼓材料为碳钢，重力卸料的上悬式离心机，其型号可以表示为XZ1250-G；转鼓筛网最大内径为1250mm，转鼓材料为耐蚀钢，人工卸料上悬式离心机的型号表示为XR1250-N。

8.2.3　卧式刮刀卸料过滤离心机

卧式刮刀离心机其主轴水平地支承在一对滚动轴承上，转鼓装在主轴的外伸端，故称作卧式。离心机启动达到全速后，通过电气-液压控制的加料阀，经进料管向转鼓内加入被分离的悬浮液，滤液穿过过滤介质和转鼓上的开孔进入机壳的排液管排出。固相被过滤介质截留形成滤渣，当滤渣达到一定厚度时，由料层限位器或时间继电器控制关闭加料阀，滤渣在全速下脱液。如果滤渣需要洗涤，开启洗液阀，洗液经洗涤管洗涤滤渣，在滤渣进一步脱液后，刮刀活塞动作，推动刮刀切削滤渣，切下的滤渣落入料斗内沿排料斜槽或由螺旋输送器排出离心机，其结构见图 8-16 所示。

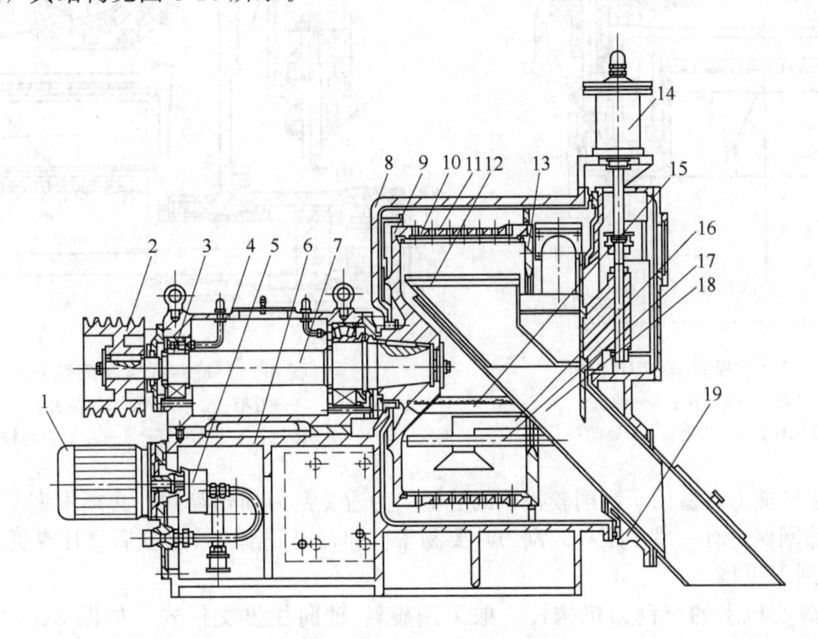

图 8-16 卧式刮刀卸料过滤离心机

1—油泵电动机；2—皮带轮；3—双列向心球面滚子轴承；4—轴承箱；5—齿轮油泵；6—机座；7—主轴；8—机壳；9—转鼓底；10—转鼓筒体；11—滤网；12—刮刀；13—挡液板；14—油缸；15—耙齿；16—进料管；17—洗涤液管；18—料斗；19—门盖

卸料刮刀按形状分为宽刮刀和窄刮刀两种；按进刀方式分为径向移动式和旋转式，其特点和应用见表 8-2 所示。

表 8-2 刮刀机构的特点和应用

项目	宽刮刀		旋转窄刮刀
	径向移动式	旋转式	
卸料转速	全速	全速	全速
适用滤饼	较松软	松软	较结实
特点	刚性好结构简单	密封性好刚性稍差	刮料力较小,运转较平稳,结构较复杂

(1) 宽刮刀结构

上提式宽刮刀装置，如图 8-17 所示，刀片 2 固定在一个框形刀架 1 上，与门盖外的长方形刀架滑座用螺栓连成一整体，刀架滑座上方与活塞杆 4 相连，下部与导向杆 6 相连。当油缸下部进入高压油后，活塞杆 4 带动滑座刀架 1 沿导向杆 6 向上提升，开始刮料。当高压油转换改由油缸 3 上部进入后，活塞杆 4 使刀架 1 下降。

旋转式宽刮刀装置如图 8-18 所示，刀片 2 固定在同轴 6 一起旋转的刀架 1 上，活塞 4 在油缸 3 内上下移动时，便通过活塞杆 5 带动刀架 1 和刀片 2 作一定弧度旋转而刮取滤渣层。宽刮刀的刀刃长度略小于转鼓长度，能在一次进刀后将物料都刮除下来，刮料时间短，

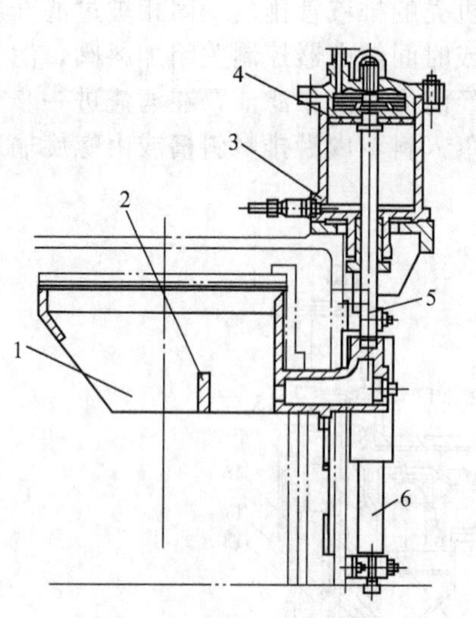

图 8-17　上提式宽刮刀装置

1—刀架；2—刀片；3—油缸；
4—活塞杆；5—活塞；6—导向杆

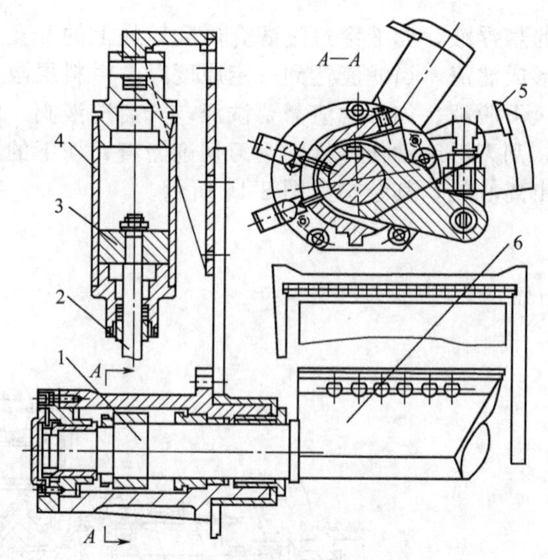

图 8-18　旋转式宽刮刀装置

1—刀架；2—刀片；3—油缸；
4—活塞；5—活塞杆；6—刀架旋转轴

有利于提高生产能力，适用于刮削较松软的滤渣。为避免刮刀损伤筛网，必须根据不同情况，使刮刀刃口离筛网保持有一最小距离。刮刀片要易于拆卸，以便刮刀片磨损后修补或更换。

(2) 窄刮刀机构

在刮刀离心机上的窄刮刀机构，一般采用旋转-轴向往复交错式，如图 8-19 所示。由油缸 1 的活塞杆 2 带动曲轴 3，使刮刀轴 5 与刮刀片 6 作旋转运动，进行径向切料。刮刀片 6 的轴向往复运动，是由动力油缸 8 中的活塞 7 的往复运动，带动刮刀轴 5 沿导向键 4 进行轴向往复移动来实现的。刮刀轴 5 与刮刀片 6 的旋转运动沿滤渣层的径向切料是慢速进行的，轴向往复运动是快速进行的，这对减小离心机的振动有利。刮刀片旋转-轴向往复交错卸料原理如图 8-20 所示。

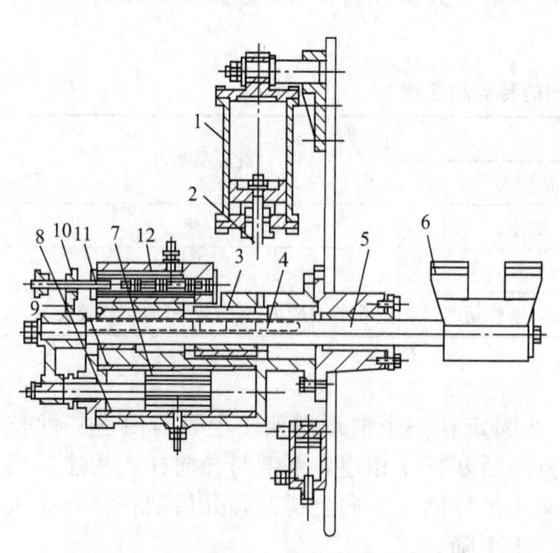

图 8-19　旋转-轴向往复交错式窄刮刀装置

1—刮刀旋转轴油缸；2—活塞杆；3—曲轴；4—导向键
5—刮刀轴；6—刮刀片；7—刮刀活塞；8—刮刀往复油缸；
9—碰块；10—挡块；11—分配阀杆；12—分配阀

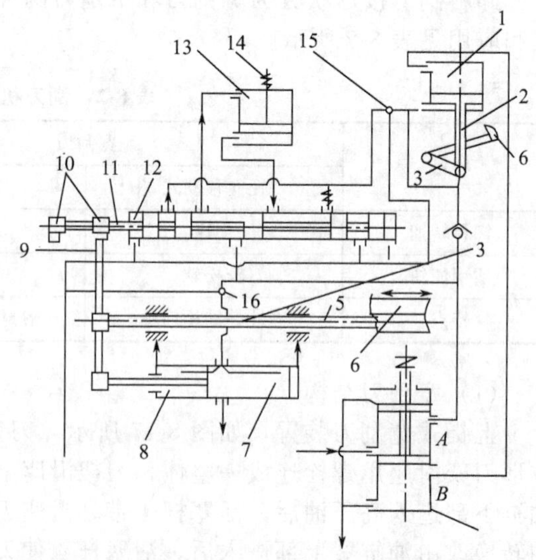

图 8-20　旋转-轴向往复交错式卸料装置动作原理

1～12—同图 8-19；13—油缸；
14—调节螺钉；15，16—节流阀

高压油一路由电磁四通阀经分配阀口进入油缸 13 的活塞下方，推动活塞下移，活塞下方的油即经分配阀 12 和节流阀 15 进入油缸 1 的下油室，使活塞杆 2 向上运动，通过曲轴 3 带动刮刀轴旋转运动，从而使刮刀片 6 进行切料。切料深度与油缸 1 中活塞杆 2 上提的距离有关，这个距离的大小由调节螺钉 14 控制油缸 13 下方流出的油量来决定。高压油的另一路经节流阀 16 进入油缸 8 中的动力活塞 7 的右边，推动动力活塞 7，通过连杆带动刮刀轴，沿导向键进行轴向切料，油缸 8 左侧的油流回油池。

当刮刀轴左移，碰块 9 触及左边挡块 10 时，使分配阀杆 11 左移，改变了分配阀 12 的通道，从而使图 8-20 中电磁阀 *A* 腔来的高压油进入油缸 13 的活塞下方，活塞上方的油经分配阀 12 和节流阀 15 继续进入油缸 1 的下油室，刮刀片再次切料。当动力活塞 7 移动到油缸 8 左端极限位置时，安装在动力活塞 7 内的换向阀杆开始动作，高压油进入油缸 8 动力活塞 7 的左侧，带动刮刀右移进行轴向卸料，动力活塞 7 右侧的油流回油池。当动力活塞 7 右移到极限位置时，碰块 9 触及右边挡块 10，动力活塞 7 和分配阀杆 11 回复到图示位置，又重复上述过程。

刮料结束时，由行程开关切换高压油路，关闭高压油路 *A* 的出口，使动力活塞 7 和分配阀杆 11 停止动作；打开高压油路 *B* 的出口，使高压油进入油缸 1 的上油室，从而使下油室的油流回油池，刮刀退回。

图 8-21 和图 8-22 分别为工业中洁净型卧式刮刀卸料离心机和卧式宽刮刀卸料离心机的实物图。

图 8-21　洁净型卧式刮刀卸料离心机

图 8-22　卧式宽刮刀卸料离心机

卧式刮刀卸料离心机适合分离含中等颗粒或细颗粒（0.1～5mm）的悬浮液，也可以分离含短纤维（纤维长度小于 4mm）的悬浮液。悬浮液的浓度范围 10%～60%，其典型分离物料为硫酸铵、硫酸钠、氯化钠、蒽硼酸、淀粉、农药、合成树脂、氰化钠、氯化钾和碳酸氢钠等。

目前，国产卧式刮刀卸料离心机的主要技术参数如下：

转鼓直径　Φ450～2200mm　　分离因数　140～2830

转鼓转速　450～4000r/min　　有效容积　15～1100L

我国卧式刮刀卸料离心机的型号编制方法如下。

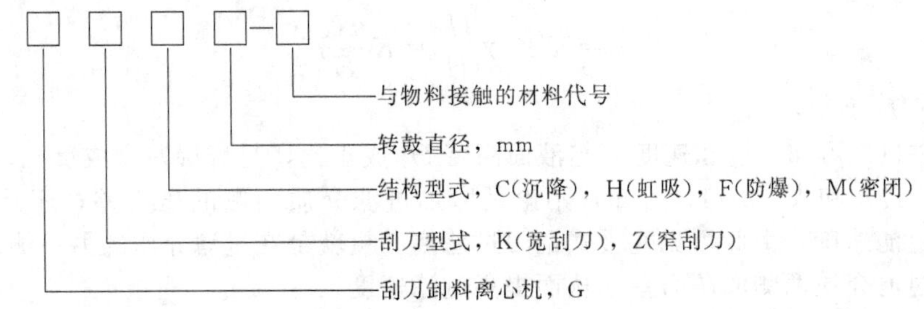

例如，转鼓筛网最大内径为1250mm，转鼓材料为碳钢，宽刮刀卸料的卧式刮刀卸料离心机，其型号为GK1250-G；转鼓筛网最大内径为800mm，转鼓材料为耐蚀钢，宽刮刀卸料的隔爆型卧式刮刀卸料离心机，其型号可以表示为GKF800-N。

8.2.4 虹吸刮刀卸料过滤离心机

虹吸刮刀卸料过滤离心机是以普通刮刀卸料离心机为基础、利用虹吸作用增加过滤推动力的过滤离心机，其原理见图8-23所示。

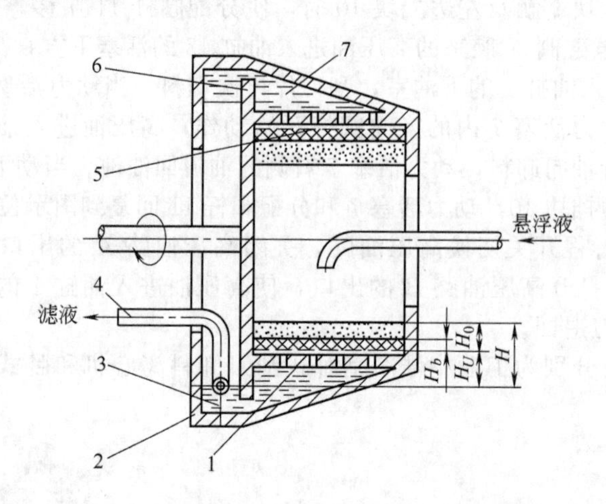

图8-23 虹吸刮刀卸料过滤离心机原理

1—转鼓；2—辅助转鼓；3—虹吸室；4—撇液管；5—过滤介质；6—挡板；7—滤液室

一般离心过滤的过滤速度 v 与过滤介质两边的压力差 Δp 成正比，并与滤渣层的厚度 H'成反比，即

$$v=K'\frac{\Delta p}{H'} \tag{8-10}$$

式中，K'为比例常数。

若假设滤液的比重为 γ、转鼓的回转角速度为 ω、转鼓内物料层半径为 r_i、转鼓内径为 r_a、重力加速度为 g，则压力差为

$$\Delta p=\frac{1}{2}\frac{\gamma}{g}\omega^2(R^2-r)$$

已知分离因数 K_c 为

$$K_c=\frac{\gamma\omega^2}{g}\approx\frac{(R+r)}{2}\frac{\omega^2}{g}$$

液面高度 H_0 为

$$H_0=R-r$$

则得

$$\Delta p=\frac{\gamma\omega^2}{2g}(R^2-r^2)=K_c\gamma(R-r)=K_c\gamma H_0$$

代入式（8-10）得

$$v=K'K_c\gamma\frac{H_0}{H'}=K\frac{H_0}{H'} \tag{8-11}$$

其中，$K=K'K_c\gamma$。

由式（8-11）可知，过滤速度 v 与液面高度 H_0 成正比，与渣层厚度成反比。

由式（8-10）和式（8-11）可知，不论是增加过滤介质两侧的压力差，还是液面高度，都可以提高过滤速度。由此可见虹吸式刮刀过滤离心机就是在过滤介质的另一侧采用虹吸的原理，增加过滤介质两侧的压力差，从而提高过滤速度。

此外，改变撇液管位置可控制虹吸室内液面位置，亦可改变过滤速度。

虹吸式刮刀卸料过滤离心机的操作方式及其优点如下：

ⅰ. 进料阶段减少滤液面与转鼓外壁的距离 H_U 值（甚至可以向虹吸室充滤液使 H_U 为负值），降低过滤速度以形成厚度较均匀的滤饼；

ⅱ. 过滤阶段增大 H_U 值，提高过滤速度，以提高单位时间处理量；

ⅲ. 洗涤阶段减小 H_U 值，降低过滤速度，使洗涤液通过滤饼提高洗涤效率；

ⅳ. 甩干阶段使 H_U 达到最大值，过滤阶段推动力最大，以获得含液量低的滤饼；

ⅴ. 过滤介质再生阶段，从外部向虹吸室充入洗液，冲洗液从滤液室通过过滤介质流向转鼓内部，实现过滤介质的反向冲洗，使过滤介质恢复过滤性能。

虹吸式刮刀卸料过滤离心机用反向冲洗再生过滤介质，不但使过滤介质的过滤性能得到恢复，也使残余滤饼层呈松散状态，保持良好的渗透性，加上有虹吸作用使过滤推动力加大。因此采用虹吸式刮刀卸料过滤离心机分离时，滤饼含液量低。虹吸式刮刀卸料过滤离心机适合生产量大、滤饼要求充分洗涤和含液量低的场合，适合的典型物料为淀粉、碳酸氢钠、聚丙烯腈和碳酸钙等。图 8-24 和图 8-25 分别为卧式虹吸刮刀卸料离心机和全自动卧式虹吸刮刀卸料离心机的实物图。

图 8-24 卧式虹吸刮刀卸料离心机

图 8-25 全自动卧式虹吸刮刀卸料离心机

目前，国产虹吸式刮刀卸料过滤离心机的主要技术参数如下：

转鼓直径	Φ400～2000mm	分离因数	630～2000
转鼓转速	760～2000r/min	有效容积	11～1400L

我国虹吸式刮刀卸料离心机的型号编制方法见卧式刮刀卸料过滤离心机型号编制。例如，转鼓筛网最大内径为 1600mm，转鼓材料为钛材，卧式虹吸过滤宽刮刀卸料离心机，型号可以表示为 GKH1600-I。

8.2.5 活塞推料过滤离心机

活塞推料过滤离心机是连续运转、自动操作、脉动卸料的过滤离心机。单级卧式活塞推料过滤离心机的结构如图 8-26 所示。转鼓位于主轴端部，其内圆柱面上装有条状筛网或板状筛网，转鼓底部的推料器与转鼓同速旋转，同时由液压装置驱动作轴向往复运动。与推料器相连的布料器将悬浮液均匀分布在滤网上，生成的滤饼由推料器推动呈脉动状向前移动，并最后排出转鼓。

双级卧式活塞推料过滤离心机如图 8-27 所示，由一级转鼓套装在二级转鼓内组成。一级转鼓的滤饼由推料器推动落入二级转鼓，二级转鼓的滤饼由一级转鼓推动而前移，并排出转鼓。此外，还有级数更多的多级活塞推料离心机，其原理与两级活塞推料离心机相同。

图 8-28 是结构作了改进的活塞推料离心机转鼓。转鼓由圆锥段和圆柱段组成。在圆锥部分，滤饼上作用着离心力 F_c 的分力 $F=F_c\sin\alpha$，大大减小了推料器推动滤饼前进所需的力；同时，滤饼在圆锥面上向大端移动过程中厚度逐渐减薄，使液体更容易从滤饼中分离。

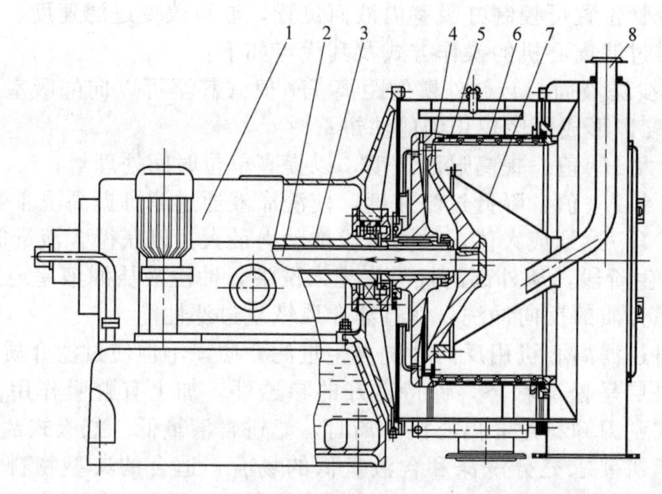

图 8-26　单级卧式活塞推料离心机结构简图

1—液压装置；2—推杆；3—主轴；4—推料器；5—滤网；6—转鼓；7—布料器；8—进料管

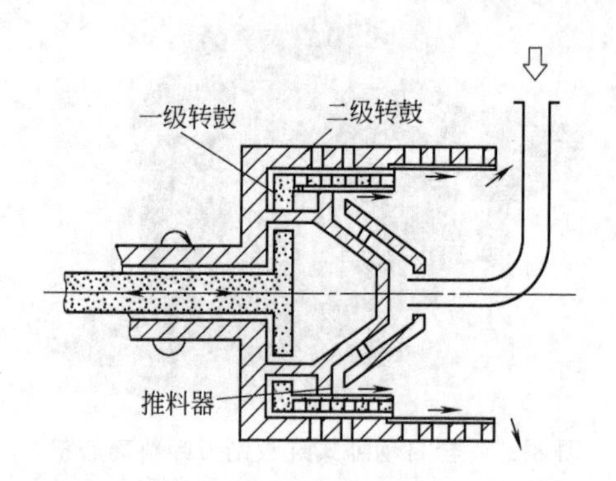

图 8-27　双级卧式活塞推料离心机转鼓

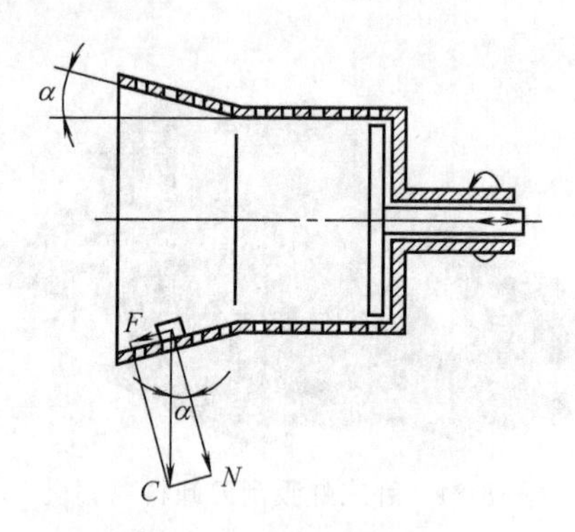

图 8-28　圆柱-圆锥转鼓

此转鼓的圆锥段的半锥角 α 应小于滤饼对滤网的摩擦角。

活塞推料离心机具有分离效率高、生产能力大、生产连续、操作稳定、滤渣含液量低、滤渣破碎小、功率消耗均匀等特点，适于中、粗颗粒且浓度高的悬浮液的过滤脱水。

活塞推料离心机的分离操作对悬浮液固相浓度变化很敏感，要求加料浓度很稳定。如果悬浮液浓度突然变稀，将会冲走筛网上已形成的均匀滤渣层，造成物料分布不均；如果固相浓度突然升高，料浆流动性差将使物料在筛网上局部堆积，引起机器的振动。

影响活塞推料离心机操作性能的因素，除了与一般类型的离心机有着共同点外，对物料性质还有如下特殊要求。

(1) 料液浓度

料液浓度关系到活塞离心机能否正常操作和生产能力的大小，料液中固体含量越高，生产能力越大。一般认为固相浓度不应低于 20%。在实际生产中，对于固相浓度较低的料液一般均采用预增浓设备，如旋液分离器、沉淀池或在活塞离心机本身增设预增浓装置，以扩大活塞离心机的使用范围。

(2) 固体颗粒大小

活塞离心机所处理的物料，其中所含有颗粒尺寸越大越好，而且要求颗粒具有一定的形状，不希望有棱角，以便由固体颗粒形成的滤饼在惯性力作用下压紧时，仍能保持足够的排液通道。目前能够制作出的筛网缝隙最小为 100μm。虽然固体颗粒在筛网缝隙中具有架桥能力，为了避免细颗粒损失太多，所分离的固体颗粒应尽可能大于 100μm。工业生产中应使 90%以上的晶体颗粒大于 150μm 为宜。

（3）固体颗粒的破碎

对于任何类型的过滤式离心机，固体颗粒的破损是难以避免的。对活塞离心机而言，理论上固体颗粒的破坏与离心加速度和固体颗粒结构有关。料液通常以 1～2s/m 的线速度由加料管进入锥形布料斗内，随着布料斗旋转而加速到转鼓圆周速度的 1/3～1/2。由于锥形布料斗借三条筋板连在推料盘上，这些筋板使晶体受到强烈的破坏。固体颗粒形成的滤饼由推料盘向前推移，滤饼的压缩也会引起固体颗粒的破碎。

固体颗粒的破碎损伤了原来的几何形状，压实堵塞了排液通道，大大降低了滤饼结构的排液能力，从而影响分离效率和产品质量。出料时，对于直径小的转鼓（0.35m 或 0.5m），输送固体颗粒的刮削器也会引起破碎。

（4）滤渣的堆积现象

如果固体颗粒形成的滤渣层固结性不够，当推料盘将其推移到一定距离时，就会发生隆起堆积现象。滤饼的堆积可以突然导致转鼓堵塞，形成过载而造成停车。在处理这种原料液时一般采用多级转鼓。例如分离糖的晶体颗粒已使用十级活塞离心机。

因此，活塞推料离心机所适用的典型物料有：碳酸氢铵、硫酸铵、食盐、钾肥、硝化棉、尿素、碳酸钠等。

目前，各国厂商生产的活塞推料离心机多以二级为主。单级离心机的产品主要是向大处理量发展，于是出现了大直径转鼓和双转鼓活塞离心机。使用大直径转鼓虽然增加了单级活塞离心机的处理能力，但同时又带来了新问题。因此为了适应具有不同性质物料的分离，以扩大使用范围，对活塞离心机的零部件标准化进行了大量研究。同时为了适应某些特殊使用条件，活塞离心机与其他离心机一样，采取了一些专用附属装置如密封装置、热风气流干燥装置等。

综上所述，在向大处理量的发展过程中，各类组合型结构，零部件的标准化，改变各种参数的研究，将扩大活塞离心机的应用范围。同时，改进转鼓材料，以适应具有腐蚀性的物料；研究改进筛网结构及筛网材料，进一步改善固体的回收率及筛网寿命是活塞离心机的发展趋势。

图 8-29 和图 8-30 分别为工业中活塞推料式离心机和多级活塞推料式离心机的实物图。

图 8-29　活塞推料式过滤离心机

图 8-30　多级活塞推料式过滤离心机

目前，国产卧式活塞推料离心机的主要技术参数如下：

转鼓直径　Φ152～1600mm　　推杆往复次数　30～70 次/min

转鼓长度　125～760mm　　分离因数　300～1000

转鼓级数　1，2，3，4，6，8，10　　生产能力　（20～70）×10^3kg/h

活塞推料过滤离心机的型号编制方法如下，具体编制规则参见 JB/T 4063—1991《活塞推料离心机型与基本参数》。

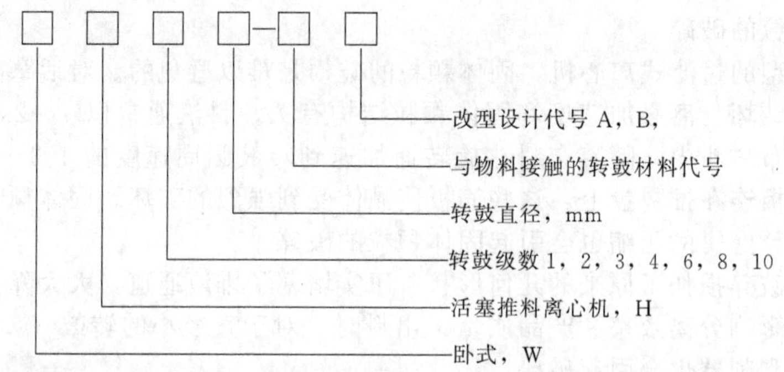

例如，双级活塞推料离心机，外转鼓筛网内径为 500mm，转鼓材料为耐蚀钢，其型号可以表示为 HR500-N；双级活塞推料离心机，外转鼓筛网内径为 1000mm，柱-锥形转鼓，转鼓材料为耐蚀钢，其型号为 HRZ1000-N。

8.2.6 离心力卸料过滤离心机

离心力卸料离心机又称惯性卸料离心机或锥篮离心机，它是一种无机械卸料装置的自动连续卸料离心机，如图 8-31 所示。图 8-32 为离心力卸料离心机的实物图。离心力卸料离心机的转鼓呈截头圆锥形，内壁装滤网，由电动机带动高速旋转。悬浮液由进料管加入离心机，在转鼓底加速后均布于转鼓小端滤网上。在离心力作用下，液体经滤网和转鼓壁排出转鼓，固体颗粒在滤网上形成滤饼。滤饼受离心力 F_c 的分力 $F=F_c \sin\alpha$ 的作用向转鼓大端滑动，最后排出转鼓。

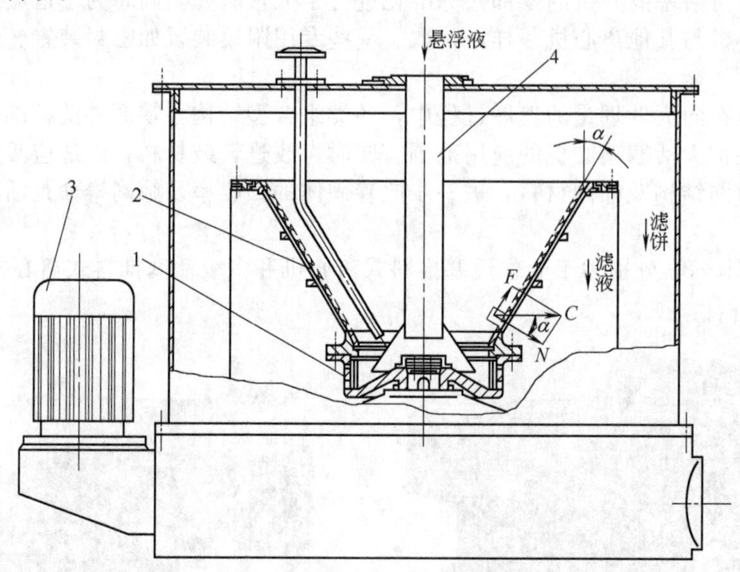

图 8-31 离心力卸料过滤离心机结构简图

1—转鼓底；2—转鼓；3—电动机；4—进料管

转鼓是离心力卸料离心机的主要部件，转鼓的结构、形状和参数在很大程度上决定了物料的运动状态和离心机的分离效果。

(1) 转鼓结构

离心力卸料离心机的转鼓有框架式和卷板式两种。图 8-33 是框架式转鼓的结构图。在焊接的框架鼓身 5 内铺设衬网 4 和筛网 3。衬网预剪成若干扇形片，对接并点焊在框架鼓身上。衬网的大小端及扇形片之间的对接缝处分别焊上锁边铁 1、2 和 8。锁边铁与衬网点焊

图 8-32　离心力卸料过滤离心机实物图

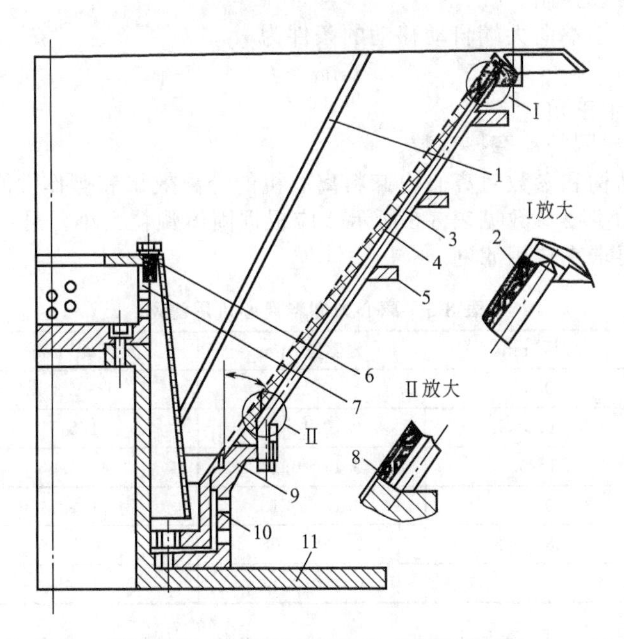

图 8-33　离心式卸料离心机的框架式转鼓

1，2，8—锁边铁；3—筛网；4—衬网；5—鼓身；
6—外布料器；7—内布料器；9—鼓底；10—压环；11—回转盘

(或氩弧焊）固定。筛网也分别剪成若干扇形片，搭接铺设于衬网上，依靠鼓底 9 和压环 10 的凹凸面配合压紧。回转盘 11 的顶部设置有内外布料器，起均布物料的作用。物料先进入内布料器 7 加速，然后进入外布料器 6，再进入转鼓进行分离。

卷板式转鼓的锥形鼓壁是由薄钢板卷焊制成，外面焊有加强环。此为旋辗法制作锥形鼓壁的方法，这不仅降低了金属消耗量，简化了加工工艺，而且使转鼓具有很好的平衡性能。

(2) 转鼓的主要结构参数

① 转鼓的锥角 2α　转鼓锥角大小影响物料的脱水效果和转鼓的高度，但主要取决于滤渣的卸出条件，在选取时应考虑以下因素：根据惯性卸料原理，转鼓半锥角的正切必须大于滤渣对筛网的摩擦系数，因此 α 不能太小，否则滤渣无法从转鼓中卸出；随着半锥角 α 的增大，滤渣的运动速度将急剧增大，使物料停留时间缩短，导致产品含湿量过高和物料颗粒的破碎。在停留时间一定的情况下，随着 α 的增大，滤渣的运动路程增大，因而使转鼓的高度增加。由此看来 α 也不能过大；由于摩擦因数与物料黏度、粒度、含湿量及筛网的表面状态

等因素有关，因此 α 也与上述因素有关，对于不同的物料，α 的大小也不同。

② 转鼓的最大内径　转鼓的最大内径与离心机的生产能力有直接关系，它通常列入离心机的型号。目前生产的离心力卸料离心机，直径一般为 500～1020mm。

③ 转鼓的高度　当其他参数一定时，转鼓的高度决定了物料在转鼓中的停留时间，高度越大，物料的停留时间也越长，产品含湿量越低。因此可以根据算出物料的运动路程，通过几何关系求得转鼓的高度。

离心力卸料离心机滤网上的滤饼层很薄，且处于连续运动转态。运动过程中，分离因数随转鼓半径增大而不断增大。这种过滤又是一种动态过滤过程，故分离效率较高，可获得含湿量较低的滤饼。

离心力卸料离心机的加料、过滤和卸渣操作自动连续，单机处理量大，适合易分离物料的脱水，滤渣层薄，滤渣含量低；机器结构简单，操作维护方便。但这种离心机对物料特性和悬浮液浓度的变化都很敏感，适应性差，不同的物料要求用不同锥角的转鼓分离，且滤渣在转鼓中停留时间难以控制。

滤渣在转鼓内由小端向大端自动移动的条件为

$$\tan\alpha > f$$

式中　α——转鼓的半锥角；

f——滤渣与滤网的动摩擦系数。

滤网的类型、结构和参数对离心力卸料离心机的分离效果和操作性能影响较大。离心力卸料离心机用滤网的主要参数见表 8-3 所示。应根据固体颗粒大小，悬浮液浓度和黏度等特性以及生产工艺的要求来选用滤网。

表 8-3　离心力卸料离心机用滤网

名称	板后/mm	缝隙宽/mm	缝间距/mm	开孔率/%
冲孔网板	0.3	0.15	1～1.3	9.37
剪切腐蚀网	0.5	0.14	1.5	8
剪切板网	0.3～0.5	0.13～0.16	1.4～1.65	7～7.5
挤压板网	0.5	0.15～0.18	1.3	7
电铸网	0.28～0.3	0.06～0.08	0.7	—
百叶窗网	0.5	0.15～0.18	1.5	—

离心力卸料离心机主要用于分离大于 0.1mm 的结晶颗粒、无定形物料以及纤维状物料，如食盐、碳酸氢铵、硫酸钛、乙酸纤维、联氨盐、氧化铁等。

国产离心力卸料离心机的主要参数如下：

转鼓大端直径　Φ500～1000mm　　分离因数　650～2100

转鼓转速　1200～1800r/min　　转鼓半锥角　25°～30°

离心力卸料过滤离心机的型号编制方法如下。

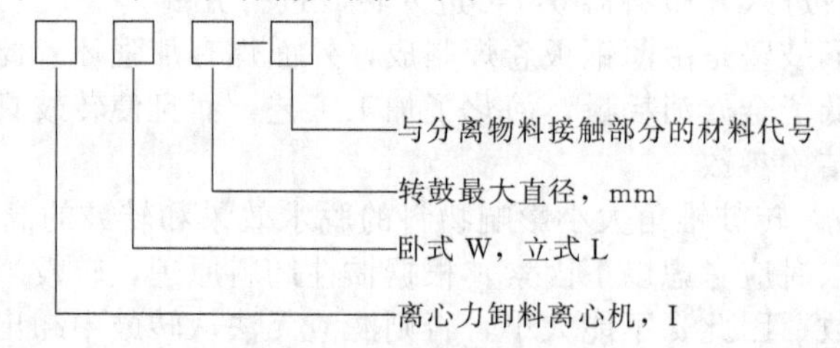

例如，立式离心卸料离心机，转鼓大端筛网内径为 1400mm，转鼓材料为耐蚀钢，型号表示为 IL1400-N；卧式离心卸料离心机，转鼓大端筛网内径为 630mm，转鼓材料为耐蚀钢，型号为 IW630-N。

8.2.7 螺旋卸料过滤离心机

螺旋卸料过滤离心机结构示意如图 8-34 所示。圆锥形转鼓内有输料螺旋，两者同向旋转但有转速差，该转速差通过主轴上的差速器获得。悬浮液从进料管进入螺旋内腔，并通过螺旋小头接近锥端底部的喷料口进入转鼓，在离心力场作用下料浆中的液相通过设置在转壁上的筛网被分离出去，固相颗粒则被截留在转鼓内；同时，转鼓内的固相颗粒在离心力和螺旋与转鼓之间的差速作用下从转鼓小端向转鼓大端运动，在此运动过程中，由于回转直径的加大，离心力得到快速递增，固相从初始进入时的高含湿量固相到排出转鼓时达到低含湿量固相，从而实现固液相自动、连续的分离。转鼓内表面装有板状滤网（有众多圆形或条状滤孔的金属薄板），悬浮液在滤网上过滤形成滤饼。由于输料螺旋的推送，滤饼在滤网上由小端向大端连续移动，最后排出转鼓。

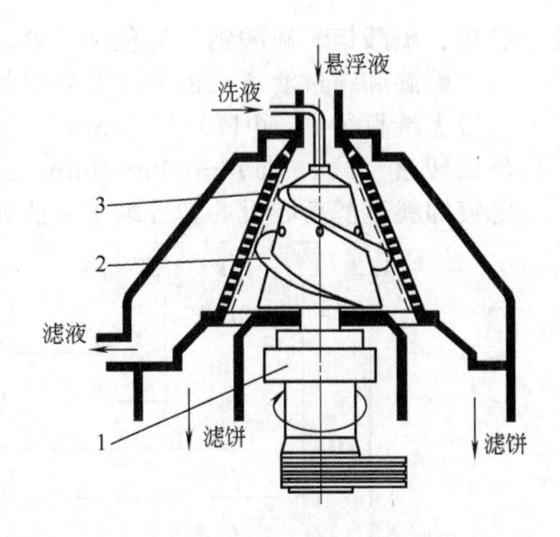

图 8-34　螺旋卸料过滤离心机结构简图
1—差速器；2—输料螺旋；3—转鼓

螺旋卸料过滤离心机的转鼓半锥角大小随应用场合而定。在化工行业，这种离心机的转鼓半锥角为 20°、10°或 0°，在煤炭工业为 34°～36°，且转速较低。螺旋卸料过滤离心机可以通过改变转鼓和输料螺旋的转速差来改变滤渣在转鼓中的停留时间，进而改变滤渣的湿含量。图 8-35 和图 8-36 分别为卧式和立式螺旋卸料过滤离心机的实物图。

图 8-35　卧式螺旋卸料过滤离心机

图 8-36　立式螺旋卸料过滤粗煤泥离心机

螺旋卸料过滤离心机的主要特点如下：

ⅰ. 转鼓、螺旋等主要零件一般用耐蚀不锈钢、钛合金制造；

ⅱ. 专用过滤网的厚度可达 2.5mm，使用寿命长；

ⅲ. 转鼓转速为无级调速；

ⅳ. 螺旋差转速采用有级或无级调速；

ⅴ. 润滑方式 简单可靠；

ⅵ. 安全保护完善，匹配有转速检测、过振动保护、电机过载过热保护和螺旋零差速保护；

ⅶ. 对于大黏度物料，可选用液压差速器，工作稳定可靠。

螺旋卸料过滤离心机适合于分离固体颗粒较粗（颗粒粒度大于 0.2mm）、悬浮液的浓度较高（质量浓度大于 40%）的悬浮液。运行连续、滤渣含液量较低、处理量大。但在分离过程中可能会使固体颗粒遭到破碎，且有较多的细小颗粒进入滤液中。因此常用于分离钾盐、芒硝、硫酸锌、硫酸钠、氯化钠、硼砂等产品。

国产螺旋卸料过滤离心机的主要参数如下。

转鼓大端直径　Φ170～600mm　分离因数　160～3000

转鼓转速　550～4000r/min

螺旋卸料过滤离心机的型号编制方法如下。

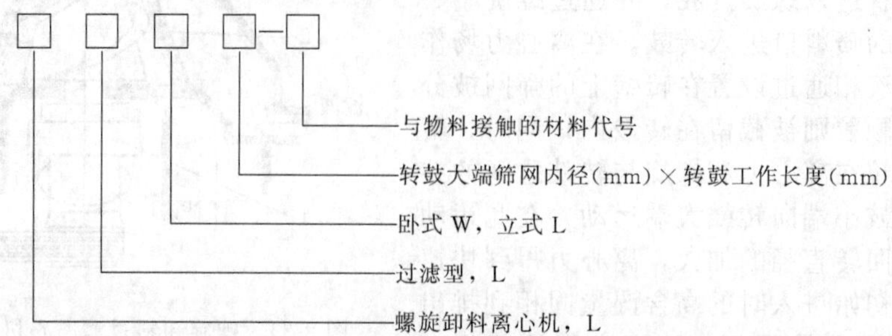

例如，立式螺旋卸料过滤离心机，转鼓大端筛网内径为 600mm，工作长度为 400mm，转鼓材料为耐蚀钢，型号为 LLL600×400-N；卧式螺旋卸料过滤离心机，转鼓大端筛网内径为 1000mm，工作长度为 700mm，转鼓材料为耐蚀钢，型号表示为 LLW1000×700-N。

8.2.8　振动卸料离心机

振动卸料离心机是指附加了轴向振动或周向振动的离心力卸料离心机。图 8-37 是轴向振动卸料离心机示意图。图 8-38 为卧式振动卸料式离心机的实物图。

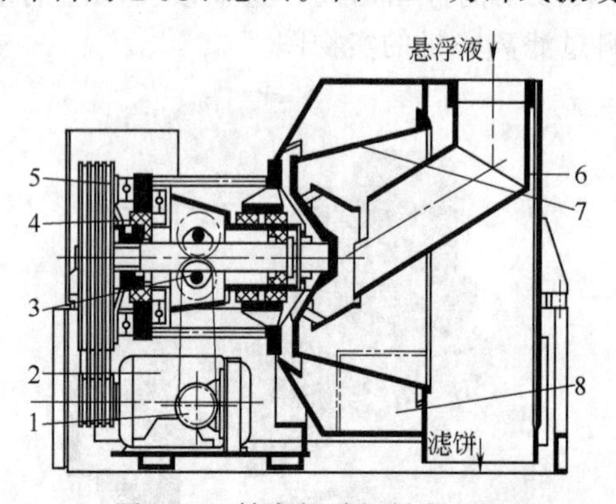

图 8-37　轴向振动卸料离心机

1—激振电动机；2—主电动机；3—激振器；4—环形橡胶弹簧；5—橡胶吸振器；6—进料管；7—转鼓；8—排液口

图 8-38　卧式振动卸料式离心机

振动卸料离心机的圆锥形转鼓一般由条状滤网焊接而成。转鼓由电动机驱动，在激振器 3 作用下于旋转的同时作轴向振动。转鼓的轴向振动不但使滤饼在滤网上移动，还促进滤饼层松散，强化了离心过滤过程。滤饼呈薄层作脉动式的运动，有利于防止滤网堵塞。离心机运行时，物料由进料管 6 加入，经旋转的布料斗被抛在转鼓 7 小端的筛网上，在离心力和振动力的联合作用下，沿筛网表面向转鼓大端移动，最后排出转鼓。改变转鼓的振动振幅和频率，可以调节滤饼在滤网上的移动速度。因此，可根据物料的特性和分离要求调节滤饼在转鼓中的停留时间。

使转鼓产生轴向振动的激振器结构有多种，包括双轴惯性激振器、曲柄连杆激振器和电磁激振器等。

(1) 双轴惯性激振器

双轴惯性激振器又分为两种，一种是只产生单向激振力，另一种是既产生激振力，又产生激振力偶。在振动离心机中均采用前一种，其结构如图 8-39 所示。它有主动轴 4 和从动轴 2，每根轴上装有一对偏心轮 3，四个偏心轮的重量及偏心距均相等。激振电机经剖分式皮带轮 5 带动主动轴旋转，并借助一对齿数相同的齿轮 1 使从动轴做反向同步旋转。因此偏心重量所产生的离心力，在垂直方向互相抵消，在水平方向的合力使转鼓产生轴向振动。当偏心轮转到某一位置时，激振力在垂直和水平方向的分量为

$$P_y=0$$

$$P_x=m_0 e\omega_j^2\sin\omega_j t=P_0\sin\omega_j t \tag{8-12}$$

式中 P_x——激振力，kgf；

m_0——偏心轮的总质量，kg；

e——偏心轮的偏心距，cm；

ω_j——激振频率，rad/s；

P_0——激振力幅值，kgf。

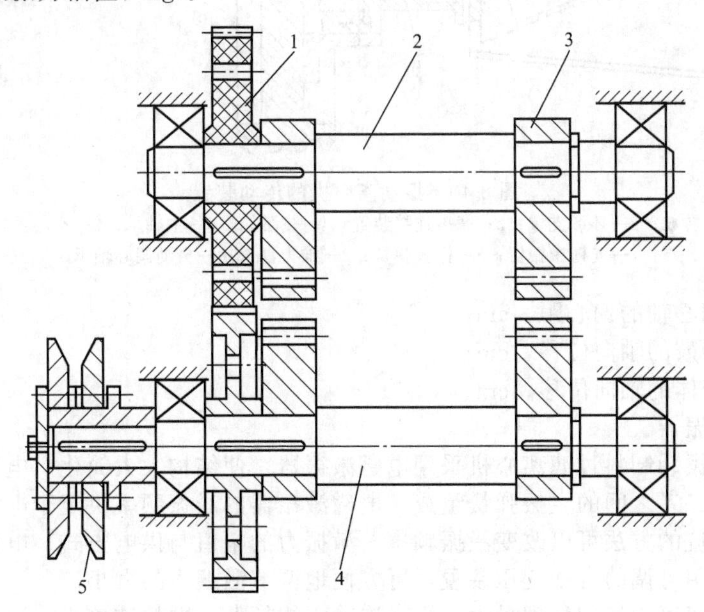

图 8-39 双轴惯性激振器结构简图

1—齿轮；2—从动轴；3—偏心轮；4—主动轴；5—剖分式皮带轮

(2) 连杆激振器

连杆激振器由支座、偏心轴和连杆组成，可分为刚性连杆、弹性连杆和软性连杆等三种。在振动离心机中多采用弹性连杆激振器，其结构特点如下。

ⅰ. 由于振动离心机的转鼓既做旋转运动，又做轴向振动，因此连杆与转鼓的连接必须采用一种有效的弹性连接装置，其结构如图 8-40 所示。其由自动调心球面轴承、推力盘和橡胶弹簧等组成。离心机运转时，推力盘、橡胶弹簧和轴承外座圈可随转鼓一起旋转，同时偏心轴由激振电机带动旋转，并通过连杆、轴承、推力盘和橡胶弹簧使转鼓产生轴向振动。采用这种连接装置，可减少传给偏心轴的惯性力和电动机的启动扭矩。此外，有些振动离心机，连杆与转鼓采用球形连接，球体用耐磨材料制成。球体连接的特点是结构简单、对中性好，但由于磨损严重，目前应用较少。

ⅱ. 弹性连杆的支座一般固定在离心机的壳体或底架上，即与壳体一起振动。因此激振力的大小，不仅与连杆弹簧的刚性和偏心轴的偏心距有关，而且与转鼓对壳体的相对位移有关。其计算公式为

$$P_x=K_0(x_1-x_2-e_0\sin\omega_j t) \tag{8-13}$$

式中 K_0——连杆弹簧的刚度，kgf/cm；

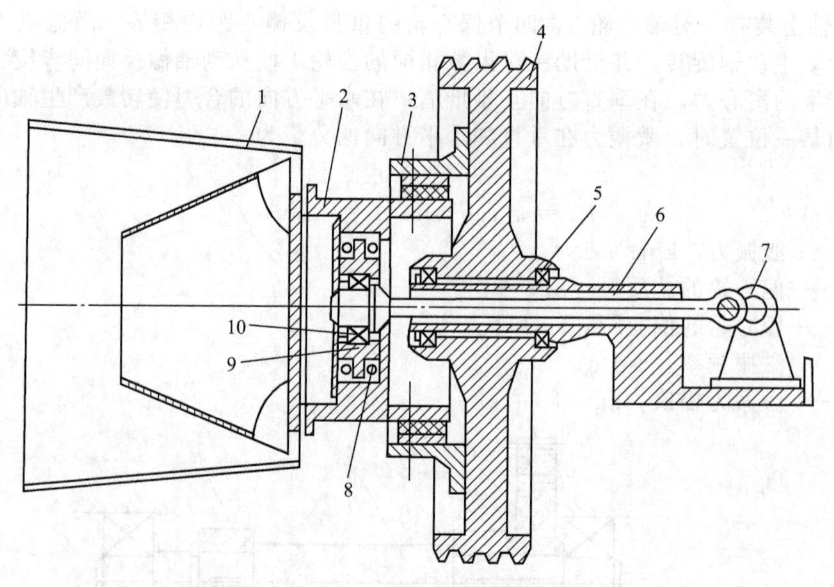

图 8-40　振动离心机的传动装置

1—转鼓；2—环形支撑；3—摩擦连接装置；4—皮带轮；5—主轴承；6—空心主轴；7—连杆激振器；8—橡胶弹簧；9—推力盘；10—自动调心轴承

e_0——偏心轴的偏心距，cm；

x_1——转鼓的轴向位移，cm；

x_2——壳体的轴向位移，cm。

(3) 电磁激振器

近年来一些振动卸料过滤离心机采用电磁激振器，使结构大大简化。电磁激振器由电磁铁、衔铁和装在二者之间的主振弹簧组成。电磁激振器的激振频率决定于电源的频率，利用电降频和半波整流的方法可以改变激振频率。激振力的幅值与供电方式、电磁铁匝数和电压等有关。因此利用可调的自动变压装置，可方便地调节激振力的大小。

振动卸料功率离心机的处理量大、生产连续、能耗低、颗粒破碎小，适合分离含粗颗粒(颗粒粒度大于 200μm) 和高固相浓度 (质量浓度大于 30%) 的悬浮液。但这种离心机受结构限制，分离因数低，只能用来处理易过滤的悬浮液，常用于粉煤、海盐、矿石以及型砂等物料的脱水。

国产振动卸料离心机的主要参数如下。

转鼓大端直径　Φ500～1500mm　　振动频率　25～37Hz

转鼓转速　370～440r/min　　转鼓振幅　1.5～10mm

转鼓半锥角　10°～18°　　最大固相产量　70×10^3kg/h

分离因数　80～180

振动卸料过滤离心机的型号编制方法如下。

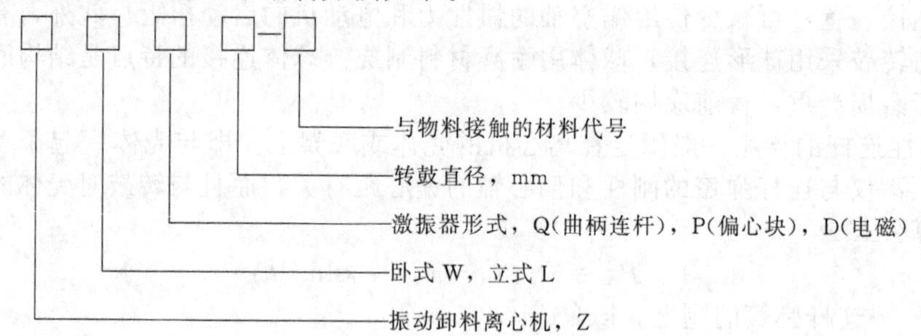

例如，立式振动卸料过滤型离心机，转鼓筛网最大内径为800mm，偏心块激振，转鼓材料为碳素钢，型号表示为 ZWP 800-G；卧式振动卸料过滤型离心机，转鼓筛网最大内径为1000mm，曲柄连杆激振，转鼓材料为耐蚀钢，第一次改型设计，型号表示为 ZLQ1000-NA。

8.2.9 进动卸料过滤离心机

进动卸料过滤离心机又称为颠动离心机或摆动离心机，基本结构如图 8-41 所示，通过转鼓作进动运动将滤饼连续甩出机外。圆锥形转鼓在主轴上绕 $O\zeta$ 轴线自转，主轴又以 O 点为顶点绕 Oz 轴线作公转。自转运动由实心轴通过万向联轴器驱动，公转运动由空心轴驱动。$O\zeta$ 与 Oz 的夹角为章动角 θ，如转鼓半锥角为 α，转鼓作自转和公转的合成运动（进动运动）时，转鼓壁上任一母线与 Oz 轴线的夹角在 $\beta_1=\alpha+\theta$ 和 $\beta_2=\alpha-\theta$ 间变化。如 β_1 大于滤饼与滤网的摩擦角，在母线与 Oz 轴线夹角等于 β_1 的区域，滤饼沿滤网滑动而排出转鼓，该区域为卸料区。由于自转与公转有转速差，卸料在转鼓上连续变换位置，转鼓大端轮流在某个局部上卸料。

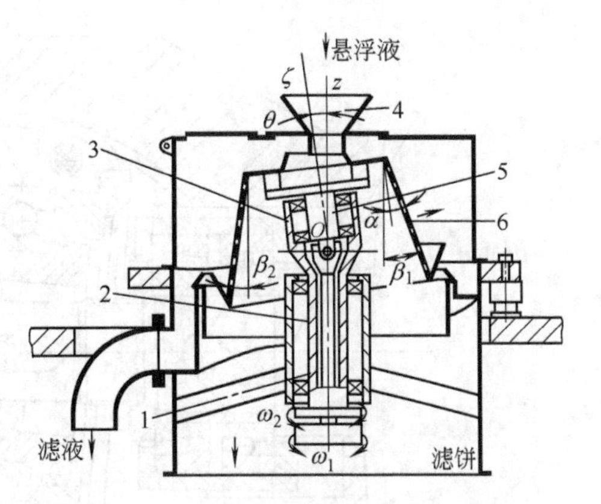

图 8-41 进动卸料过滤离心机结构简图

1—实心轴；2—空心轴；3—进动头；4—进料管；5—主轴；6—转鼓

悬浮液从离心机上方经进料管 4 加入布料器，在布料器内加速后，由布料器底部均匀撒到筛网小口的周壁，滤液从筛网的缝隙中甩走，经排液管流出离心机。留在筛网上的滤渣由于进动运动产生的惯性力作用，不断滑向筛网大口，不须任何卸料装置自动甩离转鼓。

进动离心机滤渣层处于运动状态，过滤阻力不大。由于进动运动给物料一个附加运动，使滤渣层在分离过程中不断减薄和疏松，从而强化了过滤和脱水效果。

进动卸料离心机的特点是，生产能力大，造价低廉，无卸料结构，可通过调节章动角、自转和公转速度以适应多种物料的分离。物料表面几乎不被磨损，耗能低。但缺点是不能对滤饼进行有效的洗涤。

进动卸料离心机用于分离含粗颗粒的浓悬浮液，包括颗粒状的合成树脂、矿砂、细粒煤、硫酸铵、氯化钾、磷酸钙等物料。

国内进动卸料离心机的主要参数如下。

转鼓大端直径	Φ400～1200mm	章动角	0°～10°
转鼓半锥角	5°～22°	差转速	90～300r/min
转鼓自转速度	420～1500r/min	分离因数	100～400

需要说明的是，章动角是进动离心机所特有的重要参数，与筛网半锥角一起构成筛网母线与空心轴轴线之间的真正的倾斜角。其大小对物料的分离操作有较大的影响。当章动角太小时，滤渣不能顺利卸料，造成筛网根部堵塞，进而使布料器很快堵死，使悬浮液从布料器进口溢出来，分离无法进行。如果章动角太大，则悬浮液向大口移动过快，来不及脱水就从筛网大口涌出，使分离不能进行。由此可见，调节章动角可以改变物料在筛网中的停留时间，从而满足各种物料分离的要求。

调节章动角的机构可分为两类：一类是在分离过程中能随时调节章动角的机构；另一类是在停车后才能调节的机构。

图 8-42 为可以在离心机分离过程中随时无级的调节章动角的结构，圆柱形进动头 2 滑动配合在空心轴 3 前端相应的圆孔之中。轴 1 通过轴承装在进动头里，其一端装有转鼓，另一端通过万向联轴器与实心轴 5 连接。进动头两平行的端面上开有斜槽。实心轴 5 前端配有调角销 4，调角销滑动配合在进动头的斜槽里，当实心轴通过转动手柄做轴向移动时，调角

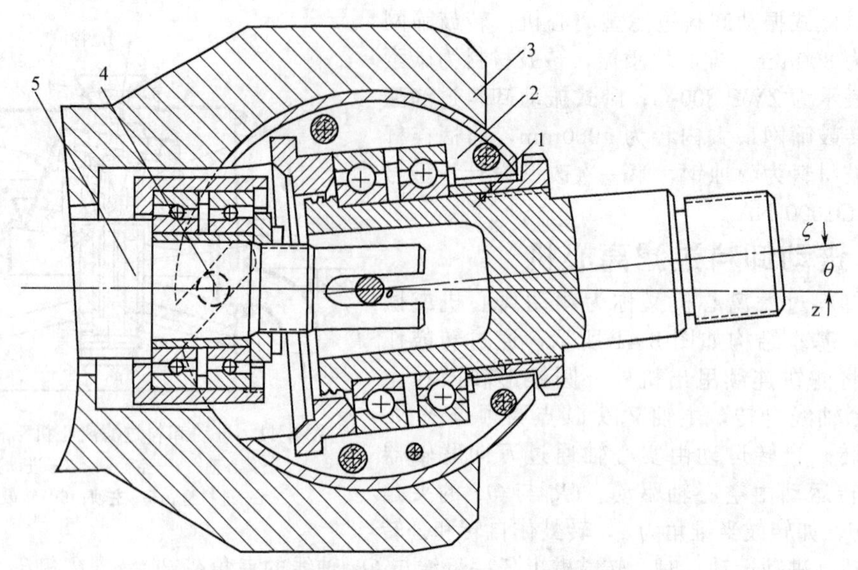

图 8-42　开车时能无级调节章动角的机构图

1—转轴；2—进动头；3—空心轴；4—调角销；5—实心轴

销拨动进动头旋转一个角度，直至调到所需要的章动角 θ 为止。图中万向联轴器属叉销式。销装在轴 1 上，叉在实心轴 5 的端部。实心轴 5 的运动传给轴 1 带动转鼓自转，空心轴抱着进动头使倾斜自转的转鼓作公转，两种运动叠加使转鼓作进动运动。工作时只要不改变实心轴 5 的轴向位置，章动角就保持不变。如需要可通过手柄随时调节章动角的大小。进动头设计成圆柱形是为了便于加工和装配。空心轴端部两侧配有盖板，防止进动头窜动。实心轴的后轴承支座以螺纹连接在尾架上，当转到固定在轴承支座上的手柄时，使轴承座连同实心轴一起作轴向移动，调角销将拨动进动头旋转到所需的角度 θ。

图 8-43 为离心机停车后才能调节章动角的调节机构，圆柱形进动头与空心轴之间所要保持的角度靠销键来固定。制造装配时，把它们相互做成不同角度，并在它们中间骑缝配钻相应的销键孔，并注明相应的角度值即可。通常有 3°、4°、5°和 6°等四档。如要求章动角为 4°，则可将进动头上注明 4°的那半个孔与空心轴上注明 4°的另外半个孔对齐，然后将销键插入即可。

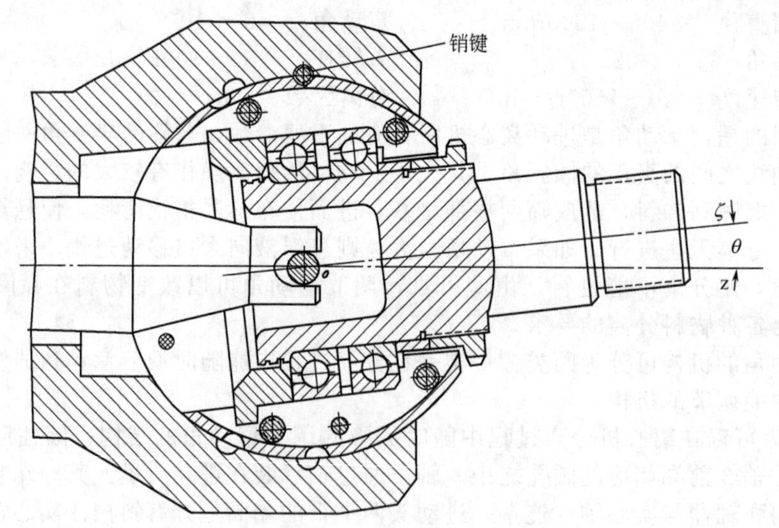

图 8-43　销键式分级调节章动角的机构

进动卸料过滤离心机的型号编制方法如下。

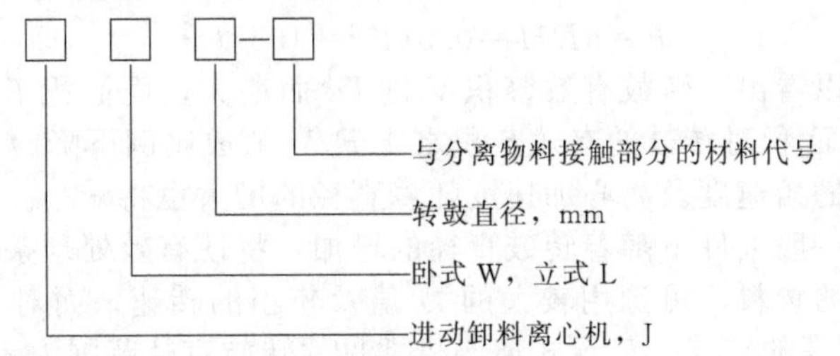

例如，立式进动卸料过滤型离心机，转鼓筛网最大内径为 800mm，转鼓材料为耐蚀钢，型号表示为 JL800-N；卧式进动卸料过滤型离心机，转鼓筛网最大内径为 1000mm，转鼓材料为耐蚀钢，型号表示为 JW1000-N。

8.3 沉降离心机

8.3.1 三足式沉降离心机

三足式沉降离心机的结构与三足式过滤离心机基本相同，主要区别是转鼓壁不开孔。悬浮液从转鼓中心的分布器加速后均匀分布在转鼓内，固相颗粒转向转鼓壁沉降，澄清液从溢流堰溢流或由撇液管排出，沉渣用刮刀刮除或停机人工清除。转鼓材料通常为不锈钢，也可选用碳钢、钛合金以及碳钢材料衬橡胶或喷涂聚合物材料。图 8-44 为三足式人工下卸料间歇操作的沉降离心机的实物图。

图 8-44 三足式人工下卸料间歇操作的沉降离心机

三足式沉降离心机的优点是可任意调节澄清时间，对物料的适应性强，运转平稳，结构简单，造价低；缺点是间歇操作，生产辅助时间长，生产能力低，人工卸渣劳动强度大。机械卸料或自动卸料的三足式沉降离心机，可在转鼓底部排渣，实现自动化操作。

三足式沉降离心机的主要技术参数如下。

转鼓直径 Φ300～2000mm　　分离因数 400～1200

转鼓转速 600～3350r/min　　转鼓容积 7.5～1000L

确定三足式沉降离心机技术参数的主要依据是其生产能力的大小。此外，还应考虑物料性质、产品质量要求及制造生产等条件。正确选择三足式离心机的技术参数，能够在充分利用转鼓强度的条件下，得到最好的分离效果和最大的生产能力。以下将重点介绍各主要参数之间的关系及其确定原则。

(1) 转鼓直径和有效容积

三足式离心机通常用于含固量大和处理时间长的场合，因此要有较大的有效容渣空间。而有效容积主要是由转鼓直径 D 大小所决定的，所以一般三足式离心机的 D 均选用较大值。

但是当按一般转鼓结构分析时，取转鼓高 H 等于 $0.5D$，沉渣厚度为 $0.125D$ 时，则转鼓的有效容积 V 为

$$V=\frac{\pi}{4}[D^2-(0.75D)^2]\times 0.5D=0.172D^3$$

相应的面积 F 为

$$F=\pi DH=0.5\pi D^2=1.57D^2$$

比较上面两式可以看出：转鼓有效容积 V 随 D^3 而增大，而面积 F 随 D^2 增大。即随着转鼓直径 D 的增大，面积对转鼓的有效容积之比 F/V 值成比例下降。另一方面，在线速度相同的条件下，转鼓的角速度及离心加速度随着直径的增大也将减小。

因此可以说，在一般条件下随着转鼓直径的增加，将使有效处理条件变得不利。故对于容易分离、含固量大的物料，可选用较大的 D 值及较小的转速；而对于难分离的物料，要选用较小的 D 值及较高的转速。三足式离心机常见的转鼓直径范围为 800～1600mm。

(2) 转鼓转速和分离因数

转鼓的转速 n 越高，离心机的分离因数 K_c 就越大，离心分离效果也就越好。但由于转鼓的环向应力和线速度 v^2 成正比，随着转速的提高，转鼓壁的应力急剧增加。确定转鼓的最高转速时，显然受到转鼓材料强度的限制。另外考虑到刚性轴临界转速的限制，加料不均匀引起的振动以及频繁启动、制动减速等不利因素，三足式离心机的转速不能太高。转鼓直径越大，最大转速越低。一般三足式离心机常见的工作转速为 $n=1000\sim1600$ r/min，分离因数为 600～1300。

至于转鼓加料时的转速 n_f 及卸料时的转速 n_d 的确定，主要基于保证分离产品的质量及运转的稳定性。对于周期循环调速的机械下卸料三足式离心机，n_f 值定得过高，会使颗粒增速太快、碰损增加。另外，当 n_f 过高时，加料稍有不均，料液不易在转鼓内表面均布，会引起机器振动。如果 n_f 定得过低，则物料得不到必要的均匀离心增速，以至部分稀料沿靠中央的下料口漏出，混入滤渣储器，影响产品质量。因此三足式离心机加料转速 200～800 r/min。

机械卸料时，转鼓的转速越低，则刮料装置对沉渣颗粒的破坏越小，引起的机械振动也越小。然而 n_d 过小，会使卸料时间、减速及增速时间增加，使每一生产周期中的非生产时间增长，影响了生产效率。

另外，从电气传动角度分析，n_d 越低、变速范围越大，调速越难实现。一般情况下，转速越低，驱动装置的机械特性的硬度越不易保证；当负载扭矩变化时，对转速的影响较大。在很低的转速下，较大的负载波动，甚至会引起停车。通常在 $n_d=30\sim100$ r/min 的范围内，结合对产品质量的要求、机器运转的稳定性及驱动装置的特点，适当选定转鼓卸料时的最低转速。

三足式沉降离心机的型号编制方法如下，具体编制规则参见 GB 7779—87《离心机型号编制方法》。

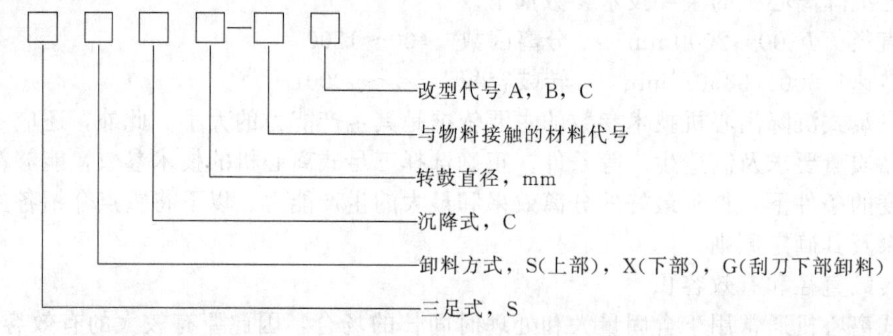

例如，三足式手动刮刀下卸料沉降离心机，转鼓表面涂塑料，转鼓最大内径为 800mm，型号表示为 SCG 800-S；三足式上部卸料沉降离心机，转鼓材料为耐蚀钢，转鼓最大内径为 1200mm，型号为 SCS 1200-N。

8.3.2 刮刀卸料沉降离心机

刮刀卸料沉降离心机除转鼓壁不开孔外，其他结构与卧式刮刀卸料离心机相似，见图 8-45。悬浮液经进料管加到转鼓底部沿流道进入转鼓，液体沿轴向流动，固体颗粒沉降到转鼓壁，液体在挡液板处溢流。随着分离过程的进行，沉渣逐渐增厚。当分离液澄清度降低到极限值时，应停止加料，用刮刀刮除滤渣。如果沉渣具有流动性，可用撇液管排除。该类离心机用于不易过滤的低浓度悬浮液的沉降分离。图 8-46 为手动刮刀下部卸料间歇操作沉降离心机的实物图。

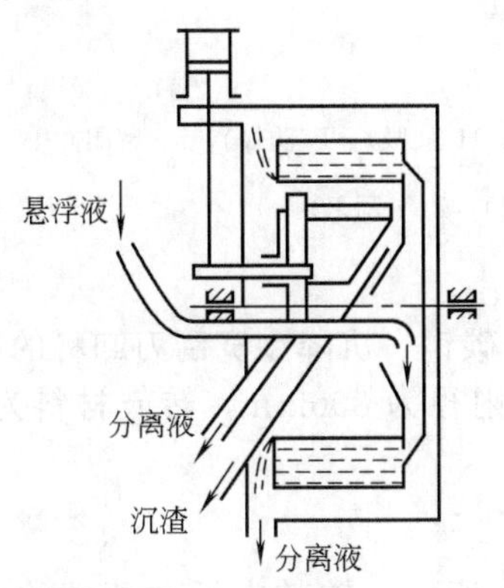

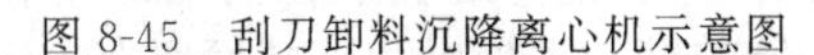

图 8-45 刮刀卸料沉降离心机示意图

图 8-46 手动刮刀下部卸料间歇操作沉降离心机

刮刀片是刮刀离心机中最容易损坏的零件，刮刀片工作时不仅受到剧烈的磨损和冲击载荷，而且长期与有腐蚀性的介质接触，所以要求刮刀片应具有耐磨、机械强度高和耐腐蚀等性质。

目前国外多使用耐磨、耐腐蚀的高镍铬硬质合金，如 Elcomat K，每把刮刀可连续使用刮削硫铵 2000 吨左右，磨损后经修理刨平能重复使用 4～5 次。有的使用堆焊硬质合金及镶陶瓷片，使用寿命可以提高 5～6 倍。

我国大多使用铝铁青铜（ZQA19-4）、1Cr18Ni9、2Cr13 和弹簧钢等作为刮刀片材料。从实际使用效果看，采用铝铁青铜和 2Cr13 等材料替代昂贵的高合金钢来刮削硫铵，一般每次能用 10 天，可以修理 5～6 次，其效果比采用 1Cr18Ni9 效果好。

刮刀卸料时，刮刀片对物料有两种作用，一是对沉渣层进行切割，这主要是由刮刀片刀刃来完成，要求刮刀具有一定的强度；同时刮刀还将改变物料的运动方向，这与刀面的硬度和前后角有关。表 8-4 列出了几种刮刀片的材料、前角、后角和切削角等数据。

表 8-4 刮刀片主要技术参数

离心机型号	材料	前角/(°)	后角/(°)	切削角/(°)	刀具强度	对刀架的磨损
C-27	K 合金	29.5	5.5	55	—	无
AF-800	BK-3	45	15	30	较小	大
AF-1200	BK-4	45	15	30	较小	大
WG-800	1Cr18Ni9	30	10	45	—	—

AF-800 和 AF-1200 型号离心机的前角较大、物料改变运动方向的角度较小，所以在物料线速度较大时有可能磨损刀架。旋转式刮刀的角度随卸料过程而变化，表 8-4 为卸料结束时刮刀的角度。在刮料过程中，具有单面刃口的金属薄片刮刀，虽然可以保证在转鼓旋转时将沉渣一层层地刮下来，但是当刮刀进给与停留在上限位置时，刮刀会把剩余的沉渣层压实。压紧的沉渣层不利于沉降过程的继续进行，它增加了过滤阻力，使在规定分离时间内的滤渣含湿量增加，造成离心机生产能力的下降，甚至使分离过程无法进行。

刮刀卸料沉降离心机的主要技术参数如下。

转鼓直径 Φ300～1200mm　　分离因数 400～800

转鼓转速　600～3350r/min　　　　转鼓容积　7.5～250L

刮刀卸料沉降离心机的型号编制方法如下。

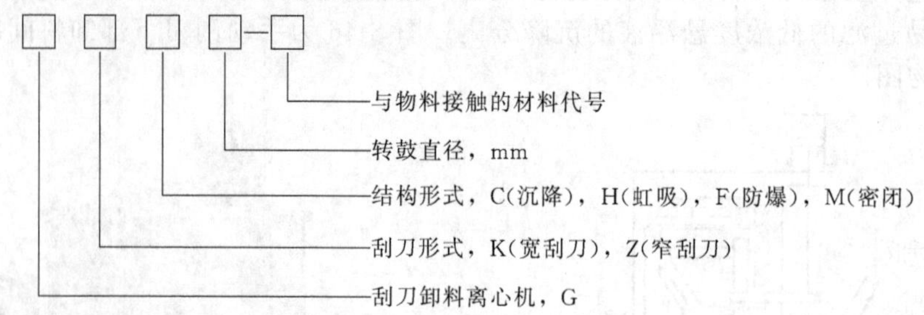

例如，转鼓筛网最大内径为1250mm，转鼓材料为碳钢，沉降型宽刮刀卸料的卧式刮刀卸料离心机，型号表示为GKC1250-G；转鼓筛网最大内径为800mm，转鼓材料为耐蚀钢，卧式沉降型窄刮刀卸料离心机，型号为GZC800-N。

8.3.3　螺旋卸料沉降离心机

螺旋卸料沉降离心机基本结构如图8-47和图8-48所示。转鼓支承在两端的主轴承座上，输料螺旋借助其两端轴颈上的轴承装在转鼓内，转鼓壁与螺旋叶片外端面留有一定的间隙，转鼓与螺旋有一定的转速差，以便由螺旋将转鼓内的沉渣推送出转鼓。被分离的悬浮液从加料管连续进入加料仓，再进入转鼓，在离心力作用下，固相颗粒沉降在转鼓壁形成沉渣，由螺旋的作用将沉渣推送到转鼓小端的排渣孔排出。被澄清的分离液沿螺旋叶片通道经转鼓的溢流孔溢流出转鼓。为防止螺旋卸料离心机负荷过大而损坏，差速器装有过载保护装置。

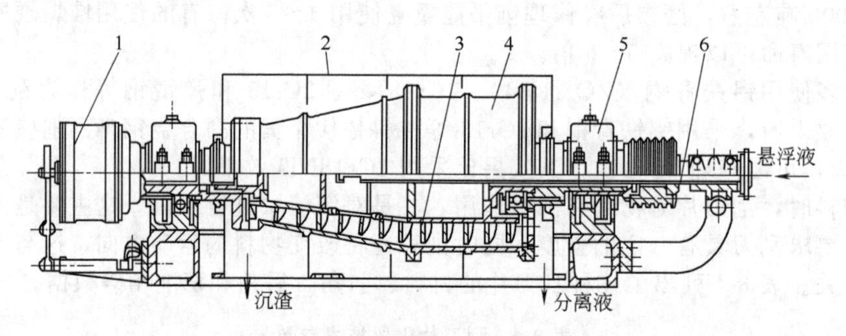

图8-47　逆流式螺旋卸料沉降离心机

1—差速器；2—机壳；3—输料螺旋；4—转鼓；5—轴承座；6—进料管

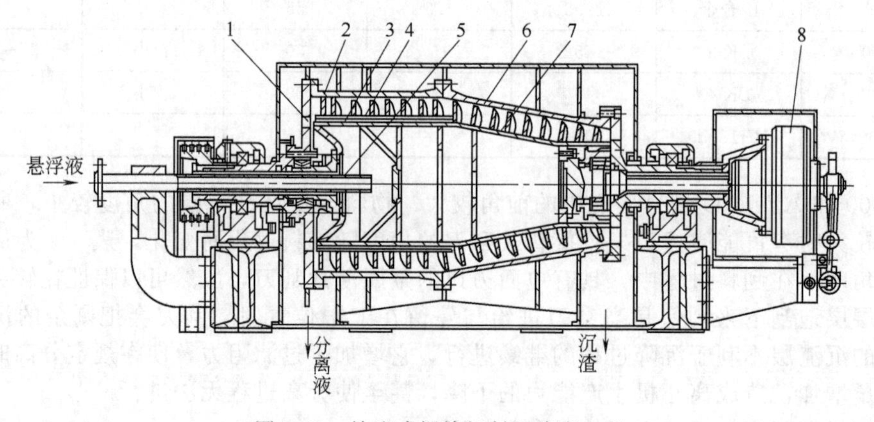

图8-48　并流式螺旋卸料沉降离心机

1—溢流口；2—环板；3—加料孔；4—排液管；5—进料管；6—转鼓；7—输液螺旋；8—差速器

螺旋输送器是螺旋卸料离心机的主要部件，能连续的把沉渣送至排渣口排出机外。其结构、材料和参数不仅关系到离心机的生产能力和工作寿命，还关系到分离效果的好坏。螺旋输送器的筒体与转鼓装在同心轴承上，螺旋输送器边缘所形成的回转外廓通常同转鼓的形状相同，即有单锥、筒锥和双锥等形式。为了输送沉降在转鼓内壁上的物料，螺旋与转鼓以相同的方向旋转，但转速不同（一般转速差为转鼓转速的0.2%～3%），该转速差是由行星差速器来实现的。把沉渣输送到小端的排渣口的条件，见表8-5。

表 8-5　螺旋的输渣条件

螺旋缠绕方向	螺旋相对于转鼓的旋转	转鼓与螺旋的旋转方向(从小端看)
右旋	超前	顺时针
	滞后	逆时针
左旋	滞后	顺时针
	超前	逆时针

螺旋输送器一般由螺旋叶片、内筒、加料隔仓、左右轴颈等组成，如图8-49所示。

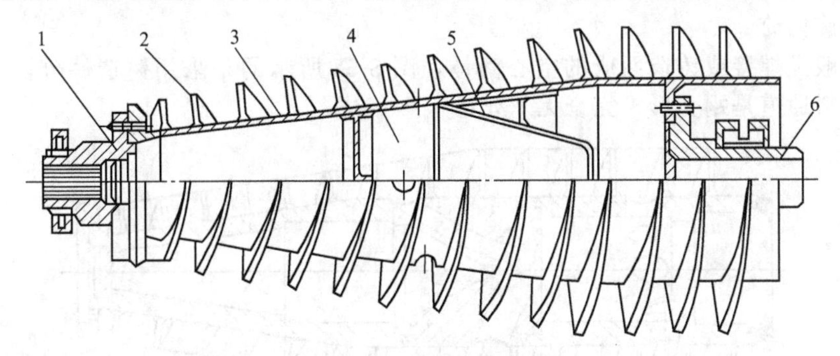

图 8-49　连续整体螺旋部件

1—左轴颈；2—螺旋叶片；3—内筒；4—加料隔仓；5—加速锥；6—右轴颈

(1) 螺旋叶片

螺旋叶片是直接与沉渣接触输送沉渣的部件，叶片种类很多，常用的有如下几种。

① 连续整体螺旋叶片　如图8-49所示，这种型式最常用，制造容易。

② 连续带状螺旋叶片　如图8-50所示，带状螺旋使用不多，这种结构使叶片的刚性降低，主要用于淀粉的分离。

③ 断开式螺旋叶片　如图8-51所示，为了使液体沿较短路程流出，在脱水区段采用了断开式螺旋叶片。螺旋叶片由若干段对螺旋线错开的构件组成。采用这种螺旋时，当转鼓内有了沉渣层后，液体便从螺旋叶片各构件之间的空隙泄出，并沿转鼓母线流往沉降区。此时液体所通过的路程，仅为沿螺旋状通道通过的路程的1/15～1/12。

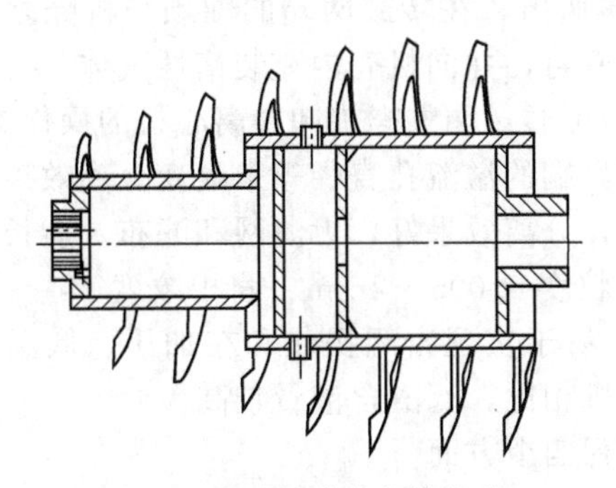

图 8-50　连续带状螺旋部件

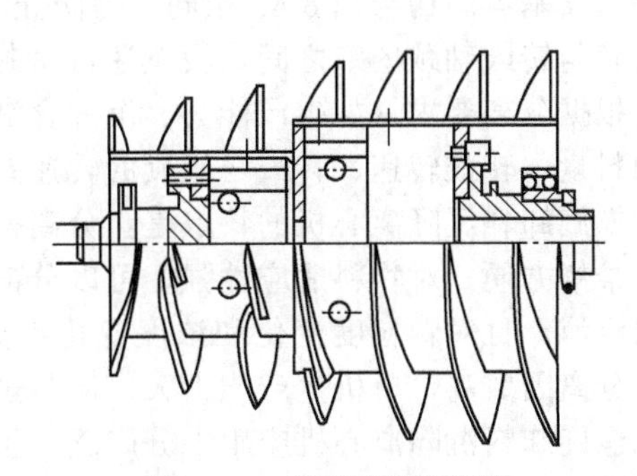

图 8-51　断开式螺旋部件

④ 有附加叶片的螺旋　如图 8-52 所示。为了提高分离效果，使已经沉降的细粒子不被加料所冲刷、搅混，增大进料口处叶片的螺距，并在其中设置一附加螺旋叶片 1，使已沉降的细粒子在经过加料区时不被冲刷，即可进入干燥段。

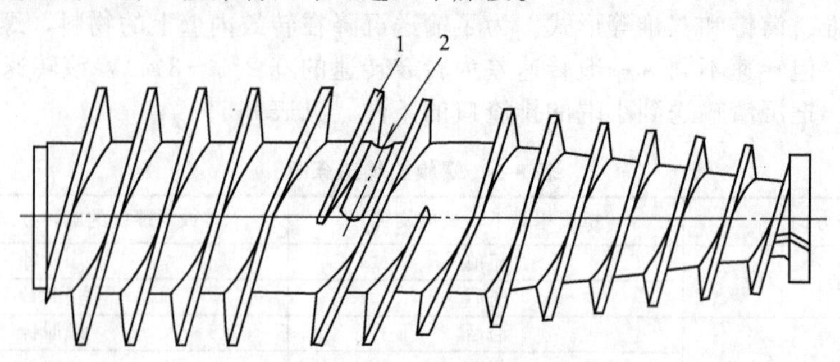

图 8-52　有附加叶片的螺旋

1—附加叶片；2—加料孔

(2) 螺旋内筒

内筒一般是焊接或铸造而成的空心筒体，图 8-53 所示的是采用铸造件分段加工后再焊接而成，进料通道是蜗壳形，完全无“死区”。

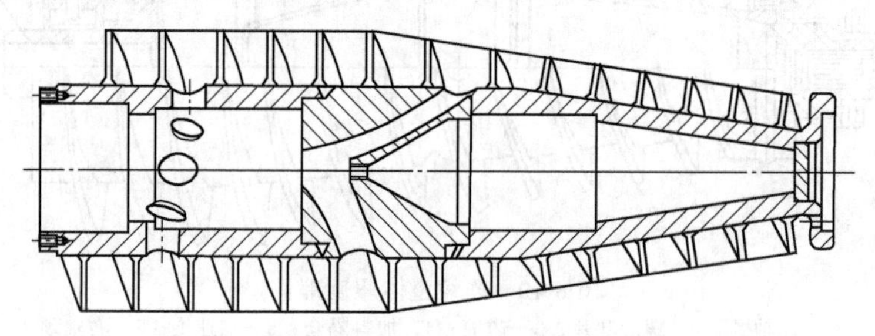

图 8-53　特殊结构的螺旋内筒

(3) 左右轴颈

螺旋内筒的两端分别与左右轴颈连接。轴颈支承在转鼓左右端盖内腔里的轴承上。左右轴颈与螺旋内筒的连接采用止口配合结构，以保证组合后的同轴度要求。螺旋枢轴的驱动端通过花键轴与差速器的输出连接。花键轴的结构有三种型式：外花键在减速器输出轴上、外花键在螺旋轴颈上和双头花键轴。对花键轴要进行挤压和扭矩强度校核。

螺旋输送器是高速回转部件，它与转鼓一样在加工组装完毕后，要进行动平衡检验，其残余重径积应不超过有关规定。

经过特殊结构设计的螺旋卸料沉降离心机，可用于处理易燃、易爆、易挥发及有毒的悬浮液，其基本结构与图 8-48 相同，为防止有害气体逸出，在转鼓两端的轴颈与机壳之间及加料管与转鼓轴颈内壁之间，设置迷宫密封或机械密封，并向机壳内充装惰性气体。

根据分离要求（如生产能力、沉渣含液量等），可通过调整螺旋卸料离心机的操作参数，如加料量、转鼓转速、转鼓与螺旋的转速差和转鼓大端的溢流孔直径等来改变分离效果。

螺旋卸料沉降离心机的特点是：分离操作连续，分离效果好，无滤网和滤布，能长期运转，维修方便；对物料适应性强，可以分离固相颗粒度 0.005～2mm、固相浓度 1%～50% 的悬浮液，且对颗粒度变化和浓度变化不大敏感；易于实现密闭操作和在加压、低温下操作；分离因数高，单机生产能力大。但与过滤离心机相比，滤渣含液量较高。

螺旋卸料沉降离心机应用十分广泛，主要有下列四个方面。

① 固体脱液　当固体颗粒可压缩时，螺旋卸料沉降离心机优于过滤式离心机。具体应

用实例有：聚氯乙烯、聚丙烯、低压聚乙烯及聚苯乙烯等树脂的脱液，细煤粉脱水等。

② 悬浮液的澄清　应用实例有：活性污泥分离，酒厂和酒精厂醪液的分离等。

③ 固体颗粒的分级　悬浮液在螺旋卸料沉降离心机中分离时，直径较大的固体颗粒沉到鼓壁并以沉渣的形式排出转鼓，直径较小的固体颗粒随液体排出，实现分级。应用实例有二氧化钛、高岭土以及分散性染料等的分级。

④ 三相分离　即将液-液-固三相经一次分离分开。具体应用实例有：焦油-水-焦炭末的分离，油脂-水-油渣混合物的分离。

国产螺旋卸料沉降离心机实物图如图 8-54 所示，主要技术参数如表 8-6 所示。

图 8-54　卧式螺旋卸料沉降离心机

表 8-6　螺旋卸料沉降离心机技术参数

转鼓直径/mm	转速/(r/min)	分离因数
200	4000～6000	1788～4024
355	2500～4000	1240～3170
400	2000～3550	1080～2810
450	2000～3400	1000～2900
500	2000～3200	1120～2860
630	1400～2500	690～2200
800	1250～2000	700～1790
1000	900～1400	450～1100

螺旋卸料沉降离心机型号编制方法如下，具体编制规则参见 GB 7779—87《离心机型号编制方法》。

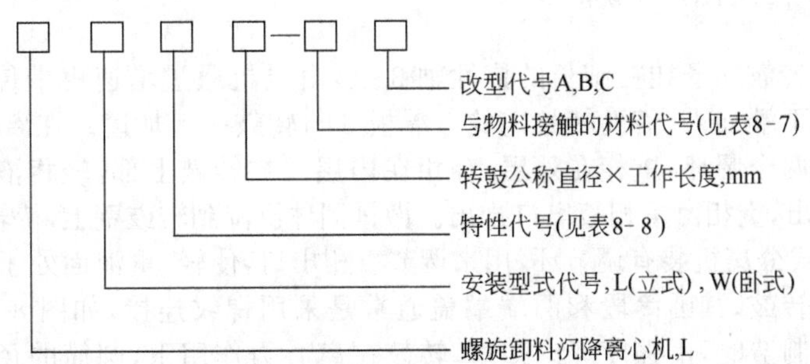

例如，立式螺旋卸料沉降离心机，转鼓大端最大内径为 700mm，转鼓工作长度 450mm，转鼓材料为耐蚀钢，并流式操作，型号表示为 LLB700×450-N；卧式螺旋卸料沉降离心机，转鼓大端最大内径为 350mm，转鼓工作长度 650mm，转鼓材料为耐蚀钢，型号表示为 LW 350×650-N。

表 8-7 螺旋卸料沉降离心机与分离物料接触材料代号

材料	代号
耐腐蚀钢	N
碳素钢	G
钛材	I
铜	T
金属涂层	J
塑料涂层	S
衬橡胶	X
搪瓷	C

表 8-8 螺旋卸料沉降离心机的特性代号

基本特征	代号
逆流式	—
并流式	B
三相分离式	S
密闭	M
防爆	F
向心泵输液	X

8.3.4 管式沉降离心机

管式沉降离心机，传统也称为管式分离机，这种机器的转鼓形状呈管状，长径比大，转速高，分离因数大，基本结构如图 8-55 所示，图 8-56 为管式分离机的实物图。

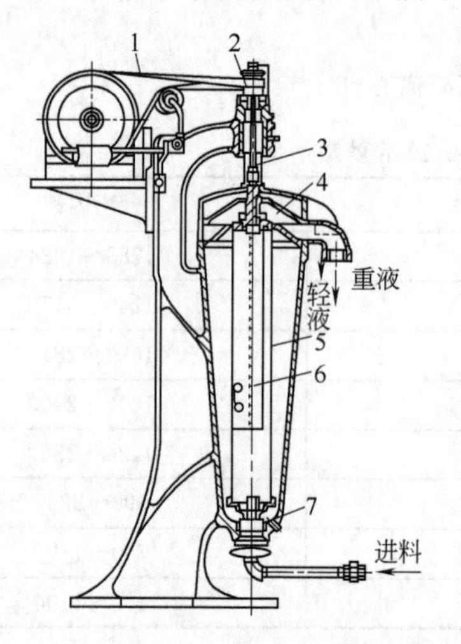

图 8-55 管式分离机结构简图

1—传动皮带；2—皮带轮；3—挠行轴；4—收集器；5—转鼓；6—三翼板；7—下轴承

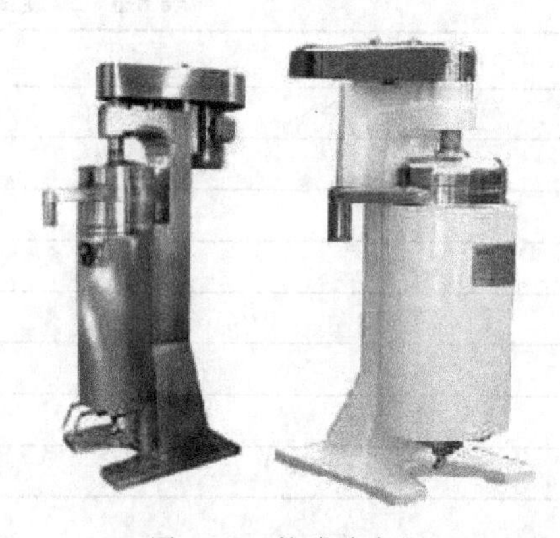

图 8-56 管式分离机

管式分离机的转鼓 5 悬挂在细长的挠性轴 3 上，由电机通过增速皮带传动机构传动。被处理的物料从转鼓下端加入，借助转鼓内的三翼板 6 与转鼓一起加速。在离心力作用下，两种液体在转鼓内形成两个圆环，重相在外层，轻相在内层。在转鼓上部，轻相液体由靠近转鼓轴心的轻液排出口排出，重相由重相液出口排出。微量固体沉降到转鼓壁上，待转鼓壁上的沉渣较多时停车清除。管式分离机装有调节环，用来调节重相出口，使轻、重液面处于合理的位置上。

管式分离机的转鼓，其圆筒段和两端端盖通常是采用螺纹连接，如图 8-57 所示。当筒段和端盖用同一材料制造时，由强度理论知道，转鼓在离心力作用下，圆筒的径向变形比端盖的径向变形大，随着转鼓的速度增加，这种变形差值更大，在螺纹连接部分产生应力集中，同时，采用螺纹连接降低了转鼓的同心度，使转鼓不平衡，这是管式分离机转鼓破坏的重要原因之一。例如，用超硬铝合金制造的直径为 300mm 的转鼓，当回转速度为 25000r/min 时，转鼓圆筒部分的径向变形为 0.9mm，端盖的径向变形为 0.15mm，圆筒段的径向变形为端盖的六倍。

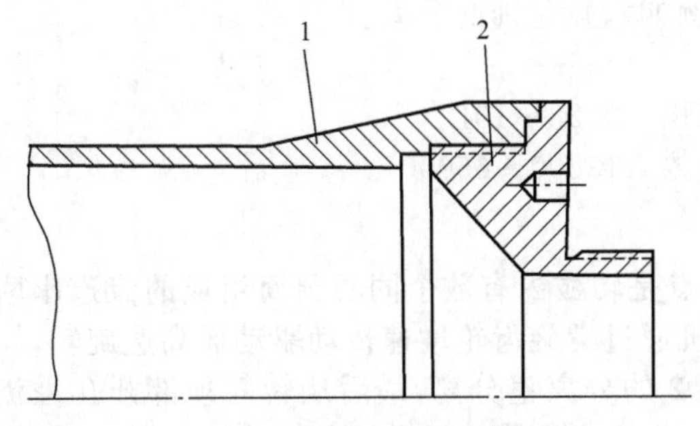

图 8-57 常用的管式分离机转鼓
1—转鼓;2—端盖

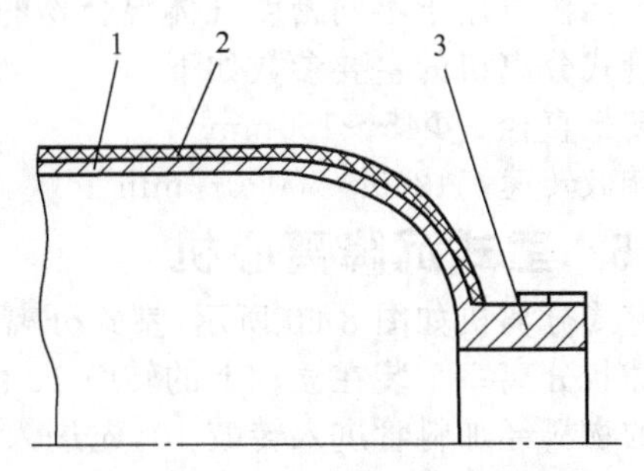

图 8-58 改进后的管式分离机转鼓
1—转鼓;2—纤维层;3—端盖

为使转鼓安全运行,螺纹连接部分应有加强措施。

为满足转鼓圆筒段和端盖连接处的变形一致,采用如图 8-58 的结构,转鼓端盖做成球形或椭球形,在转鼓外表面均匀缠绕弹性模数与比重之比高于转鼓的强化纤维材料,如碳素纤维。为防止在离心压力作用下,圆弧段的强化纤维材料沿轴向滑动,还必须沿轴线方向及倾斜角缠绕。这种结构虽然能获得变形一致的转鼓,但要多耗用昂贵的强化纤维材料,使转鼓重量增加,加工工艺复杂化,成本增加。

比较理想的转鼓结构如图 8-59。图 8-59(a)是将筒段 1 和端盖 4 焊接为一整体转鼓。图 8-59(b)是用螺栓 5 连接筒段 1 和端盖 4 的可拆转鼓,筒段 1 和端盖 4 为止口配合。两种转鼓均在筒段均匀的缠绕强化纤维塑料层 2,在端盖的外壁有若干道沟槽,在其中也缠绕了强化纤维材料。这样不但保证了圆筒和端盖受力后产生的变形一致,而且消除了圆筒与端盖相对于轴线的角位移,同时又增加了结合部强度和刚度,提高了转鼓的极限转速。这种转鼓既经济又合理。如前述的转鼓直径和操作转速,采用密度为 $1610kg/m^3$、弹性模为 $20\times10^3kgf/mm^2$ 的碳素纤维时,在转鼓壁厚度相同的条件下,结合部的径向变形降低到 0.45 毫米,结合部相对于轴线的角位移为 0。

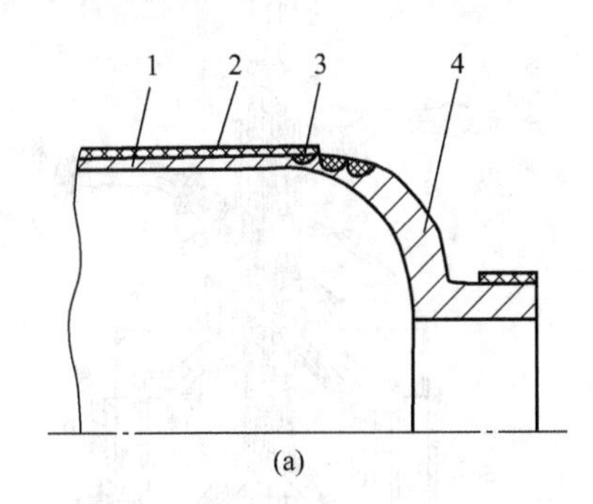

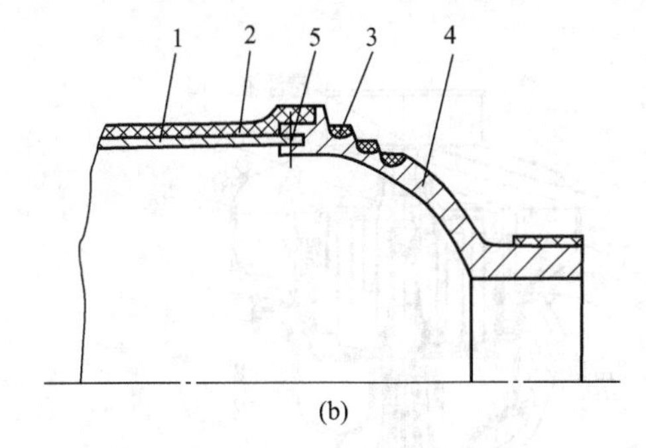

图 8-59 变形一致的转鼓
1—转鼓;2,3—纤维塑料层;4—端盖;5—螺栓

管式分离机分离因数高,分离能力强,能分离一般离心机不能分离的物料,获得澄清的分离液。该机体积小,占地面积少,操作维修方便。缺点是分离机操作是间歇式的,当转鼓内沉渣集聚较多时,需停车清除转鼓内的沉渣;另外,管式分离机生产能力小。

某些特殊用途的管式分离机在转鼓四周装有蛇管,用于冷却或加热转鼓。该分离机可在低温(—10℃)或较高温度(约 70℃)下操作。

管式分离机适用于固体含量低于 1%、固相粒度小于 5μm 以及固液两相密度差很小的悬浮液的澄清,也适用于轻液与重液的密度差小及分散性很高的乳浊液的分离。常应用的物料有:变压器油、燃料油、润滑油、植物油、鱼油、瓷釉、青霉素、清漆、硝基漆、血清等。特殊的超速管式分离机可用于不同密度气体混合物的分离，例如六氟化铀的分离。

管式分离机的主要参数如下。

转鼓直径　Φ45～150mm　　　　转鼓容积　0.28～10L

转鼓转速　1200～50000r/min　　分离因数　13000～65000

8.3.5 室式沉降离心机

室式分离机如图 8-60 所示，室式分离机的特点是转鼓内有数个同心圆筒组成的流道串联的环隙状分离室。装在立轴上的转鼓 10 由电动机通过螺旋齿轮增速传动驱动而高速旋转，需分离的物料经加料管进入转鼓 10，先进入件号为 2 的分离室分离，最后从转鼓顶部开孔溢流入分离液收集室 3 的出口管排出，最大的固体颗粒在中心沉降。随着液体由中心向外流动，所流经的分离室的分离因数逐一增大，使更细小的固体颗粒从液体中沉降出来。沉渣需在室式分离机停机后拆开转鼓人工清除。

室式分离机基本操作原理与一般沉降式离心机相同，不同之处是转鼓由一系列同心圆柱筒体构成。这些同心圆筒依次在转鼓的上部或下部开口，从而由中心至最外层转鼓间形成一个曲折的通道。这样的结构可以增加沉降面积，缩短固相颗粒的沉降路程，延长物料在转鼓内的停留时间。通常较大的颗粒在内层环形室即已沉降下来，而较难沉降的细小颗粒则在较外层的环形室进一步沉降，沉渣需停机拆开转鼓卸出。

室式分离机的转鼓直径较大，沉降面积大，沉降距离小，生产能力高。室式分离机分离因数高，被分离物料在转鼓内的停留时间长，分离液澄清高。但其转鼓的长径比小，转速也比较低。适合于处理固相颗粒粒度大于 0.1μm、固相浓度小于 5% 的悬浮液的澄清，处理能力 2.5～10m^3/h。室式分离机的典型应用有：酒类、麦芽汁、果汁、糖蜜和涂料漆等的澄清，彩色显像管行业回收荧光粉等，可得到澄清度很高的产品。

8.3.6 碟式沉降离心机

碟式分离机是一种应用十分广泛的高速沉降分离机，如图 8-61 所示。装在立轴 4 上的转鼓 3 由电动机通过传动齿轮 1 增速（或皮带增速传动）驱动而高速旋转，需分离的液体（悬浮液

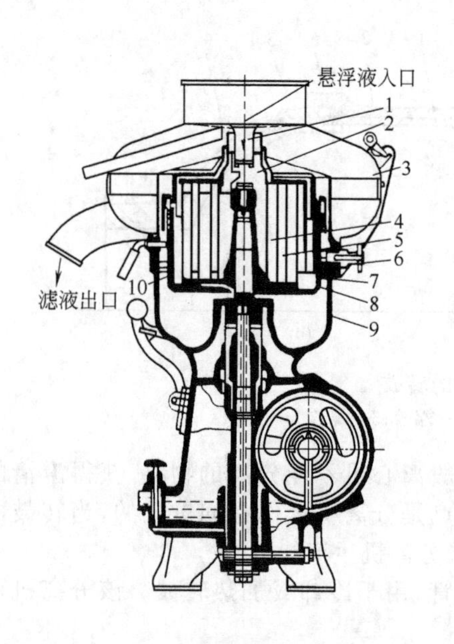

图 8-60　室式分离机结构简图

1—进料管；3—分离液收集室；2，4～8—分离室；9—机壳；10—转鼓

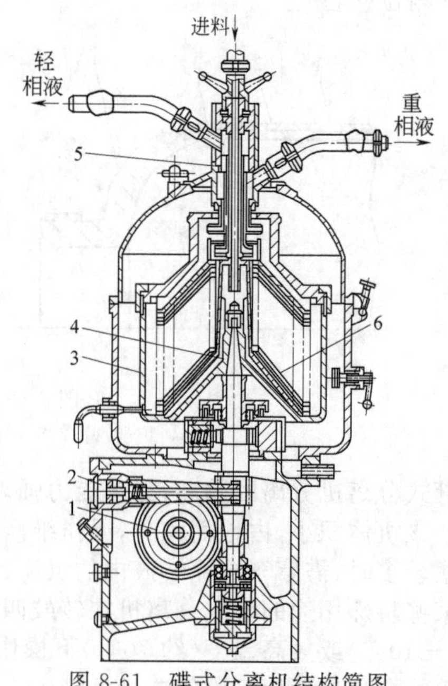

图 8-61　碟式分离机结构简图

1—传动齿轮；2—转速表；3—转鼓；4—主轴；5—进出料装置；6—碟片

或乳浊液)经加料管进入转鼓。分离后的液体从转鼓中溢流排出或由向心泵排出,如进出口管路上有机械密封,液体在压力下直接从出料管排出。

蝶式分离机的结构主要由机座传动机构、机壳、转鼓和控制组件等组成。各种蝶式分离机的机座及传动部分大致相似。电机通过离心离合器、水平轴、一对螺旋增速齿轮及立轴而带动转鼓。立轴系挠性轴,上轴承为挠性轴承,转鼓安装在立轴的上端。传动除可用螺旋齿轮外,还可采用皮带及正齿轮等增速传动。所有这些传动装置均安装在机座内。

转鼓外面装有大都为圆形或锥形机壳,可接受从转鼓分离出的重相或沉渣。机壳上端与悬浮液的输入管及轻相输出管相连。转鼓是分离机的最重要部分,包括:转鼓体、碟片组件、撇液室及撇液盘、排渣装置如碰嘴排渣转鼓具有碰嘴排渣装置,而活塞排渣转鼓则具有活塞能上下启闭进行自动排渣的机构。

目前生产的蝶式分离机大多能自动加料、排渣和停车,因而附有各种形式的自控和遥控设备。但是蝶式分离机结构比较复杂,转鼓零件多,清洗也比较困难,因此在料液处理量少的间歇生产过程中,它就不如管式离心机用的多。

碟式分离机转鼓内有一组叠装在一起的碟片 2,其分离原理见图 8-62 所示。图 8-63 为蝶式分离机的实物图。

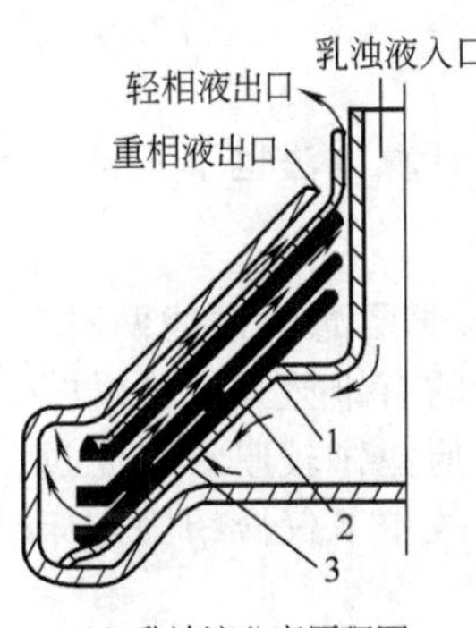

(a) 乳浊液分离原理图

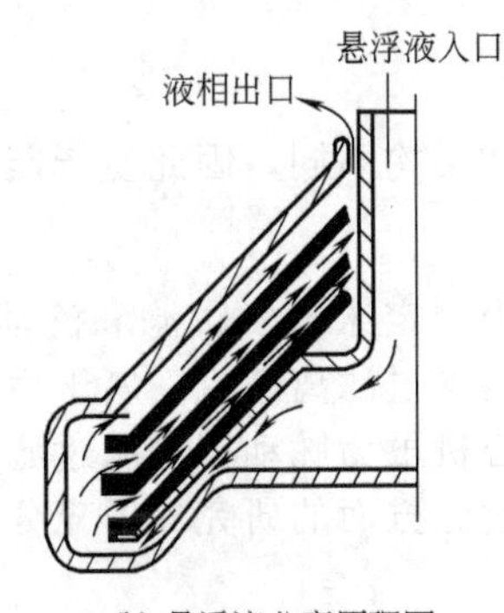

(b) 悬浮液分离原理图

图 8-62　碟式分离机分离原理

1—转鼓底架;2—碟片;3—中性孔

图 8-63　碟式分离机

图 8-62(a)是两种液体组成的乳浊液的分离原理图,图 8-62(b)是悬浮液的分离原理图。在图 8-62(a)中的碟片上开有中性孔 3,中性孔的位置由轻、重相液的密度和体积比确定。乳浊液自中性孔进入,轻相液沿碟片中间的通道向中心流动到轻相液出口;重相液在碟片间沿通道向外运动,经转鼓与碟片外周边的环状通道流向重相液出口。通过调节出液口压力,使轻、重相液分界面正好在中性孔位置。

碟式分离机中的悬浮液在相邻两碟片间的通道内流动,由于碟片间的间隙很小,颗粒的沉降距离极短,形成薄层流动,悬浮液中的细小颗粒或两种液体在极短的时间内即被分离。碟式分离机转速高,分离因数大,能很好地实现乳浊液的分离和高分散悬浮液的澄清。

按照排渣方式的不同,碟式分离机分为人工排渣、环阀排渣和喷嘴排渣三种形式。

ⅰ. 人工排渣型是间歇操作的澄清型碟式分离机。当转鼓内沉渣较多,分离液澄清度下降时,停机拆开转鼓,用人工清除沉渣。它适用于固相含量少,固相体积浓度低于 1%,粒度小于 0.1μm 的悬浮液的澄清。

ⅱ. 环阀排渣型又称为自动排渣或活塞排渣型。悬浮液连续加入转鼓,利用环状活门的动作,启闭排渣口,断续排渣。它适于处理固相粒度 0.1～500μm、固液相密度差大于 $0.01g/cm^3$,固相浓度小于 10%的悬浮液。

ⅲ. 喷嘴排渣型一般为连续操作、用于浓缩的碟式分离机。其周边装有均匀的排渣喷嘴，环状空间内被增浓的料浆从喷嘴连续排出。喷嘴排渣型分离机可提高原料液的浓度 5～20 倍。适于处理固相颗粒粒度 0.1～100μm、固相体积浓度小于 25%的悬浮液。

碟式分离机广泛用于乳品行业、矿物油生产、啤酒、胶乳、植物油、淀粉分离、酵母分离等行业。在矿物油生产行业中，碟式分离机常用于去除柴油、燃料油、润滑油等物料中的水分及固体杂质，进行液-液-固分离。船用柴油机的燃料油经碟式分离机分离后，机械杂质可减少 75%～88%，水分几乎完全除去。

碟式分离机的基本技术参数如表 8-9 所示。

表 8-9　碟式分离机的基本技术参数

项目	人工排渣型	环阀排渣型	喷嘴排渣型
转鼓直径/mm	200～670	224～600	335～670
转鼓转速/(r/min)	5000～7000	4000～8500	3000～7000
当量沉降面积/mm^2	6.0×10^7～90×10^7	6.0×10^7～80×10^7	6.0×10^7～22×10^7

8.4 离心机的生产能力计算

过滤离心机、沉降离心机由于分离过程和结构不同，因此生产能力计算方法也不一样。

8.4.1 过滤离心机的生产能力

各类过滤离心机的过滤过程基本上可分为固定床滤饼过滤和流动床薄层滤饼过滤两种，属于前者的有三足式、上悬式和卧式刮刀卸料等过滤离心机，属于后者的有锥篮式、进动式和振动式等过滤离心机。活塞推料式过滤离心机虽为脉动移动床过滤，但滤饼较厚，过滤过程接近于固定床滤饼过滤。由于流动床薄层过滤方面的研究尚不充分，故本节仅介绍固定床过滤的间歇过滤离心机的生产能力。

(1) 离心过滤速率和过滤时间

悬浮液加入转鼓后，固体颗粒很快沉积到鼓壁的过滤介质上形成滤饼层，如图 8-64 所示。液体在离心液压作用下渗透过滤饼层和过滤介质及鼓壁孔而被甩出。一般将此过程分为：过滤阶段，指液体自由液面从 R_0 降到滤饼表面 R_S 处；脱水阶段，指液面自 R_S 降至 R 处及空气流穿过渣层的进一步脱水。

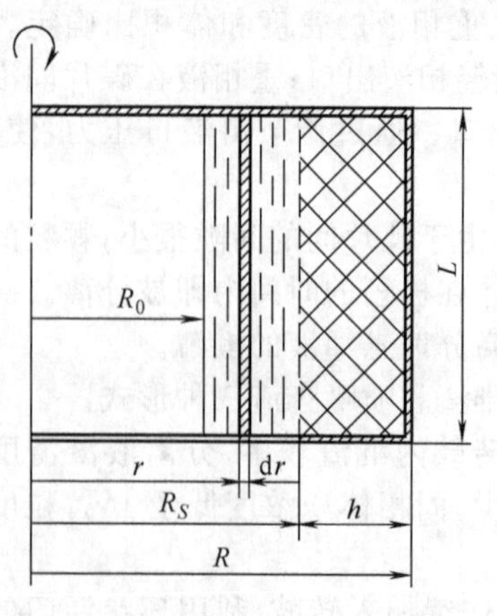

图 8-64　过滤离心机加料后转鼓内物料分布情况

① 过滤阶段的离心过滤速率　前面已经讲过，离心过滤速率可以根据式 (8-7) 计算求得。需要说明的是，利用该公式计算时未考虑过滤介质阻力和重力的影响，液体通过滤饼孔隙作层流流动且滤饼层不可压缩。这些应用限制条件对大多数物料和工业用间歇过滤离心机是适用的。

在利用式 (8-7) 计算过滤速率时，滤饼层渗透率 K 可以用式 (8-14) 来求得

$$K=\frac{1}{\alpha(1-\varepsilon)\rho_s} \tag{8-14}$$

式中　α——滤饼比阻，m/kg；

ε——滤饼平均孔隙率；

ρ_s——固体密度，kg/m^3。

滤渣比阻 α 值通常由实验方法测得，对于球形粒子

的多孔床层可按下式计算

$$\alpha=\frac{180(1-\varepsilon)}{d_p^2\varepsilon^3\rho_s} \tag{8-15}$$

式中，d_p为颗粒平均直径，m。

② 过滤阶段的过滤时间　过滤时间指液面从R_0降到R_S所需的时间。由于过滤过程中，液面不断降低，R_0是变值，过滤速率q也是变值。在时间增量dt内，液体体积减小量dQ_f为

$$dQ_f=2\pi R_0 L dr$$

代入式（8-7）中，并在$r=R_0$，$t=0$；$r=R_S$，$t=t_f$积分限内进行积分，可求得过滤时间t_f为

$$t_f=\frac{\mu\ln(R/R_S)}{K\rho_l\omega^2}\ln\frac{R^2-R_0^2}{R^2-R_S^2} \tag{8-16}$$

（2）脱水阶段滤液排出量和滤饼含湿量

脱水阶段滤液排出量按下式计算

$$Q_d=\pi\varepsilon L(R^2-R_S^2)(1-S_c) \tag{8-17}$$

式中，S_c为滤渣的残余饱和度。

残余饱和度S_c是滤饼经脱水后，其孔隙中残留液体体积占孔隙总容积的分数，与滤饼含湿量W_0（质量，湿基）的关系如下

$$W_0=\frac{\varepsilon S_c\rho_l}{(1-\varepsilon)\rho_s+\varepsilon S_c\rho_l}\times 100\% \tag{8-18}$$

滤饼的残余饱和度或含湿量取决于物料性质，如液体黏度和表面张力、固体颗粒粒度及其分布、滤饼孔隙率以及脱水阶段的推动力和脱水时间。

（3）间歇操作过滤离心机的生产能力

间歇操作过滤离心机一个操作循环所需的时间t由过滤时间t_f、脱水时间t_d和辅助时间t_a组成，$t=t_f+t_d+t_a$。显然，按滤液计的平均生产能力为

$$q_t=\frac{Q_f+Q_d}{t_f+t_d+t_a} \tag{8-19}$$

式中，Q_f和Q_d分别为过滤阶段和脱水阶段的滤液量，m^3。

按悬浮液计的生产能力按式（8-20）换算

$$q_g=q_t\frac{\left(1-\frac{C_f}{\rho_s}\right)\rho_l-\frac{W_0}{100-W_0}C_f}{\left(1-\frac{C_s}{\rho_s}\right)\rho_l-\frac{W_0}{100-W_0}C_s} \tag{8-20}$$

式中　C_s，C_f——悬浮液和滤液的密度，kg/m^3；

ρ_s，ρ_l——固相和液相密度，kg/m^3；

W_0——滤饼含湿量（质量、湿基），%。

例 8-1　转鼓直径为800mm、高度为400mm、转速为1500r/min的三足式离心机。过滤浓度为186 kg/m^3的悬浮液，已知悬浮液固相密度为1400 kg/m^3，液相密度为1000kg/m^3，黏度为$10^{-3}kg/m\cdot s$；由实验测得该物料滤饼比阻$\alpha=2.2\times10^{10}m/kg$，孔隙率为0.35；设脱水时间为60s，滤饼残余饱和度$S_c=0.48$，辅助时间120s；试求一次加料至转鼓半径280mm时的平均生产能力（m^3/h）和滤饼含湿量（滤液含固量忽略不计）。

解　一次加入的悬浮液量为

$$Q_S=\pi L(R^2-R_0^2)=\pi\times0.4(0.4^2-0.28^2)=0.10254\ (m^3)$$

用式（8-16）求解过滤时间t_f，需先求渗透性系数K值和滤渣层表面半径R_S。根据式

(8-15) 求得 K 值为

$$K=\frac{1}{\alpha(1-\varepsilon)\rho_s}=\frac{1}{2.2\times10^{10}(1-0.35)\times1400}=4.995\times10^{-14}\ (\mathrm{m}^2)$$

加入的悬浮液中固相体积为

$$V_s=Q_sC_s/\rho_s=0.10254\times186/1400=0.013623\ (\mathrm{m}^3)$$

滤渣的容积为

$$V_c=V_s/(1-\varepsilon)=0.013623/(1-0.35)=0.02096\ (\mathrm{m}^3)$$

故滤饼层表面的半径 R_S 为

$$R_s=\left(R^2-\frac{V_c}{\pi L}\right)^{1/2}=\left(0.4^2-\frac{0.02096}{\pi\times0.4}\right)^{1/2}=0.3786(\mathrm{m})$$

于是由式 (8-17) 可求得 t_f 的大小为

$$t_f=\frac{\mu\ln(R/R_S)}{K\rho_l\omega^2}\ln\frac{R^2-R_0^2}{R^2-R_S^2}$$

$$=\frac{10^{-3}\ln(0.4/0.3786)}{4.995\times10^{-14}\times1000\left(\frac{\pi\times1500}{30}\right)^2}\times\ln\frac{0.4^2-0.28^2}{0.4^2-0.3786^2}=70.9\ (\mathrm{s})$$

故按悬浮液计的平均生产能力 q_s 为

$$q_s=Q_s/(t_f+t_d+t_a)=0.10254/(70.9+60+120)=4.09\times10^{-4}(\mathrm{m^3/s})=1.47\ (\mathrm{m^3/h})$$

按式 (8-18) 计算的滤饼含湿量为

$$W_0=\frac{\varepsilon S_c\rho_l}{(1-\varepsilon)\rho_s+\varepsilon S_c\rho_l}\times100\%=\frac{0.35\times0.48\times1000}{(1-0.35)\times1400+0.35\times0.48\times1000}\times100\%=15.6\%$$

8.4.2 沉降离心机的生产能力

悬浮液加入转鼓后，固体颗粒在离心力作用下作径向运动，与此同时还随液体作轴向运动，在此过程中固体颗粒从自由液面 R_0 处沉降到鼓壁（半径 R 处）所需时间必须小于颗粒在转鼓内的停留时间才能不被液流带出鼓外，以达到分离目的，如图 8-3 所示。

一般悬浮液的固体颗粒粒度是不一致的，粒度最小的颗粒的沉降速度也最小，是分离精度的控制因素，这种细微粒子的沉降流态绝大多数为层流状态，故计算颗粒沉降所需时间均按斯托克斯沉降速度公式

$$v_r=\frac{\mathrm{d}r}{\mathrm{d}t}=\frac{d^2\Delta\rho r\omega^2}{18\mu}\tag{8-21}$$

式中 r——颗粒所处位置半径，m；

d——颗粒直径，m；

$\Delta\rho$——固、液相密度差，kg/m³；

ω——转鼓角速度，rad/s；

μ——液相黏度，kg/m·s。

故颗粒从自由液面 R_0 沉降到鼓壁 R 处所需时间 t_1 为

$$t_1=\int_0^{t_1}\mathrm{d}t=\frac{18\mu}{d^2\Delta\rho\omega^2}\int_{R_0}^{R}\frac{\mathrm{d}r}{r}=\frac{18\mu}{d^2\Delta\rho\,\omega^2}\ln\frac{R}{R_0}$$

设颗粒随液体作轴向运动过程中与液体之间无相对滑移，则颗粒的轴向速度与液体轴向速度相同，大小可以通过式 (8-22) 求得

$$v_z=Q/\pi(R^2-R_0^2)\tag{8-22}$$

式中，Q 为悬浮液流量，m³/s。

于是，固体颗粒在转鼓内的停留时间 t_2 为

$$t_2=L/v_z=\pi L(R^2-R_0^2)/Q$$

按分离条件 $t_1 \leqslant t_2$，可得圆柱形转鼓沉降离心机生产能力计算公式

$$Q=\frac{d^2\Delta\rho\omega^2}{18\mu}=\frac{\pi L(R^2-R_0^2)}{\ln(R/R_0)} \tag{8-23}$$

将 $\ln(R/R_0)$ 按无穷级数展开，取其首项 $2(R-R_0)/(R+R_0)$ 代入，并设 $K_0=R_0/R$，整理后得

$$Q=v_g A \tag{8-24}$$

$$v_r=\frac{d^2\Delta\rho g}{18\mu} \tag{8-25}$$

$$A=\frac{\pi R^2\omega^2 L}{2g}(1+2k_0+k_0^2) \tag{8-26}$$

式中，v_g 为固体颗粒的重力沉降速度；A 为当量沉降面积，是沉降离心机的生产能力指标。对于锥形转鼓的沉降离心机，如图 8-65 所示，A 的计算公式为

$$A=\frac{\pi R^2\omega^2 L}{6g}(1+2k_0+3k_0^2) \tag{8-27}$$

对于柱锥形转鼓的沉降离心机，如图 8-66 所示，A 计算公式为

$$A=\frac{\pi R^2\omega^2}{6g}[3L_1(1+2k_0+k_0^2)+L_2(1+2k_0+3k_0^2)] \tag{8-28}$$

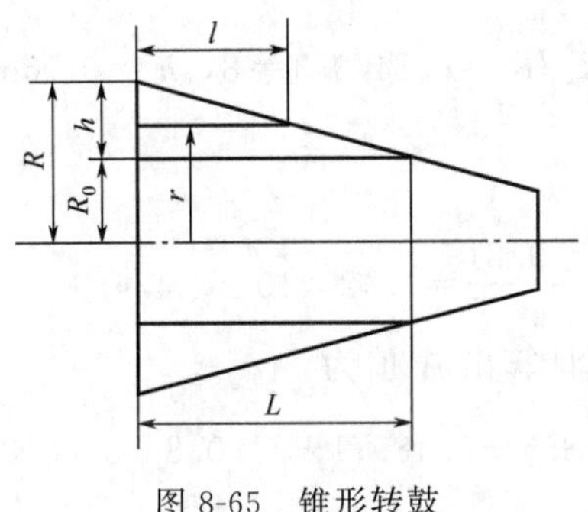

图 8-65 锥形转鼓

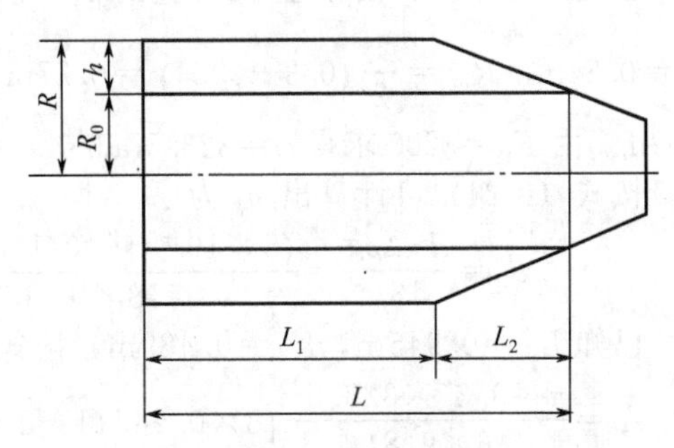

图 8-66 柱锥形转鼓

从以上可看出，沉降离心机的生产能力取决于物料性质和离心机的技术参数。实际生产表明，用式（8-24）计算所得生产能力比实际值偏大，需要乘以一个小于 1 的修正系数 ξ，即

$$Q=\xi v_g A \tag{8-29}$$

对于三足式和刮刀式沉降离心机，计算 ξ 的经验公式为

$$\xi=12.54\left(\frac{\Delta\rho}{\rho_l}\right)^{2.373}\left(\frac{d}{L}\right)^{0.2222} \tag{8-30}$$

式中 $\Delta\rho$——固液相密度差，kg/m^3；

ρ_l——液相密度，kg/m^3；

d——颗粒直径，m；

L——沉降区长度，m。

对于管式分离机

$$\xi=16.64\left(\frac{\Delta\rho}{\rho_l}\right)^{0.3359}\left(\frac{d}{L}\right)^{0.3674} \tag{8-31}$$

式中符号同前。

对于螺旋卸料沉降离心机，ξ 的经验计算公式为

$$\xi=1.06(R_e)^{-0.074}(F_{ri})^{0.178} \tag{8-32}$$

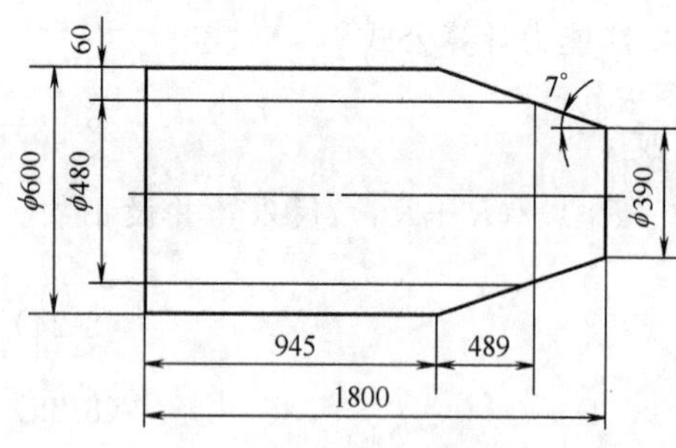

图 8-67 柱锥形转鼓几何尺寸

$$R_e = Q/(2h+b)\nu \tag{8-33}$$

$$F_{ri} = Q^2/R_m^2\bar{\omega}^2 b^2 h^2 \tag{8-34}$$

式中 h——液层深度，$h=R-R_0$，m；

b——螺旋叶片间流道宽度，m；

R_m——液层平均半径，$R_m=(R+R_0)/2$，m；

υ——液体运动黏度，$\upsilon=\mu/\rho_l$，m^2/s。

例 8-2 已知卧式螺旋卸料沉降离心机转鼓的几何尺寸如图 8-67 所示，液层深度 60mm，螺旋为单头，螺距 90mm，分离因数 3200，处理固相密度 ρ_s 为 $1400kg/m^3$ 的水悬浮液，液温 70℃，悬浮液进料浓度 $C_s=15kg/m^3$，设分离要求的临界颗粒直径为 5μm，试计算该沉降离心机的生产能力。

解 根据式（8-28）和式（8-31）～式（8-33），可得

$$Q=\xi v_g \Sigma = 1.06\left[\frac{Q}{(2h+b)v}\right]^{-0.074}\left(\frac{Q^2}{R_m{}^2\omega^2 b^2 h^2}\right)^{0.178} v_g \Sigma$$

$$=1.085\left[\frac{\rho_l}{\mu(2h+b)}\right]^{-0.1081}\left(\frac{1}{R_m\omega bh}\right)^{0.4958}(v_g\Sigma)^{1.3928}$$

根据已知条件：由水温 70℃查出 $\rho_l=977kg/m^3$，$\mu=0.406\times10^{-3}$ kg/m·s。$R=0.3$m，$R_0=0.24$m，$R_m=\frac{1}{2}(0.3+0.24)=0.27$m，$K_0=R_0/R=0.24/0.3=8$，$h=0.06$m，$b=0.09$m。由 $F_r=3200$ 求得 $\omega=323.5$rad/s。

按式（8-24）可计算出 v_g 为

$$v_g=\frac{d^2\Delta\rho g}{18\mu}=\frac{(5\times10^{-6})^2\times(1400-977)\times9.81}{18\times0.406\times10^{-3}}=1.42\times10^{-5}(m/s)$$

已知 $L_1=0.945$m，$L_2=0.489$m，按式（8-25）计算出 A 值为

$$A=\frac{\pi\times0.3^2\times323.5^2}{6\times9.81}[3\times0.945(1+2\times0.8+0.8^2)+0.489(1+2\times0.8+3\times0.8^2)]$$

$$=5728.8\ (m^2)$$

于是

$$Q=1.085\left[\frac{977}{(2\times0.06+0.09)\times0.406\times10^{-3}}\right]^{-0.1031}\times$$

$$\left(\frac{1}{0.27\times323.5\times0.09\times0.06}\right)^{0.4958}\times(1.42\times10^{-5}\times5728.8)^{1.3928}$$

$$=8.91\times10^{-3}\ (m^3/s)=32.1\ (m^3/h)$$

如不加修正，按式（8-24）计算

$$Q=v_gA=1.42\times10^{-5}\times5728.8=0.08135\ (m^3/s)=292.86\ (m^3/h)。$$

显然，在实际生产中，转鼓直径为 600mm 的卧式螺旋沉降离心机达不到如此高的生产能力。

8.5 离心机的功率计算

离心机主轴所需的功率包括启动转动件所消耗的功率、启动物料所消耗的功率、轴承及转动件由于摩擦所消耗的功率以及卸出物料所消耗的功率等。

8.5.1 启动转动件所需功率

启动转动件所需功率为

$$N_1=\frac{J_p\omega^2}{2000t_1} \tag{8-35}$$

式中 J_p——转动件的转动惯量，N·m·s²；

ω——离心机的操作角速度，rad/s；

t_1——启动时间，s。

计算转动惯量 J_p 时，应计入转鼓、皮带轮、制动轮及其他质量和半径较大的转动件，如活塞离心机的推料盘、螺旋离心机的螺旋等的转动惯量。

确定启动时间时，一般离心机取 30～240s；一般分离机取 120～360s。

8.5.2 启动机器到工作转速所需功率

8.5.2.1 间歇操作离心机

根据每次操作循环加入的物料量分别计算滤饼和滤液的转动惯量和已知的过滤时间，可算出所需功率。

滤饼转动惯量 J_c 为

$$J_c=\int_{R_s}^{R} r^2\mathrm{d}m=\int_{R_s}^{R} 2\pi r^3 L(1-\varepsilon)\rho_s\mathrm{d}r=\frac{1}{2}\pi(1-\varepsilon)\rho_s L(R^4-R_s^4)=\frac{1}{2}G_c(R^2+R_s^2)$$

式中 R，R_s——转鼓内半径和滤渣层内半径，m；

L——转鼓长度，m；

ε——渣层孔隙率；

ρ_s——固相颗粒密度，kg/m³；

G_c——滤渣层固体总质量，kg；

r——渣层中任意处半径，m。

滤液转动惯量 J_f 为

$$J_f=G_f R_f^2$$

式中 G_f——滤液总质量，kg；

R_f——滤液排出转鼓处位置半径，m。

加速物料所需平均功率 N_2' 为

$$N_2'=\frac{(J_c+J_f)\omega^2}{2000t_f} \tag{8-36}$$

式中，t_f 为过滤阶段时间，s。

8.5.2.2 连续操作离心机

加入的物料被分离成滤饼（或沉渣）和滤液（或分离液），或者轻液和重液等各种组分，则加速物料所需功率 N_2'' 为

$$N_2''=\sum_{m=1}^{m}\frac{q_m r_m^2\omega^2}{2000} \tag{8-37}$$

式中 m——物料被分离成的组分数；

q_m——各组分在单位时间内排出的质量，kg/s；

r_m——各组分自转鼓卸出处位置半径，m。

8.5.3 轴承摩擦消耗的功率

轴承摩擦消耗的功率为

$$N_3=\frac{\omega f(P_1 d_1+P_2 d_2)}{2000} \tag{8-38}$$

式中 f——轴承摩擦系数，可查机械设计手册获得；

d_1，d_2——轴承摩擦处直径，m；

P_1，P_2——轴承所受载荷，N。

P_1，P_2 值根据转鼓等转动件与转鼓内物料的质量及其偏心动载荷之和 P 按质心位置分到两轴承上，按照主轴工作的空间位置分别计算。

对于卧式离心机

$$P=m_0(g+e\omega^2) \tag{8-39a}$$

对于立式离心机

$$P=m_0e\omega^2 \tag{8-39b}$$

式中 m_0——转鼓等转动件与转鼓内物料的总质量，kg；

e——转鼓等转动件与转鼓内物料的质心对转鼓回转轴线的偏心距，m；其中对于间歇操作过滤离心机（如三足式），$e=2\times10^{-3}R$；对于间歇操作沉降离心机和连续操作过滤离心机，$e=1\times10^{-3}R$；对于连续操作沉降离心机，$e=0.5\times10^{-3}R$。

以上 e 值供粗略估算用，实际 e 值受物料性质和加料方式及其均匀程度的影响。

8.5.4 机械密封摩擦消耗的功率

机械密封摩擦消耗的功率为

$$N_4=\frac{\pi D_s b_s f_s p_b v}{1000} \tag{8-40}$$

式中 D_s——摩擦副窄环端面内直径，m；

b_s——摩擦副窄环端面宽度，m；

f_s——摩擦副摩擦系数，一般取0.02～0.2；

p_b——密封端面的比压力，Pa；

v——动环线速度，m/s。

8.5.5 转鼓及物料表面与空气摩擦消耗的功率

转鼓及物料表面与空气摩擦消耗的功率为

$$N_5=11.3\times10^{-6}\rho_a L\omega^3(R_e^4+R_i^4) \tag{8-41}$$

式中 ρ_a——空气密度，常压空气取为1.29kg/m^3；

L——转鼓长度，m；

ω——转鼓角速度，rad/s；

R_e——转鼓外半径，转鼓为圆锥形时，$R_e=\sqrt{R_1R_2}$，m；

R_i——物料层内半径，m。

8.5.6 卸出滤渣（或沉渣）消耗的功率

（1）刮刀卸渣功率

$$N_6'=\frac{\pi Bh(D-h)K_d}{1000t_d} \tag{8-42}$$

式中 B——刮刀刃口长度，m；

h——渣层厚度，m；

D——渣层外直径，m；

t_d——刮渣时间，s；

K_d——切削阻力比，粗略估算时可取 $K_d=4\times10^6$ N/m^2。

（2）活塞推料消耗的功率

$$N_6''=\frac{G_cR\omega^2f_1l_tz_t(1+\varphi_t)}{60000} \tag{8-43}$$

式中 G_c——渣层总质量，kg；

R——渣层外半径，m；

l_t——推料盘行程，m；

z_t——每分钟推料次数，min^{-1}；

φ_t——推料盘返回行程与工作行程时间的比值，单级活塞离心机取 0.5～1，双级活塞离心机取 1；

f_1——滤渣与滤网的摩擦系数，滤饼与滤网的摩擦系数与物料种类和滤网结构有关，其中对于条状筛网：碳酸氢铵 $f_1=0.507$；硝化棉纤维 $f_1=1.02$；硫酸铵 $f_1=0.445$。对于铣制板网：碳酸氢钠 $f_1=0.51$；硫酸铵 $f_1=0.53$；氯化钠 $f_1=0.33$；纸浆 $f_1=1.00$；煤泥 $f_1=0.32$。

(3) 螺旋输渣消耗的功率

$$N_6'''=\frac{K_M G K_{cm} L_1}{1000} \tag{8-44}$$

式中 G——沉渣生产能力，N/s；

L_1——输渣计算长度，如图 8-68 所示，m；

K_{cm}——平均分离因数；

K_M——系数。

L_1、K_{cm} 和 R_m 分别按以下式计算

$$L_1=(R_m-R_1)/\tan\alpha \tag{8-45}$$

$$K_{cm}=\frac{1}{2}(R_m+R_1)\frac{\omega^2}{g} \tag{8-46a}$$

$$R_m=\frac{1}{2}(R+R_0) \tag{8-46b}$$

式 (8-45) 和式 (8-46) 中，R、R_m、R_0 和 R_1 分别为转鼓内半径、液层平均半径、自由液面半径和固渣出口半径，单位为 m，见图 8-68。K_M 系数按螺旋叶片情况分别按以下公式计算。

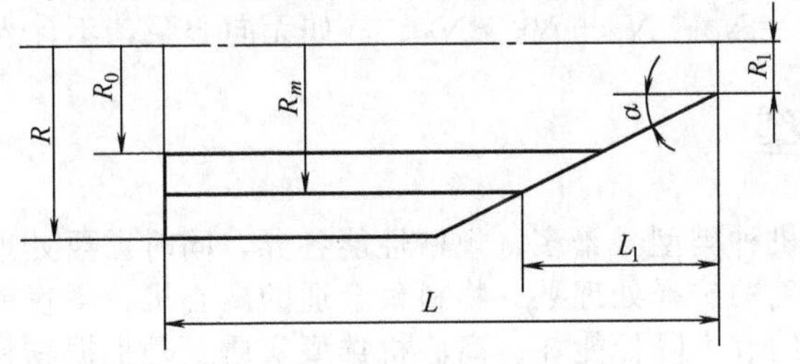

图 8-68 螺旋输渣功率计算尺寸示意图

对于螺旋叶片母线垂直于锥段转鼓母线的情况

$$K_M=f_1\cos\delta(\cot\delta+\cot\beta) \tag{8-47}$$

对于螺旋叶片母线垂直于转鼓回转轴线的情况

$$K_M=\frac{1+\tan^2\alpha\sin\alpha\cos\beta}{1-f_1\tan\alpha\sin(\delta-\beta)}f_1\cos\delta(\cot\delta+\cot\beta) \tag{8-48}$$

式 (8-47) 和式 (8-48) 中的 δ 按下式计算

$$\delta=\cos^{-1}\left[\frac{\tan\alpha}{\tan\lambda_1}\sin(\lambda_2+\beta)\right]-(\lambda_2+\beta) \tag{8-49}$$

式中，$\lambda_1=\arctan f_1$，$\lambda_2=\arctan f_2$ 分别为固渣与转鼓壁和螺旋叶片表面的摩擦角。

式 (8-47)、式 (8-48) 和式 (8-49) 中 f_1 为沉渣与转鼓壁摩擦系数，f_2 为沉渣与螺旋叶片表面的摩擦系数，δ 为沉渣在锥段转鼓运动的方向角，α 为锥段转鼓的半锥角，β 为 L_1 段内螺旋叶片升角的平均值。

8.5.7 高速沉降离心机用向心泵排液时功率

高速沉降离心机用向心泵排液时功率为

$$N_7=\frac{G_L\omega^2 r_c^2(\lambda_3-1)}{2000} \tag{8-50}$$

式中 G_L——分离液排出流量，kg/s；

r_c——向心泵叶轮外半径，m；

λ_3——流体搅动和阻力损耗能量的系数，一般可取为1.1～1.2；

ω——转鼓的角速度，rad/s。

8.5.8 总功率计算

（1）对于间歇操作和运转的三足式和上悬式离心机

启动阶段 $N=N_1+N_2'+N_3+N_5$ （在启动阶段加料时才计入N_2'）

全速运转阶段 $N=N_2'+N_3+N_5$ （在全速运转阶段加料时才计入N_2'）

（2）对于全速运转、间歇加料和卸料的刮刀卸料离心机

启动阶段 $N=N_1+N_3+N_5$

加料阶段 $N=N_2'+N_3+N_5$

卸料阶段 $N=N_3+N_5+N_6'$

（3）对于活塞推料离心机

启动阶段 $N=N_1+N_3+N_5$

运转阶段 $N=N_2''+N_3+N_5$（推料盘所耗功率N_6''计入液压系统所耗功率内）

（4）对于螺旋卸料离心机

启动阶段 $N=N_1+N_3+N_4+N_5$

运转阶段 $N=N_2''+N_3+N_4+N_5+N_6''$ （如无机械密封，不计入N_4一项）

（5）离心分离机

启动阶段 $N=N_1+N_3+N_5$

运转阶段 $N=N_2''+N_3+N_5+N_7$ （如无向心泵，不计入N_7一项）

8.6 离心机选型

工业中使用的离心机种类型号繁多，规格性能各异，同时需要处理的物料的种类和性质也是千差万别。因此正确的选择处理某一物料最合适的离心机，不仅能够达到正常要求使生产顺利进行，而且会节约成本降低能耗。离心机选型实质上是根据物料特性和工艺要求，从各个方面综合出发，在各种离心机型中，寻找一种合适的机型，来满足工艺要求。

要从诸多种类的离心机中选择出较合适的产品，以达到预期的分离目的和要求，必须根据被分离物料的性质和分离任务，有无特殊要求及其他条件逐步筛选。其他条件包括：所选离心机类型是否有厂家生产，该产品的质量、可靠性、价格、能耗及操作费用等，将这些条件加以优化后确定。还可与制造厂联系，提供物料作分离实验，或以小型机作实验，取得数据后确定选型。如无实际经验可循，建议采用以下方法，供初步选型，欲达最佳的选择，尚需辅以工程实际经验。

8.6.1 选型的依据

离心分离的效果与分离物料的物性有较大的关系，物料性质不同决定了采用何种离心类型，然后根据分离的任务和要求从离心机类型中选择适合的种类和型号。因此物料性质和分离的任务要求是选型的最基本的依据。

（1）物料性质

悬浮液性质包括固体颗粒粒度及其粒度分布、固体颗粒形状、固体密度、固体的亲水性或疏水性、液体密度、液体黏度、液体pH值、液体腐蚀性、液体ζ电位和悬浮液浓度筹，这些性质对可分离性能和分离设备选型均有影响。但作为初步选型，无需测定如此众多的特性，只需在实验室对物料进行沉降试验和过滤试验，得出物料综合分离性能，据此即可进行初步选型。

① 重力沉降试验和悬浮液的沉降特性　把悬浮液样品混合均匀，取出1.0L加入1.0L

量筒内，测定沉降速度，至少沉降半小时以上，观察上清液的澄清度，静置24h后测定沉渣容积率，即沉渣视容积占总容积的百分比。

悬浮液的沉降特性按图8-69划分，其中A～C反映了固液相密度差、固相颗粒和液相黏度的综合性质，F～G反映悬浮液固相浓度。悬浮液沉降速度分三级，澄清度分两等，沉渣容积比分三等。沉降速度过低和澄清度差的悬浮液可进行预处理，如混凝、加热、调整pH值等，然后再进行沉降试验。沉降试验的结果，如是中等沉降速度、分离液澄清度较好和有中等沉渣容积比的悬浮液，则该悬浮液的沉降特性记为BEG。

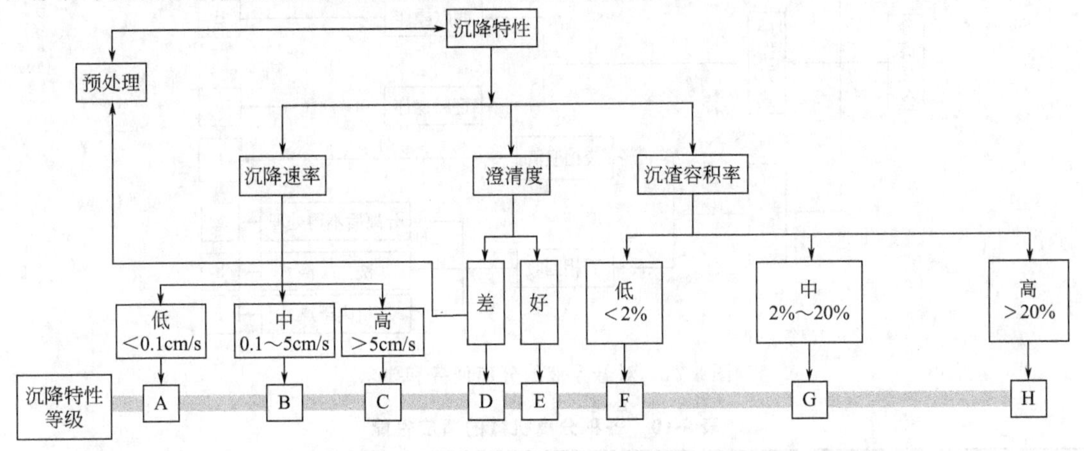

图8-69　悬浮液沉降特性等级划分

② 过滤试验和悬浮液过滤特性　过滤试验采用实验室常规的过滤实验方法，用Φ75mm的布氏漏斗，取样200mL，在真空度370mmHg（1mmHg＝133.322Pa）下作真空抽滤实验，测定滤饼生成速度。悬浮液的过滤特性用图8-70表示。滤纸的选择，以滤液澄清度较好者为宜。

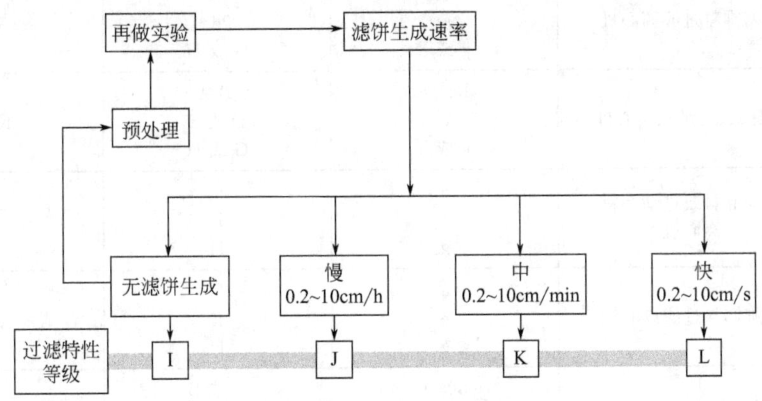

图8-70　悬浮液过滤特性

(2) 分离任务和要求

实际生产中，分离的任务和要求是各式各样的，但作为初步选型，将其概括为生产规模，生产流程要求的操作方式，以及要求回收的产品是固体、液体或两者均要回收等三个方面，列于图8-71中。当然，这是较粗略的，其他方面的要求，如易燃、易爆的物料要求密闭防爆型的分离设备，又如处理饮料或食品物料要求一定的卫生条件和无毒、耐蚀的材质等，这些要求可在初选的基础上，作为进一步筛选用。

8.6.2 选型步骤

几种典型离心机的性能和适应范围见表8-10。根据被分离物料的特性以及生产任务

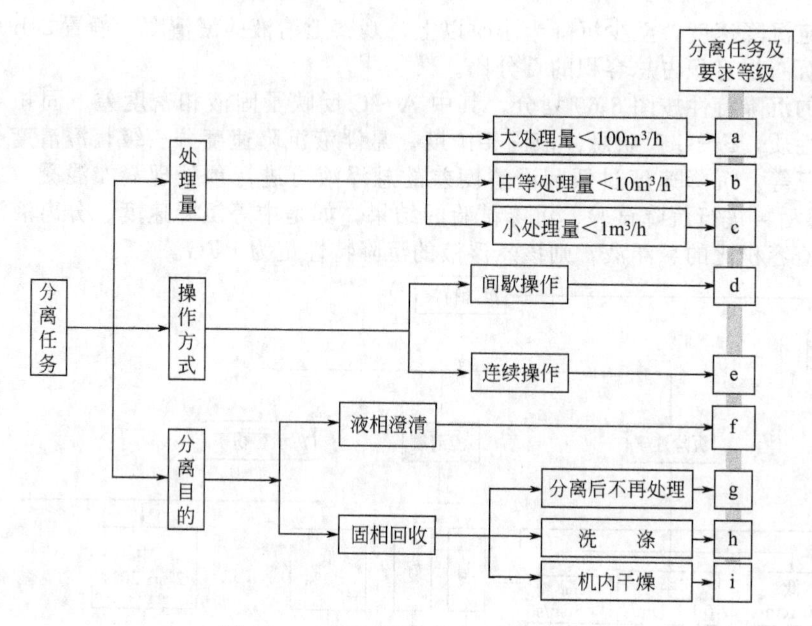

图 8-71　对悬浮液的分离任务和要求

表 8-10　各种分离机械的适应性能

序号	离心机类型	分离任务	所处理物料沉降特性	所处理物料过滤特性
1	刮刀卸料过滤离心机	a、b 或 c d g 或 h	A、B 或 C D 或 E G 或 H	K 或 L
2	活塞推料过滤离心机	a 或 b e g 或 h	B 或 C E G 或 H	K 或 L
3	上悬式、三足式离心机	b 或 c d g 或 h	A、B 或 C D 或 E G 或 H	K、J 或 L
4	振动卸料或进动卸料离心机	a e g	C E H	L
5	螺旋卸料过滤离心机	a e g	C E H	K 或 L
6	管式离心机	(b 或)e d f 或 g	A 或 B D 或 E F	—
7	撇液管排液沉降离心机（三足式、卧式刮刀卸料）	b 或 c d	B(或 A) D 或 E	—
8	碟式离心机	a、b 或 c d 或 e f 或 g	A 或 B D 或 E F 或 G	—
9	螺旋卸料沉降离心机	a、b 或 c e f、g(h 或 i)	B、C(或 A) E(或 D) F、G 或 H	—

注：表中有括号的表明该机种对该项性能可能适应，但较为勉强。

的要求，从表 8-10 中可初选出较合适的几种离心机，然后根据其他特殊要求或条件进行筛选，步骤如下。

(1) 根据分离任务的要求进行初选

如大处理量的间歇操作方式并要求固体在洗涤后回收，按图 8-71 则为 bdh，据此按表 8-10 查出适合此任务和要求的有两种离心机，按表中顺序列出为：①刮刀卸料过滤离心机；②三足式和上悬式离心机。

(2) 根据物料过滤特性和沉降特性进行筛选

如物料经沉降和过滤试验后得知为沉降速度中等、澄清度较好、固相容积率中等，滤饼生成速度慢，则该物料特性表示为 BEGJ。据此，从表 8-10 中查出，最适合的离心机为三足式和上悬式离心机。

除此之外，工业中常用的离心机的适用范围见表 8-11，也可供选型时参考。

表 8-11 各种离心机的实用范围和性能

离心机	适用范围		机器性能 0～9 级(9 级最好)			
	进料固相质量分数/%	固相颗粒尺寸/μm	滤饼干燥度	洗涤性能	滤液澄清度	结晶破坏度
活塞推料离心机	20～90	$40\sim10^5$	9	6	4	4
卧式刮刀卸料离心机	3～10	$10\sim10^5$	9	6	5	5
螺旋卸料过滤离心机	30～70	$10^3\sim10^5$	9	5	4	4
振动卸料离心机	30～70	$5\times10^2\sim10^5$	7～9	5	4	3
三足和上悬式离心机	5～40	$10\sim10^5$	9	6	5	6
离心稀料离心机	10～30	$200\sim10^5$	7	—	5	7
螺旋卸料沉降离心机	10～70	$5\sim10^4$	4	3	4	—
管式离心机	0.001～1	0.5～100	—	—	6～7	—
人工排渣蝶式离心机	0.001～0.01	0.1～50	3	—	6～7	—
环阀排渣蝶式离心机	0.01～1	0.1～50	3	—	6～7	—
喷嘴排渣蝶式离心机	0.005～0.5	0.1～50	3	—	6～7	—

8.6.3 多种机型联用及综合选型

有些物料分离难度大，选择一种离心分离设备无法完成分离任务和要求时，可采用多种机型联用的方法来进行分离。以下情况可采用多种机型联用。

ⅰ. 当悬浮液浓度过低或悬浮液中固相粒度分布范围过宽，选择一种机型无法满足分离要求。

ⅱ. 对分离后产品有特殊要求时，比如对滤饼进行干燥或固相含液量要求极低。

ⅲ. 当某些机型对进料要求较高时，可先使用其他机型对物料进行预处理，处理后的物料再进一步使用此机型进行分离。如虹吸刮刀卸料离心机要求物料浓度较高，因此使用前需使用其他设备对物料进行预增浓。

在实际生产过程中，由于分离的工艺过程不同、物料不同等需结合实际情况合理的选用离心机种类。离心机联用时需合理安排其顺序流程和各离心机之间的相互衔接，这样才能实现对物料的处理任务，达到期望的分离要求。

离心机的型号和规格有很多种，为了选型方便，把国产常用的离心机按不同的机型和进料的特性，包括进料固相浓度、颗粒粒径、固液相密度差和分离后固相含湿量、液相澄清度，以及各种机器的分离因数等综合性能，列在表 8-12 中，可根据物料特性和分离要求在表中进行综合选型。

表 8-12 国产离心机的综合选用

项目		过滤离心机						沉降离心机		管式离心机、室式离心机		蝶式分离机		
运行方式		间歇式		连续式		连续式		连续式		间歇	连续	间歇	连续	
机型		三足式、上悬式	虹吸刮刀	活塞单级	活塞双级	离心力卸料	螺旋卸料	圆锥形	柱锥形	管式	室式	人工排渣	碰嘴排渣	活塞排渣
								螺旋卸料						
分离系数 F		500～1200	1000～2000	200～500	300～1100	1000～2000	1000～2000	≤3500	≤3500	15000～20000	5000～8000	5000～11000	5000～8000	5000～12000
进料特性	固相浓度/%	≤60	≤60	30～60	20～80	≥40	≥40	1～40	1～40	≤1	≤1	≤1	≤10	≤5
	颗粒直径/μm	5～10	>10	≥100	≥50	≥100	≥60	≥5	≥5	≥0.5	0.5～1	≥0.5	≥1	≥1
	固液两相密度差/(g/cm³)	—	—	—	—	—	—	≥0.1	≥0.1	≥0.02	≥0.02	≥0.02	≥0.02	≥0.02
	单机处理量	小至中	中至大	中至大	小至大	中至大	中至大	中至大	中至大	小	小至大	小至中	小至大	小至大
出料情况	固相含湿量/%	3～40	3～40	3～40	1～40	≤50	≤50	10～80	10～80	10～45	10～45	10～45	70～90	40～80
	液相含湿量/%	≤0.5	<0.5	<5	<5	<5	<5	≤1	≤1	≤0.01	≤0.01	≤0.01	≤0.01	≤0.01
应用范围	液相澄清	—	—	—	—	—	—	可	良	优	优	优	良	优
	液液分离	—	—	—	—	—	—	可	可	优	优	优	—	优
	固相浓缩	—	—	—	—	—	—	良	良	优	优	优	优	优
	固相脱水	优	优	优	优	优	优	良	良	—	—	—	—	良
	洗涤效果	优	优	中	优	可	可	可	可	—	—	—	—	
	晶体破碎	低	高	中	中	中	中	可	中	—	—	低	中	中
	固相分级	—	—	—	—	—	—	中	可	可	可	可	可	可

思考与计算题

1. 什么是分离因数？提高分离因数的主要途径有哪些？
2. 离心分离过程分为哪几种？离心机如何分类？
3. 过滤离心机的过滤过程可分为哪几种？
4. 上悬式离心机的支撑特点是什么？有什么好处？
5. 卧式刮刀卸料离心机的主要特点是什么？
6. 虹吸式刮刀卸料离心机的操作方式及其优点是什么？
7. 滤渣在转鼓内由小端向大端自动移动的条件是什么？
8. 简述碟式分离机的分离原理及如何分类？
9. 上悬式重力卸料离心机转鼓的自动卸料条件是什么？
10. 管式分离机的转鼓为何采用“细而长”的结构，同时采用高转速？
11. 三足式沉降离心机的结构与三足式过滤离心机的区别是什么？
12. 离心机主轴所需的功率包括哪几种？
13. 已知离心机转速为 3000r/min，分离物料密度为 1500 kg/m^3，离心机转鼓内半径为 0.8m，转鼓内物料环的表面半径为 0.7m，求此时的离心液压。
14. 用转鼓长度 $L=200$mm，直径 $D=44$mm 的小型管式分离机，在转速 $n=20000$r/min 下处理固相密度 $\rho_s=2640kg/m^3$ 的白垩土悬浮液，液相为密度 $\rho_l=1000kg/m^3$，黏度为 1.0×10^{-3} kg/m·s 的水，测得分离液符合澄清度要求时的生产能力为 $8\times10^{-6}m^3/s$，此时液层深度为 11mm，试求能被分离的临界颗粒直径尺寸（μm）及其重力沉降速度？若用转鼓长度为 750mm，直径为 100mm 的管式分离机，设在自由液面半径 $R_0=25$mm 和转速 15000r/min 并保证同样的分离液澄清度下，可达到多大的生产能力？
15. 用转鼓直径 1200mm，长度 600mm，拦液环板内直径 840mm，转速 1000r/min 的间歇操作过滤离心机，过滤固相密度 $\rho_s=1680kg/m^3$，浓度为 $150kg/m^3$，液相黏度 $\mu=10^{-3}$ kg/m·s，液相密度 $\rho_l=1000kg/m^3$ 的悬浮液，已知滤渣层的渗透性 $K=1.6\times10^{-13}m^2$，孔隙率 $\varepsilon=0.32$，设脱水时间 $t_d=50$s，辅助时间 180s，试求该机的生产能力？若在过滤阶段结束时立刻再加一次料并将脱水时间延长至 60s 而辅助时间不变，则该机的生产能力为多少？
16. 已知颗粒的尺寸为 5×10^{-6}m、密度 $\rho_s=2640kg/m^3$，试求该颗粒在密度为 $1000kg/m^3$，黏度为 1.0×10^{-3}kg/m·s 的水中的重力沉降速度 v_g？若处于分离因数 $F_r=1000$、转鼓直径为 1000mm 的离心力场中，试问该颗粒从自由液面半径 $R_0=350$mm 沉降到转鼓壁共需多少时间？
17. 计算与讨论下述离心机转鼓转速：（1）SSC-600 型离心机，其转鼓材料为 1Cr18Ni9Ti，密度 $\rho_0=7.85\times10^3kg/m^3$，材料强度限 $\sigma_b=550$MPa，屈服限 $\sigma_s=206$MPa，求空转鼓的最大许用转速；（2）某实验室用离心机转鼓内直径 150mm，此离心机若要获得与上述离心机（工作转速 $n=1500$r/min）相同的分离性能，需多大转速？

参 考 文 献

[1] В. И. 索柯罗夫．离心分离理论及设备．汪泰临，孙启才，陈文梅译．北京：机械工业出版社，1986.
[2] 唐立夫，王维一，张怀清．过滤机．北京：机械工业出版社，1984.
[3] Perry. Chemical Engineer’s Handbook (7th). London: McGraw-Hill，北京：科学出版社，2001.
[4] T. Al Jen. Particle Sizemeasurement (3rd). London: Chapman and Hall，1981.
[5] 余国琮，孙启才，朱企新．化工机器，天津：天津大学出版社，1987.
[6] 章棣主．分离机械选型与使用手册．北京：机械工业出版社，1997.
[7] 李云，姜培正．过程流体机械（第二版）．北京：化学工业出版社，2008.
[8] 孙启才．分离机械．北京：化学工业出版社，1993.
[9] 罗茜．固液分离．北京：冶金工业出版社，1997.
[10] 孙启才，金鼎五．离心机原理结构与设计计算．北京：机械工业出版社，1987.

[11] 机械工程手册编委会．机械工程手册（第二版）：第12卷第9篇．北京：机械工业出版社，1997.
[12] Dickenson. Filters and Filtration Handbook（2nd）．New York：The Trade & Technical Press Limited，1987.
[13] 机械电子工业部．分离机械产品样本．北京：机械工业出版社，1990.
[14] 高慎琴．化工机器．北京：化学工业出版社，1992.
[15] 陈树章．非均匀相物系分离．北京：化学工业出版社，1993.
[16] 刘志军，喻健良，李志义．过程机械．北京：中国石油出版社，2002.
[17] 余国琮．化工机械工程手册：中卷．化学工业出版社，2003.
[18] 全国化工设备设计技术中心站机泵技术委员会．工业离心机和过滤机选用手册．北京；化学工业出版社，2014.
[19] 金绿松，林元喜．离心分离．北京；化学工业出版社，2008.

附录

附表 1　常用气体的主要物理常数

气体	化学式	分子量	气体常数 R /(J/kg·K)	标准状态下的密度 ρ_0 /(kg/m³)	临界参数		绝热指数 k	在下列温度下千克分子热容 $C_{F'}$/(kg·mol·℃)		
					T_{kp} /K	p_{kp} /100kPa		0℃	100℃	200℃
氮气	N_2	28.016	296.75	1.2505	126.0	32.8202	1.40	1.0398	1.0428	1.0525
氨气	NH_3	17.031	488.175	0.7714	405.5	109.27	1.29	—	—	—
氩气	Ar	39.944	208.20	1.7839	150.7	48.641	1.66	—	—	—
乙炔	C_2H_2	26.04	318.5	1.1709	308.9	61.39	1.25	1.609	1.869	2.041
氢气	H_2	2.0156	4121.74	0.08987	33.2	12.945	1.407	14.174	14.291	14.504
空气	—	28.96	287.04	1.2928	132.5	37.756	1.40	1.0037	1.010	1.024
氦气	He	4.002	2079.01	0.1785	5.2	2.28	1.66	—	—	—
氟里昂-12	CF_2Cl_2	120.092	68.77	5.083	384.7	40.10	1.14	—	—	—
氧气	O_2	32.000	259.78	1.42895	154.3	50.406	1.40	0.9146	0.933	0.962
甲烷	CH_4	15.04	518.772	0.7168	190.7	46.28	1.31	2.309	2.611	2.993
一氧化碳	CO	28.01	296.95	1.2500	134.4	34.91	1.40	1.039	1.044	1.058
丙烷	C_3H_8	44.09	188.79	2.019	370.0	42.46	1.13	1.544	2.016	2.458
丙烯	C_3H_6	42.08	198.0	1.915	365.5	45.895	1.17	1.425	1.799	2.119
二氧化硅	SO_2	64.06	129.84	2.9263	430.4	78.845	1.25	0.6064	0.6619	0.7109
二氧化碳	CO_2	44.01	188.78	1.9768	304.3	73.55	1.30	0.8146	0.9133	0.9920
氯气	Cl_2	70.94	117.288	3.22	417.2	76.98	1.34	—	—	—

续表

气体	化学式	分子量	气体常数 R /(J/kg·K)	标准状态下的密度 ρ_0 /(kg/m³)	临界参数		绝热指数 k	在下列温度下千克分子热容 $C_{F'}$/(kg·mol·℃)		
					T_{kp} /K	p_{kp} /100kPa		0℃	100℃	200℃
乙烷	C_2H_6	30.07	276.744	1.356	305.2	49.621	1.20	1.647	2.067	2.484
乙烯	C_2H_4	28.05	296.651	1.2605	282.9	51.38	1.25	1.459	1.826	2.170
丁烷	C_4H_{10}	58.12	143.177	2.673	153	36.48	1.11	—	—	—
戊烷	C_5H_{12}	72.15	115.29	3.221	99	32.666	1.0*	—	—	—

注：带*号的指常压20℃情况。

附表 2 $(\cos\alpha+\lambda\cos 2\alpha)$ 的数值表

α	符号	1/λ									符号	α
		3.8	4.2	4.4	4.6	4.8	5.0	5.2	5.5	6.0		
0	+	1.263	1.250	1.238	1.227	1.219	1.209	1.200	1.102	1.166	—	360
10	+	1.232	1.220	1.208	1.198	1.189	1.181	1.173	1.156	1.141	—	350
20	+	1.141	1.131	1.122	1.114	1.106	1.099	1.093	1.079	1.067	—	340
30	+	0.997	0.991	0.985	0.979	0.975	0.970	0.966	0.957	0.949	—	330
40	+	0.812	0.809	0.867	0.805	0.804	0.802	0.801	0.497	0.793	—	320
50	+	0.597	0.599	0.601	0.603	0.605	0.607	0.608	0.611	0.614	—	310
60	+	0.368	0.375	0.381	0.386	0.391	0.396	0.400	0.409	0.417	—	300
70	+	0.140	0.150	0.161	0.168	0.175	0.182	0.189	0.203	0.214	—	290
80	—	0.073	0.061	0.050	0.040	0.031	0.022	0.014	0.003	0.017	—	280
90	—	0.263	0.250	0.238	0.227	0.217	0.208	0.200	0.182	0.166	—	270
100	—	0.421	0.408	0.397	0.387	0.378	0.369	0.362	0.344	0.330	—	260
110	—	0.543	0.533	0.524	0.516	0.509	0.502	0.495	0.481	0.470	—	250
120	—	0.631	0.625	0.619	0.614	0.609	0.604	0.600	0.591	0.583	—	240
130	—	0.688	0.686	0.684	0.682	0.680	0.679	0.677	0.674	0.672	—	230
140	—	0.720	0.723	0.725	0.727	0.728	0.730	0.731	0.734	0.737	—	220
150	—	0.734	0.741	0.747	0.752	0.757	0.762	0.766	0.775	0.783	—	210
160	—	0.738	0.748	0.757	0.766	0.773	0.780	0.786	0.804	0.812	—	200
170	—	0.738	0.750	0.761	0.771	0.780	0.789	0.797	0.814	0.828	—	190
180	—	0.737	0.750	0.762	0.773	0.783	0.792	0.800	0.818	0.834	—	180

附表 3 $\frac{\sin(\alpha+\beta)}{\cos\beta}$ 的数值表

α	符号	1/λ									符号	α
		3.8	4.2	4.4	4.6	4.8	5.0	5.2	5.5	6.0		
0	+	0.000	0.000	0.000	0.000	0.000	0.000	0.000	0.000	0.000	—	360
10	+	0.216	0.216	0.214	0.213	0.211	0.209	0.208	0.205	0.263	—	350
20	+	0.427	0.423	0.419	0.415	0.412	0.409	0.408	0.401	0.395	—	340
30	+	0.615	0.609	0.604	0.599	0.595	0.591	0.587	0.580	0.573	—	330
40	+	0.774	0.768	0.761	0.756	0.751	0.746	0.742	0.743	0.727	—	320
50	+	0.898	0.892	0.885	0.880	0.874	0.870	0.866	0.857	0.849	—	310
60	+	0.983	0.977	0.971	0.966	0.962	0.958	0.954	0.947	0.939	—	300
70	+	1.026	1.022	1.018	1.014	1.011	1.008	1.003	0.997	0.992	—	290
80	+	1.031	1.029	1.027	1.025	1.023	1.021	1.020	1.017	1.014	—	280
90	+	1.000	1.000	1.000	1.000	1.000	1.000	1.000	1.000	1.000	—	270
100	+	0.939	0.941	0.943	0.945	0.947	0.949	0.950	0.953	0.956	—	260
110	+	0.852	0.857	0.861	0.865	0.859	0.871	0.876	0.883	0 .888	—	250
120	+	0.749	0.755	0.761	0.765	0.770	0.774	0.778	0.784	0.793	—	240
130	+	0.632	0.641	0.647	0.652	0.657	0.662	0.666	0.674	0.683	—	230
140	+	0.511	0.518	0.525	0.530	0.535	0.539	0.543	0.511	0.558	—	220
150	+	0.386	0.391	0.396	0.401	0.405	0.409	0.413	0.420	0.427	—	210
160	+	0.259	0.261	0.265	0.269	0.272	0.275	0.278	0.283	0.289	—	200
170	+	0.131	0.131	0.133	0.135	0.136	0.138	0.139	0.142	0.144	—	190
180	+	0.000	0.000	0.000	0.000	0.000	0.000	0.000	0.000	0.000	—	180

附表 4 各章计算题参考答案

章号	题号	计算结果
2	12	$H=19.49$m
	13	$P'=0.32$ kW< 1.0 kW，因此，该泵配用此电机能满足要求。
	14	(1)$n=1237.9$ r/min；(2)$D_2=277.9$mm
	15	(1)$[\Delta h]=3.8$m；(2)$[Z_s]\leqslant$-1.49m
	16	$[\Delta h]_2=5.08$m
	17	(1)$n_s=10.68$；(2)$n_s=322.81$；(3)$n_s=34.29$
	18	$H=45.92$m
3	9	$n=126$ 次/min
	10	$\eta_V=85.89$ %
	11	$t=33.25$min
	12	(1)$Q_T=6.45\times10^{-3}$m³/s；(2)$Q=5.48\times10^{-3}$m³/s；(3)$P_{轴}=149.18$ kW
	13	$\delta_\theta=0.141$

续表

章号	题号	计算结果
4	3	$k=1.064$(注:H_2S不予考虑)
	5	(1)$Q_1=10.0m^3/min$;(2)$Q'_1=8.93m^3/min$
	7	(1)$T_2=20$ ℃;(2)$T_2=464$ K;(3)$T_2=404$ K
	8	(1)$L_{it}=164.79$ kJ,$L_{ad}=193.59$ kJ;(2)$L_{it}=16479$ kJ,$L_{ad}=19359$ kJ
	10	(1)$\varepsilon=3$;(2)$T_2=415$ K;(3)$T_2=377$ K
	12	$\varepsilon=3.04$
	13	$\lambda_V=0.88$
	14	$Q_0=3.76m^3/min$
	17	$P=0.46$ kW
	18	(1)$T_3=T_2=519.46$ K,$p_2=742$ kPa,$L=654.17$ kJ; (2)$T_4=T_3=T_2=429.06$ K,$p_2=380$ kPa,$p_3=1444$ kPa,$L=648.7$ kJ; (3)$T_5=T_4=T_3=T_2=390.0$ K,$p_2=272$ kPa,$p_3=739.8$ kPa,$p_4=2012.3$ kPa,$L=644.21$ kJ
5	7	$\varepsilon_{i氨}=5.03$,$\varepsilon_{iR12}=4.17$,$\varepsilon_{i氦}=8.00$
	8	$Q_T=17.4m^3/min$,$Q=14.8m^3/min$
6	19	$\Delta T_0=-4.58$ ℃,$T_0=288.42$ K,$t_0=15.42$ ℃;$\Delta T_1=-7.44$ ℃,$T_1=285.56$ K,$t_1=12.56$ ℃; $\Delta T_2=31.6$ ℃,$T_2=324.6$ K,$t_2=51.6$ ℃;$\Delta T_4=44.2$ ℃,$T_4=337.2$ K,$t_4=64.2$ ℃; $\Delta T_5=42.7$ ℃,$T_5=335.7$ K,$t_5=62.7$ ℃;$\Delta T_6=44.8$ ℃,$T_6=337.8$ K,$t_6=64.8$ ℃;
	20	$\beta_1=0.0075$
	21	$H_{th}=45.98$ kJ/kg
	22	(1)$u_2=287.94$m/s;(2)$\varphi_{r2}=0.25$;(3)$H_{th}=13.81$ kJ/kg
	23	(1)$H=47.79$ kJ/kg;(2)$H_l=550$ J/kg;(3)$H_{df}=1.376$ kJ/kg;(4)$P=332.1$ kW
	24	(1)$H=47.79$ kJ/kg;(2)$H_{pol}=37.28$ kJ/kg;(3)$H_{hyd}=6.72$ kJ/kg; (4)$H_l=550.37$ J/kg;(5)$H_{df}=1.376$ kJ/kg
	25	(1)$H_{th}=45.85$ kJ/kg;(2)$P=19731$ kW;
	27	$G=1.69$kg/s
7	16	$Q'=98800m^3/h$,$p'_T=12$kPa,$P'=416$kW
	17	$Q=38402m^3/h$,$p'=1.507$kPa
	18	$Q_1=52500m^3/h$,$Q_2=70418m^3/h$
	20	RC-100型鼓风机,$n=2227$ r/min,实际性能$Q_s=9.36m^3/min$,$P_{sh}=11.47$ kW。
8	13	$p_c\approx11.09$mPa
	14	(1)$d=0.245$ μm;(2)$Q=11.325m^3/h$
	15	(1)$q_s=1.44m^3/h$;(2)$q_s=2.85m^3/h$
	16	(1)$v_r=0.045$m/s;(2)$t_1=7.99$ s
	17	(1)$n_{max}=5151$ r/min;(2)$n=3000$ r/min